普通高等教育"十三五"规划教材

发酵工艺与设备

（第二版）

陶兴无　主编

化学工业出版社

·北京·

发酵工程是现代生物技术在农业、医药、化工、食品和环保等领域应用发展的关键。发酵工艺与设备是发酵工程的核心内容，将工艺和设备结合起来讲授，有利于学生能把发酵工艺理论及设备操作原理作为一个完整的知识体系进行学习。

本书以发酵生产共性工艺技术为主线，主要介绍的内容包括生产菌种的选育培养、灭菌与除菌工艺及设备、厌氧发酵工艺及设备、好氧发酵工艺及设备、发酵动力学、发酵过程参数检测及控制以及发酵产物的分离提取。

本书适合高等院校生物、食品、医药、化工及相关专业的本科生使用，也可作为相关研究人员的参考用书。

图书在版编目(CIP)数据

发酵工艺与设备/陶兴无主编．—2版．—北京：化学工业出版社，2015.9（2024.8重印）

普通高等教育“十三五”规划教材

ISBN 978-7-122-24708-7

Ⅰ.①发… Ⅱ.①陶… Ⅲ.①发酵-生产工艺-高等学校教材②发酵工业-工业设备-高等学校-教材 Ⅳ.①TQ920.6

中国版本图书馆CIP数据核字（2015）第167744号

责任编辑：魏 巍 赵玉清　　文字编辑：焦欣渝

责任校对：吴 静　　装帧设计：关 飞

出版发行：化学工业出版社（北京市东城区青年湖南街13号 邮政编码100011）

印 装：河北延风印务有限公司

787mm×1092mm 1/16 印张20½ 字数521千字 2024年8月北京第2版第9次印刷

购书咨询：010-64518888　　售后服务：010-64518899

网 址：http://www.cip.com.cn

凡购买本书，如有缺损质量问题，本社销售中心负责调换。

定 价：42.00元

前 言

《发酵工艺与设备》自2011年出版发行以来，被许多高等院校选作生物、医药、食品、化工等专业发酵工程或发酵工艺学课程教材，受到广大师生和读者的欢迎，多次重印。这次再版根据反馈的意见和建议进行了全面修订。为了使读者对发酵工程有更加直观的认识，保留并修订了谷氨酸生产实例（分别安排在不同章的最后一节），主要修订情况如下。

1. 在第三章新增了“谷氨酸发酵设备及培养基灭菌”一节。

2. 将“发酵过程参数的检测及其控制”调整为第七章，新增了“谷氨酸发酵过程的自动控制”一节。

3. 将“发酵产物的分离提取”调整为第八章，新增了“谷氨酸发酵清洁生产”内容。

在内容编排上与第一版基本相同，以发酵生产共性工艺技术为主线，内容主要包括生产菌种的选育培养、灭菌与除菌工艺及设备、厌氧发酵工艺及设备、好氧发酵工艺及设备、发酵动力学以及发酵过程参数检测及控制，最后简要介绍发酵产物的分离提取。在修订时仍注重实用性，尽量避免了过多的理论分析及复杂的数学运算，重点培养学生的实际应用能力。

本书修订工作主要由武汉轻工大学（原武汉工业学院）陶兴无完成。限于作者水平，在内容及编排方面存在的错误或欠妥之处，恳请批评指正。在本书编写过程中参考了大量文献，要特别感谢文献的作者及支持帮助本书修订出版的读者和同行们。

陶兴无

2015年5月于武汉

第一版前言

现代生物技术或生物工程的产物要实现工业化生产，都要借助于发酵工程技术。发酵工程涉及生物工业的许多领域，例如：抗生素工业、有机酸工业、酶制剂工业、氨基酸工业、生物制药和传统的酿酒业等。因此，“发酵工程”是生物工程、生物技术、食品和制药等相关专业学生的重要专业基础课或专业课，该课程的目的是使学生能将所学理论知识与工程实际衔接起来，从工程的角度去考虑技术问题，逐步实现由学生向工程师的转变。

“发酵工程”涉及的知识点很多，基本内容为发酵工艺与发酵设备。优异的产品性能离不开好的工艺，而较低的生产成本则离不开好的设备，工艺和设备是密不可分的。学生在学习某一单元工艺内容时，若不能及时地了解该单元所使用的相应设备及其操作原理，在一定程度上会造成“工艺”与“设备”知识脱节。对没有工厂经历和经验的在校学生来说，对一些设备的结构和工作原理的理解也存在较大困难。本书的特点是把发酵工艺与发酵设备两方面的内容结合起来，更具系统性和实用性。在内容编排上以发酵生产中共性工艺技术为主线，包括微生物菌种的选育及其培养、灭菌与除菌工艺及设备、厌氧发酵工艺及设备、好氧发酵工艺及设备、发酵动力学以及发酵产物的分离提取，最后还简要介绍了发酵过程参数检测及控制。每章在讲述“工艺”的同时，将所涉及设备的工作原理、构造以及生产实例贯穿在各个章节中一并介绍，突出完整的工艺设备流程，力求提供系统的发酵工业知识。在内容选取上注重实用性，删繁就简，尽量避免了过多的理论分析及复杂的数学运算，重点培养学生的实际应用能力。“发酵工程”是在学生完成了“生物化学”和“微生物学”等课程学习的基础上开设的，许多内容已包含于这些先修课程中，本书对部分内容仅作概述，以避免不必要的重复。

参加本书编写的人员（分工）如下：蚌埠学院任茂生（第二章第一、三、四节，第三章），湖北大学知行学院刘齐（第二章第五节），湖北工业大学汪江波和湖北工业大学工程技术学院阳飞（第四章第一～三节），蚌埠学院王娣（第五章第一、二、四节），湖北大学知行学院孙美玲（第五章第三节，第七章第一～六节），武汉工业学院陶兴无（其余各章节）。全书由陶兴无负责统稿，武汉工业学院李燕和樊永波等也做了部分工作。

在编写过程中，我们参阅了大量同行的资料和文献，在此表示衷心的感谢。

书中错误或欠妥之处，敬请读者批评指正。

陶兴无

2011 年 5 月于武汉

目录

第一章　绪论 …… 1

第一节　发酵技术的起源与发展 …… 1
一、古代人类的酿酒活动与传统酿造工艺 …… 2
二、微生物、酶的发现和纯培养发酵技术的建立 …… 3
三、现代发酵工程技术的形成 …… 5
四、代谢控制发酵和基因工程技术的产生与发展 …… 7
第二节　发酵工程的内容及其特点 …… 8
一、发酵工程的内容 …… 8
二、发酵生产的类型 …… 10
三、发酵工程的特点 …… 11
第三节　发酵工程的应用领域 …… 13
一、医药工业 …… 13
二、食品工业 …… 15
三、化学工业 …… 15
四、农业 …… 17
五、环境保护 …… 17
六、冶金工业 …… 18
第四节　发酵工程技术的发展趋势 …… 18
一、采用基因工程技术改良菌种 …… 19
二、推广大型节能高效的发酵装置及计算机自动控制 …… 19
三、生物反应和产物分离偶联 …… 19
四、微生物发酵技术应用于高等动植物细胞培养 …… 20
五、固定化（细胞和酶）技术的应用 …… 20
六、开发清洁生产工艺 …… 21
思考题 …… 22
参考文献 …… 22

第二章　生产菌种的选育培养 …… 23

第一节　微生物的代谢及调控 …… 23
一、微生物的初级代谢与次级代谢 …… 23
二、微生物代谢的调节及控制 …… 25
第二节　生产菌种的选育方法 …… 27
一、发酵工业中的常用微生物 …… 27
二、新菌种的分离与筛选 …… 29

三、菌种的改良及工程菌构建 …… 33
第三节　微生物代谢控制育种的措施 …… 34
一、营养缺陷型突变株 …… 34
二、抗反馈控制突变株 …… 36
三、其他类型突变株 …… 38
第四节　菌种的扩大培养及保藏 …… 39
一、菌种的扩大培养 …… 39
二、菌种的衰退和复壮 …… 41
三、菌种的保藏 …… 44
四、国内外主要菌种保藏机构 …… 47
第五节　发酵培养基的设计 …… 50
一、培养基的类型 …… 50
二、发酵培养基的组成 …… 51
三、发酵培养基的优化 …… 57
第六节　生产实例——谷氨酸生产菌种扩大培养及发酵培养基设计 …… 58
一、谷氨酸生产菌种的来源及保藏 …… 58
二、生产菌种的扩大培养 …… 59
三、发酵培养基的组成 …… 60
思考题 …… 65
参考文献 …… 65

第三章　灭菌与除菌工艺及设备 …… 66

第一节　发酵生产中有害微生物的控制 …… 66
一、发酵生产中的无菌概念 …… 66
二、有害微生物的控制方法 …… 67
第二节　培养基灭菌 …… 69
一、湿热灭菌的操作原理 …… 69
二、分批灭菌 …… 72
三、连续灭菌 …… 73
第三节　无菌空气制备 …… 76
一、空气净化除菌的方法与原理 …… 76
二、无菌空气的制备流程 …… 78
三、空气预处理设备 …… 81
四、空气过滤介质及过滤器 …… 85
第四节　设备与管道的清洗与灭菌 …… 88
一、常用清洗剂及清洗方法 …… 89
二、设备及管路的灭菌 …… 92
第五节　灭菌实例——谷氨酸发酵设备及培养基灭菌 …… 97
一、灭菌前的准备工作 …… 97
二、总（分）过滤器灭菌 …… 98

三、种子罐和发酵罐空罐灭菌 …… 98
四、培养基实罐灭菌 …… 98
五、发酵培养基连续灭菌 …… 99
思考题 …… 99
参考文献 …… 99

第四章　厌氧发酵工艺及设备 …… 100

第一节　厌氧发酵产物的生物合成机制 …… 100
一、糖酵解途径概念及其特点 …… 100
二、酵母菌的酒精、甘油发酵 …… 102
三、乳酸发酵 …… 103
四、甲烷（沼气）发酵 …… 106
第二节　白酒与酒精发酵 …… 106
一、白酒固态发酵 …… 107
二、酒精发酵 …… 113
第三节　啤酒发酵 …… 119
一、啤酒发酵产生的主要风味物质 …… 120
二、传统啤酒发酵 …… 121
三、现代大罐啤酒发酵 …… 125
第四节　乳酸发酵 …… 129
一、乳酸发酵工艺概述 …… 130
二、大米和薯干粉发酵工艺 …… 131
三、淀粉水解糖发酵工艺 …… 132
四、玉米粉发酵工艺 …… 134
五、蔗糖和糖蜜发酵工艺 …… 134
六、葡萄糖的L-乳酸发酵工艺 …… 136
七、细菌乳酸发酵工艺小结 …… 136
八、原位产物分离乳酸发酵工艺简介 …… 137
思考题 …… 139
参考文献 …… 139

第五章　好氧发酵工艺及设备 …… 140

第一节　好氧发酵产物的合成机制 …… 140
一、谷氨酸发酵机制 …… 140
二、柠檬酸发酵机制 …… 145
三、其他好氧发酵产物的合成 …… 148
第二节　发酵过程的工艺控制 …… 152
一、溶解氧对发酵的影响及其控制 …… 153
二、二氧化碳和呼吸商对发酵的影响及其控制 …… 156
三、温度对发酵的影响及其控制 …… 158

四、pH 值对发酵的影响及其控制 …… 160
五、菌体和基质浓度对发酵的影响及补料控制 …… 163
六、发酵过程中的泡沫控制 …… 169
七、发酵终点的确定 …… 171
第三节 通风发酵设备 …… 172
一、机械搅拌通风发酵罐 …… 172
二、其他通风发酵罐简介 …… 183
第四节 发酵染菌及防治 …… 185
一、染菌的检查及原因分析 …… 186
二、染菌对不同发酵过程的影响 …… 187
三、染菌发生的不同时间对发酵的影响 …… 187
四、发酵异常现象及原因分析 …… 188
五、杂菌污染的预防 …… 189
六、染菌的挽救和处理 …… 190
七、噬菌体污染及其防治 …… 190
第五节 好氧发酵工艺实例——谷氨酸发酵 …… 191
一、谷氨酸生产菌的菌体形态特点 …… 192
二、亚适量生物素流加糖发酵工艺 …… 193
三、淀粉水解糖高生物素添加青霉素流加糖发酵工艺 …… 194
四、甘蔗糖蜜添加青霉素流加糖发酵工艺 …… 195
五、谷氨酸发酵异常现象及其处理 …… 196
思考题 …… 197
参考文献 …… 198

第六章 发酵动力学 …… 199

第一节 发酵过程的化学计量及动力学描述 …… 200
一、细胞反应的元素衡算 …… 200
二、细胞反应的得率系数 …… 201
三、反应速率 …… 202
四、反应速率与得率系数之间的关系 …… 204
五、细胞反应系统的动力学描述 …… 205
第二节 分批发酵 …… 206
一、菌体生长动力学 …… 206
二、基质消耗动力学 …… 213
三、代谢产物生成动力学 …… 216
四、分批发酵的产率 …… 218
第三节 连续发酵 …… 220
一、连续发酵的动力学方程 …… 221
二、连续发酵的稳态操作条件 …… 223
三、连续发酵的产率 …… 225

四、连续发酵过程中的杂菌污染和菌种变异 …… 226
五、多级连续发酵 …… 228
六、连续培养的应用 …… 229
第四节 补料分批发酵 …… 230
一、补料分批发酵的特点 …… 230
二、流加操作的数学模型 …… 231
思考题 …… 236
参考文献 …… 236

第七章 发酵过程参数检测及控制 …… 237

第一节 发酵过程参数检测概述 …… 237
一、发酵过程参数的分类 …… 237
二、发酵过程参数检测的特点 …… 238
第二节 发酵检测控制系统的基本组成 …… 239
一、测定元件 …… 239
二、控制部分 …… 240
三、执行元件 …… 242
第三节 发酵过程的自动控制原理 …… 243
一、反馈控制 …… 243
二、前馈控制 …… 243
三、自适应控制 …… 244
第四节 发酵过程的计算机控制 …… 244
一、发酵过程控制的计算机系统 …… 245
二、发酵过程中计算机的控制方式 …… 245
第五节 常用物理参数的检测与控制 …… 246
一、温度 …… 246
二、罐压 …… 247
三、搅拌转速和功率 …… 248
四、空气和料液流量 …… 249
五、液位和泡沫 …… 251
第六节 常见化学和生物参数的检测与控制 …… 252
一、pH 值及溶解 CO_2 浓度 …… 252
二、溶氧浓度及氧化还原电位 …… 254
三、发酵罐排气（尾气）中 O_2 分压和 CO_2 分压 …… 257
四、细胞浓度和发酵液成分 …… 259
第七节 生产实例——谷氨酸发酵过程的自动控制 …… 261
一、谷氨酸发酵工艺特征及其控制中存在的问题 …… 262
二、谷氨酸发酵罐的主要控制系统 …… 262
思考题 …… 264
参考文献 …… 264

第八章　发酵产物的分离提取

第八章　发酵产物的分离提取 …… 265
第一节　发酵产物分离的特点与过程设计 …… 265
一、发酵产物分离的特点 …… 265
二、常用的分离技术及机制 …… 266
三、发酵产物分离的过程选择 …… 267
第二节　细胞破碎 …… 268
一、机械法 …… 269
二、非机械法 …… 270
第三节　沉淀与离心 …… 271
一、沉淀 …… 271
二、离心 …… 272
第四节　过滤与膜分离 …… 277
一、过滤 …… 277
二、膜分离 …… 281
第五节　萃取与色谱分离 …… 286
一、萃取 …… 286
二、色谱分离 …… 289
第六节　离子交换与吸附 …… 292
一、离子交换 …… 292
二、吸附 …… 294
第七节　蒸发、结晶与干燥 …… 297
一、蒸发 …… 297
二、结晶 …… 301
三、干燥 …… 304
第八节　发酵产物的分离实例——谷氨酸提取与味精制造 …… 308
一、谷氨酸提取 …… 308
二、味精制造 …… 312
三、谷氨酸发酵清洁生产 …… 315
思考题 …… 318
参考文献 …… 318

第一章　绪　论

【学习目标】

1. 了解发酵工业和现代发酵工程技术的历史及其发展趋势。
2. 熟悉发酵工程的一般概念。
3. 理解发酵生产的基本过程和特点。
4. 了解本课程的性质、研究对象与任务。

生物技术（biotechnology）是利用生物系统、活生物体及其衍生物，为特定用途而生产或改良产品或过程的技术。生物技术不完全是一门新兴学科，它包括传统生物技术和现代生物技术两部分。传统生物技术是指旧有的制造酱、醋、面包、奶酪及其他食品的传统发酵工艺。现代生物技术则是指 20 世纪 70 年代末 80 年代初发展起来的，以现代生物学研究成果为基础，以基因工程为核心的新兴学科。当前所称的生物技术基本上都是指现代生物技术。现代生物技术包括基因工程（gene engineering）、细胞工程（cell engineering）、酶工程（enzyme engineering）和发酵工程（fermentation procedures）。发酵工程是生物技术产业化的重要环节，绝大多数生物技术的目标都要通过发酵工程来实现。

发酵工程又称为微生物工程，是利用微生物生长速度快、生长条件简单以及代谢过程特殊等特点，在合适条件下通过现代化工程技术手段，由微生物的某种特定功能生产出人类需要的产品。虽然现代发酵工程已扩展到培养细胞（含动、植物细胞和微生物）来制得产物的所有过程，但已有的研究和应用成果显示，用于发酵技术过程最有效、最稳定、最方便的形式是微生物细胞，因此目前普遍采用的发酵技术都是围绕微生物过程进行的。

随着科学技术的进步，发酵技术也有了很大的发展，并且已经进入能够用基因工程的方法有目的地改造原有的微生物菌种，使这些微生物为人类生产产品的现代发酵工程阶段。现代发酵工程已成为一个包括了微生物学、化学工程、基因工程、细胞工程、机械工程和计算机软硬件工程的多学科工程。发酵技术由两个核心部分组成：第一部分是涉及获得特殊反应或过程所需的最良好的生物细胞——微生物菌种（或酶）；第二部分则是选择最精良设备，开发最优技术操作，创造充分发挥微生物细胞（或酶）作用的最佳环境——发酵工艺与设备。

第一节　发酵技术的起源与发展

英文中发酵（fermentation）一词是由拉丁语“发泡”“沸涌”（ferver）派生而来的，指酵母作用于果汁或谷物，进行酒精发酵时产生 CO_2 的现象。我国北魏时期（公元 6 世纪）贾思勰的《齐民要术》卷七“造神曲黍米酒方”中记载：“味足沸（即发酵时起泡的现象），定为熟。气味虽正，沸未息者，曲势未尽，宜更酘之；不酘则酒味苦、薄矣。”这说明古代中国已建立了酿酒发酵的概念。而在西欧，发酵的概念直至1857年始由法国人巴斯德实验确立。可见，我国古代关于发酵的基本概念产生比西方早很多年。

一、古代人类的酿酒活动与传统酿造工艺

在自然界中存在着大量的含糖野果，在空气里、尘埃中和果皮上都附着有酵母菌。在适当的水分和温度等条件下，酵母菌就有可能使果汁变成酒浆，自然形成酒。最初的酒是含糖物质在酵母菌的作用下自然形成的有机物。因此，酒是自然界的一种天然产物。人类不是发明了酒，仅仅是发现了酒。我国古代书籍中就有不少关于水果自然发酵成酒的记载。如宋代周密在《癸辛杂识》中曾记载山梨被人们贮藏在陶缸中后竟变成了清香扑鼻的梨酒。元代的元好问在《蒲桃酒赋》的序言中也记载道某山民因避难山中，堆积在缸中的蒲桃也变成了芳香醇美的葡萄酒。古代史籍中还有所谓“猿酒”的记载，当然这种猿酒并不是猿猴有意识酿造的酒，而是猿猴采集的水果自然发酵所生成的果酒。

早在1万多年前，西亚一带的古代民族就已种植小麦和大麦。那时是利用石板将谷物碾压成粉，与水调和后在烧热的石板上烘烤。这就是面包的起源，但它还是未发酵的“死面”，也许叫做“烤饼”更为合适。大约在公元前3000年，古埃及人最先掌握了制作发酵面包的技术。最初的发酵方法可能是偶然发现的：和好的面团在温暖处放久了，受到空气中酵母菌的侵入，导致发酵、膨胀、变酸，再经烤制便得到了远比“烤饼”松软的一种新面食，这便是世界上最早的面包。关于啤酒的起源，相传是一个健忘的面包师，无意中把做面包用的生面团长时间放在太阳下晒，生面团逐渐变成液体状态并开始发酵，由此发现了最早的啤酒酿制方法。还有一种说法：欧洲大陆上的农场主在收割之后，总是把麦子堆放在粮仓内，这些简陋的粮仓往往因屋顶漏水而使仓内的麦子受潮，麦子从而开始发芽并发酵，并因发酵产生了一些美味可口的淡黄色液体，这样最原始“啤酒”便问世了。

古代人制作酸奶和奶酒是靠天然发酵。生活在保加利亚的色雷人过着游牧生活，他们身上常常背着灌满了羊奶的皮囊。由于外部的气温和人的体温等作用，皮囊中的羊奶常常变酸，而且变成渣状。当他们要喝时，常把皮囊中的奶倒入煮过的奶中，煮过的奶也会变酸，这就是最早的酸奶。奶酒的生成是因为羊皮袋挂在马上，在马急行时，骑马人的脚不停地踢打在奶袋上，奶在袋子中运动，撞击变热加快了发酵，这样就使奶变成了“酒”。

人类最早的酿酒活动，只是机械地简单重复大自然的自酿过程。传统酿造工艺开始于人类见到微生物前的一段漫长的历史时期，大约在距今8000年前至公元1676年。人类有意识酿造的最原始的酒类品种应是果酒和乳酒。因为水果和动物的乳汁极易发酵成酒，所需的酿造技术较为简单。谷物酿酒要复杂很多，粮食中的碳水化合物不是糖而是淀粉，淀粉需要经淀粉酶分解为糖，然后由酵母的酒化酶将糖变成酒。中国的酒绝大多数是用酒曲酿造的。酒曲的起源已不可考，关于酒曲的最早文字可能就是周朝著作《书经·说命篇》中的“若作酒醴，尔惟曲蘖”。在原始社会时，谷物因保藏不当，受潮后会发霉或发芽，发霉或发芽的谷物就可以发酵成酒。这些发霉或发芽的谷物就是最原始的酒曲，同时也是发酵原料。因为发芽的谷物和发霉的谷物外观不同，作用也不同。发霉的谷物称为曲，发芽的谷物称为蘖。蘖的糖化力强而发酵力弱，用于造醴。醴的酒味很淡，不为人所喜爱，所以渐渐就不用蘖做酒，而只利用其分解淀粉为糖的性质来做饴糖了。

中国人虽然与曲蘖打了几千年的交道，知道酿酒一定要加入酒曲，但一直不知道曲蘖的本质所在，现代科学才解开其中的奥秘。从原理上看，我国酿酒工艺采用的酒曲上所生长的

微生物主要是霉菌，有的霉菌菌丝很长，可以在原料上相互缠结，松散的制曲原料可以自然形成块状。酒曲上的微生物种类很多，如细菌、酵母菌、霉菌，还有微生物所分泌的酶（淀粉酶、糖化酶和蛋白酶等）。酶具有生物催化作用，可以加速将酿酒谷物原料和酒曲本身含有的淀粉和蛋白质转变成糖、氨基酸。蘖也含有许多这样的酶，具有糖化作用，可以将蘖本身中的淀粉转变成糖分。

我国粮食酒中最早出现的黄酒是不经过蒸馏的，称为酿造酒。由于酿造酒乙醇浓度低，若温度高则易继续氧化成醋酸，所以酿酒多在冬季。随后出现蒸馏酒，即中国白酒，这与蒸馏器有关。酒曲酿酒的发明对我国豆酱、酱油、食醋、豆豉、饴糖、腐乳等发酵食品的生产也产生了积极的影响。在制曲技术发展的漫长过程中，分化出专用于酿醋、制酱和腌制食品的各类曲。谷物固体发酵酿醋是我国酿醋方法的特点。由于曲中微生物种类多，使醋中除醋酸外，还有乳酸、葡萄糖酸等有机酸，因而醋的风味更好。酿醋在西方是以酒作原料进行醋酸发酵而成的。欧洲食醋绝大部分是果醋。果醋英语称之为 vinegar，其源于法语的 vinaigre，即 vin（葡萄酒）及 aigre（酸）的复合词。由此可以看出，在古代果醋是由葡萄酒自然酸败而产生。制酱是利用曲中微生物产生的蛋白酶，把豆类、肉类等食品中大量含有的蛋白质分解成氨基酸等水解产物。酱油和酱的制造工艺是极其相近的。公元 1590 年的《本草纲目》最早描述酱油的制作方法：将煮过的豆子与大麦粉以 3∶2 的比例混合后，压成饼，在房中放置至被黄色霉菌生长盖满以后，这种长霉的饼块或曲与盐和水相混合，在太阳下晒制，再经过挤压，出来的液体就称为酱油。

对霉菌的利用是中国人的一大发明创造。我国独创的以人工控制霉菌生长进行制曲的酿酒方法，与西方国家用麦芽、酵母酿酒技术相比，要复杂得多。19 世纪末，法国人卡尔迈特从我国的酒药中分离出糖化力强的霉菌，应用在酒精生产上，号称“阿米诺法”，才突破了供生产酒精用的淀粉质原料非用麦芽不可的状况。日本微生物学家坂口谨一郎教授认为霉菌制曲甚至可与中国古代的四大发明相媲美。用淀粉质原料制曲，实际上就是分离和富集自然界中的黄曲霉和米曲霉等微生物。尽管以当时的条件还看不到微生物的个体形态，但是通过微生物的群体形态已懂得了控制不同的制曲条件可以获得不同的微生物，酿造不同的产品，也懂得了防止杂菌的污染。同时，制曲是一种利用固体培养物和保存微生物的有效方法。因为在干燥条件下，微生物处于休眠状态，活性容易保持不变。这些实践和理论不仅在当时是较为先进和科学的，时至今日仍有一定的实用价值。

由于没有对发酵的本质认识，这些传统酿造工艺的特点是纯经验性的，许多产品至今还在生产。

二、微生物、酶的发现和纯培养发酵技术的建立

19 世纪前，人们对发酵的本质并不了解，但已经在利用自然发酵现象制成各种发酵产品，如酱油、米酒、面包、奶酪、啤酒、白酒等。菌种是天然的，而非纯种培养，凭经验传授技术、带徒弟，产品质量不稳定，常常受到杂菌的污染而使人们感到困惑。1676 年，荷兰博物学家列文虎克发明了复式显微镜（放大倍数 270 倍），人类历史上第一次看到大量活的微生物。此后，这些微生物来自何处成了当时人们关心的问题。有些人认为是从没有生命的物质“自然发生”的，这就是古已有之的观点，叫做自然发生论。

1861 年，法国科学家路易·巴斯德（Paster，1812—1895 年）以著名的曲颈瓶试验（图 1-1）证明发酵原理，指出发酵现象是微小生命体进行的化学反应，彻底推翻生命的自然发生说并建立胚种学说（germtheory），从此结束了延续了 100 多年的争论。

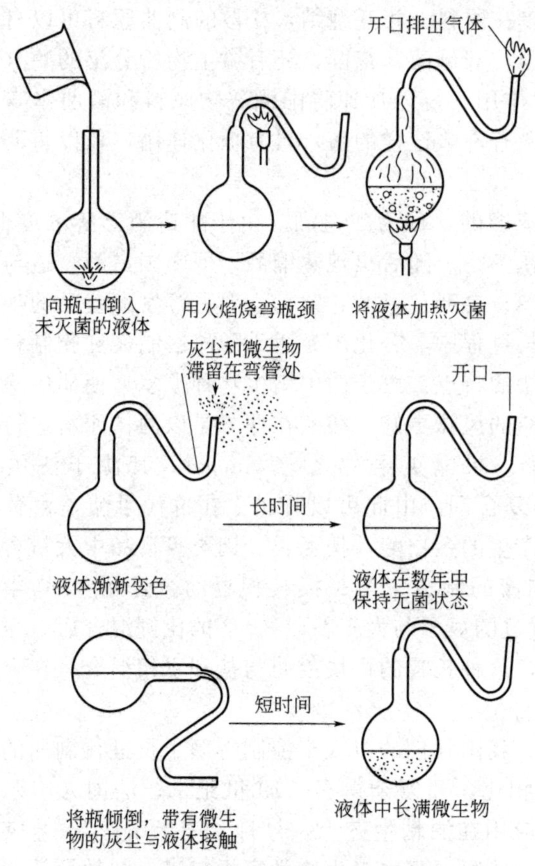

图 1-1 巴斯德否定自然发生论的曲颈瓶试验

巴斯德这个简单但是具有说服力的著名实验，证实了微生物只能从微生物产生而不能自然地从没有生命的物质发生。这个科学论断的确立，为研究微生物奠定了基础。巴斯德认为，酿酒是发酵，是微生物在起作用；酒变质也是发酵，是另一类微生物在作祟，论证了酒和醋的酿造以及一些物质的腐败都是由一定种类的微生物引起的发酵过程，并不是发酵或腐败产生微生物。巴斯德关于发酵作用的研究，从 1857 年到 1876 年前后持续了 20 年，连续对当时的乳酸发酵、酒精发酵、葡萄酒酿造、食醋制造等各种发酵现象进行研究，明确了这些不同类型的发酵是由形态上可以区别的各种特定的微生物所引起的，提出了防止酒变质的加热灭菌法，后被人称为巴斯德灭菌法。使用这一方法可使新生产的葡萄酒和啤酒长期保存。巴斯德的发现不仅对以前的发酵食品加工过程给以科学的解释，也为以后新的发酵过程的发现提供了理论基础，促进了生物学和工程学的结合。巴斯德也因此被人们誉为“发酵之父”。

1880 年，著名的德国医生科赫（Koch，1843—1910 年）发现可以通过稀释把多种微生物分离开来，建立了单种微生物的分离和纯培养技术。建立了研究微生物的一系列方法，把早年在马铃薯块上的培养技术改为明胶平板（1881 年）和琼脂平板（1882 年）。1897 年德国的毕希纳（Eduard Buchner，1860—1917 年）用磨碎的酵母细胞制成酵母液，并过滤使其滤液不带细胞，加入蔗糖后，又发现有 CO_2 和乙醇形成，从而证明酒精的发酵过程是由酶催化的一系列化学反应，并将此具有发酵能力的物质称为酒化酶（zymase）。从此，发酵的真相才开始被人们了解，从而将微生物生命活动与酶化学结合起来。20 世纪以来，生物化学和生物物理学向微生物学渗透，再加上电子显微镜的发明和同位素示踪原子的应用，推动了微生物学向生物化学阶段的发展。

第一次世界大战中，德国需求大量的甘油用于制造炸药，从而使甘油发酵工业化。英国需要大量优质的丙酮，制造无烟火药的硝化纤维，促进了丙酮-丁醇发酵的发明。从那时起，发酵技术又经历了几次重大的转折，不断地发展和完善。人们成功地掌握了微生物纯种培养技术。为此，人们设计了便于灭除其他杂菌的密闭式发酵罐以及其他灭菌设备，开始了乙醇、甘油、丙酮、丁醇、乳酸、柠檬酸、淀粉酶和蛋白酶等的微生物纯种发酵生产，与巴斯德时代以前的自然发酵是两个迥然不同的概念。此阶段以微生物的纯种培养技术为主要特征。但是，此时的发酵技术本身并无很大的进步，仍采用设备要求低的固体、浅盘液体发酵以及厌氧发酵，这是一些生产规模小、工艺简单、操作粗放的发酵方式，只能说是当代发酵工程的雏形。

三、现代发酵工程技术的形成

在19世纪以前出现的发酵产品，生产过程较为简单，所以对生产设备的要求不高。早期的发酵工业以厌氧发酵产品（如丙酮、丁醇）居多，由于不大量供应氧气，染杂菌导致生产失败的机会较少，故而深层液体厌氧发酵早就具有相当大的规模。当时只有少数的好氧发酵产品采用了深层液体发酵生产法，如面包酵母、醋酸；前者因为酵母的比生长速率较高，后者因为醋酸的生成导致发酵液中pH值降低，不易污染杂菌。

虽然在古埃及已经能酿造啤酒，但一直到17世纪才能在容量为1500桶（1桶相当于110升）的木质大桶中进行第一次真正的大规模酿造。在英国麦酒酿造中并未运用纯种培养。确切地说，许多小型的传统麦酒酿造过程，至今仍在使用混合酵母。在这一时期，除了理论上对发酵的认识，在技术上也有了大的突破。Paster揭示了酿造过程中酵母所遵循的规律。1881年德国人科赫（R. Koch）和助手一起开发了一直沿用至今的以琼脂作凝固培养基的单种微生物分离和纯培养技术，为大规模的发酵生产提供了可能。在18世纪后期，Hansen在Calsberg酿造厂建立了酵母单细胞分离和繁殖系统，为发酵生产的微生物初始培养形成一套复杂的技术。

醋的生产，原先是在浅层容器中进行，或是在未充满啤酒的木桶中，将残留的酒经缓慢氧化而生产醋，并散发出一种天然香味。认识了空气在制醋过程中的重要性后，终于发明了“发生器”。在发生器中，填充惰性物质（如焦炭、煤和各种木刨花），酒从上面缓慢滴下。可以将醋发生器视作第一个需氧发生器。在18世纪末到19世纪初，基础培养基是用巴氏灭菌法处理，然后接种10%优质醋使呈酸性，可防染菌污染。这样就成为一个良好的接种材料。

即使在早期的酿造中，也尝试对过程的控制。在1757年已应用温度计；在1801年就有了原始的热交换器。第一次世界大战时期建立了生产丙酮、丁醇和甘油的发酵工厂，加速了工业微生物学的发展，以易消毒的密闭发酵罐为代表，作为利用微生物进行大规模工业生产的开始。在1900年到1940年间，主要的新产品是酵母、甘油、柠檬酸、乳酸、丁醇和丙酮。其中面包酵母和有机溶剂的发酵有十分重大进展。面包酵母的生产是需氧过程。酵母在丰富养料中快速生长，使培养液中的氧耗尽。限制营养物的初始浓度，使细胞生长受到碳源的限制，而不受到缺氧的影响；然后在培养过程中加入少量养料，这个技术现在成为分批补料培养法；并且还将早期使用的向酵母培养液中通入空气的方法，改进为经由空气分布管进入培养液。巴斯德的曲颈瓶试验也使人们开始认识到无菌操作的重要。Weizmann开拓的丙酮丁醇发酵，是第一个进行大规模工业生产的发酵过程，也是工业生产中首次采用大量纯培养技术，排除了培养体系中其他有害的微生物。发酵器是由低碳钢制成的具有半圆形的顶和底的圆桶。它可以在压力下进行蒸汽灭菌而使杂菌污染减小到最低限度。

20世纪40年代，青霉素的生产是发酵工业技术形成的重要标志。1928年英国细菌学家弗莱明（Fleming）发现了青霉素，但当时青霉素培养液中所含的青霉素太少了，如果直接用它的培养液来治病，那一次就要注射几千甚至上万毫升，这在实际上无法办到。最初的青霉素发酵是采用湿麦麸为主要培养基的固体发酵方式。1941年，佛罗理着手进行沉浸培养法的研究开发。青霉素的生产是在需氧过程中进行，必须要有一种严格的、将不需要的微生物排除在生产体系之外的无菌操作技术，即从外界通入大量的空气而又不污染杂菌的培养技术。同时，还要想方设法从大量培养液中提取这种当时产量极低的较纯的青霉素。1943年经过美英两国科学家和工程师的努力，终于制成了以玉米汁为培养基，在24℃的温度下进行生产的设备，包括带有机械搅拌和通入无菌空气的密闭式发酵罐（初期的发酵罐体积为 $5m^3$，发酵效价为 200U/mL)。与此同时，大规模回收青霉素的萃取过程，也是另一大进展。早期青霉素生产与丙酮丁醇发酵的不同点还在于青霉素生产能力极低，因而促进了菌株改良的进程，并对以后的工业起着重要的作用。

随着青霉素大规模生产技术的突破，上百种新的抗生素和其他次级代谢产物的发酵产品相继投产，同时也对初级代谢产物的生产方式有很大启示作用：原来采用固体发酵为主的有机酸和酶制剂生产逐渐改为液体发酵生产。作为生物技术核心的发酵技术已从昔日的以厌氧发酵为主的工艺跃入深层通风发酵为主的工艺。这种工艺不只是通气，而且还有与此相适应的成套工程技术，如大量无菌空气的制备技术、中间无菌取样技术、设备的设计技术等等。此后，发酵工业中广泛采用了深层培养法进行青霉素以及酶制剂、柠檬酸、维生素、甾体激素和其他抗生素的工业化生产。以通气搅拌的深层发酵通用发酵罐和抗杂菌污染的纯种培养为代表的发酵技术，奠定了现代发酵工程的基础。

原始的手工作坊式的发酵制作凭借祖先传下来的技巧和经验生产发酵产品，体力劳动繁重，生产规模受到限制，难以实现工业化的生产。于是，人们借鉴化学工程技术，对发酵生产工艺进行了规范，用泵和管道等输送方式替代了肩挑手提的人力搬运，以机器生产代替了手工操作，把作坊式的发酵生产成功地推上了工业化生产的水平。

在 20 世纪 60 年代初期，许多跨国公司决定研究以微生物细胞作为饲料蛋白质的来源，推动了发酵技术的进一步发展。由于微生物蛋白质的售价较低，所以比其他发酵产品的生产规模要求更大些。机械搅拌发酵罐的最大容积已经扩大到 $150m^3$。由于发酵时对氧的需求量增加，不需要机械搅拌的高压喷射和强制循环的发酵罐应运而生。这种过程如果进行连续操作，则更为经济。连续发酵是向发酵罐中连续注入新鲜培养基，以促使微生物连续生长，并不断从中取出部分培养液。如 ICI 公司还在使用 $3000m^3$ 规模连续强制循环发酵罐，超大型的连续发酵的操作周期可超过 100 天。其问题是染菌的危害性已大大超过 20 世纪 40 年代的抗生素生产。这类发酵罐的灭菌，是通过高度标准化的发酵罐结构、料液的连续灭菌、利用电脑控制灭菌和操作周期而达到的，以最大限度地减少人工操作的差错。但连续发酵的应用范围极为有限，工业上普遍开始采用分批培养和分批补料培养法。

抗生素工业的兴起，使发酵工业在产品更新、新设备和新技术的应用上都达到了前所未有的水平。一门反映生物和化工相交叉的学科——生化工程也随之诞生，并取得了飞速发展。Hasting 指出（1954 年），生化工程要解决的十大问题是深层培养、通气、空气除菌、搅拌、结构材料、容器、冷却方式、设备及培养基除菌、过滤、公害。到 20 世纪 60 年代中期，生化工程的研究人员在发酵及与之相关的管路网络设计、操作中推行了无菌的概念，建立了无菌操作的一整套技术。1964 年 Aiba 等人认为通气搅拌与放大是生化工程学科的核心，其中放大是生化工程的焦点。由于通气搅拌尤其是发酵罐的放大问题不仅仅与发酵罐的特性、液体的动态有关，而且与微生物的代谢反应紧密相连，因此，1973 年 Aiba 等人进一步指出，在大规模研究方面，仅仅把重点放在无菌操作、通气搅拌等过程的物理现象解析和设备的开发上是不够的，应当进一步开展对微生物反应本质的研究。其后，生化工程的研究重点就逐步从对过程的物理特性研究过渡到对微生物反应进行定量研究上来。

发酵罐是整个生物反应过程的关键设备。它是为特定的细胞或酶提供适宜的生长环境或进行特定的生化反应的设备，它的结构、操作方式和操作条件与产品的质量、产量和能耗有着密切的关系。发酵罐存在着物料的混合与流动、传质与传热等化学工程问题；存在着氧和基质的供需和传递、发酵动力学、酶催化反应动力学、发酵液的流变学以及生物反应器的设计与放大等一系列带有共性的工程技术问题；同时还包括生物反应过程的参数检测和控制。有关这一加工过程的工程问题已发展成为生化工程的重要学科分支——生物反应工程。

发酵生产与化学工程的结合促成了发酵生产的第一次飞跃。现代意义上的发酵工程是一个由多学科交叉、融合而形成的技术性和应用性较强的开放性的学科。

四、代谢控制发酵和基因工程技术的产生与发展

通过发酵工业化生产的几十年实践，人们逐步认识到发酵工业过程是一个随着时间变化的（时变的）、非线性的、多变量输入和输出的动态的生物学过程，按照化学工程的模式来处理发酵工业生产（特别是大规模生产）的问题，往往难以收到预期的效果。从化学工程的角度来看，发酵罐也就是生产原料发酵的反应器，发酵罐中培养的微生物细胞只是一种催化剂，按化学工程的传统思维，微生物当然难以发挥其特有的生产潜力。于是，追溯到作坊式的发酵生产技术的生物学内涵（微生物），返璞归真，从而对发酵工程的属性有了新的认识。发酵工程的生物学属性的认定，使发酵工程的发展有了明确的方向，发酵工程进入了生物工程的范畴。

微生物的代谢产物很多，主要有乙醇、丙酮、乳酸、氨基酸、酶制剂、抗生素等，在这些产物中，乙醇、丙酮、乳酸等，微生物可以在特定的外部环境下生成，这类发酵我们称之为自然发酵。而有些产物诸如氨基酸、酶制剂等，正常的微生物不能在培养基中大量合成与积累，需要通过化学、物理、生物等方法人为改变菌株原来的代谢途径，使之能够分泌并积累特定的产物。早期青霉素发酵生产能力极低，因而促进了菌株改良的进程，但一直通过突变率很低的自然选择或诱变等非定向育种方法来筛选高产菌株。

1950 年发现了大肠杆菌能分泌少量的丙氨酸、谷氨酸、天冬氨酸和苯丙氨酸，以及加入过量的铵盐可增加氨基酸积累量的现象。但是，微生物的细胞具有代谢自动调节系统，使氨基酸不能过量积累。如果要在培养基中大量积累氨基酸，就必须解除或突破微生物的代谢调节机制。从 20 世纪 50 年代中期起，由于对微生物代谢途径和调控研究的逐步深入，在发酵工业上找到了能突破微生物代谢调控以积累目的产物的手段——代谢控制发酵技术。所谓代谢控制发酵技术，即将微生物通过人工诱变，获得代谢发生改变的突变株，在控制条件下，选择性地大量生产某种人们所需要的产品。氨基酸发酵就是人为控制这种机制所取得的重大成果。如从自然界中分离筛选野生菌株，控制其胞膜通透性，使之有利于分泌大量 L-谷氨酸，是获得 L-谷氨酸发酵微生物优良菌株的重要途径。其次通过对产 L-谷氨酸菌株的人工诱变，选育产氨基酸的各种突变株，是获得其他氨基酸发酵微生物优良菌株的有效方法。1956 年，日本木下祝朗博士等从东京上野动物园鸟粪中分离筛选到谷氨酸产生菌，1957 年日本协和发酵公司成功地进行谷氨酸发酵。这是整个氨基酸发酵的开始，继而迅速掀起了一股氨基酸发酵研究的热潮。此外，还可利用添加前体物和酶转化法生产氨基酸。现在，近 20 种氨基酸均可用微生物发酵法生产。

此阶段以微生物代谢调控发酵技术为主要特征。随后，代谢控制发酵技术被用于核苷酸、有机酸和抗生素的生产中，形成了一个较完整的、利用微生物发酵的工业化生产体系。发酵由野生型发酵向高度人为控制的发酵转移；由依赖于微生物分解代谢的发酵转向依赖于生物合成的发酵，即向代谢产物大量积累的方向转移。代谢控制发酵理论的建立和应用为微生物工业发酵的理论和实践作出了重大贡献，也是未来微生物发酵工业研究和发展的方向。大多数的工业产品并不是微生物代谢的末端产物，而是微生物代谢的中间物质，要合成、积累这些物质，必须解除它们的代谢调控机制。这可以通过遗传学或其他生物化学的方法，改变或控制微生物的原有代谢，使我们希望得到的代谢中间物质能够大量生成和积累。

现代发酵工业技术的突破性发展，是以在体外完成微生物基因操作（通常称为基因工程）而开始的。1953 年 Watson 和 Crick 提出的 DNA 双螺旋结构模型标志着现代分子生物学的诞生。1957 年，A. 科恩伯格等成功地进行了 DNA 的体外组合和操纵。基因工程不仅能在不相关的生物间转移基因，而且还可以很精确地对一个生物的基因组进行交换，因而可以赋予微生物细胞具有生产较高等生物细胞所产生的化合物的能力。基因操作技术引起了发酵工业的革命，并出现大量新型发酵过程。近年来，原核微生物基因重组的研究不断获得进展，已用基因转移的大肠杆菌发酵生产胰岛素，并也已开始用细菌生产干扰素。由此形成新型的发酵过程，使工业微生物所产生的化合物超出了原有微生物的范围。

发酵工程起源于家庭或作坊式的手工制作，后来借鉴于化学工程实现了工业化生产，最后又回到以微生物生命活动为中心，研究、设计和指导工业发酵生产（现代发酵工程），跨入生物工程的行列。

第二节　发酵工程的内容及其特点

发酵工程的基本内容和目标是借助于微生物进行产品开发或环境改造，解决的是生物技术产业化进程中的关键问题，涉及到解决人类所面临的食品与营养、健康与环境、资源与能源等重大问题，为人类社会带来巨大经济和社会效益，被誉为工业生物技术的核心。“发酵”有“微生物生理学严格定义的发酵”和“工业发酵”之分。工业生产上通过“工业发酵”来加工或制作产品，其对应的加工或制作工艺被称为“发酵工艺”。为实现工业化生产，就必须解决实现这些工艺（发酵工艺）的工业生产环境、设备和过程控制的工程学问题，因此，就有了“发酵工程”。微生物是发酵工程的灵魂。近年来，对于发酵工程的生物学属性的认识日益明朗化，发酵工程正在走近科学。

一、发酵工程的内容

完整的发酵工程应该包括从投入原料到获得最终产品的整个过程。发酵工程就是要研究和解决这整个过程中的工艺和设备问题，将实验室和中试成果迅速扩大到工业化生产中去。发酵生产的基本工艺和设备流程见图 1-2。

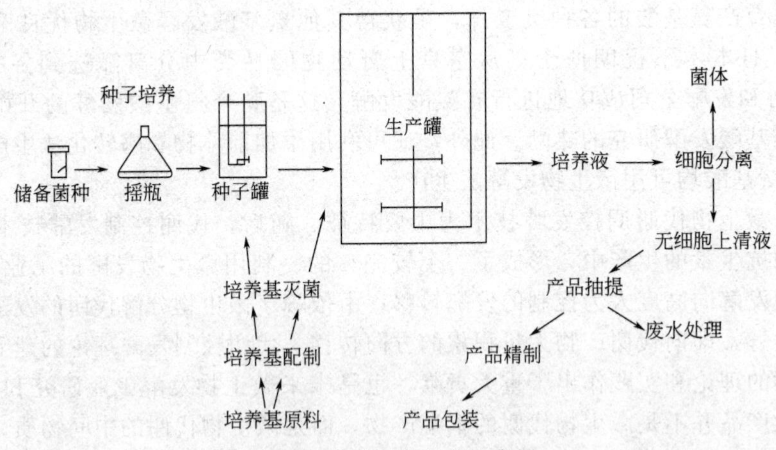

图 1-2　发酵基本过程示意图

从工程学的角度把发酵工业过程分为菌种、发酵和提炼（包括废水处理）等三个阶段，称为发酵工程的上游、中游和下游工程。

上游工程包括优良种株的选育，最适发酵条件（pH 值、温度、溶氧和营养组成）的确定，营养物的准备等。优良发酵生产菌的特点：①能在廉价原料制成的培养基上迅速生长；②培养条件易于控制；③生长速度快，产能高，发酵周期短；④菌种纯粹，抗噬菌体，非病原菌。人们一般通过化学突变、化学诱变或者紫外线照射来产生突变体，从而改良菌种、提高产量，传统的诱导突变和选择的方法在发酵生产中获得了较大的成功。多种抗生素的大量生产过程就是这种方法的成功例证。但是通过传统的方法提高产量的幅度是非常有限的，如果一个突变了的菌株某一组分合成太多，那么其他一些代谢物的合成就会受到影响，因此这反过来又会影响微生物在大规模发酵过程中的生长。传统的诱变和选择的方法过程烦琐、耗时过长、费用极高，需要筛选和检测大量的克隆。另外，用传统的方法能提高微生物一种已有的遗传性质，并不能赋予这种微生物以其他遗传特性。总的来说，传统的改良菌种的生物技术还仅仅局限在化学工程和微生物工程的领域内。随着 DNA 重组技术的出现和发展，这种情况发生了根本性的改变。同时，必须掌握菌株的生理生化特性和培养特性，解决大规模种子培养以及如何将其在无菌状态下接入发酵罐中等问题。上游加工中还包括原材料的物理和化学处理、培养基的配制和灭菌等问题，这里包括物料破碎、混合和输送等多种化工单元操作，以及热量传递、灭菌动力学和设备等有关工程问题。

中游工程主要指在最适发酵条件下，发酵罐中大量培养细胞和生产代谢产物的工艺技术。这里要有严格的无菌生长环境，包括发酵开始前采用高温高压对发酵原料、发酵罐以及各种连接管道进行灭菌的技术；在发酵过程中不断向发酵罐中通入干燥无菌空气的空气过滤技术；在发酵过程中根据细胞生长要求控制加料速度的计算机控制技术；还有种子培养和生产培养的不同的工艺技术。此外，根据不同的需要，还可将发酵工艺分为分批发酵（即一次投料发酵）、补料分批发酵（即在一次投料发酵的基础上，流加一定量的营养，使细胞进一步的生长，或得到更多的代谢产物）和连续发酵（不断地流加营养，并不断地取出发酵液）。在进行任何大规模工业发酵前，必须在实验室规模的小发酵罐进行大量的实验，得到产物形成的动力学模型，并根据这个模型设计中试的发酵要求，最后从中试数据再设计更大规模生产的动力学模型。由于生物反应的复杂性，在从实验室到中试、从中试到大规模生产过程中会出现许多问题，这就是发酵工程工艺放大问题。发酵过程的优化是指最佳控制发酵过程的方案或发酵过程中主要控制的项目和方法。发酵过程优化的目的是：①条件和相互关系进行优化；②复杂关系尽可能简化。

下游工程是对目的产物的提取与精制。这一过程是比较困难的。这是因为一方面生物反应液中的目的产物的浓度是很低微的。例如，浓度最高的乙醇仅为10%左右，氨基酸不超过8%，抗生素不超过5%，酶制剂不超过1%，胰岛素不超过0.01%，单克隆抗体不超过0.0001%；另一方面因为反应液杂质常与目的产物有相似的结构，加上一些具有生物活性的产品对温度、酸碱度都十分敏感，一些作为药物或食品的产品对纯度、有害物质都有严格的要求。从发酵液中分离和纯化产品的技术，包括固液分离技术（离心分离，过滤分离，沉淀分离等工艺）、细胞破壁技术（超声、高压剪切、渗透压、表面活性剂和溶壁酶等）、蛋白质纯化技术（沉淀法、色谱分离法和超滤法等），最后还有产品的包装处理技术（真空干燥和冷冻干燥等）。虽然发酵工业生产以发酵为主，发酵的好坏是整个生产的关键，但后处理在发酵生产中也占有很重要的地位。往往有这样的情况：发酵产率很高，但因后处理操作和设备选用不当而大大降低了总得率。所以发酵过程的完成并不等于工作的结束。完整的发酵工程应该包括从投入原料到获得最终产品的整个过程。总之，下游加工过程步骤多，要求严，其生产费用往往占生产成本的一半以上。

二、发酵生产的类型

发酵工程涉及的生产部门有食品工业、农产品加工、酒精和饮料酒工业、氨基酸工业、有机酸工业、化学工业、医药工业、工农业下脚料的处理和增值、工业废水的处理和增值等。每种发酵至少同一种微生物相联系。目前已知具有生产价值的发酵类型有：

(1) 微生物菌体发酵　这是以获得具有多种用途的微生物菌体细胞为目的产品的发酵工业，包括单细胞的酵母和藻类、担子菌，生物防治的苏云金杆菌以及人、畜防治疾病用的疫苗等。其特点是细胞的生长与产物积累成平行关系，生长速率最大时期也是产物合成速率最高阶段，生长稳定期产量最高。

比较传统的菌体发酵工业，有用于面包制作的酵母发酵及用于人类食品或动物饲料的微生物菌体蛋白（单细胞蛋白）发酵两种类型。新的菌体发酵可用来生产一些药用真菌，如香菇类、依赖虫蛹而生存的冬虫夏草菌、与天麻共生的密环菌、从多孔菌科的茯苓菌获得的名贵中药茯苓和担子菌的灵芝等。这些药用真菌可以通过发酵培养的手段来产生与天然产品具有同等疗效的产物。有的微生物菌体还可用作生物防治剂，如苏云金杆菌、蜡样芽孢杆菌和侧孢芽孢杆菌，其细胞中的伴孢晶体可毒杀鳞翅目、双翅目的害虫；丝状真菌中的白僵菌、绿僵菌可防治松毛虫等。所以某些微生物的剂型产品，可制成新型的微生物杀虫剂，并用于农业生产中。因此，菌体发酵工业还包括微生物杀虫剂的发酵。

(2) 微生物酶发酵　酶的特点是易于工业化生产，便于改善工艺，提高产量。酶普遍存在于动物、植物和微生物中。最初，人们都是从动、植物组织中提取酶，但目前工业应用的酶大多来自微生物发酵，因为微生物具有种类多、产酶品种多、生产容易和成本低等特点。微生物酶制剂有广泛的用途，多用于食品工业和轻工业中，如微生物生产的淀粉酶和糖化酶用于生产葡萄糖，氨基酰化酶用于拆分 D-氨基酸、L-氨基酸等。酶也用于医药生产和医疗检测中，如青霉素酰化酶用来生产半合成青霉素所用的中间体 6-氨基青霉烷酸，胆固醇氧化酶用于检查血清中胆固醇的含量，葡萄糖氧化酶用于检查血中葡萄糖的含量等等。

微生物酶分为胞内酶和胞外酶，其生物合成特点是需要诱导作用，或受阻遏、抑制等调控作用的影响，在菌种选育、培养基配制以及发酵条件等方面需给予注意。

(3) 微生物代谢产物发酵　这是以微生物代谢产物作为产品的发酵生产，是发酵工业中数量最多、产量最大，也是最重要的部分。微生物代谢产物的种类很多，一般分为初级代谢产物和次级代谢产物两种类型。

初级代谢分为三个阶段：①各类营养物质以不同的方式进入细胞，根据物质的性质不同，进入细胞的方式也是不同的，包括自由扩散、被动扩散和主动运输；②通过各自的途径被糖代谢、脂类代谢及蛋白质类代谢等代谢成各种不同的中间产物；③中间产物通过合成反应形成细胞自身的物质，或通过分解反应释放能量和 CO_2、H_2O，厌氧条件下生成乙醇、乙酸、乳酸。在菌体对数生长期所产生的产物，如氨基酸、核苷酸、蛋白质、核酸、糖类等，是菌体生长繁殖所必需的，这些产物叫做初级代谢产物。许多初级代谢产物在经济上具有相当的重要性，分别形成了各种不同的发酵工业。

在菌体对数生长期结束以后的生理过程中，某些微生物能够将中间代谢产物或初级代谢产物转化合成一些具有特定功能的产物，如抗生素、生物碱、细菌毒素、植物生长因子等。这些产物与菌体生长繁殖无明显关系，叫做次级代谢产物。次级代谢产物多为低分子量化合物，但其化学结构类型多种多样。其中抗生素不仅具有广泛的抗菌作用，而且还有抗病毒、抗癌和其他生理活性，因而得到了大力发展，已成为发酵工业的重要支柱。

(4) 微生物的转化发酵　微生物转化发酵是利用生物细胞对一些化合物某一特定部位（基团）的作用，使它转变成结构相类似但具有更高经济价值的化合物。最终产物是由微生物细胞的酶或酶系对底物某一特定部位进行化学反应而形成的。

可进行的转化反应包括：脱氢反应、氧化反应、脱水反应、缩合反应、脱羧反应、氨化反应、脱氨反应和异构化反应等。最古老的生物转化，就是利用菌体将乙醇转化成乙酸的醋酸发酵。生物转化还可用于把异丙醇转化成丙醇；甘油转化成二羟基丙酮；葡萄糖转化成葡萄糖酸，进而转化成 2-酮基葡萄糖酸或 5-酮基葡萄糖酸；以及将山梨醇转变成 L-山梨糖等。此外，微生物转化发酵还包括甾类转化和抗生素的生物转化等。

(5) 生物工程细胞的发酵　这是指利用生物工程技术所获得的细胞，如 DNA 重组的“工程菌”以及细胞融合所得的“杂交”细胞等进行培养的新型发酵，其产物多种多样。用基因工程菌生产的有胰岛素、干扰素、青霉素酰化酶等，用杂交瘤细胞生产的用于治疗和诊断的各种单克隆抗体等。

三、发酵工程的特点

发酵过程是由生长繁殖的微生物所引起的生物反应过程。利用微生物反应过程可以获得某种产物，也可以利用微生物来消除某些物质（废水、废物的处理）。它们都是活微生物的反应过程。因此，这一过程中的产物可以是过程的中间或终点时的代谢产物，也可以是有机物的降解物或微生物自身的细胞。发酵工程的一般特点为：①生产所用的原料通常以淀粉、糖蜜等碳水化合物为主，辅料包括一定的有机或无机氮源和少量无机盐；②微生物反应过程以生命体的自动调节方式进行，数十个生化反应过程能通过单一微生物的代谢活动来完成，因而所需产品可在单一发酵设备中一次合成；③微生物能利用简单的物质合成复杂的高分子化合物，酶制剂、活性蛋白、活性肽和多糖等生物产品的生产是微生物工业最有发展前景的领域；④由于生命体特有的反应机制，微生物能高度选择性地在复杂化合物的特定部位进行氧化、还原、官能团导入等转化反应，从而获得某些具有重大经济价值的物质；⑤微生物在自然界中分布很广，种类繁多。人们可有目的地从自然界中筛选有用的微生物菌种，并可通过物理和化学诱变、细胞融合和基因重组等育种技术获得高产菌株。从分子生物学的观点看，微生物的基因组相对较小，调控系统相对简单，进行基因操作比动、植物要容易得多。例如最初从微生物生产青霉素时，其产率不到 0.01%，经过人们的不断改造，现已达 5%以上，产率提高了 500 多倍。

发酵工程与化学工程非常接近，化学工程中许多单元操作在微生物工业中得到应用。国外许多学术机构把发酵工程作为化学工程的一个分支，称为生化工程。但由于微生物工业是培养和处理活的有机体，所以除了与化学工程有共性外，还有它的特殊性。例如，空气除菌系统、培养基灭菌系统等都是微生物工业中所特有的。再如，化学工程中，气、液两相混合、吸收的设备，仅有通风和搅拌的作用，而通风机械搅拌发酵罐除了上述作用外，还包括复杂的氧化、还原、转化、水解、生物合成以及细胞的生长和分裂等作用，而且还有其严格无菌要求，不能简单地与气体吸收设备完全等同起来。提取部分的单元操作虽然与化工中的单元操作无明显区别，但为适应菌体与微生物产物的特点，还要采取一些特殊措施并选用合适的设备。简言之，发酵过程是将化学工程中各有关单元操作与微生物的特点一并考虑进行操作的，两者的不同点在于：①作为生物化学反应，通常在常温常压下进行，因此没有爆炸之类的危险，各种生产设备一般不必考虑防爆问题；②微生物发酵过程需防止杂菌污染，生产过程所需的设备、培养基和空气都需进行严格的无菌处理，一旦杂菌入侵就有可能导致发酵生产的失败；③微生物发酵液成分较复杂，大多为非牛顿流体，其产品分离与纯化过程比化学反应过程产品复杂得多；④制造发酵产物的微生物菌体也是发酵产物，微生物细胞富含蛋白质、核酸、维生素等有用物质。微生物发酵液一般不含对生物体有害的物质。

通过发酵工业化生产的几十年实践，人们逐步认识到发酵工业过程是一个随着时间变化的（时变的）、非线性的、多变量输入和输出的动态的生物学过程，按照化学工程的模式来处理发酵工业生产（特别是大规模生产）的问题，往往难以收到预期的效果。从化学工程的角度来看，发酵罐也就是生产原料发酵的反应器，发酵罐中培养的微生物细胞只是一种催化剂，按化学工程的正统思维，微生物当然难以发挥其生命特有的生产潜力。于是，追溯到作坊式的发酵生产技术的生物学内核（微生物），返璞归真而对发酵工程的属性有了新的认识。发酵工程的生物学属性的认定，使发酵工程的发展有了明确的方向，发酵工程进入了生物工程的范畴。

随着生物技术的发展，生物反应过程的种类和规模都在不断扩大。目前已进行工业生产的生物反应过程主要有酶催化反应过程、微生物发酵过程和废水的生物处理过程。

酶催化反应过程是采用游离酶或固定化酶为催化剂时的反应过程。生物体中所进行的反应几乎都是在酶的催化下进行的。工业生产中所用的酶，或是经提取分离得到的游离酶，或是固定在多种载体上的固定化酶。与酶工程相比，发酵工程的特点是微生物的来源广、价格低，而且可以再生，但发酵液中含有某些副产物，给产品提取与纯化带来困难；而酶催化反应专一，无副产物，转化率高，但原酶价格高，有些酶来源受限制，且酶失活后不能再生。有关发酵工程与酶工程的比较见表 1-1。

表 1-1 微生物发酵与酶催化反应过程的比较

项目	微生物发酵	酶催化反应
应用	系列串联反应，产物包括微生物代谢产物、微生物细胞本身和细胞组成部分（胞内产物）	单酶系统时，为单一反应；多酶系统时，可用于若干串联反应或多底物、多产物反应
来源与价格	来源广、价格低、菌种可传代，在发酵开始时，接入少量种子液，即可在过程中自行繁殖	从细胞中提取或通过微生物发酵制得。除若干大宗工业酶制剂外，大多价格昂贵
稳定性	较高，可通过多种途径保持其稳定性	较差，只有高稳定性或经稳定性修饰的酶才能在工业上应用
辅酶再生	在微生物新陈代谢中自行解决	在需要辅酶再生的反应中，技术和经济问题难以解决
原料要求	可用粗原料，但培养基中需提供菌体生长和产物形成所必需的成分	简单，但要求纯度较高的化合物作底物
反应时间	较长，1 天左右至 1 周以上	较短，数分钟至几十小时
反应器	体积较大，但结构较简单	体积较小，但结构较复杂
操作方式	多为分批式，少量连续式，对于固定化细胞，也可用固定床、流化床反应器进行连续操作	对游离酶反应，分批式和连续式无明显区别；对于固定化酶，以连续固定化、流化床反应器为主
过程控制	较复杂，过程常分为菌体生长和产物形成两个阶段；物料成分及性质复杂，代谢途径较难控制	简单
产品分离	较复杂，反应终了时，发酵液中含有菌体、残余培养基和较多的副产物	简单
工业生产	较多，有上千种工业产品	较少，目前常见的工业产品仅十余种

微生物发酵过程是采用活细胞为催化剂时的反应过程。这既包括一般的微生物发酵反应过程，也包括固定化细胞反应过程和动植物细胞的培养过程。与动、植物细胞培养比较，微生物具有生产速度快、营养要求简单、对环境条件要求低等特点。有关微生物培养与动、植物细胞培养的差异见表 1-2。

表 1-2　微生物培养与动、植物细胞培养的差异

项目	微生物	哺乳动物细胞	植物细胞
细胞直径/μm	1～10	10～100	10～100
细胞壁	有	无	有
生长形式	悬浮	多数贴壁,也有悬浮生长	悬浮,但易成团,无单个细胞
营养要求	简单	非常复杂	较复杂
生长速度	快,倍增时间 0.5～5h	慢,倍增时间 15～100h	慢,倍增时间 24～72h
供氧要求(K_La 值)/h^{-1}	100～1000	1～25	20～30
细胞培养浓度/(g/L)	1～100	0.1～1	1～30
产物浓度	较高	低	较低
细胞分化	无	无	有
代谢调节	内部	内部、激素	内部、激素
对环境敏感性	忍受范围宽	非常敏感,忍受范围窄	忍受范围较宽
对剪切力敏感性	低	非常高	高

废水的生物处理过程是利用微生物本身的分解能力和净化能力，除去废水中污染物质的过程。与微生物发酵过程相比，废水的生物处理具有以下特点：①由细菌等菌类、原生动物、微小原生动物等各种微生物构成的混合培养系统；②几乎全部采用连续操作系统；③微生物所处的环境条件波动大；④反应的目的是消除有害物质而不是代谢产物和微生物本身。

第三节　发酵工程的应用领域

发酵工程在基因工程、细胞工程、蛋白质工程等现代生物技术的支持下，可以产生众多新产品，应用的范围进一步扩大，已深入到工农业生产、医疗保健、环境保护甚至微电子领域，促进了传统产业的技术改造和新兴产业的产生，给生产力的发展带来了巨大的潜力，对人类社会生活将产生深远的影响。

在目前能源、资源紧张，人口、粮食及污染问题日益严重的情况下，发酵工程作为现代生物技术的重要组成部分之一，得到越来越广泛的应用。

一、医药工业

医药卫生领域是发酵工程应用最广泛、成绩最显著、发展最迅速、潜力也最大的领域。这是因为可以利用发酵工程从各方面改进医药的生产，开发新的药品，改善医疗手段，从而提高人类的医疗水平，并且也可以从中获得巨大的经济利益。生物技术在医药方面的应用是令人最为关注的领域之一，特别是现代生物技术的应用常集中于医药方面。这是因为医药产品的价格较高，容易使产品在经济上受益，另外也由于人们都期望有高效药物问世。通过生物技术生产或已在实验室获得较好结果的医药产品为数很多，现分别介绍如下：

(1) 各种抗生素

① 抗细菌抗生素：杆菌肽、头孢菌素、氯霉素（对斑疹伤寒有特效）、金霉素、环丝氨酸（抗结核菌）、红霉素、紫霉素等。

② 抗真菌抗生素：两性霉素 B、杀假丝菌素、灰黄霉素、制霉菌素等。

③ 抗原虫抗生素：烟曲霉素、曲古霉素等。

④ 抗肿瘤抗生素：放线菌素、阿德里亚霉素、博来霉素、光神霉素、丝裂霉素、内瘤霉素等。

(2) 各种氨基酸　氨基酸在医药中主要用作氨基酸大输液。可经发酵获得的氨基酸有：谷氨酸、丙氨酸、精氨酸、组氨酸、异亮氨酸、亮氨酸、苯丙氨酸、脯氨酸、苏氨酸、色氨酸、缬氨酸等。可用酶法获得的氨基酸有天冬氨酸、丙氨酸、蛋氨酸、苯丙氨酸、色氨酸、赖氨酸、半胱氨酸等。

(3) 维生素　目前可用生物技术生产的维生素或其中间产物有维生素 B_2、维生素 B_{12}、2-酮基古龙酸［经转化后即得维生素 C(抗坏血酸)］、β-胡萝卜素（维生素 A，其为抗干眼病维生素的前体）、麦角甾醇等。

(4) 甾体激素　在可的松、氢化可的松、肤氢松（氟氢可的松）、确安舒松（氟羟脱氢皮质醇）等甾体激素化学合成过程中有若干步可用微生物转化来完成。

(5) 生物制品　生物制品是指含抗原的制品：由减毒或死的病毒或立克次氏体制造的疫苗（牛痘和斑疹伤寒疫苗）；减菌或死的病原菌制成的菌苗（卡介苗、伤寒菌苗）和类毒素(白喉类毒素)；以及含抗体的制品（能中和外毒素的抗毒素）。它们均被用于预防、诊断或治疗传染病。

(6) 单克隆抗体　由于单克隆抗体对有关抗体具有高度亲和性，故可用来制备诊断。在今后研制出人-人或人-鼠单克隆抗体后，还可用于治疗。特别是可作为能驱病灶导弹药物的运载工具。此外，单抗还可用于亲和色谱以纯化抗原物质（通常为所欲纯化的目标产物，如干扰素等）或用于疫病分析和菌种鉴别。

(7) 其他

① 治疗用酶　蛋白酶和核酸酶可用于加速去除坏死组织、脓液、分泌液、血肿；胃蛋白酶、脂肪酶、蛋白酶可帮助消化；尿激酶、链激酶可以溶化血栓；胰蛋白酶可以释放激肽；天冬酰胺酶可抗肿瘤；超氧化酶可治疗因 O^{2-} 的毒性引起的炎症。

② 酶抑制剂　如棒酸可抑制 β-内酰胺的作用而减少或避免由细菌产生的 β-内酰胺酶对青霉素的破坏；α-淀粉酶抑制剂可治糖尿病；抑肽素（蛋白质抑制剂）可用于治疗胃溃疡；多巴丁有降血压作用。

③ 核苷酸产品　如肌苷可治疗心脏病、白血病、血小板下降、肝病等。黄素腺嘌呤二核苷酸（FAD）可治维生素 B 缺乏症、肝病、肾病；辅酶 A 可治疗白血病、血小板下降、肝病、心脏病；辅酶Ⅰ(NAD）可治糙皮症、肝病、肾病；胞二磷（CDP）胆碱可治疗头部外伤或大脑因外伤引起的意识模糊。

④ 制药工业用酶　如青霉素酰化酶用于生产半合成青霉素的母核——6-氨基青霉烷酸(6-APA)，天冬氨酸酶用于生产天冬氨酸，L-氨基酰酶用于生产 L-氨基酸等。

⑤ 其他发酵药物　如谷氨酰胺可抗肿瘤，麦角新碱可用于产后子宫复元，麦角胺可治疗偏头疼等。

此外，可用基因工程细胞产生的关键蛋白治疗基因缺陷症，称为基因治疗。

二、食品工业

食品工业是世界上最大的工业之一。在工业化国家，食品消费要占家庭消费的20%～30%。也是微生物技术最早开发应用的领域，至今其产量和产值仍占据微生物工程的首位。

传统的含醇饮料、调味品、乳制品等，至今其产量和产值还占生物技术的首位。含醇饮料包括以糖类物质（水果汁、蔬菜汁、蜂蜜等）和淀粉类物质（谷物或根类等）为主要原料酿造或加工的葡萄酒、果酒、黄酒、白酒、啤酒、白兰地、威士忌、伏特加、香槟酒、朗姆酒等。调味品和发酵食品包括柠檬酸、味精、肌苷酸、鸟苷酸和以豆类、谷物等生产的酱、酱油、醋、豆豉、豆腐乳、饴糖、泡菜等。发酵乳制品包括奶酒、干酪、酸奶、活性乳酸饮料等。

以下各种酶均可从微生物中获得：

① 糖酶　α-淀粉酶，使淀粉液化生成糊精及少量麦芽糖、葡萄糖。β-淀粉酶，使淀粉水解为麦芽糖。葡萄糖苷酶，即糖化酶，使淀粉、糊精、麦芽糖水解为葡萄糖。支链（异）淀粉酶，水解支链淀粉。转化酶，如蔗糖酶，能将蔗糖或棉子糖水解为葡萄糖及果糖。异构酶，使葡萄糖异构为果糖。半乳糖酶，将乳糖水解为葡萄糖和半乳糖。纤维素酶，将纤维素水解为葡萄糖。

② 蛋白酶　碱性蛋白酶，用于洗涤剂、皮革鞣化、胶片回收银、啤酒去浊。酸性蛋白酶，用于饮料、食品的冷藏保存，制作蛋白质水解产物。中性蛋白酶，用于皮张脱毛、蚕丝脱胶、蛋白胨制备。

③ 果胶酶　水解果类中的果胶物质。

④ 脂肪酶　将脂肪分解为甘油及脂肪酸。

⑤ 凝乳酶　将乳中蛋白质凝固生产干酪。

⑥ 过氧化氢酶　能将 H_2O_2分解为水及氧气。

用于食品工业的一些食品添加剂也可用发酵方法生产。食品添加剂包括：柠檬酸、赖氨酸、乳酸、面包酵母、色素、右旋糖酐葡聚糖和茁霉多糖（增稠剂）、葡萄糖氧化酶和维生素 C（保鲜剂）、甘露糖醇（甜味剂）、甜味肽（甜味剂）、甜蛋白（甜味剂）、乳链菌肽（防腐剂）、匹马霉素（保护剂）、红曲等。微生物蛋白是以各种原料生产的单细胞蛋白和藻类（螺旋藻、杜氏盐藻等）等。

三、化学工业

利用发酵、生物转化或酶法可生产下列化工产品：

① 烷烃：甲烷。

② 醇及溶剂：乙醇、甘油（丙三醇）、异丙醇、丙酮、二羟基丙酮、丁醇、丁二醇、甘露糖醇、阿拉伯糖醇、木糖醇、赤藓糖醇等。

③ 有机酸：醋酸（乙酸）、丙酸、乳酸（羟基丙酸）、丁酸、琥珀酸（丁二酸）、延胡索酸（反丁烯二酸）、苹果酸（羟基丁二酸）、酒石酸（二羟基丁二酸）、衣康酸（亚甲基丁二酸）、环氧琥珀酸（环氧丁二酸）、柠檬酸羟基戊二酸、葡萄糖酸、曲酸（5-羟基-2-吡喃酮）、水杨酸等。

④ 多糖：如右旋糖酐（葡聚糖）、黄原胶、茁霉多糖、微生物海藻酸等。

采用传统化学法由丙烯腈合成丙烯酰胺，转化率仅为97%～98%，而采用生物法即采用丙烯腈水合酶催化合成，丙烯酰胺转化率达99.99%以上，比化学法成本低10%以上。丙烯酰胺生产自20世纪80年代在日本实现了生物法合成工业化后，成本和产品纯度都优于化学法。单甘油酯是一种重要的表面活性剂，目前主要为化学法生产。化学法工艺有以下缺点：需在高温条件下反应，能源消耗大；高温导致油脂的降解，产生深褐色和焦煳味；需要分子精馏分离单甘酯和二甘酯。国外如日本及德国在20世纪90年代开发了酶法生产单甘酯新工艺，单甘酯产率达80%，目前已达到生产规模。生物酶法生产单甘酯比化学法的专一性高，大大地简化了后提取工艺，降低了生产成本。

传统的高分子都是用化学聚合方法进行的，近几年，开始采用生物方法生产功能高分子，特别是生物可降解高分子的生产。许多生物功能材料都是由生物发酵法生产的，如透明质酸、黄原胶等目前都已实现了发酵法生产。

发酵法可用于生产可降解的生物塑料、化工原料（乙醇、丙酮、丁醇、癸二酸等）和一些生物表面活性剂及生物凝集剂。生物降解塑料是指一类由自然界存在的微生物如细菌、霉菌（真菌）和藻类的作用而引起降解的塑料。理想的生物降解塑料是一种具有优良的使用性能、废弃后可被环境微生物完全分解、最终被无机化而成为自然界中碳素循环的一个组成部分的高分子材料。美国公司生产聚乳酸工艺为：玉米淀粉经水解为葡萄糖，再用乳酸杆菌厌氧发酵，发酵过程用液碱中和生成乳酸，发酵液经净化后，用电渗析工艺，制成纯度达99.5%的L-乳酸。由乳酸制聚乳酸生产工艺有：①直接缩聚法，在真空下使用溶剂使脱水缩聚；②非溶剂法，使乳酸生成环状二聚体丙交酯，再开环缩聚成聚乳酸。

通过微生物发酵，可将绿色植物的秸秆、木屑以及工农业生产中的纤维素、半纤维素、木质素等废弃物转化为液体或气体燃料（酒精或沼气），还可利用微生物采油、产氢以及制成微生物电池。在降低生物能源产品成本和新能源开发中，除了甲烷（主要是有机废弃物嫌气发酵产物）和乙醇（可掺入汽油制成含醇汽油）外，黄原胶可用于油田三次采油，有关微生物产氢和生物电池目前也在探索中。

生物技术的应用是化学工业发展的趋势：

① 生物转化（或生物合成）技术成为国外著名化学公司争夺的热点，并逐步从医药领域向化工领域转移，使传统的以石油为原料的化学工业发生变化，向条件温和、以可再生资源为原料的生物加工过程转移。如孟山都公司等许多著名的老牌化学工业公司已变成了以生物技术为主的大公司。

② 生物催化合成已成为化学品合成的支柱之一。利用生物催化合成化学品不但具有条件温和、转化率高的优点，而且可以合成手性化合物及高分子。手性化合物是国外目前生物技术的主要产品。应用手性技术最多的是制药领域，包括手性药物制剂、手性原料和手性中间体。乙醛酸是合成香兰素和许多中间体的重要原料，目前主要采用化学法生产乙醛酸。化学法工艺的主要问题是反应条件苛刻、转化率低、环境污染严重。1995年日本天野制药公司申请了第一个双酶法生产乙醛酸的工艺。1995年底美国杜邦公司申请了基因工程菌方法生产乙醛酸的专利，乙醛酸的转化率达100%。

③ 利用生物技术生产有特殊功能、性能、用途或环境友好的化工新材料，是化学工业发展的一个重要趋势。它具有原料来源广、制备简单、质量好及环境污染少等优点，特别是利用生物技术可生产一些用化学方法无法生产或生产成本高以及对环境产生不良影响的新型材料，如丙烯酰胺、壳聚糖等。目前国外许多大公司都在生物新材料研究上投入了大量的人力和物力。可以预见，生物技术新材料的研究和开发不但具有较好的经济效益，而且对环境治理及社会发展具有十分重要的推动作用。

四、农业

农业是世界上规模最大和最重要的产业，在许多发达国家，农业总产值占国民生产总值的20%以上。发达的农业经济很大程度上依赖于科学技术的进步，发酵工程技术和产品为农业的发展提供了有力的支持。

生物农药包括：

① 微生物杀虫剂：病毒杀虫剂，如核型多角体病毒、质型多角体病毒、颗粒体病毒、重组杆状病毒；细菌杀虫剂，如苏云金杆菌、重组苏云金杆菌；真菌杀虫剂，如虫霉菌杀虫剂、造成“僵病”的白僵菌杀虫剂；动物杀虫剂，如原生动物微孢子虫杀虫剂，线虫如新线虫和索线虫动物杀虫剂等。

② 防治植物病害微生物：如细菌（假单胞菌属、土壤杆菌属等）、放线菌（细黄链菌）、真菌（木霉）、病毒（各种弱病毒）。

③ 农用抗生素：如杀稻瘟菌素、瘟素S、春日霉素、庆丰霉素等；不少医疗用抗生素，如链霉素、灰黄霉素也可用于防治植物病毒。

在农林生产中还常用苏云金杆菌或其变种所产生的伴孢晶体（一种能杀死某些引起植物虫害的蛾类幼虫的毒蛋白）来保护松林和蔬菜。另有用昆虫病原体、寄生病毒和原生动物杀灭危害作物的害虫的制剂。固氮菌、钾细菌、磷细菌、抗生菌制剂作为辅助肥料及抗菌增产剂用于农业。

生物除草剂主要是利用杂草的病原微生物，包括真菌（如锈菌、链刀菌、炭疽病菌等）、线虫、病毒等。近年来，还发现某些微生物除草剂，如环已酰胺、双丙磷A、谷氨酰胺合成酶等。

生物增产剂用于生物固氮和生产生物杀虫剂、微生物饲料，为农业和畜牧业的增产发挥了巨大作用，包括：共生固氮菌，如根瘤菌属（*rhizobium*）、慢生根瘤菌属（*bradyrhizobium*）、弗氏放线菌属（*frankia*）、蓝细菌；联合固氮菌，如园褐固氮菌、拜氏固氮菌、产脂固氮螺菌。赤霉素是一种能促种子萌芽、植株助长的植物生长素，现已广泛用于杂交水稻的助长、蔬菜瓜果的生产。

食用菌和药用真菌可以利用多种农作物副产品来生产，也是一种经济效益很高的农产品。主要品种有蘑菇、草菇、香菇、猴头菌、灵芝、银耳、木耳等。

单细胞蛋白是一类由酵母（酿酒酵母、假丝酵母等）、霉菌（曲霉、地霉、内孢霉、镰孢霉等）及细菌（假单胞菌、链丝菌、嗜甲醇细菌）的细胞体制成的饲料添加剂。其干品的蛋白质含量为40%～80%。

五、环境保护

混合菌发酵强调微生物群落与功能研究，提高发酵效率。随着工农业的发展，人口的快速增长，人类生活需要的增长，各行业和生活产生的废水、废气、废渣对江河湖海、大气和我们生活的环境造成了不同程度的污染，全球环境正在急剧恶化。发酵工程可将废物废水等加以利用，生产SCP、沼气等，变废为宝；生产液体燃料乙醇；从煤中脱硫；冶炼某些矿石；生产无害的生物农药、可降解塑料；造就在恶劣环境中生长的林草、作物等，使大地披上绿装。

目前已发现有致癌活性的污染物达1100多种，严重威胁着人类的健康。但是小小的微生物有着惊人的降解这些污染物的能力。过去人们通常采用焚烧和化学处理法来处理废弃物，但这些方法成本很高，并且会产生新的污染。自然界本身就存在着碳和氮的循环，而微生物对生物物质的排泄物及尸体的分解起着重要的作用。人们可以利用生物来净化有毒的高分子化合物，降解海上浮油，清除有毒气体和恶臭物质，以及综合利用废水和废渣、处理有毒金属等，达到净化环境、保护环境、废物利用并获得新产品的目的。

利用生物技术手段处理生产和生活中的有机废弃物，加速了这一分解过程的进行且可对环境卫生作出很大的贡献。20 世纪 60 年代中期，人们发现一些土壤微生物可以降解非生物源物质，如除草剂、杀虫剂、制冷剂等。它们大多数属于假单胞菌属，可分解 100 多种有毒废弃物。经研究发现，与有毒废弃物降解有关的酶有多种，编码这些酶的基因大多数存在于微生物细胞内的质粒上，也有的存在于染色体上，有的同时存在于质粒和染色体上。于是发明了有毒废弃物的微生物处理技术，包括：

(1) 嫌气发酵法　在嫌气情况下能分解碳水化合物、蛋白质和脂肪的微生物，将有机废弃物分解为可溶性物质，进而通过产酸菌和甲烷细菌的作用再分解为甲烷和二氧化碳。这样，既可产生一定量的沼气（含 60%～70%甲烷，热值为 23100kJ/m^3），又可治理环境，经嫌气发酵（消化）后的残渣还能用作肥料，有的还能用于饲料。如专性厌气微生物梭菌、瘤胃球菌、丁酸弧菌、乙酸菌、甲烷菌等，兼性厌气微生物大肠杆菌、芽孢杆菌等，多用于沼气、肥料、饲料发酵。

(2) 好气发酵（活性污泥）法　在好气（曝气）情况下，用某些能降解有机物质的产菌胶的细菌和某些原虫的混合物（活性污泥）对工业或生活污水进行处理。在有氧条件下，用某些产生菌胶的细菌和某些原虫的混合物处理工业和生活污水以及废气。现在已有属于悬浮生物体系和固定生物体系两大类的各种处理技术。目前正在寻找更合适的微生物，特别是能降解酚、有机酸、有机磷、有机金属化合物的菌种。

六、冶金工业

微生物可用于黄金开采和铜、铀等金属的浸提。

生物冶金技术，通俗地讲就是用含细菌的菌液进行浸泡。这些微生物大多是一些化能自养菌，它们以矿石为食，通过氧化获取能量。这些矿石由于被氧化，从不溶于水变成可溶，人们就能够从溶液中提取出矿物。生物冶金具有成本低、污染小、可重复利用的特点，是未来冶金行业发展的理想方向之一。

利用氧化亚铁硫菌等自养细菌可把亚铁氧化为高铁，把硫、低价硫化物氧化为硫酸的性能，将含硫金属矿石中的金属离子形成硫酸盐而释放出来。可用此法浸取的金属有铜、钴、锌、铅、铀、金等。目前在美国约有 10%的铜用此法生产。我国也采用此法生产铜和金。

此外，生态型发酵工业，即清洁生产和再生资源的利用正在蓬勃兴起。总之，发酵工程技术的应用十分广泛，它的发展推动了其他生物技术的快速发展，同时随着基因工程、蛋白质工程、细胞工程技术的研究，将会进一步扩大微生物工程技术的应用范围，为工农业生产和人类的健康作出更为巨大的贡献。

第四节　发酵工程技术的发展趋势

发酵工程涉及的面是随着发酵技术的进步而扩大的，随着分子生物学、细胞工程、分子遗传学、酶工程等的发展，生物工程（如基因工程、细胞大量培养、细胞融合、生化反应器等）得到了发展，大批新的产品，如人体生长激素、胰岛素、干扰素、尿激酶、抗体、疫苗等都可以用发酵方法来生产。发酵工程的潜力几乎是无穷的，随着科学技术的发展，其范围将愈来愈宽广。

一、采用基因工程技术改良菌种

提高现有发酵技术水平最重要的举措就是要采用基因工程技术改良菌。如维生素 B_2 的工业发酵，20 世纪 70 年代，国内生产水平达到 7～8g/L，这是当时的国际水平。现在国外不同菌种，维生素 B_2 发酵水平达到 15～20g/L，获得高产的途径是抗性菌株的选育、前体的应用、增加合成操纵子拷贝、关键基因的过量表达等。这些都是在对维生素 B_2 生物合成途径深刻认识的基础上研究出来的。

强调代谢机理与调控研究，使微生物的机能得到进一步开发。发酵法生产氨基酸是代谢控制发酵的典型，即通过人工突变的方法获得生产菌种。突变株中都有解阻抑系统，从原料到产物的合成过程是畅通无阻的。用基因工程手段提高现有菌的产酸能力在苏氨酸生产中获得成功，它主要是将合成苏氨酸的基因接到小质粒上带入另一个细胞，通过基因扩增，增加合成苏氨酸的酶量，从而达到增加产量的目的。酶法生产氨基酸反应过程简单，副产物少，时间短，生产效率高，提取方便，已经在丙氨酸、色氨酸等生产中采用。

重组 DNA 技术已成为生物技术领域的通用技术，利用重组 DNA 技术就可以根据人们的意愿来创造新的物种，这样就可以使微生物获得本来只有动植物细胞才具有的生产特性，如使微生物能生产动物性蛋白，如胰岛素、人体生长激素、干扰素、单克隆抗体等抗病毒、抗肿瘤的药物。这不仅在生产初级代谢产物以及多种工业用酶中起着巨大作用，而且在生产结构复杂的次级代谢产物（如抗生素）方面也显示巨大威力。这些新的物种将为人类作出不可估量的贡献。

二、推广大型节能高效的发酵装置及计算机自动控制

不断开发和采用大型节能高效的发酵装置，计算机自动控制将成为发酵生产控制的主要手段。

生化反应器是生物化学反应得以进行的场所，其开发涉及流体力学、传热、传质和生物化学反应动力学等。生物工程从实验室的成果到转变成巨大的社会和经济效益，是通过各种类型、规模巨大的生化反应器来实现的。发酵工业中绝大多数反应器属于非均相反应器，基本分为机械搅拌式、鼓泡式和环流式三大类。进行反应器设计时应考虑：①选择特异性高的酶或特殊生产率高的活细胞，以减少副产物的生成，提高原料利用率；②尽可能提高产物的浓度，以尽量减少投资和产品回收的支出。生物反应器亟待解决的问题有生物工艺过程的程序控制、生物反应器的散热、提高反应效率等。对于非牛顿流体的发酵液（如丝状菌发酵液）和高黏度的多糖（如黄原胶）发酵液等，缺乏其流变特性数据，是反应器设计和放大的困难所在。

应用电子计算机在试验装置中对发酵过程进行检测就可以获得这类数据。计算机控制系统应用于发酵生产是发展的必然趋势，目前在啤酒、面包酵母、谷氨酸等生产中已经采用，今后在其他发酵产品生产中将进一步推广。

三、生物反应和产物分离偶联

虽然目前发酵技术的发展日新月异，但发酵产品的生产过程还不能像其他工业生产过程

那样实现连续化、自动化，普遍存在以下问题：①传统的生物反应中，由于多种原因大多数采用批式反应方式，花费大量的时间、人力、物力和财力培养的细胞或制备的酶往往仅使用一次，在其生产能力未有明显损失的情况下废弃是一种巨大的浪费；②在发酵和细胞培养过程中，细胞生长和产物的生产过程同时进行，底物大量消耗，造成转化率和产物浓度较低，使产物的回收和纯化困难，能耗高；③产物形成的生物反应过程中，产物达到一定浓度后往往发生产物抑制作用，使细胞生长和生物反应过程受阻，使生物反应一般只能在稀溶液中进行，反应速度慢；④细胞产生的其他代谢物也会对生物反应产生抑制作用，或改变反应环境条件（如 pH 值等），使细胞生长和生物反应速度降低或停止，甚至发生其他副反应。

为了解决这些问题．近年来根据生物反应和产物特性，结合产物分离单元操作技术的特点发展了生物反应和产物分离偶联技术。目前发酵与分离偶联研究所关注的主要有两个方面：一是解除产物或副产物对发酵过程中细胞生长或产物（包括胞内和胞外产物）形成的抑制作用，以保证在生物反应过程进行中及时地将产物或有害物质从反应系统中移出，提高发酵产量和生产效率；二是从复杂的发酵系统中及时回收产物，简化生产过程。

生物反应器与分离设备偶联的方式通常有两种：一是将生物反应器与分离设备融合为一体的原位偶联（或一体化偶联）；二是将生物反应器与分离设备简单连接的异位偶联（或循环偶联）。原位偶联，在设备上是指将生物反应器与分离设备融为一体而设计的兼有进行生物反应和产物分离功能的设备，如膜生物反应器，其设备结构比较特殊；在技术上是指分离介质加到发酵液中，于同一设备内进行发酵和产物分离，如萃取发酵、吸附发酵、膜分离发酵等。在这样的系统中，由于分离介质直接与发酵液接触，发酵产生的产物或副产物可快速而有效地从细胞周围移走，因而对于那些对产物或副产物的抑制敏感的发酵更有效。异位偶联是指发酵和产物分离分别在发酵和分离设备内进行，设备间通过管道相连接，产物分离后的物料再返回发酵设备内，如此循环反复进行。因此，异位偶联又称为循环偶联，在设备和技术上与原位偶联完全不同：这样系统的效率不仅与对细胞有抑制作用的产物或副产物的分离效率有关，也与循环速度有直接关系。偶联设备的合理设计取决于生物反应器类型的确定，分离技术和设备的选择，反应器与分离设备的匹配和连接方式，系统操作方式等。一般来说，原位偶联比较适合实验研究考察偶联技术的基本特性和规律，异位偶联更具有实用价值。

四、微生物发酵技术应用于高等动植物细胞培养

细胞原生质体融合技术使动植物细胞的人工培养技术进入了一个新的更高的发展阶段。借助于微生物发酵的先进技术，大量培养动植物细胞技术日趋完善，并接近或达到工业生产的规模。

植物细胞培养用于种苗生产（如兰花等名贵花卉）及作物良种培育可不受外界环境的影响。细胞培养能生产一些微生物所不能合成的特有代谢产物，如生物碱类（尼古丁、阿托品、番茄碱等）、色素（叶绿素、类胡萝卜素）、某些抗生素和生长控制剂、调味品和香料等。利用大规模细胞培养技术生产贵重药物干扰素、胰岛素、人体生长激素、疫苗、单克隆抗体等抗病毒、抗肿瘤的药物。

五、固定化（细胞和酶）技术的应用

随着酶工程的发展，固定化（酶和细胞）技术被广泛应用。将酶固定在不溶解的膜状或

颗粒状聚合物上，以聚合物为载体的固定化酶在连续催化反应过程中不流失，从而可以回收并反复利用，这样就改善了酶反应经济性。

固定化细胞就是将具有一定生理功能的生物体（如微生物、植物细胞、动物组织或细胞、细胞器等）用一定方法进行固定，作为固体催化剂利用，它可以省掉提取工艺，使酶的损失达到最低限度，有时可以利用细胞复合酶系统催化几个有关反应，因此，它可以将某些产物发酵法改为固定化酶连续反应法，这是生产工艺的巨大革新。

将酶固定在不溶解的膜状或颗粒状聚合物上，以聚合物作为载体的固定化酶在连续催化反应过程中不再流失，从而可以回收并反复利用，这样就改善了酶反应的经济性。此外，有些酶在游离状态下容易失活，固定以后其稳定性得以提高。

六、开发清洁生产工艺

现代发酵工业以大规模的液体深层发酵为特征。发酵工业的污染以高浓度有机废水最为严重，目前普遍采用的仍是末端治理，效果不理想。这是一个技术路线（或者说是一个技术结构）上的缺陷。

清洁生产通常是指在产品生产过程和预期消费中，既合理利用自然资源，把对人类和环境的危害减至最小，又能充分满足人类需要，使社会经济效益最大化的一种生产模式。从“末端治理”到“清洁生产”是工业污染防治的战略转移，意义十分重大。末端治理技术和清洁生产技术的不同点在于：

① 前者在于“治”，而后者在于“防”。清洁生产技术应是无污染工艺技术，或是少污染工艺技术，即将污染总量降至最低点，使必须进行末端治理的负荷量减至最轻。

②“废物”资源化。清洁生产技术将主产品之外的其他物质也视作宝贵的资源，尽最大可能或加以回收，或予以转化，使其成为对人类有价值的、经济可靠的其他产品（物尽其用）。

由于政府部门推动和技术本身的魅力，清洁生产已受到科技界和企业界的高度重视。近年来，国内外科学工作者积极致力于味精、酒精和柠檬酸等清洁生产工艺的研究开发，许多新工艺已应用于工业生产。

“发酵工艺与设备”（fermentation technology and equipment）是一门综合性很强的课程，主要基于生物学知识和工程学概念，解决生物技术产业化进程中的关键问题，涉及生物化学、微生物学、物理化学、有机化学、化工原理等多个学科，基础理论性和实践性均很强，同时要求基础理论和生产密切结合。

本课程是一门工程技术性很强的专业基础课或专业课，学生不仅要掌握相当丰富的基础理论知识，还要具有较高的实际操作能力。实验（实习）教学是理论与实践结合的纽带。学生要通过大型的综合性较强的发酵工程实验以及参观一些酶制剂、味精、有机酸等发酵工厂，在了解各种发酵流程和设备的同时，加深对发酵机理的理解，以巩固所学的基础理论知识，更好地掌握相关操作技能。此外，为了解国内外最新的相关科研成果和技术发展，还要参阅国内外相关的专业期刊、杂志。

总之，通过本课程的学习，使学生理解和掌握发酵的基本原理和概念，在生物学和工程学层次上掌握发酵生产过程的分析方法、操作方法、工艺控制等，对发酵工艺流程及设备有一个整体的认识，为将来从事有关科研和生产工作打下良好的基础。

思考题

1. 阐述发酵工程的定义、内容与发展史。
2. 发酵生产的类型分为哪几种?
3. 简述发酵生产的基本工艺和设备流程。
4. 根据发酵工程的特点分析，你认为发酵工业的前景如何?

参考文献

[1] 尹光琳．发酵工业全书 [M]. 北京：中国医药科技出版社，1992.
[2] 俞俊棠，唐孝宣等．新编生物工艺学 [M]. 北京：化学工业出版社，2003.
[3] 何建勇．发酵工艺学 [M]. 北京：中国医药科技出版社，2009.
[4] 曹军卫，马辉文等．微生物工程 [M]. 北京：科学出版社，2007.
[5] 陶兴无．生物工程概论 [M]. 北京：化学工业出版社，2005.

第二章　生产菌种的选育培养

【学习目标】

1. 了解微生物的代谢及调控机理，理解代谢调控在菌种选育中的重要性。
2. 了解菌种改良的原理和途径，熟悉新菌种的分离和筛选过程。
3. 掌握菌种扩大培养的工艺流程和菌种的保存方法。
4. 了解发酵培养基的设计思路和优化原则。

发酵工业生产水平的三个决定要素：生产菌种的性能、发酵和提取工艺条件以及生产设备。获得优良的生产菌种是实现高水平微生物工程工业生产的第一环节。发酵生产常用的微生物主要是细菌、放线菌、酵母菌和霉菌，由于发酵工程本身的发展以及基因工程的介入，藻类、病毒等也正在逐步地成为发酵工业中采用的微生物。

微生物资源非常丰富，广布于土壤、水和空气中，尤以土壤中为多。在进行发酵生产之前，必须从自然界分离得到能产生所需产物的菌种，并经分离、纯化及选育或是经基因工程改造为“工程菌”，才能供给发酵使用。为了能保持和获得稳定的高产菌株，还需要定期进行菌种纯化和育种，筛选出高产量和高质量的优良菌株。

第一节　微生物的代谢及调控

微生物在正常生理条件下，其代谢系统受自身调节机制的控制，趋向于快速生长和繁殖，而现代发酵工业需要微生物积累代谢产物的数量，远远超过菌体自身所需要的量。因此，对微生物代谢及调控机理的了解是菌种选育和发酵过程控制的基础。

一、微生物的初级代谢与次级代谢

在研究微生物代谢时，一般把具有明确的生理功能、对维持生命活动不可缺少的物质代谢过程称为初级代谢（primary metabolism），相应的代谢产物称为初级代谢产物（primary metabolite），例如氨基酸、核苷酸、糖、脂肪酸和维生素等；而把一些没有明确的生理功能，似乎并不是维持生命活动所必需的物质的代谢过程称为次级代谢（secondary metabolism），相应的代谢产物称为次级代谢产物（secondary metabolite），如某些色素（pigmen）、抗生素（antibiotic）、毒素（toxin）和生物碱（alkaloid）等。

（一）初级代谢和初级代谢产物

初级代谢是微生物产生的对自身生长和繁殖必需的物质的代谢体系，具体可分为：①分解代谢体系，包括糖、脂、蛋白质等物质的降解，获取能量，并产生磷酸核糖、丙酮酸等物质，这类物质是分解代谢途径的终产物，也是整个代谢体系的中间产物；②素材性生物合成体系，主要合成某些小分子材料，如氨基酸、核苷酸等；③结构性生物合成体系，用小分子合成产物装配大分子，如蛋白质、核酸、多糖、类脂等。

初级代谢产物又可分为中间产物和终产物，但这种定义往往是相对的。对每一途径来讲，途径的最后产物是终产物，但对整个代谢体系而言，则是中间产物。因而分解体系和素材性合成体系也可以认为是中间代谢。初级代谢产物是在菌体生长期所产生的产物。如氨基酸、核苷酸、蛋白质、核酸、类脂、糖类等，是菌体生长繁殖所必需的。

大多数的微生物都具有一种自发"节约"的本领，即防止过量产生初级代谢产物。过量生产是一种"浪费"，会降低生物在自然界存活的能力。生产上为了使人为需要的某种初级代谢产物更多地积累，经常利用微生物代谢控制能力自然缺损的菌株，或通过人工的手段获得的突破代谢调控变异菌株，作为发酵工业的生产菌株。

（二）次级代谢和次级代谢产物

次级代谢（secondary metabolism）是相对于初级代谢而提出的一个概念。一般认为，次级代谢是指微生物在一定的生长时期，以初级代谢产物为前体，合成一些对微生物的生命活动无明确功能的物质的过程。这一过程的产物，即为次级代谢产物。

次级代谢产物一般在菌体对数生长后期或稳定期间合成，这是因为在菌体生长阶段，被快速利用的碳源的分解物阻遏了次级代谢酶系的合成。所以，只有在对数生长后期或稳定期时，这类碳源被消耗殆尽之后，阻遏作用被解除，次级代谢产物才能得以合成。

次级代谢产物大多是分子结构比较复杂的化合物。它们的结构往往相当复杂，很难弄清微生物为什么要形成这些产物。有人认为这是微生物为了保护自己而产生的拮抗性物质。次级代谢产物种类繁多，其中许多具重要经济意义。质粒与次级代谢的关系密切，控制着多种抗生素的合成。

当前，人们对于次级代谢的研究远远不及对初级代谢的研究那样深入。相比而言，次级代谢产物在数量上及产物的类型上都要比初级代谢产物多且复杂。迄今为止，对次级代谢产物分类尚没有一个统一的划分标准。根据次级代谢产物的结构特征与生理作用，可大致划分为维生素、抗生素、色素、生物碱、生长激素和毒素等。

（三）初级代谢与次级代谢之间的关系

虽然次级代谢产物的分子结构要比初级代谢产物复杂很多，并且次级代谢产物分子中往往还含有初级代谢产物所没有的基团，但是次级代谢产物的合成途径并不是独立存在的，而是与初级代谢产物合成途径存在着紧密的联系。

在微生物的新陈代谢中，先产生初级代谢产物，然后产生次级代谢产物。初级代谢是次级代谢的基础，它可以为次级代谢产物合成提供前体物和所需要的能量。次级代谢则是初级代谢在特定条件下的继续与发展，可避免初级代谢过程中某种（或某些）中间体或产物过量积累对机体产生的毒害作用。次级代谢不像初级代谢那样具有明确的生理功能，因为次级代谢即使被阻断，也不会影响到菌体的生长和繁殖。次级代谢产物的化学组成多种多样，它们的合成途径也较为复杂，但前体一般是来自初级代谢，常常与初级代谢中的糖代谢、脂肪代谢及三羧酸循环等各途径的中间产物有关。

初级代谢和次级代谢的途径是相互交错的，因而无论是在代谢途径还是代谢调控上，初级代谢和次级代谢都受到微生物的代谢调节，二者密切相关，如图 2-1 所示。

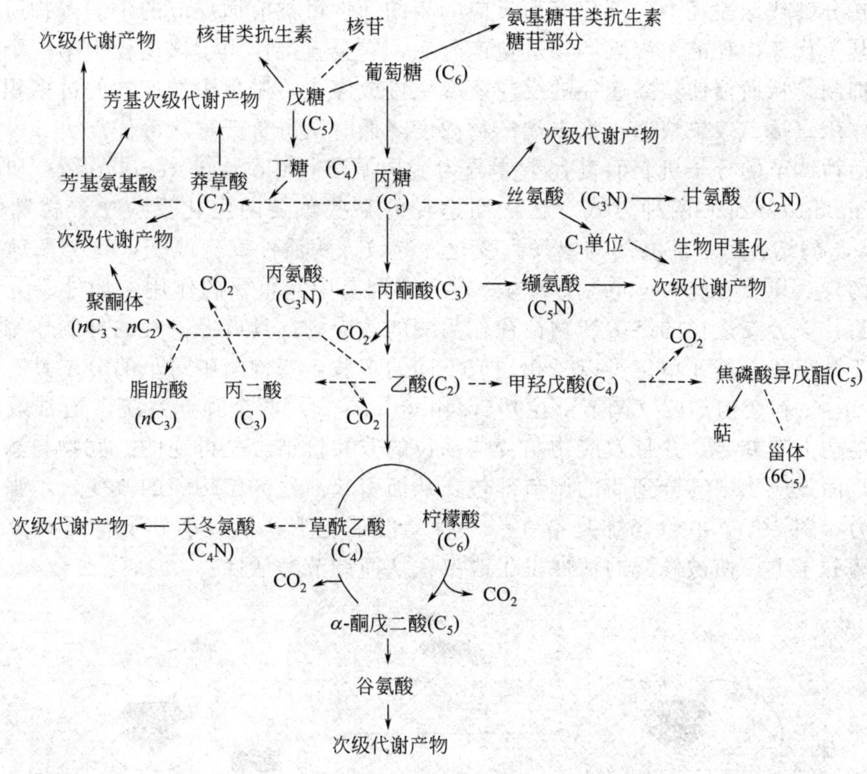

图 2-1　初级代谢与次级代谢的关系示意图

二、微生物代谢的调节及控制

微生物的代谢是一个完整统一的过程，是在各个反应过程相互作用与制约中进行的。微生物对环境给予的刺激信号，能在细胞各种结构的共同协助下迅速作出反应，使微生物的生理活动过程高度地统一起来。这是微生物分布广、适应性强的原因之一。微生物具有高度适应环境和自我繁殖的良好能力，有一整套可塑性极强和极其精确的微生物代谢调节系统，用来保证数目、种类繁多的酶能够准确无误、分工明确地进行极其复杂的代谢反应。微生物内外环境的统一是通过代谢调节的方式来实现的。

（一）微生物代谢的自我调节机制

尽管微生物的代谢过程错综复杂，但由于体内存在的调节系统严格控制着各种代谢过程按照一定的顺序，有条不紊、协调有效地进行着，维持体内代谢平衡。对单细胞微生物而言，由于一系列复杂的代谢过程都是在单个的细胞内完成的，因此微生物的代谢调节实际上是属于细胞内的自我调节。微生物的代谢调节主要包括细胞透性的调节、代谢途径的区域化、代谢流向以及代谢速度的调节等方式，都涉及到酶促反应的调节，因此，微生物代谢调节实际上就是酶调节。酶调节又有酶活性调节和酶合成（即酶量）调节两种方式。

1. 酶活性的调节——激活与抑制

酶活性调节是以酶分子结构为基础的，通过调节胞内已有酶分子的构象或分子结构来改变酶活性，从而调节所催化的代谢反应的速率。这种调节方式使微生物细胞对环境的变化迅速做出反应，具有作用直接、响应快、可逆等特点。

酶活性调节的方式主要有激活（enzyme activator）和抑制（enzyme inhibitor）两种。

激活是指在分解代谢途径中，催化后面反应的酶的活性可被前面反应的中间产物所促进；而抑制是指某一代谢途径的末端终产物过量产生后，它会直接作用于该途径中第一个酶，使其活性受到抑制，从而促使整条途径的反应速率减慢或停止，避免末端产物的过多积累。反馈抑制具有作用直接、效果快速、当末端产物浓度降低时又可重新解除等优点。

就酶活性调节的分子机制而言，主要分为变构调节（allosteric regulation）和共价修饰（covalent modification）两种方式。在代谢途径的某些重要的生化反应中，特殊的效应物（effector）与酶结合后，使酶的构象发生变化，导致该酶活性发生改变，这类酶就称为变构酶（调节酶）（allosteric enzyme）。变构酶在代谢调节中起重要的作用，如处于分支途径中的第一个酶，该分支途径的终端产物往往作为酶的效应物，具有专一性的抑制作用。变构酶往往由多亚基组成，其亚单位可以是相同或不同的多肽。变构酶中每个酶分子具有活性部位（catalytic site）和变构部位（调节部位）（regulatory site）两个独立系统。通常效应物与酶的底物在结构上有差异，并且效应物与变构部位的非共价结合是可逆的。底物与酶的活性部位相结合，而效应物则结合到酶的调节部位，从而引起活性部位构象的改变，增强或降低酶的催化活力（图 2-2）。共价修饰是指在专一性酶的催化下，某些小分子基团共价地结合到被修饰的酶分子上，使被修酶的活性发生改变，从而调节酶活性。

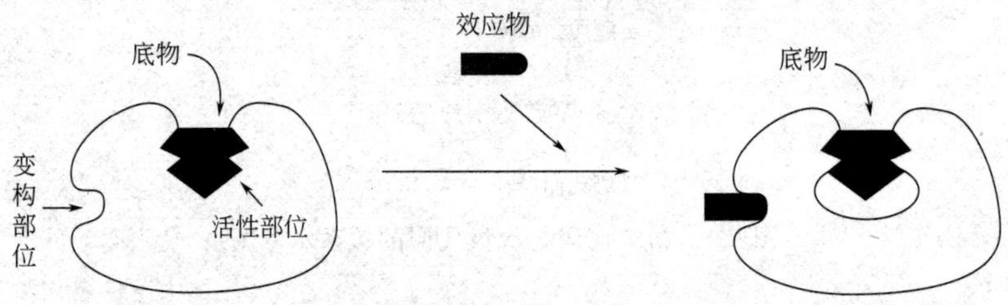

图 2-2　酶活性调节的分子机制——变构作用

修饰调节中能被共价修饰的变构酶称为共价调节酶（covalent regulatory enzyme）。在修饰酶的催化下，共价调节酶多肽链上的某些基团发生可逆共价修饰，使其处于有活性和无活性的互变状态，从而使酶发生激活或抑制的改变。共价调节酶可由非常小的触发信号启动或关闭，也就是说，细胞内某效应物浓度的相对小的变化就能诱发它所控制的共价调节酶充分激活或者完全失活。

2. 酶合成的调节——诱导与阻遏

酶合成的调节是通过调控酶的数量来调节代谢速率的一种机制，从本质上看是发生在基因水平上的代谢调节。能否合成某种酶，取决于微生物有无合成该酶的基因以及环境条件。与酶活性的调节相比，这类调节是一类间接、缓慢的调节方法，但具有节约生物合成的原料和能量的优点。酶合成的调节方式主要有诱导（induction）和阻遏（repression）两种。

凡是能促进酶合成的现象，称之为诱导。根据酶的合成对代谢环境所做出的反应，可以把微生物的酶划分为组成酶和诱导酶两类。组成酶的合成是在相应的基因控制下进行的，对环境不敏感，比如 EMP 途径的有关酶类。诱导酶则对环境敏感，受效应物（外来底物或其结构类似物）的影响而合成或中止，是细胞为适宜环境而临时合成的一类酶。组成酶和诱导酶的遗传基因都存在于细胞染色体上，但两者在表达上不同，诱导酶的表达依赖于环境中诱导物的存在，而组成酶则不需要。

阻遏（repression）是指酶生物合成被阻止的现象。在微生物的代谢过程中，细胞内有过量效应物（合成代谢的末端产物或分解代谢的产物）存在时，通过阻止代谢途径中所有产物合成酶的生物合成，彻底关闭代谢途径，停止产物的继续合成。阻遏作用也是一种反馈调节，并且相比于酶活性调节中通过降低途径中关键酶活性的反馈抑制而言，阻遏作用有利于生物体节省有限的养料和能量。

目前认为，由 Monod 和 Jacob 提出的操纵子假说能较好地解释酶合成的诱导和阻遏机制。

（二）微生物代谢的人工调控——代谢控制发酵

微生物的生理代谢活动包括各种物质代谢和能量代谢。在各种代谢途径组成的网络中，涉及上千种酶，其活性受到严格的调节控制。野生型菌株能根据环境变化及时调整自身的生理代谢机能（主要是酶的活性），从而合理利用养分，以求得生存。这些野生型菌株在自然界一般不过量合成一些它不需要的物质。经人工选育驯化了的生产菌，可以过量合成某些人们所需要的物质，实际上是破坏了野生菌固有的生理代谢机能，但还能维持其生命活动最基本的需要。所以生产菌实际上是一种“病态”的菌株。代谢控制发酵（metabolic control fermentation）是指利用生物化学和遗传学的原理，利用生物工程手段控制微生物的代谢朝人们希望的方向进行，更多地产生和积累人们需要的目的产物。

微生物代谢的人工控制，包括控制发酵（外因控制）和控制育种（内因控制）两个方面。外因控制即控制环境因素，如氧的供应、营养物类型和浓度、表面活性剂的存在和 pH 值的调节等，都能够控制微生物细胞的生理和代谢。内因控制（即代谢控制育种）则是通过遗传变异来改变微生物的正常代谢途径和方向，根据人们的需要来使其代谢产物形成并得到积累。

第二节　生产菌种的选育方法

优良的微生物菌种是发酵工业的基础和关键所在，要使发酵工业产品的种类、产量和质量有较大较好的改善，首先就必须有具备优良性能的工业生产菌种。生产菌种的来源可根据资料直接向科研单位、高等院校、工厂或菌种保藏部门索取或购买，或从大自然中分离筛选新的微生物菌种。

菌种选育（selection of bacterium）的目的就是要改良菌种的特性，使其符合工业生产的需要。发酵工业上使用的微生物菌种，最初都是从自然界中分离筛选出来的。经分离得到的菌株不一定完全符合工业生产要求。比如说青霉素的原始菌种产黄色素，经菌种选育，可使产生菌不再分泌黄色素。土霉素产生菌产生大量泡沫，经诱变处理改变遗传特性可使泡沫减少，节省大量消泡剂。菌种选育包括选种和育种两大方面内容。选种是根据微生物的特性，采用各种分离筛选（screening）方法，从自然界中或从生产实践中选出适合人们要求的菌种。比如说从噬菌体的发酵液中筛选抗噬菌体菌株。育种是根据微生物遗传变异的原理，在已有的菌种基础上，采用诱变（mutation breeding）或杂交（hybridization）的方法，迫使菌种发生变异，然后在变异的菌株中挑选出符合生产实际要求的菌种。若对特定菌种的性状缺乏了解，通常采用随机的方法进行筛选或诱变、杂交。随着对微生物的遗传及生化代谢逐步深入的认识，具有定向功能的代谢调控育种和基因工程育种方法已得到越来越广泛的应用。

一、发酵工业中的常用微生物

微生物是地球上分布最广、种类最丰富的生物种群，是人类获取生理活性物质的丰富资源。工业微生物作为发酵工业的关键性因素，在早期工业生产上所使用的优良菌种都是通过从自然界分离而获得的，然后经过多年的选育，发酵性能稳步提高。如弗莱明刚刚发现青霉素生产菌种（*Penicillium notatum*）时，其浅表层培养只有1～2U/mL。经过长达40多年的诱变育种，目前已达到60000U/mL以上，产量得到了当初不可想象的大幅度提升。但是迄今为止，人们所知道的微生物种类还不到总数的10%，而尚未被真正利用起来的则高达99%，所以进一步开发利用微生物资源的潜力很大且任重道远。工业微生物的要求十分严格，只有符合最佳的条件，才能使其发挥最大的实际用途。

发酵工业中的常用微生物有：

（1）细菌　细菌是自然界中分布最广、数量最多的一类微生物，属单细胞原核生物，以较典型的二分裂方式繁殖。细菌生长时，单环DNA染色体被复制，细胞内的蛋白质等组分同时增加一倍，然后在细胞中部产生一横断间隔，染色体分开，继而间隔分裂形成细胞壁，最后形成两个相同的子细胞。如果间隔不完全分裂就形成链状细胞。发酵工业生产中常用的细菌有枯草芽孢杆菌、乳酸杆菌、醋酸杆菌、棒状杆菌、短杆菌等，主要用于生产淀粉酶、乳酸、醋酸、氨基酸和肌苷酸等等。

（2）放线菌　放线菌因其菌落呈放射状而得名。它是一个原核生物类群，在自然界中分布很广，尤其在含有机质丰富的微碱性土壤中较多。大多腐生，少数寄生。放线菌主要以无性孢子进行繁殖，也可借菌丝片段进行繁殖。后一种繁殖方式见于液体沉没培养之中。其生长方式是菌丝末端伸长和分支，彼此交错成网状结构，称为菌丝体。菌丝长度既受遗传的控制，又与环境相关。在液体深层培养中由于搅拌器的剪切力作用，常易形成短的分支旺盛的菌丝体，或呈分散生长，或呈菌丝团状生长。放线菌的最大经济价值在于能产生多种抗生素。从微生物中发现的抗生素，有60%以上是放线菌产生的，如链霉素、金霉素、红霉素、庆大霉素等。发酵工业常用的放线菌主要有链霉菌属、小单孢菌属和诺卡氏菌属等。

（3）酵母菌　酵母菌为单细胞真核生物，在自然界中普遍存在，主要分布于含糖质较多的偏酸性环境中，如水果、蔬菜、花蜜和植物叶片上，以及果园土壤中。石油酵母较多地分布在油田周围的土壤中。酵母菌大多为腐生，常以单个细胞存在，以发芽形式进行繁殖。母细胞体积长到一定程度时就开始发芽，芽长大的同时母细胞缩小，在母子细胞间形成隔膜，最后形成同样大小的母子细胞。如果子芽不与母细胞脱离就形成链状细胞，称为假菌丝。发酵工业上常用的酵母菌有：啤酒酵母、假丝酵母、类酵母等，主要用于酿酒、制造面包、制造低凝固点石油、生产脂肪酶，以及生产可食用、药用和饲料用的酵母菌体蛋白等。

（4）霉菌　凡生长在营养基质上形成绒毛状、网状或絮状菌丝的真菌统称为霉菌。霉菌在自然界分布很广，大量存在于土壤、空气、水和生物体内外等处。它喜欢偏酸性环境，大多数为好氧性，多腐生，少数寄生。霉菌的繁殖能力很强，它以无性孢子和有性孢子进行繁殖，大多数以无性孢子繁殖为主。其生长方式是菌丝末端的伸长和顶端分支，彼此交错呈网状。菌丝的长度既受遗传的控制，又受环境的影响，其分支数量取决于环境条件。菌丝或呈分散生长，或呈菌丝团状生长。发酵工业上常用的霉菌有：藻状菌纲的根霉、毛霉、犁头霉，子囊菌纲的红曲霉，半知菌类的曲霉、青霉等，主要用于生产多种酶制剂、抗生素、有机酸及甾体激素等。

（5）其他　担子菌（即人们通常所说的菇类）正愈来愈引起人们的重视，如多糖、橡胶物质和抗癌药物的开发。藻类是自然界分布极广的一大群自养微生物资源，许多国家已把它用作人类蛋白质保健食品，还可通过藻类利用光能将CO_2转变为石油。

有些微生物既是工业生产菌，又可能是杂菌，杂菌污染会严重影响甚至完全破坏我们所需的工业发酵过程。如醋酸菌在生产醋时是生产菌，但会引起酒类的败坏。

工业上对菌种的要求如下：①本身有自我保护机制，抗噬菌体及杂菌污染的能力强；②生长速度和反应速度都较快，发酵所需周期短；③能够在廉价原料制成的培养基上生长良好，生成的目的产物产量高、易回收；④菌体本身不是病原菌，不产生任何有害的生物活性物质和毒素（包括抗生素、毒素和激素），保证工业生产安全；⑤菌种要纯粹，不易变异退化，遗传性稳定；⑥培养和发酵条件温和（pH 值、渗透压、温度及溶解氧等）易控制；⑦单产量高（可选择野生型、营养缺陷型或调节突变株）。

二、新菌种的分离与筛选

微生物菌种是发酵工业生产成败的关键，为确保发酵产品的优质高产，首先必须要有优良的生产菌种。发酵工业获得生产菌株主要有以下两个途径：①从自然界如土壤、水、空气、植物体等中采集样品，进行分离筛选；②向菌种保藏机构索取有关的菌株，向各种实验室免费索取或购置有关的菌株，或直接购置专利菌种或向生产单位购置优良的菌种。但是，现有的菌种是有限的，而且其性能也不一定完全符合生产的要求，所以新菌种的分离（separation）与筛选（screening）是育种工作的两个重要环节。在自然界中，众多微生物往往混杂在一起。如果想获得工业生产上某一特定目的产物的菌株，就需要将混杂着各种微生物的样品按照菌株的特性采取迅速、准确、有效的方法进行分离、筛选。菌株的分离要根据生产实际需要、目的代谢产物的性质、可能产生所需目的产物的微生物种类、微生物的分布、理化特性及生活环境等，设计选择性高的分离方法，才能快速地从环境或混杂了多种微生物的样品中获得所需要的菌种。

在设计筛选方案时有两点必须注意，即所采用方法的选择性和灵敏度。从自然界分离筛选菌种通常包含以下步骤：

样品采集→样品的预处理→目的菌富集培养→菌种初筛→菌种复筛→菌种发酵性能鉴定→菌种保藏

（一）样品采集

目前工业微生物所用菌种的来源是自然环境。采样就是指从自然界中采集含有目的菌的样品。在采集微生物样品时，要遵循的一个原则是材料来源越广泛，就越有可能获得新的菌种。特别是在一些极端环境中，如高温、高压、高盐、低 pH 值环境中，存在着适应各种环境压力的微生物类群，是尚待开发的重要资源。但是从何处采样，这要根据筛选的目的、微生物的分布概况及菌种的主要特征与外界环境关系等，进行综合分析来决定。

土壤由于具备了微生物所需的营养、空气和水分，是微生物最集中的地方，土壤样品的含菌量最多。其中，细菌和放线菌存在得较多，水和空气中的微生物主要也是来源于土壤，所以，如果不知道某种产品的产生菌的属或某些特征时，一般都可以土壤为样品进行分离。一般情况下，土壤中含细菌数量最多，且每克土壤的含菌量大体有如下的递减规律：细菌（10^8）＞放线菌（10^7）＞霉菌（10^6）＞酵母菌（10^5）＞藻类（10^4）＞原生动物（10^3），其中放线菌和霉菌指其孢子数。但各种微生物由于生理特性不同，在土壤中的分布也因地理条件、养分、水分、土质、季节、土壤的营养环境、水分含量、温度、通风和酸碱度不同而有很大的变化。因此，在分离菌株前要根据分离筛选的目的，到相应的环境和地区去采集样品。例如，森林土有相当多枯枝落叶和腐烂的木质材料等，可以分离到纤维素酶产生菌；在肉类加工厂附近和饭店排水沟污水、污泥中，由于有大量腐肉、豆类、脂肪类存在，在此处可分离到蛋白酶和脂肪酶的产生菌；在面粉加工厂、糕点厂、酒厂及淀粉加工厂等场所，容易分离到产生淀粉酶、糖化酶的菌株；在加工蜜饯、糖果、蜂蜜的土壤环境中比较容易分离得到利用糖质原料的耐高渗透压酵母、柠檬酸产生菌、氨基酸产生菌等；由于柑橘、草莓及山芋等果蔬中含有较多的果胶，在腐烂部分及果园土中可以筛选到果胶酶产生菌；从食品厂、粮食加工厂、饭店等日常接触淀粉较多的污水沟的污泥以及水沟旁的土壤可以分离出以淀粉质原料为碳源的氨基酸产生菌、淀粉酶产生菌；从油田或炼油厂的浸油土壤中容易分离到降解和利用石蜡、芳香烃、烷烃的微生物。

微生物的分布除了受本身的生理特性和环境条件综合因素的影响之外，还受到局部条件的影响。如北方气候寒冷，年平均温度低，高温微生物相对较少，但在该地区的温泉或堆肥中，却会出现为数众多的高温微生物。氧气充足的土层中按理只适合于好氧菌生长，但实际上也有一些嫌气菌生活，原因是好气菌生长繁殖消耗了土层中的大量氧气，为嫌气菌创造了局部生长的有利环境，故一般土壤中也能分离到嫌气菌。

另外，海洋对于微生物来说也是一个特殊的局部环境。海洋独特的高盐度、高压力、低温及光照条件，使海洋微生物具有特殊的生理特点，能产生一些不同于陆地来源的特殊产物。从海洋中采样时，可参考其中不同种类微生物的分布规律，即表层多为好气异养菌，底层由于有机质丰富、硫化氢含量高，则厌气性腐败菌和硫酸盐还原菌较多，两层中间则多为紫硫菌。前苏联学者发现，20%～50%的海鞘、海参体内的微生物可产生具有细菌毒性和杀菌活性的化合物。美国马里兰大学也曾从海绵体内的共生或共栖的细菌中分离到抗白血病、鼻咽癌的抗癌物质。日本研究人员发现深海鱼类肠道内的嗜压古细菌，80%以上的菌株可以生产 EPA 和 DHA，最高产量可达 36%和 24%，研究者还从海洋真菌中筛选到一株产 DHA 达 290mg/L 的菌株。

微生物一般在中温、中性 pH 值条件下生长，但在绝大多数微生物不能生长的高温、低温、酸性、碱性、高盐、高辐射强度等异常环境下，也有少数微生物存在，这类微生物被称为极端微生物。极端微生物包括嗜热微生物、嗜冷微生物、嗜碱微生物、嗜酸微生物、嗜盐微生物和嗜压微生物等。如筛选耐高温酶产生菌时，通常到温度较高的南方、温泉、火山爆发处及北方的堆肥中采集样品；分离低温酶产生菌时可到寒冷的地方，如南北极地区、冰窖、深海中采样；分离耐压菌则通常到海洋底部采样；分离耐高渗透压酵母菌时，由于其偏爱糖分高和酸性的环境，一般在土壤中分布很少，因此，通常到甜果、蜜饯或甘蔗渣堆积处采样。由于这类微生物生活所处的特殊环境，导致它们具有不同于一般微生物的遗传特性和生理机能，因而在冶金、采矿、新能源利用及生产特殊酶制剂方面有着巨大的应用价值。

（二）样品的预处理及目的菌富集培养

微生物由于个体小、数量大、繁殖快和适应性强而广泛分布于自然界。地球上除了火山的中心区域外，无论是土壤、空气、水，还是动物和植物残体以及各种极端恶劣的环境（如高温、低温、高盐、高压、高酸、高碱等），都有微生物的踪迹。但是，由于地理条件的差异、水土的不同，甚至在不同的基质上，微生物的区系也是不同的，它们都以各种形式混杂地生长繁殖在同一环境中。然而每一种菌种的特性、嗜好、形态是不同的，菌种的分离工作不仅要把混杂的各种微生物单个分开，而且还要依照生产实际要求、菌种的特性，灵活地、有的放矢地采用各种筛选方法，快速、准确地把目的菌种从中挑选出来。

如果目的微生物在土壤或其他样品中所含的数量足够多时，可直接进行常规的单菌分离。但对于很多样品，由于目的微生物含量较少，会给分离筛选工作带来困难，在此情况下，可以对采集到的样品进行多次富集培养。所谓富集培养也称增殖培养，是指目的微生物含量较少时，根据微生物的生理特点，设计一种选择性培养基，创造有利的生长条件，使目的微生物在最适的环境下迅速生长繁殖，数量增加，由原来自然条件下的劣种变成人工环境中的优势种，以利于分离到所需的菌株。富集培养主要是根据目的微生物对营养、pH 值、温度、氧气、光照等方面的需求而进行控制。例如，选用以淀粉（葡萄糖、牛肉膏、蛋白胨不合适）为唯一碳源的培养基，可以使得样品中产淀粉酶的微生物得到富集；通过热处理（将样品稀释经 80℃水浴处理 10min 左右）再培养，可以使得样品中产芽孢的细菌得到富集；在培养基中添加青霉素可抑制细菌和放线菌；在培养基中添加放线酮可抑制酵母菌和霉菌。

（三）菌种筛选

从自然界采集的样品中含有多种微生物，即使通过增殖培养也只能使目的菌在数量和相对比例上得以提高，还不能得到微生物的纯种。因此，经过富集培养后的样品，需要进一步分离纯化，纯种分离的目的是将目的菌从混杂的微生物中分离出来，获得纯培养。在目的微生物分离的基础上，进一步对获得的纯培养菌株进行筛选，从中选出符合生产要求的菌株。筛选即对分离获得的纯培养菌株进行生产性能的测定，从中选出适合生产要求的菌株。某些菌株在分离时就可结合筛选，一般在平皿上通过与指示剂、显色剂或底物等的生化反应直接定性分离，这种方法本身就包含筛选的内容。但并非所有菌株都能应用平皿定性方法进行分离，而是需要经过常规生产性能测定，即初筛和复筛。

初筛主要以量为主，对所有分离菌株进行略粗放的生产性能测试，淘汰多数无用的微生物，把少量的有用微生物筛选出来，如可以直接将斜面培养物接种摇瓶，每菌株接种一个摇瓶，选出其中 10%～20%生产潜力较大的菌株。

复筛以质为主，对经初筛所获得的少量生产潜力较大的菌株进行比较精确的生产性能测试，如一般先培养液体种子，每个菌种接 3～5 个摇瓶，考察产量的稳定性等，从中选出 10%～20%的优秀菌株再次进行复筛。复筛可反复进行多次，直至选出最优的 1～3 个菌株。必要的话，还应对最终筛选菌株再进行一次纯种分离，以保证最终菌株的纯度。在以上复筛过程中，要结合各种培养条件，如培养基、温度、pH 值、供氧量等进行筛选，也可对同一个菌株的各种培养因素加以组合，构成不同培养条件进行试验，以便初步掌握野生型菌株适合的培养条件。这些最终筛选出的菌株可供发酵条件的优化研究和生产试验，如果产量尚不够理想，可以作为育种的出发菌株对其进行育种改造。这种直接从自然界分离得到的菌株称为野生型菌株，以区别于经人工育种改造后得到的变异菌株或重组菌株。

微生物细胞内成分及其周围的培养基成分非常复杂，且目标产物含量通常又极低。因此，建立灵敏度高、快速、专一性强的检测方法是必需的。

（四）高通量筛选

在育种工作中，筛选是最为艰难且最为重要的步骤。突变细胞往往只占整个细胞的百分之几，而能使生产状况提高的细胞又只是突变细胞中的少数。要在大量的细胞中寻找真正需要的细胞，难度则更大，工作量繁重。简洁而有效的筛选方法无疑是育种工作成功的关键性因素。为了花费最少的工作量，在最短的时间内取得最大的筛选成效，就要求采用效率较高的科学筛选方案和手段。

传统的人工操作筛选方法效率较低、工作量较大，且要耗费大量的人力和物力。在这种背景下，高通量筛选技术则应运而生。高通量筛选技术必须要达到两个条件：①根据目的样品的特性（理化特性、生物学特性等）开发出合适的筛选模型，将样品的这些特性转化成可以用摄像头和计算机传感器识别的光信号或者电信号；②以自动化操作系统执行试验过程，能自动进行移液、接种、清洗等设备操作。

由于高通量筛选在很大程度上依赖于自动化、高效率的仪器装备，因此目前开发出了多种适于高通量筛选的仪器与设备。如具有96孔甚至更多孔道的微孔板，每个孔道都是单独的可以盛放样品的容器，孔中可以直接进行微生物培养，也可进行酶学反应等。为了便于孔中样品的处理，目前开发了可以对多样品进行移液处理的多通道（连续）移液器。这种移液器可以一次性实现多孔道移液，且保持每个移液器上所取样品的一致性，并且一些连续移液器可以一次性吸取大量的液体，通过设定释放体积，分多次释放出等体积液体。移液器需要手动操作，而现在开发出的全自动移液工作站则可在无人值守下进行自动移液工作，是自动化程度更高的高通量设备。

针对微孔板的应用，目前设计了一系列的微孔板后续操作仪器设备，如微孔板恒温振荡培养器、微孔板离心机等，但更值得一提的是酶标仪，它可以一次性快速测定微孔板各孔道样品吸光值，并且具有在紫外光区、可见光区甚至荧光区下工作的能力。

另一种值得一提的高通量设备就是自动挑取菌落仪，在微生物育种的过程中，常常需要进行大量的微生物菌落挑种工作，而自动挑取菌落仪则可以使实验员从繁重的挑种工作中解放出来。它采用400万像素彩色CCD相机拍摄图像，结合计算机，实现菌落识别，可将菌落自动挑选到多孔板上，也可以将一块微孔板上的菌落捡拾到多块目的微孔板上。

以上高通量仪器设备的开发应用，能够提高微生物研究工作效率，将实验员从传统、繁重的手工操作中解放出来，这对于工业微生物的快速发展具有重要的意义。针对高通量筛选，目前也开发了一些筛选技术，其中比较重要的有报告基因的应用和流式细胞术。

报告基因是一种编码可被检测的蛋白质或酶的基因，也就是一个其表达产物非常容易被鉴定的基因。把它的编码序列和基因表达调节序列或者其他目的基因相融合，可以形成嵌合基因。在调控序列控制下进行表达，可以利用报告基因的表达产物来判断目的基因的表达与否以及表达量的大小。常见的报告基因有：绿色荧光蛋白（*GFP*）、β-半乳糖苷酶（*lacZ*）、氯霉素乙酰转移酶（*CAT*）、荧光素酶（*luc*）、碱性磷酸酯酶（*SEAP*）、β-葡糖醛酸酶（*GUS*）等。例如绿色荧光蛋白与目的蛋白融合，融合蛋白诱导表达后，用488nm的紫外光照射检测，可检测到已成功表达并正确折叠的融合蛋白菌落，从中筛选出荧光光度高的菌落，即目的蛋白表达水平高的菌落。

流式细胞仪是一项集激光技术、光电测量技术、计算机技术、电子物理、流体力学、细胞免疫荧光化学技术以及单克隆抗体技术为一体的新型高科技仪器。流式细胞术（flow cytometry，FCM）是利用流式细胞仪，使细胞或微粒在液流中流动，逐个通过一束入射光束，并用高灵敏度检测器记录下散射光及各种荧光信号，对液流中的细胞或其他微粒进行快速测量的新型分析和分选技术。FCM通过激光光源激发细胞上所标记的荧光物质的强度、颜色以及散射光的强度，可以得到细胞内部各种各样的生物信息；也可以利用高分子荧光微球在流式细胞仪上做免疫和聚合酶链反应等多种生物技术检测。FCM主要包括样品的液流技术、细胞的分选和计数技术以及数据的采集和分析技术等，具有测量速度快、测量参数多、采集数据量大、分析全面、方法灵活以及对所需细胞进行分选等优点。

近年来FCM在微生物学研究中得到了广泛应用，范围涉及医学、发酵和环保等诸多领域。FCM可以快速、准确地检测样品中细菌数目，并且已与荧光原位杂交技术相结合，是目前细菌检测和鉴定、产品质量控制、研究细菌机理以及微生态系统中细菌群落结构的一个重要手段。有研究者应用FCM检测生乳中细菌总数，发现FCM与平板菌落计数法相比，检测的结果更精确、更可靠，除可以极大地缩短检测时间外，还可以同时进行多个样品处理，能够满足大量样品在线检测的要求，并且 FCM 可以区分具有生命活力的细菌和已经死亡的细菌。

实际上，利用 FCM 不但可以对细胞进行计数、倍性分析、细胞周期分析、分拣染色体等，还可以用于测量基因组大小、流式核型分析，以及更进一步定位基因、构建染色体文库等。随着科学家和仪器制造商将研究的重点转向新型荧光染料开发、单克隆抗体技术、细胞制备方法以及提高电子信号处理能力上来，FCM 及其在高通量筛选中的应用将日趋广泛。

三、菌种的改良及工程菌构建

菌种改良指的是采用各种手段（物理、化学、工程学、生物学方法以及它们的各自组合）处理目的微生物菌种，使其遗传基因发生变化，使生物合成的代谢途径朝人们所希望的方向加以引导，使某些代谢产物过量积累，从而获得生产上所需要的高产、优质和低耗的变异菌种。通过菌种改良，不仅可以提高发酵产物的产量和纯度，减少副产物的生成，还可以改变菌种的生物合成途径，获得新的产品，因此它已成为获得生产菌种的主要途径。

菌种改良的理论基础是基因突变（gene mutation），即通过一定的手段改变微生物的基因组（genome），使其产生突变。微生物本身的自发突变频率在 10^{-8}～10^{-5}之间，但是若将微生物细胞用诱变剂处理之后，便可大幅度提升其突变频率，达到 10^{-6}～10^{-3}，比起自发突变的频率来，提高程度巨大。因此人工调控在菌种的改良过程中起着举足轻重的作用。

以人工诱发突变为基础的微生物诱变育种（mutation breeding）具有速度快、收效大、方法简单等优点，是菌种选育的一个重要途径。诱变育种的含义，是指以人工诱变手段来诱发微生物基因突变，改变遗传结构和功能，并通过筛选，从多样变异体之中筛选出产量高且性状优良的较完美突变株。同时找出并确定能发挥这个突变株的最佳培养基和培养条件，使其能够在最适宜的环境条件下合成所需要的有效产物。诱变育种在发酵工业菌种选育上具有非凡的地位和意义。发酵工业中目前使用的高产菌株，大多数是经过诱变而大大提高了生产性能的菌株，至今仍然是广泛使用的主要菌种改良方法之一。

杂交育种（breeding by crossing）是指将两个基因型不同的菌株经接合（接合是指两个性别不同的微生物之间接触，遗传物质转移、交换、重组，形成新个体）后使遗传物质重新组合，从中分离筛选出具有新性状菌株的一种育种技术。杂交育种虽然不像诱变育种那样应用广泛，但是通过杂交育种，可以使菌种克服生活力衰退的趋势，而且杂交后的菌种变得对诱变剂更加敏感，两个亲本株的性状集中在重组体中，形成新个体。杂交育种是一个重要的微生物育种手段，比起诱变育种，它具有更强的方向性或目的性。

原生质体融合（protoplast）指用水解酶除去遗传物质转移的最大障碍——细胞壁，制成由原生质膜包被的裸细胞，然后用物理、化学或生物学方法，诱导遗传特性不同的两亲本原生质体融合，经过染色体交换、重组而达到杂交的目的，经筛选获得集双亲优良性状于一体的稳定融合子。原生质体融合育种广泛应用于霉菌、酵母菌、放线菌和细菌，并从株内、株间发展到种内、种间，打破种属间亲缘关系，实现属间、门间甚至跨界融合。原生质体融合比常规杂交育种具有更大优越性，除了能显著提高重组频率外，与常规诱变育种途径相比，还具有定向育种的含义。但是也存在不足之处：原生质体融合后 DNA 交换和重组随机发生，增加重组体分离筛选的难度；并且细胞对异体遗传物质的降解和排斥作用，以及遗传物质非同源性等因素也会影响原生质体融合的重组频率，使远缘融合杂交存在较大困难。

代谢控制育种将微生物遗传学的理论与育种实践密切结合，先研究目的产物的生物合成途径、遗传控制及代谢调节机制，然后进行定向诱变，大大提高了筛选效率。代谢控制育种的兴起标志着微生物育种技术发展到理性育种阶段，实现人为的定向控制育种。从工业微生物育种史来看，诱变育种曾取得了巨大的成就，使微生物有效产物成百倍甚至成千倍地增加，但是传统的育种工作量繁重，具有一定盲目性。近年来由于应用生物化学和遗传学原理，深入研究了生物合成代谢途径以及代谢调节控制的基础理论，人们不仅可进行外因控制，通过培养条件来解除反馈调节而使生物合成的途径朝着人们所希望的方向进行，即实现代谢控制发酵；同时还可进行内因改变，改变微生物的遗传型往往是控制代谢的更为有效的途径。代谢控制育种可以大大减少传统育种的盲目性，提高了效率。

基因工程（genetic engineering）是一种全新的育种技术。采用基因工程技术将多种微生物的基因从细胞中取出，然后组装到一个细胞中，使这个菌株具有多功能、高效和适应性强等特点，这种新型微生物即为工程菌（engineering bacteria）。目前，基因工程产品主要是一些短肽和小分子蛋白质，对一些受多个基因控制的发酵产物，基因工程育种（genetic engineering breeding）还不能完全取代传统的育种方法。

第三节　微生物代谢控制育种的措施

在正常生理条件下，微生物依靠其代谢调节系统，趋向于快速生长和繁殖。但发酵工业需要培养微生物使其积累大量的代谢产物。所以要采取种种人工措施打破菌的正常代谢，积累所需要的代谢产物。

代谢调节控制育种通过特定突变型的选育，达到改变代谢通路、降低支路代谢终产物的产生或切断支路代谢途径及提高细胞膜透性的目的，使代谢流向目的产物积累方向进行。对于那些代谢途径和调节机制已研究清楚的代谢产物而言，大大减少了育种的盲目性，使育种变得更具有方向性和可控性。营养缺陷型（auxotrophic mutant）和代谢终产物的结构类似物抗性突变株（structural analogue resistant mutant strains）等代谢调节控制措施是一种高效、快速的科学筛选手段，在初级代谢产物的生产育种中已被广泛应用并取得了显著的成效。而对抗生素类的次级代谢产物，由于其代谢调控十分复杂而且还不十分清楚，因而在其应用上还是相对落后的。

在育种工作中，突变细胞往往只占整个细胞的百分之几，而能使生产状况提高的细胞又只是突变细胞中的少数。因此，筛选是最为艰难且也是最为重要的步骤。突变株的筛选分为随机筛选和理性化筛选两种。

随机筛选是指有些微生物的产物对产生菌的筛选没有任何选择性，因此常随机地分离所需菌种，要在大量的细胞中寻找真正需要的细胞，难度巨大，工作量繁重。

理性化筛选为定向筛选。营养缺陷型突变株和代谢终产物的结构类似物抗性突变株的筛选是两种常用的理性化筛选方法。营养缺陷型的筛选是通过观察分离菌能否促进营养缺陷型的生长，便可检出生长因子产生菌。筛选抗反馈（抗结构类似物）的突变株时，添加了结构类似物的培养基就像一个筛子，可以迅速将解除了反馈控制的突变株筛选出来。

一、营养缺陷型突变株

在微生物代谢调控育种中，营养缺陷型（auxotrophic mutant）突变属于遗传性代谢障碍，因为结构基因的突变导致合成代谢途径中某一酶的缺失或失活，从而使代谢途径中断。

表现为菌株丧失合成某种物质的能力，必须在培养基中补加该物质，否则菌株不生长。利用营养缺陷型突变株可以获得特定目标代谢产物的累积。

（一）解除反馈调节的营养缺陷型突变菌株

在此类营养缺陷型突变株中，一个典型的例子是谷氨酸棒状杆菌的精氨酸缺陷型突变株进行鸟氨酸发酵（图 2-3）。由于合成途径中由鸟氨酸生成瓜氨酸的酶（氨基酸甲酰转移酶）缺陷，必须供应精氨酸和瓜氨酸，菌株才能生长，但是这种供应要维持在亚适量水平，使菌体达到最高生长，又不引起终产物（精氨酸）对酶（*N*-乙酰谷氨酸激酶）的反馈抑制，从而使鸟氨酸得以大量分泌累积。

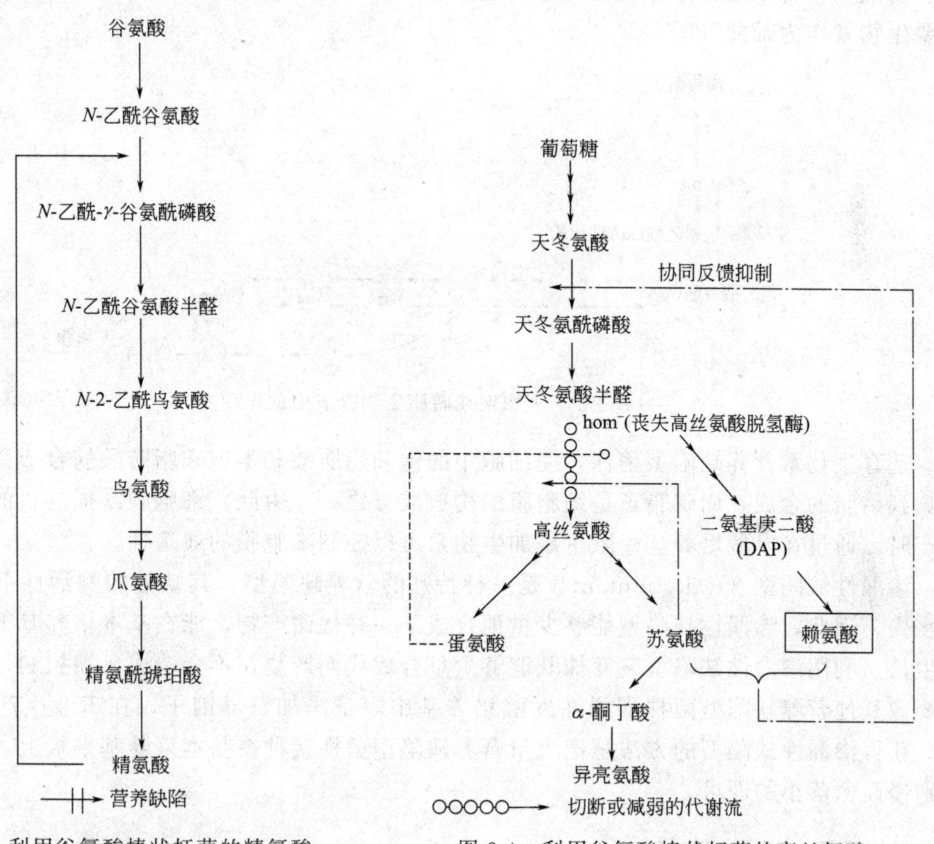

图 2-3　利用谷氨酸棒状杆菌的精氨酸缺陷型进行鸟氨酸发酵的机制

图 2-4　利用谷氨酸棒状杆菌的高丝氨酸缺陷型进行赖氨酸发酵的机制

对于分支代谢途径，当营养缺陷发生在其中的一个分支上，则其他分支的代谢流量会增大，同时由于营养缺陷使得支路上的末端产物不能够合成，因而解除了微生物细胞内原本遵循的反馈调节机制，从而达到使另一分支途径的终产物获得累积的目的。赖氨酸生产为高丝氨酸缺陷型菌株，由谷氨酸棒状杆菌 AS1. 299 经硫酸二乙酯处理后获得（图 2-4）。

从图 2-4 可知，苏氨酸、高丝氨酸、赖氨酸的前体是天冬氨酸半醛，诱变后，促使高丝氨酸脱氢酶的基因发生突变，导致合成高丝氨酸的代谢途径阻断，消除了苏氨酸和赖氨酸对天冬氨酰激酶的协同反馈抑制。因而天冬氨酸半醛由原来合成三个氨基酸的代谢流，完全向赖氨酸方向进行，使赖氨酸产量大量累积。

（二）控制细胞膜通透性的营养缺陷型突变菌株

合成途径中的反馈调节作用是由于细胞内代谢产物浓度过高而引发的。细胞膜是细胞与环境进行物质交换的安全屏障。当营养缺陷突变涉及到微生物细胞膜的组成，即改变细胞膜的通透性时，可使细胞内代谢产物不会形成过多的累积，这样就解除了原有的反馈控制。

例如，在谷氨酸的生产过程中，可以采用生物素营养缺陷型菌株，使谷氨酸能迅速排放到细胞外面，从而解除谷氨酸对谷氨酸脱氢酶的抑制作用，提高谷氨酸的产量。这是因为微生物的细胞膜由磷脂和蛋白质构成，磷脂生物合成受阻就会造成细胞膜缺损。作为磷脂组成的脂肪酸，在合成途径中存在着一个限速步骤，即从乙酰辅酶 A 羧化成丙二酸单酰辅酶 A 需要生物素作为辅酶（图 2-5）。

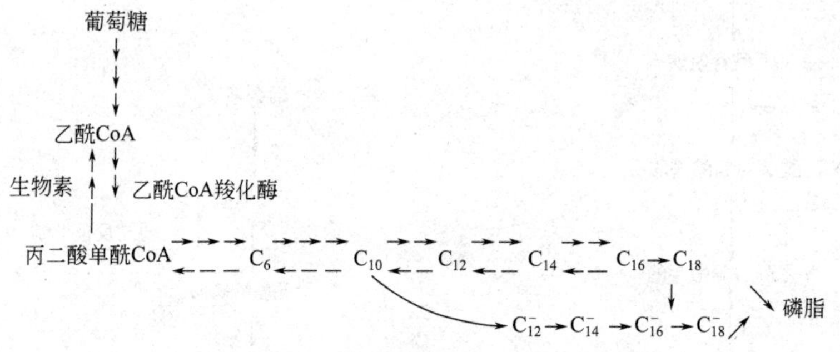

图 2-5 生物素在磷脂生物合成中的作用

选育生物素营养缺陷型菌株，使细胞中的饱和脂肪酸和不饱和脂肪酸的合成受阻，从而影响到磷脂的合成，而磷脂正是细胞膜的构成成分之一，由此，细胞膜缺损的目的达到。在生产时，通过在发酵培养基中限量添加生物素可以控制细胞膜的通透性。

渗漏性缺陷型（leaky mutant）是一种特殊的营养缺陷型，其缺陷的酶活性下降而非完全丧失。因此，渗漏性缺陷型能够少量地合成某一种代谢产物，能在基本培养基上进行少量的生长。利用渗漏性缺陷型突变株既能够少量合成代谢产物，不会造成反馈控制，同时又不需要像其他营养缺陷型菌株那样在发酵培养基中限量添加营养因子，在工业生产上非常实用。获得渗漏性缺陷型的方法是把大量营养缺陷型菌株接种在基本培养基平板上，挑选生长特别慢而菌落小的即可。

二、抗反馈控制突变株

从营养缺陷型回复突变株也有可能获得解除反馈调节的菌株。调节酶的变构特性是由其结构基因决定的，如果调节酶的基因发生突变而失活，则有两种可能性：一种是催化亚基和调节亚基的基因均发生突变；另一种可能仅仅是催化亚基发生突变。如果前者发生回复突变，则又有两种可能性：一种是催化亚基和凋节亚基恢复到第一次突变前的活性水平；另一种可能是催化亚基得以恢复，而调节亚基丧失了调节的功能。由于调节酶失活与否可以直接表现为某种营养缺陷，因此，可以用营养缺陷型回复突变的方法，从营养缺陷型回复突变株中获得对途径调节酶解除了反馈调节的突变株。

菌体自身反馈调节的特点是所需产物不断积累，其浓度超量而终止生产。在微生物生长代谢过程中，反馈调节包含了反馈阻遏作用和反馈抑制作用。反馈阻遏作用是阻遏蛋白和代谢终产物结合的结果，反馈抑制作用是调节酶（变构酶）和合成代谢终产物结合的结果。这充分表明，反馈控制中效应物必须与调节酶或调节蛋白结合起来才能发挥正常的作用。代谢终产物的结构类似物抗性突变株（structural analogue resistant mutant strains）可从遗传上根本解除反馈调节。

抗反馈控制突变株就是指对反馈抑制不敏感或对阻遏有抗性，或两者兼而有之的菌株。在这类菌株中，反馈调节已经解除，所以能大量积累末端代谢产物。抗反馈抑制突变株可以从结构类似物抗性突变株和营养缺陷型回复突变株中获得。

代谢终产物的结构类似物是一类与终产物在结构上相似但是缺乏生理功能的化合物（表 2-1）。

表 2-1　一些用来筛选抗性突变株的结构类似物

积累的产物	结构类似物	积累的产物	结构类似物
苏氨酸(14g/L)	α-氨基-β-羟戊酸	色氨酸	5-甲基色氨酸,6-甲基色氨酸,5-氟色氨酸
酪氨酸	对氟苯丙氨酸,D-酪氨酸	组氨酸(8g/L)	2-噻唑丙氨酸,1,2,4-三唑-3-丙氨酸
脯氨酸	3,4-脱氢脯氨酸	异亮氨酸(15g/L)	缬氨酸,异亮氨酸氧肟酸,α-氨基-β-羟戊酸,O-甲基苏氨酸
缬氨酸	α-氨基丁酸	甲硫氨酸	乙硫氨酸,正亮氨酸,α-甲基甲硫氨酸,L-甲硫氨酸-D,L-硫肟
亮氨酸	3-氟亮氨酸,4-氟亮氨酸	次黄嘌呤,次黄苷	5-氟尿嘧啶,8-氮鸟嘌呤
精氨酸(20g/L)	刀豆氨酸,精氨酸羟肟,D-精氨酸	烟酸,吡哆醇(维生素 B_6)硫胺素(维生素 B_1)	3-乙酰吡啶异烟肼,吡啶硫胺素
腺嘌呤	2,5-二氨基嘌呤		
尿嘧啶	5-氟尿嘧啶,8-氮黄嘌呤		
对氨基苯甲酸	磺胺		
苯丙氨酸	对氟苯丙氨酸,噻吩苯丙氨酸		

添加了结构类似物的培养基就像一个筛子，可以将解除了反馈控制的突变株筛选出来。这些与末端代谢产物结构类似的化合物会干扰正常菌体的代谢，甚至引起菌体死亡，所以又称为抗代谢物。在代谢正常的细胞中，代谢终产物能够和变构酶或阻遏蛋白可逆结合，起到反馈调节作用，并且这种调节作用会由于代谢终产物的消耗而解除。而代谢终产物的结构类似物一方面也能和变构酶或阻遏蛋白相结合，起反馈调节作用；另一方面由于其缺乏生理功能而不能够被细胞正常利用，反馈调节被锁定，从而造成生物合成受阻，细胞不能生长。因此，对正常细胞的生长而言，代谢终产物的结构类似物有着抑制甚至毒害的作用。

在代谢终产物结构类似物抗性（resistance）突变株中，变构酶的结构基因或者编码阻遏蛋白的调节基因发生突变，使变构酶或者阻遏蛋白不能与代谢终产物或结构类似物结合。此时，无论是代谢终产物还是结构类似物对变构酶或阻遏蛋白都已经丧失了反馈调节作用，其结果是代谢终产物被大量合成。这是一种从遗传上根本解除代谢终产物反馈调节的突变株。

许多氨基酸、嘌呤、嘧啶和维生素的结构类似物已用于氨基酸、核苷、核苷酸和维生素高产菌株的育种工作。L-精氨酸（Arg）便是利用抗结构类似物突变株进行发酵生产的一种产物。通过遗传学的研究，已知 L-精氨酸合成从谷氨酸开始一共经过 8 个酶促反应，当有 L-精氨酸存在时，这些酶的合成都处于被阻遏状态（图 2-6）。另外，L-精氨酸的生物合成还要受 L-精氨酸本身的反馈

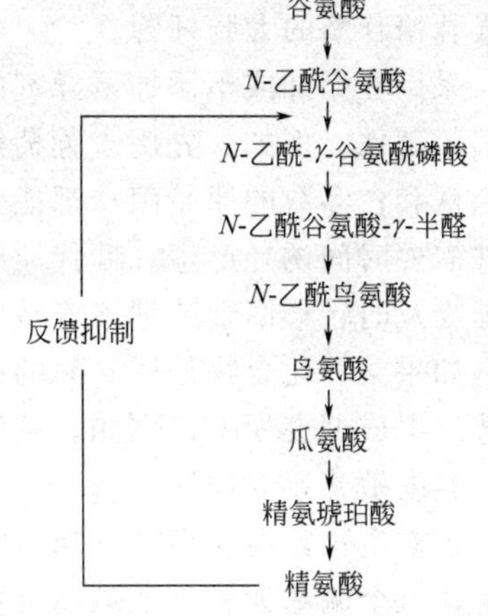

图 2-6　精氨酸的生物合成途径及反馈调节机制（谷氨酸棒状杆菌）

抑制。

要积累像L-精氨酸这样的非支路代谢途径终产物，主要采用抗L-精氨酸结构类似物突变株。例如使谷氨酸棒状杆菌带上D-精氨酸或精氨酸氧肟酸盐抗性标记后，这种抗精氨酸结构类似物突变株在终产物L-精氨酸大量累积的情况下，仍然可以源源不断地合成L-精氨酸。获得抗L-精氨酸结构类似物突变株的方法是，把欲筛选的大量菌株接种在含有D-精氨酸或精氨酸氧肟酸盐的培养基中，野生型细胞不能生长，抗结构类似物突变株则能生长。这样得到的突变株，不再受L-精氨酸的反馈阻遏和抑制。

钝齿棒杆菌在含苏氨酸和异亮氨酸的结构类似物AHV（α-氨基-β-羟基戊酸）的培养基中培养时，由于AHV可以干扰该菌的高丝氨酸脱氢酶、苏氨酸脱氢酶和二羧酸脱水酶，所以抑制了该菌的正常生长。如果采用诱变获得的抗AHV突变株进行发酵，就能分泌较多的苏氨酸和异亮氨酸，这是因为该菌株的高丝氨酸脱氢酶或苏氨酸脱氢酶和二羧酸脱水酶的结构基因发生了突变，不再受苏氨酸或异亮氨酸的反馈抑制，促使了大量积累苏氨酸和异亮氨酸。如进一步选育出蛋氨酸缺陷型，蛋氨酸合成途径上的两个反馈阻遏也被解除，则苏氨酸的产量将进一步提高。

三、其他类型突变株

微生物代谢控制育种的措施有很多，除上述营养缺陷型突变和代谢终产物的结构类似物抗性突变之外，组成型突变株（constitutive mutation）和温度敏感突变株（temperature sensitive mutant）也在氨基酸等初级代谢产物工业生产中应用较为普遍。

组成型突变株（constitutive mutation）是指操纵基因或调节基因突变引起酶合成诱导机制失灵的突变株。这些菌株的获得，除了自发突变之外，主要是由诱变剂处理后的群体细胞中筛选出来的。组成型突变株在没有诱导物存在的情况下就能正常地合成诱导酶。这种突变株有的是调节基因突变，致使不能形成活性化的阻抑物；有的是操纵基因突变，丧失了和阻抑物结合的亲和力。从而造成结构基因不受控制地转录，酶的生成将不再需要诱导剂或不再被末端产物或分解代谢物阻遏，这样的突变称为组成型突变。少数情况下，组成型突变株可产生大量的、比亲本高得多的酶，这种突变称为高产突变。故可以利用一些易同化碳源或价廉易得的碳源为基质生产所需的诱导酶类。例如在恒化培养器中以低浓度的底物诱导剂连续培养细菌，就可能选育出组成型突变的菌株。用这种方法已选出不需乳糖诱导就大量积累β-半乳糖苷酶的大肠杆菌。

采用在添加或不添加诱导剂的培养基中交替培养的方法，也可以从群体中筛选出抗反馈调节的菌株。例如，先用含葡萄糖的培养基培养诱变过的大肠杆菌群体，占少数的抗反馈调节菌株和占多数的原始菌株都能生长，再将混合培养物转移到含乳糖的培养基中，因为原始菌株需要时间诱导产生乳糖代谢的酶，而抗反馈调节的菌株就能迅速适应此培养基，将混合培养物及时转移回葡萄糖培养基中，解除反馈调节菌株就会逐渐占据优势。

如果某种化合物是诱导酶的良好底物，但不是好的诱导剂，那么以这种物质作碳源，就可选出组成型突变株，例如，利用乙酰-β-半乳糖苷可选出β-半乳糖苷酶的组成型突变株。

温度敏感突变株（temperature sensitive mutant）是指正常微生物经诱变后，只能在低温下正常生长，而在高温下却不能生长繁殖的突变株。其突变位置多发生在细胞膜结构的基因上，一个碱基为另一个碱基所置换，这样控制细胞壁合成的酶在高温条件下失活，导致细胞膜某些结构的异常。例如使用典型的温度敏感突变株TS-88发酵生产谷氨酸时，控制发酵温度由30℃提高到40℃，可在富含生物素的天然培养基中高产谷氨酸达20g/L。控制该菌合成产物的关键是在生长期转换温度，保证完成从谷氨酸非积累型细胞向谷氨酸积累型细胞的改变。表 2-2 列出了常用的微生物代谢控制育种措施。

表 2-2　常用的微生物代谢控制育种措施

调节体系	育种措施
诱导 分解阻遏 分解抑制	1. 组成型突变株的选育 2. 抗分解调节突变株的选育 • 解除碳源分解调节突变株的选育 • 解除氮源分解调节突变株的选育 • 解除磷酸盐调节突变株的选育
反馈阻遏 反馈抑制	3. 营养缺陷型突变株的选育 4. 渗漏性缺陷型突变株的选育 5. 回复突变株的选育 6. 耐自身代谢产物的突变株的选育 7. 抗终产物结构类似物的突变株的选育 8. 耐前体物突变株的选育 9. 条件突变株的选育
细胞膜渗透性	10. 营养缺陷型突变株的选育 • 生物素缺陷型 • 油酸缺陷型 • 甘油缺陷型 11. 温敏突变株的选育

第四节　菌种的扩大培养及保藏

种子扩大培养是指将保存在砂土管、冷冻干燥管中处于休眠状态的生产菌种接入试管斜面活化后，再经过扁瓶或摇瓶及种子罐逐级放大培养而获得一定数量和质量的纯种的过程。这些纯种培养物称为种子。

菌种的扩大培养有着重要的意义，就目前而言，工业规模化生产上所用的发酵罐容积已达到几十立方米甚至几百立方米。如果按 10%左右的种子量计算，就要投入几立方米或几十立方米的种子。所以菌种扩大培养的目的就是为每次发酵罐的投料提供相当数量的代谢旺盛的种子。要从保藏在试管中的微生物菌种逐级扩大为生产用种子是一个由实验室制备到车间生产的庞大过程，并且其生产方法与条件随不同的生产品种和菌种种类而异。如细菌、酵母菌、放线菌或霉菌生长的快慢、产孢子能力的大小及对营养、温度、需氧等条件的要求均有所不同。

种子质量的优劣对发酵生产起着关键性的作用。因此，种子扩大培养应根据菌种的生理特性，选择合适的培养条件来获得代谢旺盛、数量足够的种子，使发酵生产周期缩短，设备利用率提高。

一、菌种的扩大培养

菌种的扩大培养是发酵生产的第一道工序，又称之为种子制备。种子制备不仅要使菌体数量增加，更重要的是要培养出高质量的种子供发酵使用。

发酵生产上所谓的种子制备包括两个不同的概念：广义上的种子制备是指从斜面菌种开始到发酵罐接种之前的所有生产过程，包括了在斜面上制备孢子或菌（丝）体的过程、在摇瓶中培养菌丝或者菌体的过程以及在种子罐培养种子的过程；狭义上的种子制备仅指生产车间种子罐的培养过程。

在发酵生产过程中，种子的制备过程大致可分为两个阶段：实验室种子制备阶段和生产车间种子制备阶段（图 2-7）。

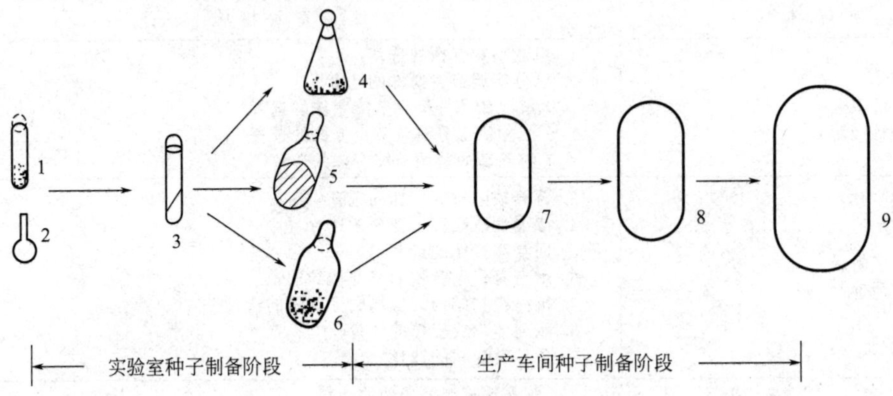

图 2-7 菌种的扩大培养流程示意图

1—砂土管；2—冷冻干燥管；3—斜面种子；4—摇瓶液体种子；5—茄子瓶斜面种子；6—固体培养基；7，8—种子罐；9—发酵罐

（一）实验室种子的制备

实验室种子的制备一般采用两种方式：对于产孢子能力强的及孢子发芽、生长繁殖快的菌种采用固体培养基培养孢子，孢子可直接作为种子罐（seeding tank）的种子，这样操作简便，不易污染杂菌；对于孢子发芽慢或不产孢子的菌种，采用液体培养法。

1. 孢子的制备

（1）细菌　细菌的斜面培养基多采用碳源限量而氮源丰富的配方。培养温度一般为37℃。细菌菌体培养时间一般为1～2天，产芽孢的细菌培养则需要5～10天。

（2）霉菌　霉菌孢子的培养一般以大米、小米、玉米、麸皮、麦粒等天然农产品为培养基。培养的温度一般为25～28℃。培养时间一般为4～14天。

（3）放线菌　放线菌的孢子培养一般采用琼脂斜面培养基，培养基中含有一些适合产孢子的营养成分，如麸皮、豌豆浸汁、蛋白胨和一些无机盐等。培养温度一般为28℃。培养时间为5～14天。

2. 液体种子制备

采用摇瓶液体培养法。将孢子或菌体接入含液体培养基的摇瓶中，于摇瓶机上恒温振荡培养，获得的菌（丝）体作为种子。

（二）生产车间种子制备

实验室制备的孢子或液体种子移种至种子罐扩大培养，种子罐的培养基虽因不同菌种而异，但其原则为采用易被菌利用的成分如葡萄糖、玉米浆、磷酸盐等。如果是需氧菌，同时还需供给足够的无菌空气，并不断搅拌，使菌（丝）体在培养液中均匀分布，获得相同的培养条件。

种子罐的作用主要是使孢子发芽，生长繁殖成菌（丝）体，接入发酵罐能迅速生长，达到一定的菌体量，以利于产物的合成。种子罐级数是指制备种子需逐级扩大培养的次数，取决于菌种生长特性、孢子发芽及菌体繁殖速度。如细菌生长快，种子用量比例少，级数就较少；霉菌生长较慢，级数就较多。确定种子罐级数需注意的是：①种子级数应当适当少一些，可简化工艺和控制，减少染菌机会；②虽然种子罐级数随产物的品种及生产规模而定，但也与所选用工艺条件有关。如改变种子罐的培养条件，加速了孢子发芽及菌体的繁殖，也可相应地减少种子罐的级数。

种龄和接种量是菌种扩大培养过程中两个非常重要的工艺条件。种龄指的是种子的培养时间。在工业生产中，一般选在生命力极为旺盛的对数生长期。种龄过于年轻会导致菌种前期生长缓慢，发酵周期延长；而种龄过于年老则会导致生产能力衰退，生产力下降。工业菌种的最适种龄都是通过实验来进行实际确定的。同菌种或同一菌种工艺条件不同，种龄是不一样的，一般需经过多种实验来确定。接种量（inoculum concentration）是指移入的种子液体积和接种后培养液体积的比例。发酵罐的接种量大小与菌种特性、种子质量和发酵条件等有关。一般细菌接种量在1%左右，霉菌接种量在10%左右（7%～15%）。接种量过大会导致菌种生长快，培养基过稠，溶氧不足；接种量过小则会使菌体在发酵前期生长缓慢，发酵周期延长。

在工业生产上，为了加大接种量，有些品种的生产利用双种法，即两个种子罐的种子接入一个发酵罐。

（三）种子质量控制

生产过程中经常出现种子质量不稳定的现象，多数因培养基中的原材料质量波动造成，如大米、麸皮、水等天然成分。温度、pH 值对种子质量有显著的影响。在种子罐中培养的种子除保证供给易被利用的培养基外，还要保证有足够的通气量。

种子质量的检验指标一般有细胞或菌体数量及形态、生化指标、产物生成量和酶活力等。

种子异常的原因一般有：①菌种在种子罐生长发育缓慢或过快，其产生原因通常与孢子质量以及种子罐的培养条件有关；②菌丝结团，在液体培养条件下，繁殖的菌丝并不分散舒展而聚成团状，称为菌丝团，这时从培养液的外观就能看见白色的小颗粒，菌丝聚集成团会影响菌的呼吸和对营养物质的吸收；③菌丝粘壁，这是指在种子培养过程中，由于搅拌效果不好、泡沫过多以及种子罐装料系数过小等原因，使菌丝粘在罐壁上。

二、菌种的衰退和复壮

微生物具有生命活动能力，其世代时间一般很短，在传代过程中易发生变异甚至死亡，因此常常造成工业生产菌种的退化，并可能使优良菌种丢失。所以，如何保持菌种优良性状的稳定是研究菌种保藏的重要课题之一。

（一）菌种衰退的表现及原因

菌种的衰退（degeneration），又称为菌种的退化，是指生产菌种或筛选出来的较优良菌株进行接种传代或保藏之后，群体某些形态特征及生理特征逐渐减退甚至完全丧失的现象。

“退化”是一个群体概念，即菌种中有少数个体发生变异，不能算退化，只有相当一部分乃至大部分个体的性状都明显变异，群体生长性能显著下降时，才能视为菌种退化。菌种退化往往是一个渐变的过程，只有在发生有害变异的个体在群体中显著增多以致占据优势时才会显露出来。因此，尽管个体的变异可能是一个瞬时的过程，但菌种呈现“退化”却需要较长的时间。菌种退化的原因是有关基因的负突变。

菌种退化的过程是一个从量变到质变的过程。最初，在群体中只有个别细胞发生负突变，这时如不及时发现并采取有效措施而一味地传代，就会造成群体中负突变个体的比例逐渐增高，最后占优势，从而使整个群体表现出严重的退化现象。最易察觉到的现象是菌落和细胞形态的改变。菌种衰退集中表现在目的代谢物合成能力降低，产量下降，有的则是发酵力和糖化力降低。以生长代谢来说，主要表现在孢子数量减少或变得更多、部分菌落变小或变得更大、生长能力更弱、生长速度变慢，或者恰好相反。导致这一演变过程的原因有基因突变、变异菌株性状分离和连续传代等等方面的因素。

1. 基因突变（gene mutation）

菌种退化的主要原因是有关基因的负突变。如果控制产量的基因发生负突变则会引起产量下降，如果控制孢子生成的基因发生负突变则孢子性能就会下降。当然，这些负突变都是自发形成的。经常处于旺盛生长状态的细胞比休眠状态细胞发生突变的概率大得多。在发酵生产中常用营养缺陷型突变株（如缺陷型发生回复突变）使产量水平下降。如黏质赛氏杆菌（*Serratia marcescens*）H-2892 菌株生产力为 18g/L 组氨酸，经 5 次传代后因回复突变型增多，产量下降至 4g/L。很多抗生素生物合成、产生气生菌丝和色素等性状都部分或全部受质粒基因控制。当菌株连续传代、菌体发生质粒脱落而出现大量光秃型菌落，则生产能力也显著下降。

2. 变异菌株性状分离

变异菌株性状分离能够引起高产性状的丧失。在菌种筛选工作中经常遇到初筛摇瓶产量很高，复筛产量逐渐下降而被淘汰的现象，在霉菌中更为常见。这是一种广义的退化现象。当诱变的单菌落是由一个以上孢子或细胞形成，而其中只有一个孢子或细胞高产时，在移接传代过程中，这个高产菌株数量减少，当然产量也就下降。即使菌落是由一个孢子或单个细胞形成，只要它是多核细胞，在诱发突变中核的变化不会都一样，随着菌种传代和核的分离也会使性状表现多样化，产量也会随之变化。即使是单核孢子发生突变时，如果双链 DNA 上仅一条链上某个位点发生变化，经移殖后也会出现性状分离。因此，一个较稳定的变异株的获得必须经过多次分离纯化。

3. 连续传代

连续传代（continuous passage culture）也是菌种退化的直接原因。个别细胞性状改变不足以引起菌种退化，经多次传代，退化细胞在数量上占优势，于是退化性状表现逐步明朗化，最终成为一株退化菌株。退化并不突然明显，而是当退化细胞在繁殖速率上大于正常细胞时，每移殖一代，使退化细胞的优势更为显著，从而导致退化。因此，生产菌种的转接，每移殖一代，最好同时移殖多个斜面供一段时间生产的需要，以减少传代次数。

4. 其他因素

温度、湿度、培养基成分及各种培养条件都会引起菌种的基因突变。如在菌种保藏时，基因突变率随温度降低而减少。又如在培养产腺苷的黄膘呤缺陷型时，若在培养基中加入黄嘌呤、鸟嘌呤及组氨酸、苏氨酸，就可减少回复突变的数量。

（二）防止菌种衰退的措施

微生物与其他生物体一样，具有遗传性与变异性。但遗传只是相对而言的，而变异却是绝对的。对于工业生产上使用的菌种来说，变异可以朝有利的方向进行，也可以朝有害的方向进行。在后一种情况下，菌种的生产性能将大大下降。因此，要求一个菌种永远不衰退是不现实的，但应根据菌种退化原因分析，积极采取措施，使菌种优良特性延缓退化。

1. 从菌种选育角度考虑

在育种过程中，应尽可能使用孢子或单核菌株，避免对多核细胞进行处理，采用较高剂量使单链突变的同时，另一条单链丧失了模板作用，可以减少出现分离回复现象；同时，在诱变处理后应进行充分的后培养及分离纯化，以保证获得菌株的“纯度”。放线菌和霉菌的菌丝细胞是多核的，其中也可能存在异核体或部分二倍体，所以，用菌丝接种、传代易产生分离现象，会导致菌种退化。因此，要用单核的孢子进行移种，最好选用单菌落的孢子进行传代，因为单菌落是由单个孢子发育而形成的，其遗传特性一致，不会发生分离现象。

2. 从菌种保藏角度考虑

连续传代是加速菌种退化的直接原因。微生物都存在着自发突变，而突变都是在繁殖过程中发生或表现出来的，减少传代次数就能减少自发突变和菌种退化的可能性。所以，不论在实验室还是在生产实践上，必须严格控制菌种的传代次数。斜面保藏的时间较短，只能作为转接和短期保藏的种子用，应该在采用斜面保藏的同时，采用砂土管、冻干管和液氮管等能长期保藏的手段以防止菌种优良性状的退化。

3. 从菌种培养角度考虑

培养基和培养条件可以从多方面影响菌种的性状。因此，为了防止菌种退化，要选择合适的培养基和培养条件。各种生产菌株对培养条件的要求和敏感性不同，培养条件要有利于生产菌株，不利于退化菌株的生长。如营养缺陷型生长菌株培养时应保证充分的营养成分，尤其是生长因子；对一些抗性菌株应在培养基中适当添加有关药物，抑制其他非抗性的野生菌生长。另外，应控制碳源、氮源、pH 值和温度，避免出现对生产菌不利的环境，限制退化菌株在数量上的增加，例如添加丰富的营养物后，有防止菌种退化的效果；改变培养温度，防止菌种产孢子能力的退化。由于微生物生长过程产生的有害代谢产物，也会引起菌种退化，因此应避免将陈旧的培养物作为种子。

4. 从菌种管理的角度考虑

要防止菌种退化，最有效的方法是定期使菌种复壮。所谓的菌种复壮就是在菌种发生退化后，通过纯种分离和性能测定，从退化的群体中找出尚未退化的个体，以达到恢复该菌种原有性状的措施。但这是一种消极的措施。

另外，经常进行菌种纯化。所谓菌种纯化就是对菌种进行自然分离。首先将菌种制成单细胞或单孢子悬浮液，经稀释后将其涂布于琼脂平板上培养，待平板上单菌落培养成熟后挑取单菌落移种斜划，再经摇瓶试验测定其生产能力，从中选出高水平的菌种。

(三) 菌种的提纯与复壮

菌种退化是不可避免的，如果生产菌种已经退化，那么我们要及时对已退化的菌种进行复壮，使优良性状得以恢复。从菌种退化的演化过程看，开始时所谓纯的菌株实际上已包含了很少的衰退细胞，到菌种退化时，虽然群体中大部分是衰退细胞，但仍有少数尚未衰退的细胞存在。菌种提纯指的是从已衰退的菌种中通过分离纯化，将尚未退化的个体分离出来，以恢复和建立具有原来生产性状的群体，继续供生产或科研使用。

狭义上菌种的复壮（rejuve-nation）仅是一种消极的措施，指在菌种已发生衰退的情况下，通过纯种分离和测定典型性状、生产性能等指标，从已衰退的群体中筛选出少数尚未退化的个体，以达到恢复原菌株固有性状的相应措施。广义上菌种的复壮则是一项积极的措施，指在菌种的典型特征或生产性状尚未衰退前，就经常有意识地进行纯种分离和生产性状的测定工作，以期从中选择到自发的正变个体。菌种退化会给生产及科研带来意想不到的损失。当发现菌种出现退化时，应及时采取提纯复壮措施，以便重新获得或保持菌种的优良性状。常用的分离纯化方法很多，大体上可分为三种：

1. 菌种的提纯

通过自然分离的方法将那些尚未衰退的细胞从群体中分离出来，可以使菌种的优良性状得以恢复。进行菌种提纯有两类做法：一是只要求达到菌落纯化的水平，可以通过稀释平板法、划线法、表面涂血法等常规操作法，这种方法较为粗放，适用于菌退化不太严重的情况；二是可达到“细胞纯”也称“菌株纯”的水平，即采用单胞分离法。当然，也可以二者结合采用，先用前一种方法获得较纯的菌种后，再采用后一种单胞分离法进一步纯化。

2. 通过寄主体进行复壮

对于一般菌种，包括生产菌种，复壮工作主要是进行纯种分离和筛选。对于一些寄生性微生物，特别是一些病原菌，长期在实验室人工培养会发生致病力降低的退化。对于寄生性微生物退化菌株，可直接接种到相应的动植物体内，通过寄主体内的作用来提高菌株的活性或提高它的某一性状。寄生性微生物如苏云金杆菌、白僵菌、多角体病毒等，由于长期使用，其毒力会下降，导致杀虫效率降低等衰退现象。这时可以用菌种去感染菜青虫幼虫等，然后从致死的虫体上重新分离出典型的产毒菌株，经过几次重复感染与分离，就可以逐步恢复和提高毒力。

3. 淘汰已衰退的个体

通过物理、化学的方法处理菌体（或孢子），使大部分死亡，存活的菌株多为生长健壮个体，可从中选出优良菌种来，达到复壮的目的。如对产生放线菌素的细黄链霉菌（*Streptomyces microflavus*）的分生孢子，采用−10～−30℃的低温处理5～7天，使其死亡率达到80%以上甚至更高一些，然后从存活菌株中挑选优良菌种，加以复壮。

菌种复壮的方法还有很多，应根据不同的微生物、不同的目的，选用合适的方法进行。

三、菌种的保藏

优良的工业生产菌种是一个国家和企业的重要财富，而科学、有效的菌种保藏方法是防止菌种退化的必要措施，因此，研究和选择良好的菌种保藏方法具有重要的意义。菌种保藏要求不受杂菌污染，使退化和死亡降低到最低限度，从而保持纯种和优良性能。菌种保藏的基本原理是抑制菌种的代谢活动，使菌种处于休眠状态，停止繁殖，以减少菌种的变异。为此，良好的保藏方法就要为菌种创造适合其长期休眠的环境条件，如干燥、低温、缺氧、缺乏营养、添加保护剂等。

广义的菌种保藏（culture preservation）是指在广泛收集实验室和生产菌种、菌株（包括病毒株甚至动、植物细胞株和质粒等）的基础上，将菌种妥善保存，使之达到不死、不衰、不污染，以便于研究、交换和使用的目的。而狭义的菌种保藏是防止菌种退化，保持菌种生活能力和优良的生产性能，尽量减少或者推迟负变异或死亡的出现时间，并确保不污染杂菌。人们在长期的实践中，对微生物种子的保藏建立了许多方法，各种方法所适用的微生物的种类和效果都不一样，在具体应用中各有优缺点。采用的措施有的简单，有的复杂，但它们的原理基本上是相同的，即选用优良的纯种（最好是休眠中，如分生孢子、芽孢等），并创造使微生物代谢不活泼、生长繁殖受抑制、难以突变的环境条件。其环境要素是干燥、低温、缺氧、缺营养以及添加保护剂等。保藏的程序大致分两步：一是挑选典型菌种（type culture）的优良纯种，最好采用它们的休眠体（如分生孢子、芽孢等）；二是创造适合其长期休眠的环境条件。微生物生长要求适宜的温度、营养物质、水分和空气，如将菌种置于低温、缺乏营养、干燥和无氧的条件下，自然可以使菌种暂时处于休眠状态。

在实践中，发现用极低的温度进行保藏时效果较为理想，如液氮温度（－195℃）比干冰温度（－70℃）好，－70℃又比－30℃好，而－30℃又比4℃好。与低温相关的保藏方法，如冷冻干燥法、超低温保藏法等，都是利用低温条件下细胞与环境的特殊平衡原理而设计的。一种好的保藏方法首先应能长期保持菌种原有的优良性状不变，同时还需考虑到方法本身的简便和经济，以便生产上能推广使用。下面介绍几种常用的菌种保藏方法：

1. 斜面低温保藏法

将菌株接种于合适的斜面培养基上，待生长好后置于4℃冰箱保藏，每隔一定时间进行移接培养后再将新斜面继续保藏。斜面保藏除选择良好的培养基外，还要注意保藏条件。经过移接、培养后的斜面，置于4℃冰箱保藏。每隔1～3个月后移接一次，继续保藏。移接代数最好不超过3～4代。每次移接时，斜面数量可以多一些，以延长其使用期。有的保藏斜面的试管棉塞可以改为橡胶塞，再用石蜡密封，置于4℃冰箱保存。不仅可以避免斜面培养基水分蒸发，还可以克服棉塞受潮而被污染。该法对细菌、霉菌、酵母保存5～10年后，存活率达75%以上。

斜面低温保藏法方法简单，存活率高，易于推广，经常使用的菌种可采用这种方法。对科研和教学工作中不要求长期保藏的菌种更是适用方便，特别是对那些不宜用冷冻干燥保藏的菌种，斜面保藏是最好的方法。斜面低温保藏法缺点有：①在保藏期间，由于斜面含有营养和水分，菌种生长繁殖还没有完全停止，仍有一定强度的代谢活动条件存在自发突变的可能；②保存时间不长，一般每1～3个月就要转接一次，移殖代数比其他保藏方法要多，这样就易发生变异和引起退化；③由于传代频繁，每次制备斜面时，因原料、水质、pH值、配制方法、灭菌、培养温度及温度等的差异，不仅影响菌种质量，也容易造成杂菌污染；④在保藏期间，培养基的水分易蒸发而导致收缩、干涸，使其浓度增高，渗透压加大，因而将引起菌种退化甚至死亡。

2. 液体石蜡油保藏法

液体石蜡油保藏法是由法国的Lumiere于1914年创造的，是工业微生物菌种保藏的常用方法。石蜡油是无色透明的矿物油，若含有杂质，尤其是有毒物质，应用于菌种保藏则会影响菌种生产性能。所以用于菌种保藏前，应于121℃蒸汽灭菌60～80min，然后置于80℃烘箱中烘干，除去水分。

石蜡油保藏法其实是斜面保藏法的一种，因为在斜面中加入石蜡油，保存期间可以防止培养基水分蒸发并隔绝氧气，克服了普通斜面保藏的缺点。将新鲜斜面移接菌种，培养至菌体健壮、成熟时，在无菌条件下倒入已灭菌的液体石蜡，油层要高出斜面上端1～2cm，加塞并用固体石蜡封口，使之与空气隔绝，然后垂直放于4℃冰箱内保藏即可，效果比一般斜面保藏好得多。该法适于保存部分霉菌、酵母菌、放线菌，通常菌种可以保存2～3年，甚至5年转代移接一次，几乎能够保持其原有活性。

需要注意的是，有报道指出某些蕈菌菌丝用石蜡油保藏法，在3～6℃低温保藏时易死亡，在室温下反而较理想。另外，石蜡油保藏法不适用于能以石蜡作为碳源的或者对石蜡十分敏感的微生物保藏。为了确保菌种活性，采用石蜡油保藏法之前要做预备实验。菌株保藏期间要定期做存活率和活性实验，一般2～3年做一次，以考察该法的保藏效果与菌种的适应性。

3. 砂土管保藏法

砂土管保藏法的原理是用人工方法模拟自然环境的低温、干燥、隔氧和无营养条件，适用于细菌的芽孢、霉菌和放线菌孢子的保藏，不适用于对干燥敏感的无芽孢细菌和酵母菌的保藏。该法主要包括砂土制备和真空抽干两步。

具体方法是取细砂过40～60目筛，用10%盐酸处理2h，水洗至中性，烘干。取肥沃园土过筛，将细土与砂按1∶2（质量比）混合，分装入安瓿管内约2cm高，加棉塞，间歇灭菌（三次）。灭菌后的砂土，放培养基上培养，经检查确认无菌后备用。将菌苔已长好的斜面注入无菌水3～5mL，用接种针轻轻将菌苔刮下，使其成菌悬液。用无菌滴管吸取菌液滴入砂土管中，滴入菌液量以管中砂土全部湿润为度，砂土和菌液在管中高度约2cm，把装了菌液的砂土管放在装有干燥剂的真空干燥器中，接通真空泵抽干，再转至有干燥剂的容器中，密封置于5～8℃的低温下保藏。此方法特点是简单易行，但工作量大，费人力。

4. 真空冷冻干燥法（lyophilization）

此法的原理是在低温下迅速将细胞冻结以保持细胞结构的完整，然后在真空下使水分升华。这样菌种的生长和代谢活动处于极低水平，存活率高，不易发生变异和死亡，因而能长期保存，一般为5～10年。微生物在此条件下易死亡，所以需加入一些物质作保护剂，一般常用的是脱脂牛奶、血清等。该法存活率高，变异率低，并能广泛适用于细菌（有芽孢和无芽孢的）、酵母、霉菌孢子、放线菌孢子和病毒等，因此是目前广泛采用的好方法。但也有报道称此法对不长孢子或长很少孢子的真菌保藏效果不佳。其缺点是手续麻烦，操作复杂，要求严格，并需有一定设备条件。

在降温过程中，要注意尽量不损伤细胞。在缓慢冰冻时，胞外基质一般较快结冰而形成冰晶使基质浓度增高，会造成细胞水分外渗而大量脱水，可能使细胞死亡。如果快速降温，胞内很快形成冰晶，胞内外渗透压基本平衡，同时胞内冰晶较小，对细胞及原生质膜的损伤也较小，则菌株不易死亡。同时，在进行真空冷冻干燥时，需要尤其注意保护剂这个因素。为了防止冷冻干燥过程和保存期间细胞损伤和死亡，需要加保护剂。低分子和高分子化合物及一些天然化合物，都是良好的保护剂。其中以高分子和低分子化合物混合使用效果最好。

保护剂的保护作用有：①可以减少细胞在冷冻和真空干燥过程中的损伤和死亡；②对保存过程中菌种细胞的构型有维持稳定作用，并减少死亡；③使固形化的含菌样重新培养时，加入培养液易于溶解。不同种类的保护剂对不同微生物的作用是不同的。如脱脂牛奶是普遍采用的保护剂，对枯草杆菌等菌种保藏，死亡率不到10%；而用于青霉素产生菌保护时，死亡率则高达90%以上。一般容易保存的菌种对保护剂的要求不很严格，而不易保存的菌种对保护剂的要求却很苛刻。因此，选择好的保护剂是真空冷冻干燥的关键因素。

5. 液氮超低温保藏法

液氮超低温保藏法指的是菌种以10%甘油或二甲基亚砜等作为保护剂，在液氮超低温（－196℃）下保藏的方法。液氮超低温保藏法的原理是因为一般微生物在－130℃以下温度时，它的新陈代谢作用停止，化学反应也消失，而液氮温度可达到－196℃，在这种情况下菌种可以长期保藏，被世界公认为防止菌种退化的最有效方法。

液氮超低温保藏法适用于各种微生物菌种的保藏，甚至藻类、原生动物、支原体等都能用此法获得有效的保藏。在降温过程中需要注意的是，菌种细胞从常温过渡到低温，并在降到低温之前，使细胞内的自由水通过细胞膜外渗出来，以免膜内因自由水凝结成冰晶而使细胞损伤。研究证明，美国ATCC菌种保藏中心采用该法时，把菌悬液或带菌丝的琼脂块经控制致冷，以每分钟下降1℃的速度从0℃直降到－35℃，然后保藏在－150～－196℃的液氮冷箱中。如果降温速度过快，由于细胞内自由水来不及渗出细胞外，形成的冰晶就会损伤细胞。研究结果证明，降温的速度控制在每分钟1～10℃时，细胞死亡率低；随着速度加快，死亡率则相应提高。在准备使用菌种时，从液氮罐中取出安瓿瓶，应将其迅速放到35～40℃温水中，使之熔化，以无菌操作打开安瓿瓶，移接到保藏前使用的同一培养基斜面上进行培养。从液氮罐中取出安瓿瓶时速度要快，一般不超过1min，这是为了防止其他安瓿瓶升温而影响到保藏质量。

6. **甘油悬液低温冷冻保藏**

甘油保藏法与液氮超低温保藏法类似。菌种悬浮在10%（体积分数）甘油蒸馏水中，置低温（－70～－80℃）保藏。该法较简便，保藏期较长，但需要有超低温冰箱。

实际工作中，常将待保藏菌培养至对数期的培养液直接加到已灭菌的甘油中，并使甘油的终浓度在10%～30%，制成细胞密度为10^7～10^8个/mL的悬浮液，加入到密封性能好的专用螺口塑料管中，旋紧螺盖，置于－70℃冰箱中，则保藏效果更佳。使用此法保藏感受态大肠杆菌细胞3个月，转化率无明显下降。

除上述6种方法外，各种微生物菌种保藏的方法有很多，如纸片保藏、薄膜保藏、寄主保藏、麦粒保藏、麸皮保藏、生理盐水保藏等。由于各种微生物菌种生理生化特性不同，对环境条件适应能力各异，保藏方法也不一样。一类是保藏时间较短的，如液体石蜡斜面、琼脂营养斜面、大米斜面和麸皮等，这些方法使菌种在保藏期间不能完全停止代谢活动，只能使代谢活动降至较低水平；另一类是保藏时间较长的，如砂土法、液氮法和真空冷冻干燥法等，能够使菌种完全处于休眠状态，代谢活动停止，但它在生理生化方面的潜在能力并没有变化。因此，在具体选择保藏方法时必须对被保藏菌株的特性、保藏物的使用特点及现有条件等进行综合考虑。对于一些比较重要的微生物菌株，则要尽可能采用多种不同的方法进行保藏，以免因某种方法的失效而导致菌种失活。

四、国内外主要菌种保藏机构

菌种保藏机构的任务是广泛收集各种微生物菌种，并把它们妥善保藏，使之达到不死、不衰和便于交换使用的目的。

（一）国际上主要的菌种保藏机构

菌种是一个国家的重要生物资源，许多国家都设立了专门的菌种保藏机构。

美国典型微生物菌种保藏中心（ATCC） ATCC主要从事农业、遗传学、应用微生物、免疫学、细胞生物学、工业微生物学、菌种保藏方法、医学微生物学、分子生物学、植物病理学、普通微生物学、分类学、食品科学等的研究。该中心保藏有藻类111株，细菌和抗生素16865株，细胞和杂合细胞4300株，丝状真菌和酵母46000株，植物组织79株，种子600株，原生动物1800株，动物病毒、衣原体和病原体2189株，植物病毒1563种。另外，该中心还提供菌种的分离、鉴定及保藏服务。该中心保藏的菌种可出售。

法国国家历史自然博物馆——Algotheque du实验室菌种保藏中心（ALCP） ALCP隶属于法国国家历史自然博物馆，主要从事工业微生物学、应用微生物学、微生物系统分类学、培养和保藏方法等方面的研究，以及藻类等微生物的分离、鉴定、保藏工作。保藏有藻类600种、细菌200种。该中心保藏的菌种可出售。

英国MIRCEN国际生物工艺学研究所——欧洲菌物保藏中心（BEG） BEG隶属于英国MIRCEN国际生物工艺学研究所，主要研究方向有微生物培养和保藏方法、生态学、分子生物学、遗传学、生理学、植物病理学、系统分类学等。该中心是赢利性组织，主要有微生物菌种保藏和销售业务。中心保藏有真菌500种。

荷兰微生物菌种保藏中心（CBS） CBS是半政府性质的真菌、酵母菌菌种保藏中心。主要从事菌种保藏方法、分类学、分子生物学、医学微生物学等的研究。该中心保藏有丝状真菌35000株、酵母5500株。该中心保藏的菌种可出售。

葡萄牙国家工业科技研究所——工业微生物菌物保藏中心（CCIM） CCIM隶属于葡萄牙国家工业科技研究所，主要从事应用微生物学、工业微生物学方面的研究，有菌种的鉴定、保藏业务。主要用冷冻干燥法保藏。中心保藏有丝状真菌460种、细菌278种、酵母菌200种。

法国巴斯德研究所——Institut Pasteur菌物保藏中心（CIP） CIP属于私人赢利性机构，主要研究方向有分子生物学、遗传学、应用微生物学、普通微生物学、医药微生物学、海洋生物学、食品科学、微生物培养和保藏方法、系统分类学等。主要用液氮保藏法、超低温冻结保藏法、冷冻干燥法保藏。中心保藏有细菌6900种、质粒100种。该中心保藏的菌种可出售。

意大利微生物研究所微生物菌物保藏中心（CSC-CLCH） CSC-CLCH主要从事微生物培养与保藏方法、细胞生物学、分子生物学、海洋生物学、食品科学等的研究。菌种主要以液氮法进行保藏。中心保藏有动物细胞354种、动物杂种瘤48种。

德国微生物菌种保藏中心（DSMZ） DSMZ成立于1969年，是德国的国家菌种保藏中心。该中心一直致力于细菌、真菌、质粒、抗生素、人体和动物细胞、植物病毒等的分类、鉴定和保藏工作。该中心是欧洲规模最大的生物资源中心，保藏有细菌9400株、丝状真菌2400株、酵母500株、质粒300株、动物细胞500株、植物细胞500株、植物病毒600株、细菌病毒90株等。该中心保藏的菌种可出售。另外，该中心还提供菌种的分离、鉴定、保藏服务。

新西兰环境科学研究所医学部微生物保藏中心（ESR） ESR主要从事医学微生物学的研究。通过冷冻干燥法保藏菌种，同时提供菌种鉴定、保藏等服务。保藏有4000种细菌、214种细菌病毒。

中国香港大学微生物菌物保藏中心（HKUCC） HKUCC隶属于中国香港大学，主要研究方向有：微生物培养和保藏方法的研究、生态学、分子生物学、生理学、植物病理学、系统分类学。采用冷冻干燥方法保藏菌种。保藏有细菌50种、真菌5000种。

韩国典型菌种保藏中心（KCTC） KCTC是由政府科学技术部门支持的半政府性质的菌种保藏中心。主要从事应用微生物、基因工程、工业微生物、菌种保藏、发酵、分子生物学、分类学等的研究。该中心保藏有细菌5005株，丝状真菌178株，酵母225株，质粒51株，动物细胞98株，动物杂合细胞21株，植物细胞31株。该中心保藏的菌种可出售。

韩国国家农业生物技术研究所——农业微生物菌种保藏中心（KACC） KACC隶属于韩国国家农业生物技术研究所，是一个非赢利性的政府组织。主要致力于收集、保藏和分配与农业相关的微生物，如丝状真菌、蕈和包含有用的基因的菌株，以及通过生物化学和分子生物学的手段对菌株进行鉴别和分类。该中心保藏有细菌890种、丝状真菌1581种、酵母菌62种、cDNA 600种。该中心保藏的菌种可出售。

加拿大酵母菌保藏中心（LYCC） LYCC主要从事农业、发酵、食品科学、工业微生物学、应用微生物学、普通微生物学、遗传学、分子生物学等的研究，该中心保藏有600种酵母菌，提供酵母菌的鉴定服务，保藏的菌种可出售。

日本生物技术研究所微生物菌种保藏中心（MBIC） MBIC隶属于日本生物技术研究所，主要从事海洋微生物（包括细菌、藻类等）的分离、鉴定、优化，以及新的培养方法的研究，菌种保藏等工作。该中心保藏有藻类1000种、细菌3000种。该中心保藏的菌种可出售。

日本技术评价研究所生物资源中心（NBRC） NBRC(IFO) 是由日本经济部、商业部、工业部支持的半政府性质的菌种保藏中心。主要从事农业、应用微生物、菌种保藏方法、环境保护、工业微生物、普通微生物、分子生物学等的研究。该中心保藏有细菌 1446 株，丝状真菌 568 株，酵母 164 株。这些菌种主要来自本国的其他菌种保藏中心。该中心保藏的菌种可出售。

美国农业研究菌种保藏中心（NRRL） NRRL 是由美国农业部农业研究中心支持的政府性质的菌种保藏中心。主要从事农业、应用微生物、基因工程、工业微生物、菌种保藏方法、环境保护、分子生物学、食品安全、普通微生物、分类学的研究。该中心保藏有细菌 10500 株，丝状真菌 45000 株，酵母 14500 株，放线菌 9500 株。该中心提供细菌、丝状真菌、酵母菌的鉴定服务。

英国食品工业与海洋细菌菌种保藏中心（NCIMB） NCIMB 主要从事分类学、分子生物学的研究。采用冷冻干燥方法保藏菌种。该保藏中心保藏有细菌 8500 株，抗生素 70 株。另外，该中心提供如下服务：细菌、抗生素、质粒的分离；细菌（非致病细菌）的鉴定；保藏细菌、酵母、质粒等。该中心保藏的菌种可出售。

荷兰细菌保藏中心（NCCB） NCCB 是基于 LMD 和 Phabagen Collection，在荷兰皇家艺术科学院的资助下建立起来的荷兰国家级菌种保藏中心，该中心属于政府性非赢利机构，主要致力于微生物菌种的分离、鉴定、保藏、应用以及相关的研究工作，同时为分子生物学研究提供带菌者、质粒、抗生素等资源。采用冷冻干燥方法保藏菌种。中心有细菌 10000 种、带菌者 450 种、其他质粒 850 种、抗生素 600 种。该中心保藏的菌种可出售。

加拿大国家微生物健康实验室微生物菌种保藏中心（NML-HCCC） NML-HCCC 隶属于加拿大国家微生物健康实验室，主要从事医药微生物学的研究，同时鉴定、保藏细菌等微生物。主要采用−80℃低温冷冻保藏法保藏菌种。中心保藏有细菌 2000 种。该中心保藏的菌种可出售。

加拿大森林业服务系统——北方森林菌类（蘑菇）保藏中心（NoF） NoF 隶属于加拿大森林业服务系统，为政府性非赢利机构。主要研究方向有植物病理学、系统分类学、森林微生物学等。中心保藏有丝状真菌 2800 种、酵母菌 50 种。该中心保藏的菌种可出售。

英国国家菌种保藏中心（UKNCC） UKNCC 保藏的菌种包括：放线菌、藻类、动物细胞、细菌、丝状真菌、原生动物、支原体和酵母。该中心保藏的菌种可出售。

俄罗斯国家工业微生物保藏中心（VKPM） VKPM 主要从事工业微生物学、应用微生物学、普通微生物学、遗传学、分子生物学、细胞生物学、微生物培养与保藏方法的研究。中心保藏有细菌 10000 种、丝状真菌 750 种、酵母菌 2300 种、质粒 1100 种、动物细胞 100 种、动物杂种细胞 1000 种。该中心还提供菌种的分离、鉴定及保藏服务。

全俄微生物菌种保藏中心（VKM） VKM 是俄罗斯最大的非医药类微生物菌种保藏中心之一。中心主要从事应用微生物学、普通微生物学、微生物培养与保藏方法以及系统分类等方面的研究。该中心主要采用超低温冻结、真空冷冻干燥、液氮保藏法。该中心保藏有细菌 3662 株、丝状真菌 3355 株、酵母 2300 株。

(二) 国内主要菌种保藏机构

中国微生物菌种保藏管理委员会成立于 1979 年，其任务是促进我国微生物菌种保藏的合作、协调与发展，以便更好地利用微生物资源，为我国的经济建设、科学研究和教育事业服务。该委员会下设六个菌种保藏管理中心，其负责单位、代号和保藏菌种的性质如下：

普通微生物菌种保藏管理中心（CCGMC）：

中科院微生物所，北京（As），真菌、细菌；

中科院武汉病毒研究所，武汉（AS-IV），病毒。

农业微生物菌种保藏管理中心（CICC）：

中国农业科学院土壤肥料研究所，北京（ISF）。

工业微生物菌种保藏管理中心（CICC）：

轻工业部食品发酵工业科学研究所，北京（IFFI）。

医学微生物菌种保藏管理中心（CMCC）：

中国医学科学院皮肤病研究所，南京（ID），真菌；

卫生部药品生物制品检定所，北京（NICPBP），细菌；

中国医学科学院病毒研究所，北京（IV），病毒。

抗生素菌种保藏管理中心（CACC）：

中国医学科学院抗生素研究所，北京（1A）；

四川抗生素工业研究所，成都（sIA）；

华北制药厂抗生素研究所，石家庄（1ANP）。

兽医微生物菌种保藏管理中心（CVCC）：

农业部兽医药品检察所，北京（CIVBP）。

中国微生物菌种保藏管理委员会汇集了六个保藏管理中心及其所属专业实验室、菌种站保藏的部分微生物名录，编写出版《中国菌种目录》一书，其中包括病毒、噬菌体、细菌、放线菌、酵母菌和丝状真菌六部分。

除上述保藏单位外，我国还有许多从事微生物研究并保藏有一定数量各类专用微生物菌种的科研单位和大专院校。

第五节　发酵培养基的设计

一、培养基的类型

培养基的种类很多，其分类方法也各不相同：如果按照培养基的状态来划分可分为固体培养基、半固体培养基和液体培养基。固体培养基适合于菌种和孢子的培养和保存，也广泛应用于有子实体的真菌类（如香菇、白木耳等）的生产；半固体培养基即在配好的液体培养基中加入少量的琼脂，主要用于微生物的分离及鉴定；而液体培养基中80%～90%是水，其中配有可溶性的或不溶性的营养成分，是现代发酵工业经常使用的培养基。

按照培养基中的成分来划分可分为天然培养基、半合成培养基和合成培养基。天然培养基是指一类成分非常复杂的天然产品，其中大部分是农副产品（谷粉、黄豆饼粉、花生饼粉、玉米浆、冻膏等）。其特点是营养丰富、价格便宜；同时其缺点也非常明显，每批次生产时由于天然培养基的成分含量都不同，会影响发酵。因此，在利用这些天然产品进行加工制备时要有质量指标，发酵企业在使用时需要有严格的质量标准以尽量做到用于每批发酵的天然物质的成分含量一致。合成培养基是指一类化学成分完全明确的物质组成的培养基。合成培养基最大的优点就是成分已知，主要用于研究菌种的代谢过程或者是动植物细胞悬浮液培养中，比如缺陷型筛选，分子生物学中阳性克隆的选择均可采用合成培养基。其缺点是价格相对来说较昂贵，成分单一，不适合工业化大规模生产。还有一种培养基其配方中既有化学成分明确的物质又有化学成分不是十分明确的物质，这类培养基叫做半合成培养基或者复合培养基。在工业微生物发酵中常常采用复合培养基（抗生素生产、酶制剂、氨基酸生产、有机酸生产、啤酒酿造）。和天然培养基一样，复合培养基中天然原料成分复杂，而且因品种、产地、加工方法不同，组分含量差异很大，这就会对工业化微生物发酵过程代谢产生相当大的影响（这也是发酵产品质量常常发生波动的原因）。所以和天然培养基一样，在发酵前应当对天然原料成分进行质量控制，避免不符合质量标准的培养基原料进入到发酵阶段。应当强调的是，在工业微生物发酵过程中，只有在确定了目的菌的营养需要或产品的生物合成途径之后才能采用合成培养基，不然生产成本会相当高。

按照用途来划分可以划分为孢子培养基、种子培养基和发酵培养基。孢子培养基主要是供菌种繁殖孢子用，对这种培养基的要求是能够使得菌种发芽生长快速，能够产生大量优质的孢子且不会引起菌种变异。一般来说，孢子培养基中的碳源和氮源（尤其是有机氮）的浓度要适合，多了会只长菌丝，少了孢子又不能发芽。孢子培养基主要在抗生素生产中采用。常用的孢子培养基有麸皮培养基，大米培养基，以及用葡萄糖、蛋白胨和牛肉膏等配制而成的斜面琼脂培养基。种子培养基主要是用于摇瓶种子培养或者是工业生产用的种子罐种子培养所用。常用的原料主要是葡萄糖、糊精或淀粉、蛋白胨、玉米浆、酵母膏等，属于半合成培养基。其主要是用于工业发酵的种子扩大培养。发酵培养基含有供菌丝体迅速生长繁殖和合成代谢产物所需要的营养物质。发酵培养基多为半合成培养基，其大部分是由天然的农副产品原料，再加上少量已知化学成分的营养物质（前体、诱导剂、缓冲剂等）。由此可见，发酵培养基营养组分应适当丰富和完全。

种子扩大培养阶段的任务是获得数量足够的细胞，并不希望积累产物。因此，与发酵培养基相比，种子培养基的特点是：①营养丰富和完全，氮源含量高些，总浓度稀薄；②碳源少量，若糖分过多，菌体代谢活动旺盛，产生有机酸，使 pH 值下降，菌种容易衰老；③种子培养基成分尽可能接近发酵培养基，要使用快速利用 C 源、N 源等，让菌种尽可能快地适应发酵培养基，以缩短菌种在发酵罐中的延迟期，同时又不影响在种子罐中的繁殖速度。

二、发酵培养基的组成

完善的培养基设计是实验室实验、生产中试和生产放大中的一个重要步骤。在发酵过程中，目的产品是菌体或代谢产物。而发酵培养基是否适合于菌体的生长或积累代谢产物，对最终产品的得率具有非常大的影响。在培养基的设计过程中要遵循培养基的组成必须满足细胞的生长和代谢产物所需的元素，并能提供生物合成和细胞维持活力所需要的能量的原则。对于培养基的设计，可作出细胞生长和产物形成的化学计算的平衡：

$$碳源和能源+氮源+其他\longrightarrow细胞+产物+CO_2+H_2O+热量$$

组成微生物细胞的元素包括 C、H、O、N、S、P、Mg 和 K 等（表 2-3）。

表 2-3　细菌、酵母和真菌的元素组成（按干重）　　单位：%

元素	细菌 (Luria,1960；Herbert,1976,Aiba 等,1973)	酵母 (Aiba 等,1973；Herbert,1976)	真菌 (Lilly,1965；Aiba,1973)
碳	50～53	45～50	40～63
氢	7	7	
氮	12～15	7.5～11	7～10
磷	2.0～3.0	0.8～2.6	0.4～4.5

续表

元素	细菌（Luria，1960；Herbert，1976，Aiba 等，1973）	酵母（Aiba 等，1973；Herbert，1976）	真菌（Lilly，1965；Aiba，1973）
硫	0.2～1.0	0.01～0.24	0.1～0.5
钾	1.0～4.5	1.0～4.0	0.2～2.5
钠	0.5～1.0	0.01～0.1	0.02～0.5
钙	0.01～1.1	0.1～0.3	0.1～1.4
镁	0.1～0.5	0.1～0.5	0.1～0.5
氯	0.5	—	—
铁	0.02～0.2	0.01～0.5	0.1～0.2

有些特定营养物微生物不能合成，如氨基酸、维生素或核苷酸。因此在这些微生物的发酵培养基中需要加入适量的纯净的化合物或含有该物质的混合物。碳源具有生物合成的底物和提供微生物生命活动能源的双重作用，在发酵过程中适当补充碳源是必要的。

发酵培养基除了碳源、氮源、无机盐、生长因子和水分等五大成分外，还需要添加某些具有特殊功用的物质，如某些氨基酸、抗生素、核苷酸和酶制剂发酵需要添加的前体物质、促进剂、抑制剂等。添加剂的利用往往与菌种特性和生物合成产物的代谢控制有关，目的在于大幅度提高发酵产率，降低成本。发酵培养基一般由以下物质组成：

（1）水　水是微生物最基本的营养要素组成成分，在微生物细胞中含量达 70%～90%，是细胞生命活动的内环境。水本身还直接参与某些重要的生化反应，在代谢中占有重要的地位。其主要作用有：①水是细胞质组分，直接作为参与代谢反应的物质存在；②水是机体内一系列生理生化反应的介质，物质必须先溶解于水，才能参加代谢反应；③水是微生物体内外的溶剂，绝大多数营养物质的吸收、代谢产物的排泄都需通过水，这些物质只有溶于水后才能通过细胞表面；④水的比热容高，又是良好的热导体，所以它能有效地吸收代谢释放的热量，并将热量迅速地散发出去，从而有利于调节细胞温度。

对于发酵工厂来说，恒定的水源是至关重要的，因为在不同水源中存在的各种因素对微生物发酵代谢影响甚大。水源质量的主要考虑参数包括 pH 值、溶解氧、可溶性固体、污染程度以及矿物质组成和含量。水源的好坏直接关系到发酵产品质量的高低，对于常规发酵，可靠、持久，能提供大量成分一致、清洁的水。

（2）碳源　凡能被微生物用来构成细胞物质或代谢产物中碳架来源的营养物统称碳源。细胞干物质中的碳约占 50%，所以说微生物对碳的需求量最大。碳源物质通过微生物的分解利用，不仅为菌体本身的合成提供碳架来源，还可为生命活动提供能量，碳源往往也可作能源。微生物细胞物质及其代谢产物几乎都含有碳，碳是微生物所需的最基本的营养要素。

工业上常用淀粉水解糖作为微生物生长所需的碳源，但是水解的糖液必须达到一定的标准。比如在谷氨酸发酵生产过程中对于淀粉水解糖液要求 DE 值在 90%以上，无糊精反应，还原糖含量要在 18%以上。在碳源的选择上需要考虑以下因素：

① 原料成本占生产总成本的比例，在工业生产中，利润是企业的生命，最好采用来源广泛、价格低廉的原料作为发酵培养基的碳源。

② 在某些发酵过程中，必须除去碳源中的杂质。如糖蜜中除了含有微生物生长的糖分外还含有许多杂质（胶体、钙盐、生物素），这些杂质对于发酵来说是有害的，需要通过预处理去除掉。在柠檬酸发酵中高浓度的铁离子含量会导致异柠檬酸的产生，影响产品品质。

③ 对碳源的选择，往往还受到政策的影响。

④ 培养基的配制方法，特别是灭菌方法。

(3) 氮源　凡能被微生物用于构成细胞物质和作为代谢产物中氮素来源的营养物称为氮源。微生物细胞的干物质中氮含量仅次于碳和氧。氮是组成核酸和蛋白质的重要元素，所以，氮对微生物的生长发育有着重要的作用。从分子态的 N_2 到复杂的含氮化合物都能被不同的微生物所利用，而不同类型的微生物能利用的氮源差异较大。

氮源主要用于构成菌体细胞物质（氨基酸、蛋白质、核酸等）和含氮代谢物。常用的氮源可分为两大类：无机氮源和有机氮源。无机氮源的优点在于微生物对它们的吸收快，所以无机氮源也被称为迅速利用的氮源。但无机氮源的迅速利用常会引起 pH 值的变化，如硫酸铵中氮源被利用后形成硫酸使得体系 pH 值降低；硝酸钠中氮源被利用后形成氢氧化钠使得体系 pH 值升高。这种无机氮源被菌体作为氮源利用后，培养液中留下了生理酸性物质。例如在毛霉产蛋白酶的发酵中，不同的无机氮源对于蛋白酶的产量影响差异较大。其效果为：硫酸铵＞硝酸铵＞硝酸钠＞尿素。由此可见，在发酵培养基的氮源设计时，无机氮源对于发酵的影响不可忽视。工业上常用的有机氮源都是一些廉价的原料，如花生饼粉、黄豆饼粉、棉籽饼粉、玉米浆、玉米蛋白粉、蛋白胨、酵母粉、鱼粉、蚕蛹粉、尿素、废菌丝体和酒糟。有机氮源的优点是成本低廉，但是有机氮源较为成分复杂，除提供氮源外，还提供大量的无机盐及生长因子等物质。例如玉米浆中除了含有可被微生物利用的氮源之外还含有可溶性蛋白、生长因子、苯乙酸、乳酸以及硫、磷等微量元素。也正是由于有机氮源成分复杂，其可以从多个方面对发酵过程产生影响，同时有机氮源的来源也具有不稳定性。所以在有机氮源选取和使用过程中，必须考虑原料的波动对发酵的影响。鉴于此，对于氮源的使用往往采取无机氮源和有机氮源混合使用的方式。在微生物生长的早期采用容易被同化的无机氮源，而在中期时采用有机氮源。

(4) 无机盐　无机盐为微生物生长提供必需的矿物质元素。这些元素的功能可归结为：①细胞的组成成分；②作为酶或辅酶的组成部分，激活酶活性；③调节酸的活性；④调节细胞渗透压、pH 值和氧化还原电位；⑤作为某些自养菌的能源。微生物需要的无机盐一般包括硫酸盐、磷酸盐、氯化物以及钠、钾、镁、铁、钙等元素的盐。

根据微生物对无机盐的需求量通常将无机盐分为主要元素和微量元素两类。其中，磷、硫、钾、钠、钙、镁等元素的盐参与细胞结构组成，并与能量转移、细胞透性调节功能有关。微生物对它们的需求量较大，为主要元素，微生物没有它们就无法生长。铁、锰、铜、钴、锌、钼等元素的盐一般是酶的辅助因子，需求量不大，为微量元素。微量元素往往与酶活性有关，或参与酶的组成，或是许多酶的调节因子。铁是过氧化氢酶、过氧化物酶、细胞色素和细胞色素氧化酶的组成元素，也是铁细菌的能源，铁含量太低会影响白喉杆菌形成白喉毒素；铜是多酚氧化酶和抗坏血酸氧化酶的成分；锌是醇脱氢酶、乳酸脱氢酶、肽酶和脱羧酶的辅助因子；钴参与维生素 B_{12} 的形成；钼参与固氮酶的形成；锰为超氧化物酶的激活剂。微量元素需求量极少，因此混杂在水或其他营养物中的极微数量就足以满足微生物的需要。无特殊原因，一般配制培养基时没有另外加入的必要。

无机盐对于微生物的作用各不相同。在无机盐的设计中需要注意：

① 对于其他渠道有可能带入的过多的某种无机离子和微量元素在发酵过程中必须加以考虑。比如说在青霉素的发酵过程中需要控制铁离子的浓度在 20μg/mL，因此在发酵过程中需要严格控制通过其他渠道带入到发酵液中的铁离子（发酵罐表面）。

② 使用时注意无机盐的形式。例如在黑曲霉生产 α-淀粉酶时，培养基中加入磷酸氢二钾时，产生的酶活是培养基中没有加入任何磷酸盐的 4 倍。

(5) 缓冲剂　控制 pH 值对获得最佳生产能力是十分重要的。在培养基中加入某种化合物作为缓冲剂可控制 pH 值，或同时可作为营养源。许多种培养基多加入碳酸钙作为缓冲剂，以达到 pH7.0 左右。磷酸盐也是培养基中非常重要的缓冲剂。另外，维持碳源和氮源的平衡也是控制 pH 值的一种方式。在玉米浆中的蛋白质、肽、氨基酸等也具有缓冲容量。滴加氨、氢氧化钠和硫酸，可以严格地控制 pH 值。

(6) 诱导剂　某些与糖类和蛋白质降解有关的水解酶类大都属诱导酶类，因此向培养基中加入诱导物（通常为底物或底物类似物）就会增加胞外酶的产量。如加入槐糖（1,2-β-D-葡二糖）诱导木霉菌的纤维素酶的生成，木糖诱导半纤维素酶和葡萄糖异构酶的生成等。玉米芯等这类不溶性聚合物的分解过程缓慢，以其为唯一碳源时，培养周期比较长，产品的体积生产率仍难以大幅度提高。可考虑先使微生物在廉价的可溶性碳源中迅速生长，形成大量菌体后，再加入诱导物诱导水解酶类生成的方法。如果用底物类似物作为诱导物，由于底物类似物不易被所形成的酶分解，始终保持较高浓度，能够持续诱导酶合成，获得较高浓度的酶。而如果用底物作为诱导物，由于底物易被所形成的酶分解，使底物浓度逐渐下降，诱导强度也逐渐降低。需要不断补加底物，增加发酵工艺的复杂性。此外，当底物被迅速利用时，反而会发生酶合成阻遏。例如纤维二糖在较低浓度时，能够诱导纤维素酶产生；但在较高浓度下，由于纤维二糖被迅速利用，则阻遏纤维素酶形成。

在发酵工业中，要选择到一种廉价、高效的诱导物是不容易的，分批限量加入诱导物在工艺上也多为不便，更为有效的方法是改变菌株的遗传特性，除去对诱导物的需要，即选育组成型突变株。

(7) 生长因子　生长因子是指某些微生物生长所必需，但本身不能合成，必须外源提供但需要量又很小的有机物质。从广义上讲，凡是微生物生长不可缺少的微量的有机物质（如氨基酸、嘌呤、嘧啶、维生素等）均可称为生长因子。绝大多数生长因子以辅酶或辅基的形式参与代谢中的酶促反应，少数生长因子还具有其他特殊生理功能。如以糖质原料为碳源的谷氨酸生产菌均为生物素缺陷型，当培养基中含有生物素时，谷氨酸生产菌就能正常生长。在培养基中有机氮源是这些生长因子的重要来源，多数有机氮源含有较多的 B 族维生素和微量元素，以及一些微生物生长不可缺少的生长因子。

工业上常用麸皮水解液、玉米浆及糖蜜作为生长因子的来源。玉米浆是一种用亚硫酸浸泡玉米而得的浸泡水浓缩物，含丰富的氨基酸、核酸、维生素、无机盐等。

(8) 前体　前体指某些化合物加入到发酵培养基中，能在生物合成过程中直接被微生物合成到产物分子中去，而其自身的结构并没有多大变化，但是产物的产量却因加入前体而有较大的提高。前体分为内源性前体和外源性前体。内源性前体是指菌体自身能合成的物质，如合成青霉素分子的缬氨酸和半胱氨酸。外源性前体是指菌体不能合成或合成量很少，必须在发酵过程中加入的物质，如合成青霉素 G 的苯乙酸、合成青霉素 V 的苯氧乙酸、合成红霉素大环内酯环的丙酸盐等。这些外源性前体是培养基的组成成分之一。

有些氨基酸、核苷酸和抗生素发酵必须添加前体物质才能获得较高的产率。例如，丝氨酸、色氨酸、异亮氨酸、苏氨酸发酵时，培养基中需分别添加各种氨基酸的前体物质，如甘氨酸、氨茴酸、吲哚、2-羟基-4-甲基-硫代丁酸、α-氨基丁酸及高丝氨酸等，如表 2-4 所示，这样可避免氨基酸合成途径的反馈抑制作用，从而获得较高的产率。目前，应用添加前体物质的方法大规模发酵生产丝氨酸在日本已经实现。又如，5′-核苷酸可以糖为碳源，在添加化学合成的腺嘌呤为前体的情况下，用腺嘌呤或鸟嘌呤缺陷变异菌株直接发酵生成。比如在青霉素的生产过程中加入苯乙酸能够显著提高青霉素的产量。前体的用量可以按分子量衡算，具体使用时有个转化率的问题。前体一般都有毒性，浓度过大对菌体的生长不利。对于青霉素的生产而言，一般基础料中苯乙酸的添加量仅仅为 0.07%，并且前体价格相对较高，添加过多，容易引起挥发和氧化。所以前体添加一般都采用流加的形式，这样有利于提高产物的转化率。

一些氨基酸和抗生素发酵培养基中需添加各种的前体物质，分别如表 2-4 和表 2-5 所示。

表 2-4 氨基酸发酵的前体物质

氨基酸	菌 株	前体物质	产率/(g/L)
丝氨酸	嗜甘油棒状杆菌	甘氨酸	16
色氨酸	异常汉逊酵菌	氨茴酸	8
色氨酸	麦角菌	吲哚	13
蛋氨酸	脱氮极毛杆菌	2-羟基-4-甲基-硫代丁酸	11
异亮氨酸	黏质赛氏杆菌	α-氨基丁酸	8
异亮氨酸	阿氏棒状杆菌	D-苏氨酸	15
苏氨酸	谷氨酸小球菌	高丝氨酸	20

表 2-5 抗生素发酵的前体物质

抗生素	前体物质	抗生素	前体物质
青霉素 G	苯乙酸或在发酵中能形成苯乙酸的物质，如乙基酚胺等	金霉素	氯化物
		溴四环素	溴化物
青霉素 O	烯丙基硫基乙酸	红霉素	丙酸、丙醇、丙酸盐、乙酸盐
青霉素 V	苯氧乙酸	灰黄霉素	氯化物
链霉素	肌醇、精氨酸、甲硫氨酸	放线菌素 C	肌氨酸

(9) 产物促进剂 在氨基酸、抗生素和酶制剂的发酵过程中，可在发酵培养基中加进某些对发酵起一定促进作用的物质，称为促进剂或刺激剂。所谓产物促进剂是指那些非细胞生长所必需的营养物，又非前体，但加入后却能提高产量的添加剂。

在酶制剂发酵过程中，加入某些诱导物、表面活性剂及其他一些产酶促进剂，可以大大增加菌体的产酶量。添加诱导物，对产诱导酶（如水解酶类）的微生物来说，可使原来很低的产酶量大幅度提高，这在生产酶制剂新品种时尤其明显。一般的诱导物是相应酶的作用底物或一些底物类似物，这些物质可以“启动”微生物体内的产酶机构，如果没有这些物质，这种机构通常是没有活性的，产酶是受阻抑的。在培养基中添加微量的促进剂可大大增加某些微生物酶的产量，这是一个值得关注的方向，常用的促进剂有各种表面活性剂（洗净剂、吐温 80、植酸、洗衣粉等）、乙二胺四乙酸、大豆油精抽提物、黄血盐、甲醇等。例如，生产栖土曲霉 3942 蛋白酶时，在 2～8h 内添加 0.1%LS 洗净剂（即脂肪酰胺磺酸钠），就可使蛋白酶产量提高 50%以上。添加用量为培养基的 0.02%～1%的植酸和植酸盐可显著提高枯草杆菌、假单胞菌、酵母、曲霉等的产酶量。在葡萄糖氧化酶发酵时，加入金属螯合剂乙二胺四乙酸（EDTA）对酶的形成有显著影响，酶活力随乙二胺四乙酸用量的增加而递增。又如，添加大豆油精抽提物时，米曲蛋白酶产量达原产量的 1.87 倍，泡盛曲霉的脂肪酶产量达原产量的 1.5 倍。在酶制剂发酵过程中添加促进剂能促进产量增加的原因主要是改进了细胞的渗透性，同时提高了氧的传递速度，改善了菌体对氧的有效利用。

抗生素发酵过程中加入某些促进剂也可促进抗生素的生物合成。在不同的情况下，不同的促进剂所起的作用也各不相同。有的可能起生长因素的作用，如加入微量“九二〇”或其他植物刺激剂可促进某些放线菌的生长发育，缩短发酵周期或提高抗生素发酵单位；有的可推迟菌体的自溶，如巴比妥药物能增加链霉素产生菌的菌丝抗自溶能力（巴比妥对链霉素生成合成酶系统具有刺激作用）；有的可改变发酵液的物理性质，改善通气效果，如加入聚乙烯醇、聚丙烯酸钠、聚二乙胺等水溶性高分子化合物或加入某些表面活性剂后改善了通气效果，进而促使发酵单位提高；有的可与抗生素形成复盐，从而降低发酵液中抗生素的浓度而促进抗生素的合成，如在四环素发酵中加入 N,N-二苄基乙烯二胺（DBED）碱土金属复盐后与四环素形成复盐，促使四环素发酵向有利于合成的方向进行。

在发酵过程中添加促进剂的用量极微，选择得好，效果较显著，但一般来说，促进剂的专一性较强，往往不能相互套用。产物促进剂提高产量的机制还不完全清楚，其原因是多方面的：①有些促进剂本身是酶的诱导物；②有些促进剂是表面活性剂，可改善细胞的透性，改善细胞与氧的接触从而促进酶的分泌与生产；③也有人认为表面活性剂对酶的表面失活有保护作用；④有些促进剂的作用是沉淀或螯合有害的重金属离子，从而解除其对酶活性中心的抑制作用。

（10）生物合成抑制剂　在发酵过程中加入生物合成抑制剂后，会抑制分支代谢途径中某些途径的进行，使另一途径活跃，从而获得人们所需要的某种代谢末端产物，或使正常代谢的某一代谢中间物积累。因此，选择加入何种抑制剂，可以针对末端产物，也可以针对代谢中间物。

用微生物发酵生产甘油是应用生物合成抑制剂的最早例子。酵母菌中的乙醇脱氢酶活性很强，乙醛作为氢受体被还原成乙醇的反应进行得很彻底，因此，在乙醇发酵中，甘油的生成量很少。但如果采取某些手段阻止乙醛作为氢受体时，可使用 $NaHSO_3$ 作为抑制剂，使下列反应发生：

$$\text{乙醛}+NaHSO_3 \longrightarrow \text{乙醛亚硫酸钠沉淀}$$

这样，磷酸二羟丙酮则代替乙醛作为氢受体形成甘油，酒精发酵转为甘油发酵，也被称为酵母Ⅱ型发酵。

抗生素发酵过程中加入某些抑制剂，常可促进抗生素的生物合成。有的抑制剂是抑制某些合成其他产物的途径而使之向所需产物的途径转化（表 2-6）；有的抑制剂是降低产生菌的呼吸，使之有利于抗生素的合成，如四环素发酵中加入硫氰化苄，可降低菌在三羧酸循环中的某些酶活力，而增强戊糖代谢，使之更利于四环素的合成。

表 2-6　抗生素的抑制剂

抗生素	被抑制的产物	抑制剂
链霉素	甘露糖链霉素	甘露聚糖
去甲基链霉素	链霉素	乙硫氨酸
四环素	金霉素	溴化物、巯基苯并噻唑、硫脲、硫尿嘧啶
去甲基金霉素	金霉素	磺胺化合物、乙硫氨酸
头孢菌素 C	头孢霉素 N	L-蛋氨酸
利福霉素 B	其他利福霉素	巴比妥药物

（11）消泡剂　所谓“泡”是指不溶性气体存在于液体或固体中，或存在于以它们的薄膜包围的独立的气泡（bubble）。许多气泡聚集在一起彼此以薄膜隔开的积聚状态谓之泡沫（foam）。气泡形成主要是由于分子间力的作用，其分子中的亲水基和疏水基被气泡壁吸附，形成规则排列，其亲水基朝向水相，疏水基朝向气泡内，从而在气泡界面上形成弹性膜，其稳定性很强，常态下不易破裂。泡沫的稳定性与表面黏性和弹性、电斥性、表面膜的移动、温度、蒸发等因素有关。再者，气泡与液体的表面张力呈负相关，其张力愈小，则愈易起

泡。在发酵生产过程中，泡沫的出现给生产带来诸多不便，故必须消泡。工业上常采用的消泡剂主要有豆油和聚酯类物质。

三、发酵培养基的优化

目前还不能完全从生化反应的基本原理来推断和计算出适合某一菌种的培养基配方，只能用生物化学、细胞生物学、微生物学等的基本理论，参照前人所使用的较适合某一类菌种的经验配方，再结合所用菌种和产品的特性，采用摇瓶、玻璃罐等小型发酵设备，按照一定的实验设计和实验方法对经验培养基中成分和含量进行优化。在培养基成分的选择上需要根据以往的经验配方和发酵菌种两方面来综合考虑，主要遵循以下原则：

(1) 菌种的同化能力　不同发酵菌种对于同一营养物质的同化能力不尽相同，即使对于同一菌种生产同一产品时，菌种对于不同营养物质的同化能力也不同，如毛霉在含有硫酸铵物质的培养基中蛋白酶的产量就要高于在含有硝酸铵物质的培养基中蛋白酶的产量。

(2) 合适的碳源和氮源比例　发酵培养基应该选用适当的碳氮比。培养基中碳氮比的影响极为明显。氮源过多，会使菌体生长过于旺盛，pH 值偏高，不利于代谢产物的积累；氮源不足，则菌体繁殖量少，从而影响产量。碳源过多，则容易形成较低的 pH 值；若碳源不足，易引起菌体衰老和自溶。另外，碳氮比不当还会影响菌体按比例地吸收营养物质，直接影响菌体的生长和产物的形成。菌体在不同的生长阶段，其对碳氮比的最适要求也不一样。一般碳源因为既作碳架又作能源，因此用量要比氮多。从元素分析来看，酵母菌细胞中碳氮比约为 100：20，霉菌约为 100：10；一般工业发酵培养基的碳氮比为 100：(0.2～2.0)；但在氨基酸发酵中，因为产物中含氮多，所以碳氮比就要相对高一些。例如谷氨酸生产中取碳氮比 100：(15～21)，若碳氮比为 100：(0.5～2.0)，则会出现只长菌体而几乎不合成谷氨酸的现象。碳氮比随碳水化合物和氮源的种类以及通气搅拌等条件而异，因此很难确定一个统一的比值。

(3) pH 值　大多数细胞适宜的 pH 值为 7.2～7.4，偏离此范围对发酵可能产生不利影响，因此培养基应具有一定的缓冲能力。例如微生物发酵过程中代谢产生的 CO_2 能够造成发酵液 pH 值波动，如果在封闭式培养过程中，代谢产生的 CO_2 能与水结合产生碳酸，培养基 pH 值很快下降。为解决这一问题，可以在合成培养基中使用 $NaHCO_3$-CO_2 缓冲系统，并采用开放培养的方式，使细胞代谢产生的 CO_2 能够及时溢出培养瓶，再通过稳定调节温箱中 CO_2 浓度（5%），使之与培养基中的 $NaHCO_3$ 处于平衡状态，从而达到稳定发酵液 pH 值的作用。

控制培养基中各成分最佳含量使实际转化率接近于理论转化是发酵控制的一个目标。培养基成分的含量最终都是通过实验获得的。合理的实验方法应当是先完成单因素实验，找到每种营养成分的最佳含量区间，然后通过正交试验或者是响应曲面法综合各个因素，最终确定各营养成分的含量。其主要分为三个步骤来进行优化：①根据前人的经验和培养基成分，初步确定可能的培养基成分；②通过单因素实验最终确定出最为适宜的培养基成分；③当培养基成分确定后，剩下的问题就是各成分最适的浓度，由于培养基成分很多，为减少实验次数，常采用一些合理的实验设计方法。实验室中的摇瓶培养和发酵设备中的培养研究是两个层次的问题。摇瓶培养中培养基的研究只是第一步，而发酵设备中培养基的优化才是最终步骤。摇瓶发酵所得到的数据能够为发酵罐中的发酵提供理论基础。

第六节 生产实例——谷氨酸生产菌种扩大培养及发酵培养基设计

一、谷氨酸生产菌种的来源及保藏

优良菌种的选育是任何发酵生产实现高产的关键，谷氨酸发酵也不例外。我国筛选的第一个谷氨酸生产菌株 AS 1.299，是从北京清河粉丝厂的淀粉废浆中分离得到的一株革兰氏阳性、无芽孢的谷氨酸生产菌。因它分离自北京，故定名为北京棒杆菌，1965 年应用于生产。此后，又分离出钝齿棒杆菌 AS 1.542（广州某酒厂土壤中）、黄色短杆菌 T6-13（天津大港油田土壤中）等谷氨酸生产菌株。采用基因工程和细胞工程新技术改造原有高产菌株的性能，使新菌株生长、耗糖和产酸速度进一步提高，其耐高温、高糖和高酸的性能也有所改进。

根据诱变出发菌株的不同，目前国内使用的谷氨酸生产菌主要分为三大类：①天津短杆菌 T6-13 及其诱变株 FM8209、FM-415、CMTC6282、TG863、TG866、S9114、D85 等；②钝齿棒杆菌 AS1.542 及其诱变株 B9、B9-17-36、F-263 等；③北京棒杆菌 AS1.299 及其诱变株 7338、D110、WTH-1 等。

根据噬菌体感染的类型，谷氨酸生产菌又可分为两大类群：以北京棒杆菌 AS1.299 为一类，包含 7338、D110 等；以钝齿棒杆菌 AS1.542 为另一类，包含 B9、B9-17-36、T6-13 等。目前发现，AS 1.299 类群不会与 AS 1.542 类群发生噬菌体交叉感染，但同一类群中的菌株会发生噬菌体交叉感染。这样，当生产中出现某一菌株严重感染噬菌体时，可调换使用另一类群中的菌株。

根据生产工艺特点，我国现有的谷氨酸菌种有三种：

① 生物素亚适量型　其工艺特点是控制生物素用量，发酵时菌体量少，通风量小，发酵热较小。由于糖蜜和玉米浆用量少，发酵液质量好，适用于直接等电点提取，提取收率高。

② 高生物素及表面活性剂型　其工艺特点是发酵适当时间添加青霉素及表面活性剂，发酵时菌体量多，通风量大，发酵热大，需低温冷却。由于以糖蜜为原料，发酵液色泽深，不利于提取。

③ 温度敏感型　其工艺特点是发酵适当时间提高温度，发酵时菌体量最多，通风量大，发酵热大，需低温冷却。由于糖蜜和玉米浆用量多，发酵液质量较差。

大多数味精生产厂家所用的生物素亚适量菌种为 S9114 和 FM415 两种，其特点是产酸稳定、提取收率高、发酵周期短、不易染菌。其发酵和提取整体工艺配套成熟、可靠，应用广泛，经济效益好，工艺和菌种具有世界领先水平。温度敏感型菌种尚处于生产试验阶段。

谷氨酸发酵生产中，菌种的优劣起着关键的作用，因此，要稳步提高发酵生产技术水平，必须经常对菌种进行分纯、筛选，挑选出活力强、产酸高、糖酸转化率高的优良菌种，以满足生产的不断需要。另一方面，选育出的优良菌种必须采取妥善的保藏方法，以便随时提供生产车间使用。这是稳定提高发酵产酸率和糖酸转化率的前提。目前广泛使用的是冰箱斜面保藏法、石蜡油封存法、冷冻真空干燥保藏法以及液氮（−196℃）超低温保藏法。国内谷氨酸菌种大多采用斜面保藏法或石蜡保藏法，但保藏期不长。斜面保藏法的保藏期仅1～3 个月，且菌种性能不稳定。真空冷冻干燥法保藏期长，菌种性能稳定，但操作复杂，需要一定设备条件。

采用液体低温保藏法，操作简便，且保藏期长。其保藏方法如下：

（1）将分纯得到的生产性能优良的菌株接入无糖茄子瓶斜面（或试管斜面）培养基上，于32℃培养24h。无糖茄子瓶斜面培养基配方为：蛋白胨10g/L，牛肉膏10g/L，NaCl 5g/L，琼脂25g/L，pH7.0。

（2）在锥形瓶中配制浓度为6.5g/L的味精溶液，将茄子瓶培养好的菌苔刮入配制好的味精溶液中，制成浓厚的菌体悬液（一支茄子瓶约制成20mL味精溶液），振动锥形瓶使玻璃珠滑动作用打散菌体细胞，使分散均匀。

（3）配制冻结溶液，配方为：蛋白胨20g/L，牛肉膏10g/L，NaCl 10g/L，甘油300g/L，味精6.5g/L，pH7.0。按1∶1量将冻结溶液加入味精溶液的菌悬液中，振动混合均匀。迅速用无菌吸管将菌悬液分装于小试管中（或安瓿中，立即用酒精喷灯将安瓿封口），装量根据需要决定，立即用无菌小胶塞塞紧，并用蜡熔封好试管口，放入－25～－29℃冰箱存放。

以上方法也可用于代替斜面菌种保藏。使用时从冰箱取出放无菌室融化，用无菌吸管将菌吸取一定量于一级种（锥形瓶）培养基中，直接接入一级种子，免除斜面菌种大量工作。据介绍，该方法保藏2年存活率和产酸率均没有变化。

二、生产菌种的扩大培养

谷氨酸发酵同其他发酵一样，在发酵培养基中需要按比例接种一定数量、均匀、健壮的种子，才能使发酵正常进行。因此，在谷氨酸发酵前必须先培养好一定数量、健壮、均匀、活力旺盛的种子。种子培养的质量好坏是影响谷氨酸发酵的重要因素。影响种子培养质量的因素是多方面的，除了菌种本身的培养特性和生理特性外，培养基的性质、培养温度、pH值、供氧状况、无菌操作等对种子的质量影响也很大。

国内普遍采用二级种子扩大培养的流程，即：

斜面培养活化→一级种子培养→二级种子培养→发酵罐

（一）斜面菌种的培养

菌种的斜面培养必须有利于菌种生长而不产酸，并要求斜面菌种绝对纯，不得混有任何杂菌和噬菌体，培养条件应有利于菌种的繁殖，培养基以多含有机氮而不含或少含糖为原则。

（1）培养基组成　葡萄糖0.1％（传代和保藏斜面不加葡萄糖），蛋白胨1.0％，牛肉膏1.0％，氯化钠0.5％，琼脂2.0％～2.5％，pH7.0～7.2。

（2）培养条件　7338、B9类菌种30～32℃；T6-13、S9114类菌种33～34℃，培养18～24h。培养完成后，仔细观察菌苔的颜色和边缘等特征是否正常，有无感染杂菌和噬菌体的征兆。然后，置于4℃冰箱中保藏待用。

斜面菌种的移接，一般只传代三次，以免菌种自然变异引起菌种退化。还要经常进行菌种的分离纯化，不断提供新的斜面菌株供生产使用。

（二）一级种子培养

一级种子培养的目的在于大量繁殖活力强的菌体，培养基组成应以少含糖分，多含有机氮为主，培养条件从有利于长菌考虑。

（1）培养基组成　葡萄糖2.5％，尿素0.5％，硫酸镁0.04％，磷酸氢二钾0.1％，玉米浆2.5％～3.5％（按质增减），硫酸亚铁、硫酸锰各2mg/L，pH7.0。

培养基成分可因菌种不同酌情增减。

(2) 培养条件 用1000mL锥形瓶装入培养基200mL，灭菌后置于冲程7.6cm、频率96次/min的往复式摇床上振荡培养12h。采用恒温控制：7338、B9类菌种30～32℃；T6-13、S9114类菌种33～34℃。

(3) 一级种子质量要求 种龄12h，pH值6.4±0.1，光密度净增OD值0.5以上，残糖0.5%以下，无菌检查（－），噬菌体检查（无），镜检菌体生长均匀，粗壮，排列整齐，革兰氏反应阳性。

上述要求随菌种不同可酌情调整。

有的工厂一级种子不用摇瓶培养，而是培养大型斜面（茄子瓶斜面）作为一级种子使用。一次制备一批大型斜面一级种子，贮存于冰箱中，供本厂使用一星期左右。这种做法是利用固体培养物比液体培养物容易保存的特点进行的。

（三）二级种子培养

为了获得发酵所需要的足够数量的菌种群体，在一级种子培养的基础上进而扩大到种子罐的二级种子培养。种子罐容积大小取决于发酵罐大小和种量比例。

(1) 培养基组成 二级种子培养基配方如表2-7所示。

表2-7 二级种子培养基配方

培养基成分	T6-13	B9	7338	AS 1.299
水解糖/%	2.5	2.5	2.5	2.5
玉米浆/%	2.5～3.5	2.5～3.5	2.5～3.5	2.5
磷酸氢二钾/%	0.15	0.15	0.2	0.1
硫酸镁/%	0.04	0.04	0.05	0.04
尿素/%	0.4	0.4	0.5	0.5
Fe^{2+}/(mg/L)	2	2	2	2
Mn^{2+}/(mg/L)	2	2	2	2
pH值	6.8～7.0	6.8～7.0	7.0	6.5～6.8

在实际生产中，应根据菌体生长情况，酌情增减生物素等用量，随时调整培养基组成。

传统的二级种子培养是采用一次添加尿素作为无机氮源，在单位容积种子罐内无法获得高浓度的菌体。若改用流加液氨作为培养种子的无机氮源，并适当增大生物素和初糖浓度，可适当延长培养时间来获取高浓度的菌体，这样，不需一味追求扩大种子罐容积，就能达到大种量的目的。

(2) 培养条件 接种量0.5%～1.0%，培养温度32℃（T6-13菌为33～34℃），培养时间7～8h，通风量1：(0.2～0.5)，搅拌转数180～340r/min。

(3) 二级种子的质量要求 种龄7～8h，pH6.8～7.2，ΔOD（OD值净增）0.5左右，无菌检查（－），噬菌体检查（无），镜检菌体生长均匀、粗壮，排列整齐，革兰氏反应阳性。

三、发酵培养基的组成

发酵培养基不仅是供给菌体生长繁殖所需要的营养和能源，而且是构成谷氨酸的碳架来源，要累积大量谷氨酸，就要有足够量的碳源和氮源，其量大大地高于种子培养基，对于菌体繁殖所必需的因子——生物素却要控制其用量。谷氨酸发酵培养基包括碳源、氮源、无机盐、生长因子及水等。发酵工业原料主要是指发酵培养基中比较大宗的成分。这些原料的选择既要考虑到菌体生长繁殖的营养要求，更重要的要考虑到有利于大量累积谷氨酸，还要注意到原料来源丰富，价格便宜，发酵周期短，对产物提取无妨碍等。

(一) 碳源

碳源是构成菌体和合成谷氨酸的碳架及能量的来源。谷氨酸产生菌是异养微生物，只能从有机化合物中取得碳素的营养，并以分解氧化有机物产生的能量来提供给细胞中合成反应所需要的能量。通常用作碳源的物质主要是糖类、脂肪、某些醇类和烃类。由于各种微生物所具有的酶系不同，所能利用的碳源往往是不同的。目前所发现的谷氨酸产生菌均不能利用淀粉，只能利用葡萄糖、果糖、蔗糖和麦芽糖等，有些菌种能够利用醋酸、乙醇、正烷烃等作碳源。

1. 淀粉水解糖质量

在我国，味精生产的主要原料为大米或玉米淀粉水解糖，少数厂家采用糖蜜为原料。现生产上使用的谷氨酸生产菌都不含淀粉酶而不能利用淀粉，只能利用葡萄糖、果糖、蔗糖和麦芽糖等，故淀粉需先经糖化制成淀粉水解糖后，才能利用。糖液质量不仅直接影响到发酵，还影响后续的提取精制工序。

我国味精生产的淀粉质原料糖化（制糖）工艺，过去多采用酸水解法，目前逐步被酶解法取代。酶解法也称双酶法，因为它是用淀粉酶和糖化酶两种酶将淀粉转化为葡萄糖的工艺。双酶法制葡萄糖可分两个过程：第一是液化过程，即利用 α-淀粉酶将淀粉液化，转化为糊精及低聚糖，使蛋白质分离；第二是糖化过程，即利用糖化酶将液化了的糊精及低聚糖进一步水解转化为葡萄糖。

如果淀粉水解不完全，有糊精存在，不仅造成浪费，而且会使发酵过程产生很多泡沫，影响发酵的正常进行。若淀粉水解过分，葡萄糖发生复合反应生成龙胆二糖、异麦芽糖等非发酵性糖，同时葡萄糖发生分解反应，生成 5-甲基糠醛，并进一步分解生成有机酸和黑色素等物质。这些物质的生成不仅造成浪费，而且这些物质对菌体生长和谷氨酸形成均有抑制作用。另外，淀粉原料不同，制造加工工艺不同，糖化工艺条件不同，使水解糖液中生物素含量不同，影响谷氨酸培养基中生物素含量的控制。

2. 培养基的初糖浓度

培养基中初糖浓度对谷氨酸发酵的影响很大，主要表现在初糖浓度对发酵前期菌体生长的影响。在不影响菌体生长的初糖浓度范围内，谷氨酸产量随初糖浓度增加而增加。若初糖浓度过高，由于渗透压增大，对发酵前期菌体生长造成抑制，使菌体生长缓慢，发酵周期长，在限制时间内产酸偏低和谷氨酸对糖的转化率偏低。同时，因为培养基浓度大，氧溶解的阻力大，影响供氧效率。

目前国内采用一次高糖发酵工艺的初糖浓度可达 170～190g/L，产酸可达 80～110g/L，但需要碳氮比调节得比较合适且发酵过程控制要恰当，否则发酵周期长，产酸不易稳定和糖酸转化率低。为了避免高初糖造成的不利影响，而又要追求提高产酸水平，大多数工厂采用中浓度初糖（120～160g/L）中间流加糖工艺，且流加糖采用高浓度葡萄糖（500～600g/L）。

(二) 氮源

氮源是合成菌体蛋白质、核酸等含氮物质和合成谷氨酸氨基的来源。同时，在发酵过程中一部分氨用于调节 pH 值，形成谷氨酸盐（$C_5H_8O_4N \cdot NH_4$）。

1. 碳氮比

氮源是合成谷氨酸生产菌菌体蛋白质、核酸等含氮物质和合成谷氨酸氨基的来源。同时，在发酵过程中一部分氮用于调节 pH 值，形成谷氨酸铵盐。因此，谷氨酸发酵所需的氮源比一般发酵工业高。一般发酵工业碳氮比为 100：(0.2～2.0)，谷氨酸发酵的碳氮比为 100：(20～30)，当碳氮比在 100：11 以上时才开始积累谷氨酸。在谷氨酸发酵中，用于合成菌体的氮仅占总耗氮的 3%～8%，而 30%～80%用于合成谷氨酸。

在发酵的不同阶段需氮量不同。在长菌阶段，NH_4^+ 过量会抑制菌体生长；在产酸阶段，如 NH_4^+ 不足，α-酮戊二酸不能还原氨基化而积累，谷氨酸生成量少。

在实际生产中，采用尿素或液氨作氮源时，由于一部分氨用于调节 pH 值，一些分解而逸出，使实际用量很大。目前，发酵工序生产 1t 谷氨酸耗用液氨量是 260～300kg。

2. 无机氮和有机氮

氮源有无机氮和有机氮。无机氮有尿素［分子式为 $(NH_2)_2CO$，相对分子质量为 60］、液氨、氨水、碳酸氢铵、硫酸铵、氯化铵和硝酸铵等。有机氮常用玉米浆、麸皮水解液、米糠水解液、毛发水解液、豆饼水解液和糖蜜等。菌体利用有机氮较为迅速，一般要根据菌种和发酵特点合理地选择氮源。

有机氮丰富有利于长菌，谷氨酸发酵前期需要一定量的有机氮。目前谷氨酸发酵培养基配制时通常添加一定量的有机氮，有利于菌体快速生长，而在发酵过程中流加尿素、氨水或液氨提供无机氮源，而且起着调节 pH 值的作用。尿素溶液灭菌温度不宜过高，时间不宜过长，否则会产生缩脲反应生成双缩脲和氨，反应如下：

$$2\,O{=}C(NH_2)_2 \xrightarrow{\text{加热}} H_2N{-}\overset{\overset{\displaystyle O}{\|}}{C}{-}\overset{H}{N}{-}\overset{\overset{\displaystyle O}{\|}}{C}{-}NH_2 + NH_3$$

双缩脲抑制菌体生长，对产酸不利。一般来说，流加尿素采用间歇流加方式，由于流加尿素会引起 pH 值波动较大，所以初尿用量和每次流加量要根据菌种的脲酶活力强弱而定，应以少量多次流加为宜。液氨含氨量 99%～99.8%，无需灭菌，流加时容易控制 pH 值，为大部分工厂所采用。

(三) 无机盐和金属离子

无机盐是谷氨酸生产中不可缺少的物质。其主要功能是：构成菌体成分；作为酶的组成部分；酶的激活剂或抑制剂，调节培养基的渗透压；调节 pH 值和氧化还原电位等等。谷氨酸生产菌所需要的无机盐为磷酸盐、硫酸盐、氯化物和含钾、镁的化合物。对无机盐的需要量不多，但无机盐的含量对菌体生长与代谢有很大影响。

1. 磷酸盐

磷是某些蛋白质和核酸的组成分。腺二磷（ADP）、腺三磷（ATP）是重要的能量传递者，参与一系列的代谢反应。磷酸盐在培养基中还具有缓冲作用。微生物对于磷的需要量一般为 0.005～0.01mol/L。磷浓度过高时，菌体的代谢转向合成缬氨酸；但磷含量过低，菌体生长不好，表现为耗糖慢、残糖高。

工业上常用磷酸氢二钾、磷酸二氢钾、磷酸氢二钠、磷酸二氢钠等磷酸盐，也可用磷酸。玉米浆、糖蜜、淀粉水解糖等原料中还有少量的磷。

2. 硫酸镁

镁是组成某些细菌叶绿素的成分，它并不参与任何细胞结构物质的组成，但它的离子状态是许多重要的酶（如己糖磷酸化酶、异柠檬酸脱氢酶、羧化酶等）的激活剂，能刺激菌体生长。硫是构成蛋白质和某些酶的活性基。

如果镁离子含量太少，就影响基质的氧化。一般革兰氏阳性菌对 Mg^{2+} 的最低要求量是

25mg/L。培养基的其他组分中也含有少量的Mg^{2+}。培养基中的硫已在硫酸镁中供给，不必另加。

3. 钾盐

钾不参与细胞结构物质的组成，它是许多酶的活性激活剂。谷氨酸生成期对钾的需要量大于菌体增殖期。钾盐少时长菌体，钾盐足够时产酸，与生物素的作用正好相反。

菌体生长需钾量约为0.01%，谷氨酸生成需钾量为0.02%～0.1%（以K_2SO_4计）。

4. 金属离子

锰是某些酶的激活剂，羧化反应必须有锰参与。如谷氨酸生产中，草酰琥珀酸脱羧生成α-酮戊二酸是在Mn^{2+}存在下完成的。Mn^{2+}有时还能替代Mg^{2+}的作用，参与氧化代谢，并与细胞膜的渗透性有关。一般培养基配用2mg/L的$MnSO_4 \cdot 4H_2O$。

铁是细胞色素氧化酶、过氧化氢酶的组分，催化氧化还原反应，又是某些酶的激活剂。实际生产中由于发酵罐是铁制成，完全可以不加Fe^{2+}。

必须避免有害金属离子进入培养基中，特别是汞和铜离子，具有明显的毒性，抑制菌体生长和影响谷氨酸的合成。

作为碳源、氮源的农副产物天然原料中，本身就含有某些金属离子，不必另加。

(四) 生物素

从广义来说，凡是微生物生长不可缺少的微量的有机物质，如氨基酸、嘌呤、嘧啶、维生素等均称为生长因子。生长因子不是所有微生物都必需的，它只是对于某些自己不能合成这些成分的微生物才是必不可少的营养物。

目前以糖质原料为碳源的谷氨酸产生菌均为生物素缺陷型，即以生物素为生长因子。生物素是B族维生素的一种，又叫做维生素H或辅酶R，其结构式为：

```
           O
           ‖
           C
         /   \
       HN     NH
       |       |
       HC  —  CH
       |       |
      H2C     CH(CH2)4COOH
         \   /
           S
```

生物素的作用主要是影响谷氨酸产生菌细胞膜的谷氨酸通透性，同时也影响菌体的代谢途径。生物素作为催化脂肪酸生物合成最初反应的关键酶乙酰辅酶A羧化酶的辅酶，参与了脂肪酸的合成，进而影响磷脂的合成。当磷脂的合成减少到正常量的1/2左右时，导致形成磷脂合成不足的不完全的细胞膜，细胞变形，谷氨酸向膜外漏出，积累于发酵液中。

生物素浓度对菌体生长和谷氨酸积累都有影响，在发酵过程中大量合成谷氨酸所需要的生物素浓度比菌体生长所需要的生物素浓度低。为了形成有利于谷氨酸向外渗漏的磷脂合成不足的细胞膜，必须亚适量控制生物素。谷氨酸发酵最适的生物素浓度随菌种、碳源种类和浓度以及供氧条件不同而异，以前工厂生产控制的生物素“亚适量”为5μg/L左右，现在生产上生物素“亚适量”的区域较广，上限可达10～12μg/L。

在生产中，如果生物素过量，就大量繁殖菌体而不产或少产谷氨酸。此时，当供氧不足，发酵就会向乳酸发酵转换，糖酸转化率低；当供氧充足，糖代谢倾向于完全氧化，同样会导致糖酸转化率低。如果生物素不足，菌体生长慢，且菌体浓度不够，耗糖慢，谷氨酸产量也会低，但有可能糖酸转化率偏高。

菌体从培养液中摄取生物素的速度是很快的，远远超过菌体繁殖所消耗的生物素量，因此，培养液中残留的生物素量很低，在发酵过程中菌体内生物素含量由“丰富转向贫乏”过渡。有试验表明，当菌体内生物素从 20μg/g 干菌体降到 0.5μg/g 干菌体，菌体就停止生长，继续发酵，在适宜条件下就大量积累谷氨酸。

生物素存在于动植物的组织中，多以与蛋白质结合状态存在，用酸水解可以分开。生产上可作为生物素来源的原料有玉米浆、麸皮水解液、糖蜜及酵母水解液。采用复合生物素玉米浆加糖蜜的效果比只用玉米浆的效果要好。糖蜜中含有较高的生物素，但氨基酸等有机氮含量较低。实际生产中为了减少某一种原料变动给生产带来的较大波动，常常采用两者相结合的方法。

几种常用菌种的谷氨酸种子和发酵培养基组成及其差异分别见表 2-8～表 2-10。

表 2-8　几种常用谷氨酸生产菌种的发酵培养基配方

培养基组成/%	T6-13		B9			7338	AS1.299
	配方 1	配方 2	配方 1	配方 2	配方 3		
水解糖	13	15～16	13	15～20	12	13	12
玉米浆				0.7～1.2	0.6～0.8		0.5～0.7
麸皮水解液			6～7			5.5	
甘蔗糖蜜	0.15	0.2～0.3	0.03			0.03	
尿素(初尿)	0.6	0.6	0.6	0.4～0.5	0.4～0.5	1.6	1.0～2.0
$Na_2HPO_4 \cdot 12H_2O$				0.2	0.17		
H_3PO_4		0.067					
KCl		0.075					0.03
KOH				0.055	0.05	0.04	
$KH_2PO_4 \cdot 12H_2O$	0.17		0.1			0.10	0.15
$MgSO_4 \cdot 7H_2O$	0.06	0.06～0.07	0.06	0.065	0.06	0.06	0.06
$FeSO_4$/(mg/L)	2	2.2	2	2.2	2		2
$MnSO_4$/(mg/L)	2	2.2	2	2.2	2	2	2
消泡剂(BAPE)①	0.03						
pH 值	6.8～7.0						

① BAPE：聚氧乙烯氧丙烯三异丙醇胺醚。

表 2-9　谷氨酸菌种培养常用培养基组成

用　　途	成分/%	规模(初如定容量/最终容量)
保藏	牛肉膏粉 1，蛋白胨 1，氯化钠 0.5，琼脂粉 1.8	
斜面	口服葡萄糖 0.1，牛肉膏粉 1，蛋白胨 1，氯化钠 0.5，琼脂粉 1.8	
一级	口服葡萄糖 3，玉米浆 2.4，尿素 0.65，$K_2HPO_4 \cdot 3H_2O$ 0.15，$MgSO_4 \cdot 7H_2O$ 0.04	1200mL/5000mL
二级	玉米淀粉双酶糖 2.5，玉米浆 2，甘蔗糖蜜 1，尿素 0.35，$K_2HPO_4 \cdot 3H_2O$ 0.15，$MgSO_4 \cdot 7H_2O$ 0.04	$1.2m^3/2m^3$
三级	玉米淀粉双酶糖 4，玉米浆 1.5，甘蔗糖蜜 1，$K_2HPO_4 \cdot 3H_2O$ 0.2，$MgSO_4 \cdot 7H_2O$ 0.05，复合维生素 0.1mg/L，液氨(根据 pH 值变化流加)	$12m^3/20m^3$
发酵	玉米淀粉双酶糖 13～14，玉米浆 0.06～0.08，甘蔗糖蜜 0.075，$K_2HPO_4 \cdot 3H_2O$ 0.05，$MgSO_4 \cdot 7H_2O$ 0.05，KCl 0.14，维生素 B_1 2mg/L，液氨(根据 pH 变化流加)	$154m^3/240m^3$

表 2-10　种子培养基和发酵培养基的差异

培养基成分	种子培养基	发酵培养基
淀粉水解糖/%	2.5	12.5
玉米浆/%	2.5～3.5	0.5～0.8

续表

培养基成分	种子培养基	发酵培养基
K_2HPO_4/%	0.15	0.15
$MgSO_4$/%	0.04	0.06
尿素/%	0.4	3
Fe^{2+},Mn^{2+}	各 2mg/L	各 2mg/L

思考题

1. 简要说明微生物初级代谢和次级代谢的关系。
2. 简要说明代谢控制育种的重要性及其措施。
3. 发酵工业用菌种应满足哪些条件?
4. 如何进行菌种的分离和筛选?
5. 种子扩大培养的一般工艺流程是怎样的?
6. 引起菌种衰退的原因有哪些?简要说明什么是菌种的复壮。
7. 菌种保存的机理是什么?简要介绍各种菌种保存方法。
8. 谷氨酸生产菌的主要特征是什么?
9. 比较谷氨酸生产菌斜面、一级、二级种子和发酵培养基成分的异同点。
10. 如何控制谷氨酸发酵培养基中的C/N?

参考文献

[1] 俞俊棠,唐孝宣,新编生物工艺学[M].北京:化学工业出版社,2003.
[2] 储炬,李友荣.现代工业发酵调控学[M].北京:化学工业出版社,2002.
[3] 白秀峰.发酵工艺学[M].北京:中国医药科技出版社,2003.
[4] 熊宗贵.发酵工艺原理[M].北京:中国医药科技出版社,1995.
[5] 施巧琴,吴松刚.工业微生物育种学[M].北京:科学出版社,2002.
[6] 诸葛健,李华钟.微生物学[M].北京:科学出版,2004.
[7] 于信令.味精工业手册[M].北京:中国轻工业出版社,1995.
[8] 陈宁.氨基酸工艺学[M].北京:中国轻工业出版社,2007.
[9] 陶兴无.发酵产品工艺学[M].北京:化学工业出版社,2008.

第三章　灭菌与除菌工艺及设备

【学习目标】

1. 理解发酵生产中有关无菌的概念，掌握有害微生物的控制方法和控制原理。

2. 掌握无菌空气的制备过程，熟悉无菌空气的制备流程及过滤除菌设备构造。

3. 掌握工业培养基灭菌原理，熟悉分批灭菌和连续灭菌的工艺及设备，了解设备与管道的清洗方法及灭菌方法。

为了保证工业生产上纯种发酵的顺利进行，无菌控制显得尤为重要。如果在培养过程中污染杂菌，杂菌便会消耗营养，甚至分泌出抑制生产菌生长的代谢产物，从而干扰正常生产。因此，在生产菌种接种之前要对发酵培养基、发酵罐、管路系统及空气系统、环境等方面进行灭菌，防止杂菌和噬菌体的大量繁殖。保持发酵过程无杂菌污染，最重要的是要建立发酵工业中的无菌操作技术。

第一节　发酵生产中有害微生物的控制

在介绍发酵生产中的有害微生物控制技术之前，先说明有几个容易混淆的概念：①灭菌(sterilization)，采用强烈的理化因素使任何物体内外部的一切微生物（包括芽孢）永远丧失其生长繁殖能力的措施，称为灭菌；②消毒（disinfection)，利用物理或化学方法杀死物体或环境中病原微生物的措施，并不一定能杀死含芽孢的细菌或非病原微生物；③除菌（degerming)，利用过滤的方法去除环境中的微生物及其孢子；④防腐（antisepsis)，利用物理或化学方法杀死或抑制微生物的生长和繁殖。其中，消毒与灭菌的区别在于，消毒仅仅是杀灭生物体或非生物体表面的微生物，而灭菌是杀灭所有的生命体。因此，灭菌特别适合培养基等物料的无菌处理。

一、发酵生产中的无菌概念

在工业发酵生产中目前绝大多数都要求采用纯种发酵，即在发酵的全部过程中只能有生产菌，而不允许其他杂菌生长繁殖。若在培养过程中污染杂菌，杂菌便会在较短的时间内大量进行繁殖。不但会与生产菌竞争吸收营养成分，而且还会分泌出一些能抑制生产菌生长、抑制产物合成和严重改变培养液性质的毒副作用物质，甚至有的还会产生某些酶类破坏代谢产物，严重损害工业发酵生产的正常进行。另外，污染杂菌还会影响发酵液的过滤、提取，影响最终产品的质量及收率。若发生噬菌体污染，生产菌种细胞被裂解而使生产失效。

为了保证工业生产上纯种发酵的要求，必须在生产菌种接种之前对发酵培养基、发酵罐、管道系统、空气系统及流加料等进行严格的灭菌，同时还要对环境进行消毒，防止杂菌和噬菌体的大量繁殖。在生产中，为了防止杂菌或噬菌体的污染，通常采用消毒与灭菌技术，两者合称为发酵生产中的无菌技术。在工业实际生产过程中想达到每批次发酵都完全无杂菌污染的程度是不现实的，所以一般采用“污染概率”作为一个评价的标准。发酵工业中允许的染菌概率是 10^{-3}，即灭菌 1000 批次的发酵中只允许有一次染菌。所以，在规模化的工业发酵生产中，应尽可能地始终保持完全无杂菌的状态，不断提高生产技术水平，一旦发生染菌，要能尽快找出污染的原因，并采取相应的有效措施，把杂菌造成的损失降低到最小程度，以利于工业发酵生产的正常进行。

二、有害微生物的控制方法

有害微生物的控制包括培养基灭菌、无菌空气的制备、发酵系统的密闭措施和生产环境的灭菌或消毒等多个方面的内容，需要采取合适的灭菌方法。灭菌方法有很多，可分为物理法和化学法两大类。物理法包括加热灭菌、辐射灭菌和介质过滤除菌法，化学法主要是利用化学物质灭菌。

常用的无菌技术和方法主要有以下几种，可根据灭菌的对象和要求选用不同的方法：

（一）干热灭菌法（dry hot sterilization method）

1. 火焰灭菌法（flame sterilization method）

火焰灭菌即利用火焰直接将微生物烧死，主要用于金属接种工具、试管口、锥形瓶口、接种移液管和滴管外部及无用的污染物（如称量化学诱变剂的称量纸）等的灭菌。对金属小镊子、小刀、玻璃涂棒、载玻片、盖玻片灭菌时，应先将其浸泡在 75％酒精溶液中，使用时从酒精溶液中取出来，迅速通过火焰，瞬间灼烧灭菌。该方法简单，灭菌彻底，但适用范围有限。

2. 干热空气灭菌法（dry hot air sterilization method）

干热空气灭菌法是指用高温干热空气灭菌的方法。该法适用于耐高温的玻璃和金属制品以及不允许湿热气体穿透的油脂等方面的灭菌，不适合橡胶、塑料及大部分药品的灭菌。

在干热状态下，由于热穿透力较差，微生物的耐热性较强，必须长时间受高温的作用才能达到灭菌的目的。因此，干热空气灭菌法采用的温度一般比湿热灭菌法高。为了保证灭菌效果，通常采用以下几种方式：135～140℃灭菌 3～5h；160～170℃灭菌 2～4h；180～200℃灭菌 0.5～1h。

（二）湿热灭菌法（moist heat sterilization method）

湿热灭菌法是指用饱和水蒸气、沸水或流通蒸汽进行灭菌的方法，由于蒸汽潜热大，具有很强的穿透能力，而且在冷凝时会释放出大量热能，使微生物细胞中的蛋白质、酶和核酸分子内部的化学键（特别是氢键）受到破坏，引起不可逆的变性，造成微生物死亡。从灭菌的效果来看，干热灭菌不如湿热灭菌有效，干热灭菌温度每升高 10℃时，灭菌速率常数仅增加 2～3 倍；而湿热灭菌对耐热芽孢的灭菌速率常数增加的倍数可达到 8～10 倍，对营养细胞则速率常数增加得更高（通常湿热灭菌条件为 121℃，维持 30min）。所以该法的灭菌效率比干热灭菌法高且经济实惠，是生产上最常用的灭菌方法，已被广泛用于工业生产中大量培养基、设备、管路及阀门的灭菌。影响湿热灭菌的主要因素有：微生物的种类与数量、蒸汽的性质和灭菌时间等。湿热灭菌法可分为：煮沸灭菌法、巴氏消毒法、高压蒸汽灭菌法、流通蒸汽灭菌法和间歇蒸汽灭菌法。

1. **煮沸灭菌法**（boiling sterilization method）

煮沸灭菌法即将水煮沸至100℃，保持5～10min可杀死细菌繁殖体，保持1～3h可杀死芽孢。在水中加入1%～2%碳酸氢钠时沸点可达105℃，能增强杀菌作用，还可去污防锈。此法适用于食具、刀剪及载玻片等。

2. **巴氏灭菌法**（pasteurism）

巴氏灭菌法是指温度比较低的热处理方式，一般在低于水沸点温度下进行。杀菌条件为：61～63℃，30min；或72～75℃，10～15min。加热时应注意物料表面温度较内部温度低4～5℃；此外，当表面产生气泡时，泡沫部分难以达到杀菌要求。这种杀菌方法由于所需时间长，生产过程不连续，长时间受热容易使某些热敏成分变化，杀菌效果也不够理想。

3. **流通蒸汽灭菌法**（circulating steam sterilization method）

流通蒸汽灭菌法是利用直接加热的流通水蒸气杀灭微生物的方法。本法适用于磁制、金属制、橡胶制、纤维制的物品、水、培养基和试验液等的灭菌。用干热灭菌法或高压蒸汽灭菌法，物品有变质的危险，所以灭菌的时间要控制适当。

4. **间歇蒸汽灭菌法**（interim steam sterilization method）

间歇蒸汽灭菌法即连续3天，每24h进行一次蒸汽灭菌，即可达到完全灭菌的目的。此法适用于不能耐100℃以上温度的物质和一些糖类或蛋白质类物质。一般是在正常大气压下用蒸汽灭菌1h。灭菌温度不超过100℃，不致造成糖类等物质的破坏，而可将此期间萌发的孢子杀死，从而达到彻底灭菌的目的。

5. **高压蒸汽灭菌法**（high pressure steam sterilization method）

高压蒸汽灭菌法是利用具有适当温度与压力的饱和水蒸气加热杀灭微生物的一种方法。本法多用于耐高温高压水蒸气物品的灭菌。为确实达到灭菌的效果，灭菌容器中的原有空气在操作中要从排气阀排除，进行灭菌时，高压蒸汽必须达到饱和，方能发挥其最大效率。

（三）辐射灭菌法（radiation sterilization method）

X射线、γ射线、α射线、β射线、紫外线（UV）、超声波、高能阴极射线等从理论上可以破坏蛋白质等生物活性物质，从而起到灭菌作用。但是由于其具体的杀菌机理还不是很明白，所以目前辐射灭菌中应用较广泛的射线还是以紫外线为主。紫外线波长为253.7～265nm时杀菌效力最强，它的杀菌力与紫外线的强度成正比，与距离的平方成反比。其杀菌机理是使DNA胸腺嘧啶间形成胸腺嘧啶二聚体和胞嘧啶水合物，抑制DNA正常复制。此外，空气在紫外线辐射下产生的臭氧有一定杀菌作用。但细菌芽孢和霉菌孢子对紫外线的抵抗力强，且紫外线的穿透力差，物料灭菌不彻底，因此只能用于物体表面、超净台以及培养室等环境灭菌。本法特点是不升高产品温度，穿透力强，灭菌效率高；但设备费用较高，对操作人员存在潜在危险性，能够使某些药物出现药效降低或产生毒性和发热物质等。

（四）化学药剂灭菌法（chemistry sterilization method）

大多数化学药剂在低浓度下起抑菌作用，高浓度下起杀菌作用。常用5%石炭酸、70%乙醇和乙二醇等。化学灭菌剂必须有挥发性，以便清除灭菌后材料上残余的药物。某些化学试剂能与微生物发生反应而具有杀菌作用。常用的化学药剂有环氧乙烷、甲醛、5%石炭酸、70%乙醇、高锰酸钾、乙二醇、漂白粉（或次氯酸钠）和季铵盐（如新洁尔灭）等。由于化学药剂也会与培养基中的一些成分作用，且加入培养基后易残留在培养基内，所以，化学药剂不能用于培养基的灭菌，一般应用于发酵工厂环境的消毒。

(五) 过滤除菌法（medium filter degerming method）

过滤除菌法即利用过滤方法阻留微生物以达到除菌目的。此法仅适用于不耐高温的液体培养基组分和空气的过滤除菌。工业上常用过滤法大量制备无菌空气，供好氧微生物的液体深层发酵使用。

各种灭菌方法的特点及适用范围见表 3-1。

表 3-1　各种灭菌方法的特点及适用范围

灭菌方法	原理及条件	特点	适用范围
火焰灭菌法	利用火焰直接把微生物杀死	方法简单，灭菌彻底，但适用范围有限	适用于接种针、玻璃棒、试管口、锥形瓶口等灭菌
干热灭菌法	利用热空气将微生物体内的蛋白质氧化进行灭菌	灭菌后物料可保持干燥，方法简单，但灭菌效果不如湿热灭菌	适用于金属或玻璃器皿的灭菌
湿热灭菌法	利用高温蒸汽将物料的温度升高，使微生物体内的蛋白质变性进行灭菌	蒸汽来源容易，潜热大，穿透力强，灭菌效果好，操作费用低，有经济快速的特点	广泛应用于生产设备及培养基的灭菌
辐射灭菌法	用射线穿透微生物细胞进行灭菌	使用方便，但穿透能力较差，适用范围有限	一般只适用于无菌室、无菌箱、摇瓶间和器皿表面的消毒
化学试剂灭菌法	利用化学试剂对微生物的氧化作用或损伤细胞等进行灭菌	使用方法较广，可用于无法用加热方法进行灭菌的物品	常用于环境空气的灭菌及一些表面的灭菌
介质过滤除菌法	利用过滤介质将微生物菌体细胞过滤进行除菌	不改变物性而达到灭菌目的，设备要求高	常用于生产中空气的净化除菌，少数用于容易被热破坏的培养基的灭菌

第二节　培养基灭菌

配制培养基的原料营养丰富，容易受到杂菌污染。杂菌污染会带来很多不良影响：基质或产物因杂菌的消耗而损失，造成生产能力的下降；杂菌所产生的一些代谢产物改变了发酵液的某些理化性质，使目标产物的提取困难，造成收率降低或使产品质量下降；杂菌可能会分解产物，而使生产失效。在发酵工业中，培养基灭菌最有效、最常用的方法是利用高压蒸汽进行湿热灭菌。在培养基灭菌过程中，微生物被杀死的同时，培养基成分也会因受热而被部分破坏。因此，适宜的灭菌工艺既要达到杀灭培养基中微生物的目的，又要使培养基组成成分的破坏减少至最低程度。

一、湿热灭菌的操作原理

每种微生物都有一定的生长温度范围，当微生物处于生长温度的下限时，其代谢作用几乎停止，处于休眠状态。当温度超过生长温度的上限时，微生物细胞中的蛋白质等大分子物质会发生不可逆变性，从而使微生物在很短时间内死亡。

(一) 微生物的热阻

大多数微生物维持生命活动的温度范围为 5～50℃，最适生长的温度范围为 25～27℃。在低温状态下微生物通常只是代谢作用减弱，菌体处于休眠状态，其生命活动依然存在。然而，当环境温度超过维持生命活动的最高限度时，微生物就会死亡。在致死温度以上，温度越高，致死时间越短。微生物的营养体、芽孢和孢子的结构不同，对热的抵抗力也不同。一般无芽孢的营养菌体在60℃下保温10min即可被杀死，而芽孢在100℃下保温数十分钟乃至数小时才能被杀死。某些嗜热细菌在120℃下可耐受20～30min。微生物对热的抵抗力常用热阻（thermal resistance）来表示。微生物对热的抵抗能力越大，即热阻越大。

杀死微生物的极限温度称为致死温度。在致死温度下，杀死全部微生物所需要的时间称为致死时间。衡量不同的微生物对热的抵抗能力的大小，可以使用相对热阻的概念。相对热阻就是某一种微生物在某条件下的致死时间与另一种微生物在相同条件下的致死时间的比值。表3-2列出了几种微生物在湿热灭菌条件下的相对热阻（relative thermal resistance）。

表 3-2 微生物对湿热的相对热阻

微生物名称	营养细胞和酵母	细菌芽孢	霉菌孢子	病毒和噬菌体
相对热阻	1	3000000	2～10	1～5

由表3-2可以看出，细菌芽孢较其他类型的微生物对湿热的热阻大得多。因此，在灭菌操作时，衡量灭菌是否彻底，一般以能否杀死细菌芽孢为标准。只有杀死了全部细菌芽孢，才认为是彻底灭菌。

（二）微生物受热死亡的速率——对数残留定律

研究证明，在一定温度下微生物受热死亡的速率遵循分子反应速率理论。在微生物受热过程中，微生物不断地被杀死，活菌数目不断减少，其死亡速率 $-\mathrm{d}N/\mathrm{d}t$ 与任何瞬间残存的活菌数 N 成正比，其数学表达式为：

$$-\mathrm{d}N/\mathrm{d}t=kN$$

式中 $\mathrm{d}N/\mathrm{d}t$——活菌数瞬时变化速率，即死亡速率，个/s；

N——残留活菌数，个；

t——受热时间，min；

k——比死亡速率常数，s^{-1}。

k 也称为灭菌速率常数，此常数大小与微生物的种类及灭菌温度有关。

比死亡速率常数 k 是判断微生物受热死亡难易程度的基本依据。不同微生物在相同温度下的 k 值是不同的，k 值愈小，则此微生物愈耐热，即使对于同一微生物，也受微生物的生理状态、生长条件及灭菌方法等多种因素的影响。

若开始灭菌（$t=0$）时，培养基中活的微生物数为 N_0，将 $-\mathrm{d}N/\mathrm{d}t=kN$ 积分后可得到：

$$\ln N/N_0=-kt$$

$$N_t=N_0\mathrm{e}^{-kt}$$

式中 N_0——开始灭菌时原有的活菌数，个；

N_t——经过 t 时间灭菌后的残留菌数，个。

式 $N_t=N_0\mathrm{e}^{-kt}$ 表示微生物受热时，活菌数的对数残留定律。该式还可变形为：

$$t=(1/k)\ln(N_0/N_t)$$

这是计算理论灭菌时间的基本公式。由此可知，灭菌时间取决于污染程度（N_0）、灭菌程度（残留菌数 N_t）和 k 值。如果要求完全彻底灭菌，即残留菌数 $N_t=0$ 时，需要的灭菌时间为无穷大，这在生产上是不可能的。因此，工程上在进行灭菌设计时，一般采用 $N_t=0.001$（即在1000次灭菌中允许有一次染菌机会）来计算灭菌时间。

在半对数坐标上，将存活率 N_t/N_0 对时间 t 作图，可以得到一条直线，其斜率的绝对值即比死亡速率 k。图 3-1 为大肠杆菌在不同温度下的残留曲线，可以看出，温度升高时，k 值越大，微生物越容易热死；k 值越小，微生物越不易热死。因此，k 值大小反映了微生物耐热性。

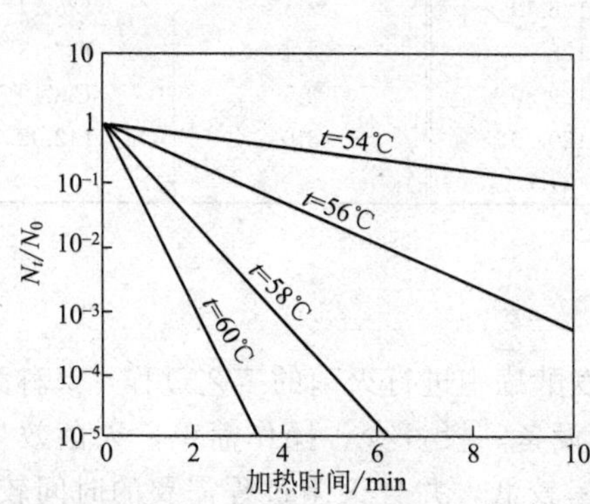

图 3-1　大肠杆菌在不同温度下的残留曲线

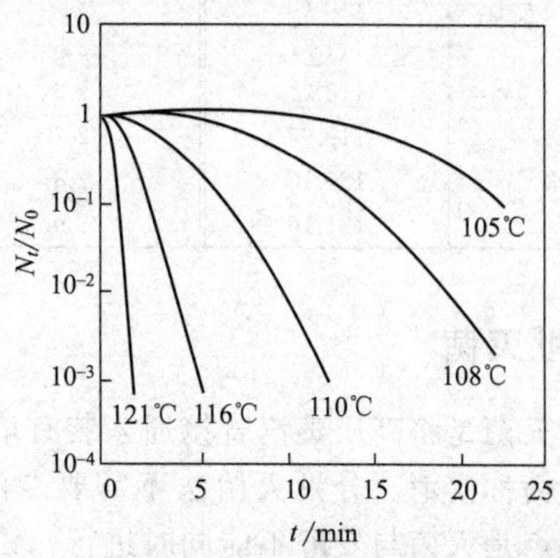

图 3-2　嗜热脂肪芽孢杆菌在不同温度下的残留曲线

在相同条件下，不同微生物的 k 值是不同的。k 值越小，该种微生物的热阻越大。营养细胞和芽孢的比死亡速率有极大的差异。就微生物的热阻来说，细菌芽孢是比较耐热的，芽孢的热阻要比生长期营养细胞大得多。例如，在 121℃时，枯草杆菌 FS5230 的 k 为0.047～0.063s^{-1}，嗜热芽孢杆菌 FS1518 的 k 为 0.013s^{-1}，热芽孢杆菌 FS617 的 k 为 0.048s^{-1}。因此，在具体计算时，应以细菌芽孢的 k 值为标准。

值得注意的是，并不是所有的微生物受热死亡的速率都符合对数残留定律。表现这种非对数热死亡动力学行为的，主要是一些微生物芽孢，如嗜热脂肪芽孢杆菌（图 3-2）。

有关这一类热死亡动力学的行为，虽然可用多种模型来描述，但其中以 Prokop 和 Humphey 所提出的“菌体循序死亡模型”最有代表性。“菌体循序死亡模型”假设耐热性微生物芽孢的死亡不是突然的，而是渐变的，即耐热性芽孢（R 型）先转变为对热敏感的中间态芽孢（S 型），然后转变成死亡的芽孢（D 型）。

（三）培养基灭菌温度的选择

用湿热灭菌法对培养基灭菌时，随着菌体的死亡，培养基的营养成分也会随之受到影响。在高压加热情况下，酶类及维生素类化合物极易被破坏。因此，在生产中要选择一个既能达到灭菌要求，又能将培养基营养成分的破坏减至最小的适宜灭菌温度。

研究证明，在湿热灭菌过程中，随着温度的升高，菌体死亡速率的增加要远远大于营养成分被破坏速率的增加。如将芽孢杆菌和维生素 B_2 放在一起灭菌，当温度为 118℃、维持 15min 时，99.99%的细菌芽孢被杀死，维生素 B_2 的破坏率为 10%；而温度升至 120℃、维持 1.5min 时，细菌芽孢的死亡率仍为 99.99%，维生素的破坏率仅为 5%。由此可见，若达到相同的灭菌效果，提高灭菌温度可以明显缩短灭菌时间，还可减少因受热时间长使营养成分遭到破坏的损失，这就是在灭菌时要尽量采用高温瞬时灭菌法的原因。

采用高温瞬时灭菌法处理后的培养基质量较好。温度愈高，灭菌时间愈短，营养成分的破坏率愈小。但是，灭菌温度增加会使蒸汽压力升高（表 3-3），从而提高了对灭菌设备的耐压要求。

表 3-3　饱和蒸汽压力与温度关系对应表

蒸汽压力(绝压)/(×10⁵Pa)	温度/℃	蒸汽压力(绝压)/(×10⁵Pa)	温度/℃	蒸汽压力(绝压)/(×10⁵Pa)	温度/℃
1.0	99.09	2.2	122.63	3.0	132.88
1.033	100.00	2.3	124.18	3.1	134.00
1.5	110.79	2.4	125.46	3.2	135.03
1.7	114.57	2.5	126.79	3.3	136.14
1.8	118.01	2.6	128.08	3.4	137.18
2.0	119.62	2.7	129.30	3.5	138.19
2.033	120.10	2.8	130.56	3.6	142.02
2.1	121.16	2.9	131.78		

二、分批灭菌

分批灭菌是将高压蒸汽直接通入装有培养基的发酵罐中进行灭菌的工艺过程，又称为实罐灭菌，简称实消。分批灭菌法不需要专门的灭菌设备，投资少，操作简单，灭菌效果可靠。其缺点是灭菌与发酵不能同时进行，设备利用率较低，并且灭菌过程需要的时间较长，培养基营养成分破坏较多。该法多用于中小型发酵罐和种子罐的灭菌。

将培养基在配料罐中配好后，通过专用管道输入已清洗的发酵罐中，然后才开始灭菌。为了保证灭菌效果，应注意待灭菌培养基的质量。培养基的原料切忌板结，配料时应当开动搅拌器，将各种粉饼块打碎，搅拌均匀。配料罐出口处要装有筛板过滤器（筛孔直径不大于0.5mm)，以免培养基中的块状物及异物进入发酵罐内。如果淀粉含量超过4%，则应先行水解处理。同时，要注意配料罐的平常清洗及灭菌处理，实罐灭菌前应将输料管路内的污水放掉并冲洗干净，再用泵将待灭菌培养基输送到发酵罐内。发酵罐罐盖上面的玻璃视镜用橡皮垫盖好，以避免灭菌时沾冷水炸裂。进料后开动搅拌器防止料液沉淀，然后通入蒸汽开始灭菌。

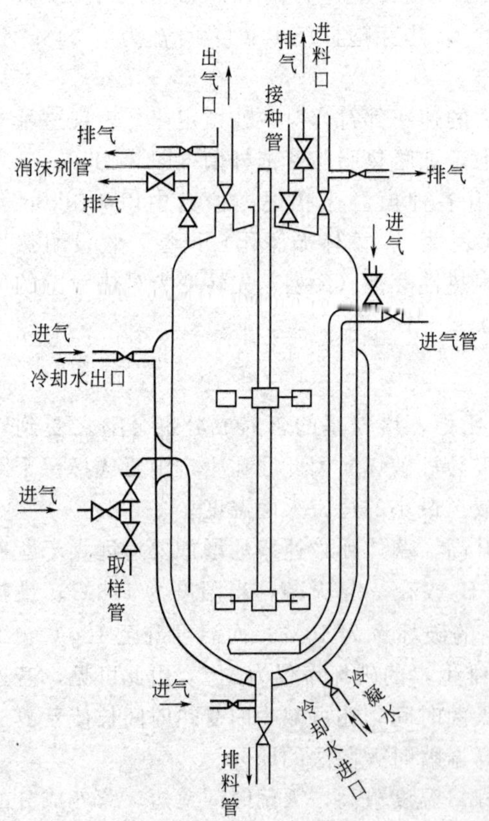

图 3-3　实罐灭菌设备示意图

实罐灭菌过程如图 3-3 所示。首先打开各排气阀，将蒸汽引入夹套或蛇管预热。当罐温升至80～90℃后，逐渐将排气阀门关小。然后将蒸汽从进气口、排料口、取样口等直接通入罐中升温、升压。目前多采用不预热而直接进蒸汽的方法，逐渐提高罐温、罐压。罐温上升至118～120℃，罐压维持在（0.9～1.0)$\times10^5$Pa，一般保温半小时左右。

在保温阶段，凡进口在培养基液面下的各管道都应不断通入蒸汽，在液面上的其余各管则应排放蒸汽，这样才能保证灭菌彻底，不留死角。灭菌过程中要不时地搅拌，以利于泡沫破裂。保温结束之后关闭排气阀、进汽阀，关闭夹套下水道阀，开启冷却水回水阀。当罐压低于过滤器压力时，开启空气进气阀引入无菌空气，以保持罐压。注意引入无菌空气前罐压一定要低于分过滤器压力，否则将使培养基（或物料）倒流而污染过滤器。最后引入冷却水使培养基温度迅速降至所需温度。

在灭菌过程中，各路蒸汽进口要始终畅通，保持均匀进汽。一定要防短路及堵塞，排气要通畅，排气量不宜过大，这样可以节约成本。进、排气流量要控制适当。蒸汽总管的压力不应低于 3.0×10^5 Pa，通入罐中时的蒸汽压力不低于 2×10^5 Pa，以保持压力的稳定，防止大量泡沫冒顶或逃液而造成不必要的污染。严防过度高温高压，否则容易造成培养基营养成分的破坏和 pH 值的升高。灭菌时罐温、罐压要相互对应，控制时原则上以温度为主、压力为辅。

在实罐灭菌之前，空气过滤装置应当先进行灭菌，并且在实罐灭菌结束前将过滤介质吹干待用。灭菌过程中要严格检查各法兰、阀门、轴封、罐体及管道等有无渗漏、穿孔、堵塞和死角的问题，杜绝因操作不当引起的损失。

三、连续灭菌

连续灭菌（continuous sterilization）又称连消，是将培养基在发酵罐外通过专用灭菌装置，连续不断地加热、维持保温和冷却后，送入已灭菌的发酵罐内的工艺过程。其加热、保温、冷却三阶段是在同一时间、不同设备内进行的，需设置加热器、维持设备及冷却设备等。其优点是灭菌在流动过程中完成，灭菌温度高，时间短，因而培养基受破坏较少；灭菌不在发酵罐内进行，发酵罐的利用率高；连消过程不排气，热能利用较合理，适于自动化控制。但连续灭菌所需要的设备多，投资大，中小型发酵生产企业应用较少。

由于连续灭菌时，培养基能在短时间内加热到保温温度，并能很快被冷却，因此可在比分批灭菌更高的温度下灭菌，而保温时间则很短，这样就有利于减少营养物质的破坏，提高发酵产率。

培养基灭菌前，发酵罐、加热器、维持设备、冷却设备等均应事先灭菌（空消），培养基内耐热性物料和不耐热性物料应在不同温度下分开灭菌，以减轻其受热破坏程度。葡萄糖培养基灭菌时，应将葡萄糖和氮源分开进行。连消开始时灭菌的顺序依次是水、糖水、水、氮源、水，以补充灭菌后的总体积和冲洗设备。将磷酸盐放在糖水里一起灭菌，有利于同糖结合促进代谢。碳酸钙必须和磷酸盐分开灭菌，可配在氮源中灭菌。培养基连续灭菌过程中，要求蒸汽供应平稳，蒸汽压力高于 4.0×10^5 Pa（表压）。

（一）由连消塔、维持罐和冷却器组成的连续灭菌系统

该系统是我国 20 世纪 80 年代以前广泛使用的连续灭菌方式，由于所用设备简单，操作方便，迄今为止仍然被部分厂家所采用。其灭菌流程如图 3-4 所示。

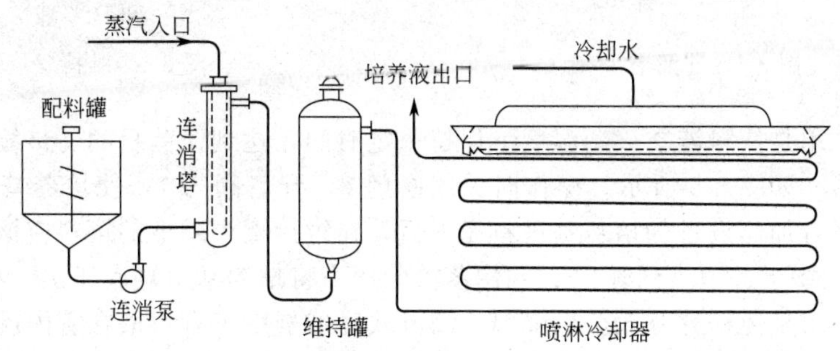

图 3-4　由连消塔、维持罐和冷却器组成的连续灭菌系统

先在配料罐中将配好的培养基预热到 60～75℃，接着用连消泵将其输入连消塔，与塔内饱和蒸汽迅速接触、混合，然后在 20～30s 内将培养基温度升至灭菌温度（一般以 126～132℃为宜），输送到维持罐内，自维持罐的底部进入，逐渐上升，然后从罐上部侧口处流出罐外。培养基在维持罐内要持续保温灭菌 5～7min，罐压维持在 2.0×10^5 Pa 左右。培养基由维持罐流出后进入喷淋冷却器，冷却到 40～50℃，输送至已空消的罐内。灭菌时要求培养基输入的压力和总蒸汽压力接近，否则培养基的流速不均匀，影响灭菌效果。灭菌成败的关键在于罐内维持的温度及时间是否符合要求。若培养基流速过快，在维持罐内停留时间过短，则会导致灭菌不彻底；但若培养基流速过慢，营养成分的破坏就会增加。一般控制培养基输入连消塔的速度小于 0.1m/s。

配料罐的主要作用是预热料液，避免料液与蒸汽温度相差过大而影响灭菌效果，配料罐使用前后应用水清洗，还需定期用甲醛消毒。

连消塔的主要作用是使高温蒸汽与料液迅速接触混合，并使后者温度很快达到灭菌温度。连消塔结构如图 3-5 所示。导入管上的小孔与管壁呈 45°夹角，导管上的小孔上疏下密，以便蒸汽能均匀地从小孔喷出。操作时料液由塔的下端进入，并使其在内外管的环隙内流动，蒸汽从塔顶通入导管经小孔喷出后与物料激烈地混合而加热。由于此种加热器的蒸汽导入管小孔加工比较困难，设备要求较高，加之操作时噪声较大，目前已很少使用。

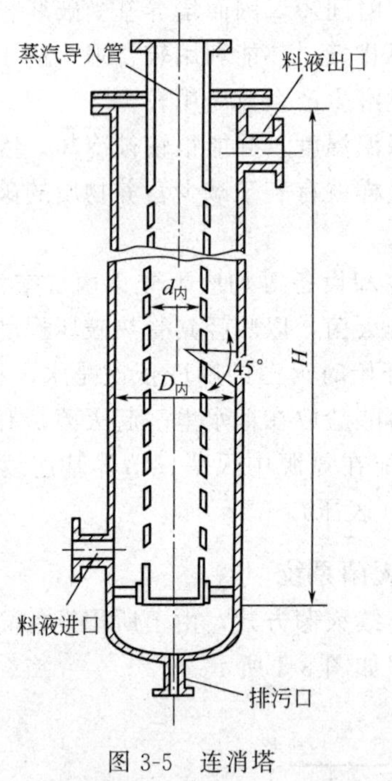

图 3-5　连消塔

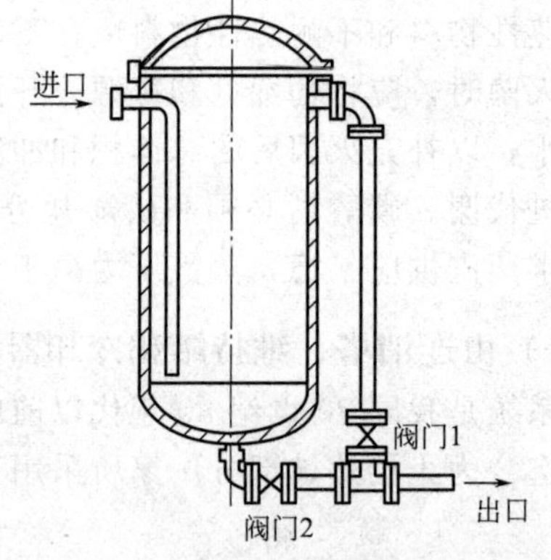

图 3-6　维持罐

维持罐的作用是使料液在灭菌温度下保持一定时间，达到灭菌目的。传统维持罐为圆筒形立式密闭容器，如图 3-6 所示。操作时关闭阀门 2，开启阀门 1，使培养基在罐内由下而上地通过；当来自加热设备的培养基进料完毕后，在维持罐中剩下的罐料应该继续保温一段时间后，再关闭阀门 1，开启阀门 2，利用蒸汽的压力将培养基由罐底压出。

冷却器的作用是使培养基灭菌后降温。喷淋式冷却器由于有料液在管内流动，不存在死角，易清洗和杀菌，结构简单，检修方便，管外除污容易等，因而在连续灭菌中得以广泛应用。喷淋开始前，冷却管内应充满料液。冷却时，冷水在排管外自上而下喷淋，管内料液逐渐降温。料液在管内由下向上逆向流动，冷却后输送至无菌发酵罐内。冷却水开放时，应避免突然冷却造成负压而吸入外界空气的不良后果。

(二) 喷射加热连续灭菌系统

喷射加热连续灭菌工艺流程如图 3-7 所示。

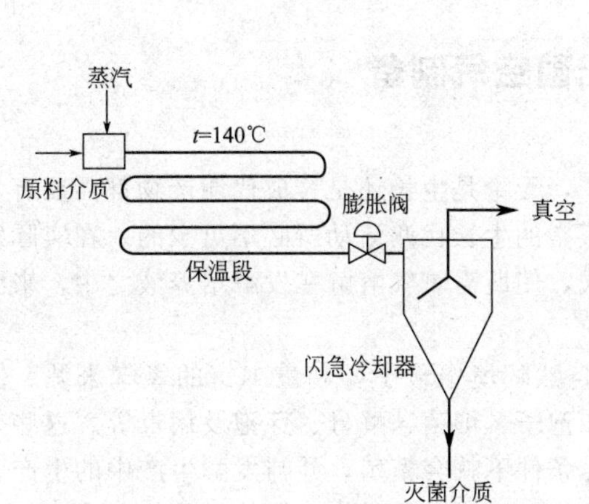

图 3-7　喷射加热连续灭菌工艺流程示意图

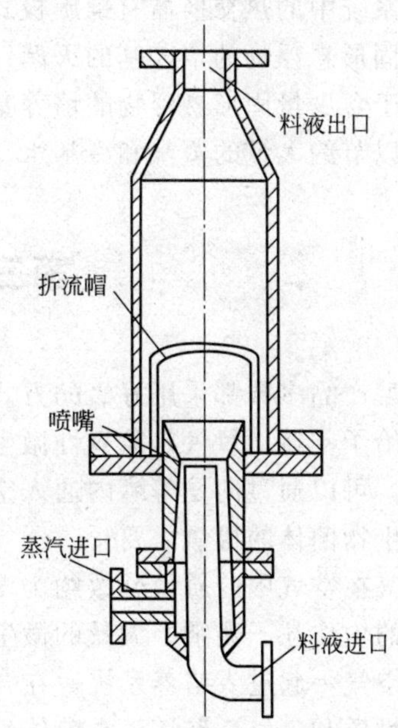

图 3-8　喷射式加热器示意图

将待灭菌的培养基原料介质用泵打入喷射加热器中，加热蒸汽以较高的速度从喷嘴喷出，借助高速流体的抽吸作用与培养基直接混合加热升温至预定灭菌温度（140℃）后进入管式维持器保温一段时间（2～3min）进行灭菌。灭菌后的培养基经膨胀阀再进入真空闪急冷却器，使培养基瞬间冷却至 70～80℃，最后流入无菌发酵罐冷却至培养温度。

该系统使用的加热器为喷射式加热器（图 3-8）。待灭菌培养基从加热器的下端中管进入，蒸汽从进料管周围的环隙进入，通过喷射加热器喷嘴高速喷出，两者瞬间均匀混合并加热至灭菌温度，经折流帽（挡板）进入扩大管，受热后的培养基从扩大管顶部排出。喷射式加热器具有运行稳定、体积小、结构简单及操作时噪声小等优点，是我国目前大多数发酵工厂所采用的培养基加热装置。

在灭菌过程中使用的维持设备为管式，由 U 形管和水平管组合而成，外面有绝热保温材料。该设备结构简单，控制阀门少，所需维持时间短，营养成分破坏少，培养基在管内返混程度小，可保证物料先进先出，避免了在灭菌过程中培养基局部过热或灭菌不充分等不良后果的出现。但需要自动控制装置，以保证蒸汽压力、流量及培养基进料流量的稳定。

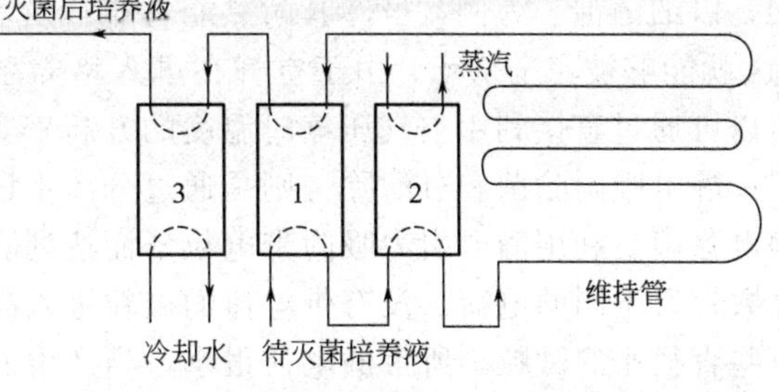

图 3-9　薄板热交换器连续灭菌流程示意图

1—残热回收器；2—加热器；3—冷却器

(三) 由热交换器组成的灭菌系统

图 3-9 为由热交换器组成的灭菌系统。

将待灭菌的培养基输入到第一个热交

换器（残热回收器），由灭菌过的培养基在 20～30s 的时间内将其快速预热至 90～120℃，然后进入第二个热交换器（加热器），用蒸汽很快加热到 140℃，之后进入维持管内进行保温 30～120s。灭菌后的培养基经热量回收后进入第三个热交换器（冷却器）冷却 20～30s，最后送入经过灭菌的发酵罐内。

该系统中的热交换器有螺旋板式及板式两种：螺旋板式热交换器流道宽，流速快，比较适合含固形悬浮物的培养基的灭菌；板式热交换器流道较狭窄，对黏稠的培养基流动阻力较大，适于含少量固形悬浮物的培养基的灭菌。板式热交换器的传热系数大，工艺流程利用合理，可以节约大量的蒸汽和冷却水。

第三节　无菌空气制备

发酵产品多数都采用好氧的方式进行生产，无论是生长还是合成代谢产物都需要有大量的氧气给予支持，氧气是需氧性微生物进行正常的生长代谢活动所必不可少的。在实际发酵生产中，可以通过向发酵罐内通入空气的方式，使所需氧气溶解在发酵培养液之中，来满足工业微生物菌体的摄氧需要。

氧气在空气中的质量分数约为 21%，是自然环境中最主要和最丰富的氧气来源。但是空气中的尘埃粒子夹杂了大量的微生物体，如孢子、细菌、酵母、芽孢及病毒等。这些杂菌一旦随空气一起进入培养系统，在合适的培养条件下就会繁殖，并与发酵生产中的生产菌消耗营养物质和氧气，破坏正常菌体生长环境甚至分泌代谢物质伤害菌体，从而干扰或破坏纯种培养过程的正常进行，使生物产品的得率降低，产量下降，甚至使培养过程彻底失败导致倒罐，造成严重的经济损失。因此，空气除菌是发酵过程中极其重要的一个环节。

一、空气净化除菌的方法与原理

空气的含菌量会因环境的不同而有很大的差异。通常来说温暖潮湿的南方含菌量较多，干燥寒冷的北方空气含菌量较少；人口稠密的城市含菌量多，人口较少的农村含菌量少；地平面相较于高空中的含菌量要多。发酵生产所使用的空气必须经过除菌处理，成为无菌空气之后才能使用。空气净化除菌的方法包括加热灭菌、辐射灭菌、静电吸附除菌（static adsorption degerming）和过滤除菌等。

辐射灭菌和热灭菌的原理都是通过使菌体失活死亡而达到除菌的效果。辐射灭菌目前仅用于一些表面的以及对流不强情况下有限空间内空气的灭菌，对于在工业化大规模空气条件下的灭菌尚存在不少实际问题有待解决。热灭菌法是一种高效可靠的灭菌方法。经实践证明，以细菌孢子为例，虽然其耐热能力非常强，但是悬浮在空气中的细菌孢子在 218℃保温 24s 就能够被完全杀死。由于空气在进入培养系统之前，一般需要使用空压机以提高压力，所以可通过直接利用空气压缩时温度的升高来实现在空气热灭菌过程中所需温度的提升。

静电吸附除菌和过滤除菌则是通过分离手段，使微生物体与空气分开而达到除菌效果。静电除菌是利用静电引力吸附带电粒子而达到除尘灭菌的目的。悬浮于空气中的微生物，大多数带有不同的电荷，没有带电荷的微粒进入高压静电场时都会被电离成带电微粒，但对于一些直径小的微粒，所带的电荷很小，当产生的引力等于或小于气流对微粒布朗扩散运动的动量时，微粒不能被吸附而沉降，因此静电除尘对很小的微粒效率较低。静电除菌法具有能耗小、压力损失小等优点，可以用于除去空气中的水雾、油雾、尘埃，同时也除去了空气中的微生物。但是静电除尘装置对设备维护和安全技术措施要求较高，且静电除菌的除菌效率也不是很高，往往需要与高效空气过滤器联合使用。所以，迄今为止，静电除菌在工业发酵生产上的无菌空气制备中应用并不广泛。

在工业大规模发酵生产过程中菌体的生长和代谢需要大量的氧气，所需要供给的无菌空气量十分巨大。无菌空气的供给也是一个连续过程。热灭菌、辐射灭菌及静电吸附除菌由于处理规模较小、连续性差而不能达到工业生产的经济性和可行性要求。目前工业发酵生产过程中，过滤除菌是获得大量无菌空气最常用的除菌方法。

过滤除菌法就是使含菌空气通过过滤介质，以阻截空气流中所含的微生物，使其与空气分离从而获得无菌空气的方法。按过滤介质孔隙的大小，过滤除菌又可分为深层过滤除菌和绝对过滤除菌两大类。

深层过滤除菌是指介质间孔隙大于微生物直径，依靠空气气流及微粒与过滤层介质的多种相互作用而截留分离微生物等微粒获得无菌空气。因此，介质滤层必须有一定厚度，才能达到过滤除菌的目的。这类过滤介质有：有机合成纤维、玻璃纤维、烧结材料（如烧结塑料、烧结金属及烧结陶瓷等）、棉花、活性炭等。深层过滤除菌的作用机制包括布朗扩散、重力沉降、惯性冲击滞留、拦截滞留以及静电吸附等，如图 3-10 所示。

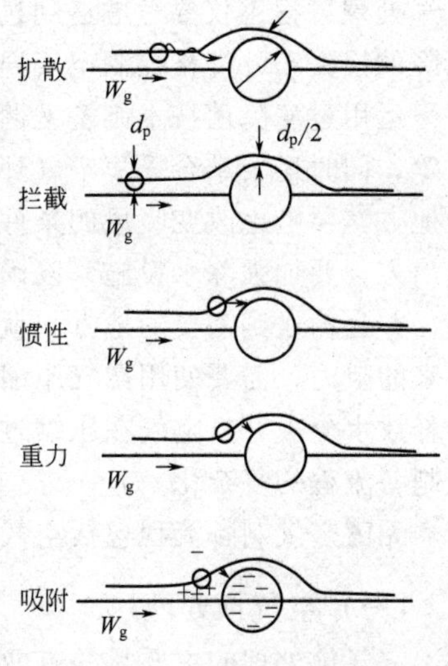

图 3-10 深层过滤原理图

布朗扩散作用是由于气体分子热运动的推动作用，直径很小的微粒在流速很小的气流中能产生一种不规则的线性运动。布朗扩散的运动距离很短。其除菌作用在较大的气速或较大的纤维间隙中是不起作用的；但在很小的气流速度和较小的纤维间隙中，提高了微生物等微小颗粒与填充纤维接触的机会，更易被介质所捕获截留。布朗扩散作用与微粒和纤维直径有关，并与流速成反比，在气流速度很小的情况下，它能够起到介质过滤除菌的重要作用。

重力沉降作用的机制是，当微粒重力超过空气的浮力时，微粒就发生沉降。就单一重力沉降而言，大颗粒比小颗粒作用显著，一般 50μm 以上的颗粒沉降作用才显著。对于小颗粒只有气流速度很慢时才起作用。重力沉降作用一般是与拦截滞留作用相配合，即在纤维的边界滞留区内，微粒的沉降作用提高了拦截滞留作用。

惯性冲击滞留是深层过滤除菌的重要作用，其大小取决于颗粒的动能和纤维的阻力，即取决于气流的流速，惯性力与气流流速成正比，当流速过低时，惯性捕集作用很小，甚至接近于零；当空气流速增至足够大时，惯性捕集则起主导作用。

拦截滞留作用是指微生物微粒直径很小，质量很轻，它随低速气流流动慢慢靠近纤维时，微粒所在的主导气流流线受纤维所阻，从而改变流动方向，绕过纤维前进，而在纤维的周边形成一层边界滞流区；滞流区的气流速度更慢，进到滞流区的微粒慢慢靠近和接触纤维而被黏附滞留。

静电吸附作用是由于悬浮在空气中的微生物和其他微粒具有一定的电荷和极性性质，所以当干燥的空气通过非导体介质时，会由于摩擦作用易产生电荷使介质带上电荷；当微生物和其他微粒与介质电荷相反时，这些微小颗粒就很容易在这种静电吸附作用下被介质所截留捕获；当微粒通过一些比表面积大的活性介质如活性炭等时，由于范德华力的作用，微粒被介质表面吸附而被截留。

绝对过滤除菌所用介质的孔隙小于细菌，含细菌等微生物的空气通过介质，微生物就被截留于介质上而实现除菌。但目前由于受过滤介质材料制造技术的限制，过滤介质的间隙不可能完全小于细菌。使用这些介质材料进行过滤，很难达到绝对过滤的目的，实际发挥作用的还有上述各种深层过滤机制。

二、无菌空气的制备流程

过滤除菌是目前发酵生产最常见的空气除菌方法。无菌空气（sterile air）的制备流程是按发酵生产对无菌空气的要求而制定的。为了满足工业发酵生产的要求，需要向发酵罐内连续输送无菌空气，且无菌空气要求具有适宜气体压强、适宜的温度和适宜的湿度。因此，空气处理过程不仅要考虑达到过滤除菌的要求，还要考虑到提高空气压力以弥补输送和过滤压降的损失，并严格控制空气温、湿度使其适应生产的要求。

运用过滤除菌技术制备无菌空气，不仅要求无菌空气的无菌程度、温度、湿度和空气压力等，同时还要结合采集空气环境的空气条件及所用除菌设备的特性。在环境污染比较严重的地方，要考虑改变吸风的条件，以降低过滤器的负荷，提高空气的无菌程度。在温暖潮湿的南方，要加强除水设施，以确保过滤器的最大除菌效率和使用寿命。要把空气进行过滤除菌，并且输送到需要的地方，就要提高空气的能量（即增加空气的压力）以克服设备和管道带来的阻力，需要使用空气压缩机或鼓风机。空气经空压机压缩之后，温度会升高，冷却后会释放水分，并且空气在压缩过程中有可能夹带机器润滑油雾。以上这些因素造成了无菌空气制备流程的复杂化。

无菌空气制备流程包括空气预处理和空气过滤两部分。

（一）空气预处理

空气预处理的主要目的有两个：一是提高压缩空气的洁净度，降低空气过滤器的负荷；二是去除压缩后的空气中所带的油水，以合适的空气湿度和温度进入空气过滤器。空气的预处理可分为空气的采集和压缩、压缩空气除油水和空气再加热三个过程。

1. 空气的采集压缩

无菌空气制备的首要步骤就是空气的采集和压缩。采集空气的质量对预处理和无菌过滤流程都有着重要影响。若空气中尘埃颗粒过多，则不仅会影响空气压缩机的正常工作，同时也增大了过滤系统的处理压力。所以空气采集位置必须选择适宜的环境，采集的空气也必须通过粗过滤装置过滤后才能进入空气压缩机。

空气采集口的设置通常距地面高度至少为10～15m。高度每上升10m，空气中微生物量就会下降一个数量级，空气对流作用相对较弱，空气所含的尘埃颗粒也相对较少。此外，还应该考虑空气采集口的位置远离尘埃集中的位置，尽量设置于上风口方向等。

考虑到克服输送和过滤压力的损失，并且使过滤后空气仍然能够在发酵罐内维持一定压力，因此需要对所采集的空气进行压缩。在需采集的空气从采集口进入空气压缩机之前，首先要通过粗过滤装置以除去较大尘埃颗粒，通常使用的粗过滤装置是滤袋过滤器。滤袋过滤器密闭缝接在进气管路上，通过截留方式拦截尘埃颗粒。在滤袋过滤器之前可加入金属丝网以隔离大的颗粒和异物。因为所需采集空气流量巨大，因此要求滤袋过滤器过滤效率高且过滤阻力小，以减少空气压缩机的吸入负荷，最大程度地发挥空气压缩机的效率。

在空气压力方面，对于风压要求低、输送距离短以及无菌要求不高的场合，如洁净工作室、洁净工作台以及具有自吸作用的发酵系统，如转子式自吸发酵罐等，只需要数十到数百帕的空气压力就可以满足其需要。在这种情况下，通常可以采用普通的离心式鼓风机增压。具有一定压力的空气通过一个比表面积较大的过滤器，以很低的流速进行过滤除菌，这时气流的阻力损失很小。由于空气的压缩比很小，空气的温度升高幅度不大，相对湿度变化也不大。发酵工业生产中，通常使用的大型空气压缩机为涡轮空压机和往复式空压机，输出压力可达到 0.1～0.5MPa，输出流量可达 100～10000m^3/min。

2. 压缩空气除油水

所采集到的空气经过空气压缩机压缩后，温度上升至 50～60℃。由于压缩空气温度过高，不适合于进行过滤和发酵使用，所以需要进行冷却。一般使用列管式热交换器来进行空气冷却。在冷却操作中，冷却媒介如冷冻水、冰盐水等在管内流动，空气在热交换器壳内流动，通过热量交换来达到使高温压缩空气冷却的目的。

由于冷却后的压缩空气温度降低，相对湿度增大，其中包含的水汽和油质会凝结，这些凝结的水滴和油滴会降低后续的过滤效率，导致过滤介质受潮失效；油滴还可能会使部分高分子膜过滤材料剥落导致过滤失败，所以必须将油水物质从冷凝的空气中分离。

从冷凝空气中分离油水的气液分离装置通常包括两种类型：一种是根据惯性冲击滞留效应拦截油水滴的填料过滤器，一般使用的是丝网过滤器；另一种是利用离心力使油水滴沉降的旋风分离器。实际生产中往往将这两种分离装置联合起来使用，可以达到更好的气液分离效果。

3. 空气再加热

压缩空气经过降温和除油水两个步骤之后，温度下降且油水含量大幅度降低。但因为此时温度下降，造成空气中的相对湿度比较大，严重影响过滤系统的功效发挥。因此需要对空气进行再加热，以提高温度来降低相对湿度。

在使用热交换器对空气进行再加热时，可以用热媒介（如蒸汽），也可以使用空压机输送的高温压缩空气，以达到经济节能的目的。

通过空气预处理流程，最终可以获得去除了油水、温度适宜的压缩空气。

（二）空气过滤

要保持过滤器在比较高的效率下进行过滤，并维持一定的气流速度和不受油、水的污染，需要一系列的加热、冷却及分离和除杂设备来保证。空气过滤除菌流程有多种，下面介绍几个较为典型的设备流程：

1. 两级冷却、分离、加热除菌流程

两级冷却、分离、加热除菌流程是一个比较完善的空气除菌流程（图 3-11），可以适应各种气候条件，能充分地分离油水，使空气在较低的相对湿度下进入过滤器，以提高过滤效率。

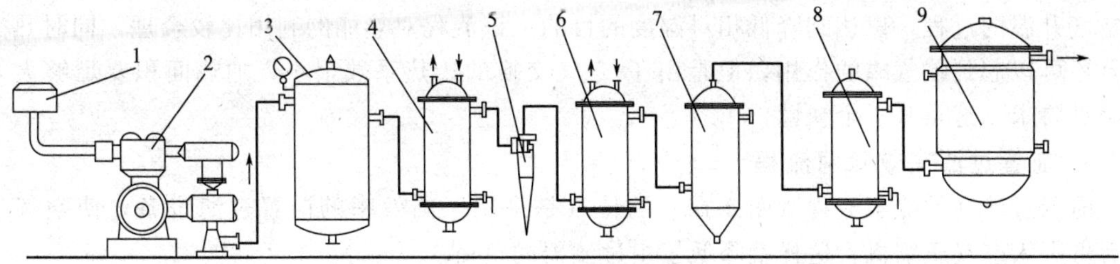

图 3-11　两级冷却、分离、加热除菌流程示意图

1—粗过滤器；2—空压机；3—贮罐；4,6—冷却器；5—旋风分离器；7—丝网分离器；8—加热器；9—过滤器

该流程的特点是两次冷却、两次分离及适当加热。两次冷却、两次分离油水的好处是能够提高热导率，从而节约冷却水，使油水分离得较为完全。经过第一冷却器冷却之后，大部分的油、水物质都已经结成较大的颗粒，并且雾粒浓度较大，因此适宜用旋风分离器加以分离。第二冷却器使空气进一步冷却后析出一部分较小雾粒，则宜采用丝网分离器分离，这样能够发挥丝网可分离较小直径雾粒和分离效率高的能力。通常，第一级冷却器冷却到 30～35℃，第二级冷却到 20～25℃。去除水之后，空气的相对湿度仍较高，需使其相对湿度降低至 50%～60%的程度，才可以保证过滤器的正常运转。

两级冷却、分离、加热除菌流程尤其适合用于潮湿的地区，其他地区可根据当地的情况，对流程中的设备作适当的增减。一些对无菌程度要求比较高的产品通常使用此流程进行操作。

2. 冷热空气直接混合式空气除菌流程

冷热空气直接混合式空气除菌流程如图 3-12 所示。

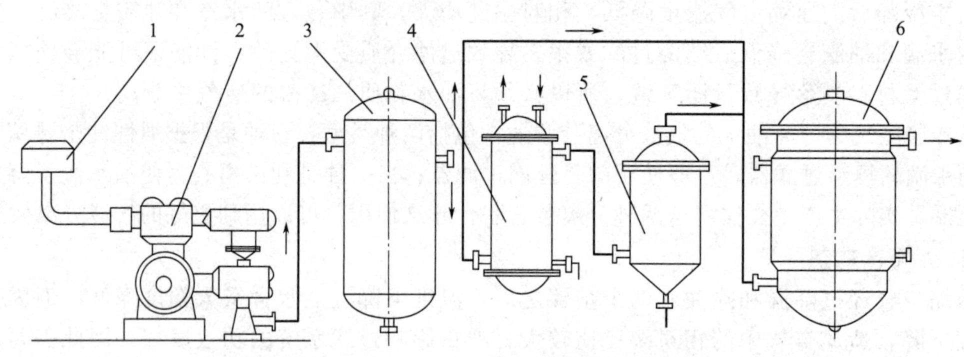

图 3-12　冷热空气直接混合式空气除菌流程示意图

1—粗过滤器；2—压缩机；3—贮罐；4—冷却器；5—丝网分离器；6—过滤器

从图 3-12 可以看出，压缩空气从贮罐出来后分成两部分，一部分进入到冷却器冷却到较低温度，经分离器分离出水、油雾后，与另一部分未处理过的高温压缩空气混合，此时混合空气已达到温度为 30～35℃、相对湿度为 50%～60%的要求，再进入过滤器过滤。

冷热空气直接混合式空气除菌流程的特点是可省去第二次冷却后的分离设备和空气加热设备，流程较为简单可行，利用压缩空气来加热处理后的空气，冷却水用量较少。该流程适用于中等含湿地区，但不适用于空气含湿量高的地区。由于外界空气随季节而变化，采用冷热空气混合流程时，需根据实际地理、气候和设备条件综合考虑，增加了操作难度。

3. 利用热空气加热冷空气的流程

图 3-13 是热空气加热冷空气的流程示意图。

由图 3-13 可以看出，它是利用压缩后热空气和冷却后的冷空气进行热量交换，从而使冷空气升温的过程，以达到降低相对湿度的目的。该流程对热能的利用比较合理，同时热交换器还可以起到贮气罐的作用，但是由于气-气交换的传热系数很小，加热面积要足够大才能满足要求，这是其一个缺憾。

4. 前置过滤高效除菌流程

前置过滤高效除菌流程（图 3-14）的特点是采用了高效率的前置过滤设备，使空气过滤后再进入空气压缩机，这样就降低了主过滤器的负荷。

经高效前置过滤后，空气的无菌程度已相当高，再经冷却、分离，进入主过滤器过滤。由于空气经过多次过滤，因而所得的空气无菌程度比较高。

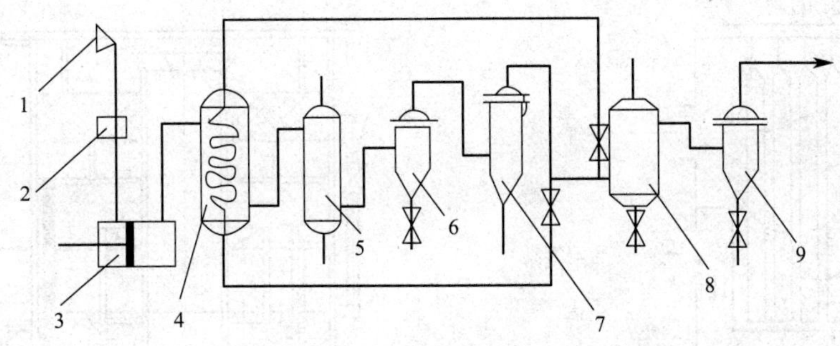

图 3-13　利用热空气加热冷空气的流程示意图

1—高空采风；2—粗过滤器；3—压缩机；4—热交换器；5—冷却器；6,7—析水器；8—空气总过滤器；9—空气分过滤器

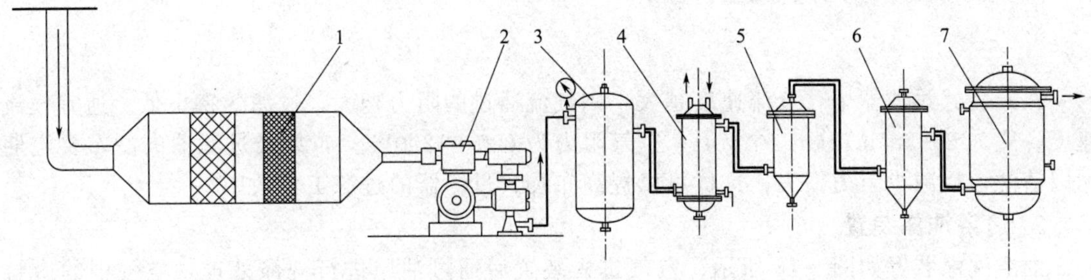

图 3-14　前置过滤高效除菌流程示意图

1—高效前置过滤器；2—压缩机；3—贮罐；4—冷却器；5—丝网分离器；6—加热器；7—过滤器

由以上无菌空气制备流程可以看出，整个过程包括两部分：首先是对进入空气过滤器的空气进行预处理，达到具有合适压强的空气状态；其次是对空气进行过滤处理，以除去微生物颗粒，满足生物细胞培养需要。只有符合了以上两个预期目的，才能使制备的无菌空气达到满意的效果。

三、空气预处理设备

空气预处理设备主要有粗过滤器、空气压缩机、空气贮罐和气液分离器等。

(一) 粗过滤器

安装在空气压缩机前的粗过滤器，其主要作用就是捕集较大的灰尘颗粒，防止压缩机受损，同时也可达到减轻总过滤器负荷的目的。粗过滤器一般要求过滤效率高，阻力小，否则会增加空气压缩机的吸入负荷和降低空气压缩机的排气量。常用的粗过滤器有：布袋式过滤器、油浴洗涤器、水雾除尘器和填料式过滤器等。

1. 布袋式过滤器

布袋式过滤器的构造最为简单，只要将滤布缝制成与骨架相同形状的布袋，紧套在焊于进气管的骨架上，并缝紧所有会造成短路的空隙，使其密闭就可以了。能够引起布袋式过滤器的过滤效率和阻力损失的因素，主要是所选用的滤布结构情况和其能够过滤的面积。如果布质结实细致，则过滤效率高，但是阻力大。目前大多使用高分子纤维滤布或者直接织成高分子无纺布，如聚丙烯纤维滤布，具有材质稳定、使用维护方便和通过性好等特点。此外，还有使用其他纤维或者颗粒材料填充的填料过滤器作为采集空气的粗过滤装置。图 3-15 为机械振动袋式过滤装置。

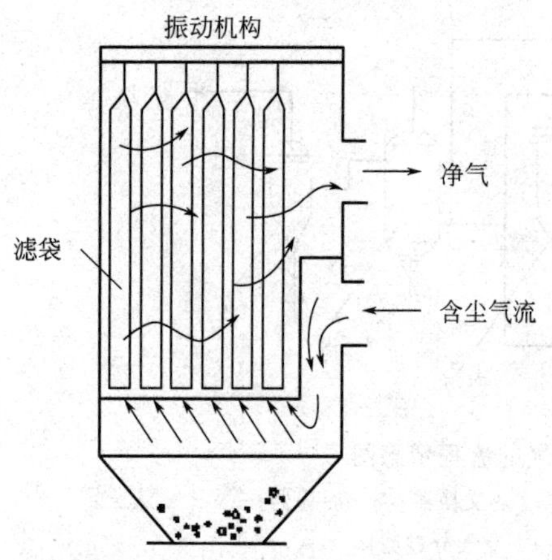

图 3-15　机械振动袋式过滤装置示意图

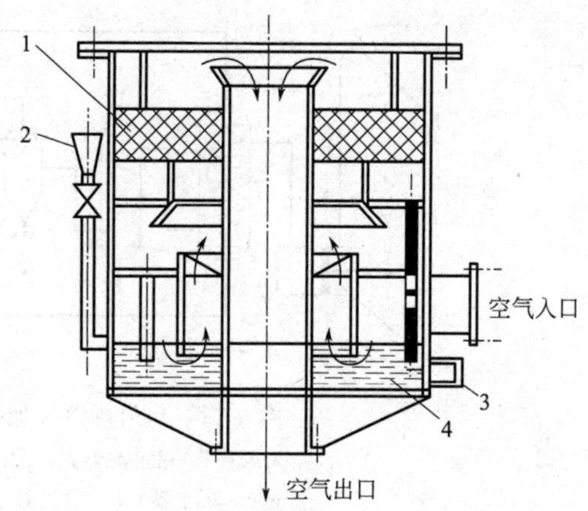

图 3-16　油浴洗涤装置示意图

1—滤网；2—加油斗；3—油镜；4—油层

在布袋式过滤器中，气流速度越大，则气流通过的阻力越大，过滤效率也低。适宜气流速度一般为 2～2.5$m^3/(m^2 \cdot min)$，空气阻力为 600～1200Pa。布袋式过滤器的滤布要定期加以清洗，以减少阻力损失，这样可以提高布袋式过滤器的过滤工作效率。

2. 油浴洗涤装置

油浴洗涤装置如图 3-16 所示。空气进入装置后通过油层进行洗涤处理，空气中的微粒由于被油黏附而逐渐沉降于油箱底部进而除去。这种装置的洗涤除菌效果好，阻力较小，但是耗油量较多。

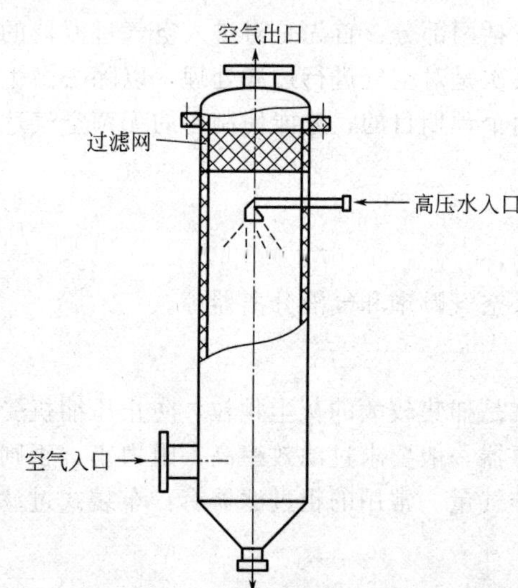

图 3-17　水雾除尘装置示意图

3. 水雾除尘装置

水雾除尘装置如图 3-17 所示。空气从设备底部空气入口处进入，经装置上部高压水喷下的水雾洗涤，将空气中的灰尘、微生物颗粒黏附沉降，从装置底部排出，而带有水雾的洁净空气则经过上部的过滤网过滤之后进入空气压缩机。

水雾除尘装置可以有效地将直径为 0.1～20μm 的液态或固态粒子从气流中除去，同时，也能脱除部分气态污染物。但洗涤室内空气流速不能太大，一般在 1～2m/s 范围内，否则带出水雾太多，会影响压缩机，降低排气量。

4. 填料式过滤装置

填料式过滤装置（一般用油浸铁丝网、玻璃纤维或其他合成纤维等作填料）过滤效果比布袋过滤装置稍微要好一些，阻力损失也小，但是填料式过滤装置结构复杂，占地面积也较大，内部填料经常洗换才能保持一定的过滤作用，操作较为麻烦。

（二）空气压缩机（air compressor）

空气压缩机是气源装置中的主体，是压缩空气的气压发生装置。空气压缩机的种类很多，按工作原理可分为容积式压缩机、速度式压缩机。容积式压缩机的工作原理是压缩气体的体积，使单位体积内气体分子的密度增加，以提高压缩空气的压力；速度式压缩机的工作原理是提高气体分子的运动速度，使气体分子具有的动能转化为气体的压力能，从而提高压缩空气的压力。

往复式空气压缩机为常用的容积式压缩机。它是靠活塞在汽缸内的往复运动将空气抽吸和压出的，所以出口压力不够稳定，会产生空气的脉动。如果使用一般的油润滑空气压缩机，则汽缸内要加入润滑活塞用的润滑油，使空气中带入油雾，导致传热系数降低，给空气冷却带来困难。如果油雾的冷却分离不干净，带入过滤器会堵塞过滤介质的纤维空隙，增大空气压力损失。油雾黏附在纤维表面，可能成为微生物微粒穿透滤层的途径，降低过滤效率，严重时还会浸润介质而破坏过滤效果。所以在选择空气压缩机时，最好采用无油润滑空气压缩机。往复式空压机的优点是结构简单，使用寿命长，并且容易实现大容量和高压输出。缺点是振动大，噪声大，且因为排气为断续进行，输出有脉冲，需要贮气罐。

常用的离心式空气压缩机为速度式压缩机，一般由电机直接带动涡轮，靠涡轮高速旋转时所产生的“空穴”现象，吸入空气并使其获得较高的离心力，再通过固定的导轮和涡轮形成机壳，使部分动能转变为静压后输出。离心式空气压缩机工作稳定、可靠。其优点如下：结构紧凑，重量轻，排气量范围大；易损部件少，维护方便，供气均匀，运转平稳可靠，寿命长；排气不受润滑油污染，供气品质高；大排量时效率高，且有利于节能。

目前离心式空气压缩机和往复式空气压缩机的使用都较为广泛，但离心式空气压缩机有逐步替代往复式空气压缩机的趋势。

(三) 空气贮罐

由于从空气压缩机特别是往复式空气压缩机出来的空气是脉动的，所以在空气过滤装置前要安装一个空气贮罐（图 3-18），来消除因脉动维持罐压而导致的不稳定因素。贮气罐的作用除了使空气压力趋于稳定之外，还可以使部分液滴在空气贮罐内沉降。

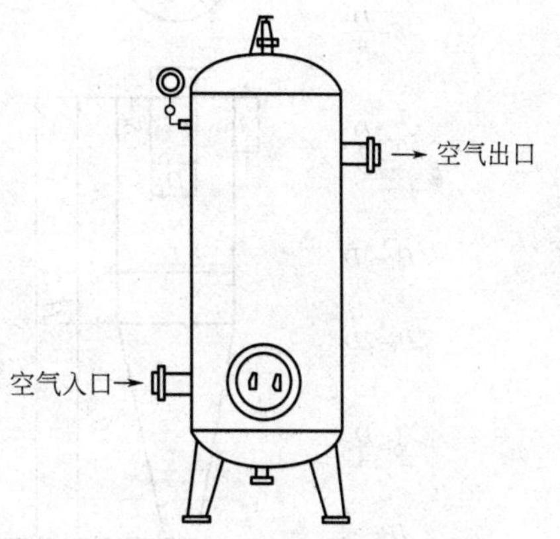

图 3-18　空气贮罐示意图

空气贮罐体积可按下式计算：

$$V=0.1\sim0.2V_c$$

式中，V 表示贮气罐的体积，m^3；V_c 表示压缩空气流量，m^3/min。

贮气罐圆筒部分的高径比通常为 2～2.5。贮气罐上应装安全阀，底部应装排污口，空气在贮罐中的流向应自下而上比较好，如果能在罐内安置铁丝网除雾器，则可同时达到去除液滴的效果。

(四) 气液分离器

空气在经过压缩之后，经过冷却会有大量的水蒸气成分及油分而凝结下来，使过滤介质受潮，从而使过滤器的过滤效果失去效用。因此，需要用气液分离器对其进行油水分离，防止过滤器失去作用。所用设备一般有两类：一类是利用离心力进行沉降的旋风分离器；另一类是利用惯性进行拦截的填料过滤器。

旋风分离器是一种结构简单、阻力小、分离效果较高的气-固或气-液分离设备。其主要功能是尽可能除去输送介质气体中携带的固体颗粒杂质和液滴，达到气固液分离，以保证管道及设备的正常运行。如图 3-19 所示，旋风分离器上部为圆筒形，下部为圆锥形。含雾沫的气体从圆筒上侧的进气管以切线方向进入，获得旋转运动，分离出雾沫后从圆筒顶的排气

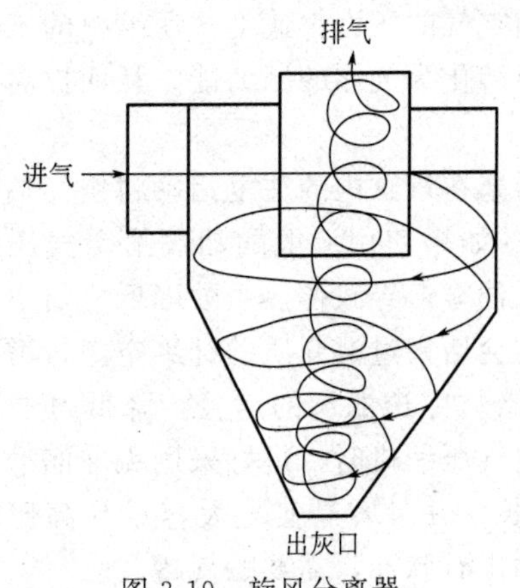

图 3-19 旋风分离器

管排出。油水滴自锥底落入集液斗。

气体通过进气口的速度为 10～25m/s，一般采用 15～20m/s，所产生的离心力可以分离出小到 5μm 的颗粒及雾沫。排气口气流速度为 4～8m/s，油水滴在旋风分离器中的径向速度与气流速度的平方成正比，但随回转半径的增加而减小，因此旋风分离器的进口管截面积一般比较小，分离器的管径也比较小。但进口空气的流速越大，筒径越小，空气的阻力也就越大。

旋风分离器各部分的尺寸都有一定比例，图 3-20 为某种类型的尺寸比例，只要规定出其中一个主要尺寸（直径 D 或进气口宽度 B），则其他各部分的尺寸亦随之确定。由于气体通过进气口的速度变动不大，故每个尺寸已规定好的旋风分离器所处理的气体体积流量，亦即其生产能力，可变动的范围较窄。

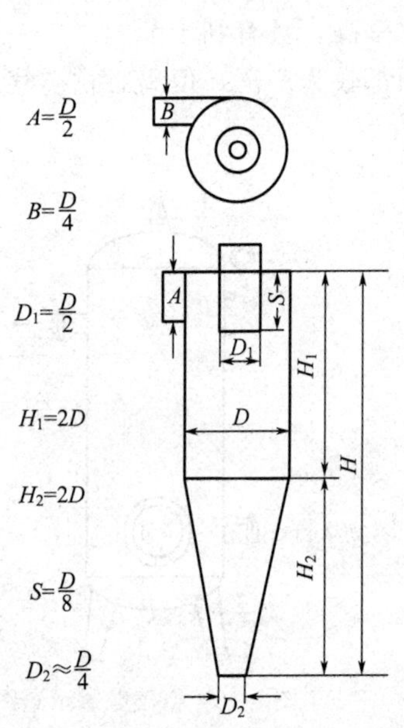

图 3-20 旋风分离器的尺寸比例

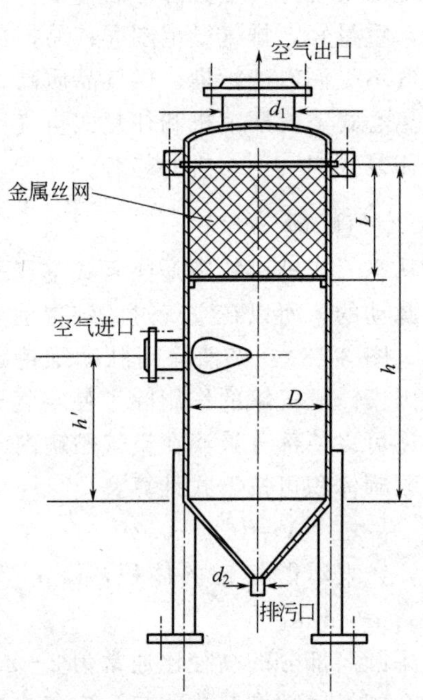

图 3-21 丝网分离器示意图

填料过滤器是利用网状介质、颗粒状介质、块状介质或高分子材料丝网的惯性拦截作用来分离空气中的油滴和水滴的方法。目前而言，工业上所采用的填料主要有金属丝网、瓷环、焦炭、塑料丝网及活性炭等。在各种填料过滤器中，丝网分离器（图 3-21）具有较高的分离效率，它对于直径大于 5μm 的颗粒的分离效果可达 98%～99%，大于 10μm 的更可高达 99.5%，且能部分除去较细的颗粒，加上结构简单，阻力损失不大，已被广泛应用于生产中。其缺点主要是在雾沫浓度很大的场合，会因雾沫堵塞空隙而增大阻力损失。

丝网的规格很多，其主要的材料有聚乙烯、聚丙烯、铜、不锈钢、镍、铝及涤纶等，丝的直径一般为 0.25mm 左右，也可为 0.1mm×0.4mm 的扁丝。一般均织成宽度为 100～150mm 的网带，丝网孔直径为 20～80 目，生产上常用的是 0.25×40 目的不锈钢丝网。丝网介质层高度最少为 100mm，常用的是 150mm，分离细雾时可用 200～300mm。

四、空气过滤介质及过滤器

过滤介质是空气过滤除菌的核心因素。过滤介质的选择不仅要求过滤除菌效率高，还要考虑到过滤所引起的空气压力损失、耐消毒灭菌情况、运行可靠性、来源充足、使用和维护成本等因素。

按过滤介质不同，空气过滤器可分为纤维状或颗粒状过滤、滤纸状过滤、非织造布类过滤和微孔膜（microporous membrane）类过滤等。

（一）纤维状或颗粒状过滤

纤维状或颗粒状过滤介质主要包括棉花、多孔烧结陶瓷、多孔烧结塑料、活性炭、烧结金属和玻璃纤维等。

棉花是常用的过滤介质。棉花最好选用纤维细长疏松的未脱脂新鲜产品，因为脱脂棉花易吸水而使体积变小，贮藏过久，纤维会发脆甚至断裂，且在热空气的作用下有可能发生炭化，从而增大阻力，导致过滤效率下降甚至丧失。棉花的纤维直径一般为 16～21μm，真实密度（实重度）1520kg/m^3。使用时要分层均匀铺砌，最后要压紧，一般填充密度为 130～150kg/m^3，填充率为 8.5%～10%。如果不压紧或是填装不均匀，会造成空气走短路（即空气从未压紧或装填不均匀的棉花纤维介质之间的较大间隙中通过），甚至介质翻动而丧失过滤效果。其主要缺点是阻力大，遇油水易结团，过滤效率不稳定，拆装劳动强度大，不能再生。可以使用蒸汽灭菌，但不宜每批发酵都进行灭菌，因为棉花层经多次蒸汽加热后易板结，增大空气阻力，降低过滤效果。

多孔烧结陶瓷包括普通多孔素瓷和刚玉两种，普通多孔素瓷的主要原料是耐火黏土，刚玉是石英粉。将耐火黏土与石英粉分别与热固性树脂以及溶剂混合制成需要的形状，然后在 1400℃的窑内煅烧，从而制得多孔烧结陶瓷。多孔烧结陶瓷具有耐高温、抗火花性质，可在高达 900℃的温度下操作，但通常将最高温度限制在 450℃左右；能抵抗酸、碱的侵蚀。多孔烧结陶瓷过滤元件在使用一段时间后，过滤效率会逐渐降低，这时可用逆流脉冲空气进行清洗再生，滤饼以碎片形式被去除。但是它容易在过滤过程中掉砂而影响空气质量，并且由于材质原因，其较笨重且脆性大，强度低，安装不方便。

烧结粉末聚合物可以制成孔径范围 5～150μm 的多孔过滤材料，该工艺适合于聚氯乙烯、聚丙烯、高、低和超高分子量聚乙烯等聚合物。多孔烧结塑料具有蜂窝形结构，纵横都具有连续的孔隙，毛细孔道弯曲，比表面积大，捕捉固体颗粒能力强，过滤精度高而稳定。对于同样的固体捕捉量，由于流体可三维流动，阻力增加较慢，压力损失上升速度较小。

多孔烧结塑料的材料具有一定刚性，在内外压力作用下不会发生明显变形，可以使用气体反吹法卸除过滤管表面的滤渣。化学性能较理想，对各种酸、碱、盐等溶液非常稳定，能耐醇、醛与脂烃等溶剂的侵蚀。在 70℃以下，基本不与任何溶液起反应，但不能用于芳香烃、氯化烃，因为这类溶剂能引起聚乙烯膨胀。多孔烧结塑料可反复再生，在工业生产上使用的经济效果良好。其再生法可采用气体反吹、液体反吹及化学溶解等方法。尤其是气体反吹法，操作简单，再生效率高，使用寿命长，最长可达约 6 年之久。

活性炭是黑色粉末状或颗粒状的无定形炭。活性炭主要成分除了碳以外还有氧、氢等元素。活性炭在结构上由于微晶碳是不规则排列，在交叉连接之间有细孔，在活化时会产生碳组织缺陷，因此它是一种多孔碳，堆积密度低，拥有非常大的表面积，通过表面的吸附作用而吸附微生物。常用的活性炭是小圆柱体，其大小约为 150mm^3，实重度 1140kg/m^3。一般填充密度 (500±30)kg/m^3，故填充率为 44%。要求活性炭质地坚硬，不易压碎，颗粒均匀。填装时要筛去粉末。活性炭常与纤维状过滤介质联合使用。

金属粉末与金属纤维经烧结而成的固体结构具有一定孔隙率，由此开辟了金属在过滤领域的新应用。一般根据用户要求及用途选择烧结金属的金属粉末和纤维，通常选用的材料有青铜、不锈钢、镍质超合金和钛。多孔烧结金属形状稳定，甚至在高温下能保持其结构；耐高温，特殊高温合金可在 1000℃以上操作；精确孔径的分布范围广，孔隙尺寸范围 3～40μm；可采用逆流过饱和蒸汽、化学溶剂进行清洗再生。但是烧结金属价格较高，而且耐酸性能往往由于材料种类而具有局限性，所以在工业生产上使用范围会受到一定限制。

玻璃纤维 (fiberglass) 是以玻璃球或废旧玻璃为原料经高温熔制、拉丝、络纱、织布等工艺制造成的，其主要成分为二氧化硅、氧化铝、氧化钙、氧化硼、氧化镁、氧化钠等。玻璃纤维单丝的直径为几微米到二十几微米，相当于一根头发丝的 1/20～1/5，每束纤维原丝都由数百根甚至上千根单丝组成。通常使用的玻璃纤维，纤维直径为 5～19μm，实重度为 2600kg/m^3，填充密度为 130～280kg/m^3，填充率为 5%～11%，其优点是纤维直径小，不易折断；阻力损失一般比棉花小，过滤效果好。玻璃纤维的主要缺点是更换介质时所造成的碎末飞扬，会黏附到人的皮肤之上，易使皮肤出现过敏。为减少玻璃纤维的粉碎，可用酚醛树脂、呋喃树脂等合成纤维黏合成一定填充率和形状的过滤垫后放入过滤器。在空气预处理较好的情况下，采用超细玻璃纤维纸作为总过滤器及分过滤器的过滤介质，染菌率很低，但在空气预处理较差的情况下，其除菌效率往往受影响。

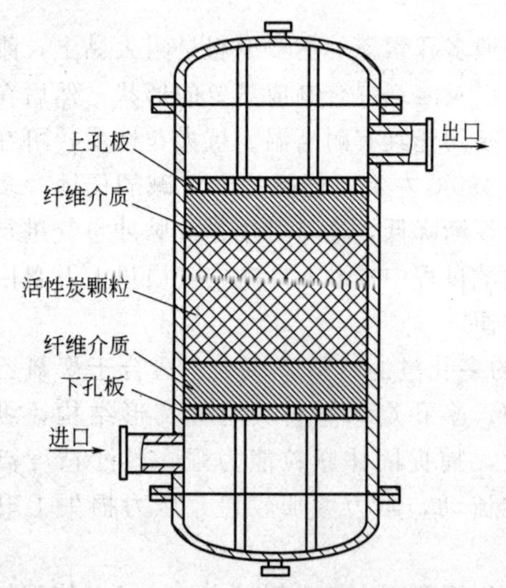

图 3-22　纤维状或颗粒介质过滤示意图

纤维状或颗粒介质过滤器通常是立式圆筒形，内部填充过滤介质，空气由下而上通过过滤介质，以达到除菌的目的。其结构如图 3-22 所示。

过滤器内有上下孔板，过滤介质置于上下孔板之间，被孔板压紧。介质主要为棉花、玻璃纤维、活性炭，也有用矿渣棉。一般棉花置于上、下层，活性炭在中间，也可全部用纤维状介质。填充物按下面的顺序安装：

孔板→铁丝网→麻布→棉花→麻布→活性炭→麻布→棉花→麻布→铁丝网→孔板

安装介质时要求紧密均匀。压紧装置有多种形式，可以在周边固定螺栓压紧，也可以用中央螺栓压紧，或利用顶盖的密封螺栓压紧，其中顶盖压紧比较简便。在填充介质区间的过滤器圆筒外部通常装设夹套，其作用是在消毒时对过滤介质间接加热，但要十分小心控制，若温度过高，则容易使棉花局部焦化而丧失过滤效能，甚至有烧焦着火的危险。

通常空气从圆筒下部切线方向进入，从上部排出，出口不宜安装在罐顶，以免检修时拆装管道困难。过滤器上方应装有安全阀、压力表，罐底装有排污孔。要经常检查空气冷却是否安全、过滤介质是否潮湿等情况。过滤器进行加热灭菌时，一般是自上而下通入 0.2～0.4MPa（表压）的干燥蒸汽，维持 45min，然后用压缩空气吹干备用。其主要缺点是：体积大，操作困难，填装介质费时费力，介质填装的松紧程度不易掌握，空气压力降大，介质灭菌和吹干耗用大量蒸汽和空气。

(二) 滤纸状过滤

滤纸状过滤介质主要是超细玻璃纤维纸。纤维间的孔隙为 1～1.5μm，厚度为 0.25～0.4mm，实重度为 2600kg/m³，填充率为 14.8%。其除菌效率相当高，对于大于 0.3μm 的颗粒的去除率为 99.99%以上，阻力小，压力降小；缺点是强度不够大，特别是受潮后强度更差，容易损坏。一般用含氢硅油、甲基丙烯酸树脂及酚醛树脂等增韧剂或疏水剂进行处理，以增加强度。

超细玻璃纤维纸很薄，一般将 3～6 张滤纸叠在一起使用，属于深层过滤技术。滤纸类过滤器的类型有旋风式和套管式（图 3-23）。

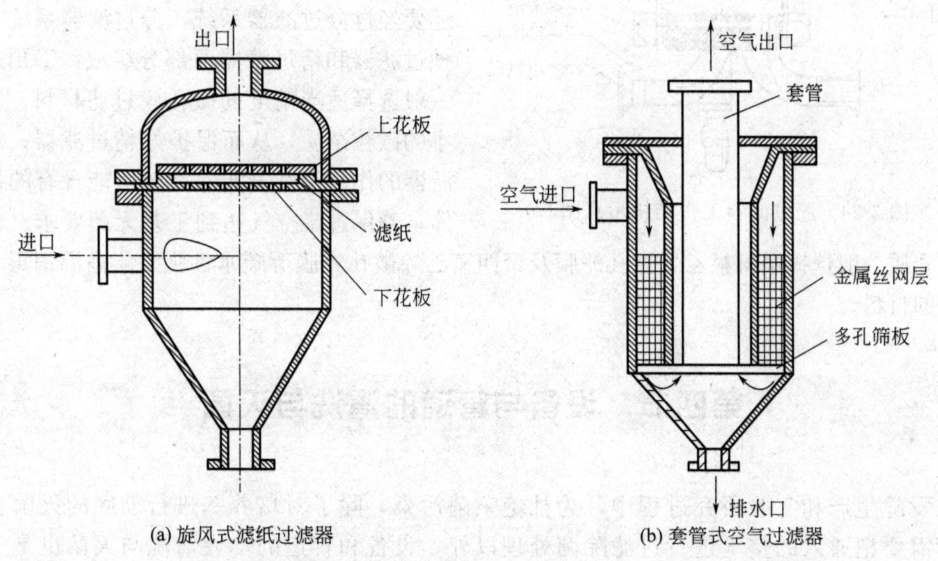

图 3-23　旋风式滤纸过滤器和套管式空气过滤器装置示意图

(三) 非织造布类过滤

非织造布具有孔隙多而且孔隙尺寸小、抗折皱能力好、结构蓬松及纤维细度低等优点，从而达到滤阻小、滤效高和使用寿命长的效果。同时由于纤维间的容量大，即使积留一定量过滤物质后仍能保持较低的滤阻，其过滤性能优良，滤效可达 99.9%以上。机织滤布由于纤维定向排列，纱线本身过分紧密，加以经纬交叉结构，纱线间具有较大孔隙，为了提高其过滤效率，一般要求织物组织紧密，但却使过滤阻力增大。

非织造布所用纤维的直径是影响过滤效果的一个重要因素。此外，根据过滤的颗粒与纤维之间的作用力形式可知，要提高滤料的过滤效果，还需考虑的因素包括：①选择制成纤维的高聚物和被过滤的颗粒是否带有极性；②纤维的比表面积能否起到增强过滤材料对被过滤粒子吸附的作用；③非织造布的结构以及孔隙能否使被过滤颗粒与纤维蓬松的孔隙广泛接触。

(四) 微孔膜 (microporous membrane) 类过滤

随着技术进步和膜材料的大规模生产，目前在空气总过滤装置上越来越多地使用膜过滤装置。微孔膜类过滤介质的孔隙小于 0.5μm，甚至小于 0.1μm，能将空气中的细菌真正滤

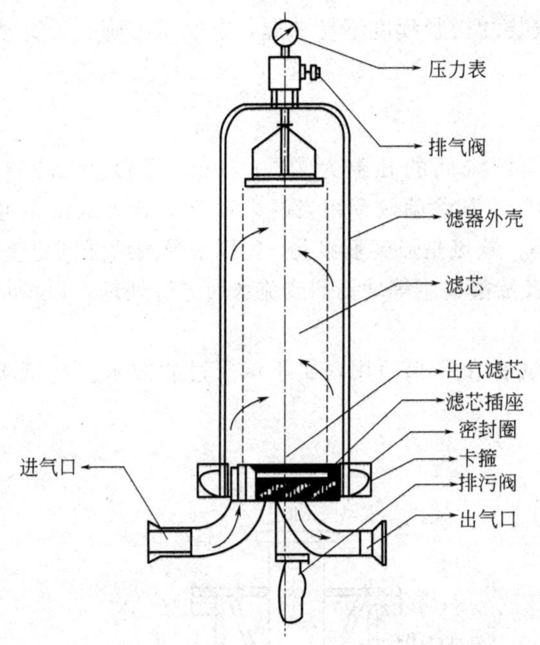

图 3-24 膜过滤器工作结构示意图

去，属于绝对过滤。绝对过滤易于控制过滤后空气质量，节约能量和时间，操作简便。

常用的膜材料有硅酸硼纤维微孔滤膜、混合纤维素脂微孔滤膜、聚四氟乙烯微孔滤膜、醋酸纤维素微孔滤膜。中空纤维超滤膜是以分子或粒子大小为基础的，以压力作为推动力的动态错流过滤技术，是我国发展最早、应用最为广泛、国产化率最高的膜技术之一。常用的膜过滤器如图 3-24 所示。

空气经过总过滤器过滤之后，由总管进入分管，流向各发酵罐。通常在进入发酵罐之前还要经过分过滤器系统，分过滤器系统一般由预过滤器和精过滤器两部分组成：①预过滤器一般选择适当精度的微孔膜过滤材料，滤除细小的微粒杂质，从而保护好精过滤器；②精过滤器的作用是完全滤除空气可能含有的微生物体，确保进罐空气达到工艺无菌要求。精过滤器过滤介质一般选择聚偏氟乙烯微孔滤膜及聚四氟乙烯微孔滤膜等疏水性强、耐高温消毒和结构强度好的材料。

第四节 设备与管道的清洗与灭菌

在发酵生产和实验研究过程中，为杜绝杂菌污染，除了对培养基进行彻底的灭菌、对好氧发酵需要把通入的空气进行过滤除菌处理以外，设备和管道的彻底清洗与灭菌也是十分重要的。首先，设备和管道的洁净可使潜在的污染危险降至最小。如杂菌可能会利用培养基贮罐中的残留营养物质作为其良好的营养来源而迅速繁殖，从而导致了在下一批培养基配制直到杀菌前，其中的营养物质可能会被迅速繁殖的杂菌大量消耗，造成的不良后果不仅会使培养基质量下降，而且还增加了发酵染菌的危险。其次有助于防止设备或管道污垢的产生。如某一根用于产物分离纯化的色谱柱如果没有及时进行彻底清洗，那么其上残留物的分子就可能连接到载体上从而使色谱柱的分离纯化效能下降。第三，在许多工业生产过程如食品加工和制药行业中，几乎每一个国家都有相关的法规保证其过程达到一定的卫生要求。

培养基贮罐因为其中的培养液富含糖、蛋白质等成分，很容易结垢变脏。假如培养基在罐中加热灭菌，则易生成焦糖，和变性蛋白质反应之后附在罐壁上更难以去除。若使用的水质不当，则会发生逐渐结垢的现象。因此需要先把所用水经过软化处理或者使用去离子水才能避免前面所述不良情况的发生。发酵罐也容易出现污染结垢的状况，尤其是培养基在罐中实消时。对于通气发酵或其他有泡沫生成的过程，则泡沫会把生物细胞和变性蛋白夹带留在罐顶。放罐后底部会残留大量的菌体，这些菌体和产物等将成为主要的污染物。对于好氧量高的生产过程，培养基中微生物细胞浓度高，或高黏度的真菌发酵和植物细胞培养中，往往有大量的生物细胞附于管壁上生长，因此在放罐后不可避免地会在罐内残留大量的生物细胞。

用于分离回收产物的设备和管路也会因为营养物质的积聚而导致高污染。如板框式过滤机和转鼓式过滤机等往往会积聚大量的生物细胞等。如果目的产物不是细胞而是其代谢产物，那么发酵液中除了包含有产物和副产物等，还包含有随后的分离纯化步骤中人工加入的化学试剂。蛋白质类是最普遍的污染源，不过当蛋白质未受热变性时，还是比较容易通过清洗而除去的。细胞及蛋白质等残留积聚并结垢，会导致发酵培养交叉感染的可能性。对设备和管路进行彻底清洗，是消除交叉感染隐患的根本方法。发酵培养液等往往会泄漏到设备外部，应该及时清洗去除那些会引起污染的泄漏营养物质，保持设备外部和管路等外壁的清洁，以保证发酵生产的正常进行。

为了更好地完成设备及管道的清洗、消毒与蒸汽杀菌的操作任务，设备及管道的设计、材料及制造工艺也是其整个生产过程重要的环节之一。设备及管路所用的材料应该在清洗消毒的环境下没有明显的腐蚀。例如，罐和管道外部可用铝箔密封包盖，因为它可以耐受空气氧化和一般的洗涤清洗剂。某些塑料制品也有良好的抗腐蚀和绝缘、绝热特性，当然其表面光洁度较差。不锈钢不仅具有极好的表面光洁度，且有较强的抗酸碱的耐腐蚀特性；现代化的发酵罐及有关产品分离纯化等设备、管道的材料最好选用不锈钢尤其是耐酸不锈钢，质量优良的不锈钢可耐盐、耐酸及耐碱等。需要强调的是，塑料等高分子聚合物加工时应尽可能避免表面上存在微孔，比如天然橡胶制品，因很难避免有微孔，故给彻底清洗带来困难，且还可能溢出橡胶的添加剂而污染产品。类似地，应尽量不用低密度聚乙烯、氯丁橡胶和PVC（聚氯乙烯）。此外，设备材料应避免使用含锌、镉、铅等的材料。

一、常用清洗剂及清洗方法

（一）常用的清洗剂

用于发酵工业污垢清洗的化学制剂，一般应满足下述的技术要求：①清洗污垢的速度快，溶垢彻底，清洗剂自身对污垢有很强的反应、分散或溶解清除能力，在有限的工期内，可较彻底地除去污垢；②对清洗对象的损伤应在生产许可的限度内，对金属可能造成的腐蚀有相应的抑制措施；③清洗所用药剂便宜易得，并立足于国产化，清洗成本低，不造成过多的资源消耗；④清洗剂对生物与环境无毒或低毒，所生成的废气、废液与废渣，应能够被处理到符合国家相关法规的要求；⑤清洗条件温和，对温度、压力、机械能等不需要过高的要求；⑥清洗过程中不在清洗对象表面残留下不溶物，不产生新污渍，不形成新的有害于后续工序的覆盖层，不影响产品的质量；⑦不产生影响清洗过程及现场卫生的泡沫和异味。

理想的清洗剂应具有能分散固形物和能溶解或分解有机物的能力，并且具有漂洗和多价螯合作用，同时还具有一定的杀菌作用。但迄今为止，没有任何单一的洗涤剂具有上述的所有性质。目前所有的清洗剂都是由酸或碱、表面活性剂、磷酸盐或螯合剂等混合而成的。发酵设备需要有能很好地溶解蛋白质和脂肪的洗涤剂，烧碱溶液是其中效果较好的一种，而硅酸钠则是一种良好的水溶液分散剂，它对于稠厚的积垢如细胞残渣的分散是十分有效的。另外，磷酸三钠使用也很普遍，因为其有良好的分散性和乳化性，故具有良好的漂洗性能。在发酵设备的清洗过程，酸的使用较少，只用于溶解碳酸盐积垢和某些金属盐积垢。当然，若清洗用去离子水，那酸的使用则更少。硝酸能使金属表面钝化，可用于焊接表面的防腐蚀。分散剂，如EDTA和葡萄糖酸钠可以防止水中离子形成沉淀，在培养基制备例如微藻培养中使微量金属离子络合并分散就需添加适量的EDTA。

为了有效地发挥洗涤剂的作用，有时还添加表面活性剂以减小水合物的表面张力并有分散和乳化效能。表面活性剂的分子中同时具有亲水的极性基团与亲油的非极性基团，当它的加入量很少时，即能大大降低溶剂（通常是水）的表面张力以及液/液界面张力，并且具有润滑、增溶、乳化、分散和洗涤等作用。表面活性剂有多种分类方法，普遍根据它在溶剂中的电离状态及亲水基团的离子类型进行分类。最常用的有阴离子型表面活性剂、阳离子型表面活性剂、两性化合物表面活性剂及非离子型表面活性剂等。前三类为离子型表面活性剂，可根据需清除的污脏物的类型，选择不同的表面活性剂。

用于清洗罐或管道的清洗剂配方，浓度一般控制在0.2%～0.5%，各种有效成分的配比根据不同的使用场合而适当改变。对于某些设备，如某些材料的膜不能耐受较强的清洗剂，此时可用含酶（通常是碱性蛋白酶）的清洗剂。若使用此类含蛋白酶的清洗剂，在分离纯化蛋白类产物时必须彻底把清洗剂漂洗除干净。有时，需要把与有机物表面紧密结合的蛋白质分离洗脱出来，如色谱分离柱树脂的处理，这些树脂是较易被烧碱等强力洗涤剂破坏的物质。所以在这些情况下可以使用尿素和氯化胍等化合物。但是需要高浓度（约6mol/L）才能洗脱蛋白质，如常用6mol/L氯化胍溶液清洗蛋白质A亲和色谱柱，结合在填充柱介质上的免疫球蛋白和清蛋白才容易被清洗，达到不损坏分离介质的效果。

去离子水可以提供较好的清洁效果，故在某些场合应使用去离子水。一般来说，在设备及管道的最后漂洗步骤使用去离子水可以获得更好的清洗效果。

（二）设备、阀门和管路等管件的清洗

清洗设备的传统方法是把设备拆卸下来之后，再采用人工或半机械的方法进行清洗。但这有许多缺点，如：劳动强度大，效率低，也不易保障操作工人的安全，花费在清洗与装拆的时间长，且对产品的质量也易造成影响。现在，工业上大规模的现代化生产已普遍采用CIP清洗系统（clean in place，即在位清洗），使清洗剂在设备中循环，清洗过程可自动化或半自动化，不过有些特殊设备还是需用人工清洗的。

1. 罐的洗涤

生物发酵设备均有系列的罐类容器，但无论是要求无菌的或是不消毒的，是抗压的或是敞口的，均需要具有一定的清洁程度。罐的洗涤，通常是使其充满一定浓度的洗涤剂加以浸泡，此法适合用于小型罐。对于大型罐的洗涤，通常是在罐顶喷洒洗涤剂，借助洗涤剂对罐壁上的固形残留物的冲击碰撞作用达到清洗效果，使用较低浓度的洗涤剂便可达到良好的清洗效果，可节约大量的洗涤剂。

通常使用的喷射洗涤设备有两类：旋转式喷射器和球形静止喷洒器。旋转式喷射器可以在较低喷洗流速下获得较大的有效喷洒半径，且冲击洗涤速度也比球形静止喷洒器大得多。但因其喷嘴易发生堵塞，故操作稳定性不及静止式喷洒器，也不能进行自我清洗。因旋转式喷射器有转动密封装置，故制造及维护技术要求较高，设备投资较大。球形静止喷洒器结构比较简单且设备费用也较低，没有转动部件，可提供连续的表面喷射，即使有一两个喷孔被堵塞，对喷洗操作的影响也不大，还可进行自我清洗；但因喷射压力不高，喷射距离有限，所以对器壁的冲洗并非喷射冲击作用。

典型的罐清洗流程与管件的清洗是类似的。若罐内装设有pH值和溶氧电极等传感器对洗涤剂敏感时，为了避免这些传感器的损坏，应当先把这些传感器拆卸下来另外进行洗涤，然后待罐清洗好后再重新装上。罐体或管路洗涤过程必须严格按操作规程小心进行操作，避免把有腐蚀性的洗涤剂淋洒到头或手等身体上。更应注意的是，必须注意设备的热胀冷缩及是否会产生真空，当加热洗涤后转为冷洗时会产生真空作用，故应在罐内装设真空泄压装置。

2. 管件和阀门

典型的管件清洗操作程序，如表 3-4 所示。

表 3-4 管件清洗的操作程序

操作步骤	具体流程	清洗时间/min	温度
1	清水漂洗	5～10	常温
2	洗涤剂洗涤	15～20	常温至 75℃
3	清水漂洗	5～10	常温
4	消毒剂处理	15～20	常温
5	清水漂洗	5～10	常温

通常，清洗过程容器中液流速度在 1.5m/s 即可获满意的清洗效果。若洗涤液流速高于 1.5m/s，会产生副作用；清洗时间无需太长，多于 20min 也不会明显提高清洗效果。

洗涤剂清洗时要注意不可使用太高的温度，因为在较高的温度下容易导致蛋白质变性、残留糖分的焦糖化和酯的聚合反应等，这些反应所形成的产物难以清洗除去。实践证明，温度控制在 75℃就应该是最高操作温度了，在发酵或生物反应过程完毕后应马上对设备、管路及管件等进行清洗，否则残留物干固后就更加难以清洗去除，造成不必要的清洗困难。另外，在设备清洗完毕之后，要避免残余水未及时排除干净导致设备内某处积水，从而使微生物繁殖的状况出现。

3. 微滤系统的清洗

微滤或超滤系统进行清洗的次数和时间增加，将会在膜表面形成一层硬实的胶体层，且这些胶体分子能进入到膜孔之中，此时用洗涤剂和清水循环轮换洗涤就很有必要。最好能对膜分离系统进行反向流动洗涤，使其在泵送作用下利用清洗剂把残留物从膜孔中洗脱出来。当然，能否反洗需视膜能否承受反洗压力而定。除此之外，还必须考虑有些滤膜是否能够耐受腐蚀性的化学试剂或较高的清洗温度。设备的内径和长径比是影响洗涤效果的重要参数，如长而细的设备比短而粗的设备洗涤效果往往好得多。

4. 泵、过滤器、热交换器等设备的清洗

泵、过滤器、热交换器等辅助设备的清洗是比较简单的，但也必须注意下述两个问题：①换热器若用于培养基的加热或冷却，换热面上的结垢或焦化是很难避免的，也不易清洗，为减少此问题，可适当提高介质的流速；②空气过滤器经常被发酵罐冒出的泡沫污染，不易清洗干净，必要的时候需人工清洗。

（三）清洁程度的检验

为了检验设备及管道等管件灭菌是否符合标准，需要检验其效果以确保设备的卫生程度符合要求，包括蛋白质污染物清洗检验、清洗后残留细胞检验、表面清洁的规范和洁净程度的定量检验。

1. 蛋白质污染物清洗检验

首先用标准浓度蛋白质溶液把待检物表面润湿后再使其干燥，置于容器或管路中作试验表面。然后按照工艺规程对含实验表面的容器或管路进行洗涤操作，取出试验表面并把水甩干除去，接着用硝化纤维纸压在表面上以检查蛋白质的残留情况。最后把此硝化纤维纸浸入考马斯亮蓝（Coomassie brilliant blue）液后放入醋酸溶液中过夜，观察蓝色的深浅，就能够显示出蛋白质残留的多少。

2. **清洗后残留细胞检验**

首先在一试验表面上涂布已知的微生物细胞并将其干燥，然后放置入容器或管路中，按工艺规程执行清洗操作。把试验表面从罐或管路中取出并甩干水分，置于充分营养条件下进行恒温培养，最后计算平面的残留活菌数。

3. **表面清洁的规范**

表面清洁规范包括：①触摸表面，无明显的粗糙手感或滑溜感；②无残留固体污脏物或垢层；③将白纸印在表面，无不正常颜色出现；④无荧光物质在波长 340～380nm 光线的检查下出现；⑤在良好光线下无可见污染物，且在潮湿或干的状况下，表面均没有明显的气味。

4. **洁净程度的定量检验**

洁净程度的检验包括去除设备不同部位残留的污脏物、清洗程序的执行，然后分析这些地方污脏物质的各种残留成分的情况。但是由于上述检验大多带有主观性，故还应进行一些定量的检验，主要是检查蛋白质和细胞残留物。可把已知数量的试验微生物细胞与污脏物混合涂布在待测表面上，进行清洗操作，然后在表面上涂上营养琼脂，培养后计算清洗前后的活菌数，即得清洗效果。此外，近年来发展起来的荧光测定法及 ATP 生物荧光法更加快捷。致热物质的检测也是必需的。其传统试验方法是用动物试验，通常往试验兔子中注入一定量的热原试样并检测其体温的升高，再根据预先绘制的标准曲线查出其浓度。

二、设备及管路的灭菌

设备及管路的灭菌方法有很多，最普遍使用的方法就是使用加热蒸汽灭菌，可以把微生物细胞及其孢子全部彻底杀灭，效果最好。而蒸汽加热杀菌之所以高效，是因为与其接触的所有表面均处于高温蒸汽的渗透之下，蒸汽潜热大，穿透力强，容易使蛋白质变性或凝固。

在发酵工业生产上，为了确保蒸汽加热灭菌安全高效，在过程中应确保达到下述要求：①设备的各部分均可分开灭菌，且需有独自的蒸汽进口阀；②要避免死角和缝隙，若管路死端无可避免，要保证死端的长度不大于管径的 6 倍，且应装置一蒸汽阀以用蒸汽灭菌；③所有阀门均应利于清洗、维护和杀菌，最常用的是隔膜阀；④要保证所提供的灭菌用蒸汽是饱和的且不带冷凝水，不含微粒或其他气体；⑤确认设备的所有部件均能耐受 130℃ 的高温；⑥为减少死角，尽可能采用焊接并把焊缝打磨光滑，管路配置应能彻底排除冷凝水，故管路需有一定斜度和装设排污阀门；⑦蒸汽进口应装设在设备的高位点，而在最低处装排冷凝水阀。

（一）发酵罐和容器的灭菌

发酵罐是生化反应的场所，对生产效率以及技术经济指标均有举足轻重的影响，是工业生产最重要的设备。所以，对于发酵罐的无菌要求十分严格。除发酵罐之外，其他的一些容器也要求达到洁净无菌的效果，如培养基贮罐等。

发酵罐或容器有一定的耐压、耐温性，为安全起见，必须有适当的减压装置，其加热夹套的耐压要求也应和罐体一样。罐夹套结构必须有排水、排气的设计，否则需要相当长的时间才可达到所需的灭菌温度，而且还可能存在冷点（即死角）。玻璃罐通常只用于实验室的小型发酵罐。

罐和容器在使用前必须经耐压和气密性试验。通常，在设备安装完毕或进行过机械加工或装配之后必须进行一昼夜的气密性试验，每次检修后也应如此。检查方法是维持温度不变，检查其压强是否恒定。若每次灭菌前均这样检查太费时，可用 30min 检查罐的压强是否发生改变，以此确定是否有传感器接口或阀门闭合等不严密而造成渗漏。

对于发酵罐或其他容器中灭菌蒸汽管路的安排，通常蒸汽进口是装在罐顶，冷凝水在罐底排出。发酵罐及容器的蒸汽加热灭菌过程如下：①采用容器的气密性试验确证容器无渗漏，把所有的冷凝水排除阀打开后开启蒸汽进入阀，通入蒸汽升温；②当其内部有一定压强后，打开排气阀（注：排气阀上连接有空气过滤器，以保证发酵系统不受外界杂菌的污染，同时也防止生物反应系统内的生产菌株细胞进入环境中），以便把容器中原有的空气排除干净；③当罐内温度升至 121℃时，开始计算杀菌时间，注意在杀菌过程中，不断排出蒸汽管路及罐内的蒸汽冷凝水；④灭菌时间达到工艺规定的要求后，就结束灭菌操作，先关闭所有排污阀及排气阀，然后关蒸汽进口阀，并打开无菌空气进口阀，以确保罐内蒸汽冷凝后不致形成真空而导致杂菌污染。通常用无菌空气保压将罐内的压强控制在 0.1～0.15MPa。

1. 罐和容器排料系统的蒸汽灭菌管路配置

罐和容器的排料口必须设在最低点，且与罐体间完全平滑无缝隙，以便于清洗、排污及灭菌，当然也保证能彻底干净排出料液。排料管大小是根据清洗过程需排出的废水量而确定其大小。装在罐上部的进口管应突出于罐体至少 50mm 并且以较小的角度倾斜向下，以确保进料液不会沿罐壁下流。如果进料液向罐中料液冲下时会产生大量泡沫，则可将进料管插入得更深一些，避免此现象产生。

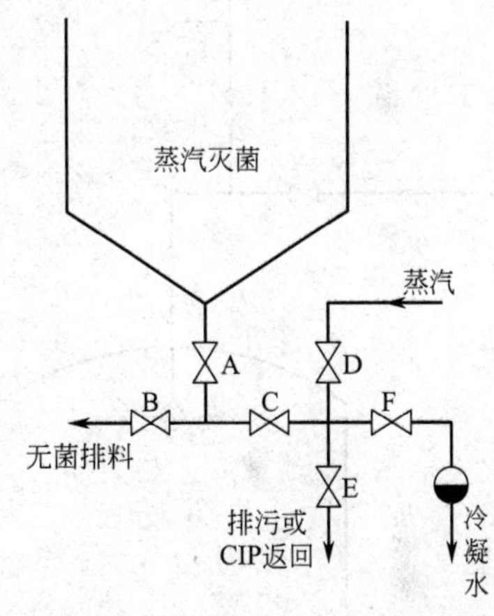

图 3-25　排料管蒸汽灭菌配置示意图

图 3-25 显示了排料管蒸汽灭菌管路配置。其蒸汽灭菌过程如下：若罐处于清洗过程时，则阀门 A、C 和 E 开启，而阀门 B、D 和 F 则是关闭的。若罐内通汽处于灭菌过程中，则阀门 A、C 和 F 是开启的，而阀门 B、D 和 E 则关闭。这样的管路配置可保证罐能正常通汽加热灭菌或从罐上部加入无菌的物料，同时保证阀门 A、B 和 C 经受彻底的通汽灭菌，若杂菌要侵入，则必须经过 2 个阀座才能渗漏进罐中。这样的配管有利于罐系统的无菌保证。

2. 发酵罐搅拌器密封装置的蒸汽灭菌配管

发酵罐或配料罐的搅拌器设计必须有利于清洗和杀菌，尤其是发酵罐的轴封设计对保持无菌操作尤其重要。

机械搅拌发酵罐搅拌轴的密封是无菌操作的薄弱环节。现代化的发酵罐搅拌系统均使用双端面机械密封。对密封装置的灭菌非常重要，具体的方法主要有两种：

① 最简单实用的方法是在机械密封装置下部装设一阀门。当发酵罐处于蒸汽加热灭菌时，打开此阀门，则蒸汽可从此阀门排出，故可使密封装置同时被蒸汽加热灭菌。实践表明，这种灭菌装置既简单又实用。当然，对于植物细胞培养等长培养周期的生物反应，需每隔数天便重复加热灭菌密封装置。此外，需在整个发酵周期用蒸汽保压，以确保密封腔正压而避免外界杂菌入侵。

② 另一种使搅拌轴密封装置杀菌的配置较为复杂，但可以使密封装置维持无菌状态达一个多月，其具体装置如图 3-26 所示。

在灭菌开始，过滤器和搅拌轴封就通入蒸汽加热杀菌；当发酵罐杀菌完毕，就可利用轴封内的蒸汽冷凝水及施加压强的无菌空气来继续保压。玻璃视镜的作用是可通过人工观察蒸

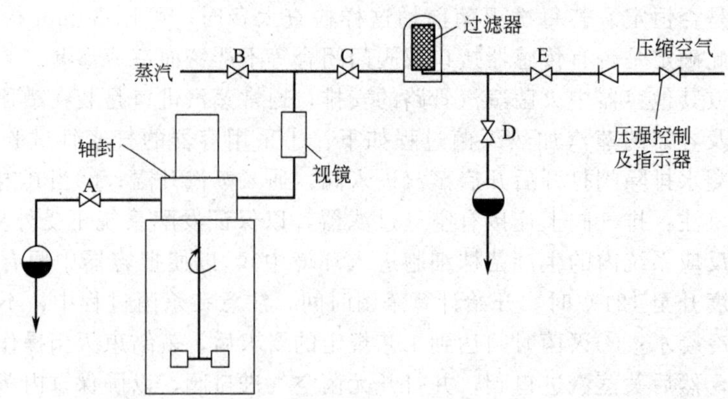

图 3-26　机械搅拌发酵罐搅拌轴密封装置的蒸汽灭菌配管

汽冷凝水的液位高低来决定是否需补充通入蒸汽以维持一定量的冷凝水位。

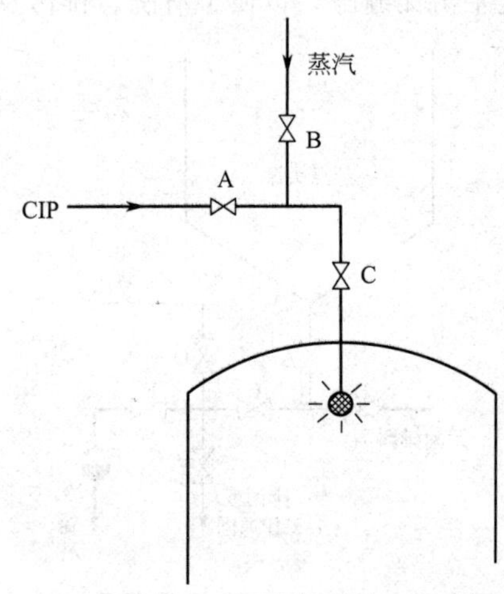

图 3-27　CIP 系统蒸汽灭菌管路配置

3. 罐 CIP 清洗系统的蒸汽杀菌配管

现代化的发酵罐和其他贮料罐均装配了自动在位清洗系统（CIP），这意味着在罐的顶部装置了 CIP 的喷射管或喷洒头，这些部件也必须经严格灭菌才能保证罐的无菌程度。图 3-27 显示了 CIP 清洗系统的蒸汽灭菌配管。在设备的蒸汽加热灭菌过程中，阀 B 和 C 打开，而阀 A 则关闭，故整套清洗喷洒头装置均可经受彻底的蒸汽加热灭菌过程。

对于罐及容器的蒸汽加热灭菌管路配置，需强调的是尽量避免罐上有多余的接口或管路。传感器(sensor)（如 pH 值和溶氧电极等）的保护夹套应斜向下插入罐体以确保能排清液体，且夹套与传感器之间尽可能完美配合以不留缝隙，同时保护套的长度尽可能不大于直径的 2 倍。

（二）管道、阀门和空气过滤器灭菌

在发酵工业生产中，管路管件的设计是清洗与无菌操作的最重要的影响因素。

1. 管道系统的蒸汽灭菌

为保证设备与管路的彻底灭菌，所有管路应在物料流动方向倾斜 1/100 或以上的斜度，同时管路应有足够的支撑固定，以防止凹陷变形，确保冷凝水不积聚和排清；对水平安装的管道，必须在凹陷低点安装排污阀；同时，为避免较长的管路中间下垂而形成凹陷点，管路必须有足够的支撑点。管路应尽可能消除死角，若出现不可避免的死角时，则应使其长度不得超过管道直径的 2～3 倍。尽量使管内液体流向朝向死角而不是相反，这样可大大增加湍流程度。同时，所有的死角均应向主管道倾斜一个角度，以利于排空液体，这样利于保持无杂菌污染及利于清洗。图 3-28 所示的是容易产生灭菌死角的管路示意图。

管路系统的连接尽量采用焊接。当然为了清洗、检查和维修，必要时也采用可拆卸的连接如法兰等活动连接。各法兰连接通常采用 O 形垫圈，因为其在法兰间留下的缝隙小，易于清洗。此外，也常用平面橡胶垫圈。垫圈的常用材料为硅橡胶或聚丁橡胶。在使用平面橡胶垫圈时，必须注意垫圈的尺寸及安装均取最佳尺寸与位置。另外，还要注意弯头等管件的

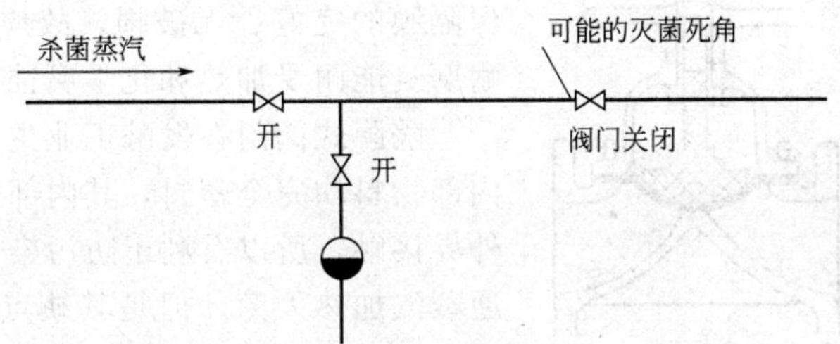

图 3-28　容易产生灭菌死角的管路示意图

直径不能小于管路外径；当管件直径必须改变时，应逐渐圆滑变化，要避免突然增大或缩小。

如果物料输送管路较长，为了方便清洗和加热杀菌，应尽可能缩减管路并使其简化，弯头等管件阀门尽可能少。同时，应尽量减少其高点与低点，且在每个高点装设蒸汽进管，在低点均装冷凝水阀，这样才能保证蒸汽杀菌的稳定性、安全性及严密性。

每个罐及其管道尽可能分开灭菌，可提高系统灭菌操作的灵活性和安全性，如图 3-29 所示。

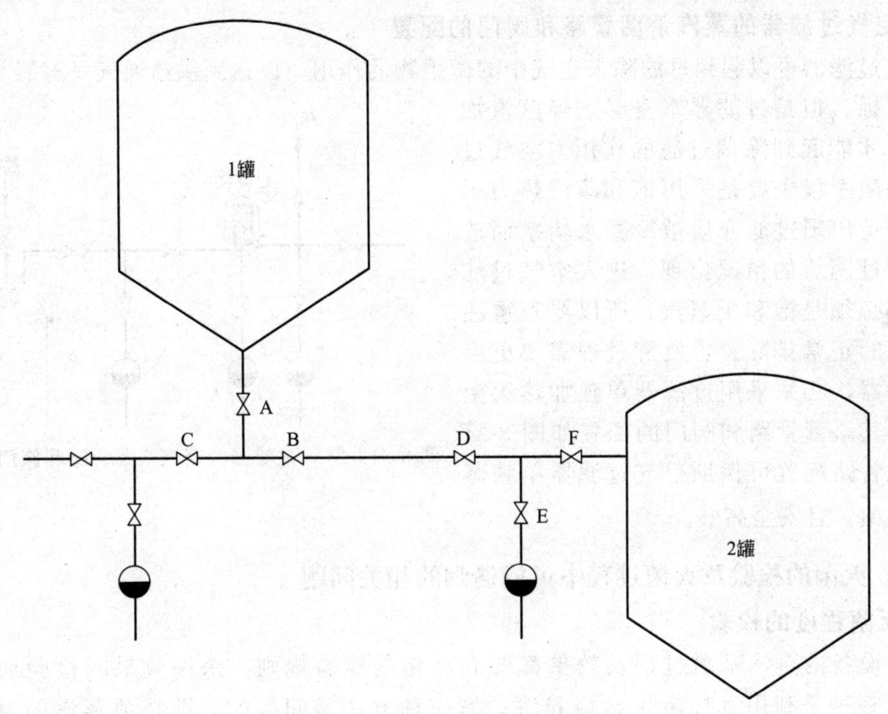

图 3-29　两个罐及连接管的蒸汽杀菌

在图 3-29 中，罐 1 是灭菌培养液贮罐，罐 2 是发酵罐。若罐 1 中已灭菌并冷至所需温度的培养基，要往已空罐灭菌的罐 2 压送时，其具体操作如下：阀 A 和 F 关闭，依次按顺序打开阀 E、D、B 和 C，最后开启蒸汽阀，通入蒸汽杀菌；杀菌结束，先关闭阀 E，然后关闭阀 C，让阀 F 开启以免管路因蒸汽冷凝而产生真空后漏入污染物；此时便可打开阀 A 把罐 1 的培养基压送到罐 2。

2. 阀门的蒸汽灭菌

对于生物发酵生产，尤其需维持无菌的管路及设备中，膜式或隔膜式阀门结构简单，密封可靠，流体阻力小，方便检修，是应用最广泛且有利于维持无菌操作的阀门。由于需要确

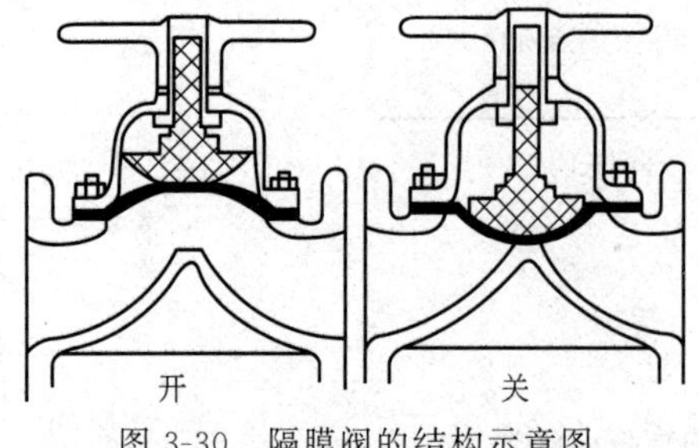

图 3-30　隔膜阀的结构示意图

保隔膜的完好、无破损，故应选用有较好的韧性、耐磨且能耐受加热和化学腐蚀的材料来制造膜。

隔膜式阀门在发酵工业生产上使用广泛，由于内部物料均完全密封，其内部一般不会因泄漏而与外界接触，所以有利于防污染杂菌，且便于清洗及通蒸汽加热灭菌。但是其缺点是阀膜间仍有缝隙。图 3-30 为隔膜阀的开启和关闭的示意图。

安装隔膜阀时，要注意使其与水平线倾斜 15°角，以保证其出水口不会阻碍液体自由排出。隔膜阀的蒸汽加热杀菌方式有三种：第一种方式是确保阀门接管的盲端管长与管径之比不大于 6 倍，且必须保证管内不积存冷凝水；第二种方式则是利用隔膜阀上面附加的取样用的或排污用小阀，可通过此小阀门通入蒸汽或放出蒸汽冷凝水，这样也可使隔膜两边均可充分灭菌；第三种方式则是蒸汽直接通过阀门，故阀门与管路均充满蒸汽，可保证杀菌彻底，这是最佳的方式。第一种方法容易发生灭菌不彻底，故尽量不采用。

3. 空气过滤器的蒸汽杀菌管路和阀门的配置

空气过滤器可以起到过滤除去空气中的微生物的作用，以达到供给通气发酵罐大量无菌空气的目标。但是过滤器本身必须经蒸汽加热灭菌后才能起到除菌过滤的作用。空气过滤器的杀菌手段主要是采用饱和蒸汽热力灭菌，为避免出现过滤介质被冷凝水堵塞而造成蒸汽通过困难的情况出现，进入空气过滤器的蒸汽必须是饱和干蒸汽，所以要着重注意冷凝水的正常排除。若发酵过程需要更换空气过滤器，必须采用过滤器单独加热灭菌的设计，其杀菌管路和阀门的配置如图 3-31 所示。此管路配置可保证空气过滤器单独蒸汽加热灭菌，且安全高效。

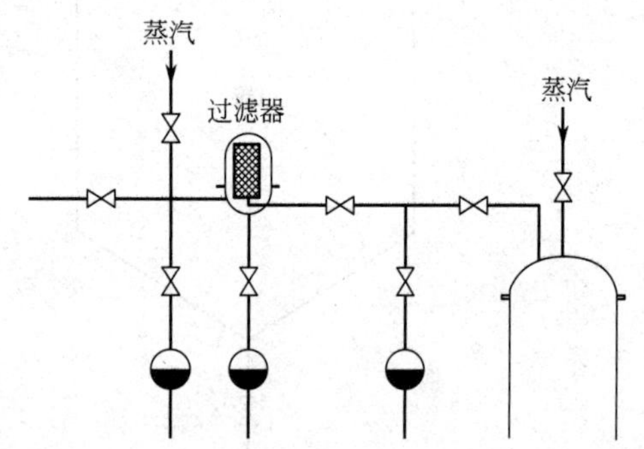

图 3-31　空气过滤器的蒸汽杀菌管路和阀门的配置

（三）灭菌的检验及灭菌过程中可能遇到的相关问题

1. 灭菌程度的检验

发酵设备的蒸汽杀菌过程及效果都要有严格的检验规则。杀菌效果的检验通常有两种方式：一种是利用直接微生物培养法；另一种方法是间接的，即杀菌蒸汽的温度和压强监控法。

直接微生物培养法就是利用无菌的标准培养基（肉汤培养基：牛肉膏 0.5%，NaCl 0.5%，蛋白胨 1%）进行培养检验，培养 7～10 天，若培养基仍保持无菌，则设备的杀菌是十分成功和可靠的。直接微生物培养法十分接近实际，可检验灭菌是否彻底，同时也试验了空气过滤系统及设备、管路的严密性和维持无菌度的效能。其缺点是此法前后需十多天，且测试费用高。虽然也可应用生产所用的发酵培养基进行检验，但是有时此发酵所用的培养基对某些微生物并非是良好的营养源，故微生物生长十分迟缓，这对是否染菌的确定带来不便。

间接检验杀菌程度的方法，是设法确证所有被杀菌的设备、管路的每处均有足够的蒸汽压强（温度）和必需的灭菌时间。

2. 蒸汽灭菌中可能出现的问题及解决方法

在发酵设备的蒸汽灭菌上出现的不正常现象分两大类：一是发酵过程发现杂菌感染；二是灭菌设备或管路在灭菌过程中未达设定的温度（121℃）。

若在发酵过程中一旦发现污染杂菌，就应立刻取样进行分析，鉴别所污染的杂菌种类数量，是气生菌还是水溶液中的细菌。同时开始进行下列有关问题的研究：①进行气密性测试，最好能进行24h的检漏测试，以查出渗漏的所在，并进行维修，维修后再检测直至无渗漏为止；②上批发酵放罐排料后，空置时间是否延长，若空置太久，则下一批的灭菌时间必须适当延长，以保证生长繁殖的杂菌彻底杀灭；③重点检验阀门的隔膜、阀座等是否符合质量要求，检测所有O形密封圈等密封件；④发酵系统的蒸汽灭菌处理是否正常，有没有出现灭菌温度不足或时间不够长的情况。

若灭菌设备或管路在灭菌过程中未达设定的温度（121℃），可能有两种情况：整个被加热灭菌系统均未能达到所要求的温度；或是局部范围达不到规定的温度。若发现是全系统均未达121℃，则须进行下列的检查：①检查蒸汽调节器或蒸汽过滤器是否堵塞；②加热蒸汽的压强是否达到0.15MPa以上；③检查蒸汽总阀是否已完全开启；④若温度计只有一个，则应检测此温度计是否正常和准确。若出现只是系统的某部分达不到所要求的灭菌温度的现象，则可能存在如下问题：温度计失效故温度指示不准，没有绝热层的管路因靠近空调机或风扇等而降温太多（此时应加设绝热保温层），蒸汽阀门开启失灵或损坏，汽水阀失灵或损坏，过滤器安装不当导致冷凝水堵塞等。

在大型的现代化工业生产中，应该尽可能地应用计算机自动控制或程序控制。虽然自动控制系统要比手动控制系统的投资高，建设周期长一些。但是应用自动控制实行发酵系统的蒸汽灭菌和清洗等操作可避免起动或结束操作花费时间长，人工操作劳动强度大且容易出现操作失误等不稳定因素，可大大提高杀菌过程的稳定性和安全性。

第五节 灭菌实例——谷氨酸发酵设备及培养基灭菌

谷氨酸发酵过程与其他发酵过程一样，必须进行纯种培养，即只允许生产菌存在和生长繁殖，不允许其他微生物共存。特别是种子移殖过程、扩大培养过程以及发酵前期，如果一旦进入少量杂菌，就会在短期内与生产菌争夺养料，严重影响生产菌正常生长和发酵作用，以致造成发酵异常。所以整个发酵过程必须强调无菌操作，牢固树立无菌观念。除了设备应严格按规定要求，保证没有死角，没有构成可能染菌的因素之外，还必须对培养基和生产环境进行严格的灭菌和消毒，防止杂菌和噬菌体污染，达到无菌要求。

一、灭菌前的准备工作

① 灭菌前必须全面检查各种管道、阀门、压力表有无漏气、失灵或堵塞情况，如有异常，应及时修复。

② 灭菌前必须排出蒸汽管内的凝结水。

③ 发酵罐灭菌前应关闭温度自动控制系统。

④ 检查分汽缸，要求蒸汽压力保持在0.4MPa以上。

二、总（分）过滤器灭菌

总过滤器要求每隔6～12个月拆装修一次，更换棉花和活性炭等过滤介质。总过滤器一般每月灭菌一次，如果停电失压，则必须重新灭菌。总过滤器的灭菌条件为内层压力0.2～0.3MPa、时间90min。总过滤器的灭菌操作步骤如下：

① 夹层预热：打开夹层蒸汽阀门，使压力缓慢上升到0.10～0.15MPa。

② 内层通入蒸汽，逐渐上升到0.2MPa，在保持充分排汽的前提下，上冲30min，下冲30min。

③ 当内层压力上升到0.2MPa时，要注意夹层压力的平衡，将夹层压力同时上升到0.15MPa。

④ 对内层过滤介质进行吹风干燥，此时内层压力应不低于0.1MPa，而夹层压力可逐渐下降到0.05MPa，直至关闭。

⑤ 检查内层过滤介质是否完全干燥。可用玻片检查内层排汽，吹风干燥到玻片上无水珠为止。

发酵罐和种子罐分过滤器每月检查拆装一次。发酵罐分过滤器每上1～2罐灭菌一次，种子罐分过滤器必须每上1罐灭菌一次。储罐、计量罐、油罐的分过滤器也要定期检查和灭菌。

三、种子罐和发酵罐空罐灭菌

空罐灭菌操作步骤如下：

① 灭菌前，洗净罐内泡沫杂物，然后紧固料孔，检查清洗视镜玻璃，以防破裂。必要时下罐内检查，但须切实遵守安全规定。

② 排出冷却排管中的冷却水。

③ 通入蒸汽，在表压0.2MPa下，保持60min。如遇染菌等特殊情况，要延长灭菌时间。

④ 灭菌结束后，必须要对罐体及其连接的有关管道用无菌空气保压。

空罐灭菌的同时，要对消泡剂管道和接种管道等与发酵罐罐体直接相连的有关管道进行灭菌。

四、培养基实罐灭菌

种子培养基实罐灭菌操作步骤如下：

① 进料完毕后，核对定容量，开动搅拌，复测pH值，然后关紧料孔。灭菌过程中，应适当打开所有排汽阀门。

② 先夹层预热，待升温至90℃左右时，作好进内层三路蒸汽的准备。当到达100℃时，关闭夹层蒸汽，通入罐内蒸汽。当升温至115℃时，保持8～10min。然后关闭蒸汽，开冷却水阀，尽快降温至32℃。

③ 降温开始时，应及时通入无菌空气，使罐内压力在0.2MPa，以防负压，引起染菌。

④ 灭菌前、后，均需取样分析。

中小规模工厂的发酵培养基一般采用实罐灭菌，以节省设备投资，简化生产操作。发酵培养基实罐灭菌温度和时间，应根据发酵罐的大小和蒸汽压力的高低而定，一般为105～110℃，保温8～10min。灭菌时先将料液预热到70℃，然后用直接蒸汽加热到规定温度。

实罐灭菌时升、降温速度要快，以尽可能减少培养基营养成分的破坏。

五、发酵培养基连续灭菌

对于容积较小的发酵罐，考虑到设备、操作因素和培养基浓度的稳定性，采用实罐灭菌比较适宜。对于容积为100m^3以上的发酵罐，除特殊情况采用实罐灭菌外，一般采用连续灭菌。连续灭菌流程见本章第二节。连续灭菌的操作要点如下：

① 灭菌前，检查设备与管道阀门是否完好，并保证蒸汽总压力不低于0.4MPa。

② 连续灭菌的打料程序最好是先将糖液和镁盐的混合料进行灭菌，然后再将玉米浆、麸皮水解液和磷酸盐等的混合料进行灭菌。

③ 配料槽内的培养基要预热升温至60℃，然后进入连消塔。配制好的培养基应及时灭菌，不能存放过久。

④ 开泵打料前，要排出冷却管内的冷凝水，通入蒸汽空灭30min。

⑤ 随时调节连消塔和维持罐的温度，一般控制在110～115℃，维持8～10min（或120℃，维持8min），防止温度上下波动较大。一定要控制料液和蒸汽的合理流速。如温度降至110℃，应停止进料3～5min。若温度下降的时间较长，应将培养基回流至预热罐。

⑥ 以无菌空气压净连续灭菌系统内的培养基余液。有条件的，进料完毕应加水清洗配料槽和连消系统的料液管道，灭菌后一并打入发酵罐。这样，在清洁管道的同时，也能减少培养基的损耗。

⑦ 连续灭菌系统与发酵罐空罐灭菌应同时进行，在0.1～0.2MPa蒸汽（表压）下灭菌1h，然后用无菌空气保压。在进料过程中，发酵罐的压力不低于0.5MPa。

思考题

1. 工业上无菌的概念是什么？
2. 灭菌的重要性有哪些？
3. 有害微生物的控制方法有哪些？
4. 分析工业生产中常采用高温瞬时灭菌的依据。
5. 如何对培养基进行实罐灭菌？
6. 热力灭菌的原理是什么？
7. 空气介质过滤除菌法的原理是什么？
8. 在空气过滤除菌之前为什么要进行预处理？
9. 常用管路及设备的清洗剂种类有哪些？

参考文献

[1] 郑裕国．生物加工过程与设备［M］．北京：化学工业出版社，2004．
[2] 梁世中．生物工程设备［M］．北京：中国轻工业出版社，2006．
[3] 盛贻林．微生物发酵制药技术［M］．北京：中国农业大学出版社，2008．
[4] 何国庆．食品发酵与酿造工艺学［M］．北京：中国农业大学出版社，2008．
[5] 俞俊棠等．新编生物工艺学（上册，下册）［M］．北京：化学工业出版社，2003．
[6] 姚汝华，微生物工程工艺原理［M］．广州．华南理工大学出版社，1997．
[7] 曹军卫，马辉文．微生物工程［M］．北京：科学出版社，2002．
[8] 梅乐和．生化生产工艺学［M］．北京：科学出版社，1999．
[9] 刘如林．微生物工程概论［M］．天津：南开大学出版社，1995．
[10] 郑裕国．生物工程设备［M］．北京：化学工业出版社，2007．

第四章　厌氧发酵工艺及设备

学习目标

1. 掌握酵母菌酒精发酵以及甘油发酵的机制与乳酸发酵机制。
2. 熟悉白酒固态发酵的特点；掌握大曲法、小曲法和麸曲法典型生产工艺。
3. 掌握酒精发酵罐的结构特点。
4. 掌握啤酒发酵工艺和锥形发酵罐的结构特点。
5. 了解乳酸发酵工艺及设备流程。

根据微生物的种类不同，发酵过程可以分为好氧发酵和厌氧发酵两大类。好氧发酵是在发酵过程中需要不断地通入一定量的无菌空气，如利用黑曲霉进行的柠檬酸发酵、利用棒状杆菌进行的谷氨酸发酵、利用黄单胞菌进行的多糖发酵等。厌氧发酵是在发酵时不需要供给空气，如乳酸杆菌引起的乳酸发酵、梭状芽孢杆菌引起的丙酮丁醇发酵等。此外，酵母菌是兼性厌氧微生物，它在缺氧条件下进行厌氧发酵积累酒精，而在有氧即通气条件下则大量繁殖菌体细胞，因此称为兼性发酵。

厌氧发酵因不需供氧，所以工艺和设备较简单。固态厌氧发酵可因陋就简、因地制宜地利用一些来源丰富的工农业副产品，至今仍在白酒、酱油等产品的生产上沿用。但是这种方法有许多缺点，如劳动强度大、不便于机械化操作、微生物品种少、生长慢、产品有限等，所以目前主要的发酵生产多为液态发酵。厌氧发酵需使用大剂量接种（一般接种量为总操作体积的10%～20%），使菌体迅速生长，减少其对外部氧渗入的敏感性。酒精、丙酮、丁醇、乳酸和啤酒等都是采用厌氧液态发酵（liquid fermentation）工艺生产的。严格的厌氧液态深层发酵要排除发酵罐中的氧，罐内的发酵液应尽量装满，以便减少上层空气的影响，必要时还需充入无氧气体。发酵罐的排气口要安装水封装置，培养基应预先还原。

第一节　厌氧发酵产物的生物合成机制

一、糖酵解途径概念及其特点

糖酵解途径（Embden-Meyerhof-Parnas pathway，EMP）又称酵解途径，是指葡萄糖在生物体内无氧条件下降解为丙酮酸并在此过程中伴随产生 ATP 的过程，被认为是生物最古老、最原始获取能量的一种方式，是生物体普遍存在的葡萄糖降解途径。

糖酵解途径包括三个阶段：活化（activation）、裂解（breakup）、放能（releasing energy）及丙酮酸（pyruvate）的生成。

（1）活化（activation）阶段

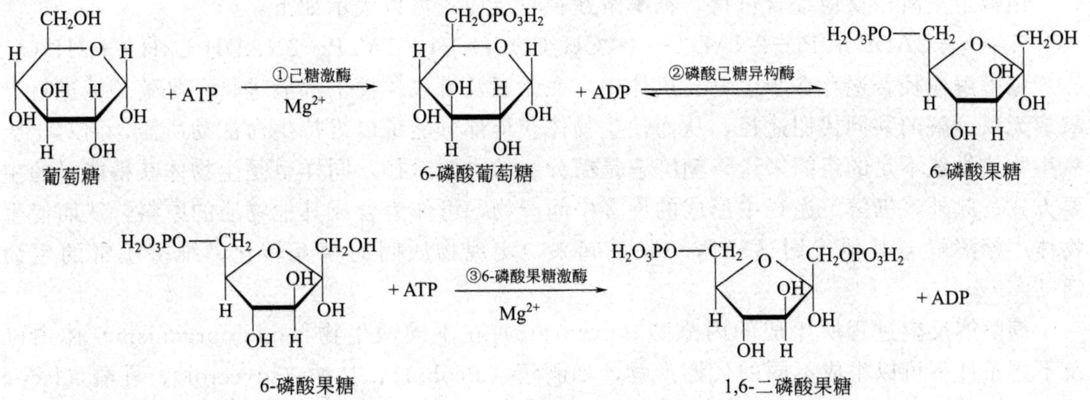

葡萄糖 + ATP —①己糖激酶, Mg^{2+}→ 6-磷酸葡萄糖 + ADP ⇌②磷酸己糖异构酶 6-磷酸果糖

6-磷酸果糖 + ATP —③6-磷酸果糖激酶, Mg^{2+}→ 1,6-二磷酸果糖 + ADP

(2) 裂解 (breakup) 阶段

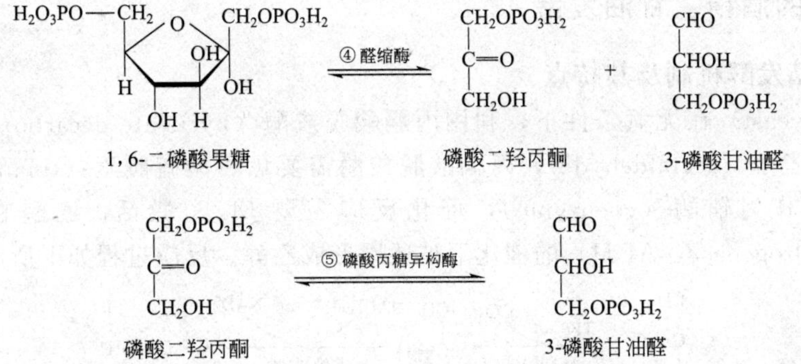

1,6-二磷酸果糖 ⇌④醛缩酶 磷酸二羟丙酮 ($CH_2OPO_3H_2$—C=O—CH_2OH) + 3-磷酸甘油醛 (CHO—CHOH—$CH_2OPO_3H_2$)

磷酸二羟丙酮 ⇌⑤磷酸丙糖异构酶 3-磷酸甘油醛

(3) 放能 (releasing energy) 及丙酮酸 (pyruvate) 的生成

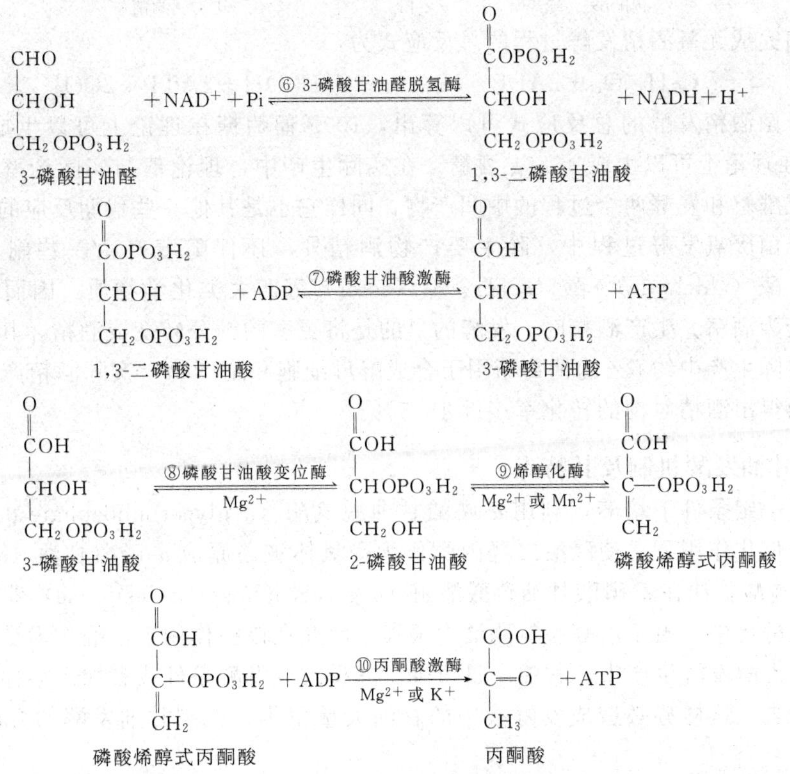

3-磷酸甘油醛 (CHO—CHOH—$CH_2OPO_3H_2$) $+NAD^+ + Pi$ ⇌⑥ 3-磷酸甘油醛脱氢酶 1,3-二磷酸甘油酸 ($COPO_3H_2$(=O)—CHOH—$CH_2OPO_3H_2$) $+NADH+H^+$

1,3-二磷酸甘油酸 + ADP ⇌⑦磷酸甘油酸激酶 3-磷酸甘油酸 (COOH—CHOH—$CH_2OPO_3H_2$) + ATP

3-磷酸甘油酸 ⇌⑧磷酸甘油酸变位酶, Mg^{2+} 2-磷酸甘油酸 (COOH—$CHOPO_3H_2$—CH_2OH) ⇌⑨烯醇化酶, Mg^{2+} 或 Mn^{2+} 磷酸烯醇式丙酮酸 (COOH—C(OPO_3H_2)=CH_2)

磷酸烯醇式丙酮酸 + ADP —⑩丙酮酸激酶, Mg^{2+} 或 K^+→ 丙酮酸 (COOH—C=O—CH_3) + ATP

由以上三阶段反应综合可得，糖酵解途径总反应式可以表示如下：

$$C_6H_{12}O_6+2ADP+2Pi+2NAD^+ \longrightarrow 2CH_3COCOOH+2ATP+2NADH+2H^+ +2H_2O$$

糖酵解途径普遍存在于生物有机体中，在无氧及有氧条件下都能进行，是葡萄糖进行有氧或无氧分解的共同代谢途径，从而使生物体获得部分能量以维持生命活动所需，而对于厌氧生物或供氧不足的组织来说，糖酵解是糖分解的主要途径，同样也是生物体获得能量的主要方式。此外，糖酵解途径中形成的许多中间产物，可作为合成其他物质的原料，从而使生物体中糖酵解与其他代谢途径密切联系起来，实现物质间的相互转化，维持正常的生命活动。

糖酵解反应过程所生成的丙酮酸（pyruvate）在不同微生物（microorganism）体内以及不同条件下可以生成不同的代谢产物，如酒精（alcohol）、甘油（glycerol）、乳酸（lactic acid）等。

二、酵母菌的酒精、甘油发酵

（一）酒精发酵机制及其特点

酵母菌（yeast）在无氧条件下，利用丙酮酸脱羧酶（pyruvate decarboxylase）催化丙酮酸脱羧生成乙醛（acetaldehyde），丙酮酸脱羧酶需要焦磷酸硫胺素（thiamine pyrophosphate，TPP）作为辅酶（coenzyme），催化反应需要 Mg^{2+} 激活，乙醛在乙醇脱氢酶（alcohol dehydrogenase，ADH）的催化下被还原形成乙醇。反应过程如下所示：

$$\underset{\text{丙酮酸}}{CH_3-C(=O)-COOH} \xrightarrow[\text{丙酮酸脱羧酶}]{TPP,\ -CO_2} \underset{\text{乙醛}}{CH_3-C(=O)-H} \xrightarrow[\text{醇脱氢酶}]{NADH+H^+ \rightarrow NAD^+} \underset{\text{酒精}}{CH_3CH_2OH}$$

酵母菌完成无氧酒精发酵过程的总反应式为：

$$C_6H_{12}O_6+2ADP+2Pi \longrightarrow 2C_2H_5OH+2ATP+2CO_2$$

由酵母菌酒精发酵的总反应式可以算出，100g 葡萄糖在理论上可以生成 51.1g 酒精；100g 淀粉在理论上可以生成 46.6g 酒精。在实际生产中，理论值与实际产率总有差距。丙酮酸是完成酵解和发酵两个过程的中间产物，同样它也是其他一些代谢反应的枢纽。

在酵母菌厌氧发酵过程中，除主要产物酒精外，还伴随着产生一些副产物，包括醇（alcohol）、醛（aldehyde）、酸（acid）、酯（ester）等四大类化学物质，因而葡萄糖不可能全部被转变为酒精。生产酒精时，发酵的目的是将更多的糖分转变成酒精，其他副产物越少越好。在实际生产中约 5%的葡萄糖用于合成酵母细胞和副产物，实际酒精产率为理论值的 95%，从而得出酒精对糖的转化率接近 48.5%。

（二）甘油发酵机制及其特点

酵母在一定条件下培养，利用 α-磷酸甘油脱氢酶（α-glycerophosphate dehydrogenase）在辅酶Ⅰ的催化作用下，使磷酸二羟丙酮作为受氢体被还原成 α-磷酸甘油（α-glycerophosphate），α-磷酸甘油在 α-磷酸甘油磷酸酯酶（α-glycerophosphate esterase）催化作用下转化成甘油。在酵母中，由于乙醇脱氢酶活力很强，因此在该酶作用下乙醛作为受氢体而被还原成乙醇。在乙醇发酵生产中，甘油产量很少。如果改变发酵条件或者加入某种抑制剂，将受氢体乙醛除去，这样势必造成发酵液中的甘油大量积累，控制甘油发酵的方法通常有以下两种：

第一种方法是亚硫酸钠法甘油发酵，即在发酵醪中加入亚硫酸氢钠，这样亚硫酸氢钠溶液就会与代谢过程中产生的乙醛发生加成反应而生成难溶的乙醛亚硫酸钠晶体物质，此时乙醛被完全反应而不能作为受氢体，使得磷酸二羟丙酮成为唯一的受氢体，从而产生大量的甘油产物。这种发酵也称酵母的第二型发酵。主要反应方程式如下：

$$\underset{\text{乙醛}}{CH_3-CH{=}O} + NaHSO_3 \longrightarrow \underset{\text{乙醛亚硫酸钠(晶体)}}{CH_3-CH(OH)(OSO_3Na)}$$

$$\underset{\text{磷酸二羟丙酮}}{CH_2O-PO_3-C{=}O-CH_2OH} \xrightarrow[\alpha\text{-磷酸甘油脱氢酶}]{NADH \rightarrow NAD^+} \underset{\alpha\text{-磷酸甘油}}{CH_2OPO_3-CH(OH)-CH_2OH} \xrightarrow[\alpha\text{-磷酸甘油磷酸酯酶}]{} \underset{\text{甘油}}{CH_2OH-CH(OH)-CH_2OH}$$

用葡萄糖进行亚硫酸氢钠甘油发酵的总反应式如下：

$$2C_6H_{12}O_6+H_2O \longrightarrow 2HOCH_2CH(OH)CH_2OH+C_2H_5OH+CH_3COOH+CO_2$$

从上述反应式中可以得知，1 分子葡萄糖理论上只可生成 1 分子甘油。酵母进行甘油发酵时可得菌体净产能为 0。原因在于磷酸二羟丙酮不能进入糖酵解的第三阶段，则不能生成 ATP，只有 1 分子 3-磷酸甘油醛经糖酵解途径产生 2 分子 ATP，恰好与葡萄糖磷酸化消耗的 2 个 ATP 能量相抵。实际上，在甘油发酵过程中，亚硫酸氢钠不能加入太多，这样会使酵母中毒反而导致发酵中止。必须控制好亚硫酸盐的加入量，因此未被亚硫酸氢钠结合的部分乙醛被乙醇脱氢酶还原成乙醇，酵母依靠这部分酒精发酵产生的能量维持自身生长从而使甘油发酵得以顺利进行。

第二种方法是碱法甘油发酵，即调节酵母培养液 pH 值，一般调节为 7.6 以上，在此碱性条件下 2 分子乙醛会发生歧化反应，经氧化还原成等量的乙酸和乙醇，则乙醛被完全消耗而不能作为受氢体，磷酸二羟丙酮成为唯一的受氢体，从而产生大量的甘油产物。这种发酵也称酵母第三型发酵。主要反应方程式如下：

$$2\,\underset{\text{乙醛}}{CH_3-CH{=}O} \xrightarrow{pH>7.6} \underset{\text{乙酸}}{CH_3-C(OH){=}O} + \underset{\text{乙醇}}{CH_3-CH_2-OH}$$

$$\underset{\text{磷酸二羟丙酮}}{CH_2O-PO_3-C{=}O-CH_2OH} \xrightarrow[\alpha\text{-磷酸甘油脱氢酶}]{NADH \rightarrow NAD^+} \underset{\alpha\text{-磷酸甘油}}{CH_2OPO_3-CH(OH)-CH_2OH} \xrightarrow[\alpha\text{-磷酸甘油磷酸酯酶}]{} \underset{\text{甘油}}{CH_2OH-CH(OH)-CH_2OH}$$

由上述反应过程可以得出，用葡萄糖进行碱法甘油发酵的总反应式如下：

$$2C_6H_{12}O_6+H_2O \longrightarrow 2HOCH_2CH(OH)CH_2OH+C_2H_5OH+CH_3COOH+CO_2$$

上述总反应式同样也表明，碱法甘油发酵也不能为酵母细胞生长提供 ATP 能量，实际生产中需向发酵醪中不断补加生长成熟的酵母菌才能使甘油发酵顺利进行。

三、乳酸发酵

乳酸菌（*lactobacillus*）在无氧条件下，丙酮酸接受从 3-磷酸甘油醛脱下的由 NADH

携带的氢，在乳酸脱氢酶（lactate dehydrogenase，LDH）催化下形成乳酸。

$$\underset{\text{丙酮酸}}{\begin{matrix}CH_3\\|\\C{=}O\\|\\COOH\end{matrix}} + NADH + H^+ \xrightleftharpoons{\text{乳酸脱氢酶}} \underset{\text{乳酸}}{\begin{matrix}CH_3\\|\\H{-}C{-}OH\\|\\COOH\end{matrix}} + NAD^+$$

乳酸发酵是严格的厌氧发酵，乳酸发酵可以用于奶酪、酸奶、食用泡菜及青贮饲料等生产中。乳酸发酵包括同型乳酸发酵和异型乳酸发酵两种类型。

1. 同型乳酸发酵（homolactic fermentation）

同型乳酸发酵是指嗜酸乳杆菌（*L. acidophilus*）、德氏乳杆菌（*Lnc. delbriikii*）等乳酸杆菌利用葡萄糖经糖酵解途径生成乳酸的过程。因为乳酸杆菌大都没有脱羧酶，所以糖酵解途径产生的丙酮酸就不能通过脱羧作用而生成乙醛，只有在乳酸脱氢酶催化作用下（需要辅酶Ⅰ），以丙酮酸作为受氢体，发生还原反应而生成乳酸。反应主要过程如图 4-1 所示。

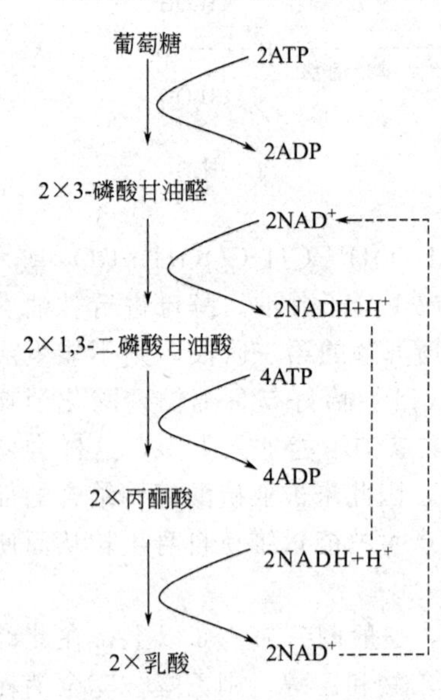

图 4-1 同型乳酸发酵途径

由此可以得出，葡萄糖经同型乳酸发酵的总反应式为：

$$C_6H_{12}O_6 + 2ADP + 2Pi \longrightarrow 2CH_3CH(OH)COOH + 2ATP$$

1 分子葡萄糖生成 2 分子乳酸，理论转化率为 100％。

2. 异型乳酸发酵（heterolactic fermentation）

异型乳酸发酵除生成乳酸外还生成 CO_2 和乙醇或乙酸。其生物合成途径也有两种：6-磷酸葡萄糖酸途径和双歧（Bifidus）途径。前者的代表菌株有肠膜明串珠菌（*Leuconostoc mesenteroides*）及葡聚糖明串珠菌（*L. dextranicum*）；后者代表菌株为双歧杆菌（*Bifidobacterium bifidum*）。

6-磷酸葡萄糖酸途径如图 4-2 所示。葡萄糖转化成 6-磷酸葡萄糖酸（6-phosphogluconate）后，在 6-磷酸葡萄糖酸脱氢酶（6-phosphogluconate dehydrogenase）作用下转化为 5-磷酸核酮糖（ribulose-5-phosphate），经 5-磷酸核酮糖-3-差向异构酶（ribulose-5-phosphate-3-epimerase）的差向异构作用生成 5-磷酸木酮糖（xylulose-5-phosphate），5-磷酸木酮糖在磷酸酮解酶（phosphorolysis ketonase）的催化作用下可分解为乙酰磷酸（acetyl phosphate）和 3-磷酸甘油醛。前者经磷酸转乙酰酶（phosphotransacetylase）作用转化为乙酰 CoA，再经乙醛脱氢酶（acetaldehyde dehydrogenase）和醇脱氢酶（alcohol dehydrogenase）作用最终生成乙醇；后者经 EMP 途径生成丙酮酸，在乳酸脱氢酶的催化作用下转化为乳酸。

由图 4-2 可知，通过 6-磷酸葡萄糖酸异型乳酸发酵途径，1 分子葡萄糖最终可转化为 1 分子乳酸和 1 分子乙醇，从而得出乳酸对糖的理论转化率为 50％。

双歧杆菌分解葡萄糖生成乳酸的双歧途径（图 4-3）具有以下特征：反应在厌氧条件下进行，反应过程中不发生脱氢反应，1 分子葡萄糖经双歧反应途径最终转化为 1 分子乳酸和 1.5 分子乙酸，乳酸对糖的理论转化率为 50％；途径中有两个磷酸酮解酶参与，即 6-磷酸果糖酮解酶（6-phosphofructokinase ketonase）和 5-磷酸木酮糖磷酸酮解酶（xylulose-5-phosphorolysis ketonase）。

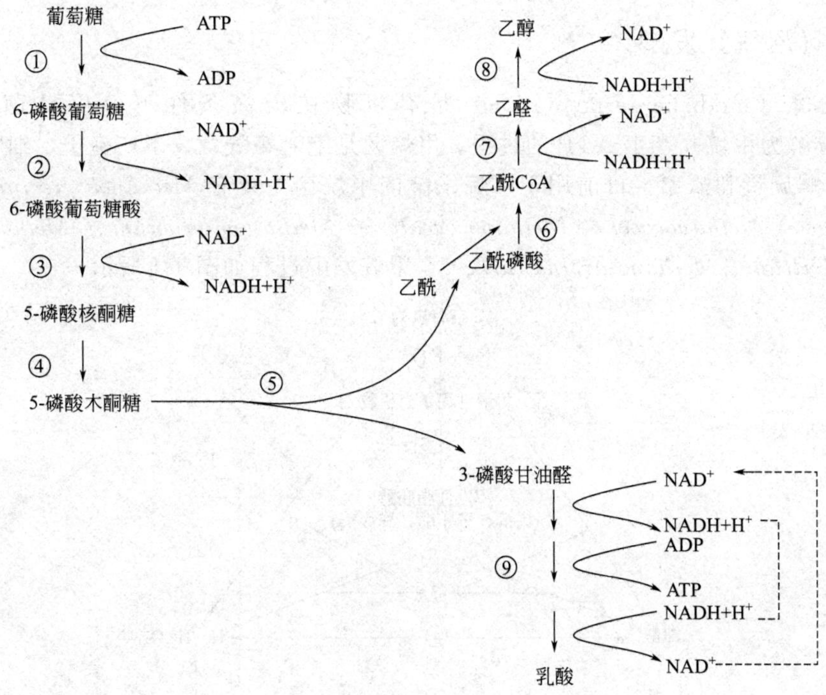

图 4-2 6-磷酸葡萄糖酸异型乳酸发酵途径

①己糖激酶；②6-磷酸葡萄糖脱氢酶；③6-磷酸葡萄糖酸脱氢酶；④5-磷酸核酮糖-3-差向异构酶；⑤磷酸酮解酶；⑥磷酸转乙酰酶；⑦乙醛脱氢酶；⑧醇脱氢酶；⑨与同型乳酸发酵相同的一些酶

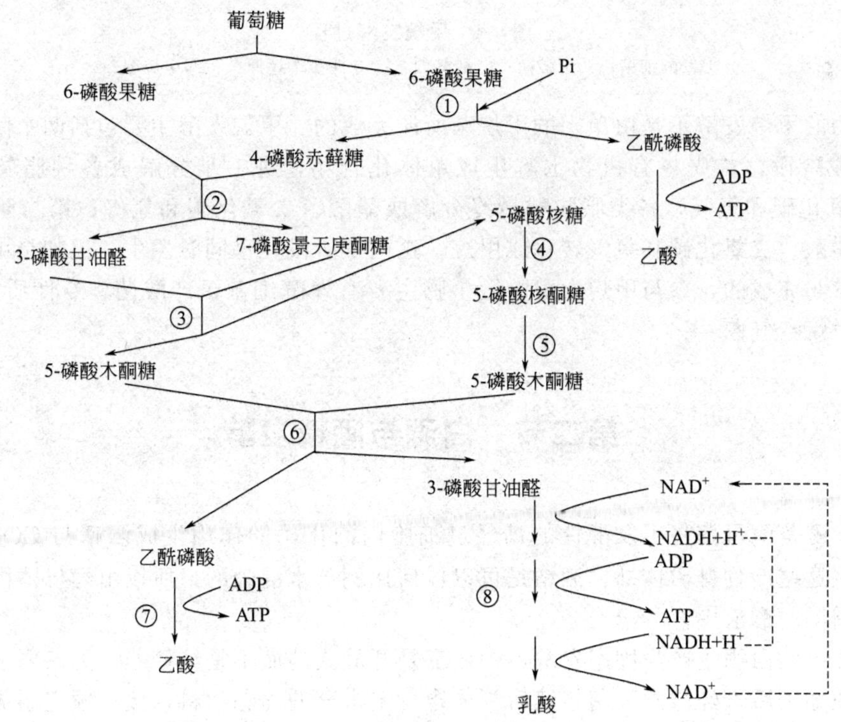

图 4-3 葡萄糖双歧异型乳酸发酵途径

①6-磷酸果糖酮解酶；②转二羟基丙酮基酶；③转羟乙醛基酶；④5-磷酸核糖异构酶；⑤5-磷酸核酮糖-3-差向异构酶；⑥5-磷酸木酮糖磷酸酮解酶；⑦乙酸激酶；⑧与同型乳酸发酵相同的一些酶

四、甲烷（沼气）发酵

甲烷发酵（methane fermentation）是有机物在厌氧条件下经甲烷菌（methane bacteria）分解为甲烷并产生 ATP 的过程。甲烷菌是绝对嫌气菌，不产孢子，细胞形态有球形、杆形、螺旋形和弧形。目前用于甲烷发酵的甲烷菌主要有 *Methanobacterium*、*Methanobrevibacter*、*Methanococci*、*Methanococcales*、*Methanomicrobium*、*Methanogenium*、*Methanospirillum*、*Methanosarcina berkeri*。甲烷发酵过程如图 4-4 所示。

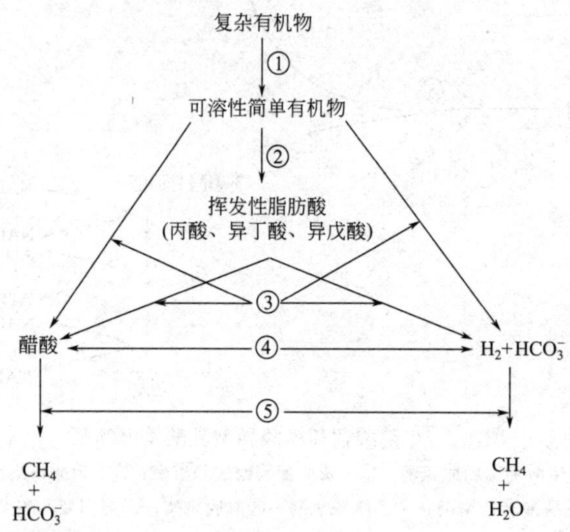

图 4-4　甲烷发酵过程

①发酵细菌；②产酸菌；③醋酸菌；④专性质子还原菌；⑤甲烷菌

有机物的甲烷发酵不是由单一的甲烷菌所能完成的。甲烷发酵主要包括两个阶段：第一阶段为产酸阶段，首先将有机物水解生成单体化合物，进一步分解成各种脂肪酸（fatty acid）、二氧化碳和氢气，各类脂肪酸最终分解成醋酸、二氧化碳和氢气；第二阶段为产甲烷阶段，醋酸、二氧化碳和氢气转化成甲烷。这两个阶段几乎同时发生，但却是由完全不同的微生物参与完成的，参与甲烷发酵的微生物主要有发酵细菌、产酸菌、专性质子还原菌、醋酸菌及甲烷产气菌。

第二节　白酒与酒精发酵

酒精发酵是酵母菌将可发酵性的糖经过细胞内酒化酶的作用生成酒精与 CO_2，然后通过细胞膜将这些产物排出体外。酒精是可以任何比例与水混合的，所以由酵母体内排出的酒精便溶于周围的醪液中。

我国传统的白酒生产为固态发酵，一般都是开放式的而不是纯培养，无菌要求不高。它是将原料预加工后再经蒸煮灭菌，然后制成含一定水分的固态物料，接入预先制成的酒曲进行发酵。在传统白酒的生产中，采用大型深层地窖对固态发酵料进行堆积式固态发酵，这对酵母菌的酒精发酵和己酸菌的己酸发酵等都十分有利。

液态发酵法酒精生产是以淀粉质原料、糖蜜原料、纤维素原料、野生植物或亚硫酸造纸废液等，接入预先培养好的菌种后进行发酵。其生产工艺流程为：

原料→糖化→发酵→蒸馏→酒精

发酵采用密闭式发酵罐，糖蜜酒精发酵实行连续化，淀粉质原料的酒精连续发酵技术在一些大型酒精企业中得到实施。已出现应用耐高温酒精酵母、酿酒用活性干酵母（或鲜酵母）及固定化酒精酵母的新工艺。

一、白酒固态发酵

利用没有或基本没有游离水的不溶性固体基质来培养微生物的工艺过程，称为固态发酵(solid substrate fermentation)。固态基质中气、液、固三相并存。在固态发酵中，微生物是在接近自然条件的状态下生长的，有可能产生一些通常在液体培养中不产生的酶和其他代谢产物。在传统白酒的生产过程中，至今仍沿用固态发酵工艺。

（一）白酒固态发酵的特点及其分类

1. 白酒固态发酵法生产的特点

白酒固态发酵法（solid fermentation）简称白酒固态法，是我国古代劳动人民的伟大创造，也是我国独有的传统酿酒工艺，其特点是：

① 采用多菌种混合发酵，生产间歇式、开放式。生产的过程除原料在蒸煮过程中能达到灭菌作用之外，其余操作步骤均是手工开放式操作，因此微生物可以通过各种途径（诸如空气、水、工具、场地等）进入酒醅，与酒曲（糖化发酵剂）中的有益微生物共同完成发酵，酿造出更多的香味物质。当然，若感染杂菌甚至是噬菌体会影响成品酒的质量，甚至酿造不出白酒来。

② 采用低温蒸煮和低温发酵工艺。低温蒸煮工艺可避免高温、高压带来的不利因素，从而保证成品酒的质感。发酵过程在低温下进行，一般为20～30℃，可以使糖化和发酵能够同时进行，避免温度过高破坏糖化酶，糖化过程比较缓和，便于控制，窖池内升温比较慢，从而使酵母不易衰老，提高酒醅的发酵度，增加成品酒的酒精度；与此同时也可避免因糖化温度过高导致糖化速度过快而造成糖分过度积累，导致杂菌迅速繁殖。

③ 配醅调节酒醅淀粉浓度、酸度，残余淀粉再利用。配醅即在酒醅中加入已蒸馏过的酒糟，一般的配糟是原料的3～4倍，其目的在于对残余淀粉的再度利用，兼有调节酒醅淀粉浓度和酸度以利于糖化和发酵的作用。此外，配糟在长期的反复发酵过程中也积累了大量香味物质的前体，从而增加酒的风味。

④ 采用甑桶固态蒸馏工艺。多数酒厂的工艺为蒸粮蒸酒混合进行。甑桶（steaming bucket）这种简单的固态蒸馏装置是我国古代劳动人民的一大创造，在这里实现了酒精的分离与浓缩以及香味物质的提取和重新组合，从而保证了白酒的质量。

⑤ 劳动强度大，原料出酒率低。由于白酒固态法基本上是手工操作，因而劳动强度大。采用甑桶这种传统简易设备，导致产量少、效率低。此外，还存在生产周期长、原料出酒率低等不足。

2. 白酒固态发酵的分类

白酒固态法生产工艺的分类，通常以使用的酒曲为基础，结合工艺特点分为大曲法、小曲法、混合曲法和麸曲法四大类。

（1）大曲法　大曲一般采用小麦、大麦和豌豆等为原料，拌水后压制成砖块状的曲坯，在曲房中自然培养，让自然界中的各种微生物在上面生长繁殖而制成。大曲法酿造按蒸煮和蒸馏可分为清渣法、续渣法及清渣加续渣法。大部分优质白酒均采用此法酿造，按成品酒的香型可分为浓香型、清香型和酱香型。

(2) 小曲法　小曲又称酒药、酒饼，在制作过程中都要接种曲或是纯种根霉和酵母菌。小曲中的主要微生物有根霉、毛霉、乳酸菌、拟内孢霉和酵母菌等，很多小曲中引入了中草药，因而糖化能力一般超过大曲法。小曲法工艺又可分为固态发酵法和半固态发酵法两种。

(3) 混合曲法　混合曲法又称大小曲混合法，按其操作工艺可分为串香法和小曲糖化大曲发酵两种。

(4) 麸曲法　以麦麸作培养基，采用纯菌种制曲的方法，菌种主要有根霉和曲霉两种。

大曲法、小曲法、混合曲法、麸曲法的特点对比见表 4-1。

表 4-1　大曲法、小曲法、混合曲法、麸曲法的特点对比

项目	大曲法	小曲法	混合曲法	麸曲法
培养方法	自然培养/加入曲母培养	自然培养/纯种培养	大曲培养方法/小曲培养方法	纯种培养
菌种	霉菌、酵母、细菌等	根霉、毛霉、酵母等/纯种根霉、酵母	与大曲法、小曲法相同	曲霉、根霉、细菌、酵母
制曲原料	小麦、大麦、豌豆	大米、燕麦、麸皮、米糠即少量草药	大米、麦	麸皮
制曲周期/天	25～40	7～15	—	2～3
培养温度/℃	45～65	25～30	—	25～38
用曲量/%	20～50	0.3～1.0	大曲 10～15 小曲 0.3～1.0	6～12
制酒原料	高粱为主	大米、玉米、高粱	大米、高粱	谷物或野生淀粉原料
原料粉碎度	颗粒及细粒	颗粒及细粒	颗粒及细粒	细颗粒
发酵周期/天	25～40	6～7	6～7/30～50	3～5
原料出酒率/%	25～45	60～68	30～50	64～70
贮藏时间/月	6～18 或>18	>1	6～18 或>18	>1
风味特点	芳香浓郁、醇厚	醇、甜、香	芳香浓郁、醇甜	跟菌种、工艺相关

(二) 大曲法白酒固态发酵生产工艺

1. 浓香型白酒固态发酵生产工艺

浓香型酒以泸州特曲为典型代表，因此又叫泸型酒。浓香型大曲酒的酒体基本特征体现为窖香浓郁、绵软甘洌、香味协调、尾味余长。浓香型大曲法酿造工艺特征：以高粱为原料，以优质小麦、大麦和豌豆等制大曲，采用肥泥老窖固态发酵，万年糟续糟配料，混蒸混烧，原酒贮存，精心勾兑。其中最能体现浓香型大曲酿造工艺独特之处的是“肥泥老窖固态发酵，万年糟续糟配料，混蒸混烧”。所谓“肥泥老窖”指窖池是肥泥材料制作而成；所谓“万年糟续糟配料”指往原出窖糟醅中加入一定量新的酿酒原料和辅料，搅拌均匀进行蒸煮，每轮结束均如此操作，这样发酵池一部分旧糟醅可以得到循环使用而形成“万年糟”；所谓“混蒸混烧”是指在进行蒸馏取酒的糟醅中按比例加入原辅料，采用先小火取酒后加大火力蒸煮糊化原料，在同一蒸馏甑桶内采取先取酒后蒸粮的工艺。在浓香型大曲白酒生产过程中强调“匀、透、适、稳、准、细、净、低”。“匀”指在操作上要做到均匀一致，包括拌和糟醅、物料上甑、泼打量水、摊凉下曲、入窖温度；“透”指在润粮过程中原料高粱要充分吸水润透以及高粱在蒸煮糊化过程中要熟透；“适”指谷壳用量、水分、酸度、淀粉浓度、大曲加入量等入窖条件都要适合于酿酒有关微生物的正常生长繁殖与发酵；“稳”指入窖和配料要稳当；“准”指执行工艺操作规程要准确，化验分析数字要准确，掌握工艺条件变化要准确，各种原材料计量要准确；“细”指酿造操作及设备使用均要细心；“净”指酿酒环境、各种设备器皿、辅料、曲粉以及生产用水一定要清洁干净；“低”指填充物辅料、量水使用尽量低限，入窖窖醅尽量做到低温入窖。

泸州老窖采取原窖分层堆糟法，原窖指本窖的发酵糟醅经过原料和辅料添加后，再经蒸煮糊化、打量水、摊凉下曲后仍放回到原来的窖池内密封发酵。分层堆糟指窖内发酵结束的醅糟在出窖时必须按面糟、母糟两层分开出窖，其中面糟出窖时单独堆放，蒸酒后作为扔糟处理掉；面糟下面的母糟在出窖时按从上至下的次序逐层从窖中依次取出，一层压一层地堆放在堆糟上，即上层母糟铺在下面而下层母糟却覆盖在上面。配料蒸馏时，每甑母糟像切豆腐块一样一方一方地挖出并拌料蒸酒蒸粮，经撒曲后仍投回原窖池进行发酵。由于拌入粮粉和谷壳导致每窖母糟有多余，这部分母糟不再投粮，蒸馏酒后得红糟，红糟下曲后覆盖在已入窖母糟上面作面糟。图 4-5 为泸州老窖生产工艺流程。

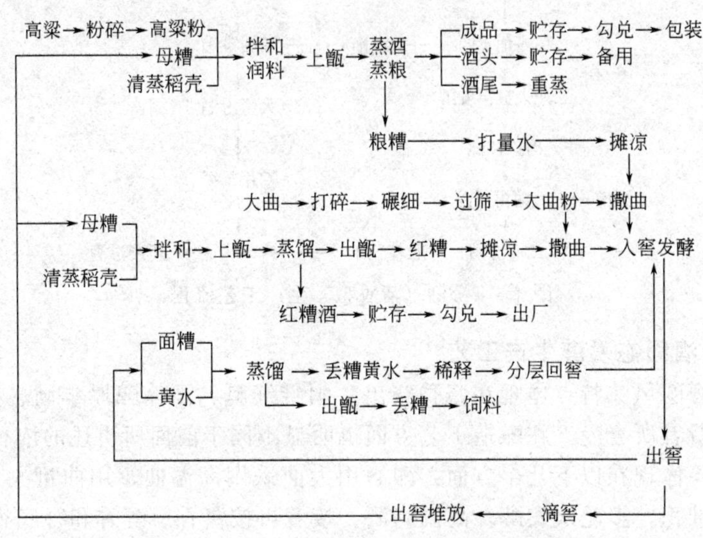

图 4-5　泸州老窖（浓香型）生产工艺流程

2. 清香型白酒固态发酵生产工艺

清香型大曲酒以其风味清香纯正、余味爽净而得名，香气主要成分是乳酸乙酯以及乙酸乙酯，在成品酒中的比例分别达 45％和 55％，而已酸乙酯、丁酸乙酯没有或极少有痕迹。清香型大曲酒的酿造工艺特点为清蒸清渣、地缸发酵、清蒸二次清。地缸即指陶瓷缸，为清香型大曲酒酿造采用的传统容器，大致规格参数如下：缸口直径为 0.80～0.85m，缸底直径为 0.54～0.62m，缸高为 1.07～1.20m，单缸总体积为 0.43～0.46m^3，每缸通常装高粱粉 150kg 左右，在发酵过程中将缸埋于泥土中，缸口与地面齐平，缸与缸间距为 10～24cm。所谓清蒸，即首先将高粱和辅料单独清蒸处理，然后将经蒸煮后的高粱拌曲放入陶瓷缸，并埋入土中，发酵 28 天后取酒醅蒸馏，蒸馏后的醅不再配入新料直接加曲拌和进行第二次发酵，再发酵 28 天后取酒醅进行第二次蒸馏，直接丢糟，将两次所蒸馏的酒勾兑而成。由此可见，原料和酒醅都是单独蒸，酒醅不再加入新料，与前述浓香型白酒酿造工艺的续渣法工艺显著不同。正是由于采用了清渣法，用陶瓷缸埋于地下发酵，用石板封口，环境清洁，从而保证了清香型白酒独具的清香、纯净风味特点。

山西汾酒就是清香型大曲酒生产工艺的典型代表。汾酒酿造讲究七条秘诀，即“人必得其精、水必得其甘、曲必得其时、粮必得其实、器必得其洁、缸必得其实、火必得其缓”。其生产工艺流程如图 4-6 所示。

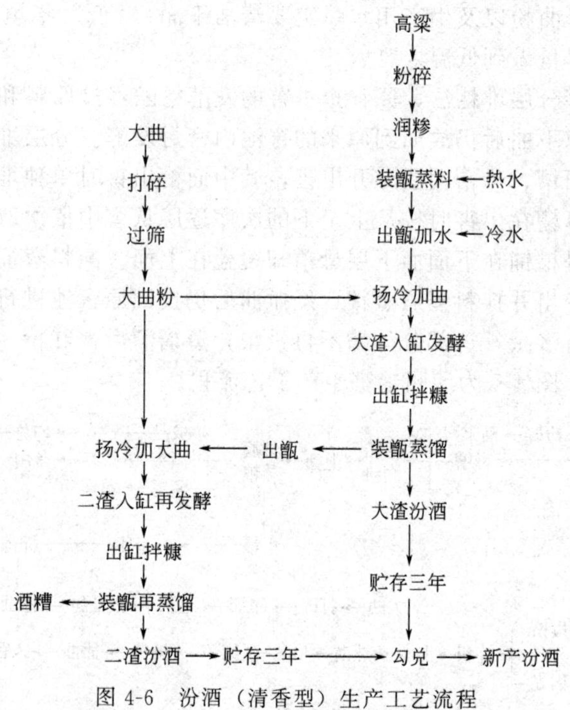

图 4-6 汾酒（清香型）生产工艺流程

3. 酱香型白酒固态发酵生产工艺

酱香型大曲酒的风味特点体现在酱香突出、幽雅细腻、酒体醇厚丰满、空杯留香持久，因而为大多数消费者所喜爱。在酿造工艺方面也明显不同于前面所讲述的浓香型大曲酒和清香型大曲酒，主要体现在以下几个方面：酿酒用大曲采用高温曲，用曲量大且发酵周期长，两次投料，高温堆积，多轮次发酵，高温烤酒。接着再按酱香、醇香和窖底香三种典型体和不同轮次的蒸馏酒分别长期贮存，勾兑贮存成产品。酱香型大曲酒生产工艺比较复杂，原料自投料开始需要经过 8 轮次，每次发酵 1 个月，分层取酒，分别贮存三年后才能勾兑成型。生产十分重视季节性，传统生产是伏天踩曲，重阳下沙，即每年端午节前开始制曲，到重阳节前结束。原因在于这段时间内气温较高，湿度大，空气中的微生物活跃且种类和数目较多，所以在制曲过程中可以将空气中的微生物富集到曲坯上生长繁殖，由于在培养过程中温度高达 60℃以上，俗称高温大曲。此外，酿造发酵要在重阳节（农历九月初九）以后方能投料，原因在于这个季节秋高气爽，酒醅下窖温度低，发酵平缓，能够确保酒的质量和产量。酱香型大曲酒的典型代表是茅台酒，其生产科学利用当地的特有气候、优良的水质以及适宜的土壤，融汇了我国古代酿造技术的精华，摸索出一套独特的酿酒工艺：高温制曲、两次投沙、多次发酵与堆积、回沙、高温流酒、长期贮存以及精心勾兑。茅台酒的酿造工艺流程如图 4-7 所示。

（三）小曲法白酒固态发酵生产工艺

小曲法固态发酵法生产白酒，由于酿造过程中使用的原料为整粒而不需要粉碎，也就导致它具有自己独特的工艺，发酵前采用“润、泡、煮、焖、蒸”的工艺操作方式。这种酿造方法主要分布在四川、云南、贵州和湖北等地，其中杰出的代表为川法小曲白酒以及贵州的玉米小曲酒。小曲法白酒在用粮品种上比较广泛，可用颗粒状的高粱、玉米（又名苞谷）、大米、稻谷、荞麦、小麦等多种粮食来生产。贵州以玉米为原料生产小曲白酒工艺流程如下：

玉米→浸泡→初蒸→焖粮→复蒸→摊凉→加曲→入箱培菌→配糟→发酵→蒸馏→成品

首先将浸泡池清洗干净，再将一定量整粒玉米倒入并堵塞池底放水管，加入90℃以上热水或者用上次焖粮的热水泡粮，一般夏、秋两季浸泡5～6h，春、冬两季为7～8h，注意水位一般淹没粮面35～50cm，保持泡粮水上部与下部温度一致，以保证玉米吸水均匀。玉米浸泡好后可放水让其滴干，第二天再以冷水浸透，去除酸水，滴干后可以装甑蒸粮。

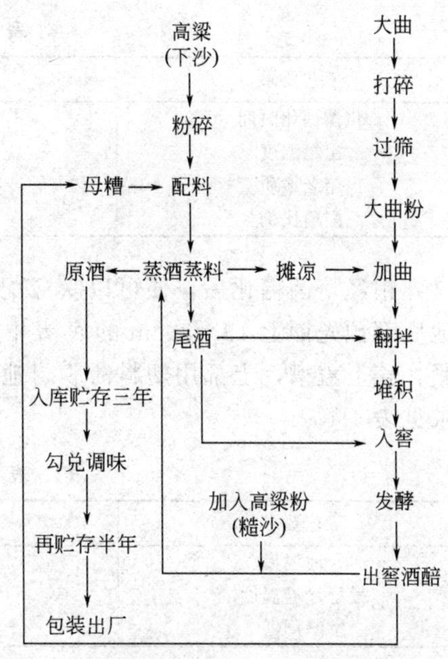

图4-7　茅台酒（酱香型）的酿造工艺流程

初蒸又名干蒸，将上述浸泡好的玉米放入甑内铺好扒平，加盖开大汽蒸料2～2.5h，干蒸好的玉米外皮一般有0.5mm左右的裂口。以大汽干蒸一方面促使玉米颗粒淀粉受热膨胀，吸水增强；另一方面可以缩短蒸煮时间，防止因玉米外皮含水过多以致焖水时导致淀粉部分流失。

干蒸完毕去盖，加入温度为40～60℃的蒸馏冷却水，水量淹过粮面35～50cm，先用小汽把水加热至微沸腾状态，待玉米有95%以上裂口时，此时用手捏内层已全部透心为宜，便可将热水放出，通常将这部分热水收集起来作下次泡粮用水。当玉米水滴干后将甑内玉米扒平，放入2～3cm厚的谷壳以防止蒸汽冷凝水回滴在粮面上造成玉米大开花，同时也可以去除谷壳生糠味。注意蒸煮焖粮过程中要进行适当搅拌，严禁使用大汽大火，以防止蒸煮过程中玉米内淀粉流失过多，最终降低出酒率。

玉米蒸煮焖水好后稍停数小时再围边上盖，以小汽小火加热，达到圆汽目的。当粮料蒸穿汽时改用大火大汽蒸煮，在出甑时也采用大火大汽蒸排水，蒸煮时间一般控制在3～4h左右。蒸好的玉米用手捏柔熟、起沙、不粘手、水汽干利为宜。蒸料时要注意防止小火小汽长蒸，这样会导致玉米外皮含水量过高，从而影响后续糖化、发酵工艺。

将凉渣机清扫干净，然后倒入约5～18cm厚的热糟，扒平吹冷，撒上0.8～1cm厚的稻壳，接着将熟粮倒入并扒平吹冷，分两次下曲。玉米出甑、摊凉的温度以及下曲量也与地区气候密切相关，不同季节的摊凉和下曲工艺要求参见表4-2。拌和均匀后按培菌工艺要求保温培养（表4-3）。

表4-2　不同季节的摊凉和下曲工艺要求

工艺要求	春季和冬季	夏季和秋季
第一次下曲	38～40℃	27～28℃
第二次下曲	34～35℃	25～26℃
培菌温度	30～32℃	25～26℃
用曲量	0.35%～0.4%	0.30%～0.33%

注：用曲量以纯种根霉曲为准。

表 4-3　培菌工艺要求

工艺要求	春季与冬季	夏季与秋季
培菌糖化时间	24h	22～24h
出箱温度	38～39℃	34～35℃
出箱老嫩质量	香甜、颗粒糊	微甜带酸
配糟比例	1∶(3～3.5)	1∶(4～4.5)

熟粮经培菌糖化后，便可以吹冷配糟以及入池发酵。入池前要将发酵池清扫干净，在发酵池底部预先铺上 18～30cm 的底糟并扒平，然后再将上述醅子倒入池内，上部拍紧或适当踩紧，盖上盖糟，上部用塑料薄膜封池，四周用 30cm 厚的稻壳封边，封池发酵。发酵工艺要求见表 4-4。

表 4-4　发酵工艺要求

工艺要求	春季与冬季	夏季与秋季
入池温度	30～32℃	25～28℃
发酵最高温度	38℃	36℃
发酵周期	7 天	7 天

蒸馏是生产小曲白酒的最后一道工序，与出酒率、产品质量有十分密切的关系。操作工艺如下：先将发酵好的酒醅黄水滴干，再拌入一定量的谷壳，边上汽边装甑，先装入盖糟，接着再装入红糟，装好后将黄水从甑边倒入底锅，上盖蒸酒。蒸馏过程中要严格把握火候，先小火小汽，接着中火中汽，截头酒以后改用大火大汽追尾，摘至所需酒度，再接尾酒（尾酒也可以再蒸馏一次）。

（四）麸曲法白酒固态发酵生产工艺

麸曲法白酒固态发酵是以高粱、薯干、玉米等含淀粉质的物质为原料，以纯种培养的麸曲及糖化剂作糖化发酵剂，经过平行复式发酵后蒸馏、贮存以及勾兑而成的蒸馏酒。该法具有出酒率高、生产周期短等特点。但是由于发酵使用菌种单一，酿造出的白酒与大曲法酿造酒相比酒体香味淡薄欠丰满。麸曲分为根霉麸曲和曲霉麸曲两大类，前者多用于粮食原料酿造工艺，后者多用于代用品原料酿造工艺。工艺包括混烧法和清蒸法两大类。麸曲法酿造工艺操作原则也要求“稳、准、细、净”，“稳”指酿造工艺条件和工艺操作要求相对稳定；“准”指执行工艺操作规程和化验分析要准确；“细”指原料粉碎度合理、配料拌和以及装甑等操作要细致；“净”指酿造工艺过程及场所环境要清洁干净。

麸曲法白酒固态发酵生产工艺流程如图 4-8 所示。

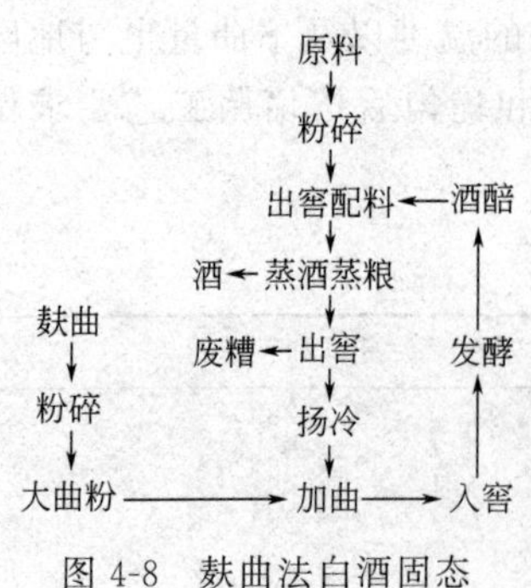

图 4-8　麸曲法白酒固态发酵生产工艺流程

将粉碎后的原料、酒渣、辅料及水按一定比例混匀，比例主要根据配料中的淀粉浓度、醅子的酸度及疏松度来确定，一般淀粉浓度控制在 14%～16%，酸度控制在 0.6～0.8，润料水分为 48%～50%。

将原料和发酵后的酒醅混合均匀后入甑加热，蒸酒和蒸料同时进行，即混蒸混烧，前期以蒸酒为主，甑内温度控制在 85～90℃之间，蒸馏完后仍加热一段时间使新料充分糊化。蒸煮的熟料要求达到外观蒸透、熟而不黏、内无生心的要求。

蒸熟的原料从甑中取出迅速扬冷，使温度降到麸曲和酒母适宜生长的温度，接着加入麸曲和酵母，加入量一般为蒸煮原料的8%～10%，酒母的加入量一般占总投料量的4%～6%，此外在拌醅子时一般要补加水分使入窖时醅子的水分含量达到58%～60%，有利于微生物的酶促反应。

入窖时醅子的温度控制在15～26℃之间，入窖醅子既不能压得过紧，也不能太松。装好后，在醅子上撒上一层稻壳，再用窖泥封窖。发酵时间一般4～5天，当然也有的发酵时间长达30天，主要通过分析酒醅的温度、水分、酸度、酒精度及淀粉含量来判断发酵是否结束。

二、酒精发酵

（一）酒精发酵的基本过程

酒精发酵过程（间歇式发酵法）从外观现象可以将其分为如下三个发酵阶段：

1. 前发酵期

在酒母与糖化醪加入发酵罐后，醪液中的酵母细胞数还不多，由于醪液中含有少量的溶解氧和充足的营养物质，所以酵母菌仍能迅速地进行繁殖，使发酵醪中酵母细胞繁殖到一定数量。在这一时期，醪液中的糊精继续被糖化酶作用，生成糖分，但由于温度较低，故糖化作用较为缓慢。从外观看，由于醪液中酵母数不多，发酵作用不强，酒精和CO_2产生得很少，所以发酵醪的表面显得比较平静，糖分消耗也比较慢。前发酵阶段时间的长短，与酵母的接种量有关。如果接种量大，则前发酵期短，反之则长。前发酵延续时间一般为10h左右。由于前发酵期间酵母数量不多，发酵作用不强，所以醪液温度上升不快。醪液温度控制，在接种时为26～28℃，前发酵期温度一般不超过30℃。如果温度太高，会造成酵母早期衰老；如果温度过低，又会使酵母生长缓慢。

前发酵期间应十分注意防止杂菌污染，因为此时期酵母数量少，易被杂菌抑制，故应加强卫生管理。

2. 主发酵期

酵母细胞已大量形成，醪液中酵母细胞数可达1亿/毫升以上。由于发酵醪中的氧气也已消耗完毕，酵母菌基本上停止繁殖而主要进行酒精发酵作用。醪液中糖分迅速下降，酒精分逐渐增多。因为发酵作用的增强，醪液中产生了大量的CO_2。随着CO_2的逸出，可以产生很强的CO_2泡沫响声。发酵醪的温度此时上升也很快。生产上应加强这一阶段的温度控制。根据酵母菌的性能，主发酵温度最好能控制在30～34℃。主发酵时间长短，取决于醪液中营养状况，如果发酵醪中糖分含量高，主发酵时间长，反之则短。主发酵时间一般为12h左右。

3. 后发酵期

醪液中的糖分大部分已被酵母菌消耗掉，醪液中尚残存部分糊精继续被酶作用，生成葡萄糖。由于这一作用进行得极为缓慢，生成的糖分很少，所以发酵作用也十分缓慢。因此，这一阶段发酵醪中酒精和CO_2产生得也少。后发酵阶段，因为发酵作用减弱，所以产生的热量也减少，发酵醪的温度逐渐下降。此时醪液温度应控制在30～32℃。如果醪液温度太低，糖化酶的作用就会减弱，糖化缓慢，发酵时间就会延长，这样也会影响淀粉出酒率。淀粉质原料生产酒精的后发酵阶段一般约需40h左右才能完成。

（二）传统酒精发酵工艺

1. 间歇发酵工艺

间歇发酵（fermentation batch）是指酒精的发酵全过程都在一个发酵罐中完成，根据糖化醪加入发酵罐的方式又分为一次性加入法、分次添加法和连续添加法。

一次性加入法即将酒精发酵所需的糖化醪冷却到27～30℃后，一次性全部泵入酒精发酵罐，同时接入10%的酵母成熟醪，发酵3天后将发酵成熟醪送去蒸馏车间蒸馏分离纯化浓缩酒精。在主发酵过程如果发酵液温度超过34℃时，需要开启冷却水冷却。这种间歇发酵工艺主要在一些糖化锅和发酵罐体积相等的小型酒精厂采用，蒸煮和糖化均采取间歇工艺。可见，该法具有操作简易、便于管理等优点，但是在发酵前期因糖化醪中可发酵性糖浓度过高抑制酵母生长繁殖，影响发酵速度。

分次添加法是将发酵所需糖化醪分批次加入发酵罐，首先向发酵罐加入三分之一的糖化醪，同时接入10%的酵母成熟醪进行发酵。根据酒精的产量分析，每隔一定时间再次添加糖化醪，直至添加到酒精发酵罐体积的90%才停止，注意分批加糖化醪的总时间不应超过10h。该法主要出现在一些中小型酒精厂，如糖化锅容积比发酵罐小，其次是酵母培养罐体积不能满足生产所需酒母，再者就是酒精厂夏天冷却水供给不足，采用这种方法可以使发酵醪温度不致过高而影响酵母发酵。此法相对于一次性加入法发酵旺盛且杂菌不易繁殖，但是在分批添加过程中要注意防止带入杂菌感染，从而影响发酵产酒精。

连续添加法是首先将所需的酒母成熟醪泵入酒精发酵罐，与此同时按照一定的流速连续添加糖化醪，一般添加满一罐的时间控制在6～8h以内。这种方法主要应用在一些具备连续蒸煮和连续糖化工艺的酒精工厂。

2. 半连续发酵工艺

半连续发酵（semicontinuous fermentation）指主发酵采用连续发酵而后发酵采用间歇发酵的工艺过程（图4-9）。

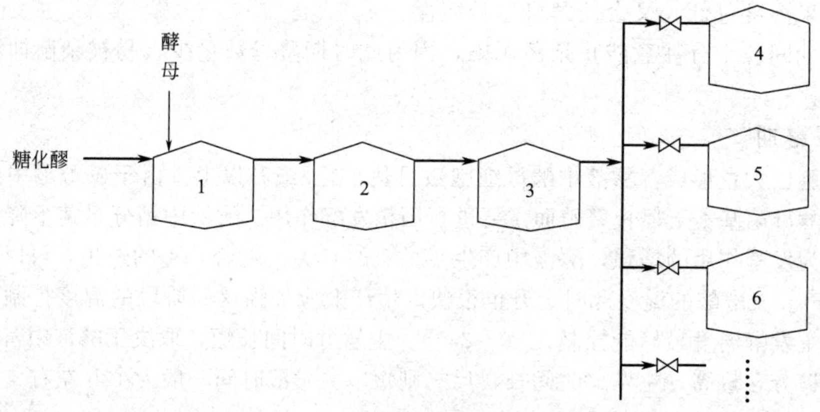

图4-9 半连续发酵工艺流程示意图

具体操作过程如下：首先在第1个发酵罐中接入所需的一定量的酵母，接着向该发酵罐连续流加糖化醪；当第1个发酵罐流加满后，溢出的发酵液进入第2个发酵罐；当第2个发酵罐也流加满后，溢出的发酵液流入第3个发酵罐；当第3个发酵罐流加满后，发酵液由此分别流入第4个、第5个、第6个……，并在这些发酵罐中完成发酵。这样前3个发酵罐保持连续主发酵状态，而从第3个发酵罐流出的发酵液分别顺次装满后续其他的发酵罐并在其中完成发酵，最后蒸馏收集酒精。该法由于前发酵连续，可省去单独培养大量酒母的过程，从而达到缩短发酵周期。此外，为了保持前面3只罐都处于主发酵阶段，因此第1个发酵罐糖化醪的流加速度不能太快。

（三）传统酒精发酵罐结构

酵母在生长繁殖和代谢过程中会产生一定量的热量及生物热，如果这些热量不能及时移走，那么必将反过来影响酵母的生长繁殖和代谢，从而影响酒精的最终转化率。鉴于以上原因，酒精发酵罐（alcohol fermentation tank）的结构一定要满足以上工艺条件。除此之外，发酵液的排出是否便利，设备的清洗、维修以及设备制造安装是否方便也是需要考虑的一系列相关且非常重要的问题。

酒精发酵罐（图 4-10）的主要部件有罐体（tank body）、人孔（manhole）、视镜（sight glass）、洗涤装置（washing device）、冷却装置（cooling device）、二氧化碳气体出口（gas export）、取样口（sampling place）、温度计（th-emometer）、压力表（compressmeter）以及管路（pipeline）等。

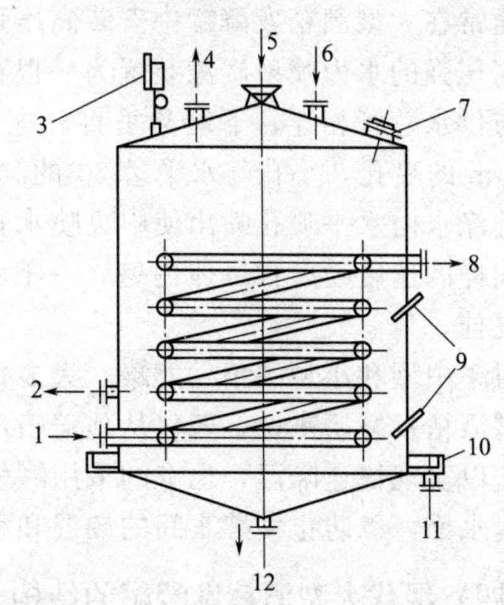

图 4-10　酒精发酵罐结构示意图

1—冷却水入口；2—取样口；3—压力表；4—CO_2气体出口；5—喷淋水入口；6—料液及酒母入口；7—人孔；8—冷却水出口；9—温度计；10—喷淋水收集槽；11—喷淋水出口；12—发酵液及污水排出口

酒精发酵罐的罐体由筒体、顶盖、底盖组成。筒体呈圆柱体，顶盖和底盖均为碟形或锥形，材料一般为不锈钢。酒精发酵罐顶盖、底盖与发酵罐筒体多采用碟形封头焊接在一起。顶盖上装有人孔、视镜及二氧化碳回收管、进料管、接种管、压力表和测量仪表接口管等，底盖装有排料口和排污口，筒体的上下部有取样口和温度计接口。

人孔主要用于设备装置内部的维修和洗涤。中小型酒精发酵罐一般安装在盖顶上，而对于大型酒精发酵罐往往在接近盖底处也需要安装人孔，这样就更加便于维修和清洗操作。

视镜一般安装在顶盖上，主要用来观测酒精发酵罐中的发酵情况，观察是否发生发酵异常现象。

以前，酒精发酵罐的洗涤主要借助人力完成罐体内部洗涤任务，但是劳动强度较大，且经常发生 CO_2 中毒事件，主要是由于罐体中的 CO_2 气体未排尽导致的。为了减小工人劳动强度和提高效率及安全性，酒精发酵罐安装了水力洗涤装置（图 4-11）。

水力洗涤装置的主体部分为两头的带有一定的弧度喷水管，喷水管上均匀分布着一定数目的喷孔，喷水管一般采用水平安装，借助活接头与固定供水管道相连。当水从喷水管两头

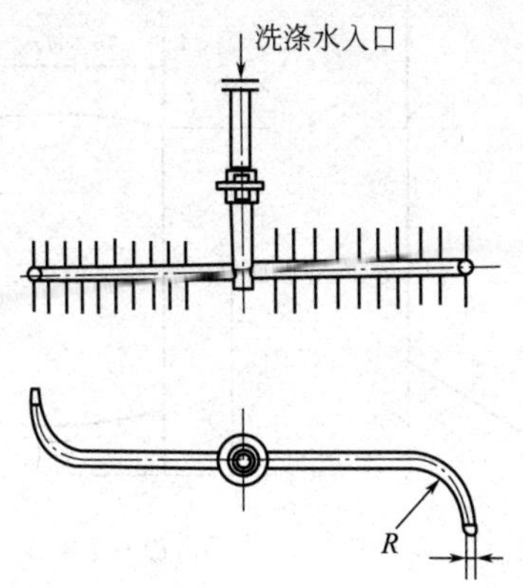

图 4-11　发酵罐水力洗涤装置示意图

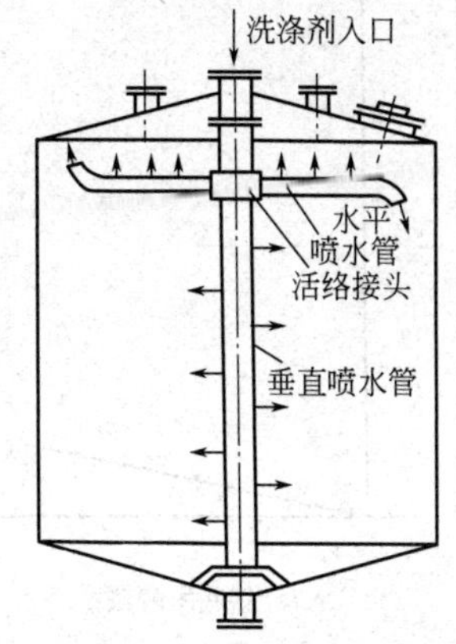

图 4-12　水力喷射洗涤装置示意图

喷嘴以一定速度喷出时，就会产生反作用力促使喷水管自动旋转，从而使喷水管内的洗涤水由喷水孔均匀喷洒在罐壁、顶盖和底盖上，以达到水力洗涤的目的。

当进入管道的水压力不大时，会导致水力喷射强度和均匀度都不够理想，造成洗涤效果不彻底，尤其在大型酒精发酵罐中表现更为突出。为了达到更佳的洗涤效果，防止发酵染菌，通常在大型酒精发酵罐中安装高压强的水力喷射洗涤装置（图 4-12）。

高压强的水力喷射洗涤装置为一根直立的喷水管，通常沿中轴安装在罐体的中央部位，上端与供水总管相连，下端与垂直分配管相连，垂直喷水管上每间隔一定距离均匀分布着 4～6mm 的喷孔，小孔与水平呈 20°的倾斜角。水平喷水管接活接头，并依靠 0.6～0.8MPa 高压洗涤水由水平喷孔喷出使中央喷水管产生自动旋转，转速可以达到 48～56r/min，使水流以同样的速度喷射到罐体内壁，一般在 5min 左右就可完成洗涤任务。若采用热水洗涤，效果更佳。

对于中型和小型酒精发酵罐，大多数采用从顶盖喷水于罐外壁表面进行淋浴冷却；而对于大型酒精发酵罐来说，若仅从顶盖喷水淋浴冷却是不够的，还必须配合罐内冷却蛇管共同冷却，以实现快速降温，也有的采用罐外列管式喷淋冷却方法。通常在罐体底部沿罐体四周安装集水槽，以防止发酵车间的潮湿和积水。

（四）现代大型酒精发酵罐的结构

近年来，大型酒精发酵罐逐渐发展到 $500m^3$ 以上，最大容积已突破 $4200m^3$。制造酒精发酵罐的材料也从原来的木材、水泥、碳钢等材料发展到目前的不锈钢材料。由于酒精罐的体积大，在运输方面受到一定限制，一般设备厂家直接到酒精厂现场加工制作，发酵罐的合理布局也容易实现。与传统酒精发酵罐相比较，现代大型发酵罐不仅在容积上发生了重大变化，而且在设计上也不断应用新的科技成果，发酵罐的直径与罐高之比也越来越趋向 1∶1。

酒精罐的几何形状主要有碟形封头圆柱形发酵罐、锥形发酵罐、圆柱形斜底发酵罐、圆柱形卧式发酵罐。一般体积小于 $600m^3$ 的酒精发酵罐为锥形发酵罐，超过此体积的酒精发酵罐为圆柱形斜底发酵罐。图 4-13 所示的三种不同类型的酒精发酵罐分别为 $1500m^3$ 斜底发酵罐、$500m^3$ 锥形发酵罐和 $280m^3$ 碟形发酵罐。

大型斜底发酵罐（图 4-14）基本构件包括罐体（tank body）、人孔（manhole）、视镜（sight glass）、CIP 自动冲洗系统（cleaning in place system）、换热器（heat exchanger）、

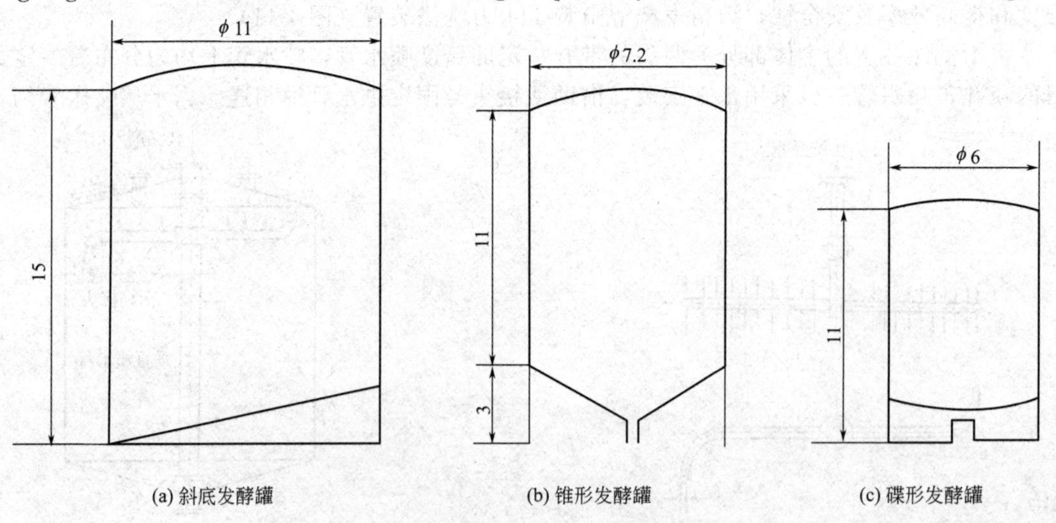

图 4-13　三种不同类型的酒精发酵罐（单位：m）

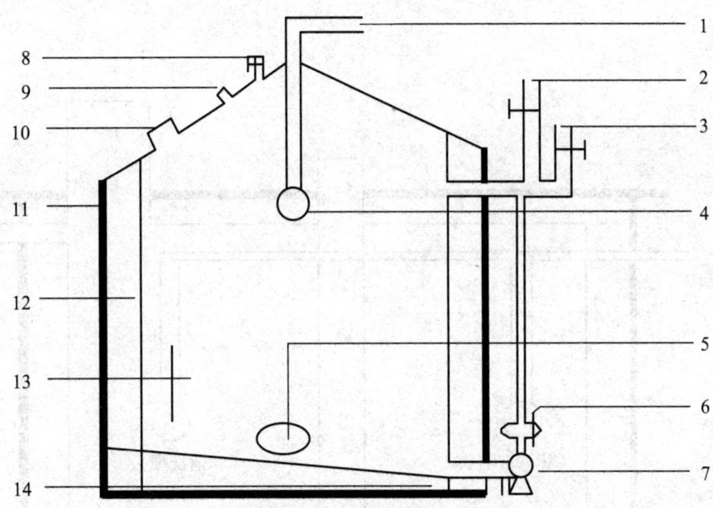

图 4-14　大型斜底发酵罐结构示意图

1—CIP 清洗系统；2—酵母菌入口；3—糖化醪入口；4—CIP 自动冲洗系统；5—罐底人孔；6—换热器；7—泵；8—CO_2气体排出口；9—视镜；10—罐顶人孔；11—保温层；12—降温水层；13—侧搅拌；14—罐底斜角

CO_2气体排出口（CO_2 gas export）、搅拌装置（stirring apparatus）、降温水层（cooling water layer）以及管路（pipeline）等。

大型斜底酒精发酵罐的罐体由筒体、罐顶、罐底组成。筒体呈圆柱体，内有保温水层(效果优于冷却蛇管)，外有保温层；罐顶呈锥形，罐底具有一定的倾角，一般为 15°～20°。罐体材料一般为不锈钢。发酵罐罐顶、罐底与发酵罐筒体通过焊接连接在一起。罐顶上装有人孔、视镜、二氧化碳排出口以及 CIP 冲洗系统入口；罐体上方有糖化醪进料管、酵母菌接种管入口，罐体下部有侧搅拌装置；罐底部近中央有人孔，斜面底端通过泵与换热器相连，从筒体上部进料管回流到发酵罐。

在大型斜底发酵罐的锥形罐顶有人孔，在罐底也安装有人孔，主要便于内部设备装置的维修和清洗操作。视镜一般安装在顶盖上，主要是用来观测酒精发酵罐中的发酵情况是否异常。

由于大型斜底发酵罐体积很大，如果采用高压蒸汽灭菌，那么几乎不可能，通常采用灭菌成本低且灭菌时间较短的化学灭菌法，通过罐内上方的 CIP 系统高压喷头完成。喷头采用伸缩喷射管系统。灭菌大致工艺流程如下：首先通入清水冲洗酒精发酵罐内壁，然后改用 NaOH 或者 $NaHCO_3$等低浓度碱水进行第二次洗涤，接着改用低浓度 HCl 溶液或柠檬酸等酸性溶液进行第三次洗涤，最后再换用清水将设备冲洗干净。这种化学灭菌法洗涤的碱液和酸液可以单独回收供重复使用，只需检查碱液和酸液的浓度并及时调整便可。

大型斜底发酵罐为锥形封顶封闭结构，锥顶有二氧化碳气体出口，可以回收发酵过程产生的二氧化碳气体，同时也可以回收被二氧化碳气体带走的酒精蒸气以提高酒精产率，还可以防止空气中的杂菌侵入发酵罐内，以减少染菌。

发酵罐的搅拌装置安装在罐体侧面，将发酵液和菌体混合均匀，同时也可以防止局部过热影响酵母生长繁殖以及代谢生理作用。在发酵罐外专门配备薄板换热器，除了使发酵罐快速降温之外，也可以起到混匀发酵液的作用。

(五) 新型大容积酒精发酵系统的设计

随着现代酒精酿造工艺（固定化酵母技术、喷射液化等）的不断成熟，促使人们改进现

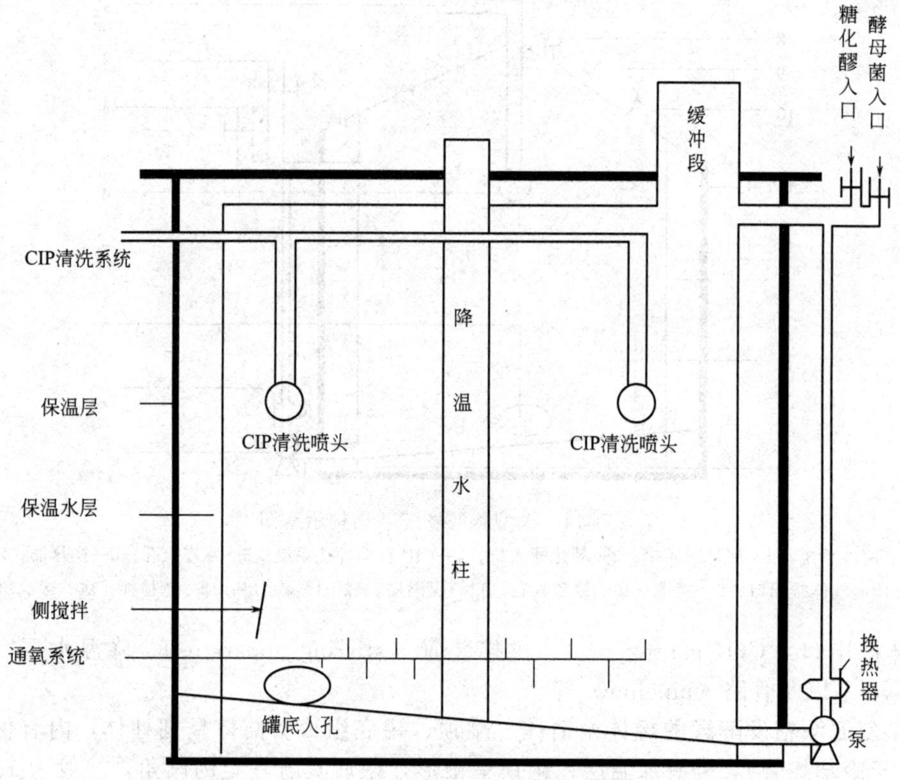

图 4-15 新型斜底大型发酵罐系统的设计示意图

有的酒精发酵罐系统，使之与酿造工艺同步发展。新型斜底大型发酵罐系统的设计见图 4-15。

对比图 4-14 和图 4-15 可以看出，新型斜底大型发酵罐系统的设计主要有以下几点改变：①大型酒精发酵罐向径向扩大，截面积可以达到 $100m^2$ 以上；②发酵罐顶部由锥形设计成平顶形并增加加温水层和保温层，这样酵母就能更好地生长繁殖，促进酒精发酵；③在罐顶的一侧增设了一段缓冲段，可以防止酵母前期增殖时通氧致使发酵液外流损失，仍使发酵罐填充系数达到 100%，可以解决发酵旺盛期出现溢流现象的问题；④由于径向面积增大会导致发酵罐中心温度较高，在中央增加一段降温水柱，这样可以防止发酵旺盛期中间局部温度过高；⑤CIP 系统喷头增加为 2 个，使清洗灭菌更为彻底，最大限度减少染菌机会；⑥增设通氧系统，由于酵母接种量加大，那么前期酵母繁殖耗氧量也会急剧上升，从而满足酵母对氧气的需求，正常生长繁殖。

(六) 大罐连续发酵工艺流程

大罐连续发酵生产酒精的工艺流程见图 4-16。

首先从酵母培养罐将已培养好的成熟酵母泵入预发酵罐中，接着将糖化醪液以 $5m^3/h$ 的速度也送入预发酵罐直到装满为止。当预发酵罐中糖度为 8.0～9.0°Bx 且温度为 32～33℃时，以 $5m^3/h$ 的流速将预发酵罐的发酵液输入到发酵罐①，仍以相同的流速将糖化醪输送至预发酵罐中，与此同时以 $25m^3/h$ 的流速将糖化醪送入到发酵罐①。当发酵罐①装满后，以 $30m^3/h$ 的速度输入发酵罐②、③、④和⑤，直至罐满为止，进行发酵（发酵罐①的温度控制在 33～34℃；发酵罐②和③的温度控制在 36～38℃；发酵罐④的温度控制在 33～

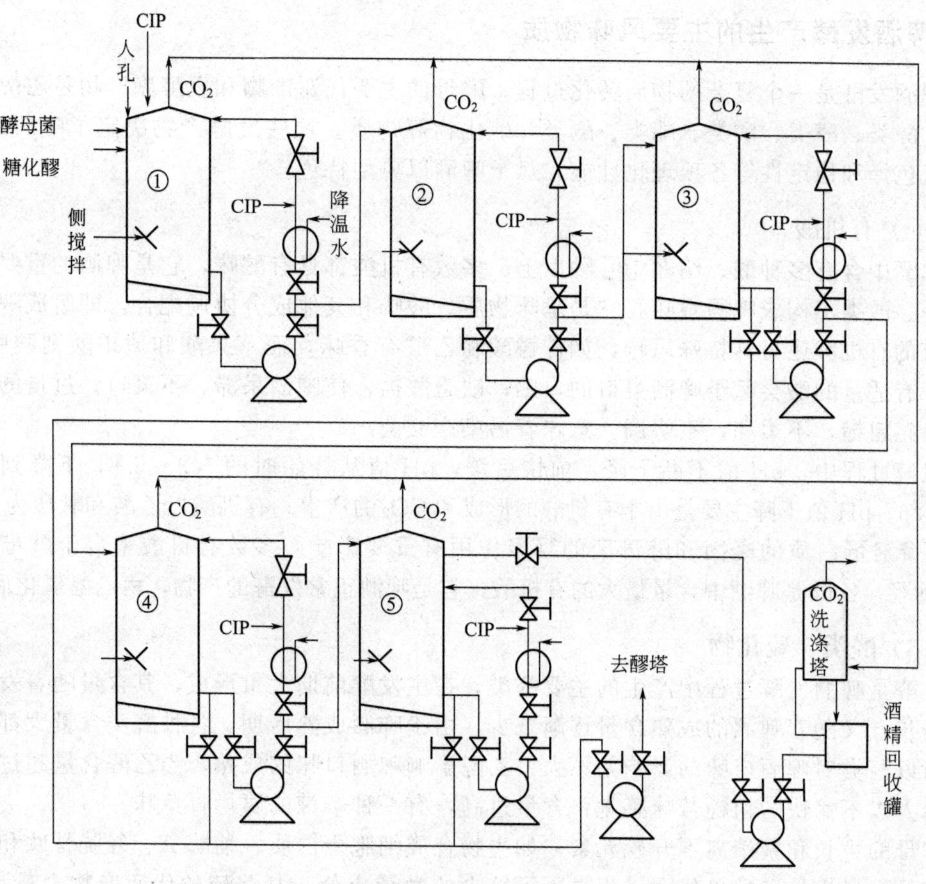

图 4-16　大罐连续发酵生产酒精的工艺流程图

34℃；发酵罐⑤的温度控制在 32～34℃)，当发酵罐⑤中的成熟发酵醪液量达到 60%～70%后以 30m³/h 的速度送入蒸馏塔进行蒸馏，整个发酵过程的总时间为 60～65h。

大罐连续发酵具有以下优点：发酵罐一般采用露天安装，从而减少工程造价，投资小；发酵过程中采用封闭连续进料，以减少杂菌污染，为酵母厌氧发酵提供良好的环境，发酵速度较快且发酵彻底，酒精产率得以提高；容易实现微机自动化控制，发酵工艺过程更准确与稳定。

第三节　啤酒发酵

啤酒生产大致可分为麦芽制造和啤酒酿造（包括麦芽汁制造、啤酒发酵、啤酒过滤灌装三个主要过程）两大部分。啤酒发酵在发酵池或圆柱锥底发酵罐中进行，用蛇管或夹套冷却并控制温度。进行下面发酵时，最高温度控制在 8～13℃。前发酵（又称主发酵）过程分为起泡期、高泡期、低泡期，一般 5～10 日后排出底部酵母泥。前发酵得到的啤酒称为嫩啤酒，口味粗糙，CO_2含量低，不宜饮用。为了使嫩啤酒后熟，将其送入贮酒罐中或继续在圆柱锥底发酵罐中冷却至 0℃左右进行后发酵（又称贮酒），调节罐内 CO_2压力使其溶入啤酒中，贮酒期需 1～2 月。在此期间残存的酵母、冷凝固物等逐渐沉淀，啤酒逐渐澄清，CO_2在酒内饱和，口味醇和，适于饮用。

一、啤酒发酵产生的主要风味物质

啤酒发酵是一个复杂的物质转化过程。酵母的主要代谢产物和发酵副产物是乙醇、二氧化碳、醇类、醛类、酸类、酯类、酮类和硫化物等物质。这些发酵产物决定了啤酒的风味、泡沫、色泽和稳定性等各项理化性能，赋予啤酒以典型特色。

（一）有机酸

啤酒中含有多种酸，约在100种以上。多数有机酸都具有酸味，它是啤酒的重要口味成分之一。酸类不构成啤酒香味，它是呈味物质。酸味和其他成分协调配合，即组成啤酒的酒体。有的有机酸还另具特殊风味，如柠檬酸和乙酸有香味，而苹果酸和琥珀酸则酸中带苦。啤酒中有适量的酸会赋予啤酒爽口的口感；缺乏酸类，使啤酒呆滞、不爽口；过量的酸，使啤酒口感粗糙，不柔和，不协调，意味着污染产酸菌。

发酵过程中，pH值不断下降，前快后缓，pH值从开始时的5.3～5.8，下降到后来的4.1～4.6。pH值下降主要是由于有机酸的形成和CO_2的产生。有机酸以乙酸和乳酸为主。pH值的下降对蛋白质的凝固和酵母菌的凝聚作用有重要影响。多数有机酸来自于酵母代谢的EMP途径。乙酸是啤酒中含量最大的有机酸，它是啤酒正常发酵的产物，由乙醛氧化而来。

（二）醛类、硫化物

乙醛是啤酒发酵过程中产生的主要醛类，在主发酵前期大量形成，其含量随着发酵过程快速增长，又随着啤酒的成熟含量逐渐减少。由于啤酒成熟后期，各种醛类含量大都低于阈值，所以醛类对啤酒口味的影响并不大。乙醛影响啤酒口味的成熟，当乙醛含量超过界限值时，给人以不愉快的粗糙苦味感觉；含量过高，有一种辛辣的腐烂青草味。

酵母的生长和繁殖离不开硫元素，如生物合成细胞蛋白质、辅酶A、谷胱甘肽和硫胺素等。硫是酵母生长和酵母代谢过程中不可缺少的微量成分，某些硫的代谢产物含量过高时，常给啤酒风味带来缺陷，因此，需引起人们的重视。二甲基硫（DMS）极易挥发，是啤酒香味成分中的主要物质。现已证明，二甲基硫在很低浓度时对啤酒口味有利，高含量时产生不舒适的气味，描述为"蔬菜味""烤玉米味""玉米味""甜麦芽味"。

未成熟的啤酒、乙醛与双乙酰及硫化氢共存，构成了嫩啤酒固有的生青味。这些物质赋予啤酒不纯正、不成熟、不协调的口味和气味。浓度高时对啤酒质量具有不利影响，它们可在主酵和后酵过程中通过工艺手段从啤酒中分离除去，这也是啤酒后酵的目的。

（三）连二酮（双乙酰）

2,3-戊二酮和双乙酰两者同属羰基化合物，化学性质相似，对啤酒的影响也相似，总称为连二酮。双乙酰的口味阈值为0.1～0.15mg/L，2,3-戊二酮口味阈值大约为2mg/L。双乙酰对啤酒风味起主要作用，被认为是啤酒成熟与否的决定性指标。

双乙酰是啤酒中最主要的生青味物质，味道有些甜，如奶酪香味，也称为馊饭味，经常同一般的口味不纯联系在一起。双乙酰的口味阈值在0.1～0.15mg/L之间。在啤酒后熟过程中，连二酮的分解与啤酒后熟过程同时进行。目前，双乙酰仍被视为啤酒成熟的一项重要指标。

双乙酰是乙酰乳酸在酵母细胞外非酶氧化的产物，是酵母在生长繁殖时，在酵母细胞体内用可发酵性糖经乙酰乳酸合成它所需要的缬氨酸、亮氨酸过程中的副产物，中间产物乙酰乳酸部分排出酵母细胞体外，经氧化脱羧作用生成双乙酰。双乙酰的消除又必须依赖于酵母细胞体内的酶来实现。双乙酰能被酵母还原，经过乙偶姻最后还原成2,3-丁二醇。啤酒中双乙酰形成的速度只有酵母还原双乙酰速度的1/10，所以啤酒中双乙酰含量不可能升到太高程度。

为了尽快降低啤酒中双乙酰的含量，加速啤酒成熟，缩短酒龄，可采取以下措施：①提高麦汁中缬氨酸的含量，通过反馈作用抑制酵母菌由丙酮酸生物合成缬氨酸的代谢作用，相应地就抑制了α-乙酰乳酸和双乙酰的生成；②提高发酵温度（主发酵最高温度12～16℃，后发酵前期温度5～7℃），加快α-乙酰乳酸的非酶氧化及双乙酰的酶还原作用的速度；③主发酵时适当增加酵母接种量，后发酵下酒时保存适量的酵母菌，或者采用后发酵加高泡酒的办法，利用酵母菌还原酶的作用，将双乙酰还原成2,3-丁二醇；④下酒后，利用后发酵产生的CO_2，或人工充CO_2，进行洗涤，将挥发性的双乙酰带走；⑤外加α-乙酰乳酸脱羧酶使发酵液中的α-乙酰乳酸转化为乙偶姻。

（四）高级醇、酯类

所谓高级醇类，即3个碳原子以上的醇类的总称，酒精和白酒工业中俗称杂醇油。高级醇是啤酒发酵过程中的主要副产物之一，对啤酒风味具有重大影响。适宜的高级醇组成及含量，不但能促进啤酒具有丰满的香味和口味，且能增加啤酒口感的协调性和醇厚性。

对啤酒风味影响较大的是异戊醇和β-苯乙醇，它们与乙酸乙酯、乙酸异戊酯、乙酸苯乙酯是构成啤酒香味的主要成分。高级醇是引起啤酒“上头”（即头痛）的主要成分之一。当啤酒中高级醇含量超过120mg/L，特别是异戊醇含量超过50mg/L，异丁醇含量超过10mg/L时，饮后就会出现“上头”现象，其主要原因是高级醇在人体内的代谢速度比乙醇慢，对人体的刺激时间长。

酯类是啤酒香味物质的主要成分，其含量虽少，但对啤酒的风味影响很大。适量的酯，使啤酒香味丰满协调；过量的酯，会赋予啤酒不舒适的苦味和香味（果味）。酯在主发酵期间通过脂肪酸的酯化形成，少量酯也可通过高级醇的酯化生成。酯主要在酵母旺盛繁殖期生成，在啤酒后发酵阶段只有微量增加，其含量随着麦汁浓度和乙醇浓度的增加而提高。

高级醇、酯等物质主要决定啤酒的香味。在一定浓度范围内，它们的存在是生产优质啤酒的前提条件。与生青味物质相反，芳香物质不能通过工艺技术途径从啤酒中去除。

二、传统啤酒发酵

（一）传统啤酒发酵工艺

传统啤酒发酵普遍采用低温主发酵-低温后熟工艺（图4-17）。

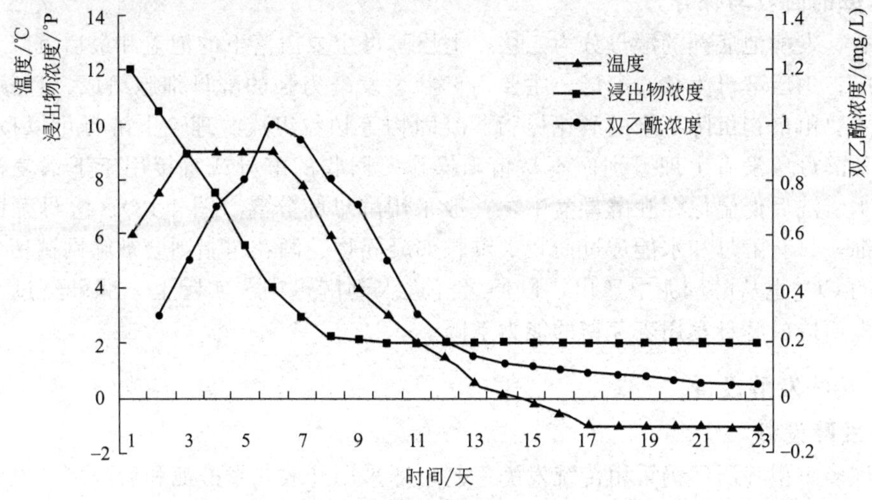

图4-17　低温主发酵-低温后熟工艺

1. 麦汁接种

麦汁在接种前应该通足够的氧气以满足酵母的生长繁殖，接种温度控制在 6～7℃，酵母的接种量要求达到 $(2\sim3)\times10^7$ 个/mL。

2. 发酵过程及现象

接种约 2 天后，温度将达到发酵顶温 8～9℃，此时并不立即冷却降温而是始终维持 9℃ 的温度大约 4 天时间。主发酵过程一般经历起发期、低泡期、高泡期、落泡期和下酒泡盖等五个阶段，各个阶段的特征见表 4-5。

表 4-5 啤酒主发酵各阶段及其特征

发酵阶段	特 征	发酵阶段	特 征
起发期	发酵池上部有白色细泡层涌现且泡沫越变越白	落泡期	发酵减弱，高泡盖慢慢落下，且颜色变为棕色
低泡期	细泡沫越来越高，最终形成褐色的泡盖	下酒泡盖	泡盖收缩下落，在下酒前必须捞出
高泡期	发酵最旺盛，泡盖很高，泡沫较大		

发酵过程中的不正常现象见表 4-6。

表 4-6 发酵过程中不正常发酵现象、特征及其导致的后果

现 象	特 征	后 果
沸腾发酵	发酵池中局部的嫩啤酒呈现沸腾状	一般不影响啤酒质量，但泡盖要及时除去
鼓泡发酵	发酵即将结束时泡盖里会出现泡沫鼓动	一般不影响啤酒质量

此外，在发酵过程中要不间断测定其发酵度，尽可能使成品发酵度接近最终发酵度，然后缓慢均匀地降温至 3～4℃，主要是使残留的可发酵性浸出物大部分分解，以便下酒操作。

3. 下酒与后酵

下酒若添加高泡酒，即添加发酵度为 25%左右正处于低泡阶段的嫩啤酒，可以补充浸出物浓度以促进后酵过程，改善啤酒的泡沫和口味，这样就不用分离足量的酵母。紧接着在 4 天左右将温度缓慢降至贮酒温度－1℃，双乙酰的阈值在 0.1mg/L 以下，贮酒时间约 7～10 天，一般贮酒时间不宜超过 5 周。若不添加高泡酒，下酒后直接降温至贮酒温度。

4. 酵母的回收与保存

下酒后，发酵池底部的酵母分为三层，上层酵母主要由落下的泡盖和最后沉降下来的酵母细胞组成；中层酵母为核心酵母，主要由健壮、发酵力强的酵母细胞组成，且颜色较浅；下层酵母主要由最初沉降下来的酒花树脂、凝固物等颗粒组成。理论上酵母可以按层回收，但实际因各酵母层没有生理差别而不易精确操作。回收的酵母或直接用于下锅麦汁接种发酵，或用水清洗后低温保存在酵母盆中，一般采用酵母筛分离（图 4-18）。酵母筛的孔径跟头发一样细，只有酵母和水能透过而较大颗粒如凝固物、酒花树脂则会被筛网截留，同时溶解在其中的 CO_2 也从酵母泥中逸出，以便氧气进入到酵母中。实际上，酵母经过水洗会使生长素流失而造成酵母利用麦芽糖的能力下降。

（二）传统发酵设备

1. 主发酵设备

现在许多小型啤酒厂仍采用传统发酵工艺，即采用开放式发酵池和后酵罐。发酵池是发酵车间的主要设备，主发酵过程在发酵池中进行。图 4-19 为传统主发酵车间的设备布置图。

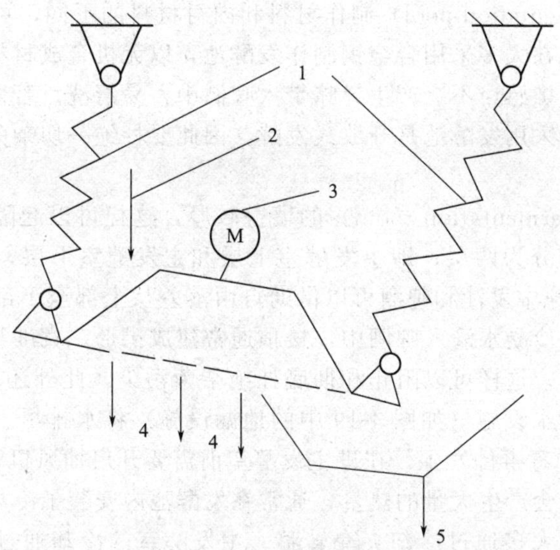

图 4-18　酵母筛结构示意图

1—悬挂弹簧；2—酵母进入；3—不平衡电机；4—已筛选出的酵母；5—其他杂物

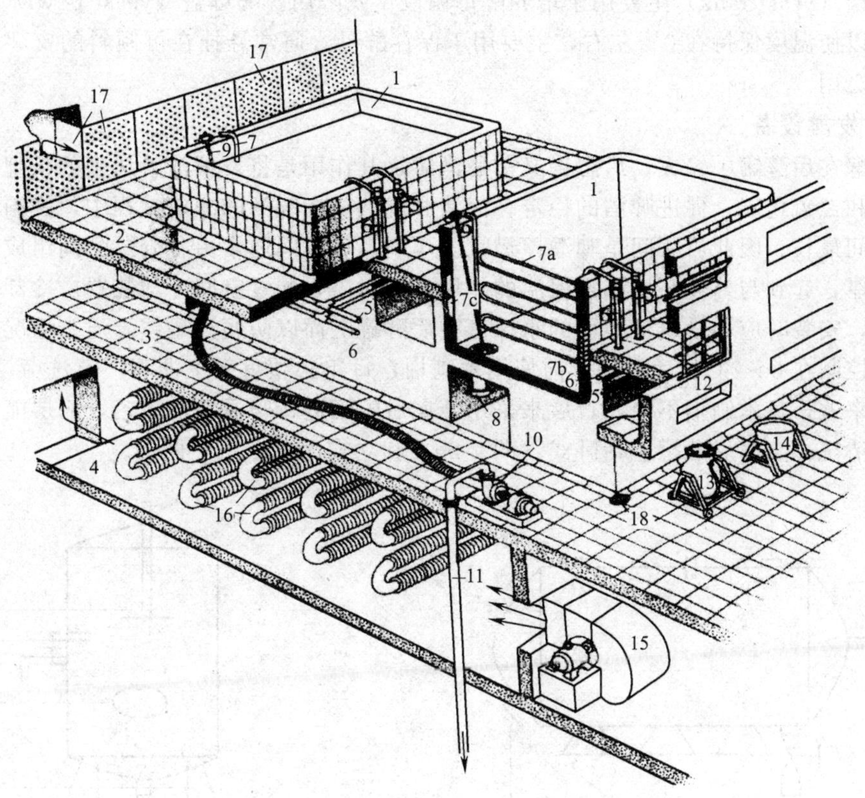

图 4-19　传统主发酵车间设备布置图

1—发酵池；2—主发酵室上层；3—主发酵室下层；4—冷却间；5—冷却水进管；6—冷却水排出管；7a—冷却蛇管；7b—冷却夹套；7c—冷却带；8—出口接管；9—开阀杆；10—下酒泵；11—下酒管道；12—CO_2排出口；13—酵母罐；14—酵母盆；15—抽风机；16—循环空气冷却管；17—冷空气进入主发酵室入口；18—地漏

根据发酵池（fermentation pool）制作材料和内衬材料的不同，可分为木制、钢制、铝制和混凝土发酵池。现在大多采用合金钢制作发酵池，以无机合成材料作内衬，原因在于其在发酵过程中对酸碱不敏感，不会产生异味带入啤酒中，易清洗。若采用不锈钢材料则无需内衬材料。此外，由于采用发酵池是开放式发酵，因此要杜绝一切杂菌感染，这样才能延长啤酒的保质期。

主发酵室（main fermentation room）的墙壁较厚，这样可以起隔热作用，减少对外界温度的影响。主发酵室分为两层，即主发酵室上层和主发酵室下层，一般上层比下层高出0.6m以上，便于发酵池中麦汁和啤酒可以借助自由落差从上部至下部流动，不需要泵从而节约能耗。为防止楼顶冷凝水滴入啤酒中，楼顶通常建成拱形，宽度与发酵池相等。通常在主发酵室上下层铺瓷砖，这样可以阻止和彻底杜绝杂菌污染，此外还要防止清洗液的聚积，必须尽快通过合适的排水设施（如图4-19中的地漏设施）将水排尽。在发酵过程会产生大量CO_2气体，为防止中毒事件发生，在进主发酵室前需要开启抽风机将室内CO_2气体排出。

由于在发酵过程中会产生大量的热量，通常在发酵池内安装了冷却蛇管、冷却夹套和冷却带将热量转移，热量大多通过冷却夹套转移。主发酵室的冷却通过循环空气冷却装置实现，冷空气从一侧墙壁上冷空气入口进入主发酵室，并在另一侧被抽走，从而使主发酵室降温到适宜的条件。

酵母罐（yeast tank）主要用于培养酵母菌以供发酵用。酵母盆（yeast bowl）外有冷却夹套，可以使温度保持在0℃左右，主要用于保存酵母，通常悬挂在可倾斜的支架上以便于酵母倒出之用。

2. 后发酵设备

后发酵在后酵罐中完成，后酵罐又称贮酒罐，其作用是将发酵池转送来的嫩啤酒继续发酵，并饱和二氧化碳，促进啤酒的稳定、澄清和成熟。在啤酒的酿造过程中，啤酒在后酵间停留的时间最长，因此后酵间是啤酒厂最大的车间。后酵间通常由各分贮酒间组成。后酵间的墙壁较厚，起到与外界环境隔离保温的作用，同时需要配置空间冷却装置。冷却装置由盐水管组成，安装时应尽量避免上面的水珠落在后酵罐上面以防腐蚀罐体。通常情况下，后酵间的温度控制在0～2℃。后酵罐以前使用木制桶，每年必须重新上沥青，清洗劳动强度大，空间利用率差，且木制桶不耐压；后来采用金属后酵罐进行啤酒后酵工艺，涂层能够长期保存且易于清洗。金属后酵罐包括卧式（图4-20）和立式（图4-21）两种。

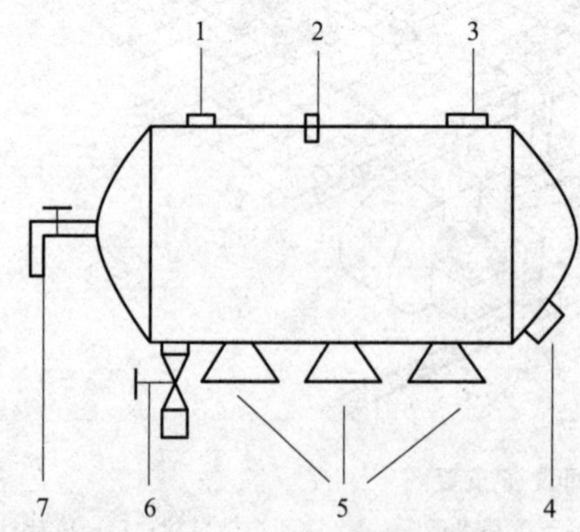

图4-20　卧式后酵罐示意图

1—CO_2排出口；2—温度计；3—压力表和安全阀；4—人孔；5—支架；6—啤酒进（出）口；7—取样阀

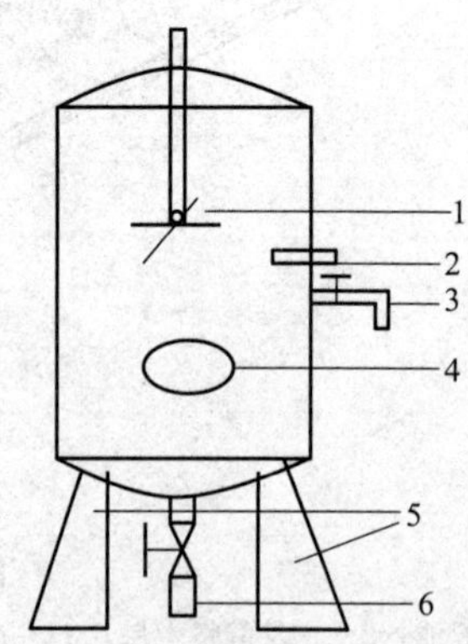

图4-21　立式后酵罐示意图

1—压力调节装置；2—温度计；3—取样阀；4—人孔；5—支架；6—啤酒进（出）口

现在多数小型啤酒厂采用卧式后酵罐。一般后酵设备均有保压装置（如图 4-20 中的压力表和安全阀以及图 4-21 中的压力调节装置）以确保啤酒中的 CO_2 含量。后酵罐以前也曾选用铝板和 A_3 钢材制作，但内壁需要涂防腐层，一方面防止材料被腐蚀，另一方面防止对啤酒口味产生影响。后酵罐属于压力容器（表压为 0.1～0.2MPa），现在大多采用不锈钢材料制作，这样就不需要涂层，不会影响啤酒的风味，使用不受限制，易清洗。后酵罐罐身装有人孔（用于罐的内部维修与清洁）、取样阀（用于啤酒后酵过程取样分析）、温度计（检测罐体中的发酵液温度）、压力表（检测罐体内部压力）、安全阀（保证罐体安全）、二氧化碳排出口（回收发酵过程中产生的二氧化碳用于后续工艺如饱和二氧化碳）以及啤酒进（出）口，嫩啤酒一般从后酵罐底部进入，这样一方面可以避免不必要的二氧化碳损失，另一方面还可以防止啤酒吸氧。由于下酒到后酵罐中发酵相对比较剧烈，可能会形成白色泡盖，产生凝固物并导致浸出物损失，因此开始不要装液太满，而是等一段时间后无泡沫出现时再继续装满。

三、现代大罐啤酒发酵

（一）圆柱锥底发酵罐（锥形罐）结构

传统的啤酒发酵工艺中发酵池和后酵罐的容积仍有一定的限度，20 世纪 60 年代以后，圆柱锥底发酵罐（简称锥形罐）开始引起各国的注意，相继出现了其他类型的大型发酵罐，如日本的朝日罐（Asaki Tank，1965 年）、美国的通用罐（Uni-Tank，1968 年）、西班牙的球形罐（Spherotank，1975 年）等。我国在 20 世纪 70 年代末，开始采用室外露天锥形罐发酵，并逐步取代了传统的室内发酵。这不仅具有技术上的优势，而且其发酵和后熟过程可以保证啤酒质量。

锥形罐是密闭罐，可以回收 CO_2，也可进行 CO_2 洗涤；既可作发酵罐用，又可作贮酒罐用。发酵罐中酒液的自然对流比较强烈，罐体愈高，对流作用愈强，对流强度与罐体形状、容量大小和冷却系统的控制有关。锥形罐不仅适用于下面发酵，同样也适用于上面发酵。对圆柱锥底发酵罐的尺寸过去没有严格的规定，高度可达 40m，直径可超过 10m。一般而言，锥形发酵罐中的麦汁液位最大高度为 15m，留空容积至少应为锥形罐中麦汁量的 25%。径高比为 1∶(1～5)，直径与麦汁液位总高度比应为 1∶2，直径与柱形部分麦汁高度之比为 1∶(1～1.5)。锥形罐大多采用两排形式的室外露天安装。

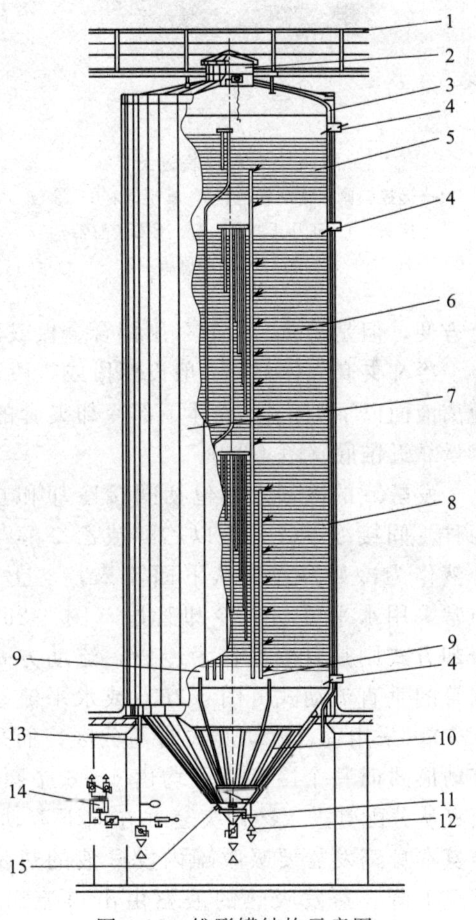

图 4-22　锥形罐结构示意图

1—操作平台；2—罐顶装置；3—电缆管和排水管；4—感温探头；5,6,8—冷却夹套；7—保温层；9—液氨流入口（左）和流出口（右）；10—锥底冷却夹套；11—锥底人孔；12—取样阀；13—清洗管或排气管；14—保压装置；15—内容物容积测量装置、空罐探头

锥形罐的基本结构见图 4-22。其主要部件有罐体（tank body）、冷却夹套（cooling jacket）、保压装置（hoiding pressure device）、保温层（insulating layer）、锥底人孔（manhole）、取样阀

(sampling device)、感温探头（sensible temperature probe）、CIP 清洗系统（CIP cleaning system）、检测装置（detecting device）以及管路（pipeline）等，

罐体由罐身、罐顶、锥底组成，材料一般选用 V_2A 镍镉钢，锥形罐内表面光洁度要求极高，一般要求进行抛光处理。罐身为圆柱体，设有 2～3 段冷却夹套。锥底锥角为 60°～90°，设一段冷却夹套，主要便于酵母回收，锥底有人孔、与罐顶连接的 CO_2、空气、CIP 等的进出管、内容物容积测量装置、空罐探头以及保压装置等。

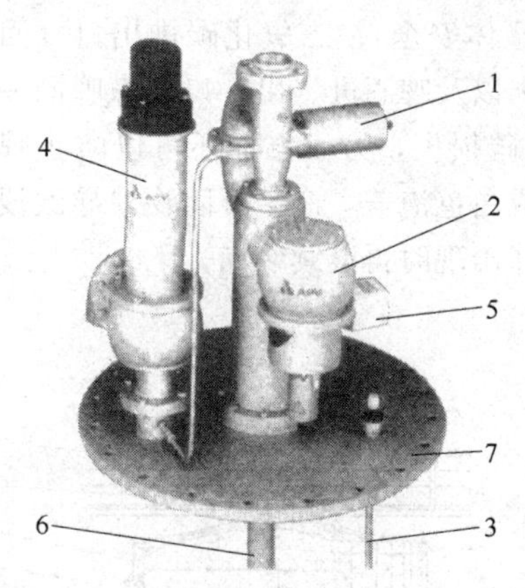

图 4-23 罐顶装置图

1—远控蝶阀及清洗管道；2—真空阀；3—液位探头；4—正压保护阀；5—压力传感器；6—洗球；7—罐顶法兰

罐顶上有各种附件（图 4-23），包括 1 个正压保护阀、1 个真空阀、带管道的 CIP 清洗附件。正压保护阀有配重式和弹簧式两种，主要是防止罐内压力过大而发生危险；真空阀主要是防止负压引起的罐外形的改变，在正常压力或超压状态下是关闭的，在出现负压时，则通过压力传感器反馈给控制系统并下达指令，通过压缩空气来制动，真空阀门被打开，外界空气进入。真空阀通常与 CIP 清洗系统相连，这样可以防止真空阀被粘或冻结。

由于锥形罐多采用露天安装，因此发酵罐要进行良好的保温，以降低生产中的耗冷量。必须采用热导率低、密度小、吸水率低、不易燃烧的绝缘保温材料，聚苯乙烯泡沫塑料是最佳绝缘保温材料，但价格较高；聚酰胺树脂价格便宜、施工方便，但是易燃。一般采用铝合金板或薄型不锈钢板作为保温材料外部防护层。

冷却夹套柱体部分一般设两段或三段，锥底部分设一段，柱体上部冷却夹套的顶端一般距离液面以下 15cm，柱体下部冷却夹套的顶端则位于 50%液位以下 15cm，锥角冷却夹套尽量靠近锥底（图 4-24）。

发酵罐的冷却方式包括间接冷却和直接冷却两种。间接冷却方式是以乙醇或乙二醇与水的混合液作为冷媒，液体从下面流入，从上面流出，通常采用水平流动的冷却管段（图 4-25）；直接冷却方式则是以液氨作为冷媒，流动方式包括半圆管的垂直流动式（图 4-26）或水平流动式（图 4-27）。采用垂直流动形式时不分区，而采用水平流动形式时每个冷却区段均由 4～6 个盘管组成。液氨从分配管进入冷却夹套并在向下流动过程中，液氨本身蒸发需要吸收罐内发酵液的热量而使罐品温下降，蒸发吸热的液氨由出口流出并收集。由于液氨直接蒸发冷却具有节约能源、所需设备和泵少、耗材少、安装费用低等优点而被广泛采用，但是冷却夹套不但能承受 116MPa 压力，而且必须保证管道各处焊接良好，否则会因氨气渗漏而导致损坏。

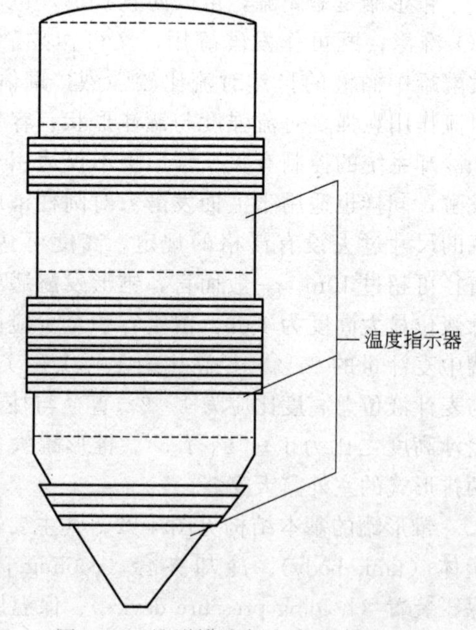

图 4-24 锥形罐冷却夹套分布示意图

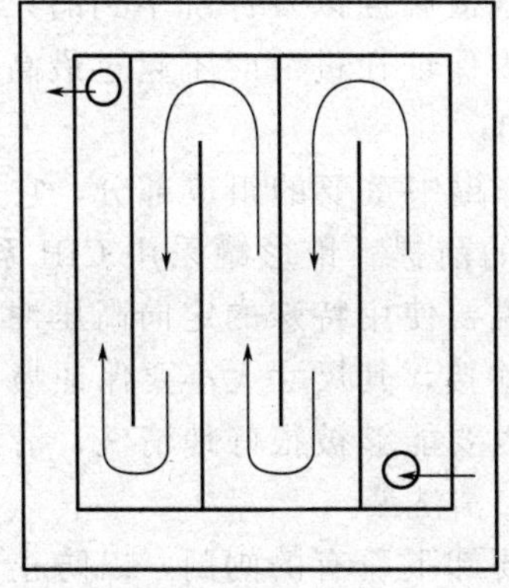

图 4-25　乙醇或乙二醇冷却水平流动管段图

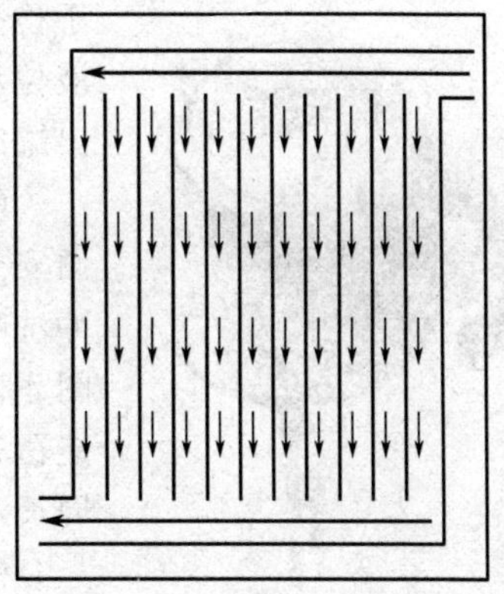

图 4-26　液氨冷却垂直管段

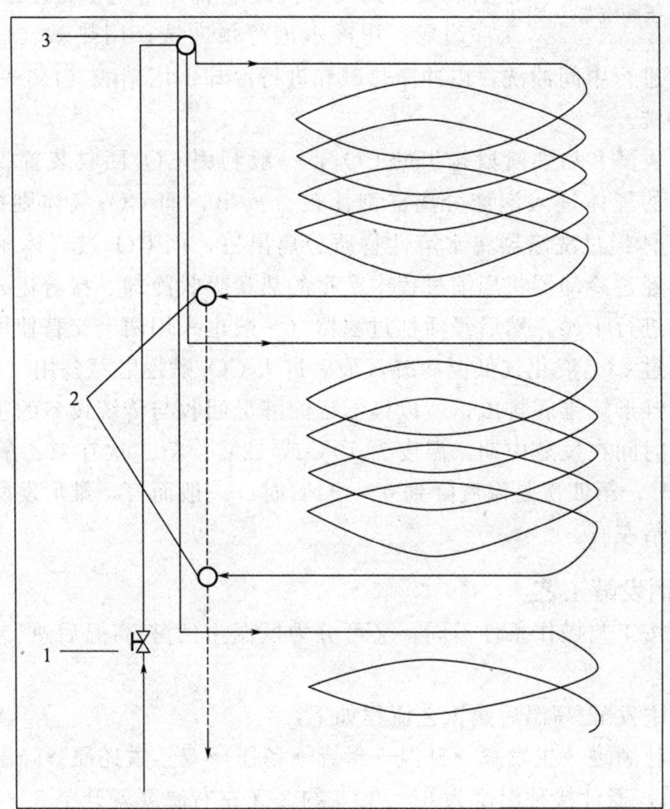

图 4-27　液氨冷却水平管段

1—液氨流入调节阀；2—吸收热量氨的出口；3—各冷却区冷媒分配器

取样阀与取样装置相连通过泵随时进行酵母取样或嫩啤酒取样。一般情况下设 2 个温度传感器（感温探头），分别设在柱体的底部和柱体上部冷却夹套的下面。检测装置主要包括温度计、液位高度显示器、压力显示仪、检查孔、最低液位探头和最高液位探头。温度计通常安装在罐上 1/3 处和罐下 1/3 处，并与计算机相连；液位高度显示器通过压差变送器将压力信号转化为液位高度，同样与计算机相连；压力显示仪与计算机相连采集数据并分析罐内压力是否正常；检查孔一般在发酵罐上下各开一个直径大于 50cm 的可关闭的人孔，主要用

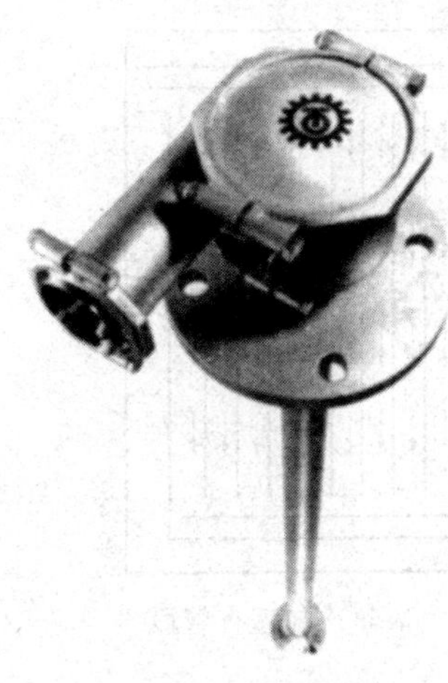
图 4-28 定向高压冲洗器

于检查罐内是否出现裂缝或腐蚀以及冲洗不到的死角；最低液位和最高液位探头可以保证在进液时不超过最高液位，在出罐时能终止液体的流出。

CIP 清洗装置是发酵罐中重要的组成部分，它是加强啤酒安全生产和卫生管理的前提。锥形罐采用 CIP 系统清洗，冲洗喷头（对于大罐来说要使用特殊的定向高压冲洗器，见图 4-28）与罐顶附件相连接，其尺寸大小要保证喷出的液体能覆盖整个柱体，锥体也要能够被很好地清洗，清洗每米罐周长通常每小时约需 30L 清洗液。

清洗罐顶装置时，要卸下所有的阀门，以防止粘接。大罐的清洗装置主要有三种形式，即固定式洗球、旋转式洗罐装置和旋转式喷射洗罐装置。传统的 CIP 常规清洗由以六道工序组成：用冷水进行预冲洗；用热碱（1%～2%）和添加剂进行冲洗；用水进行中间冲洗，以冲净热碱和进行冷却；用硝酸（1%～2%）和其他添加剂清洗；用冷水冲洗。

在锥形罐的主发酵和后熟阶段排出的 CO_2，一般利用 CO_2 回收装置收集。回收过程如下：锥形罐中排出的气体进入泡沫分离器泡沫被分离出，而 CO_2 气体则被 CO_2 气囊收集。气囊收集的 CO_2 气体经过洗涤器将水溶性物质分离出去，而 CO_2 被气体压缩机吸入并分两步被压缩液化，再经过冷却器将压缩过程中产生的热量吸收冷却，接着进入干燥塔（一般采用两个交替使用）进行干燥，然后经活性过滤器（一般也采用两个交替使用）吸附杂味气体后进入压缩机，经过 CO_2 液化气低温冷凝，最后进入 CO_2 贮罐贮藏备用。

由于酵母是从锥形罐锥底排出，所以锥形罐的酵母回收与传统设备的主发酵方式有所不同，第一次回收的时间在发酵中期，温度为 10℃或 12℃；第二次在双乙酰还原完毕时；第三次是降温至 4℃时；第四次是温度降到 0～－1℃时。一般而言，锥形发酵罐的酵母回收量是酵母添加量的 3 倍左右。

（二）大罐啤酒发酵工艺

大罐啤酒发酵按工艺操作条件不同，又可分为低温主发酵-高温后熟、高温发酵-高温后熟和带压发酵等。

大罐啤酒低温主发酵-高温后熟工艺流程如下：

空罐预冷→进麦汁满罐→主发酵→升温→封罐→备压→双乙酰还原→降温→贮酒→结束

如图 4-29 所示，麦汁接种温度为 6～7℃，约 3 天左右温度就升至 8～9℃，并维持在发酵顶温 9℃进行啤酒发酵，当发酵度达到 50%左右后立即关闭冷却装置，使品温升到 12～13℃完成双乙酰的后熟。若是采用一罐发酵，此时再次开启冷却装置使品温降至－1℃，然后贮酒 8 天左右；也可以将发酵液移入到另一锥形贮罐低温贮存 1 周时间。该工艺发酵周期约 20 天左右。

大罐啤酒低温主发酵-高温后酵工艺的优点在于形成的发酵副产物不多，且这些发酵副产物双乙酰能在高温后熟阶段被很好地分解掉。

为了缩短大罐啤酒发酵周期，人们往往采用高温发酵-高温后熟的工艺。麦汁接种温度为 8℃，大约 2 天后，品温上升至 12～14℃，在高温下会形成更多量的双乙酰，但是酵母会迅速将双乙酰还原，当双乙酰分解达到要求后，将温度降低到贮酒温度（－1℃）并保持 1

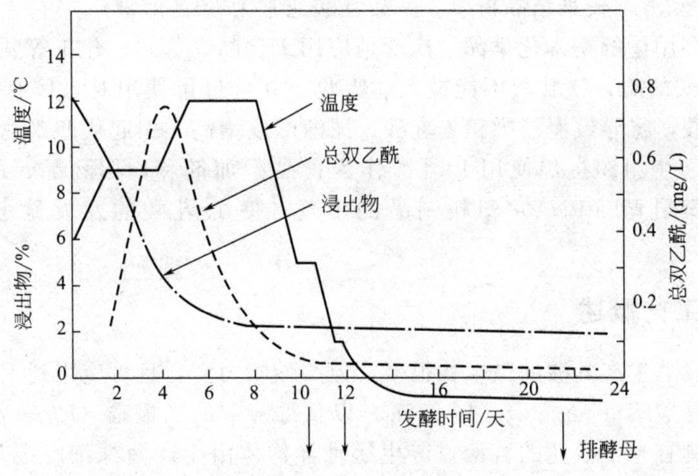

图 4-29　低温主酵-高温后熟工艺曲线

周的时间。该工艺发酵时间为 17～20 天。该工艺具有发酵速度快、双乙酰分解快、啤酒质量好等优点。

大罐啤酒带压发酵是缩短生产周期最常用的方法之一。麦汁接种温度仍为 8℃，约 2 天时间，压力发酵温度上升至 10～14℃，最高可达 20℃，保持此温度可以将连二酮的前体物全部还原，在发酵过程中注意采用的温度要与施加的压力相适应。当外观发酵度达到50%～55%时使压力增加到发酵规定的压力，维持这个压力直至后熟结束，然后冷却至－1℃，此时需要调整罐压到贮酒工艺所要求的压力，贮酒时间至少需要 1 周。此工艺的发酵周期为 17～20 天，CO_2 含量可达 0.50%～0.55%。由于高温发酵不可避免地会导致一些发酵副产物增加，最终影响成品啤酒的质量。然而带压发酵可以克服高温造成的不利影响，限制高级醇、乙酸异戊酯和乙酸苯乙酯等物质的合成。采用压力发酵虽然可使主发酵和后发酵加快，但对啤酒的质量和 pH 值均有不利影响。采用此工艺要求发酵罐具有承受较高压力的能力。

第四节　乳酸发酵

乳酸是重要的一元羟基酸，因其存在于变酸乳汁中而得名，另外也存在于泡菜、酸菜、青贮饲料等产品中，动物肌肉呈疲乏状态时也含有大量乳酸。乳酸是一种天然有机酸，是三大有机酸之一。1881 年，美国科学家首先将酸乳中提取的乳酸菌用于大规模的乳酸发酵生产，至今已有 100 多年。

乳酸是广泛存在于生物体中的有机酸。由于其分子内含有一个不对称的碳原子，因此具有旋光异构现象，从而具有 D 型和 L 型两种构型。D(－)-乳酸为右旋，L(＋)-乳酸为左旋，当 D(－)-乳酸和 L(＋)-乳酸等比例混合时，即成为消旋的 DL-乳酸。其结构式如下：

```
      COOH              COOH
       |                 |
  HO—CH             HC—OH
       |                 |
      CH3               CH3
  L(＋)-乳酸         D(－)-乳酸
```

乳酸分子内有 —OH 、—COOH，故有自动酯化能力；密度 1.1848kg/L（质量分数

80%)；与水完全互溶，较难结晶析出。商品乳酸通常为60%溶液。

乳酸是一种多用途的精细化学品，广泛地应用于食品、医药、化工等领域。由于人体内只具有代谢L-乳酸的酶，D-乳酸不能被人体吸收，并且过量使用对人体有毒，若过多服用D-乳酸或DL-乳酸，将导致血液中积累乳酸、尿液酸度增高，引起代谢紊乱。

因此，世界卫生组织提倡使用L-乳酸作为食品添加剂和内服药品，取代目前普遍使用的DL-乳酸。聚乳酸（PLA）塑料制品的出现，使L-乳酸的发展显示出巨大的市场潜力。

一、乳酸发酵工艺概述

自然界中可发酵生产乳酸的微生物很多，但产酸能力强，且可应用到工业上的生产菌种主要是细菌中的乳酸菌（lactic acid bacteria）以及霉菌中的米根霉（*Rhizopus oryzae*）。由微生物发酵生产具有光学活性的乳酸，产生哪种异构体由生产菌株细胞中存在L-乳酸脱氢酶（lactate dehydrogenase，L-LDH）还是L-乳酸脱氢酶（D-LDH）而定。有些菌株兼有两种乳酸脱氢酶，故产生外消旋DL-乳酸。另外，有的菌株也通过诱导产生乳酸消旋酶，在该酶的作用下产生DL-乳酸。根霉与乳酸细菌相比，发酵过程很少发生乳酸的消旋作用，有利于制得纯净的L-乳酸，但发酵转化率较低，副产物较多，理论值仅为75%，提取精制也比较困难。目前，国外主要是以细菌为主，开展L-乳酸的发酵生产和研究，原因在于细菌厌氧发酵可大规模降低能耗，减少乳酸的生产成本。我国大多数乳酸生产厂家是通过传统的分批发酵或补料分批发酵工艺，采用德氏乳杆菌等生产DL-乳酸。

乳酸细菌是一群能利用碳水化合物（以葡萄糖为主）发酵产生乳酸的细菌的通称。乳酸工业、食品、饲料发酵中常见或常用的乳酸细菌有：①乳杆菌属；②乳球菌属；③链球菌属；④双歧杆菌属；⑤明串珠菌属；⑥片球菌属；⑦芽孢乳杆菌属；⑧肠球菌属。

乳酸细菌缺乏产生淀粉酶、蛋白酶等水解酶类的能力，不能直接利用淀粉进行乳酸发酵，因此在接入乳酸细菌进行发酵之前，必须先将原料中的淀粉分解成己糖或低聚糖等可发酵性糖。糖质原料（葡萄糖、麦芽糖、半乳糖、乳糖、蔗糖、戊糖等）和短链糊精可由不同的乳酸细菌直接发酵生产乳酸。从降低生产成本方面考虑，近几年来我国各乳酸厂普遍采用玉米、大米、红薯等含淀粉高的原料进行乳酸生产。

除了糖作为碳源为主要原料外，乳酸细菌的生长和发酵还需要复杂的外来的营养物。必须提供各种氨基酸、维生素、核酸等营养因子。工业上考虑经济性，在乳酸发酵培养基中添加含有所需营养成分的天然廉价辅助原料，如麦根、麸皮、米糠、玉米浆等。在乳酸发酵中，若添加营养物（辅料）太少，菌体生长缓慢，pH值变化不活跃，发酵速度很低，残糖高，产量低，周期长。相反，若添加营养物（辅料）太多，会使菌体生长旺盛，发酵加快，但由于菌体过多地消耗营养物而使发酵产率降低。因此，乳酸菌必须在丰富的种子培养基中多次活化培养，一旦进入发酵，营养物质（辅料）添加必须控制在生长的亚适量水平。

乳酸发酵是典型的产物抑制型生物转化过程。乳酸菌大部分是兼性厌氧或微需氧菌，通过EMP途径从葡萄糖生产丙酮酸，在有氧条件下，大部分丙酮酸转化为乙酰CoA，再经TCA循环和电子传递链彻底氧化成CO_2和H_2O，而在缺氧或无氧的条件下，丙酮酸不能进一步氧化，而是生成乳酸、乙醇等。在同型乳酸发酵的乳酸菌细胞内，最终酸性末端产物大部分为乳酸，还有少量的丙酸、乙酸、丁酸和甲酸。在乳酸发酵过程中，细菌产酸导致pH值不断地下降。一般在pH值小于5时，发酵即被代谢终产物——乳酸抑制。目前，乳酸生产一般是通过添加中和剂 $CaCO_3$（或 NaOH、NH_4OH、氨水）来中和发酵产生的乳酸形成乳酸钙，维持最适发酵 pH 值，从而使微生物充分利用营养物质，将葡萄糖最大程度地转化为乳酸。碳酸钙在配制培养基时一次加入，也可以补料分次加入，还可以用氨水、氢氧化钠等作中和剂。

德氏乳杆菌的发酵温度为50℃左右，要求 pH 值大于 5.0，若 pH 值小于 5.0，则发酵速度减慢，发酵周期一般为5～6天，一般杂菌难以在此环境中生存，因而能使乳酸发酵安全进行。但乳酸发酵是兼性厌氧发酵，发酵罐（池）是敞开或半密闭的。发酵过程中需分批添加碳酸钙并通气搅拌，难免混入大量杂菌。若控制不当，杂菌生长繁殖，则抑制正常乳酸菌的生长和发酵，不但影响乳酸产酸率，而且因污染杂菌，尤其是污染产 D-乳酸杂菌后，会使产品 L-乳酸比例下降。因此，发酵过程中必须控制杂菌的污染。

当今国外最先进的生产工艺是由玉米等谷类为碳源，采用细菌发酵法生产 L-乳酸。而国内大都还采用米根霉发酵法，用淀粉为碳源，用 $CaCO_3$ 等中和剂控制发酵液的 pH 值，然后用 H_2SO_4 中和，产生大量硫酸钙沉淀，使工艺繁复，并带入大量杂质和染菌，使产品纯度下降。米根霉发酵是好氧发酵，能耗高，转化率低。

细菌和米根霉发酵生产乳酸的比较见表 4-7。

表 4-7　细菌和米根霉发酵生产乳酸的比较

项目	细菌	米根霉
旋光性	L 或 DL	L
代谢产物	乳酸	乳酸以及其他酸
碳源	糖类	玉米和大米等
氮源	复杂，需要维生素等较多的有机氮源	简单，需要无机氮源及少量的无机盐
需氧量	厌氧或兼性厌氧	有氧
通气系统要求	无	需要供氧设备
耗能	低	高
生产调控	简单，污染小	困难，有污染
产量	理论转化率 100% 实际转化率>90%	理论转化率 75% 实际转化率 65%～80%
生产成本	低	高

二、大米和薯干粉发酵工艺

由于乳酸发酵温度（50℃）接近糖化酶的最适作用温度（55～60℃），对于大米和薯干等淀粉质原料的乳酸发酵，一般采用糖化发酵并行式。其优点是不需要先行提取淀粉或先行制糖，发酵操作简单，可克服产物抑制，充分利用设备，缩短发酵周期。生产实践表明，这种发酵工艺杂菌污染机会少，发酵容器可以敞开，而不必担心杂菌污染。

（一）大米原料发酵工艺

大米先粉碎（粒径<0.25mm），然后在糊化罐内放一定量的底水，开动搅拌，将大米粉与米糠按 10∶1 的比例送入罐内，按淀粉计加入 5～10U/g 耐高温淀粉酶。加水调成米∶糠∶水=10∶1∶12.5（质量比）的醪液。搅拌均匀后，直接通入蒸汽，排尽冷空气。罐压 0.1～0.2MPa，温度 120℃，维持 15～20min。糊化醪的要求是大米充分膨胀，无夹生米。糊化完毕，降罐压至 0，放出多余蒸汽，夹套中通入冷却水。使糊化醪液温度降至 60℃以下，放入发酵罐（池）中。

发酵罐（池）中先放入一定量的底水，水温度在 50～55℃，放入糊化醪并加水至规定容量。发酵池液面要留出40～50cm空间以防泡沫溢出。发酵培养基的总糖浓度为100g/L左右，往罐（池）中通入压缩空气，使料液翻匀。同时加乳酸调pH值至4.8～5.0。温度在50～52℃时，按淀粉计加入糖化酶120U/g，再接入10%合格的菌种培养物，搅匀。

由于乳酸菌不能耐很高的酸度，因此在发酵过程中不能使pH值降至4.0以下。发酵开始后约6h，就开始加$CaCO_3$进行中和。$CaCO_3$的添加总量约为大米总重量的3/4，即400kg大米要加$CaCO_3$ 300kg。考虑到发酵池填充率等因素，$CaCO_3$应该分批添加，每个班次（8h）加一次，每次加入总量的1/6，分6次加完。每加一次都必须通压缩空气翻匀。

发酵过程中醪温维持在（50+1）℃，每2h检测调节一次，或用控制系统自动控制。当残糖降至0.1g/dL以下时，表明发酵已经结束。总发酵时间约70h。这时往池中加入生石灰，中和过量的乳酸，使料液pH值上升到11～12。加碱时要通气翻拌均匀。待石灰溶解后，停止通气，使菌体等杂质沉淀下来。用泵抽出液相，送入板框压滤机过滤，沉渣则刮出，并用少量水洗净发酵池。沉渣与洗涤水一道置于另一容器中澄清。将上清液与滤液一并集中在处理池中，升温至85℃，加入1～2g/L $MgCl_2$溶液及适量石灰乳，用压缩空气冲搅均匀，此时可见有大量絮凝物出现，澄清后进入提取工序。

（二）薯干粉原料发酵工艺

薯干粉来源丰富，单位面积产量很高，价格较低廉。虽然它含杂质比大米要多，但配合前结晶提取工艺，仍能生产出较高质量的乳酸。

薯干粉先要在液化罐内进行液化。粉浆的组成比例为：薯干粉：麸皮：水=1：0.05：10。其总糖浓度为7～8g/dL。加入液化型淀粉酶100U/L，升温至80～90℃，搅匀，液化至常规碘法试验达到合格，再升温至100℃灭菌、灭酶20min。

将液化醪冷却至50～52℃，打入发酵罐中。用乳酸调pH值至5.0～5.5，按淀粉计加入糖化酶100U/g。同时接入乳酸菌种子培养物10%，通气搅拌均匀，在50～52℃温度下发酵。在发酵过程中必须分批加入$CaCO_3$以中和生成的乳酸，维持发酵醪pH值在5.5以上。

当残糖降至0.1g/dL以下时，表明发酵已经完成，发酵时间约70h。当残糖降至1g/L左右时，加入生石灰，使pH值上升到11～12，通气翻拌均匀，然后静置沉淀杂质，抽出液相过滤，沉渣另处理。滤液在处理池中加$MgCl_2$和石灰沉淀蛋白质，澄清后进入提取工序。

以薯干粉为原料糖化发酵并行式生产乳酸设备流程见图4-30。

三、淀粉水解糖发酵工艺

大米和薯干粉发酵液的成分复杂，除乳酸外还包括菌体、残糖、蛋白质、色素、胶体、其他有机酸、无机盐等多种杂质，它们来源于原材料、未消耗的营养盐或发酵的中间副产物，造成了下游分离乳酸的困难。若以精制淀粉为原料进行发酵，则有利于乳酸的提取精制。

采用精制淀粉为原料制取的水解糖因成分较单纯，需补加一些辅料以满足乳酸菌的营养要求。种子培养基与发酵培养基配方相同，即：水解糖（以葡萄糖计）105g/L，麦根3.75g/L，$(NH_4)_2HPO_4$ 2.5g/L，$CaCO_3$ 100g/L。在种子罐中装入按上述配方配制的种子培养基，填充系数为0.80。实罐灭菌后冷却至50℃（若是刚从60℃降温至50℃的培养基不

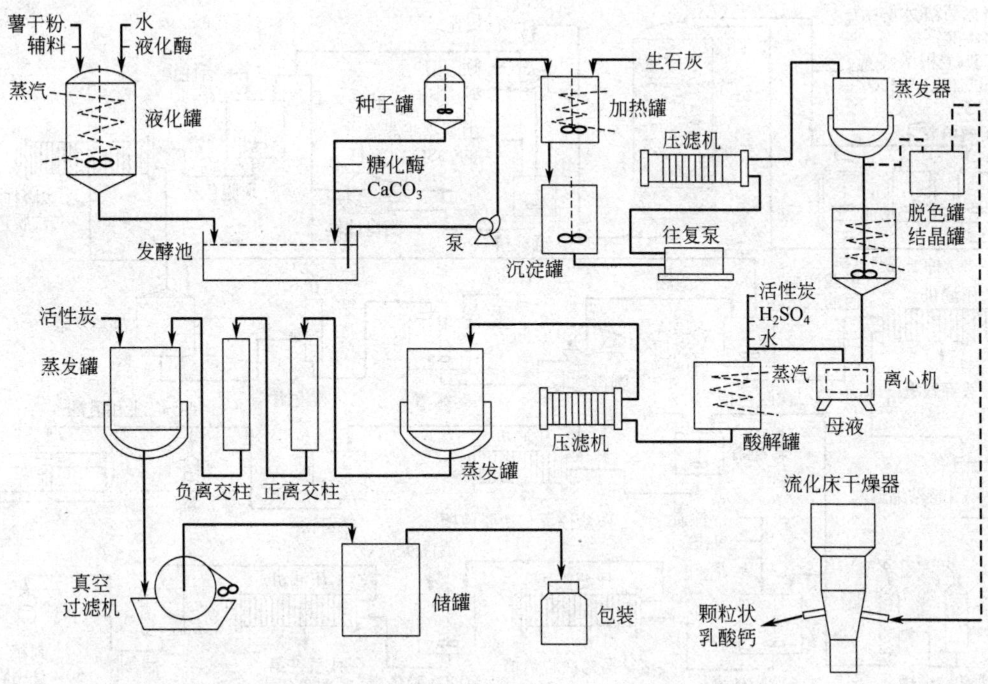

图 4-30　以薯干粉为原料糖化发酵并行式生产乳酸设备流程图

必灭菌)，接入锥形瓶中培养合格的德氏乳杆菌种子液，接种量为 1%～10%，在 (50±1)℃培养 24h。

发酵罐用温水（40～60℃）洗净，在发酵罐内按上述配方配制发酵培养基，填充系数为 0.80 左右。一般液面离罐顶为 30～40cm，防止发酵过程中泡沫溢出。培养基中的 $CaCO_3$ 是中和剂，可以分批添加。培养基无需灭菌，直接接入上述培养好的种子液，接种量为 5%～10%。发酵温度控制在（50±1)℃。如采用分批添加 $CaCO_3$ 的工艺，应注意不要使 pH 值降到 5.0 以下。否则会影响发酵速度。发酵过程中经常测定 pH 值和残糖，观察发酵过程是否正常。因发酵温度控制在 50℃，已远远高于一般微生物的生长发育温度，所以一般不会发生污染。发酵罐口敞开，以利 CO_2 自由逸出。当残糖降至 1g/L 时就视为发酵完成。由于初糖浓度较高，整个过程需 5～6 天。淀粉水解糖发酵过程曲线如图 4-31 所示。

由于在发酵温度下，乳酸钙已经是高度过饱和（浓度达 173g/L 左右)，因此用钙盐中和法的乳酸发酵不能再提高初糖浓度。发酵快结束时，乳酸菌活力降低，料液温度开始下降，发酵醪带有一定黏性，有时丙酸菌可能开始活动，从而影响产品的纯度和产率。因此，应及时加入石灰乳，将 pH 值提高到 10 左右。同时升高温度至 90℃，使菌体和其他悬浮物下沉，澄清后将上清液和沉淀物分别放出，进入提取工序。发酵罐用热水洗净后再使用。

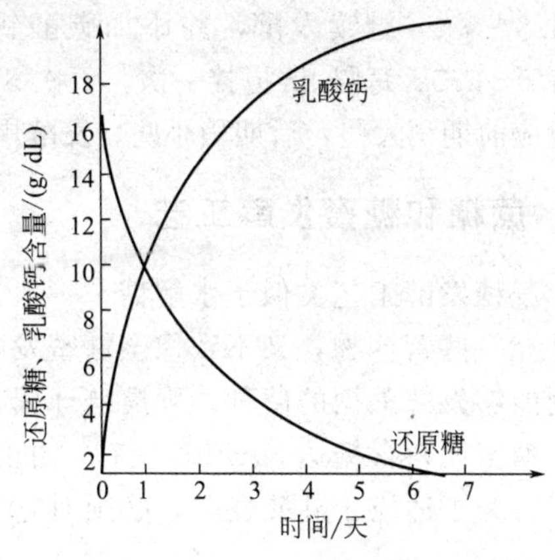

图 4-31　淀粉水解糖发酵过程曲线

淀粉水解糖乳酸发酵设备流程如图 4-32 所示。

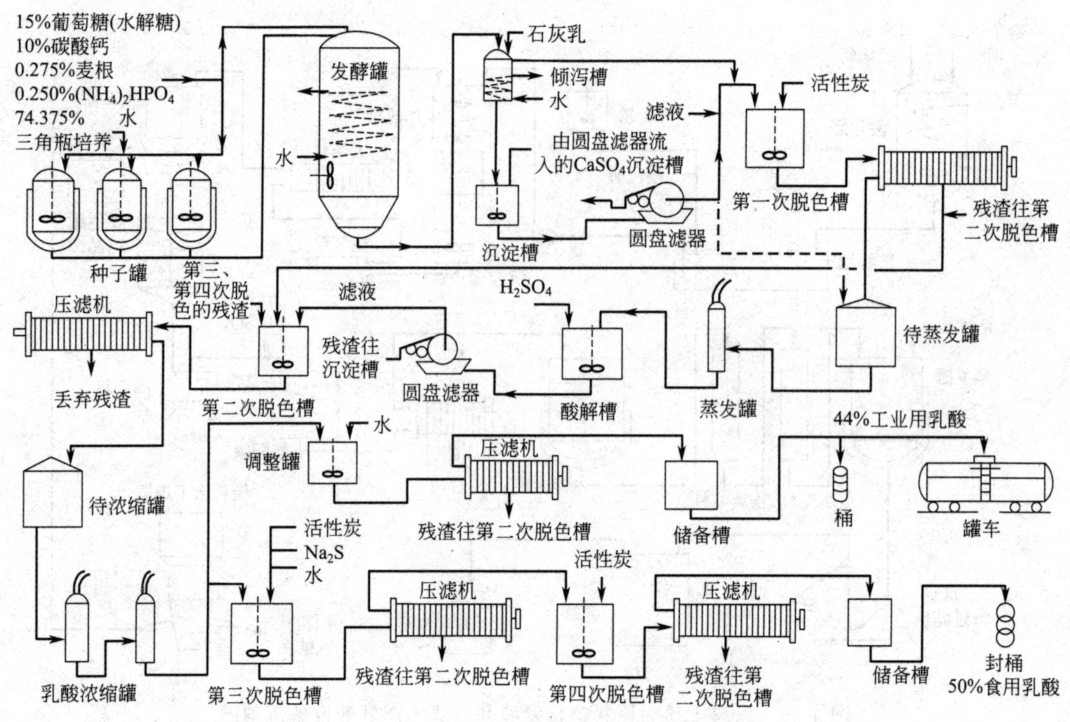

图 4-32 淀粉水解糖乳酸发酵设备流程图

四、玉米粉发酵工艺

采用廉价易得的玉米为原料，省去了精制淀粉这一工序，可以大大降低成本。玉米中还含有对菌体生长和产酸有促进作用的因子，如生物素和维生素 B_1 等。因此，用玉米粉代替精制淀粉发酵是乳酸行业降低生产成本、扩大应用范围的一个有效途径。

经高压喷射液化及糖化所获得的糖化醪，泵入板框压滤机进行过滤。过滤残渣留作饲料，清液打入发酵罐。调整好糖度，使糖含量为 80～100g/L，添加占玉米量 10%的麦根或米糠，冷却降温至 50℃，接入已培养好的乳酸菌种子液，接种量为 10%，接种 4h 后开始测 pH 值，若 6h 内 pH 值下降达不到 4.0，应及时查找原因，采取补救措施。待 pH 值下降至 3.8 以下时，继续维持 2h，以消灭或抑制其他杂菌的生长。在缓慢搅拌状态下，添加石灰粉，中和至 pH4.8～5.0，继续发酵，并添加碳酸钙控制 pH 值。整个发酵过程保持温度（50＋1)℃，pH4.0～5.5；每隔 2h 搅拌一次，每次 5～10min；每 4h 根据 pH 值添加碳酸钙，碳酸钙的添加量应前期稍大些，后期稍小些。发酵周期控制在 50～70h 为宜。转化率应不低于 90%。

五、蔗糖和糖蜜发酵工艺

蔗糖发酵工艺类似于水解糖，一般选用甘蔗粗糖为原料，甚至与糖蜜混合发酵，这样可以补充一些营养物，又不致像全糖蜜发酵那样导致产品难以提取和精制。当然蔗糖发酵必须采用能够发酵蔗糖的菌种。乳酪链球菌、乳链球菌不能使用，而德氏乳杆菌是较好的菌种。

糖蜜原料含糖达 50g/dL 左右，并且含有较多杂质，pH 值偏碱或酸性，其中杂菌也相当多。为了适应于乳酸发酵，必须对它先进行稀释、酸化、灭菌、澄清等预处理。

(一) 蔗糖发酵工艺

发酵培养基中总糖 6g/dL（以蔗糖计，其中糖蜜约提供 3g/dL，蔗糖约提供 3g/dL），

$CaCO_3$ 1～2g/dL。

发酵罐加入工作容积2/3的自来水，再流入糖蜜，升温至70℃，同时加入甘蔗粗糖，再加入$CaCO_3$粉浆。70℃维持20min后，冷却至50℃，加入麦根1.8g/dL，接入20%的种子培养物或其他发酵罐中发酵旺盛的醪液进行发酵。因为接种量很大，迟滞期很短，可以迅速进入旺盛发酵期。

接种发酵6h后，定期通空气鼓泡搅拌。发酵过程中，流加蔗糖液和补充$CaCO_3$。每隔2h检测一次pH值，视pH值情况补充$CaCO_3$粉浆，使pH值维持在5.0以上。当糖浓度降到30g/L时，流加50%的浓粗糖溶液，维持发酵培养液中糖浓度为30～40g/L水平。总添加糖量（包括最初加糖量）不得超过130g/L，即按转化率95%计，使发酵结束时乳酸钙的含量不超过150g/L。当残糖降至2g/L以下时，可视为发酵完成。发酵时间一般为5～6天。

发酵结束后，立即加入石灰乳，使pH值上升至9～10，并升温至70℃，然后静置6～12h。澄清后清液放出，沉渣压滤后一并进入提取工段。

（二）糖蜜发酵工艺

发酵培养基组成为：总糖100g/dL，$CaHPO_4$ 10g/L，$CaCO_3$ 15g/L，玉米浆或麦根10g/L。

将发酵罐用水洗净，打入经预处理的糖蜜至规定的液位，再加入辅料和中和剂。培养基配好后不再灭菌，直接接入德氏乳杆菌培养物5%～10%，维持温度（50±1）℃发酵，间歇缓慢搅拌。pH值由$CaCO_3$调节，维持在5.0以上，每隔2h检测一次。一般发酵时间为4～6天，当残糖降至5g/L以下时，即视为发酵已完成。

以糖蜜为原料生产乳酸发酵设备流程如图4-33所示。

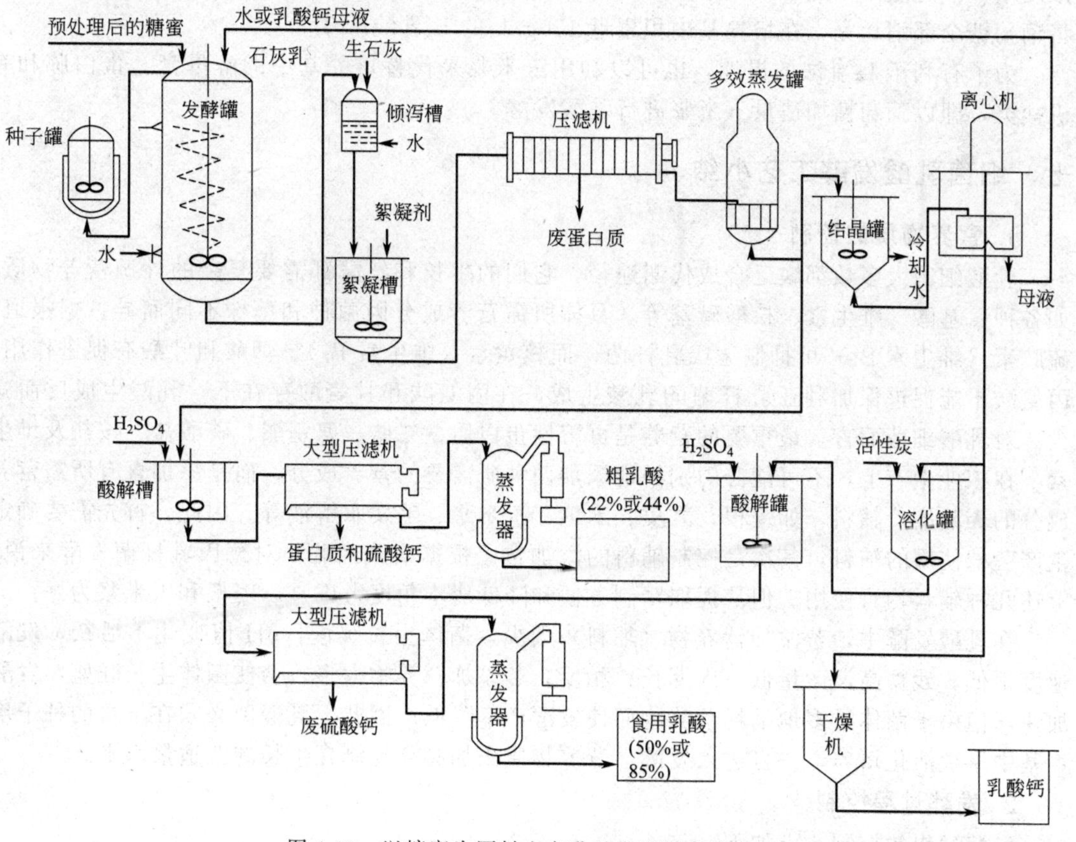

图4-33　以糖蜜为原料生产乳酸发酵设备流程图

六、葡萄糖的 L-乳酸发酵工艺

由于生物降解塑料（L-聚乳酸）需要高纯度 L-乳酸，因此人们十分重视 L-乳酸发酵生产的研究。目前正开发乳酸细菌的 L-乳酸发酵生产研究。

国内绝大部分 L-乳酸发酵均采用非清液发酵，即粗营养源发酵，米糠、麸皮、石灰粉、碳酸钙等非溶解的原料均投入发酵罐参与发酵；而清液发酵则要求投入发酵罐的原料在进罐之前进行分离，不参与发酵的物质基本不进罐，参与发酵的营养源均变为可溶的，因而对发酵过程中的传质十分有利，对发酵醪液的提取纯化亦有利。国外 L-乳酸的发酵基本上采用清液发酵。

下面介绍日本以葡萄糖为碳源的 L-乳酸发酵。

生产菌种是从热带椰子果的花粉汁中分离获得的干酪乳酸菌 *Lactobacillus casei* B12-2，此菌生成的乳酸中 L-乳酸占 95%。将干酪乳杆菌 B12-2 接入种子培养基中。种子培养基配方为：葡萄糖 50g，酵母膏 10g，蛋白胨 10g，乙酸钠 0.5g，$MgSO_4 \cdot 7H_2O$ 200mg，$MnSO_4 \cdot 4H_2O$ 10mg，$FeSO_4 \cdot 7H_2O$ 10mg，NaCl 10mg，水 1000mL，pH7.0，115℃灭菌 20～30min，于 30℃培养 2 天，离心沉淀菌体；将上清液除去，换入新鲜培养基，继续培养 2 天，离心沉淀菌体。

将上述接种物接入发酵培养基中。发酵培养基组成为：葡萄糖 150g/L，酵母膏 10g/L，蛋白胨 10g/L，乙酸钠 0.05g/L，$MgSO_4 \cdot 7H_2O$ 200mg/L，$MnSO_4 \cdot 4H_2O$ 10mg/L，$FeSO_4 \cdot 7H_2O$ 10mg/L，NaCl 10mg/L，pH7.0。115℃灭菌 20～30min，于 30℃下进行高浓度培养，连续不断地添加氨水中和，调节 pH 值，使整个培养过程保持 pH7.0。在 24h 内将葡萄糖全部消耗完，在培养基中积累近 150g/L 的 L-乳酸。

为了有利于 L-乳酸的提纯，也可以利用玉米浆来代替培养基中的酵母膏、蛋白胨和有机盐类，即以葡萄糖加适量玉米浆进行乳酸发酵。

七、细菌乳酸发酵工艺小结

1. 营养物质的控制

乳酸细菌大多数都缺乏合成代谢途径，它们的生长和发酵都需要复杂的外源营养物质，如各种氨基酸、维生素、核酸碱基等。具体所需营养成分因菌种和菌株不同而异。据报道，硫胺素（维生素 B_1）可抑制德氏乳杆菌，而核黄素（维生素 B_2）、烟酸和叶酸有促进作用。丙氨酸不能促进保加利亚乳杆菌的乳酸生成，在丙氨酸和甘氨酸存在下，乳酸生成反而减少。对乳酸细菌而言，最重要的营养是可溶性蛋白质、二肽、氨基酸、磷酸盐、铵盐及维生素。在工业生产上，不可能分门别类地添加菌种所需要的营养成分，而是添加含有所需营养成分的天然廉价辅料，如麦根、麸皮、米糠、玉米浆、毛发水解液等。因此，首先需要确定生产菌株使用的辅料，其次是控制辅料的添加量。根据实践经验，对德氏乳杆菌发酵来说，上述几种辅料均可使用。但从提取精制方便和降低成本角度考虑，以麦根和玉米浆为好。

在乳酸发酵中，若添加营养物（辅料）太少，菌体生长缓慢，pH 值变化不活跃，发酵速度很低，残糖高，产量低，周期长；相反，若添加营养物太多，会使菌体生长旺盛，发酵加快，但由于菌体过多地消耗营养物而使发酵产率降低。因此，乳酸菌必须在丰富的种子培养基中多次活化培养，一旦进入发酵，营养物质添加必须控制在生长的亚适量水平。

2. 发酵过程控制

发酵过程的控制要点如下：

① 泡沫 主要控制发酵培养基的装量。

② 温度 德氏乳杆菌和保加利亚乳杆菌控制在50℃左右，可抑制中温型杂菌生长，加之生长活跃的大接种量乳酸菌，产酸迅速，使pH值很快下降，也利于防止杂菌。

③ pH值 将碳酸钙在配制培养基时一次加入，也可以补料分次加入。还可以用氨水、氢氧化钠等作中和剂。发酵pH值控制在5.5～6.5。

④ 搅拌 搅拌和通氮同时进行以维持厌氧条件。

⑤ 补料 分次加糖，维持在30～40g/L，总糖量不宜超过150g/L。

⑥ 发酵终点 乳酸量不再增加，碳酸钙也不再被消耗，pH值基本稳定，醪液变黏，发酵液温度不再上升。

3. 杂菌污染的控制

控制乳酸细菌的乳酸发酵温度为50℃左右，一般杂菌难以在该环境中生存，而使乳酸发酵安全进行。但乳酸发酵是嫌气发酵，发酵罐（池）是敞开或半密闭的。发酵过程中需分批添加碳酸钙并通气搅拌，难免混入大量杂菌。若控制不当，杂菌生长繁殖，则抑制正常乳酸菌的生长和发酵，不但影响乳酸菌产酸率，而且因污染杂菌，尤其是污染产D-乳酸杂菌后，会使产品L-乳酸比例下降。

因此，发酵过程中必须控制杂菌的污染。工业生产上常采用如下措施：

① 加强发酵罐（池）的清洁与灭菌 投料前先检查罐内情况，清除杂物后，用高锰酸钾＋甲醛熏蒸或用其溶液喷刷，灭菌2h，再用水冲洗干净，或用蒸汽灭菌。

② 严格控制发酵温度 每种菌的最适发酵温度是特定的，必须控制好该菌的发酵温度，以保证该菌株的正常发酵而抑制其他杂菌的生长。

③ 加大接种量 在发酵时加大接种量以使生产菌株生长旺盛，占据绝对优势，从而抑制其他杂菌的生长。

八、原位产物分离乳酸发酵工艺简介

乳酸发酵在有机酸生产中是起步较早、发展较成熟的一种生产技术。在乳酸发酵过程中，由于细胞本身所具有的反馈抑制作用，不能过量积累终产物乳酸，一般在pH＜5时发酵即被抑制，此时乳酸产率仅为1.6%左右。为了减轻产物乳酸的抑制作用，通常需要加入碱液（NaOH、氨水、$CaCO_3$）进行中和，使发酵体系pH值维持在6.0～6.5之间。然而，由此产生的过高乳酸盐浓度对细胞的代谢也有抑制作用，造成发酵液中乳酸菌活力下降，从而使发酵周期延长、生产成本提高等。另外，乳酸盐使发酵液后处理操作复杂化：如乳酸提取工艺中常用的钙盐法，乳酸钙结晶细小，结晶过程不易控制，30%乳酸钙残留在结晶母液中不能结晶出来，大量的硫酸钙还会造成环境污染。近年来，随着生物技术的发展，在传统乳酸发酵工艺基础上，为提高产物浓度和转化率，多采用原位产物分离偶联发酵技术来解除最终产物乳酸的抑制作用。

原位产物分离（In Situ Product Removal，简写为ISPR），就是在发酵的同时，选择一种合适的分离方法及时地将对发酵有抑制或毒害作用的产物或副产物选择性原位移走，从而实现产物从其他细胞周围的即时分离。它和发酵有机结合（耦合）即为原位产物分离发酵。目前用于乳酸发酵过程的ISPR技术主要包括：溶剂萃取法、吸附法和膜发酵法（包括渗析、电渗析、中空纤维超滤膜、反渗透膜等）等。

萃取发酵是在发酵过程中利用有机溶液连续萃取出发酵产物，以消除产物抑制的耦合发酵技术。萃取发酵具有能耗低、选择性好及无细菌污染等优点。常用的萃取剂有十二烷醇、油醇。消除萃取剂对细胞毒性的方法有：①用膜将溶液和细胞分开；②细胞固定化；③在固定化载体中包埋植物油，如豆油等。

与间歇发酵相比，双水相萃取方法的生物量和乳酸产量均有明显提高。如将聚乙二醇（PEG）水溶液和羟基醚纤维素（HEC）水溶液加入发酵液中使乳酸和菌体分离，而HEC对德氏乳杆菌的生长无影响。

国外将PVP树脂用于乳酸发酵和分离过程，取得了良好的效果。它对乳酸有较好的选择性、较强的吸附能力，脱附较易，但价格很贵。国内也在这方面进行了广泛的研究。在国产树脂中已有商品化的D354（D301）树脂，其因具有吸附容量大、选择性好的特点而备受青睐，分离效果堪与PVP树脂相媲美。

膜耦合发酵乳酸的实质是将膜分离技术与微生物酶反应耦联的发酵技术。可采用的方法有：使用高浓度细胞以及及时从发酵液中移走抑制性产物。采用不同类型的膜，使用渗析、电渗析、微滤和超滤方法，将发酵过程中的细胞浓缩并循环使用，不断地从发酵罐中移走乳酸，从而提高发酵生产率。此技术有三大优点：①它可将细胞连续不断送回发酵罐，可将乳酸发酵设计为高细胞密度发酵，特别适应于浓糖流加高稀释率的发酵；②它可以连续不断地将乳酸移出发酵罐，减轻了产物抑制作用；③流出发酵罐的产品质量高，不含悬浮固形物，若耦合得当，工艺控制点设定正确，杂质的含量也将会大幅度减少。总之，不仅发酵强度高，糖酸转化率高，而且后续提取纯化加工费用也会降低。膜耦合发酵生产L-乳酸工艺流程如图4-34所示。

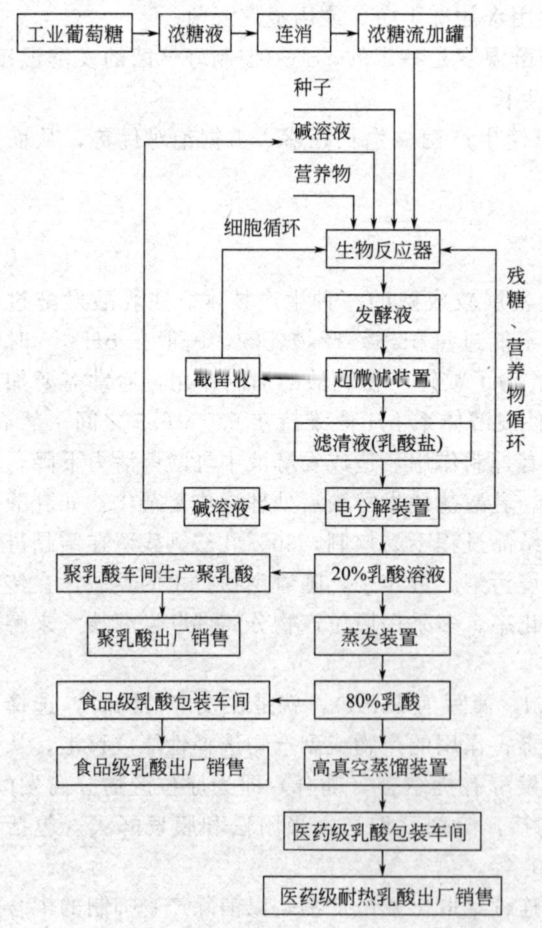

图4-34 膜耦合发酵生产L-乳酸工艺流程

膜法发酵的研究已取得了较好的实验结果：乳酸体积产率每小时30g/L，产品浓度90g/L，使用时间90h，并可得到不含细胞的澄清发酵液。所选用的陶瓷膜材料（将氧化锆涂于碳上）具有较好的机械稳定性，且能耐蒸汽灭菌.

在电渗析发酵（electrodialysis fermentation，EDF）制取乳酸的连续生产中，乳酸浓度高时对膜的吸附会成为限制因素。固定化技术是解决此问题的有效途径。将中空纤维超滤膜和电渗析串联使用，也可避免乳酸菌附着到离子交换膜上而被杀死，干细胞重量增多，活性细胞数目增多，发酵周期缩短，间歇培养速度加快。在电渗析时，如果将乳酸先转成乳酸钠，效果将大为改善。

可以在发酵过程中，通过从培养介质中及时移走乳酸，实现产物的原位分离，减少产物抑制，达到控制pH值的目的，从而提高原料的利用率和产品产率。这对于实现生产效率更高的乳酸连续发酵过程具有重要的意义，是乳酸发酵工业的发展方向。

思考题

1. 简述酵母菌酒精发酵和甘油发酵机制。
2. 乳酸发酵类型有哪些?
3. 白酒固态发酵有何特点?
4. 比较浓香型、清香型、酱香型白酒固态发酵工艺的异同点。
5. 简述大型斜底酒精发酵罐的结构特点，如何进行设计与改进?
6. 双乙酰含量对啤酒质量有什么影响? 如何控制其含量?
7. 啤酒大罐发酵工艺与传统发酵工艺有何不同?
8. 对于大米和薯干等淀粉质原料的乳酸发酵，采用糖化发酵并行式的优点是什么?
9. 什么是原位产物分离乳酸发酵?

参考文献

[1] 王镜岩，朱圣庚，徐长法．生物化学［M］. 第 3 版．北京：高等教育出版社，2002.
[2] 章克昌．酒精与蒸馏酒工艺学［M］．北京：中国轻工业出版社，1995.
[3] 贾树彪，李盛贤，吴国峰．新编酒精工艺学［M］．北京：化学工业出版社，2004.
[4] （德）孔泽（Kunze，W.）著．啤酒工艺实用技术［M］. 湖北啤酒学校翻译组译．北京：中国轻工业出版社，1998.
[5] 顾国贤．酿造酒工艺学［M］. 第二版．北京：中国轻工业出版社，2008.
[6] 周广田．现代啤酒工艺技术［M］. 北京：化学工业出版社．2007.
[7] 肖冬光．白酒生产技术［M］. 北京：化学工业出版社，2005.
[8] 程殿林．啤酒生产技术［M］. 北京：中国轻工业出版社，2005.
[9] 姚汝华．微生物工程工艺原理［M］. 广州：华南理工出版社，1996.
[10] 梁世中．生物工程设备［M］. 北京：中国轻工业出版社，2002.
[11] 王博彦，金其荣．发酵有机酸生产与应用手册［M］. 北京：中国轻工业出版社，2000.

第五章 好氧发酵工艺及设备

【学习目标】

1. 掌握谷氨酸、柠檬酸等好氧发酵产物的合成机制，熟悉谷氨酸发酵生产工艺特点。

2. 熟悉发酵过程中溶解氧、二氧化碳、温度、pH值、补料和泡沫等因素对发酵的影响及控制。

3. 掌握机械搅拌通风发酵罐的结构及通风与溶氧传质特点。

4. 了解气升式发酵罐和自吸式发酵罐的结构特点。

好氧发酵工艺（aerobic fementation technology）是利用好气性微生物在生长发育和代谢活动过程中合成所需要的代谢产物的一种发酵方式。微生物主要通过糖的分解代谢得到各种代谢产物（metabolite），代谢途径包括糖酵解（糖的共同分解途径）和三羧酸循环（糖的最后氧化途径）等。糖经过EMP途径产生丙酮酸，在有氧条件下丙酮酸进入线粒体，脱氢和脱羧生成乙酰CoA，在TCA循环中脱氢，并氧化形成CO_2、H_2O或者其他各种代谢产物，$NADH_2$经呼吸链将氢传递给氧生成水；乙酰CoA在生物合成过程中作为C_2化合物加以利用，形成脂肪等代谢产物。

溶解氧（DO）是需氧微生物生长所必需，往往是限制性因素。在28℃时，空气在发酵液中的饱和浓度只有0.25mmol/L左右，比糖的溶解度小7000倍。在对数生长期即使发酵液中的溶解氧能达到100%空气饱和度，若此时中止供氧，发酵液中溶解氧可在几秒（分）钟之内便耗竭。

第一节 好氧发酵产物的合成机制

好氧性发酵（aerobic fementation）是指在发酵过程中需要不断地通入一定量的空气。好氧发酵产物是好气性微生物在生长发育和代谢活动过程中合成的。在发酵过程中必须供给适量无菌空气，才能使菌体生长繁殖积累所需要的代谢产物。如利用黑曲霉进行柠檬酸的发酵、利用棒状杆菌进行谷氨酸的发酵、利用黄单胞菌进行黄原胶多糖的发酵等都属于好氧发酵。

一、谷氨酸发酵机制

根据发酵需氧要求不同可将氨基酸分为三类：

① 谷氨酸、谷氨酰胺、精氨酸和脯氨酸等谷氨酸系氨基酸。它们在菌体呼吸充足的条件下，产量最大，如果供氧不足，氨基酸合成就会受到强烈的抑制，大量积累乳酸和琥珀酸。

② 异亮氨酸、赖氨酸和苏氨酸、天冬氨酸，即天冬氨酸系氨基酸。供氧充足可得最高

产量，但供氧受限，产量受影响并不明显。

③ 亮氨酸、缬氨酸和苯丙氨酸。仅在供氧受限、细胞呼吸受抑制时，才能获得最大量的氨基酸，如果供氧充足，产物形成反而受到抑制。氨基酸合成的需氧程度之所以产生上述的差别，是由于它们的生物合成途径不同所造成的。

谷氨酸（glutamic acid）非人体必需氨基酸，但它参与许多代谢过程，因而具有较高的营养价值，在人体内，谷氨酸能与血氨结合生成谷氨酰胺，解除组织代谢过程中所产生的氨毒害作用，可作为治疗肝病的辅助药物。此外，谷氨酸还参与脑蛋白代谢和糖代谢，对改进和维持脑功能有益。谷氨酸发酵工业是利用微生物的生长和代谢活动生产谷氨酸的现代工业，谷氨酸发酵是典型的代谢控制发酵，是微生物的中间代谢产物，它的积累是建立于对微生物正常代谢的抑制。也就是说，发酵的关键是取决于其控制机制是否能够被解除，是否能打破微生物的正常代谢调节，人为地控制微生物的代谢。谷氨酸的生物合成途径包括 EMP 途径、HMP 途径、TCA 循环、乙醛酸循环和 CO_2 固定反应。

（一）谷氨酸产生菌

我国使用的谷氨酸生产菌株是北京棒杆菌（*Corynebacterium pekinenese* n. sp.）AS1. 299、北京棒杆菌 D110、钝齿棒杆菌（*Corynebacterium crenatum* n. sp）AS1. 542、棒杆菌 S-914 和黄色短杆菌 T6～13（*Brevibacterium flavum*）等。

从细菌的鉴定和分类的结果来看，现有谷氨酸生产菌分属于棒状杆菌属、短杆菌属、小杆菌属及节杆菌属，但是它们在形态及生理方面主要有以下特征：①细胞形态为球形、棒形至短杆形；②革兰氏染色阳性，无芽孢，无鞭毛，不能运动；③都是需氧型微生物；④都是生物素缺陷型；⑤脲酶强阳性；⑥不分解淀粉、纤维素、油脂、酪蛋白及明胶等；⑦发酵中菌体发生明显的形态变化，同时发生细胞膜渗透性的变化；⑧ CO_2 固定反应酶系活力强；⑨柠檬酸裂解酶活力欠缺或微弱，乙醛酸循环弱；⑩α-酮戊二酸氧化能力缺失或微弱；⑪还原型辅酶Ⅱ（$NADPH_2$）进入呼吸链能力弱；⑫柠檬酸合成酶、乌头酸梅、异柠檬酸脱氢酶以及谷氨酸脱氢酶活力强；⑬能利用醋酸，不能利用石蜡；⑭具有向环境中释放谷氨酸的能力；⑮不分解利用谷氨酸，并能耐高浓度的谷氨酸，产谷氨酸 5％以上。

（二）谷氨酸合成途径

谷氨酸产生菌中谷氨酸的生物合成途径包括糖酵解途径（EMP）、磷酸己糖途径（HMP）、三羧酸循环（TCA 循环）、乙醛酸循环、伍德-沃克曼反应（CO_2 固定反应）等。葡萄糖经过 EMP（主要）和 HMP 途径生成丙酮酸，其中一部分氧化脱羧生成乙酰 CoA 进入 TCA 循环，另一部分固定 CO_2 生成草酰乙酸或苹果酸，草酰乙酸与乙酰 CoA 在柠檬酸合成酶催化下，合成柠檬酸，再经过氧化还原共轭的氨基化反应生成谷氨酸（图 5-1）。

由葡萄糖发酵生成谷氨酸的理想途径如图 5-2。

在理想的发酵情况下，反应按下式进行：

$$C_6H_{12}O_6 + NH_3 + 1.5O_2 \longrightarrow C_5H_9O_4N + CO_2 + 3H_2O$$

1mol 葡萄糖可以生成 1mol 的谷氨酸。理论收率为 81. 7％。

上式中，四碳二羧酸是 100％通过 CO_2 固定反应供给。倘若 CO_2 固定反应完全不起作用，丙酮酸在丙酮酸脱氢酶的催化作用下，脱氢脱羧全部氧化成乙酰 CoA，通过乙醛酸循环供给四碳二羧酸。反应如下：

$$3C_6H_{12}O_6 \longrightarrow 6\ \text{丙酮酸} \longrightarrow 6\ \text{乙酸} + 6CO_2$$

$$6\ \text{乙酸} + 2NH_3 + 3O_2 \longrightarrow 2C_5H_9O_4N + 2CO_2 + 6H_2O$$

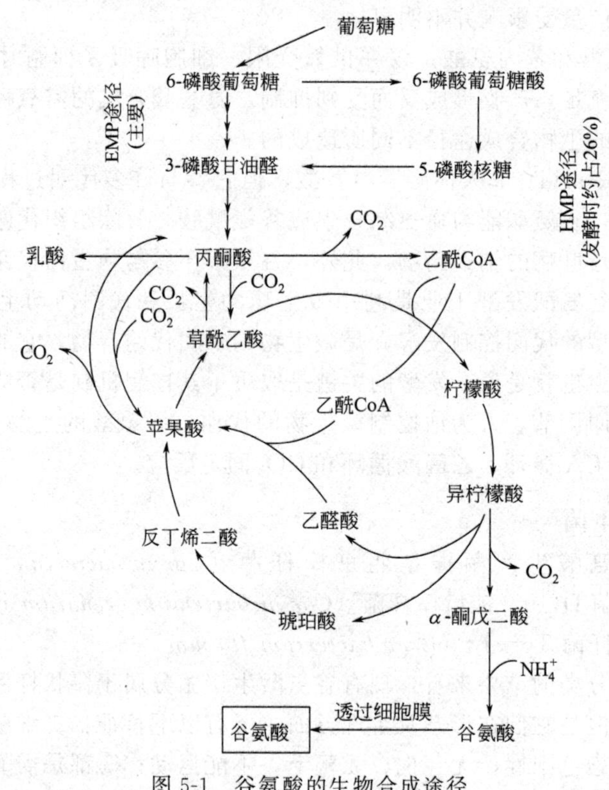

图 5-1 谷氨酸的生物合成途径

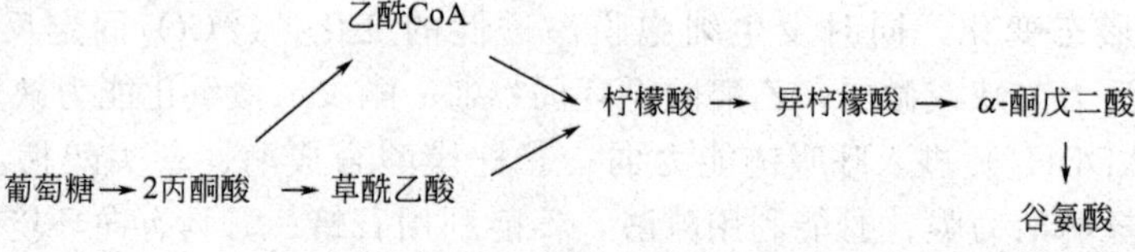

图 5-2 葡萄糖发酵生成谷氨酸

理论收率仅为54.4%。实际进行谷氨酸发酵时，由于菌体生长、副产物生成、生物合成消耗的能量等均消耗了一部分糖，所以实际收率处于中间值，即54.4%~81.7%。换言之，当以葡萄糖为碳源时，CO_2固定反应与乙醛酸循环的比率，对谷氨酸产率有影响，乙醛酸循环活性越高，谷氨酸收率越低。

（三）谷氨酸生物合成代谢调节

谷氨酸比天冬氨酸优先合成，谷氨酸合成过量后，谷氨酸的生物合成受其自身的反馈抑制和阻遏，代谢转向合成天冬氨酸。磷酸烯醇式丙酮酸羧化酶是催化 CO_2 固定的关键酶，受谷氨酸的反馈抑制。柠檬酸合成酶是三羧酸循环的关键酶，除受能荷调节外，还受谷氨酸的反馈阻遏。谷氨酸脱氢酶受谷氨酸的反馈抑制和阻遏。

1. 控制谷氨酸发酵的关键代谢调控

（1）完全氧化能力降低　控制生物素亚适量，丙酮酸氧化能力减弱，CO_2 固定反应增强，乙醛酸循环减弱，产酸期间几乎没有异柠檬酸裂解酶，加之琥珀酸氧化力微弱，脱羧反应停滞，在铵离子适宜的条件下，大量积累谷氨酸，反之倾向完全氧化。

（2）蛋白质合成能力降低　在生物素贫乏条件下，α-酮戊二酸氧化能力减弱，完全氧化减少，三磷酸腺苷（ATP）的生成减少，能荷降低，导致蛋白质合成作用停止。

(3) 环境条件对谷氨酸合成的调节　正常条件下，谷氨酸并不积累。当发酵条件、环境因素发生改变时，会影响控制代谢有关酶的合成及其活性，菌体的生物代谢也会发生变化，从而导致发酵转变方向，谷氨酸积累量减少，而其他副产物积累量增加，产生不同的发酵产物。所以在谷氨酸的发酵中，要根据菌种的内在因素，控制适宜的环境条件，使谷氨酸生产菌发挥优良性能，达到高产的目的。谷氨酸发酵受菌种的生理特征和环境条件的影响，对专性好氧菌来说，环境条件的影响更大。表 5-1 示出了谷氨酸生产菌因环境条件改变而引起的发酵转换，这也就是说谷氨酸发酵是人为地控制环境条件而使发酵发生转换的一个典型例子。

表 5-1　谷氨酸生产菌因环境条件改变引起的发酵转换

环境因子	发酵产物转换
溶解氧	乳酸或琥珀酸⇌谷氨酸⇌α-酮戊二酸 （通气不足）　（适中）　（通气过量，转速过快）
NH_4^+	α-酮戊二酸⇌谷氨酸⇌谷氨酰胺 （缺乏）　（适量）　（过量）
pH 值	谷氨酰胺，N-乙酰谷氨酰胺⇌谷氨酸 （pH5～8，NH_4^+ 过多）（中性或微碱性）
磷酸	缬氨酸 ⇌ 谷氨酸 （高浓度磷酸盐）（磷酸盐适中）
生物素	乳酸或琥珀酸 ⇌ 谷氨酸 （过量）　（限量）
生物素、醇类、NH_4Cl	脯氨酸 ⇌ 谷氨酸 （生物素 50～100μg/L）　正常条件生物素亚适量 NH_4Cl 6% 乙醇 1.5%～2%

(4) 增加细胞膜对谷氨酸的渗透性　在发酵过程中，控制使用那些影响细胞膜通透性的物质，有利于代谢产物分泌出来，从而避免了末端产物的反馈调节，有利于提高发酵产量。以葡萄糖为原料，利用谷氨酸棒状杆菌发酵生产谷氨酸时，谷氨酸生产菌为 α-酮戊二酸脱氢酶缺失突变株，当谷氨酸的合成达到 50mg/g 干细胞时，由于反馈调节作用，谷氨酸的合成便终止。如果改变细胞膜通透性，使胞内代谢产物谷氨酸渗透到胞外，有利于提高发酵产量。所以代谢产物的细胞渗透性是氨基酸发酵必须考虑的重要因素。这是关键的控制机制，因为生物素影响细胞膜磷脂的合成，从而使膜的渗透性发生变化。在低生物素的情况下，细胞膜能使谷氨酸渗透到培养基中，由于谷氨酸向外渗透，胞内浓度降低，又有利于反应向合成谷氨酸的方向进行，不断合成，又不断向外渗透，使谷氨酸大量积累。

2. 谷氨酸生物合成的内在因素

(1) α-酮戊二酸（α-KGA）脱氢酶活性微弱或丧失　A-KGA 是菌体进行 TCA 循环的中间产物，在 α-KGA 脱氢酶的作用下氧化脱羧生成琥珀酰辅酶 A，由 α-KGA 进行还原氨基化生成谷氨酸（GA）的可能性很少。只有当体内 α-KGA 脱氢酶活性很低时，TCA 循环才能够停止，α-KGA 才得以积累。

(2) 谷氨酸产生菌体内的 NADPH 再氧化能力欠缺或丧失　NADPH 是 α-KGA 还原氨基化生成 GA 的必需物质，而且该还原氨基化所需要的 NADPH 是与柠檬酸氧化脱羧相偶联的。由于 NADPH 再氧化能力欠缺或丧失，使得体内的 NADPH 有一定的积累，NADPH 对于抑制 α-KGA 的脱羧氧化有一定的意义。

(3) 谷氨酸生产菌体内必须有乙醛酸循环（DCA）的关键酶——异柠檬酸裂解酶 该酶是一种调节酶，或称为别构酶，其活性可以通过某种方式进行调节。通过该酶酶活性的调节来实现DCA循环的封闭，DCA循环的封闭是实现GA发酵的首要条件。

(4) 菌体有较强的L-谷氨酸脱氢酶活性 实质上谷氨酸产生菌体内L-谷氨酸脱氢酶的活性都很强。该反应的关键是与异柠檬酸脱羧氧化相偶联。

3. 细胞膜渗透性（membrane permeability）的控制方法

对于谷氨酸发酵来说，生物素是谷氨酸发酵的关键物质。当细胞内的生物素水平高时，谷氨酸不能透过细胞膜，因而得不到谷氨酸。谷氨酸发酵生产中，谷氨酸生产菌属于生物素缺陷型菌种，生物素作为脂肪酸生物合成最初反应的关键酶乙酰CoA羧化酶的辅酶，参与了脂肪酸的合成，进而影响磷脂的合成。当磷脂合成减少到正常量的一半左右时，细胞变形，谷氨酸向膜外漏出，积累于发酵液中。因而可以通过限量控制生物素的含量，也就是通过控制生物素亚适量，提高细胞膜的渗透性。在发酵的前期，满足细胞的生长，合成完整的细胞膜；中期生物素耗尽，细胞膜合成不完整，完成长菌型细胞向产酸型细胞的转变，细胞膜的渗透性增加，使得谷氨酸渗透到细胞外，在细胞内谷氨酸达不到引起反馈调节的程度，从而使谷氨酸能够源源不断被优先合成。

(1) 化学控制方法

第一种方法是控制磷脂的合成，导致形成磷脂合成不足的不完全的细胞膜。具体可分为四类：

① 生物素缺陷型 使用生物素缺陷型菌株进行谷氨酸发酵时，必须限制发酵培养基中生物素的浓度。

② 添加表面活性剂（如吐温60）或饱和脂肪酸 使用生物素过量的糖蜜原料发酵生产谷氨酸时，通过添加表面活性剂（如吐温60）或是高级饱和脂肪酸及其亲水聚醇酯类，同样能清除渗透障碍物，积累谷氨酸。

③ 油酸缺陷型 使用油酸缺陷型菌株进行谷氨酸发酵时，必须限制发酵培养基中油酸的浓度。

④ 甘油缺陷型 使用甘油缺陷型菌株进行谷氨酸发酵时，必须限制发酵培养基中甘油的浓度。

第二种方法是阻碍谷氨酸菌细胞壁的合成，形成不完全的细胞壁，进而导致形成不完全的细胞膜。例如，在发酵对数生长期的早期添加青霉素或头孢霉素C等抗生素，在生长的什么阶段添加青霉素是影响产酸的关键。必须要在增殖过程的适当时期添加，并且必须在添加后再进行一定的增殖。

(2) 物理控制方法 利用温度敏感性突变株进行谷氨酸发酵时，由于仅控制温度就能实现谷氨酸生产，所以把这种新工艺称为物理控制方法。

(3) 强制控制工艺的要点 采用“强制控制工艺”，通过添加青霉素、头孢霉素C或添加表面活性剂（如吐温60）的方法，或者利用温度敏感性突变株进行谷氨酸发酵。发酵时在菌种生长的什么阶段添加抗生素、表面活性剂及饱和脂肪酸是影响产酸的关键。必须控制好添加的时间与添加浓度，必须在药剂添加后再次进行适度的增殖，完成谷氨酸非积累型细胞的转变（细胞伸长、膨大等变形），此转移期是非常重要的。完成谷氨酸非积累型细胞向谷氨酸积累型细胞的转变，细胞膜合成不完全，细胞伸长、膨大，有利于谷氨酸外排。

二、柠檬酸发酵机制

柠檬酸（citric acid）又称为枸橼酸，是目前由微生物发酵生产应用最为广泛、产量最高的有机酸。主要应用于食品、饮料、医药、化妆品、洗涤剂、建材等领域。最早的柠檬酸是从柠檬中提取的，故命名为柠檬酸。世界上最早的发酵法柠檬酸生产是在 1923 年的比利时，采用浅盘法发酵生产。我国 1953 年刚开始也是采用浅盘法发酵生产柠檬酸；1960 年后，开始采用液体深层发酵法生产柠檬酸。我国柠檬酸产量已经位居世界第一，技术上也是处于世界领先水平，并远远领先于其他国家。

目前一般采用黑曲霉在有氧条件下利用糖类、乙醇和醋酸等作为原料发酵生产柠檬酸，这是一个非常复杂的生理生化过程。对柠檬酸的发酵机理长期以来基于假设，直到酵母菌酒精发酵机制被揭示以后。Krebs 等许多科学家发现了黑曲霉中存在 TCA 循环所有的酶，柠檬酸发酵机制才被认识。按照正常的微生物菌体的代谢规律，黑曲霉并不能够积累柠檬酸，而是柠檬酸进入 TCA 循环，被彻底氧化。柠檬酸产生菌之所以能够大量积累柠檬酸，其产生菌菌种必须具备一定的内在因素：在柠檬酸产生菌——黑曲霉的 TCA 循环途径中，合成柠檬酸的两种酶（丙酮酸羧化酶和柠檬酸合成酶）基本上不受代谢调节的控制或极微弱；而分解柠檬酸的各种酶（主要是顺乌头酸酶、异柠檬酸脱氢酶）活性丧失或非常微弱；这样就使黑曲霉具备了合成并积累一定量的柠檬酸的内在条件。因此，要想大量地合成柠檬酸，追求柠檬酸的高产率，还需要解决柠檬酸合成过程中的代谢调节与控制的问题。

（一）柠檬酸产生菌

1893 年，韦默尔发现青霉属、毛霉属的真菌能发酵糖液生成柠檬酸，后又陆续分离出很多种产生柠檬酸的真菌和细菌。其中发酵碳水化合物的有黑曲霉、泡盛曲霉、温特曲霉、宇佐美曲霉和斋藤曲霉等。以糖质为原料的柠檬酸工业生产主要使用黑曲霉，并普遍采用深层发酵工艺；而以正烷烃为原料合成柠檬酸是利用酵母为生产菌种的。

国内外学者一致认为黑曲霉（*Aspergillus niger*）是生产柠檬酸的最佳菌种。黑曲霉具有多种较强的酶系，最大特点在于它边长菌、边糖化、边发酵产酸，可直接利用淀粉。最适生长 pH 值一般为 3～7，最适产酸 pH 值 1.8～2.5。最适生长温度 33～37℃，最适产酸温度 28～37℃，温度过高则易形成杂酸。

黑曲霉作为高产柠檬酸菌株一般具有以下特征：

① 在以葡萄糖为唯一碳源的培养基上生长不太好，形成的菌落较小，形成孢子的能力也较弱。

② 能耐受高浓度的葡萄糖并产生大量酸性 α-淀粉酶和糖化酶，即使在低 pH 值下两种酶仍具有大部分活力。

③ 能耐高浓度柠檬酸，但不能利用和分解柠檬酸。

④ 能抗微量金属离子，特别是抗 Mn^{2+}、Zn^{2+}、Cu^{2+} 和 Fe^{2+} 等金属离子。

⑤ 在摇瓶和深层液体培养时能产生大量细小的菌丝球。

⑥ 具有旁系呼吸链活性，利用葡萄糖时不产生或少产生 ATP。

（二）柠檬酸合成途径

柠檬酸的合成被认为是葡萄糖经 EMP 途径生成丙酮酸，在有氧的条件下，一方面丙酮酸氧化脱羧生成乙酰 CoA，另一方面丙酮酸羧化生成草酰乙酸，草酰乙酸与乙酰 CoA 在柠檬酸合成酶的作用下缩合生成柠檬酸。

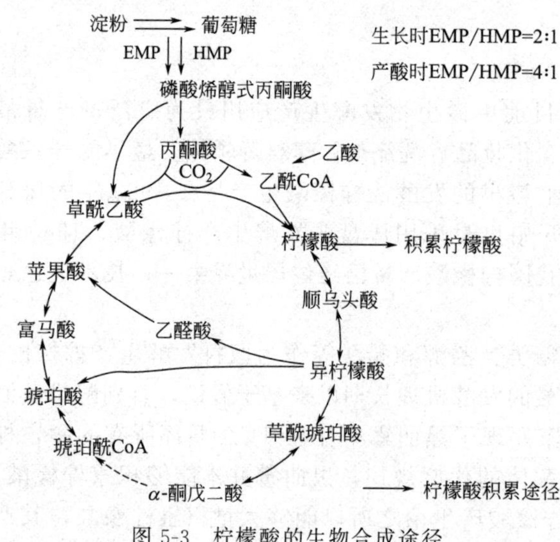

图 5-3　柠檬酸的生物合成途径

细胞的正常代谢途径都遵循细胞经济学原理并受调控系统的精确控制，中间产物一般不会超常积累。因此，在三羧酸循环中，要使柠檬酸大量积累，就必须解决两个基本问题：第一，设法阻断代谢途径，即使柠檬酸不能继续代谢，实现积累；第二，代谢途径被阻断之后的产物，必须有适当的补充机制，满足代谢活动的最低需求，维持细胞生长，才能维持发酵持续进行。柠檬酸的生物合成途径如图 5-3 所示。

在柠檬酸积累的条件下，三羧酸循环已被阻断，不能由此来提供合成柠檬酸所需要的草酰乙酸，必须由另外途径来提供草酰乙酸。研究证实，草酰乙酸是由丙酮酸（PYR）或磷酸烯醇式丙酮酸（PEP）羧化生成的。Johnoson 认为，黑曲霉有两种 CO_2 固定酶系，两种系统均需 Mg^+、K^+：其一是丙酮酸（PYR）在丙酮酸羧化酶作用下羧化，生成草酰乙酸；其二是磷酸烯醇式丙酮酸（PEP）在 PEP 羧化酶的作用下羧化，生成草酰乙酸。这两种酶中，丙酮酸羧化酶对 CO_2 固定酶的固定反应作用更大，已从黑曲霉中提纯获得此酶，并证实该酶是组成型酶。在黑曲霉中不存在苹果酸酶，故不可能由此催化丙酮酸还原羧化生成苹果酸。

（三）柠檬酸生物合成中的代谢调节与控制

柠檬酸积累的代谢调节见图 5-4 所示。

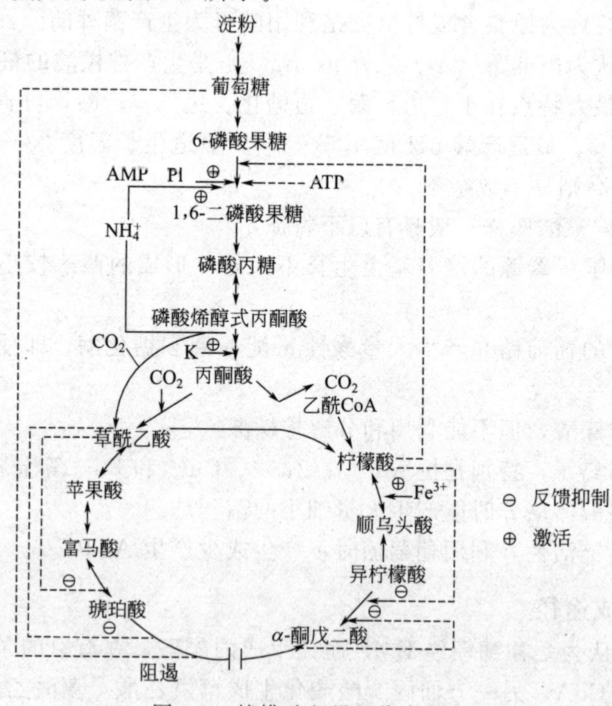

图 5-4　柠檬酸积累的代谢调节

1. 磷酸果糖激酶（PFK）活性的调节

PFK是一种调节酶或者称之为关键酶，其酶活性受到柠檬酸的强烈抑制，这种抑制必须解除。微生物体内的NH_4^+可以解除柠檬酸对PFK的这种反馈抑制作用，在较高的NH_4^+浓度下，细胞可以大量形成柠檬酸。

2. Mn^{2+}的调节

柠檬酸产生菌黑曲霉如果生长在Mn^{2+}缺乏的培养基中，NH_4^+浓度异常高，可达到25mmol/L。显然，由于Mn^{2+}的缺乏，使得微生物体内NH_4^+浓度升高，进而解除了柠檬酸对PFK活性的抑制作用，使得葡萄糖源源不断地合成大量柠檬酸。

3. 顺乌头酸酶活性的控制

该酶的丧失或失活是阻断TCA循环，大量生成柠檬酸的必要条件。通常柠檬酸产生菌体内该酶的活性本身就要求很弱，但在发酵过程中仍需要控制它的活性。由于该酶的活性受到Fe^{2+}的影响，控制培养基中Fe^{2+}的浓度，可以使该酶失活。

Fe^{3+}直接影响菌体生长和柠檬酸的产量，菌体生长阶段需要较高浓度的Fe^{3+}，但当进入柠檬酸分泌期，则Fe^{3+}的需求量仅为0.05～0.5mg/kg。

4. 及时补加草酰乙酸

给培养液中添加草酰乙酸，这种方式常不经济，另外就是使用回补途径旺盛的菌种，保证草酰乙酸的及时补充。

5. 溶氧浓度（能荷调节）对柠檬酸发酵的影响

柠檬酸产生菌可以在有氧的条件下大量生成柠檬酸，也就是说，既使NADH被氧化了，又没有产生ATP，这是因为标准呼吸链的作用。能够正常产生ATP的呼吸链称之为标准呼吸链。标准呼吸链的存在使得菌体在代谢过程中产生了大量的ATP，用于菌体自身的生长，这种现象，在生产上通常称之为只长菌不产酸，大量的葡萄糖被消耗了，却没有生产出柠檬酸。大量的实验证明，在用于柠檬酸发酵的黑曲霉中，确实存在一条这样的侧系呼吸链，该侧系呼吸链中的酶系强烈需氧。如果在柠檬酸的发酵过程中，发酵液的溶氧浓度在很低的水平维持一段时间，或者在这期间中断供氧一段时间，则这一侧系呼吸链不可逆地失活，就会导致柠檬酸产率的急剧下降，而对菌体生长并无负的影响，结果是菌体不再产酸，而是产生了大量的菌体。这种现象可以解释为，NADH通过标准呼吸链氧化产生ATP，会抑制磷酸果糖激酶，而通过侧系呼吸链氧化不产生ATP，缺氧（即使很短暂）会导致侧系呼吸链的不可逆失活，从而导致产酸下降而并不有害于菌体生长。因此，发酵中必须维持高浓度溶氧。

（四）柠檬酸发酵的产率

葡萄糖经过EMP途径生成丙酮酸后，丙酮酸在丙酮酸脱羧酶的作用下生成了乙酰辅酶A（$CH_3CO\text{-}CoA$），则合成1分子柠檬酸需要3分子$CH_3CO\text{-}CoA$，也就是需要1.5分子葡萄糖，此时，柠檬酸的产率：

$$\frac{192}{1.5\times180}\times100\%=71.1\%$$

如果丙酮酸通过CO_2固定反应生成1分子的C_4二羧酸，那么合成1分子的柠檬酸需要1分子的葡萄糖，可以大大提高产率。

通过CO_2固定反应提供C_4二羧酸：

$$\frac{192}{180}\times100\%=106.6\%$$

$$C_6H_{12}O_6 \longrightarrow C_6H_8O_7 \quad (\text{C 没有增加})$$

参与 CO_2 固定反应的酶有磷酸烯醇式丙酮酸羧化酶和丙酮酸羧化酶，两种 CO_2 固定反应所需要的辅酶都是生物素。

在柠檬酸发酵过程中，柠檬酸积累机理可概括如下：

(1) 要使 EMP 畅通无阻必须控制 Mn^{2+}、NH_4^+ 浓度，解除柠檬酸对 PFK 的抑制控制溶氧，防止侧系呼吸链失活。

(2) 丙酮酸氧化脱羧生成乙酰 CoA 和 CO_2 固定两个反应平衡，以及柠檬酸合成酶不被调节，增强了合成柠檬酸能力。

(3) 柠檬酸继续代谢的酶活性丧失或很低，控制培养基中 Fe^{2+} 的浓度。

(4) 在低 pH 值时，顺乌头酸水合酶和异柠檬脱氢酶失活，从而进一步促进了柠檬酸自身的积累。

三、其他好氧发酵产物的合成

(一) 核苷酸发酵

核苷酸（nucleotide）由碱基、核糖、磷酸组成。核苷酸类中的肌苷酸（IMP）、鸟苷酸（GMP）、黄苷酸（XMP）呈强鲜味。如：肌苷酸钠比味精鲜 40 倍，鸟苷酸钠比味精鲜 160 倍。当核苷酸与氨基酸类物质混合使用时，鲜味不是简单地叠加，而是成倍地提高。

1. 核苷酸的生物合成途径

核苷酸在细胞内合成有两条基本途径：

(1) 从头合成途径（Denovo 途径） 肌苷酸（IMP）的生物合成途径也称 Denovo 途径，是从枯草芽孢杆菌代谢中研究得出的。葡萄糖经 HMP 途径合成 5′-磷酸核糖后，再经 11 步酶促反应合成肌苷酸。从肌苷酸开始分出两条环形路线：一条经过黄苷酸（XMP）合成鸟苷酸（GMP）；另一条经过腺苷酸基琥珀酸（SAMP）合成腺苷酸（AMP）(图 5-5)。

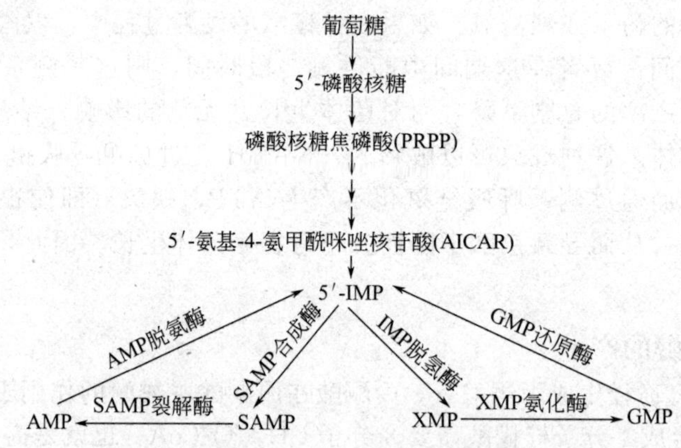

图 5-5 嘌呤核苷酸生物合成

(2) 补救合成途径（salvage synthesis） 微生物从培养基中取得完整的嘧啶和嘌呤、戊糖、磷酸，通过酶作用直接合成单核苷酸。当全生物合成途径受阻时，微生物可通过此途径合成核苷酸。

① 嘌呤（尿嘧啶）与 PRPP 在磷酸核糖转移酶的作用下合成核苷酸（嘌呤核苷酸以此为主）。

② 碱基（尿嘧啶）与核糖-1-磷酸在核糖磷酸化酶作用下合成核苷（嘧啶核苷酸以此为主）。核苷（尿苷）与 ATP 核苷酸在核苷（磷酸）激酶作用下合成胞嘧啶。

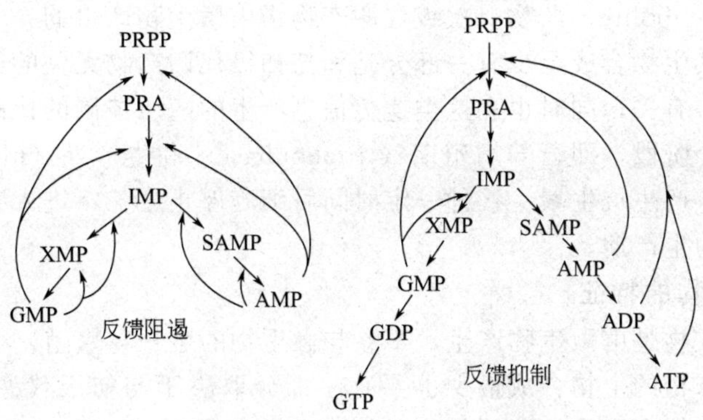

图 5-6　嘌呤核苷酸合成代谢的调控

2. 核苷酸生物合成的代谢调控（图 5-6）

嘌呤核苷酸生物合成的最初反应是在谷氨酰胺的参与下，由磷酸核糖焦磷酸（PRPP）生成 5′-磷酸核糖胺（PRA）的反应。该反应由 PRPP 转酰胺酶催化，该酶受腺苷酸（AMP）、鸟苷酸（GMP）及 ATP 的反馈抑制，同时也受 AMP 和 GMP 的阻遏。鸟苷酸还反馈抑制由肌苷酸生成黄苷酸（XMP）的肌苷酸脱氢酶。不仅如此，腺苷酸、鸟苷酸又对合成它们自身的大部分酶有阻遏作用。

两类抑制剂与 PRPP 转酰胺酶的不同部位结合，显示出抑制作用。嘌呤核苷酸可分为 6-羟基嘌呤核苷酸（如 GMP、IMP 等）以及 6-氨基嘌呤核苷酸（如 ADP、AMP 等）两种类型。当同时添加多种而又属同类型的嘌呤核苷酸时，它们的抑制作用不会超过各同类核苷酸单独添加时的作用，但是，如果添加如 GMP＋AMP 或 IMP＋ADP 两种不同类型的嘌呤核苷酸，它们就会起到协同抑制的作用，这种现象可理解为两类抑制物质是分别在酶的不同变构部位上与酶结合而显示出抑制作用的。既然 GMP 和 AMP 一起能阻遏 PRPP 转酰胺酶的形成，那么，当腺嘌呤和鸟嘌呤两者都过量存在时，就有可能阻遏该酶合成。如果限制腺嘌呤和鸟嘌呤的添加量，不使它们过剩，就可避免对该酶的阻遏作用。

IMP 脱氢酶受 GMP 的反馈抑制与阻遏，GMP 还原酶受 ATP 的反馈抑制，SAMP 合成酶受 AMP 的反馈抑制，AMP 脱氨酶受 GTP 的反馈抑制。GTP 是 SAMP 合成 AMP 反应的供能体，ATP 是 XMP 合成 GMP 反应的供能体，我们可以通过适当的方法来改变代谢流向，达到积累某一代谢产物的目的。例如当提高细胞中的 GMP 水平时，从 IMP 开始的代谢流就移向 GMP→GDP→GTP，结果由 GTP 供能的 SAMP→AMP 反应变得活跃，这样 IMP 自动转向合成 AMP；反之，当将细胞内的 AMP 水平提高时，AMP→ADP→ATP 的代谢流变得活跃，结果促进了由 ATP 供能的 XMP 合成 GMP 的反应，这样，IMP 开始的代谢流就自动转向合成 GMP。

另一方面，核苷酸的代谢也与组氨酸的生物合成有关。5-氨基-4-氨甲酰咪唑核苷酸（AICAR）→IMP→AMP→磷酸核糖腺三磷（PRATP）→AICAR 形成一个循环，其中 PRATP 也可经甘油磷酸生成组氨酸，循环一次可生成 1 分子的组氨酸，而组氨酸又对 ATP→PRAT 的反应有反馈抑制作用，所以当培养基中有过量的组氨酸存在时，AMP 就不再走 AMP→ATP→PRAT→AICAR→IMP 的途径。因此，在生产 IMP 的培养基中不能有过量的组氨酸存在。

（二）抗生素发酵

抗生素（antibiotics）是从糖代谢或氨基酸合成代谢途径中分支出来形成的，属于次级代谢（secondary metabolite）产物。次级代谢产物指由微生物产生的，与微生物生长和繁殖无关的一类物质。其生物合成至少有一部分是和与初级代谢产物无关的遗传物质（包括核内和核外的遗传物质）有关，同时也和这类遗传信息产生的酶所控制的代谢途径有关。次级代谢产物发酵经历两个阶段，即营养增殖期（trophophase）和生产期（idiophase），如在菌体活跃增殖阶段几乎不产生抗生素。接种一定时间后细胞停止生长，进入到恒定期才开始活跃地合成抗生素，称为生产期。

1. 次级代谢产物的特征

（1）次级代谢产物是由微生物产生，不参与微生物的生长与繁殖。

（2）次级代谢产物的生物合成最少也要有一部分取决于与初级代谢产物无关的遗传物质，并与由这类遗传信息形成的酶所催化的代谢途径有关。

（3）它的生产大多数是基于菌种的特异性来完成的。

（4）次级代谢产物发酵经历两个阶段，即营养增殖期和产物形成期。如在菌体活跃增殖阶段几乎不产生抗生素，待到细胞停止生长，进入到恒定期，才开始活跃地合成抗生素，成为生产期。

（5）一般同时产生结构上相类似的多种副组分。

（6）生产能力受微量金属离子（Fe^{2+}、Fe^{3+}、Mn^{2+}、Co^{2+}、Zn^{2+}）和磷酸盐等无机离子的影响。

（7）在多数条件下，增加前体是有效的。

（8）次级代谢酶的底物特异性在某种程度上说是比较广的。若提供底物结构类似物，则可得到与天然物不同的次级代谢物。

（9）培养温度过高或菌种移殖次数过多，使抗生素生产能力下降，可能的原因是参与抗生素合成的菌种的质粒脱落。

（10）可通过多种中间体和途径来获得同一种产物。

2. 抗生素的生物合成途径

抗生素的生物合成途径是比较复杂的，目前有许多抗生素的生物合成途径尚不清楚，还有许多是属于推测性的。通过对已知抗生素的生物合成途径的研究，初步表明抗生素的生物合成是由几种初级代谢产物形成的，也就是说，初级代谢途径提供合成抗生素的前体物质，如内酰胺类抗生素是由氨基酸合成其母核的。在菌体代谢过程中，有些营养物质（如糖、蛋白质、脂类、核酸等）代谢的中间体既可以用来合成初级代谢产物，又可以生成次级代谢产物，我们把这类中间体称做分叉中间体。如：糖经过 EMP 途径或 HMP 途径生成乙酰辅酶 A，进一步成丙二酰辅酶 A，在初级代谢中经过脂肪酸合成酶系的催化作用合成脂肪酸，而在次级代谢中则经重新缩合环化等生化反应，形成四环素、土霉素或其他类似抗生素。由此可见，次级代谢途径不是孤立存在的，而是与初级代谢途径密切相关。

3. 抗生素的代谢调节机制

在抗生素的生物合成过程中，由于存在极为复杂的生物化学过程，也就存在极为复杂的调节与控制机制。

（1）初级代谢对次级代谢的调节　次级代谢产物的合成途径并不是独立存在的，而是与初级代谢产物合成途径间存在着紧密的联系。次级代谢产物往往都是以初级代谢产物为母体衍生而来的，而且催化特殊次级代谢产物合成反应的酶也可以从那些初级代谢途径的酶演化而来。因此，微生物的初级代谢对次级代谢具有调节作用。当初级代谢和次级代谢具有共同的合成途径时，初级代谢的终产物过量，往往会抑制次级代谢的合成，这是因为这些终产物抑制了在次级代谢产物合成中重要的分叉中间体的合成。如赖氨酸和青霉素的生物合成过程中有共同中间体 α-氨基己二酸，当培养液中赖氨酸过量时，则抑制 α-氨基己二酸的合成，进而影响到青霉素的合成。

（2）菌体由生长型到产物积累型的转变　在大多数的情况下，初级代谢产物的合成与菌体的生长是同步进行的（GA 酸等除外）；而次级代谢产物的合成，只有在菌体完成增殖并停止生长以后，才生成次级代谢产物。对于分批（batch）发酵过程，细胞在生长期，没有产物的形成，这一时期，参与次级代谢的酶系处于抑制状态；一旦细胞生长结束，则这些酶

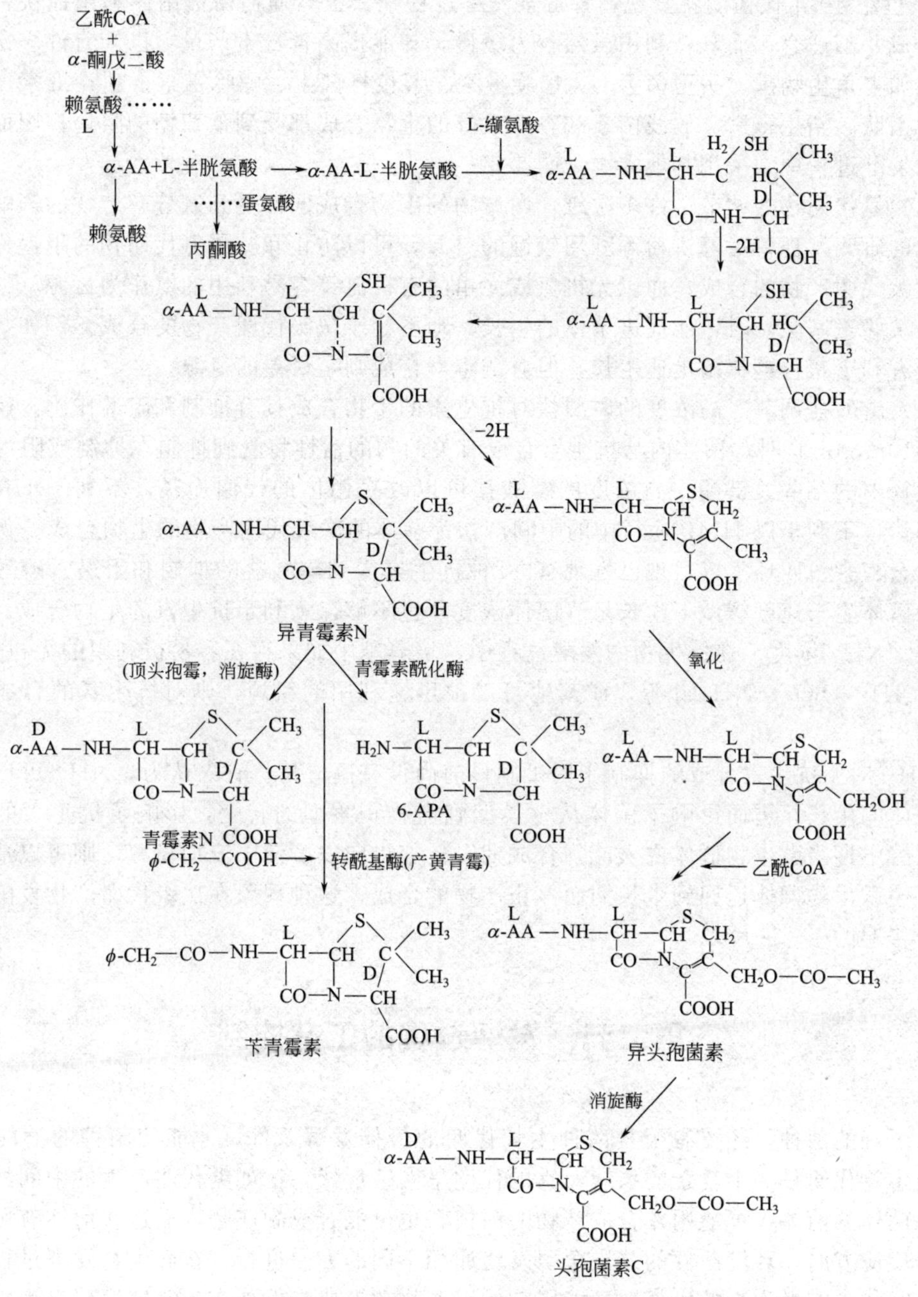

图 5-7　苄青霉素、青霉素 N 和头孢菌素生物合成的推测途径

的活性被激活或者其合成机制被激活（阻遏被解除），这时次级代谢产物开始合成。

（3）碳代谢物的调节　一般情况下，凡是能被微生物快速利用、促进产生菌快速生长的碳源，对次级代谢产物的生物合成都表现出抑制作用。这种抑制作用并不是由于快速利用碳源直接作用的结果，而是由于其代谢过程中产生的中间产物引起的。这种阻遏作用是由于菌体在生长阶段，速效碳源（如葡萄糖和柠檬酸等）的分解产物阻遏了次级代谢过程中酶系的合成，只有当这类碳源耗尽时，才能解除其对参与次级代谢的酶的阻遏，菌体才能转入次级代谢产物的合成阶段。

20 世纪 40 年代初期就发现，青霉素发酵过程中，虽然葡萄糖被菌体利用最快，但对青霉素合成并不适宜；而乳糖利用虽然较为缓慢，却能提高青霉素产量。已知有许多次级代谢产物，如麦角生物碱、头孢菌素 C、螺旋霉素、紫色杆菌素、嘌呤霉素、吲哚霉素、丝裂霉素、杆菌肽、新生霉素、放线菌素和香豆素等的生物合成都受到葡萄糖的阻遏，因而在这些产物的发酵过程中常采用其他碳源（图 5-7）。

（4）氮代谢物的调节　许多次级代谢产物的生物合成同样受到氮分解产物的影响。对不同氮源的研究发现，黄豆饼粉等利用较慢的氮源，可以防止和减弱氮代谢物的阻遏作用，有利于次级代谢产物的合成；而以无机氮或简单的有机氮等容易利用的氮作为氮源（铵盐、硝酸盐、某些氨基酸）时，能促进菌体的生长，却不利于次级代谢产物的合成。例如，易利用的铵盐有利于灰色链霉菌迅速生长，但对链霉素合成则是最差的氮源。

（5）磷酸盐调节　高浓度的磷酸盐对抗生素的生物合成具有抑制和阻遏作用。磷酸盐的浓度≥10mmol/L 时，菌体内与抗生素合成有关的酶的活性将受到抑制；抑制或阻遏抗生素合成途径中的某些关键酶；高浓度的磷酸盐可以改变菌体的代谢途径，不利于 HMP 的进行，当然也不利于以 HMP 途径中的中间产物为前体的次级代谢产物的生物合成。例如，链霉素、金霉素、四环素等，现已发现有 32 种抗生素受到磷酸盐的抑制和阻遏。磷酸盐浓度低时，菌体生长速度缓慢，生长量（菌体浓度）也不够，不利于抗生素的生物合成。

（6）NH_4^+ 浓度　在抗生物的发酵过程中，培养基中如果存在容易被利用的无机氨态氮，例如 $(NH_4)_2SO_4$、NH_4Cl 等，或其他可以被迅速利用的氮源，则对抗生素的合成有强烈的抑制作用。

NH_4^+ 对于抗生素合成的抑制作用机制目前尚没有搞清楚，有人认为，NH_4^+ 可以强烈地刺激菌体的生长，进而影响了菌体从生长型到产物积累型的转变，影响了抗生素的生物合成。发酵中期当微生物群体进入产物合成期时，如果向发酵液中流加氮源，则可以造成发酵逆转，使微生物群体返回到生长期而停止产物的合成，这种现象在次级代谢产物发酵过程中是非常普遍的。

第二节　发酵过程的工艺控制

有了好的菌种，还要有配合菌种生长代谢的最佳发酵条件，才能使菌种的潜能发挥出来。微生物代谢是一个复杂的系统，它的代谢呈网络形式，比如糖代谢产生的中间物可能用作合成菌体的前体，可能用作合成产物的前体，也可能合成副产物，而这些前体有可能流向不同的反应方向，环境条件的差异会引发代谢朝不同的方向进行。在微生物发酵过程中，发酵条件既能影响微生物的生长，又能影响代谢产物的形成。例如在谷氨酸发酵过程中，发酵条件不同，则生成的主要产物也不同；在酵母菌的乙醇发酵过程中，如果发酵条件不同或者改变培养基的组成，都可以使发酵过程变得无效，或者使乙醇发酵转向甘油发酵，得不到所需要的产物乙醇；在黑曲霉的柠檬酸发酵过程中，可以因发酵条件不同而出现只有菌体生长、不利于柠檬酸形成的情况。因此，必须通过各种研究，根据具体的条件制定最优的工艺和工艺过程控制。

发酵过程工艺控制的目标是得到最大的比生产速率和最大的生产率。控制的难点是过程的不确定性和参数的非线性。同样的菌种，同样的培养基，在不同工厂，不同批次会得到不同的结果，可见发酵过程的影响因素是复杂的。比如设备的差别、水的差别、培养基灭菌的差别，菌种保藏时间的长短，发酵过程的细微差别，都会引起微生物代谢的不同。了解和掌握分析发酵过程的一般方法对于控制代谢是十分必要的。

影响发酵生产的因素可分为三类：①菌体本身状态，包括菌体浓度、菌体形态；②菌体环境，包括 pH 值、温度、溶解氧和二氧化碳、基质和菌体浓度、发酵液黏度及循环量等；③发酵罐运转情况，包括搅拌情况、通气情况。

一、溶解氧对发酵的影响及其控制

好氧微生物的生长和代谢活动都需要消耗氧气，它们只有在氧分子存在的情况下才能完成生物氧化作用。生产上如何保证氧的供给，以满足生产菌对氧的需求，是稳定和提高产量、降低成本的关键之一。在好氧性发酵中，通常需要供给大量的空气才能满足菌体对氧的需求。同时，通过搅拌和在罐内设置挡板使气体分散，以增加氧的溶解度。但因氧气属于难溶性气体，故它常常是发酵生产的限制性因素。在好氧的发酵生产过程中，氧的适度供给是保证菌种良好生长和代谢产物高产的必要条件，如果外界不能及时地供给氧，水中的溶解氧仅能维持发酵液中微生物菌体 15～20s 的正常呼吸，氧不足会造成代谢异常、产量降低。因此，需要不断地给发酵系统通入无菌空气，通过发酵罐的搅拌进一步分散，使发酵液中保持适度的溶解氧浓度（dissolved oxygen concentration）。

溶解氧是微生物发酵过程中一个至关重要的参数，在微生物发酵过程中，溶解氧浓度与其他过程参数的关系极为复杂，受到生物反应器中多种物理、化学和微生物因素的影响和制约。对溶解氧进行控制的目的是把溶解氧浓度值稳定在一定的期望值或范围内。对这些参数进行精确实时在线测量是实现溶解氧自动控制的一个基本前提。溶解氧量在发酵的各个过程中对微生物生长的影响是不同的：发酵前期菌丝体大量繁殖，需氧量大于供氧，溶解氧出现一个低峰。在生长阶段，产物合成期，需氧量减少，溶解氧稳定，但受补料、加油等条件影响大。补糖后，摄氧率就会增加，引起溶解氧浓度的下降，经过一段时间以后又逐步回升并接近原来的溶解氧浓度。如继续补糖，又会继续下降，甚至引起生产受到限制。发酵后期，由于菌体衰老，呼吸减弱，溶解氧浓度上升，一旦菌体自溶，溶解氧浓度会明显上升。如果要使菌体快速生长繁殖（如发酵前期），则应达到临界氧浓度；如果要促进产物的合成，则应根据生产的目的不同，使溶解氧控制在最适浓度（不同的满足度）。例如：黄色短杆菌可生产多种氨基酸，但要求的氧浓度可能不同，对于苯丙氨酸、缬氨酸和亮氨酸的生产，则在低于临界氧浓度时获得最大生产能力，它们的最佳氧浓度分别为临界氧浓度的 0.55 倍、0.66 倍、0.85 倍。

（一）溶解氧对发酵的影响

好氧微生物发酵时，主要是利用溶解于水中的氧，只有当这种氧达到细胞的呼吸部位才能发挥作用，所以增加培养基中的溶解氧后，可以增加推动力，使更多的氧进入细胞，以满足代谢的需要。但过高的溶解氧对次级代谢物的合成未必有利，因为溶解氧不仅为代谢提供氧，同时也造成一定的微生物的生理环境，它可以影响培养基的电位，有时会成为逆向动力。过低的溶解氧，首先影响微生物的呼吸，进而造成代谢异常。

1. 发酵过程中影响耗氧的因素

（1）培养基的成分和浓度显著影响耗氧。培养液营养丰富，菌体生长快，耗氧量大；发酵浓度高，耗氧量大；发酵过程补料或补糖，微生物对氧的摄取量随之增大。

（2）菌龄影响耗氧。发酵前期呼吸旺盛，耗氧能力强，发酵后期菌体处于衰老状态，耗氧能力自然减弱。

（3）发酵条件影响耗氧。在最适条件下发酵，耗氧量大。

此外，发酵过程中，排除有毒代谢产物如二氧化碳、挥发性有机酸和过量的氨，也有利于提高菌体的摄氧量。

2. 临界溶氧浓度（critical value of dissolved oxygen concentration）

溶解氧是需氧发酵控制最重要的参数之一。由于氧在水中的溶解度很小，在发酵液中的溶解度亦如此，因此，需要不断通风和搅拌，才能满足不同发酵过程对氧的需求。

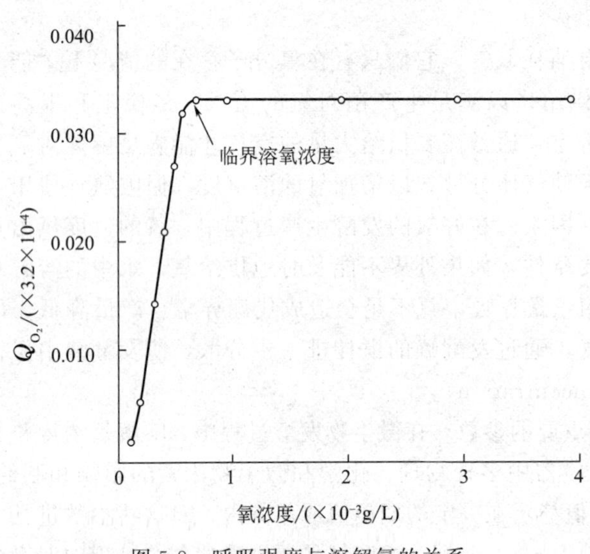

图 5-8　呼吸强度与溶解氧的关系

不影响微生物呼吸时的溶解氧浓度称为临界溶氧浓度。临界溶氧浓度不仅取决于微生物本身的呼吸强度，还受到培养基的组分、菌龄、代谢物的积累、温度等其他条件的影响。

在 25℃、0.10MPa 下，空气中的氧在水中的溶解度为 0.25mmol/L，在发酵液中的溶解度只有 0.22mmol/L，而发酵液中的大量微生物耗氧迅速［耗氧速度大于 25～100mmol/(L·h)］。因此，供氧对于好氧微生物来说是非常重要的。在好氧发酵中，微生物对氧有一个最低要求，满足微生物呼吸的最低氧浓度叫临界溶氧浓度，用 $c_{临界}$ 表示（图 5-8）。

一些微生物菌株的临界溶氧浓度见表 5-2。

表 5-2　一些微生物菌株的临界溶氧浓度

菌株	温度/℃	$c_{临界}$/(mol/L)	菌株	温度/℃	$c_{临界}$/(mol/L)
固氮菌	30	0.018-0.049	酿酒酵母	34.8	0.0046
E. coli	37.8	0.0082		20	0.0037
	15	0.0031	米曲霉	30	0.02
黏性赛氏杆菌	31	0.0015			

在 $c_{临界}$ 以下，微生物的呼吸速率随溶解氧浓度降低而显著下降。一般好氧微生物 $c_{临界}$ 很低，约为 0.003～0.05mmol/L，需氧量一般为 25～100mmol/(L·h)。其临界溶氧浓度大约是饱和浓度的 1%～25%，0.03～0.05mmol/L，需氧量一般为 25～100mmol/(L·h)。其 $c_{临界}$ 大约是氧饱和溶解度的 1%～25%。当不存在其他限制性基质时，溶解氧高于 $c_{临界}$，

细胞的比耗氧速率保持恒定；如果溶解氧低于 $c_{临界}$，细胞的比耗氧速率就会大大下降，细胞处于半厌氧状态，代谢活动受到阻碍。培养液中维持微生物呼吸和代谢所需的氧保持供氧与耗氧的平衡，才能满足微生物对氧的利用。液体中的微生物只能利用溶解氧，气液界面处的微生物还能利用气相中的氧，故强化气-液界面也将有利于供氧。

溶解氧高虽然有利于菌体生长和产物合成，但若溶解氧太高有时反而抑制产物的形成。为避免发酵处于限氧条件下，需要考查每一种发酵产物的临界溶氧浓度和最适氧浓度（optimal oxygen concentration），并使发酵过程保持在最适浓度。最适溶氧浓度的大小与菌体和产物合成代谢的特性有关，由实验来确定最适溶解氧浓度。

在发酵过程中，产物的形成和菌体最适生长的溶解氧条件常常不一样：例如头孢菌素生产菌种生长的最适溶解氧浓度是空气饱和浓度的 5%，而产头孢菌素的最适溶解氧浓度是空气饱和浓度的 13%；卷须霉素生产菌种生长的最适溶解氧浓度是空气饱和浓度的 13%，而产卷须霉素的最适溶解氧浓度是空气饱和浓度的 8%。

目前，氨基酸发酵工业中氧的利用率（oxygen utilization rate）很低，只有 40%～60%，抗生素发酵工业更低，只有 2%～8%。

（二）供氧与微生物呼吸代谢的关系

由于各种好氧微生物所含的氧化酶系，如过氧化氢酶（katalase）、细胞色素氧化酶（cytochrome coxidase）、黄素脱氢酶（dehydrogenases）、多酚氧化酶（polyphenol oxidase）等的种类和数量不同，因此，在不同的环境条件下，各种不同的微生物的吸氧量或呼吸强度是不同的。

微生物的吸氧量常用呼吸强度（respiration intensity）和耗氧速率（oxygen rate）两种方法来表示。呼吸强度是指单位重量的干菌体在单位时间内所吸取的氧量，以 Q_{O_2} 表示，单位为 mmol O_2/(g 干菌体 · h)。耗氧速率是指单位体积培养液在单位时间内的吸氧量，以 r 表示，单位为 mmol O_2/(L · h)。呼吸强度可以表示微生物的相对吸氧量，但是，当培养液中有固体成分存在时，对测定有困难，这时可用耗氧速率来表示。微生物在发酵过程中的耗氧速率取决于微生物的呼吸强度和发酵液菌体浓度。

$$r = Q_{O_2} X$$

式中，r 表示微生物的耗氧速率，mmol O_2/(L · h)；Q_{O_2} 表示菌体的呼吸强度，mmol O_2/(g · h)；X 表示发酵液中菌体的浓度，g/L。

在发酵生产中，供氧的多少应根据菌种、发酵条件和发酵阶段等具体情况决定。例如谷氨酸发酵，在菌体生长期，希望糖的消耗最大限度地用于合成菌体，而在谷氨酸生成期，则希望糖的消耗最大限度地用于合成谷氨酸。谷氨酸的发酵生产中，在细胞最大呼吸速率时，谷氨酸产量大，因此，在谷氨酸生成期要求充分供氧，以满足细胞最大呼吸的需氧量。在条件适当时，谷氨酸生产菌将 60%以上的糖转化为谷氨酸。

（三）溶解氧浓度控制

发酵过程的控制一般策略为前期有利于菌体生长，中后期有利于产物的合成。溶解氧控制的一般策略为前期大于临界溶氧浓度，中后期满足产物的形成。

一般认为，发酵初期较大的通风和搅拌会产生过大的剪切力，对菌体的生长有时会产生不利的影响，所以有时发酵初期采用小通风，停搅拌，不但有利于降低能耗，而且在工艺上也是必需的。但是，通气增大的时间一定要把握好。

发酵液中的溶解氧是供氧和需氧这一矛盾平衡的结果。通入发酵罐的气态氧必须先溶解于发酵液中，然后才能传递到细胞表面，再经过扩散进入到细胞内，参与菌体的一系列生化反应。氧从气泡传递到细胞内需要克服供氧方面和需氧方面的各种阻力才能完成。在供氧方面，主要是设法提高氧传递的推动力和液相体积氧传递系数 $K_{L}a$ 值。采取措施来提高溶解氧浓度，如调节搅拌转速或通气速率来控制供氧。

发酵液的摄氧率是随菌浓增加而按比例增加，但氧的传递速率是随菌浓的对数关系减少。因此，可以将菌的比生长速率控制为比临界值略高一点的水平，达到最适浓度。这是控制最适溶解氧浓度的重要方法。

最适菌体浓度既能保证产物的比生长速率维持在最大值，又不会使需氧大于供氧。如何控制最适的菌体浓度？这可以通过控制基质的浓度来实现。例如青霉素发酵，就是通过控制补加葡萄糖的速率达到最适菌浓。现已利用敏感型的溶氧电极传感器来控制青霉素发酵。利用溶解氧浓度的变化来自动控制补糖速率，间接控制供氧速率和 pH 值，从而实现菌体生长、溶解氧和 pH 值三位一体的控制体系。

控制溶解氧的工艺手段有：①改变通气速率（增大通风量）；②改变搅拌速度；③改变气体组成中的氧分压；④改变罐压；⑤改变发酵液的理化性质；⑥加入传氧中间介质，如血红蛋白、烃类碳氢化合物（煤油、石蜡、甲苯与水等）或含氟炭化物等。

二、二氧化碳和呼吸商对发酵的影响及其控制

二氧化碳（CO_2）是细胞代谢的重要指示。它既是微生物的代谢产物，也是某些合成代谢所需的一种基质。如果把细胞量与累积尾气 CO_2 相关联，把 CO_2 生成作为一种手段，通过碳质量平衡，可以估算菌体生长速率和细胞量。溶解在发酵液中的 CO_2 对氨基酸、抗生素等微生物发酵具有抑制或刺激作用，对许多产物的生产菌亦有影响。

（一）CO_2 对菌体生长和产物形成的影响

CO_2 对菌体的生长有直接作用，引起碳水化合物的代谢及微生物的呼吸速率下降。环状芽孢杆菌等已经发芽的孢子在开始生长的时候，对 CO_2 有特殊需要。CO_2 还是大肠杆菌和链霉菌突变株的生长因子，菌体有时需要含 30% CO_2 的气体才能生长。这些现象称为 CO_2 效应。当微生物生长受到抑制时，也阻碍了基质的分解代谢和 ATP 的生成，由此而影响产物的合成。大量实验表明，CO_2 对生产过程具有抑制作用。

发酵液中溶解 CO_2 浓度为 1.6×10^{-2}mol/L 时，会严重抑制酵母生长。在发酵罐进气口中 CO_2 含量占混合气体体积的 80%时（一般空气 O_2 占 20.85%，CO_2 占 0.03%，惰性气体 79.12%），酵母活力与对照组降低 20%。

在小单孢菌发酵生产紫苏霉素（sisomycin）过程中，于 300L 发酵罐空气进口通以 1% CO_2，发现微生物对基质的代谢极慢，菌丝增长速度降低，紫苏霉素的产量比对照组降低 33%。通入 2%CO_2，紫苏霉素的产量比对比照组降低 85%，CO_2 的含量超过 3%，则不产生紫苏霉素。

CO_2 会影响产黄青霉菌（*Penicillium chrysogenum*）的形态。将产黄青霉菌接种到不同 CO_2 浓度的培养基中，发现菌丝形态发生变化。CO_2 分压 0～8%时，菌丝主要是丝状；CO_2 分压 15%～22%，则膨胀，粗短的菌丝占优势；CO_2 为 0.008MPa 时，则出现球状或酵母状细胞，致使青霉素合成受阻，其比生成速率降低 40%左右。

CO_2 在发酵罐内易形成碳酸，影响发酵液的酸碱平衡，使发酵液的 pH 值下降，或与其他化学物质发生化学反应，或与生长必需金属离子形成碳酸盐沉淀，或氧的过分消耗引起溶

氧浓度下降等原因，间接影响菌体生长和产物合成。CO_2 及 HCO_3^- 都会影响细胞膜结构，它们分别作用于细胞膜的不同位点。CO_2 主要作用于细胞膜的脂溶性部位，而溶于水后形成的 HCO_3^- 则影响细胞膜的水溶性部位，如膜磷脂和膜蛋白。当细胞膜的脂质相中 CO_2 浓度达临界值时，使膜的流动性及表面电荷密度发生变化，这将导致许多基质的膜运输受阻，影响细胞膜的运输效率，使细胞处于“麻醉”状态，细胞生长受到抑制，形态发生改变。

CO_2 对发酵的影响很难进行估算和优化。在大规模发酵中 CO_2 的作用成为突出的问题。因发酵罐中 CO_2 的分压是液体深度的函数，10m 深的发酵罐在 0.101MPa 气压下操作，底部 CO_2 分压是顶部 CO_2 分压的 2 倍。为了排除 CO_2 的影响，必须考虑 CO_2 在培养液中的溶解度、温度及通气情况。CO_2 溶解度大，对菌生长不利。

（二）呼吸商对菌体生长和产物形成的影响

如果连续测得排气氧和 CO_2 浓度，可计算出整个发酵过程中 CO_2 的释放率（carbondioxide release ratio，简称 CRR）。

$$CRR=Q_{CO_2}X$$

式中，CRR 表示二氧化碳比释放率，mmol CO_2/(g 干菌体 · h)；Q_{CO_2} 表示呼吸强度，即比耗氧速率，mmol O_2/(g 干菌体 · h)；X 表示发酵液中菌体的浓度，g 干菌体/L。

发酵过程中二氧化碳含量变化与氧含量的变化恰成反向同步关系。呼吸商 RQ 定义为：

$$RQ=\frac{CRR}{OUR}$$

式中　OUR——耗氧速率，mmol O_2/h。

发酵过程中菌的耗氧速率 OUR 可通过热磁氧分析仪或质谱仪测量进气和排气中的氧含量计算而得，并最终计算出呼吸商 RQ。

呼吸商可以反映菌的代谢情况：

① 对于酵母发酵过程，如 RQ=1，表示糖代谢走有氧分解代谢途径，仅生成菌体，无产物形成；如 RQ>1.1，表示走 EMP 途径，生成乙醇；如 RQ=0.93，生成柠檬酸；如 RQ<0.7，表示生成的乙醇被当作基质利用。

② 微生物在利用不同基质时，RQ 值也不相同。如大肠杆菌以延胡索酸为基质 RQ 为 1.44，以丙酮酸为基质 RQ 为 1.26，以琥珀酸为基质 RQ 为 1.12，以乳酸、葡萄糖为基质 RQ 为 1.02 和 1.00，以乙酸为基质 RQ 为 0.967，以甘油为基质 RQ 为 0.80。

③ 在抗生素发酵中，由于存在菌体生长、维持以及产物形成的不同阶段，其 RQ 值也不一样。如青霉素发酵中的理论呼吸商为：菌体生长，RQ=0.909；菌体维持，RQ=1；产物合成，RQ=4。从上述情况来看，在发酵早期主要是菌体生长，RQ 低于 1；在过渡时期，由于菌体维持其生命活动及青霉素逐渐形成，基质葡萄糖的代谢不是仅用于生长菌体，此时 RQ 比生长期略有增加；产物形成时 RQ 达最高。产物形成对 RQ 的影响较为明显。如果产物的还原性比基质大，其 RQ 值就增加；反之，当产物的氧化性比基质大，RQ 值就减少。其偏离程度决定于每单位菌体利用基质所形成的产物量。

实际生产中测定的 RQ 值明显低于理论值，说明发酵过程中存在着不完全氧化的中间代谢物和除葡萄糖以外的其他碳源。如发酵过程中加入消泡剂，由于它具有不饱和性和还原性，使 RQ 值低于葡萄糖为唯一碳源时的 RQ 值。如青霉素发酵时，RQ 为 0.5～0.7 之间，且随葡萄糖与消泡剂加入量之比变化而波动。

（三）发酵罐中二氧化碳的特点及其控制

发酵罐中二氧化碳的特点有：

① CO_2在发酵液中的浓度变化不像溶解氧那样，没有一定的规律。它的大小受到许多因素的影响，如细胞的呼吸强度、发酵液的流变学特性、通气搅拌程度、罐压大小、设备规模等。

② CO_2的溶解度比氧气大，所以随着发酵罐压力的增加，其含量比氧气增加得更快。当CO_2浓度增大时，若通气搅拌不改变，CO_2不易排出，在罐底形成碳酸，使pH值下降，进而影响微生物细胞的呼吸和产物合成。

③ 在发酵过程中，如遇到泡沫上升而引起"逃液"时，采用增加罐压的方法来消泡。但这样会增加CO_2的溶解度，对菌体生长是不利的。由于CO_2的溶解度随压力增加而增大，大规模发酵罐中的发酵液的静压可达0.1MPa以上，又处在正压发酵，致使罐底部压强可达0.15MPa。因此，CO_2浓度增大，如不提高搅拌转数，CO_2就不易排出，在罐底形成碳酸，进而影响菌体的呼吸和产物的合成。

对CO_2浓度的控制主要看其对发酵的影响：如果对发酵有促进作用，应该提高其浓度；反之，应设法降低其浓度。为了控制CO_2的不良影响，必须考虑CO_2在培养液中的溶解度、温度和通气情况。控制的方法有：①通气量和搅拌速率；②补料（在青霉素发酵中，补糖可增加排气中CO_2的浓度，并降低培养液的pH值）。

改变通气和搅拌速率的大小，不但能调节发酵液中的溶解氧，还能调节CO_2的溶解度，在发酵罐中不断通入空气，既可保持溶解氧在临界点以上，又可随废气排出所产生的CO_2，使之低于能产生抑制作用的浓度。因而通气搅拌也是控制CO_2浓度的一种方法，降低通气量和搅拌速率，有利于增加CO_2在发酵液中的浓度；反之就会减小CO_2浓度。在$3m^3$发酵罐中进行四环素发酵试验，发酵40h以前，通气量减小到$75m^3/h$，搅拌速度为80r/min，以此来提高CO_2的浓度；40h以后，通气量和搅拌分别提高到$110m^3/h$和140r/min，以降低CO_2浓度，使四环素产量提高25%～30%。CO_2形成的碳酸，还可用碱来中和，但不能用$CaCO_3$。罐压的调节也影响CO_2的浓度，对菌体代谢和其他参数也产生影响。

CO_2的产生与补料工艺控制密切相关，从测定排气二氧化碳浓度变化，采用控制流加基质的方法来实现对菌体的生长速率和菌体量的控制。如在青霉素发酵中，补糖会增加CO_2的浓度和降低培养液的pH值。因为补加的糖用于菌体生长、菌体维持和青霉素合成三方面，它们都产生CO_2，使CO_2量增加。溶解的CO_2和代谢产生的有机酸，又使培养液pH值下降。因此，补糖、CO_2、pH值三者具有相关性，为青霉素补料工艺的控制参数，其中排气中的CO_2量的变化比pH值变化更为敏感，所以，以CRR作为控制补糖速率的参数。

三、温度对发酵的影响及其控制

（一）发酵热（fermentation heat）

在发酵过程中，既有产生热能的因素，又有散失热能的因素，因而引起发酵温度的变化。发酵中随着菌体的生长以及机械搅拌的作用，将产生一定的热量；同时由于发酵罐壁的散热、水分的蒸发等将会带走部分热量。习惯上将发酵过程中释放的净热量称为发酵热。发酵热包括生物热（$Q_{生物}$）、搅拌热（$Q_{搅拌}$）、蒸发热（$Q_{蒸发}$）和辐射热（$Q_{辐射}$）。产生的热能减去散失的热能，所得的净热量就是发酵热$Q_{发酵}$ [$kJ/(m^3 \cdot h)$]，即：

$$Q_{发酵}=Q_{生物}+Q_{搅拌}-Q_{蒸发}-Q_{辐射}$$

它就是发酵温度变化的主要因素。现将这些产热和散热的因素分述于下：

1. **生物热**（bio-heat）

在发酵过程中，由于菌体的生长繁殖和形成代谢产物，不断地利用营养物质，将其分解氧化获得能量，其中一部分能量用于产生高能化合物 ATP，供合成细胞物质和合成代谢产物所需要的能量。多余的热量则以热能的形式释放出来，形成了生物热。生物热随菌种和培养条件不同而不同。一般菌种活力强，培养基丰富，菌体代谢旺盛，产生热量多。

同一种微生物呼吸作用比发酵作用产生热量多。发酵过程的产热具有很强的时间性，即在不同培养阶段，菌体呼吸作用和发酵作用强度不同，所产生的热量不同。在发酵初期，菌体处在适应期，菌数少，呼吸作用缓慢，产生热量少。当菌体处在对数生长期，菌体繁殖快，代谢旺盛，菌体浓度也大，产生热量多。特别是从对数生长期转入平衡期时，菌体浓度大，代谢旺盛，产生热量最多。发酵后期，微生物已基本停止繁殖，逐步衰老，产生的热量不多，温度变化不大，且逐渐减弱。

2. **搅拌热**（stirring hot）

机械搅拌通气发酵罐，由于搅拌器转动引起的液体之间和液体与设备之间的摩擦所产生的热量，即搅拌热。

$$Q_{搅拌}=P\times 3601$$

式中，$Q_{搅拌}$表示搅拌热，kJ/(m^3·h)；P 表示搅拌功率，kW；3601 表示机械能转变为热能的热功当量，kJ/(kW·h)。

3. **蒸发热**（evaporation heat）

通气时，空气进入发酵罐与发酵液广泛接触后，排出引起水分蒸发所需的热能，即为蒸发热。

$$Q_{蒸发}=G(I_{出}-I_{进})$$

式中，G 表示通入发酵罐中空气的重量流量，kg/h；$I_{进}$表示进口空气的热焓，kJ/kg；$I_{出}$表示出口空气的热焓，kJ/kg。

4. **辐射热**（radiant heat）

由于罐外壁和大气间的温度差异而使发酵液中的部分热能通过罐体向大气辐射的热量，即为辐射热。辐射热的大小取决于罐内温度与外界气温的差值，差值愈大，散热愈多。

（二）温度的影响和控制

由于生物体的生命活动可以看作是相互连续进行酶促化学反应的表现，任何化学反应又都和温度有关，通常在生物学的范围内每升高 10℃，生长速度就加快 1 倍，所以温度直接影响酶反应，从而影响着生物体的生命活动。

1. **温度对发酵的影响**

各种微生物在一定的条件下都有一个最适的生长温度范围，在此温度范围内，微生物生长繁殖最快。如果所培养的微生物能承受稍高一些的温度进行生长繁殖，即可减少污染杂菌机会和夏季培养所需的冷耗，因此选育耐高温的菌种有工业意义。

温度会影响各种酶反应的速率；改变菌体代谢产物的合成方向；影响基质和氧的溶解；影响发酵液性质，间接影响发酵过程；影响细胞中酶的活性，从而影响代谢调节途径，造成产物变化。

由于微生物生长和产物的形成都是一系列酶促反应的结果，因此，从酶动力学角度来看，酶促反应导致温度升高，反应速率加大，生长代谢加快，则生产期提前。但因酶本身很易因热而失去活性，温度越高，酶的失活也越快，表现在菌体易于衰老，发酵周期缩短，影响产物的最终产量。

一般来说，接种后应适当提高培养温度，以利于孢子的萌发或加快微生物的生长、繁殖，而此时发酵的温度大多数是下降的；待发酵液的温度表现为上升时，应将发酵液的温度控制在微生物的最适生长温度；到主发酵旺盛阶段，温度的控制可比最适生长温度低些，即控制在微生物代谢产物合成的最适温度；到发酵的后期，温度出现下降的趋势，直至发酵成熟即可放罐。生产上为了使发酵温度控制在一定的范围，常在发酵设备上装有热交换设备，例如采用夹套、排管或蛇管进行调温，冬季发酵时还需对空气进行加热。

2. 温度的控制

不同的微生物和不同的培养条件，以及不同的酶反应和不同的生长阶段，最适温度也应有所不同。由于温度对微生物的生长、繁殖有重要的影响，因此为了使微生物的生长速度最快和代谢产物的产率最高，在发酵过程中必须根据微生物菌种的特性，选择和控制最适温度。

所谓发酵的最适温度，是指在该温度下最适于微生物的生长或发酵产物的生成。最适温度是一种相对的概念，它是在一定的条件下测得的结果。最适发酵温度既适合菌体的生长，又适合代谢产物合成，但最适生长温度与最适生产温度往往是不一致的。在生长阶段，应选择最适生长温度；在产物分泌阶段，应选择最适生产温度，可根据不同菌种、不同产品对发酵温度进行控制。实际生产中，为了得到很高的发酵效率，获得满意的产物得率，往往采用二级或三级管理措施控制温度。

例如在谷氨酸发酵中，在谷氨酸发酵前期长菌阶段和种子培养时应满足菌体生长最适温度。若温度过高，菌体容易衰老，生产上表现为OD值增长慢，pH值高，耗糖慢，发酵周期长，谷氨酸生成少，严重时抑制生长。遇到这种情况，应及时降温，采用小通风，流加尿素宜少量多次；必要时可补加玉米浆，以促进生长。在发酵中、后期菌体生长已停止，为了大量积累谷氨酸，需要适当提高温度。发酵温度的选择要参考其他的发酵条件灵活掌握。例如在通风条件较差的情况下，最合适的发酵温度也可能比正常良好通风条件下要低一些。这时候由于在较低温度下氧溶解度大一些，同时微生物生长速度降低，从而弥补了因通风不足而造成的代谢异常。

又如在抗生素发酵中抗生素产生菌多系嗜中温性微生物，它们的合适培养温度范围都比较狭窄，适合于生物合成的最佳温度约低于生长最适温度。例如产黄青霉菌的合适培养温度为27～28℃，分泌青霉素的合适温度为26℃，灰色链霉菌的培养温度为27～29℃，多数放线菌的最适生长温度在23～37℃，但产生抗生素的最适温度一般在25～30℃。温度不仅可以影响菌体生长发育或抗生素的合成速度，而且还能影响生物合成的方向，例如金色链霉菌同时产生金霉素、四环素，在低于30℃时，该菌合成金霉素的能力强，温度达到35℃时，则只产生四环素，几乎不合成金霉素。

因此，在各种微生物的培养过程中，各个发酵阶段的最合适温度的选择要从各个方面进行综合考虑，通过大量的生产实践才能确实掌握发酵的规律。根据各个发酵阶段的矛盾特殊性，在不同的发酵阶段中控制不同的温度进行发酵，则能更好地发挥微生物的潜力。通过合适发酵温度的控制可以提高发酵产物的产量，进一步挖掘和发挥微生物的潜力。

四、pH值对发酵的影响及其控制

不同种类的微生物对pH值的要求不同，大多数细菌的最适生长pH为6.5～7.5，霉菌一般为pH4.0～5.8，酵母一般为pH值3.8～6.0，pH值的高低直接影响微生物的生长繁殖和产物的合成。因为 pH 值同温度一样是影响酶活性的重要环境条件，不同的 pH 值条件下，各种酶的活力不同，产生菌对培养基的分解利用就不同，所以在工业发酵中，维持最适 pH 值是生产成败的关键因素之一。

（一）pH 值对发酵的影响

同一种微生物在其不同的生长阶段和不同的生理生化反应过程中，对 pH 值的要求也不同。pH 值主要通过以下几方面影响微生物的生长和代谢产物形成：

① pH 值影响酶的活性，当 pH 值抑制菌体中某些酶的活性时，会阻碍菌体的新陈代谢；

② pH 值影响微生物细胞膜所带电荷的状态，改变细胞膜的通透性，影响微生物对营养物质的吸收和代谢产物的排泄；

③ pH 值影响培养基中某些组分的解离，进而影响微生物对这些成分的吸收；

④ pH 值不同，往往引起菌体代谢过程的不同，使代谢产物的质量和比例发生改变；

⑤ pH 值还会影响某些霉菌的形态。

同一种微生物由于环境 pH 值不同，可能积累不同的代谢产物。黑曲霉 *Aspergillus niger* 在 pH2～2.5 范围时有利于合成柠檬酸；当在 pH2.5～6.5 范围内时以菌体生长为主；而在 pH7.0 时，合成产物则以草酸为主，只产少量柠檬酸。谷氨酸生产菌在中性和微碱性条件下积累谷氨酸，在酸性条件下形成谷氨酰胺和 *N*-乙酸谷氨酰胺。丙酮丁醇梭菌在 pH5.5～7.0 时，以菌体生长为主；在 pH4.3～5.3 时，进行丙酮丁醇发酵。不同抗生素生长最适 pH 值与合成最适 pH 值见表 5-3。

表 5-3 不同抗生素发酵的最适 pH 值

微生物	生长最适 pH 值	合成最适 pH 值
灰色链霉菌	6.3～6.9	6.7～7.3
红霉素链霉菌	6.6～7.0	6.8～7.3
产黄青霉	6.5～7.2	6.2～6.8
金霉素链霉菌	6.1～6.6	5.9～6.3
龟裂链霉菌	6.0～6.6	5.8～6.1
灰黄青霉	6.4～7.0	6.2～6.5

（二）影响 pH 值变化的因素

pH 值变化决定于微生物的特性、培养基配比和发酵条件。菌体本身具有调节 pH 值的能力，但当外界条件变化时，pH 值将会不断产生波动。pH 值变化是菌体代谢反应的综合结果。从代谢曲线的 pH 值变化就可以推测发酵罐中的各种生化反应的进展和 pH 值变化异常的可能原因。在发酵过程中，要选择好发酵培养基的成分及其配比，并控制好发酵工艺条件，才能保证 pH 值不会产生明显的波动，维持在最佳的范围内，得到良好的结果。实践证明，pH 值的变化对产物的形成影响很大。如灰黄霉素发酵若分别采用乳糖和葡萄糖作碳源，则发酵 pH 值及灰黄霉素产量均不相同。当以乳糖作为基础培养基的碳源时，由于乳糖被缓慢地利用，丙酮酸积累很少，pH 值在 6～7 之间；当以葡萄糖作为基础培养基的碳源时，丙酮酸迅速积累，pH 值下降到 3.6，灰黄霉素产量极低。在青霉素发酵过程中，以乳糖为主要碳源时，产生有机酸不多。在生长前期的 pH 值略下降后即迅速回升，若用葡萄糖代乳糖发酵，由于形成的有机酸迅速积累，迫使 pH 值大幅度下降，青霉素合成受到影响，使产量降低。

一般来说，处于菌体生长期时发酵液的 pH 值变化较大，因为菌体在利用营养物质时，一些生理酸性物质硫酸铵等被菌利用后，会促使氢离子浓度增加，pH 值下降，或是释放一些碱性物质使得 pH 值上升（如蛋白胨利用过程中产生的铵离子），而处于产物合成期的发酵液的 pH 值相对稳定些。菌体自溶阶段，随着基质的耗尽、菌体蛋白酶的活跃，培养液中氨基氮增加，致使 pH 值又上升，此时菌丝趋于自溶而代谢活动终止。

1. 引起发酵液 pH 值下降的因素

（1）培养基中碳、氮比不当，碳源过多，特别是葡萄糖过量；或者中间补糖过多，加上溶解氧不足，致使有机酸大量积累。

（2）糖类、脂肪等分解，产生酸性物质，氨被利用。

（3）铵盐吸收［$(NH_4)_2SO_4 \rightarrow H_2SO_4$］。

（4）消泡油加得过多。

2. 引起发酵液 pH 值上升的因素

（1）培养基中碳、氮比不当，氮源过多，氨基氮释放。

（2）中间补料时氨水或尿素等碱性物质加入的量过多。

（3）蛋白质、尿素等分解，产生碱性物质。

（4）硝酸盐吸收（$NaNO_3 \rightarrow NaOH$）。

（三）发酵过程中 pH 值的控制

1. 发酵 pH 值的确定

最适 pH 值是根据实验结果来确定的。将发酵培养基调节成不同的出发 pH 值进行发酵，在发酵过程中，定时测定和调节 pH 值，以分别维持出发 pH 值，或者利用缓冲液配制培养基来维持之。观察菌体的生长情况，以菌体生长达到最高值的 pH 值为菌体生长的最适 pH 值。以同样的方法，可测得产物合成的最适 pH 值。

2. pH 值的控制

同一菌种，生长最适 pH 值可能与产物合成的最适 pH 值是不一样的。同一产物的最适 pH 值，还与所用的菌种、培养基组成和培养条件有关。

培养过程中调节 pH 值的措施主要有：

① 调节培养基的原始 pH 值，或加入缓冲溶液（如磷酸盐）制成缓冲能力强、pH 值变化不大的各种类型的培养基。

② 在设计培养基配方时，注意选用不同代谢速度的碳源和氮源，并调整其比例。

③ 在发酵过程中，过酸时加入碱或适量氮源，提高通气量；过碱时加入酸或适量碳源，降低通气量，或加入弱酸或弱碱进行 pH 值调节，进而合理地控制发酵过程。

控制 pH 值可采用的应急措施还有：

① 改变搅拌转速或通风量，以改变溶解氧浓度，控制有机酸的积累量及其代谢速度。

② 改变温度，以控制微生物代谢速度。

③ 改变罐压及通风量，改变溶解二氧化碳浓度。

④ 改变加入的消泡油用量或加糖量等，调节有机酸的积累量。

⑤ 补料法，既调节了培养液的 pH 值，又可补充营养，增大培养液的浓度和减小阻遏作用，进一步提高发酵产物的产率。

用补糖来控制 pH 值要比用酸或碱调节好。可以采用恒速补糖的方法来控制 pH 值；也可以根据 pH 值来补糖，即 pH 值上升快时就多补，pH 值下降时就少补，以维持 pH 值在 6.6～6.9 的范围。采用后一种方法对青霉素的合成更为有利，可以满足菌体在不同阶段对糖的需求，并控制 pH 值在最适范围。前一种方法虽然也能控制 pH 值，但往往会超过控制范围，满足不了菌体的代谢和合成抗生素的需要，可能导致菌体代谢朝不利于抗生素合成的方向变化。采用不同的方法控制 pH 值对青霉素合成的影响如图 5-9 所示。

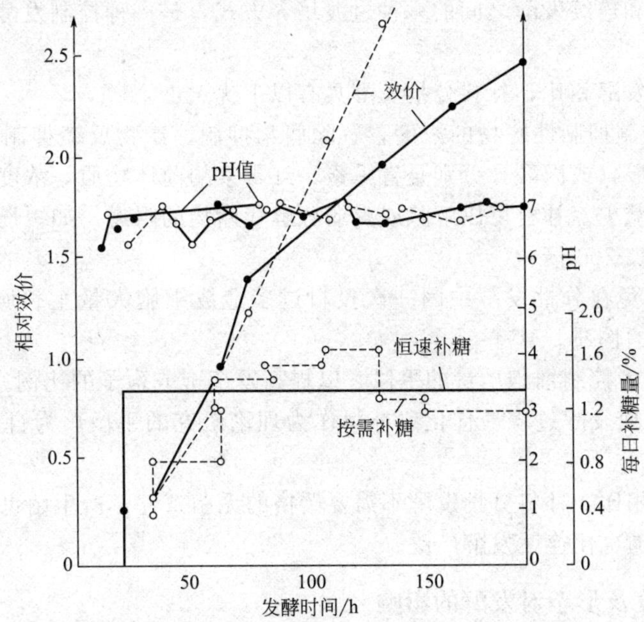

图 5-9　用不同的方法控制 pH 值对青霉素合成的影响

五、菌体和基质浓度对发酵的影响及补料控制

菌体（细胞）浓度（cell concentration）是指单位体积培养液中菌体的含量。无论在科学研究上还是在工业发酵控制上，它都是一个重要的参数。在一定条件下，菌浓的大小不仅反映菌体细胞的多少，而且反映菌体细胞生理特性不完全相同的分化阶段。在发酵动力学研究中，需要利用菌浓参数来算出菌体的比生长速率和产物的比生成速率等有关动力学参数，以研究它们之间的相互关系，探明其动力学规律，所以菌浓仍是一个基本参数。

基质即培养微生物的营养物质。对于发酵控制来说，基质是生产菌代谢的物质基础，既涉及菌体的生长繁殖，又涉及代谢产物的形成。因此，选择适当的基质和控制适当的浓度，是提高代谢产物产量的重要方法。必须根据产生菌的特性和各个产物合成的要求，进行深入细致的研究，方能取得良好的结果。基质存在一个上限浓度，在此浓度以内，菌体的比生长速率随浓度增加而增加，但超过此限，浓度继续增加，反而会引起生长速率下降，这种效应称基质的抑制作用。根据 Monod 方程（参见本书第六章），在分批发酵中菌体比生长速度是基质浓度的函数。在 $[S] \ll K_S$ 的情况下，菌体比生长速率与基质浓度呈线性关系。在正常的情况下，可达到菌体最大比生长速率，然而，由于代谢产物及其基质过浓，而导致抑制作用，出现菌体比生长速率下降的趋势。当葡萄糖浓度低于 100～150g/L，不出现抑制作用；当葡萄糖浓度高于 350～500g/L，多数微生物不能生长，细胞出现脱水现象。就产物的形成来说，培养基过于丰富，有时会使菌体生长过旺，黏度增大，传质差，菌体不得不花费较多的能量来维持其生存环境，即用于非生产的能量大量增加。所以，在分批发酵中，控制合适的基质浓度不但对菌体的生长有利，对产物的形成也有益处。碳源、氮源和磷酸盐对发酵的影响较大。除此之外，还有其他基质成分也会影响发酵，如：Cu^{2+}，在以醋酸为碳源的培养基中，能促进谷氨酸产量的提高；Mn^{2+} 对芽孢杆菌合成杆菌肽等次级代谢产物具有特殊的作用，必须使用其足够的浓度才能促进杆菌肽的合成等。

补料是指在分批发酵过程中，间歇或连续地补加一种或多种成分的新鲜培养基。补料分批发酵是分批发酵和连续发酵之间的一种过渡培养方式，是一种控制发酵的好方法，现已广泛用于发酵工业。

同传统的分批发酵相比，补料分批发酵具有以下优点：

① 补料可以控制抑制性底物的浓度，解除底物抑制、产物反馈抑制和分解代谢物的阻遏。如苯乙酸、丙醇（或丙酸）分别是青霉素、红霉素的前体物质，浓度过大，就会产生毒性，使抗生素产量减少。补料可以解除或减弱分解代谢物的阻遏。如缓慢流加葡萄糖，纤维素酶的产量几乎增加 200 倍。

② 补料可以避免在分批发酵中因一次投料过多造成细胞大量生长所造成的一切影响，改善发酵液流变学的性质。

③ 补料可用作为控制细胞质量的手段，以提高发芽孢或孢子的比例。

④ 补料还可以使发酵过程最佳化。补料作为理论研究的手段，为自动控制和最优控制提供实验基础。

⑤同连续发酵相比，补料分批发酵不需要严格的无菌条件，产生菌也不会产生老化和变异等问题，适用范围也比连续发酵广泛。

（一）菌体浓度及形态对发酵的影响

菌浓的大小与菌体生长速率有密切关系。比生长速率 μ 大的菌体，菌浓增长也迅速，反之就缓慢。而菌体的生长速率与微生物的种类和自身的遗传特性有关，不同种类微生物的生长速率是不一样的，它的大小取决于细胞结构的复杂性和生长机制，细胞结构越复杂，分裂所需的时间就越长。典型的细菌、酵母、霉菌和原生动物的倍增时间分别为 45min、90min、3h 和 6h 左右，这说明各类微生物增殖速率的差异。菌体的增长还与营养物质和环境条件有密切关系。营养物质包括各种碳源和氮源等成分和它们的浓度。按照 Monod 方程式来看，生长速率取决于基质的浓度（各种碳源的基质饱和系数 K_S 在 1～10mg/L 之间），当基质浓度 $[S]>10K_S$ 时，比生长速率就接近最大值。所以营养物质均存在一个上限浓度，在此限度以内，菌体比生长速率则随基质浓度增加而增加，但超过此上限，基质浓度继续增加，反而会引起生长速率下降。这种效应通常称为基质抑制作用。这可能是由于高浓度基质形成高渗透压，引起细胞脱水而抑制生长。这种作用还包括某些化合物（如甲醇、苯酚等）对一些关键酶的抑制，或使细胞结构成分发生变化。一些营养物质的上限浓度（g/L）如下：葡萄糖为 100、NH_4^+ 为 5、PO_4^{3-} 为 10。在实际生产中，常用丰富培养基，促使菌体迅速繁殖，菌浓增大，引起溶解氧下降。所以，在微生物发酵的研究和控制中，营养条件（含溶解氧）的控制至关重要。影响菌体生长的环境条件有温度、pH 值、渗透压和水分活度等因素。

菌浓的大小对发酵产物的得率有着重要的影响。在适当的比生长速率下，发酵产物的产率与菌浓成正比关系，即：

$$P=QP_m X$$

式中 P——发酵产物的产率（产物最大生成速率或生产率），g/(L·h)；

QP_m——产物最大比生成速率，h^{-1}；

X——菌体浓度，g/L。

菌浓愈大，产物的产量也愈大，如氨基酸、维生素这类初级代谢产物的发酵就是如此。而对抗生素这类次级代谢产物来说，控制菌体的比生长速率 μ 比 $\mu_{临}$ 略高一点的水平，达到最适菌浓（即 $X_{临}$），菌体的生产率最高。但是菌浓过高，则会产生其他的影响，营养物质消耗过快，培养液的营养成分发生明显的改变，有毒物质的积累，就可能改变菌体的代谢途径，特别是对培养液中的溶解氧，影响尤为明显。菌浓增加而引起的溶解氧下降，会对发酵产生各种影响。早期酵母发酵，会出现代谢途径改变、酵母生长停滞、产生乙醇的现象；抗生素发酵中，也受溶解氧限制，使产量降低。如图 5-10，为了获得最高的生产率，需要采用摄氧速率 OUR 与传氧速率 OTR 相平衡时的菌体浓度，也就是传氧速率随菌浓变化的曲线和摄氧速率随菌浓变化的曲线的交点所对应的菌体浓度，即临界菌体浓度 $X_{临}$。菌体超过此浓度，抗生素的比生成速率和体积产率都会迅速下降。

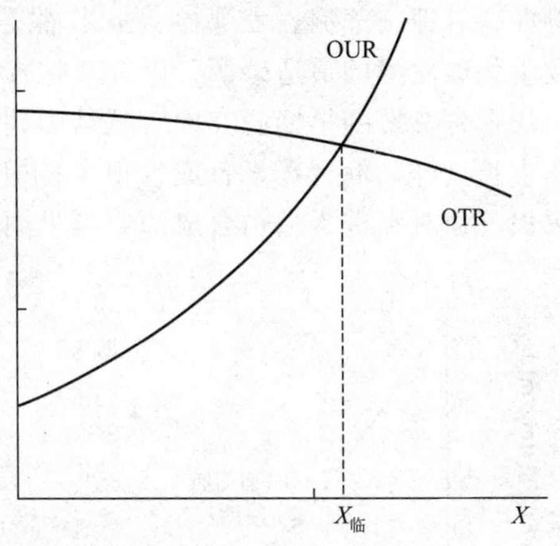

图 5-10　摄氧速率 OUR 曲线与传氧速率 OTR 曲线关系示意图

发酵过程中需要设法控制菌浓在合适的范围内。在一定的培养条件下，菌体的生长速率主要受营养基质浓度的影响，所以要依靠调节培养基的浓度来控制菌浓。首先要确定基础培养基配方中有适当的配比，避免产生过浓（或过稀）的菌体量。然后通过中间补料来控制，如当菌体生长缓慢、菌浓太稀时，则可补加一部分磷酸盐，促进生长，提高菌浓；但补加过多，则会使菌体过分生长，超过 $c_{临}$（$X_{临}$），对产物合成产生抑制作用。在生产上，还可利用菌体代谢产生的 CO_2 量来控制生产过程的补糖量，以控制菌体的生长和浓度。总之，可根据不同的菌种和产品，采用不同的方法来达到最适的菌浓。

发酵过程中菌丝形态的改变是代谢变化的反映，一般都以菌丝形态作为衡量种子质量、区分不同发酵阶段、控制发酵过程的代谢变化及决定发酵周期的依据。在长期的菌株改良中，青霉素产生菌分化为在深层培养中主要呈丝状生长和主要为结球生长两种形态。前者由于所有菌丝体都能充分和发酵液中的基质及氧接触，故一般比生产率较高。后者则由于发酵液黏度显著降低，使气液两相间氧的传递速率大大提高，从而允许更多的菌丝生长（即临界菌丝浓度较高），发酵罐体积产率甚至高于前者。在丝状菌发酵中，控制菌丝形态使其保持适当的分枝和长度并避免结球，是获得高产的关键要素之一。而在球状菌发酵中，使菌丝球保持适当的大小和松紧，并尽量减少游离菌丝的含量，也是充分发挥其生产能力的关键要素之一。这种形态的控制，与糖和氮源的流加状况、搅拌的剪切强度及比生长速率（稀释率）密切相关。

谷氨酸发酵过程中菌体先行繁殖，生物素由丰富向贫乏过渡。在发酵 7～10h 后，生物素处于贫乏状态，长菌型细胞开始向产酸型细胞转变，通过再度分裂增殖，形成有利于谷氨酸由胞内向胞外渗透的磷脂合成不足的细胞膜，细胞出现伸长、膨大的异常状态，随之开始产酸。此后，异常形态逐渐增多，产酸速度加快。到发酵 16～20h，生物素基本消耗完，完成了谷氨酸非积累型细胞向谷氨酸积累型细胞的转变，除去了渗透的障碍物，OD 值稳定，产谷氨酸量直线上升，直至发酵结束。

（二）碳源对发酵的影响及其控制

按菌体利用快慢，有快速利用的碳源和慢速利用的碳源之分。前者（如葡萄糖）能迅速参与菌体生长代谢和产生能量，因此适于长菌；后者（如乳糖）为菌体缓慢利用，有利于延长代谢产物的合成，特别有利于延长抗生素的生产期，也为许多微生物药物的发酵所采用。例如，乳糖、蔗糖、麦芽糖、玉米油及半乳糖分别是青霉素、头孢菌素C、盐霉素、核黄素及生物碱发酵的最适碳源。因此，选择最适碳源对提高代谢产物产量是很重要的。

在青霉素的早期研究中，就认识到了碳源的重要性。在迅速利用的葡萄糖培养基中，菌体生长良好，但青霉素合成量很少；相反，在缓慢利用的乳糖培养基中，青霉素的产量明显增加。糖对青霉素生物合成的影响见图5-11。

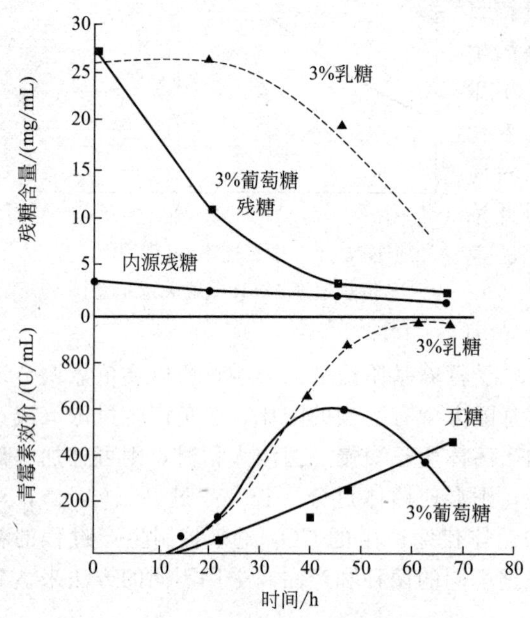

图5-11　糖对青霉素生物合成的影响试验

由图可见，糖的缓慢利用是青霉素合成的关键因素。所以缓慢滴加葡萄糖以代替乳糖，仍然可以得到良好的结果。这就说明乳糖之所以是青霉素发酵的良好碳源，并不是由于它起着前体作用，只是它被缓慢利用的速度恰好适合青霉素合成的要求，其他抗生素发酵也有类似情况。在初级代谢中也有类似情况，如葡萄糖完全阻遏嗜热脂肪芽孢杆菌产生胞外生物素的合成。因此，控制使用能产生阻遏作用的快速利用碳源是非常重要的。在工业上，发酵培养基中常采用快速利用和慢速利用混合碳源，就是根据这个原理来控制菌体的生长和产物的合成。发酵过程中采用混合碳源往往可以起到提高产率的作用。据报道，采用葡萄糖和醋酸混合碳源比单一葡萄糖为碳源的谷氨酸发酵的糖转化率提高30%。即使是全部为糖质原料，也可选用不同种原料混合使用，以提高产量。

碳源的浓度也有明显影响。因为碳源过于丰富，容易引起菌体异常增殖，菌体的代谢、产物的合成会受到明显的抑制；反之，碳源不足，仅仅供给维持量的碳源，菌体生长和产物合成都会停止。因此，控制适宜的碳源浓度，对发酵工业是很重要的。例如谷氨酸生产菌ATCC13869，当发酵初糖为60g/L，流加糖浓度控制在20～40g/h时，总糖达200g/L，谷氨酸浓度93g/L，转化率为46.3%。当改为初糖浓度5g/L，流加糖浓度控制在2～5g/L，总糖198g/L，谷氨酸浓度100g/L，转化率51%，提高10%。又如在产黄青霉Wis54-1255发酵中，给以维持量的葡萄糖［其比消耗速率0.022g/(g·h)］，菌的比生长速率和青霉素的比生成速率都为零，所以必须供给适量的葡萄糖，才能维持青霉素的合成速率。

控制碳源的浓度，可采用经验法和动力学法，即在发酵过程中采用中间补料的方法来控制。这要根据不同代谢类型来确定补糖时间、补糖量和补糖方式。动力学方法是要根据菌体的比生长速率、糖比消耗速率及产物的比生成速率等动力学参数来控制。补充碳源的时机不能简单以培养时间为依据，还要根据培养基中碳源的种类、用量和消耗速度、前期发酵条件、菌种特性和种子质量等因素综合考虑。

（三）氮源对发酵的影响及其控制

氮源有无机氮源和有机氮源两类，它们对菌体代谢都能产生明显的影响，不同的种类和不同的浓度都能影响产物合成的方向和产量。如谷氨酸发酵，当 NH_4^+ 供应不足时，就促使形成 α-酮戊二酸；过量的 NH_4^+，反而促使谷氨酸转变成谷氨酰胺。控制适量的 NH_4^+ 浓度，才能使谷氨酸产量达到最大。又如在研究螺旋霉素的生物合成中，发现无机铵盐不利于螺旋霉素的合成，而有机氮源（如鱼粉）则有利于其合成。

氮源像碳源一样，同样也有快速利用氮源（如硫酸铵）和慢速利用氮源（如黄豆粉、花生粉）之分。快速利用氮源容易被菌体利用，对某些产物的合成特别是抗生素的合成有调节作用，影响产量。如链霉菌的竹桃霉素发酵中，采用促进菌体生长的铵盐浓度，能刺激菌丝生长，但抗生素产量下降。铵盐还对柱晶白霉素、螺旋霉素、泰洛星等的合成产生调节作用。慢速利用氮源对延长次级代谢产物的分泌期、提高产物产量有一定好处。但一次投入全量，也容易促进菌体生长和养分过早耗尽，以致菌体过早衰老而自溶，从而缩短产物的生产期。对微生物发酵来说，也要选择适当的氮源和浓度。

发酵培养基一般是选用快速利用和慢速利用混合氮源。如氨基酸发酵用铵盐（硫酸铵或醋酸铵）和麸皮水解液、玉米浆；链霉素发酵采用硫酸铵和黄豆饼粉。但也有使用单一的铵盐或有机氮源（如黄豆饼粉）。它们被利用的情况与快速利用和慢速利用的碳源情况相似。为调节菌体生长和防止菌体衰老自溶，除了基础培养基中的氮源外，往往还需在发酵过程中补加氮源来控制浓度，调节 pH 值。

1. 补加有机氮源

根据产生菌的代谢情况，可在发酵过程中添加某些具有调节生长代谢作用的有机氮源，如酵母粉、玉米浆、尿素等，既可补充氮源，又可起到调节 pH 值的作用。氨基酸发酵中，可补加作为氮源和 pH 值调节剂的尿素。例如在谷氨酸发酵中，由于 pH 值持续下降，对菌体生长不利，因此必须定时流加尿素，以控制 pH 值在适宜的范围，保证生产正常进行。又如土霉素发酵中，补加酵母粉，可提高发酵单位；青霉素发酵中，后期出现糖利用缓慢、菌浓变稀、pH 值下降的现象，补加生理碱性物质尿素就可改善这种状况，并提高发酵单位。

2. 补加无机氮源

补加氨水或硫酸铵是工业上的常用方法。氨水既可作为无机氮源，又可调节 pH 值。在抗生素发酵工业中，通氨是提高发酵产量的有效措施，当 pH 值偏高而又需补氮时，就可补加生理酸性物质硫酸铵，以达到提高氮含量和调节 pH 值的双重目的。

补加氮源要注意适量，例如谷氨酸发酵，当 NH_4^+ 供应不足时，就促使形成 α-酮戊二酸；过量的 NH_4^+，反而会促使谷氨酸转变成谷氨酰胺。

（四）磷酸盐对发酵的影响及其控制

磷是核酸的成分之一，是微生物菌体生长繁殖所必需的成分，也是合成代谢产物所必需的。磷酸盐浓度的控制，对于初级代谢来说，要求不如次级代谢那么严格。由于微生物生长所允许的和合成次级代谢物所允许的磷酸盐浓度相差较大（平均相差几十倍甚至上百倍），磷酸盐浓度调节代谢产物合成机制对于初级代谢产物合成的影响，往往是通过促进菌体生长而间接产生的，对于次级代谢产物来说，机制就比较复杂。因此，控制磷酸盐浓度对微生物次级代谢产物发酵来说是非常重要的。

要根据具体的发酵过程确定补加磷酸盐的时机和浓度。对于初级代谢，一般是在基础培养基中采用适当的磷酸盐浓度。抗生素发酵中，常常是采用生长亚适量（对菌体生长不是最适合但又不影响生长的量）的磷酸盐浓度。磷酸盐的最适浓度取决于菌种特性、培养条件、培养基组成和来源等因素。即使同一种抗生素发酵，不同地区、不同工厂所用的磷酸盐浓度也不一致，甚至相差很大。因此，必须结合当地的具体条件和使用的原材料进行实验确定磷酸盐的最适浓度。培养基中的磷含量，还可能因配制方法和灭菌条件不同，引起含量的变化。据报道，利用金霉素链霉菌 949（*S. aureofaciens* 949）进行四环素发酵，菌体生长最适的磷浓度为 65～70μg/mL，而四环素合成最适磷浓度为 25～30μg/mL。青霉素发酵，以用 0.01%磷酸二氢钾为好。在发酵过程中，有时发现代谢缓慢的情况，还可补加磷酸盐。在四环素发酵中，间歇、微量添加磷酸二氢钾，有利于提高四环素的产量。

（五）前体物质对发酵的影响及其控制

抗生素合成的前体物质更是抗生素分子的前身或其组成的一部分，它直接参与抗生素合成而自身无显著变化，在一定条件下前体物质可控制生产菌的合成方向和增加抗生素的产量。前体物质的利用往往与菌种的特性和菌龄有关。例如，两种青霉素产生菌对苯乙酸的利用率不同，形成青霉素 G 的比例也不同，菌龄较老的菌丝对苯乙酰胺的脱氨作用较菌龄年轻的菌丝强；青霉素对各种前体物质的利用速率不同，前体物质愈易被氧化的，用于构成青霉素分子的比例就愈少。一般来说，当前体物质是合成过程中的限制因素时，前体物质加入量愈多，抗生素产量就愈高（表 5-4）。

表 5-4 不同浓度的前体物质对青霉素产量的影响

苯乙酸用量/%	青霉素产量/(U/mL)	青霉素 G 的比例/%
0.1	7750	5703
0.2	8515	73.0
0.3	9630	90.6
0.4	9200	95.6

但是，前体物质的浓度越大，利用率越低。在抗生素发酵中，大多数前体物质对生产菌有毒，故一次加入量不宜过多。为了避免前体物质浓度过大，一般可采用间歇分批流加或连续流加的方法加入。

（六）补料方式及控制

补料方式有很多种情况，有连续流加、不连续流加或多周期流加。连续流加又可分为快速流加、恒速流加、指数速率流加和变速流加。生产上常用的磷酸盐有磷酸二氢钾等。为避免中间补料对菌体发酵造成抑制或阻遏，每次补料的量应保持在出现毒性反应的量以下，以少量多次为好。在国内，大多采用人工控制补料，而且为了管理方便，采用延长间隔时间的办法，有间隔 2h 甚至 1 天补料 1 次的。补料间隔时间越长，一次加入的基质越多，造成的抑制或阻遏作用越不易消失。

从补加培养基的成分来分，可分为单组分补料和多组分补料。按照流加操作控制系统来分，又可分为有反馈控制和无反馈控制两类。反馈控制系统是由传感器、控制器和驱动器三个单元所组成。根据控制依据的指标不同，分为直接方法和间接方法。补料可以达到稳定 pH 值，又可以不断补充营养物质特别是能产生阻遏作用的物质。少量多次补加还可解除对产物合成的阻遏作用，提高产物产量。最成功的例子就是青霉素的补料工艺，利用控制葡萄糖的补加速率来控制 pH 值的变化范围（现已实现自动化），其青霉素产量比用恒定的加糖速率和加酸或碱来控制 pH 值的产量高 25%。

根据控制依据的指标不同，补料操作控制系统又分为直接方法和间接方法。

由于长期缺乏可靠的适时测定手段，无法控制适时补料，所以直接法一直没有用于发酵控制。目前出现了各种类型生物传感器，可供底物和产物的在线分析，但其应用仍然存在一些问题（如耐热性差），尚待解决。随着一系列技术障碍的克服，该法将会得到迅速普及。反馈控制的补料分批发酵，常常是依据个别指标来进行，在许多情况下，并不能奏效，尚需进行多因子分析。

间接方法是以溶氧、pH 值、呼吸商、排气中 CO_2 分压及代谢产物浓度等作为控制参数。对间接方法来说，选择与过程直接相关的可检参数作为控制指标，是研究的关键。这就需要详尽考查分批发酵的代谢曲线和动力学特性，获得各个参数之间的有意义的相互关系，来确定控制参数。对于通气发酵，利用排气中 CO_2 含量作为补料分批发酵反馈控制参数是较为常用的间接方法。如控制青霉素生产所用的葡萄糖流加的质量平衡法，就是利用 CO_2 的反馈控制。它是依靠精确测量 CO_2 的释放率 CRR 和葡萄糖的流动速度，达到控制菌体的比生长速率和菌浓。pH 值也已用作糖的流加控制的参数。

为了改善发酵培养基的营养条件和去除部分发酵产物，补料分批发酵还可采用“放料和补料”方法。也就是说，发酵一定时间，产生了代谢产物后，定时放出一部分发酵液（可供提炼），同时补充一部分新鲜营养液，并重复进行。这样就可以维持一定的菌体生长速率，延长发酵产物生产期，有利于提高产物产量，又可降低成本。所以这也是另一个提高产量的补料分批发酵方法，但要注意染菌等问题。

六、发酵过程中的泡沫控制

大多数微生物发酵过程中，由于培养基中有蛋白类表面活性剂（具有较高的表面张力）存在，在通气条件下，培养液中就形成了泡沫。泡沫是气体被分散在少量液体中的胶体体系，气液之间被一层液膜隔开，彼此不相连通。起泡会带来许多不利因素，如发酵罐的装料系数减小、液相体积氧传递系数减小等。泡沫过多时，影响更为严重，造成大量逃液，发酵液从排气管路或轴封逃出而增加染菌机会等，严重时通气搅拌也无法进行，菌体呼吸受到阻碍，导致代谢异常或菌体自溶。所以，控制泡沫是保证正常发酵的基本条件。

（一）发酵过程中泡沫产生原因及发酵的影响

发酵过程产生少量的泡沫（foam）是正常的。发酵中一般形成的泡沫有两种类型：一种是发酵液液面上的泡沫，气相所占的比例特别大，与液体有较明显的界限，如发酵前期的泡沫；另一种是发酵液中的泡沫，又称流态泡沫，分散在发酵液中，比较稳定，与液体之间无明显的界限。培养基的物理化学性质对于泡沫的形成及多少有一定影响。蛋白质原料，如蛋白胨、玉米浆、黄豆粉、酵母粉等是主要发泡剂。葡萄糖等本身起泡能力很低，但丰富培养基中浓度较高的糖类增加了培养基的黏度，起到稳定泡沫的作用，糊精含量多也会导致泡沫的形成。另外，细菌本身有稳定泡沫的作用。特别是当感染杂菌和噬菌体时，泡沫特别多，发酵条件不当，菌体自溶时泡沫也会增多。

在好气性发酵过程中，由于通气及搅拌，产生少量泡沫，是空气溶于发酵液和产生二氧化碳的结果。因此，发酵过程中产生少量泡沫是正常的，但当泡沫过多就会对发酵产生影响，主要表现在：

（1）泡沫过多会引起发酵液溢出而造成浪费和污染。

（2）泡沫上升到罐顶，可能从轴封渗漏，造成杂菌污染。

（3）泡沫过多就必须减小发酵罐的装填系数，降低了设备利用率。

（4）泡沫影响氧传递，影响通气搅拌效果。

（5）当泡沫稳定，难以消除时，代谢产生的气体不能及时排出，影响菌体正常呼吸作用，甚至造成菌体自溶。

因此，控制发酵过程中产生的泡沫，是使发酵过程得以顺利进行和稳产、高产的重要因素之一。

（二）泡沫的消除

泡沫的消除方法很多，可以采用调整培养基中的成分以减少泡沫形成的机会，如少加或缓加易起泡的原材料或改变某些物理化学参数（如 pH 值、温度、通气和搅拌）；或者改变发酵工艺来控制，如采用分次投料方法；还可采用机械消泡或消泡剂消泡这两种方法来消除已形成的泡沫；或采用菌种选育的方法，筛选不产生流态泡沫的菌种，来消除起泡的内在因素。而对于已形成的泡沫，工业上一般采用机械消泡和化学消泡剂消泡或两者同时使用进行消泡。

1. 机械消泡

机械消泡（foaming）是一种物理作用，主要靠机械引起的强烈振动或压力的变化促使气泡破裂，又可分为罐内消泡和罐外消泡两种。罐内消泡法，最简单的是搅拌轴上方装消泡桨，消泡桨的效率不高，对黏性流态泡沫几乎不起作用，故必须配合使用消泡剂。罐外消泡法，是将泡沫引出罐外，通过喷嘴的加速作用或利用离心力来消除泡沫的一种方法。机械消泡的优点在于节省原料，不需加入外界物料，可节省原料，减少污染杂菌的机会和对下游工艺的影响。其缺点在于不能从根本上消除引起泡沫稳定的因素；消泡效果也较化学法差；同时还需要特定的设备，有的设备复杂不易掌握，还需消耗动力。因此，仅可作为消泡的辅助方法。机械消泡装置类型有：耙式消泡器（rake defoaming device）、刮板式消泡器（scraper type anti-foaming device）、涡轮式消泡器（turbine-type anti-foaming device）、射流消泡器（jet defoaming device）、碟片式消泡器（disc type anti-foaming device）、离心式消泡器（centrifugal defoaming device）等。

2. 化学消泡

化学消泡（chemical defoaming）是一种使用化学消泡剂进行消泡的方法，即靠加入某些活性物质，降低泡沫的局部表面张力使泡沫破裂的方法。化学消泡的优点在于消泡效果好，较机械消泡的作用迅速，用量少，不耗能，也不需要改造现有设备。其缺点是：有的化学消泡剂有一定毒性，能影响产生菌的生长代谢，从而影响产物的生物合成；有的消泡剂残留在发酵液中会增加提炼时的麻烦，影响成品质量，影响溶解氧的传递和通气搅拌的效果。

理想的消泡剂，应具备下列条件：①消泡剂必须是表面活性剂，具有一定的亲水性，在气-液界面上具有足够大的铺展系数，才能迅速发挥消泡作用；②在低浓度时具有消泡活性；③在水中的溶解度必须较小，以保持长久的消泡能力，防止形成新的泡沫；④对微生物、人类和动物无毒性；⑤对产物的提取不产生任何影响；⑥不会在使用、运输中引起任何危害；⑦来源方便、广泛，价格便宜；⑧不影响氧在培养液中的溶解和传递；

⑨能耐高温灭菌。

发酵工业上常用的消泡剂主要有四类：①天然油脂类（花生油、玉米油、菜籽油、鱼油、猪油等）；②聚醚类（聚氧丙烯、聚氧乙烯在引发剂存在下的嵌段聚合物，有GPE型和PPE型等）；③醇类（聚二醇、十八醇等），十八醇是较常用的一种醇类消沫剂，它可以单独使用或与载体一起使用，一般用量为1%～2%，十八醇溶于猪油内使用，是发酵工业上传统的一种消泡剂，使用效果很好；④硅酮类（主要是聚二甲基硅氧烷及其衍生物），常用于碱性的链霉素、新霉素等抗生素发酵（比天然油脂的消泡效力高），对于微酸性抗生素发酵效果较差。

其中以天然油脂类和聚醚类在微生物发酵中最为常用。

在发酵过程中消泡的效果，除了与消泡剂的种类、性质、分子量大小、消泡剂亲水亲油基团等有密切联系外，还与消泡剂的浓度、加入方法和温度等有很大关系。消泡剂可在基础料中一次加入，然后连同培养基一起灭菌。此法操作简便，但消泡剂用量较大。也可将消泡剂配制成一定浓度溶液，经灭菌、冷却后在发酵过程中加入。此法能充分发挥消泡剂作用，用量较少，但工艺复杂，易造成杂菌污染。此外，还可通过机械分散及加入载体和乳化剂等方法增强消泡剂的作用。注意：消泡剂的使用必须在浊点温度以上，否则效果很差。化学消泡剂的添加量一般为培养基总体积的0.02%～0.035%。

七、发酵终点的确定

微生物发酵终点（fermentation end）的判断，对提高产物的生产能力和经济效益是很重要的。生产能力是指单位时间内单位罐体积的产物积累量。生产过程不能只单纯追求高生产力，而不顾及产品的成本，必须把二者结合起来，既要有高产量，又要降低成本。

发酵过程中的产物形成，有的是随菌体的生长而生产，如初级代谢产物氨基酸等；有的代谢产物的产生与菌体生长无明显的关系，生长阶段不产生产物，直到稳定期，才进入产物生产期，如抗生素的合成就是如此。但是无论是初级代谢产物还是次级代谢产物发酵，到了衰亡期，菌体的产物分泌能力都要下降，产物的生产率相应下降或停止。有的产生菌在衰亡期，营养耗尽，菌体衰老而进入自溶，释放出体内的分解酶，会破坏已形成的产物。因此，不同的发酵类型，要求达到的目标不同，因而对发酵终点的判断标准也应有所不同。临近发酵终点时加糖、补料或消泡剂要慎重，因残留物对产品提取有影响。例如抗生素发酵在放罐前约16h便应停止加糖或消泡剂，判断放罐指标主要有产品浓度、过滤速度、菌丝形态、氨基氮、pH值、DO、发酵液黏度和外观等。要确定合理的放罐时间，必须要考虑下列几个因素：

1. 经济因素

不同的发酵类型，要求达到的目标不同，因而对发酵终点的判断标准也应有所不同。一般来说，对发酵和原材料成本占整个生产成本主要部分的产品，主要追求提高生产率（kg/m^3·h）、得率（kg产物/kg基质）和发酵系数［kg产物/(罐容m^3·发酵周期h)］。但对下游提取纯化成本占的比重较大、产品价格较贵的产品，则除了要考虑提高生产率和得率外，还要求有较高的产物浓度，以降低产品的总体生产成本。

因此，考虑放罐时间时，还应考虑总生产率（放罐时产物浓度除以总发酵生产时间）。这里总发酵生产时间包括发酵周期和辅助操作时间，因此要提高总生产率，则有必要缩短发酵周期，这就是要在产物生成速率较低时放罐。延长发酵虽然略能提高产物浓度，但生产率下降，且耗电大，成本提高，每吨冷却水所得到的产物产量下降。

2. **产品质量因素**

发酵时间长短对后续工艺和产品质量有很大影响。如果发酵时间太短，势必会有过多的剩余营养物，如各种蛋白质、脂肪等残留在发酵液中，增加过滤的困难，增加溶剂萃取中的乳化作用，或干扰树脂的吸附作用，菌丝容易自溶，氨氮大量释放，发酵液发黏，甚至影响到产品质量，对于发酵产物的提取和纯化都会造成不利影响；如果发酵时间太长，放罐时间过晚，由于菌体自溶，释放出菌体蛋白及各种酶类，pH 值上升，增加过滤工序的负担，延长过滤时间或破坏产物。这些影响都会造成产品质量下降，因此必须把握合适的发酵周期。

3. **特殊因素**

合理的放罐时间是由实验来确定的，即根据不同的发酵时间所得的产物产量计算出发酵罐的生产率和产品成本，采用生产率高而成本低的时间，作为放罐时间。对于成熟的发酵工艺，对老品种的发酵来说，放罐时间都已掌握，在正常情况下，放罐时间一般都根据作业计划放罐，但是在发酵异常的情况下，则需根据具体情况，确定放罐时间。例如当发现代谢异常（糖耗缓慢等）、染菌，就应根据不同情况，进行适当处理。为了能够得到尽量多的产物，应该及时采取措施（如改变温度或补充营养等），并适当提前或拖后放罐时间。发酵液染菌时，则需当机立断放罐，以免倒罐，造成更大损失。

总之，发酵终点的判断需综合多方面的因素统筹考虑。

第三节　通风发酵设备

常用的通风发酵设备有机械搅拌式（machine agitating）、气升式（air-lift）和自吸式（self-suction）等类型的发酵罐。目前机械搅拌通风发酵罐（ventilating fermentation tank by machine agitating）应用最为广泛，约占发酵罐总数的 70%～80%，所以也将机械搅拌通风发酵罐称为通用式发酵罐。

一、机械搅拌通风发酵罐

机械搅拌通风发酵罐是利用搅拌器的作用，使空气和醪液充分混合，促使氧在醪液中溶解，以保证供给微生物生长繁殖、发酵和代谢产物所需要的氧气。

（一）械搅拌通风发酵罐的结构

机械搅拌通风发酵罐的主要部件包括：罐体（tank body）、搅拌器（agitator）、联轴器（coupling）、轴承（bearing）、轴封（shaft seal）、挡板（baffle）、空气分布器（air sparger）、换热装置（heat transfer device）、传动装置（transmission）、消泡器（foam breaker）、人孔（manhole）、视镜（sight glass）以及管路等。大型机械搅拌通风发酵罐结构如图 5-12 所示。

1. **罐体**

罐体由罐身、罐顶、罐底三部分组成。罐身一般为圆柱体，罐顶装有视镜及灯镜、进料管、补料管、接种管（为了减少管路，可将进料管、补料管、接种管合并为一个接管口）、排气管和压力表接管，在罐身上有冷却水进出管、进空气管、温度计管和检测仪表接口，取样管则视操作的方便可装在罐侧或罐顶。中大型容积的发酵罐罐顶、罐底采用椭圆形或碟形封头通过焊接形式与罐身连接，在罐顶装设有快开人孔；而小型容积的罐顶采用平板盖通过法兰连接形式与罐身连接，在罐顶设有清洗用的手孔。

罐的高度与直径之比一般为 1.7～4 左右。罐体各部分材料多采用不锈钢，如 1Cr18Ni9Ti、0Cr18Ni9、瑞典 316L。为满足工艺要求，罐体必须能承受发酵工作时和灭菌时的工作压力和温度，通常要求耐受 130℃和 0.25MPa（绝压）。罐壁厚度取决于罐径、材料及耐受的压强。

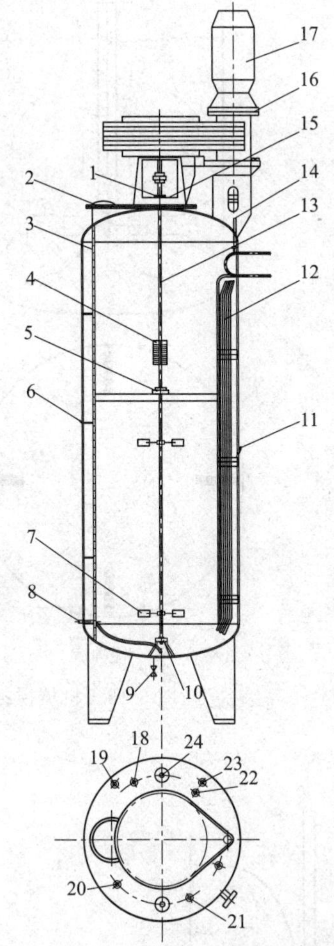

图 5-12　大型机械搅拌通风发酵罐结构

1—轴封；2—人孔；3—梯；4—联轴器；5—中间轴承；6—温度计；7—搅拌叶轮；8—进风管；9—放料口；10—底轴承；11—热电偶接口；12—冷却管；13—搅拌轴；14—取样管；15—轴承座；16—传动带；17—电动机；18—压力表；19—取样口；20—进料口；21—补料口；22—进气口；23—回流口；24—视镜

2. 搅拌器

搅拌的主要作用是混合和传质，即：使通入的空气分散气泡并与发酵液充分混合，使气泡破碎以增大气-液接触界面，获得所需要的氧传递速率，并使生物细胞悬浮分散于发酵体系中，以维持适当的气-液-固（细胞）三相的混合与质量传递，同时强化传热过程。

机械搅拌发酵罐内流体的流型分为径向流（radial-flow）、轴向流（axial-flow）和切向流（radial-flow）三种。

径向流是指液体流动方向垂直于搅拌轴，沿发酵罐半径方向在搅拌器和罐的内壁间流动（图 5-13）。径向流使液体在发酵罐内总体流动较复杂，液体剪切作用大，有利于气泡的破碎，但容易造成微生物细胞的损伤。

轴向流是指液体流动方向平行于搅拌轴，轴相流入、轴向流出，液体循环流量大（图 5-13）。轴向流使液体在发酵罐内形成的总体流动为轴向的大循环，有利于宏观混合，但湍动程度不高。

切向流是指无挡板的容器内，流体绕轴做旋转运动，液体在离心力作用下涌向器壁，中心部分液面下降，形成一个大旋涡（图 5-14）。转速越高，形成的旋涡越深。

因此，搅拌器的设计应使发酵液有足够的径向流动和适度的轴向运动。

发酵罐中的机械搅拌器大致可分为径向（涡轮式）和轴向推进（螺旋桨式）两种类型（图 5-15）。搅拌器在发酵罐中造成的流型，对气-固-液相的混合效果、氧气的溶解、热量的传递都有较大影响。

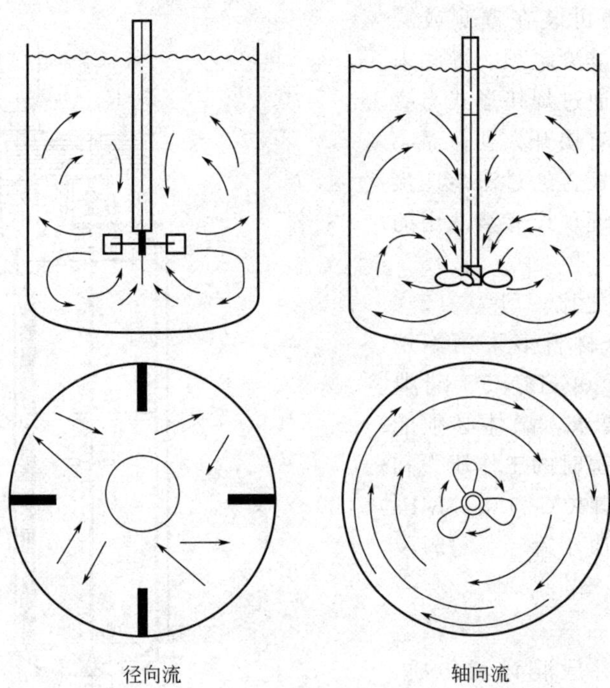

图 5-13　机械搅拌发酵罐内的径向流和轴向流

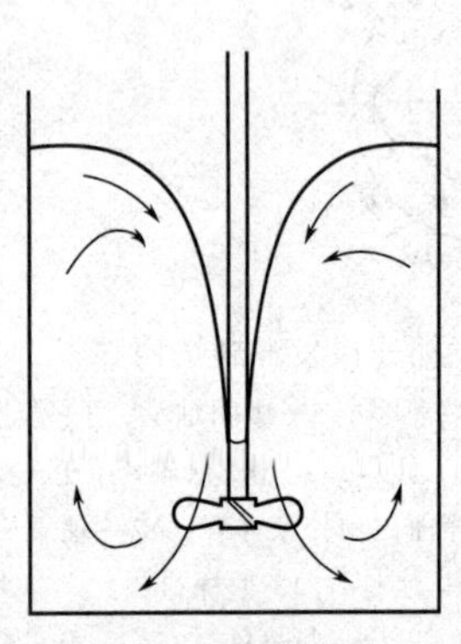

图 5-14　机械搅拌发酵罐内的切向流

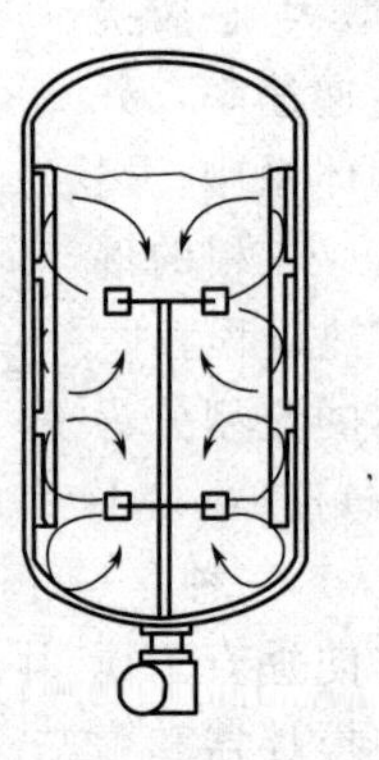

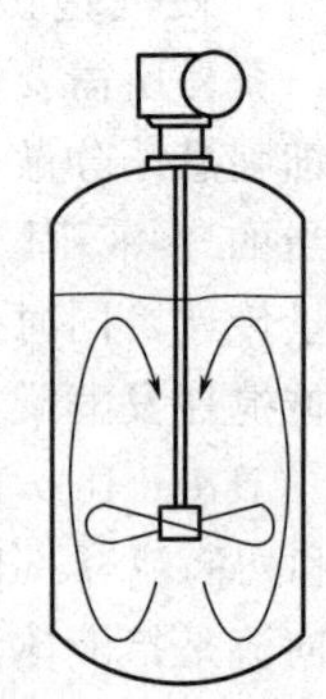

图 5-15　不同搅拌器的流型示意图

机械搅拌通风发酵罐大多采用圆盘涡轮式搅拌器。桨叶又分为平直叶、弯叶、箭叶三种。桨叶用扁钢制成，一般和圆盘焊接，而后再将圆盘焊在轴套（axle sleeve）上。叶轮直径一般取发酵罐直径的 1/2～1/3，如图 5-16 所示。

机械搅拌通风发酵罐最广泛使用的是平直叶涡轮搅拌器，国内采用的大多数是六平叶式，部分尺寸比例已规范化。在液层较高的情况下，为搅拌均匀，常安装多层桨叶。通常装有两组搅拌器，两组搅拌器的间距 S 约为搅拌器直径的 3 倍。对于大型发酵罐以及液体深度 H_L较高的，可安装三组或三组以上的搅拌器。最下面一组搅拌器通常与风管出口较接近为好，与罐底的距离 C 一般等于搅拌器直径 D_i，但也不宜小于 $0.8D_i$，否则会影响液体的循环。

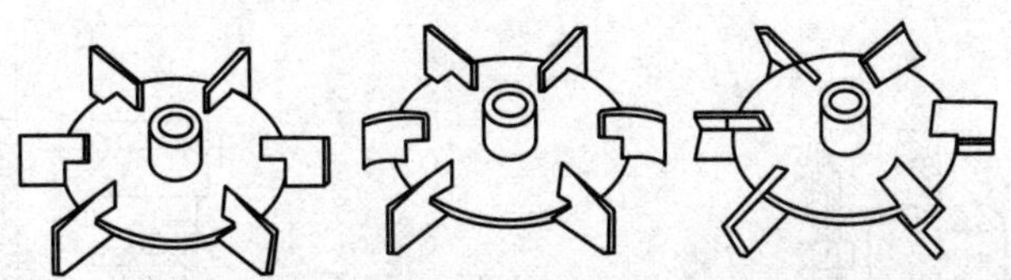

(a) 圆盘平直叶涡轮　(b) 圆盘弯叶涡轮　(c) 圆盘箭叶涡轮

图 5-16　各种类型涡轮结构示意图

3. 挡板

在搅拌器运转时，切向流使液体在离心力作用下涌向器壁，中心部分液面下降，形成一个大旋涡。转速越高，形成的旋涡越深，大大降低溶氧效果。通常在发酵罐内壁装设挡板，将切向流改变为轴向流和径向流，增加液体湍动程度，可消除旋涡，促使液体激烈翻动。

罐中心垂直安装的螺旋桨，在无挡板的情况下，在轴中心形成凹陷的旋涡。如在同一罐内安装 4～6 块挡板，液体的螺旋状流受挡板折流，被迫向轴心方向流动，使旋涡消失（图 5-17）。

挡板的作用是避免旋涡现象，增大被搅拌液体的湍流程度，将切向流动变为轴向和径向流动，强化液体的对流和扩散，改善搅拌效果（图 5-18）。但是，如果安装过多的挡板，就会减少液体的总体流动，并把混合局限在局部区域内，导致不良的混合性能。罐内竖立的冷却列管也可起挡板作用，一般不另设挡板。

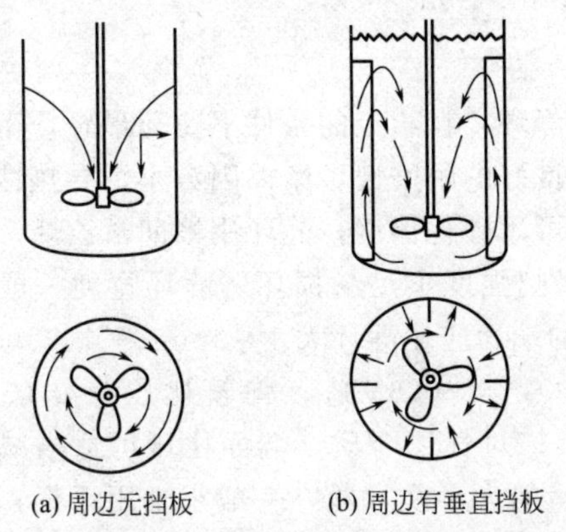

图 5-17　罐中心装垂直螺旋搅拌器的搅拌流型

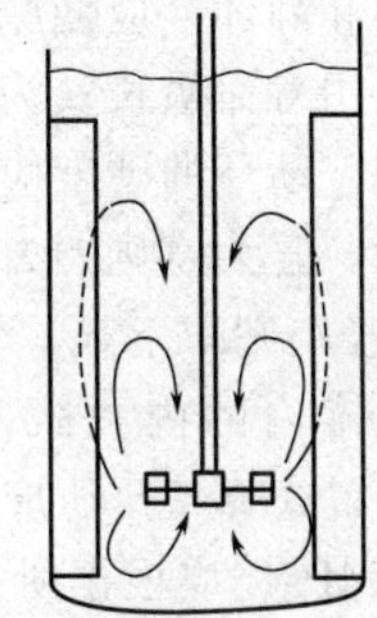

图 5-18　有挡板的涡轮式搅拌器形成的流型

搅拌器造成的流型不仅决定于搅拌器本身，还受罐内附件及其安装位置的影响。为强化轴向混合，也可采用不同类型桨叶的涡轮式搅拌器或涡轮式与推进式叶轮共用的搅拌系统。

4. 轴封

搅拌轴的密封为动密封，这是由于搅拌轴是转动的，而顶盖是固定静止的，两个构件之间具有相对运动。对动密封的基本要求是密封要可靠并且机构要简单，使用寿命要长。轴封的作用是对罐顶或罐底与轴之间的缝隙加以密封，防止泄漏和污染杂菌。轴封有填料函式和机械式两种，最普遍的轴封是机械式轴封（图 5-19）。

机械式轴封将较易泄漏的轴面密封形式改变为较难渗漏的端面（径向）轴封，故又称端面式轴封。其主要结构为：摩擦副，即动环和静环；弹簧加荷装置；辅助密封圈（动环密封圈和静环密封圈）。它是靠弹性元件（弹簧、波纹管）及密封介质压力在两个精密的平面（动环和静环）间产生压紧力，相互贴紧，并做相对旋转运动而达到密封。双端面机械轴封

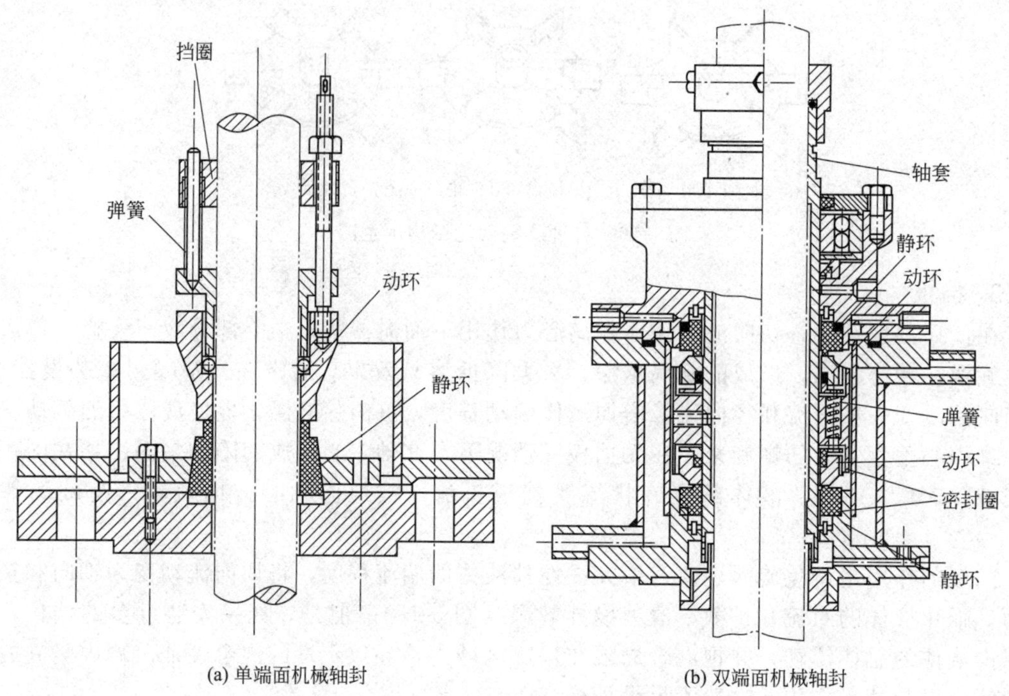

图 5-19　端面式机械轴封结构示意图

装置的设计要求如下：

（1）动环和静环　应使摩擦副（摩擦副即动环和静环）在给定的条件下负荷最轻，密封效果最好，使用寿命最长。为此，动静环材料均要有良好的耐磨性，摩擦因数小，导热性能好，结构紧密，动环的硬度应比静环大。通常，动环可用碳化钨钢，静环用聚四氟乙烯。端面宽度要适中，若太宽则冷却和润滑效果不好，过窄则强度不足易损坏。静环宽度一般为3～6mm，轴径小则取下限，轴径大则取高值，动环的端面应比静环大1～3mm。

对于装在罐内的内置式端面轴封的端面比压为0.3～0.6MPa，弹簧比压为0.05～0.25MPa；外置式弹簧比压应比介质大0.2～0.3MPa，对气体介质，端面比压可适当减小但须大于0.1MPa。应根据所需要求的压紧力选择弹簧的大小及根数，一般小轴用4根，大轴用6根。

（2）弹簧加荷装置　此装置的作用是产生压紧力，使动静环端面压紧密切接触，以确保密封。弹簧座靠旋紧的螺钉固定在轴上，用以支撑弹簧，传递扭矩。而弹簧压板用以承受压紧力，压紧静密封元件，转动扭矩带动动环。当工作压力为0.3～0.5MPa时，采用直径2～2.5mm的弹簧，自由长度20～30mm，工作长度10～15mm.

（3）辅助密封元件　辅助密封元件有动环和静环的密封圈，用来对动环与轴以及静环与静环座之间的缝隙进行密封。动环密封圈随轴一起旋转，故与轴及动环是相对静止的。静环密封圈是完全静止的。常用的动环密封圈为“O”形环，静环密封圈为平橡胶垫片。

5. 空气分布器

空气分布器是将无菌空气导入罐内的装置。空气分布管的形式对溶氧速率有较大的影响，在发酵罐中采用的空气分布装置有单管、多孔环管及多孔分支环管等几种。

多孔环管开口朝下，环形管的环径以等于0.8d为好，小孔直径为5～8mm，小孔总面积大致与通风截面积相等。当通风量小（0.02～0.5mL/s）时，气泡的直径与空气喷口直径的 1/3 次方成正比，即喷口直径越小，气泡的直径越小，溶氧系数就越大。但是，一般发酵工业的通风量都远远超过这个范围。在强烈机械搅拌的条件下，多孔分布器对氧的传递效果并不比单孔管好，相反还会造成不必要的压力损失，且易使物料堵塞小孔，故现已很少采用。

发酵工业通常采用单管空气分布器。空气分布器在搅拌器下方的罐底中间位置，管口向下，空气直接通入发酵罐的底部。管口与罐底距离约为 40mm，管径可按空气流速 20m/s 左右计算。

新型的喷环式空气分布器已成功用于柠檬酸发酵生产。它是将传统的鼓泡传质转化为乳化传质，使气泡上升速度降低，在不改变原有搅拌系统的前提下，可降低搅拌功率 10%以上。其主要是利用文丘里管的引射产生真空的原理：具有一定压力的无菌空气，经喷嘴（10～18mm）高速射出所产生的负压和卷吸作用将罐中的液体吸入混合器（文丘里管）中，在混合器中与气体剧烈混合并达到乳化的效果，从而增大了气体与液体的接触面积，减缓了气体在液体中逸出的时间，提高了溶氧效率。

6. 消泡装置

发酵过程中由于发酵液中含有大量的蛋白质，故在强烈的通气搅拌下将产生大量的泡沫。严重的泡沫将导致发酵液的外溢和增加染菌机会，在通气发酵生产中有两种消泡方法：一是加入消沫剂；二是使用机械消泡装置。工业生产上通常是两种消泡方法联合使用。

机械消泡装置可分为两大类：一类置于罐内，目的是防止泡沫外溢，它是在搅拌轴或罐顶另外引入的轴上装上消沫桨，如耙式消泡桨、旋转圆板式消泡装置、冲击反射板机械消泡等；另一类置于罐外，目的是从排气中分离已溢出的泡沫使之破碎后将液体部分返回罐内，如旋风分离器消泡、转向板消泡等。

工业生产上最简单实用的是耙式消泡桨［图 5-20(a)］。它安装于罐内顶部，固定在搅拌轴上，齿面略高于液面。消泡桨随搅拌轴转动，不断将泡沫打破。消泡桨的直径约为罐直径的 0.8～0.9，以不妨碍旋转为原则。将消泡桨由耙式改为蛇形栅条［图 5-20(b)］，泡沫上升与栅条桨反复碰撞，搅破液面上的气泡，不断破坏生成的气泡，控制泡沫的增加，可提高消泡效果。

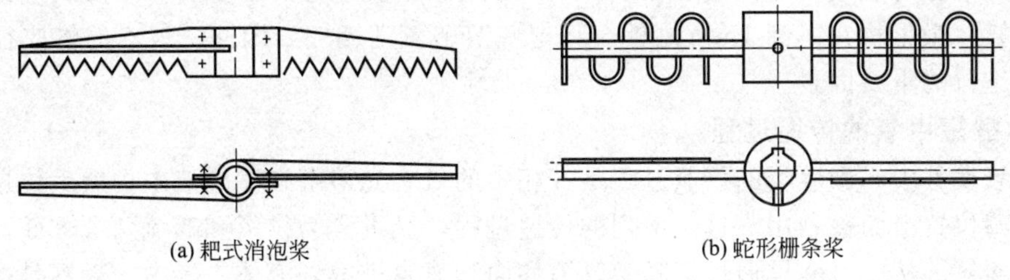

(a) 耙式消泡桨　(b) 蛇形栅条桨

图 5-20　桨式消泡器

7. 换热装置

在发酵过程中，生物氧化产生的热量和机械搅拌产生的热量必须及时移去，才能保证发酵在恒温下进行。通常采用的换热装置有下列形式：

（1）夹套式换热装置　这种换热装置应用 $5m^3$ 以下容积的小罐，夹套高度比静止液面稍高（图 5-21）。优点为结构简单，加工容易，罐内死角少，容易清洗灭菌，冷却水流速低，但降温效果差。

（2）内蛇管换热装置　蛇管分组安装于发酵罐内，有四组、六组或八组不等。优点体现

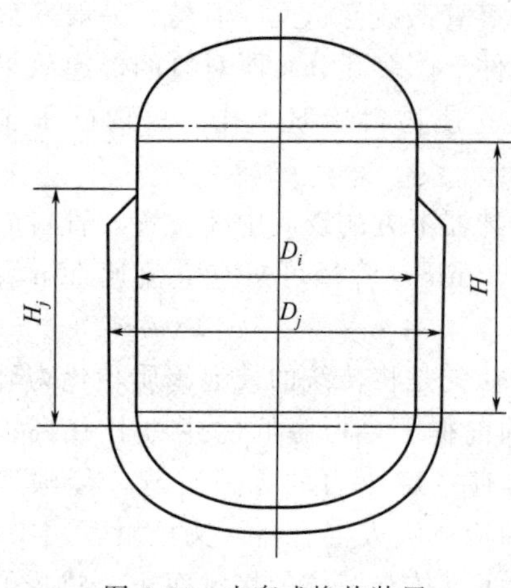

图 5-21　夹套式换热装置

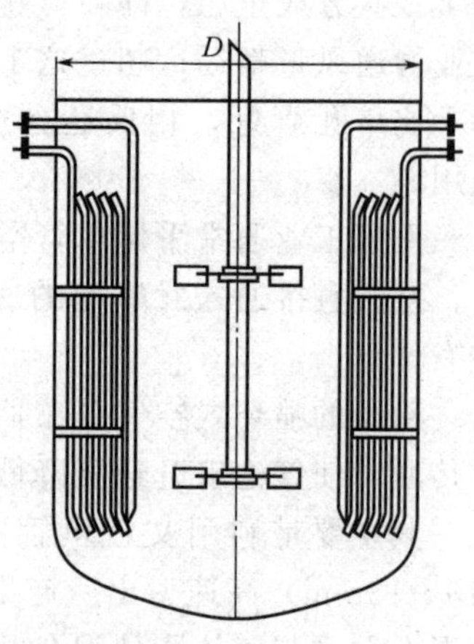

图 5-22　内蛇管换热装置

在：冷却水在管内的流速大，传热系数高。缺点是弯曲位置较容易被蚀穿（图 5-22）。

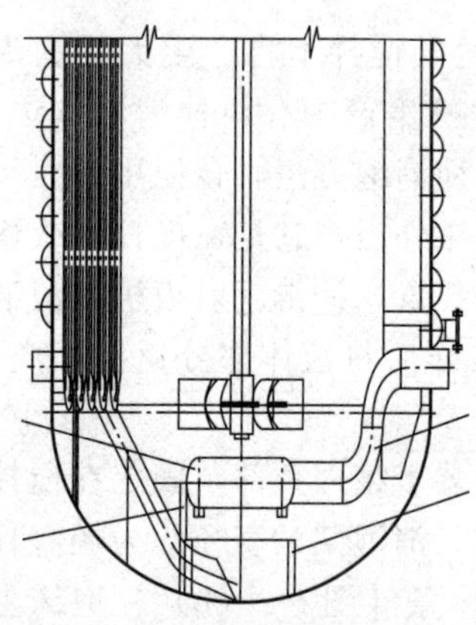
图 5-23　外盘管换热装置

(3) 外盘管换热装置　螺旋形外盘半管设计，减小发酵罐壁厚，提高承压能力，有利于提高热传递效率；还能提高盘管里介质的流速，高速流动的介质能有效地防止夹套内表面的结垢；节约能量消耗，降低设备投资，减小发酵罐总体直径，利于车间布置，节约钢材。整个外盘管发酵罐的设备制造工艺比普通夹套发酵罐复杂，略增加生产厂家的人工成本（图 5-23）。

（二）机械搅拌通风发酵罐的通风与传质

只有溶解于液相中的氧才可以被其中的微生物所利用。氧气在培养液中的溶解度很低（属难溶性气体），与此同时，好氧微生物对氧气的需求量很大，生产上必须解决这一矛盾。以无菌空气形式供氧，常压下纯水中氧气的溶解度为 6～8mg/L，而细胞对氧气的消耗速度在 1g/(L·h) 左右。因此，即使培养液被氧气饱和，若不连续供氧，微生物在不到 1min 内就会将这些溶解氧消耗完。因此，氧气的供应往往成为制约发酵进行的重要因素。

1. 发酵罐中氧的传递过程

在好氧发酵中，微生物的供氧过程是气相中的氧首先溶解在发酵液中，然后传递到细胞内的呼吸酶位置上而被利用。这一系列的传递过程，又可分为供氧和耗氧两个方面，供氧是指空气中的氧气从空气泡里通过气膜、气液界面和液膜扩散到液体主流中。耗氧是指氧分子自液体主流通过液膜、菌丝丛、细胞膜扩散到细胞内。氧在传递过程中必须克服一系列的阻力，才能到达反应部位，被微生物所利用（图 5-24）。

这些阻力主要包括：

① 气膜传递阻力 $1/k_1$，为气体主流及气液界面间的气膜传递阻力，与通气情况有关。

② 气液界面传递阻力 $1/k_2$，只有具备高能量的氧分子才能透到液相中去，而其余的则返回气相。

③ 液膜传递阻力 $1/k_3$，为从气液界面至液体主流间的液膜阻力，与发酵液的成分和浓度有关。

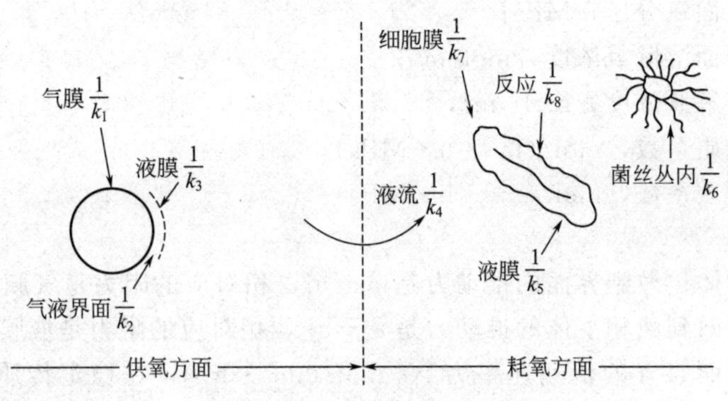

图 5-24　氧传递的各种阻力

④ 液相传递阻力 $1/k_4$，与发酵液的成分和浓度有关，它通常不作为一项重要阻力，因在液体主流中氧的浓度是假定不变的，当然这只有在适当的搅拌情况下才成立。

⑤ 细胞或细胞团表面的液膜阻力 $1/k_5$，与发酵液的成分和浓度有关。

⑥细胞团内的传递阻力 $1/k_6$，与微生物的种类、生理特性状态有关，单细胞的细菌和酵母不存在这种阻力，对于菌丝这种阻力最为突出。

⑦ 细胞膜和细胞壁阻力 $1/k_7$，与微生物的生理特性有关。

⑧ 细胞内反应阻力 $1/k_8$，是指氧分子与细胞内呼吸酶系反应时的阻力，与微生物的种类、生理特性有关。

从氧的溶解过程可知，供氧方面的主要阻力是气膜和液膜阻力，所以工业上常将通入培养液的空气分散成细小的气泡，尽可能增大气液两相的接触面和接触时间，以促进氧的溶解。耗氧方面的阻力主要是细胞团内与细胞膜阻力所引起的，但搅拌可以减小逆向扩散的梯度，因此也可以降低这方面的阻力。

氧的溶解过程本质上是气体吸收过程。而气体吸收指的是气相成分向液相扩散溶解的物质传递过程。其物质传递的机理，主要模型有根据 Whiteman 建议的稳定模型（1923 年提出）与 Higbie 提供的不稳定模型（1935 年提出），前者以双膜学说（two-film theory）描述，后者以渗透学说（penetration theory）而闻名。从工程学角度来说，双膜理论主要适用于需氧性微生物的反应器设计。这里简要介绍以双膜学说为主的稳定模型。

双膜理论基于以下的三种假设：

① 在气、液两相的主流内，溶解气体主要通过对流传递，可是沿着气液界面的气、液两侧各存在着层流薄膜，溶质气体只靠分子扩散在两界膜内移动。

② 溶解气体在两界膜内的浓度分布与时间无关（稳定状态），即：

$$p_i = Hc_i$$

③ 在界面处，气相中的分压与液相中的浓度之间常常达到平衡，即：

$$p_i \propto c_i$$

在那里完全不存在物质传递的阻力。

氧分子通过双膜的溶解过程如图 5-25 所示。

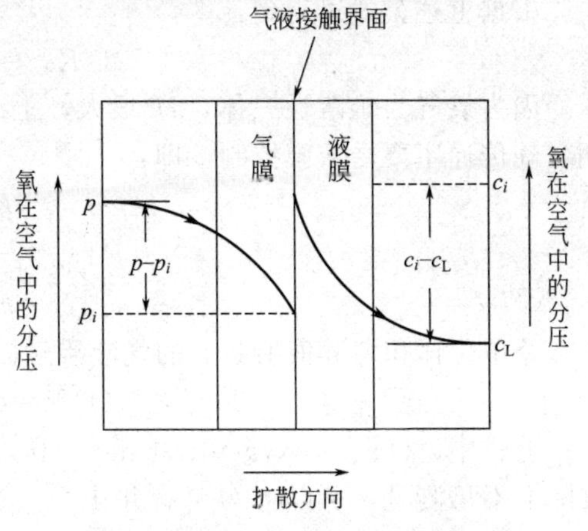

图 5-25　双膜理论的气液接触

p——气相分压，MPa；

p_i——气液界面氧分压，MPa；

c_i——气液界面溶解氧浓度，mol/m^3；

c_L——液相溶解氧浓度，mol/ m^3；

k_G——气膜传质系数，mol/(m^2 · h · MPa)；

k_L——液膜传质系数，mol/(m^2 · h · MPa)。

因此：

氧气从气相主体扩散到界面的推动力是 $p-p_i$，相对应的阻力是气膜阻力 $1/k_G$；

氧气从界面扩散到液相主体的推动力是 c_i-c_L，相对应的阻力是液膜阻力 $1/k_L$。

令单位面积界面氧气的传递速率为 N[mol/(m^2 · h)]，在稳定传质过程中，通过气、液膜的传氧速率 N 应相等：

$$N=推动力/阻力=(p-p_i)/(1/k_G)=(c_i-c_L)/(1/k_L)$$

即：

$$N=k_G(p-p_i)=k_L(c_i-c_L)$$

由于气液界面处的氧分压 p_i 和浓度 c_i 均无法测量，故上式没有实用价值。为了便于计算，一般不采用传质系数 k_G 或 k_L，而采用包括这两个因素在内的总传质系数 K_G 或 K_L，同时采用总推动力 $p-p^*$ 和 c^*-c_L 代替传质推动力 $p-p_i$ 和 c_i-c。因此，上式可改写为：

$$N=K_G(p-p^*)=K_L(c^*-c_L)$$

式中 K_G——以氧分压差为总推动力的总传质系数；

K_L——以氧浓度差为总推动力的总传质系数；

p^*——与液相中氧浓度 c 相平衡时氧的分压；

c^*——与气相中氧分压 p 相平衡时氧的浓度。

因为气相主体中氧的分压 p 和液相主体溶氧浓度 c_L 均可直接测定，而 p^* 和 c^* 可由亨利定律求出，故采用上式来计算氧的传递速率非常方便。

根据亨利定律有：

$$p=Hc^*$$

$$p^*=Hc$$

$$p_i=Hc_i$$

式中 H——亨利系数。

根据上述公式可得到：

$$1/K_L=1/k_L+1/Hk_G$$

因为氧气为难溶性气体，H 很大，上式第二项 $1/Hk_G$ 可以忽略：$1/K_L\approx1/k_L$。这说明氧气传递主要受液膜控制。即：

$$K_L\approx k_L$$

$$N=K_L(c^*-c_L)=k_L(c^*-c_L)$$

$$N=k_L(c^*-c_L)$$

令单位体积培养液所具有的气液接触面积为 a(m^2/m^3)，则有：

$$\mathrm{OTR}=k_La\ (c^*-c_L)$$

上式中，OTR (oxygen transfer rate) 为单位体积氧传递速率 [mol/(m^3 · h)]；而 a 实际上不可测量，所以将 k_La 合并作一个参数处理，称 k_La 为体积溶氧系数。在氧的传递过程中液膜阻力远大于气膜阻力，故通常是以 (c^*-c_L) 为溶氧推动力来计算传氧速率。

由于 OTR 为每立方米液体每小时的溶氧量，是可以实际测量的，加上（$c^* - c_L$）也是可知的，故可算出 k_La。

上式是从双膜理论推导出的在通气液体中传氧速率的公式，在氧传递理论中被广泛采用，为该领域内科学试验的基本依据之一。但尚需指出，双膜理论中假设有膜的存在，并以分子扩散为依据，而实际上是否存在稳定的气膜和液膜还存在疑问，故用于通气搅拌的传质问题不完全符合两相界面的传质情况。这与在管壁内外流动的液体的情况不尽相同，后者在固定的壁面两侧确实存在着两层以滞流流动着的膜，这种膜可以使之减薄，而不能使之完全消失。但在剧烈骚动的气液界面上，情况就不会如此简单，此时的传质并不是单纯的分子扩散，实际情形要复杂得多。由于发展得不完善，尽管目前已经提出了许多新理论（如表面更新理论、渗透理论），但因双膜理论的研究和建立已有长久的历史，从理论到解决工程问题的方法都较成熟，故在目前仍然被认为是工程上解决气液传质问题的基本理论。

此外，双膜理论等都是仅仅说明氧溶解于液体的问题，是以微生物只能利用溶解于液体中的氧为依据，与化学工业中无微生物的气液传质理论没有什么原则性的区别。近年来有人通过一系列的实验研究，提出了与溶解氧概念不同的观点。他们发现，在发酵过程中除了处于液体中的微生物只能利用溶解氧外，处于气液界面处的微生物还能直接利用空气中的氧。同时微粒的存在扰乱了静止的液膜，从而减少了液膜阻力。这个新的观点使发酵过程传质理论更进一步发展。据报道，在石油发酵中实际测得的氧吸收量比只考虑微生物仅能吸收溶解氧的量要高得多，证实了这个观点的正确性。但要实际应用于生产和设计，还需作进一步研究。

2. 影响因素发酵液中溶解氧含量的因素

在通风发酵中，必须连续地通入无菌空气，氧由气相溶解到液相，然后经过液流传递给细胞壁进入细胞体内，以维持菌体的生长代谢和产物合成。因此，发酵液中溶解氧的大小对菌体的代谢特性有直接影响，是发酵过程控制的一个重要参数。在发酵过程中需连续检测发酵液中溶解氧浓度的变化，掌握发酵过程的供氧、需氧情况，为准确判断设备的通气效果提供可靠数据。通常发酵液中溶解氧的测定方法有化学法、电极法、压力法三种。

引起发酵液中溶解氧浓度的变化实质是供需平衡的结果。根据氧传递方程式：

$$\mathrm{OTR}=\frac{\mathrm{d}c}{\mathrm{d}t}=k_La(c^*-c_L)$$

从供氧方面考虑，主要是设法提高氧的传递推动力和 c^*-c_L 氧传递速率常数 k_La，因此影响供氧的主要因素有：①空气流量（通风量）；②搅拌转速；③气体组分中的氧分压；④罐压；⑤温度；⑥培养基的物理性质等。影响需氧的主要因素是菌体的生理特性、培养基的丰富程度、温度等。综合分析，影响因素主要体现在以下几个方面：

（1）改变空气流量（增大通风量）　改变通气速率主要是通过 k_La 变化来改变供氧能力。有两种情况：①在低通气量的情况下，增大通气量对提高溶解氧浓度有十分显著的效果；②在空气流速已经十分快的情况下，在不改变搅拌转速的情况下，由于搅拌功率的下降，反而会导致溶解氧浓度的下降，同时会产生某些副作用。比如：泡沫的形成、水分的蒸发、罐温的增加以及染菌率增加等。

（2）改变搅拌速度　一般说来，改变搅拌速度的效果要比改变通气速率大，这是因为：①通气泡沫被充分破碎，增加有效气液接触面积；②液流滞流增加，气泡周围液膜厚度和菌丝表面液膜厚度减小，并延长了气泡在液体中的停留时间，因而就较明显地增大 k_La，提高了供氧能力。

(3) 改变气体组分中的氧分压　由氧传质方程式看出，增加推动力（c^*-c_L）或（$p-p^*$）可使氧的溶解度增加。增加空气中氧的分压可使氧的溶解度增大，增加空气压力及增大罐压，或用含氧较多的空气或纯氧都能增加氧的分压。一般微生物在5atm以下的压力下不会受到损害，因此适当提高空气压力（即提高罐压）效果比通风的效果好。但是，过分增加罐中空气压力是不值得提倡的，因为罐压增大，空气压力增大，整个设备耐压性就要提高，从而使设备投资费用大大增加。同时，氧的分压过高也会影响菌的生理代谢。

用通入纯氧方法来改变空气中氧的含量，提高了c^*值，因而提高了供氧能力。纯氧成本较高，但对于某些发酵需要时，如溶解氧低于临界值时，短时间内加入纯氧是有效而可行的。

(4) 增加罐压　增加罐压实际上就是改变氧的分压p_{O_2}来提高c^*，从而提高供氧能力，但此法不是十分有效。主要原因是：①提高罐压就要相应地增加空压机的出口压力，也就是增加了动力消耗；②发酵罐的强度也要相应增加；③提高罐压后，产生的CO_2溶解量也要增加，会使培养液的pH值发生变化，这些对菌体生产都极为不利。

(5) 降低温度　氧在水中的溶解度随温度的升高而降低（表5-5）。因此，氧传递过程中的推动力将随发酵液温度的升高而下降。

表5-5　纯氧在不同温度水中的溶解度（1.01×10^5Pa）

温度/℃	溶解度/(mol/m³)	温度/℃	溶解度/(mol/m³)
0	2.18	25	1.26
10	1.70	30	1.16
15	1.54	35	1.09
20	1.38	40	1.03

(6) 改变发酵液的理化性质　在发酵过程中，菌体本身的繁殖及代谢可引起发酵液性质不断改变，例如改变培养液的表面张力、黏度及离子强度等就影响培养液中气泡的大小、气泡的溶解性、稳定性以及合并为大气泡的速率。

同时发酵液的性质还影响到液体的流动及界面或液膜的阻力，因而显著地影响到氧的溶解速度。而且由于发酵液中菌丝浓度所引起的表观黏度的增加，可使通气速率下降。

如果培养基性质为限制氧传递因素时，就根据具体情况对培养液的某一物理性质进行改造，例如加消沫剂、补加无菌水、改变培养基的成分等都可以改善通气效果，以适应菌的正常生长。

(7) 加入氧载体　近年来通过氧载体的加入来提高发酵系统的传氧系数已引起了注意。这些氧载体一般是不溶于发酵液的液体，呈乳化状态，可改善气液相之间的传递，也就是说其在气液之间起到了氧传递的促进作用。常用的氧载体有：①血红蛋白；②烃类碳氢化合物（煤油、石蜡、甲苯与水等）；③含氟碳化物。

控制溶解氧水平的几种方法比较见表5-6。

表5-6　溶解氧控制方法的比较

方　法	作用于	投资	运转成本	效果	对生产作用	备　注
气体成分	c^*	中到低	高	高	好	气相中高氧可能会爆炸，适用于小规模
搅拌速度	k_La	高	低	高	好	在一定限度内，要避免过分剪切
挡板	k_La	中	低	高	好	设备上须改装
通气速率	c^*	低	低	低		可能引起泡沫

续表

方　法	作用于	投资	运转成本	效果	对生产作用	备　　注
罐压	c^*	中到高	低	中	好	罐强度要求高，对密封，探头有影响
基质浓度	需氧	中	低	高	不一定	响应较慢，须及早行动
温度	需氧	低	低	变化	不一定	不是常应用
表面活性剂	k_La	低	低	变化	不一定	需试验确定

二、其他通风发酵罐简介

(一) 气升式发酵罐

气升式发酵罐是应用最为广泛的生物反应器。气升式发酵罐是在鼓泡塔发酵罐的基础上发展起来的，它是利用空气的喷射功能和流体重度差造成反应液循环流动，来实现液体的搅拌、混合和氧传递。即不用机械搅拌，完全依靠气体的带升使液体产生循环并发生湍动，从而达到气液混合和传递的目的。

气升式发酵罐的结构较简单，不需搅拌，易于清洗、维修，不易染菌，能耗低，溶氧效率高。目前内循环气升式发酵罐已广泛应用于生物工程领域的好氧发酵方面，如动植物细胞的培养、单细胞蛋白的培养、某些微生物细胞的培养及污水处理等。由此生产的产品有单细胞蛋白、酒精、抗生素、生物表面活性剂等。我国利用发酵罐生产的大量生物制剂，多采用的是气升式发酵罐。

气升式发酵罐按其所采取的液体循环方式的不同，可划分为内循环气升式发酵罐和外循环气升式发酵罐。前者使循环过程中的升管与降管均设置在同一发酵罐内部；而后者则令升管与降管分立布置，如图 5-26 所示。

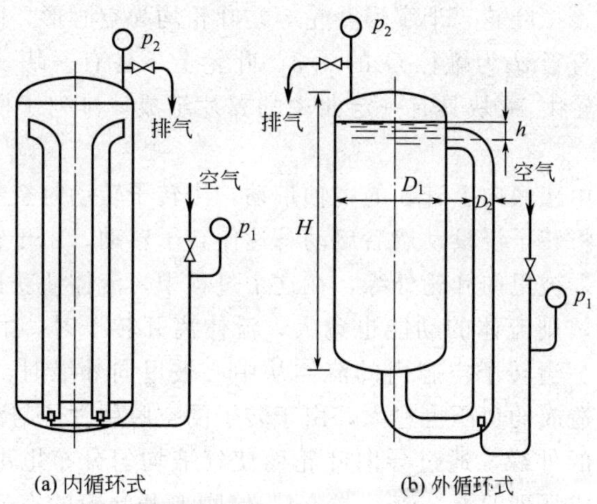

图 5-26　气升式发酵罐的结构示意图

内循环式气升式发酵罐内部有四个组成部分：

(1) 升液压　在发酵罐中央，导流管内部。若空气是在导流管底部喷射，由于管内外流体静压差，使气液混合流体沿管内上升，在发酵罐上部分离部分气体后，又沿降管下降，构成一循环流动。若空气在降液管底部喷射，则流体循环方向恰好相反。

(2) 降液区　导流管与发酵罐壁间的环隙，流体沿降液区上升或下降，视喷射空气的位置而定。

(3) 底部　升液区与降液区下部相连区，对发酵罐特性影响不大。

(4) 顶部　升液区与降液区上部相连区。可在顶端装置气液分离器，除去排出气体中夹带的液体。

空气自通气管进入发酵罐底部后，经导向筒导向，推动发酵液沿升管上升，由于发酵罐上部升管的空间不足以为完全气液分离提供条件（停留时间短），因此高流速的循环发酵液凭借自身的重度沿降管下降，当到达拉力筒底部时，又受到来自罐底部压缩空气的推动，重新沿升管上升，开始下一个气液混合循环过程。在循环过程中，气液达到必要的混合、搅拌并得到充分的溶解氧。夹套冷却器的作用是在不同发酵阶段对发酵液的温度实施合乎工艺要求的调节与控制，多孔板使布气均匀一致。

(二) 自吸式发酵罐

自吸式发酵罐是一种无需其他气源供应压缩空气的发酵罐。该发酵罐最关键的部件是带有中央吸气口的搅拌器。自吸式发酵罐具有以下优点：①节约空气净化系统中的空气压缩机、冷却器、油水分离器、空气贮罐、总过滤器等设备，减小厂房占地面积；②减少工厂发酵设备投资约30%左右；③设备便于自动化、连续化，降低劳动强度，减少劳动力；④酵母发酵周期短，发酵液中酵母浓度高，分离酵母后的废液量少；⑤设备结构简单，溶氧效果高，操作方便。

由于进罐空气处于负压，增加了染菌机会，且搅拌转速过高，可能使菌丝被切断，使正常的菌体生长受到影响，这些是在选择设备时需要考虑的因素，在抗生素发酵上较少采用自吸式发酵罐。但在食醋发酵、酵母培养、升华曝气方面已有成功使用的实例。

自吸式发酵罐的结构如图5-27所示。

自吸式发酵罐的主要构件是自吸搅拌器及导轮（图5-28），简称为转子及定子。转子的形式有九叶轮、六叶轮、三叶轮、十字形叶轮等，叶轮均为空心形，国内常见的是带有固定导轮的三棱空心叶轮，直径 d 为罐径 D 的1/3。叶轮上下各有一块三棱型平板，在旋转反向的前侧夹有叶片。导轮由16块具有一定曲率的翼片组成，排列于搅拌器的外围，翼片上下有固定圈予以固定。

自吸式装置的转子由罐底向上升入的主轴带动，当转子转动时空气则由导气管吸入。在转子启动前，先用液体将转子浸没，然后启动马达使转子转动，由于转子高速旋转，液体或空气在离心力的作用下，被甩向叶轮外缘，在这个过程中，流体便获得能量。转子的转速愈快，旋转的线速度愈大，则流体的动能也愈大，流体离开转子时，由动能转变为压力能愈大，排出的风量也愈大。当转子空膛内的流体从中心被甩向外缘时，在转子中心处形成负压，转子转速愈大，所造成的负压也愈大，由于转子的空膛用管子与大气相通，因此空气不断地被吸入，甩向叶轮的外缘，通过导向叶轮而使气液均匀分布甩出。由于转子的搅拌作用，气液在叶轮周围形成强烈的混合流（湍流），使刚离开叶轮的空气立即在循环的发酵液中分裂成细微的气泡，并在湍流状态下混合、翻腾，扩散到整个罐中，因此自吸式充气装置在搅拌的同时完成了充气作用。

根据通气的类型不同，自吸式发酵罐可分为三个类型：①回转翼片式自吸式发酵罐；②具有转子及定子的自吸式发酵罐；③喷射式自吸式发酵罐。前两种自吸式发酵罐结构简单，制作容易，比较广泛采用。其传动装置有装在罐底及罐顶两种，如装在罐底，则端面密封装置的加工和安装要求特别精密，否则容易漏液染菌。喷射式自吸式发酵罐电耗少，但是泵的构造复杂。

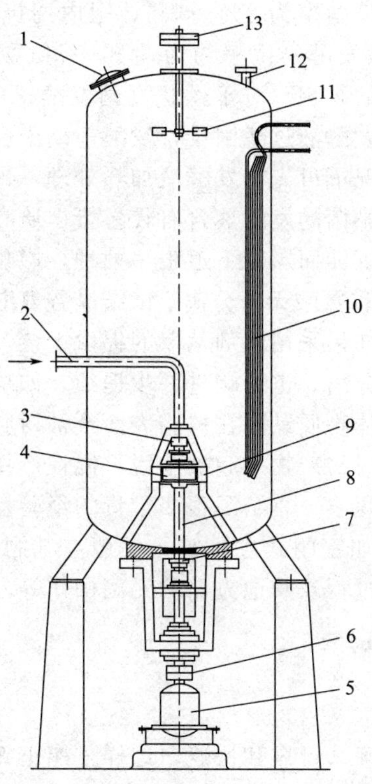

图 5-27　机械搅拌自吸式发酵罐的结构

1—人孔；2—进风管；3，7—轴封；4—转子；5—电机；6—联轴器；8—搅拌轴；9—定子；10—冷却蛇管；11—消泡器；12—排气口；13—消泡转轴

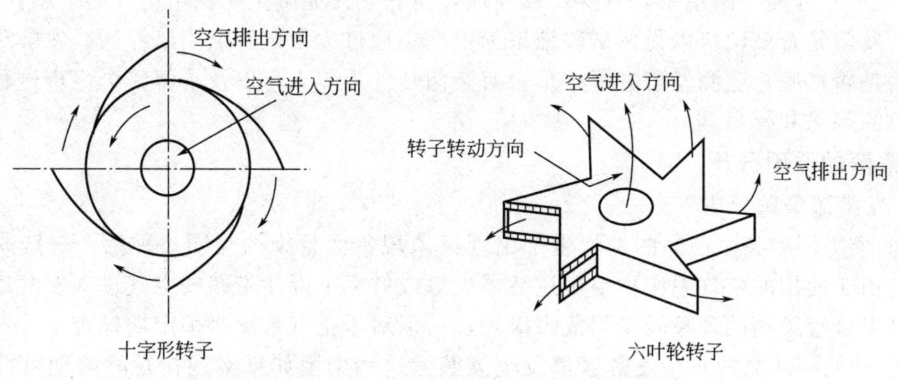

图 5-28　自吸式发酵罐的导轮结构示意图及充气原理

第四节　发酵染菌及防治

所谓“染菌”，是指在发酵培养过程中侵入了有碍生产的其他微生物。几乎所有的发酵工业，都有可能遭受杂菌的污染，给生产带来严重危害，防止杂菌污染是所有发酵工厂的一项重要工作内容。尤其是无菌程度要求高的液体深层发酵，污染防治工作的重要性更为突出。染菌的结果，轻者影响产量或产品质量，重者可能导致倒罐，甚至停产。

据报道，国外抗生素发酵染菌率为2%～5%，国内的抗生素发酵、青霉素发酵染菌率2%，链霉素、红霉素和四环素发酵染菌率约为5%，谷氨酸发酵噬菌体感染率1%～2%。染菌会对产物的提取造成较大的影响。对于丝状真菌发酵，污染杂菌后，有大量菌丝自溶，发酵液发黏，有的甚至发臭。发酵液过滤困难，发酵前期染菌过滤更困难，严重影响产物提取收率和产品质量。在这种情况下可先将发酵液加热处理，再加助滤剂或者先加絮凝剂，使蛋白质凝聚，有利于过滤。若染菌的发酵液含有较多蛋白质和其他杂质，如果采用沉淀法提取产物，那么这些杂质随产物沉淀而影响下道工序处理，影响产品质量。如谷氨酸发酵染菌后，在等电点出现β-结晶，使谷氨酸无法分离。β-结晶谷氨酸含有大量发酵液，影响下一工序精制处理，影响产品质量。如果采用溶剂萃取的提取工艺，由于蛋白质等杂质多，极易发生乳化，很难使水相和溶剂相分离，也影响进一步提纯。如果采用离子交换法提取工艺，由于发酵液发黏，大量菌体等胶体物质黏附在树脂表面或被树脂吸附，使树脂吸附能力大大降低，有的难被水洗掉，在洗脱时与产物一起被洗脱，混在产物中，影响产物的提纯。

人们在与杂菌的斗争中，积累、总结了很多宝贵的经验。为了防止染菌，使用了一系列的设备、工艺和管理措施。例如密闭式发酵罐，无菌空气制备，设备、管道和无菌室的设计，培养基和设备灭菌，培养过程及其他方面的无菌操作等，大大降低了染菌率。

一、染菌的检查及原因分析

1. 杂菌的检查方法

检查杂菌的方法，要求准确、可靠和快速，这样才能正确而及时地发现发酵过程是否污染杂菌。目前生产上常用的检查方法有：①显微镜检查；②平板划线检查；③肉汤培养检查。三种方法各有优缺点：显微镜检查方法简便、快速，能及时发现杂菌，但由于镜检取样少，视野的观察面也小，因此不易检出早期杂菌；平板划线法的缺点是需经较长时间培养（一般要过夜）才能判断结果，且操作较烦琐，但它要比显微镜能检出更少的杂菌。

判断发酵是否染菌应以无菌试验结果为根据。通过无菌试验监测培养基、发酵罐及附属设备灭菌是否彻底；监测发酵过程中是否有杂菌从外界侵入；以及了解整个生产过程中是否存在染菌的隐患和死角。

2. 染菌的原因分析

（1）发酵罐染菌分析

① 整个工厂中各个产品的发酵罐都出现染菌现象而且染的是同一种菌，一般来说，这种情况是由于使用的空气系统中空气过滤器失效或效率下降使带菌的空气进入发酵罐而造成的。大批发酵罐染菌的现象较少但危害极大，所以对于空气系统必须定期检查。

② 生产同一产品的几个发酵罐都发生染菌，这种染菌如果出现在发酵前期可能是由于种子带杂菌，如果发生在中后期则可能是中间补料系统或油管路系统发生问题所造成的。通常同一产品的几个发酵罐其补料系统往往是共用的，倘若补料灭菌不彻底或管路渗漏，就有可能造成这些罐同时发生染菌现象。另外，采用培养基连续灭菌系统时，那些用连续灭菌进料的发酵罐都出现染菌，可能是连消系统灭菌不彻底所造成的。

③ 个别发酵罐连续染菌则大多是由设备问题造成的，如阀门的渗漏或罐体腐蚀磨损，特别是冷却管的不易觉察的穿孔等。设备的腐蚀磨损所引起的染菌会出现每批发酵的染菌时间向前推移的现象，即第二批的染菌时间比第一批提早，第三批又比第二批提早。至于个别发酵罐的偶然染菌其原因比较复杂，因为各种染菌途径都可能引起。

（2）从染菌的时间来分析　发酵早期染菌，一般认为除了种子带菌外，还有培养液灭菌或设备灭菌不彻底所致，中、后期染菌则与这些原因的关系较小，而与中间补料、设备渗漏以及操作不合理等有关。

（3）从染菌的类型来分析 所染杂菌的类型也是判断染菌原因的重要依据之一。一般认为，污染耐热性芽孢杆菌多数是由于设备存在死角或培养液灭菌不彻底所致。污染球菌、酵母等可能是从蒸汽的冷凝水或空气中带来的。在检查时如平板上出现的是浅绿色菌落（革兰氏阴性杆菌），由于这种菌主要生存在水中，所以发酵罐的冷却管或夹套渗漏所引起的可能性较大。污染霉菌大多是灭菌不彻底或无菌操作不严格所致。

二、染菌对不同发酵过程的影响

（1）青霉素发酵过程 由于许多杂菌都能产生青霉素酶，因此不管染菌是发生在发酵前期、中期或后期，都会使青霉素迅速分解破坏，使目的产物得率降低，危害十分严重。

（2）核苷或核苷酸发酵过程 由于所用的生产菌种是多种营养缺陷型微生物，其生长能力差，所需的培养基营养丰富，因此容易受到杂菌的污染，且染菌后，培养基中的营养成分迅速被消耗，严重抑制了生产菌的生长和代谢产物的生成。

（3）柠檬酸等有机酸发酵过程 一般在产酸后发酵液的 pH 值比较低，杂菌生长十分困难，在发酵中、后期不太会发生染菌，主要是要预防发酵前期染菌。

（4）谷氨酸发酵 周期短，生产菌繁殖快，培养基不太丰富，一般较少污染杂菌，但噬菌体污染对谷氨酸发酵的影响较大。

三、染菌发生的不同时间对发酵的影响

1. 种子培养期染菌

种子培养的目的主要是使微生物细胞生长与繁殖，增加微生物的数目，为发酵作准备。一般种子罐中的微生物菌体浓度较低，而其培养基的营养又十分丰富，容易发生染菌。若将污染的种子带入发酵罐，则会造成更大的危害，因此应严格控制种子染菌情况的发生。一旦发现种子受到杂菌的污染，应经灭菌后弃去，并对种子罐、管道等进行仔细检查和彻底灭菌。

2. 发酵前期染菌

在发酵前期，微生物菌体主要是处于生长、繁殖阶段，这段时期代谢的产物很少，相对而言这个时期也容易发生染菌。染菌后的杂菌迅速繁殖，与生产菌争夺培养基中的营养物质，严重干扰生产菌的正常生长、繁殖及产物的生成，甚至会抑制或杀灭生产菌。

3. 发酵中期染菌

发酵中期染菌将会导致培养基中的营养物质大量消耗，并严重干扰生产菌的生长和代谢，影响产物的生成。有的杂菌在染菌后大量繁殖，产生酸性物质，使 pH 值下降，糖、氮等的消耗加速，菌体发生自溶，致使发酵液发黏，并产生大量的泡沫，最终导致代谢产物的积累减少或停止；有的染菌后会使已生成的产物被利用或破坏。从目前的情况来看，发酵中期染菌一般较难挽救，危害性较大，在生产过程中应尽力做到早发现、快处理。例如抗生素发酵，可将另一罐发酵正常、单位高的发酵液的一部分输入染菌罐中，以抑制杂菌繁殖，同时采取低通风、少流加糖的措施；柠檬酸发酵中期染菌，可根据所染杂菌的性质分别处理，如污染细菌，可加大通风量，加速产酸，降低 pH 值，以抑制细菌生长，必要时可加入盐酸调节 pH3.0 以下，抑制杂菌；如污染酵母，可加入 0.025～0.035g/L 硫酸铜，抑制酵母生长，并提高风量，加速产酸；如污染黄曲霉，可加入另一罐将近发酵成熟的醪液，使 pH 值

下降令黄曲霉自溶；但污染青霉则危害很大，因为青霉在 pH 值很低条件下能够生长，如果残糖较低，可以提高风量，促使产酸和耗糖，提前放罐。

4. 发酵后期染菌

由于到了发酵后期，培养基中的糖、氮等营养物质已接近耗尽，且发酵的产物也已积累较多，如果染菌量不太大，对发酵的影响相对来说就要小一些，可继续进行发酵。如污染严重，破坏性较大，可以采取措施提前放罐。发酵后期染菌对不同产物的影响不同，如抗生素、柠檬酸发酵后期染菌影响不大，而肌苷、肌苷酸和谷氨酸、赖氨酸等发酵后期染菌会影响产物的产量、产物提取和产品质量。在染菌严重时，有人主张加入不影响生产菌正常代谢的某些抗生素、对苯二酚、新洁尔灭等灭菌剂，抑制杂菌生长。例如：庆大霉素发酵染菌，可加入少量庆大霉素粉或对苯二酸；灰黄霉素发酵染菌时，可加入新霉素。但是，在发酵开始时都加入杀菌剂以防止染菌，似无必要，也增加成本，若当发酵染菌后再加入杀菌剂又为时已晚，实际效果值得探讨。

四、发酵异常现象及原因分析

发酵过程中的种子培养和发酵的异常现象（abnormal fermentation）是指发酵过程中的某些物理参数、化学参数或生物参数发生与原有规律不同的变化，这些改变必然影响发酵水平，使生产蒙受损失。对此，应及时查明原因，加以解决。

1. 种子培养异常

(1) 菌体生长缓慢　培养基原料质量下降，菌体老化，灭菌操作失误，供氧不足，培养温度偏高或偏低，酸碱度调节不当，接种物冷藏时间长或接种量过低，或接种物本身质量较差。

(2) 菌丝结团　菌丝团中央结实，内部菌丝的营养吸收和呼吸受到影响，不能正常生长，原因多而且复杂。

(3) 代谢不正常　接种物质量和培养基质量、培养环境差，接种量小，杂菌污染等。

2. 发酵异常

(1) 菌体生长差　种子质量差或种子低温放置时间长，导致代谢缓慢。

(2) pH 值过高或过低　培养基原料质量差，灭菌效果差，加糖、加油过多或过于集中等的影响，是所有代谢反应的综合反映。

(3) 溶解氧水平异常　好气性发酵均需要不断供氧，特定的发酵具有一定的溶解氧水平，而且在不同发酵阶段其溶解氧水平不同。例如谷氨酸发酵初期，菌体处于适应期，耗氧量很少，溶解氧基本不变；当菌体进入对数生长期，耗氧量增加，溶解氧浓度很快下降，并且维持在一定水平（5%饱和度以上），这阶段由于操作条件（pH 值、温度、加料等）变化，溶解氧有波动，但变化不大；发酵后期，菌体衰老，耗氧量减少，溶解氧浓度又上升。当感染噬菌体时，生产菌的呼吸作用受抑制，溶解氧浓度很快上升。污染杂菌时，由于所感染杂菌的好氧性不同导致溶解氧有差异，当污染好氧性杂菌，溶解氧在较短时间下降，并且接近零值，且长时间不能回升；当污染非好氧性菌，而生产菌又由于受污染而抑制生长，使耗氧量减少，溶解氧升高。

(4) 排气中 CO_2 异常变化　好气性发酵排气中 CO_2 含量与糖代谢有关，可以根据 CO_2 含量来控制发酵工艺（如流加糖、通风量等）。对于某种发酵，在工艺一定时，排气中 CO_2 含量变化是有规律的。在染菌后，糖的消耗发生变化（加快或减慢），引起 CO_2 含量的异常变化。如污染杂菌，糖耗加快，CO_2 含量增加；感染噬菌体，糖耗减慢，CO_2 含量减少。因此，可根据CO_2变化来判断是否染菌。

（5）泡沫过多 菌体生长差，代谢速度慢，接种物嫩或种子未及时移种而过老，蛋白质类胶体物质多，培养基灭菌时温度过高或时间过长，葡萄糖受到破坏后变成氨基糖，都会引起泡沫。

（6）菌体浓度过高或过低 罐温长时间偏高，或停止搅拌时间较长造成溶解氧不足，或培养基灭菌不当导致营养条件较差，种子质量差，菌体或菌丝自溶。

五、杂菌污染的预防

染菌对工业发酵的危害，轻则影响产品的质和量，重则倒罐，损失严重。如果防范得当，采取适当措施可以防止杂菌的发作，不让杂菌有机可乘。杂菌的发现，常用镜检和无菌实验方法，这是确认染菌的依据。预防措施主要有以下几方面：①认真保藏好生产菌株，确保其不受污染；②严禁活菌体排放；③强化设备管理；④加强环境卫生工作；⑤加强对无菌空气、空间杂菌及噬菌体监测工作。

1. 种子带菌及其防治

保藏斜面试管菌种染菌、培养基和器具灭菌不彻底、种子转移和接种过程染菌、种子培养所涉及的设备和装置染菌，都会使种子染上杂菌。

针对以上情况，要严格控制无菌室的污染，根据生产工艺的要求和特点，建立相应的无菌室，交替使用各种灭菌手段对无菌室进行处理；在制备种子时对砂土管、斜面、锥形瓶及摇瓶均严格进行管理，防止杂菌的进入而受到污染。为了防止染菌，种子保存管的棉花塞应有一定的紧密度，且有一定的长度，保存温度尽量保持相对稳定，不宜有太大变化；对每一级种子的培养物均应进行严格的无菌检查，确保任何一级种子均未受杂菌污染才能使用；对菌种培养基或器具进行严格的灭菌处理，保证在利用灭菌锅进行灭菌前，先完全排除锅内的空气，以免造成假压，使灭菌的温度达不到预定值，造成灭菌不彻底而使种子染菌。

2. 空气带菌及其防治

要杜绝无菌空气带菌，就必须从空气的净化工艺和设备的设计、过滤介质的选用和装填、过滤介质的灭菌和管理等方面完善空气净化系统。

（1）加强生产环境的卫生管理，减少生产环境中空气的含菌量，正确选择采气口（如提高采气口的位置或前置粗过滤器），加强空气压缩前的预处理（如提高空压机进口空气的洁净度）。

（2）设计合理的空气预处理工艺，尽可能减少生产环境中空气带油、水量，提高进入过滤器的空气温度，降低空气的相对湿度，保持过滤介质的干燥状态，防止空气冷却器漏水，防止冷却水进入空气系统等。

（3）设计和安装合理的空气过滤器，防止过滤器失效。选用除菌效率高的过滤介质，在过滤器灭菌时要防止过滤介质被冲翻而造成短路，避免过滤介质烤焦或着火，防止过滤介质的装填不均而使空气走短路，保证一定的介质充填密度。当突然停止进空气时，要防止发酵液倒流入空气过滤器，在操作中要防止空气压力的剧变和流速的急增。

3. 操作失误导致染菌及其防治

（1）通常对于淀粉质培养基的灭菌采用实罐灭菌较好，一般在升温前先通过搅拌混合均匀，并加入一定量的淀粉酶进行液化；有大颗粒存在时应先经过筛除去，再进行灭菌；对于麸皮、黄豆饼一类的固形物含量较多的培养基，采用罐外预先配料，再转至发酵罐内进行实罐灭菌较为有效。

(2) 在灭菌升温时，要打开排气阀门，使蒸汽能通过并驱除罐内冷空气，一般可避免“假压”造成染菌。

(3) 要严防泡沫升顶，尽可能添加消泡剂防止泡沫的大量产生。

(4) 避免蒸汽压力的波动过大，应严格控制灭菌温度，过程最好采用自动控温。

(5) 发酵过程越来越多地采用自动控制，一些控制仪器逐渐被应用。一般常采用化学试剂浸泡等方法来灭菌。

4. 设备渗漏或“死角”造成的染菌及其防治

设备渗漏主要是指发酵罐、补糖罐、冷却盘管、管道阀门等，由于化学腐蚀（发酵代谢所产生的有机酸等发生腐蚀作用）、电化学腐蚀、磨蚀、加工制作不良等原因形成微小漏孔后发生渗漏染菌。例如设备的表面或焊缝处如有砂眼，由于腐蚀逐渐加深，最终导致穿孔；冷却管受搅拌器作用，长期磨损，焊缝处受冷热和振动产生裂缝而渗漏。为了避免设备、管道、阀门渗漏，应选用优质的材料，并经常进行检查。冷却蛇管的微小渗漏不易被发现，可以压入碱性水；在罐内可疑地方，用浸湿酚酞指示剂的白布擦，如有渗漏白布显红色。

六、染菌的挽救和处理

为了减少损失，对被污染的发酵液要根据具体情况采取不同的挽救措施。如果种子培养或种子罐中发现污染，应经灭菌后弃之，不再继续扩大培养，并对种子罐、管道等进行仔细检查和彻底灭菌。发酵早期染菌可以适当添加营养物质，重新灭菌后再接种发酵。中后期染菌，可以加入适当的杀菌剂或抗生素以及正常的发酵液，以抑制杂菌的生长速度；如果杂菌的生长影响发酵的正常进行或影响产物的提取时，应该提早放罐。但有些发酵染菌后发酵液中的碳、氮源还较多，若提早放罐，这些物质会影响后处理提取使产品取不出，此时应先设法使碳、氮源消耗，再放罐提取。另外，采用加大接种量的办法，使生产菌的生长占绝对优势排挤和压倒杂菌的繁殖，也是一个有效的措施。

发酵过程一旦发生染菌，应根据污染微生物的种类、染菌的时间或杂菌的危害程度等进行挽救或处理，同时对有关设备也进行相应的处理。

(1) 连续灭菌系统前的料液贮罐　在每年 4～10 月份（杂菌较旺盛生长的时间）加入 0.2%甲醛，加热至 80℃，存放处理 4h，以减少带入培养液中的杂菌数。

(2) 染菌的罐　在培养液灭菌前先加甲醛进行空消处理，甲醛用量每立方米罐的体积 0.12～0.17L。对染菌的种子罐可在罐内放水后进行灭菌，灭菌后水量占罐体的 2/3 以上。这是因为细菌芽孢较耐干热而不耐湿热的缘故。

(3) 染菌后对设备的处理　空罐加热灭菌后至 120℃以上、30min 后才能使用；也可用甲醛熏蒸或甲醛溶液浸泡 12 h 以上等方法进行处理。

七、噬菌体污染及其防治

1. 噬菌体污染与危害

噬菌体是病毒的一种，直径约 0.1μm，可以通过细菌过滤器，所以通用的空气过滤器不易将其除去。利用细菌或放线菌进行的发酵容易感染噬菌体。设备的渗漏、空气系统、培养基灭菌不彻底都可能是噬菌体感染的途径。如果车间环境中存在噬菌体就很难防止感染，只有不让噬菌体在周围环境中繁殖，才是彻底防止它污染的最好办法。因为噬菌体是专一性的活菌寄生体，不能脱离寄主自行生长繁殖，如果不让活的生产菌在环境中生长蔓延，也就堵塞了噬菌体的滋生场地和繁殖条件。

引起发酵生产噬菌体污染的原因，大都是由于生产过程中随意排放大量活菌体，这些活菌体栖息于周围环境，同少量与其有关的其他溶原性菌株接触，经过变异和杂交，最终发生使生产菌株溶菌的烈性噬菌体，并在环境中逐渐增殖，随空气流动，污染种子和发酵罐。

通常在工厂投入生产的初期噬菌体的危害并不严重，在以后生产中，由于人们不注意，在各阶段操作中将活的生产菌散失在生产场所和下水道等处，促成噬菌体的繁殖和变异，随着空气和尘埃的传播而潜入生产的各个环节中。为了不让活的生产菌逃出，发酵罐的排气管要用汽封或引入药液（如高锰酸钾、漂白粉或石灰水等溶液）槽中，取样、洗罐或倒罐的带菌液体要处理后才允许排入下水道。同时要把好种子关，实现严格的无菌操作，搞好生产场地的环境卫生。车间四周要经常进行检查，如发现噬菌体及时用药液喷洒。

不同发酵类型遭到不同种类噬菌体侵染所出现的现象是不同的，而同一菌种被相同噬菌体侵染，由于侵染的时间不同，也会造成不同的后果，但都会出现以下现象：发酵液光密度不上升或回降；pH 值逐渐上升；氨利用停止；糖耗、温升缓慢或停止；产生大量泡沫，使发酵液呈胶状；镜检时菌体数量显著减少，甚至找不到完整菌体；发酵周期延长，产物生成量减少或停止等。

2. 噬菌体的防治

噬菌体的防治是多方面的，如已感染噬菌体可采用以下方法处理：

(1) 选育抗噬菌体菌株。

(2) 轮换使用专一性不同的菌株。

(3) 加化学药物，如谷氨酸发酵可加 2～4mg/L 氯霉素、0.1%三聚磷酸钠、0.6%柠檬酸钠等。

(4) 将培养液重新灭菌再接种（噬菌体不耐热，70～80℃经 5min 即可杀死）。

(5) 其他方法，如谷氨酸发酵在初期感染噬菌体，可以利用噬菌体只能在生长阶段的细胞（即幼龄细胞）中繁殖的特点，将发酵正常并已培养了 16～18h（此时菌体已生长好并肯定不染菌）的发酵液加入感染噬菌体的发酵液中，以等体积混合后再分开发酵。实践证明，在谷氨酸发酵中，采用这个方法可获得较好的效果。

第五节　好氧发酵工艺实例——谷氨酸发酵

谷氨酸发酵是一个复杂的生化过程。它是建立在容易变动的代谢平衡之上的，经常受到环境条件的影响。菌种的性能越高，使其表达接近它应有的生产潜力所必需的条件就越难满足，对环境条件的波动更为敏感。要使谷氨酸高产稳产，必须认识与掌握谷氨酸生产菌活动的规律，根据菌种性能和发酵特点，控制发酵过程中各种化学及生物化学反应的方向和速度。

国内谷氨酸发酵过去大多使用一次性中糖（12%～15%）发酵，生物素“亚适量”值为 5μg/L，菌体在发酵罐内生长的浓度偏低，产酸难以提高。近年来，谷氨酸发酵技术打破了老工艺和固守的死框框，结合大种量、中（初）糖、连续流加高浓度糖的发酵工艺应用，从生物素“亚适量”工艺向“超亚适量”（10～12μg/L）工艺转变，发酵产酸从 5%左右提高到 11%以上。高生物素发酵加青霉素抑制工艺也取得了较好的生产成绩。

一、谷氨酸生产菌的菌体形态特点

（一）种子的菌体形态

谷氨酸生产菌以棒状杆菌为代表，其多以折断分裂的方式进行繁殖。所谓折断分裂(snapping type)，即细胞生长至一定菌龄（对数期），细胞延长达 2 倍左右，便于细胞内（不一定在菌体中央）形成横隔，其后在数秒钟的瞬间，很快朝一个方向折曲而断裂，形成两个新的细胞。但这两个细胞并没有马上分离，因而形成“八”字形或“V”字形，其角度开始时一般为 90°～120°，以后随着菌体生长并再次折断分裂。折断分裂，工厂中又称为“八”字分裂。

菌体染色，经显微镜观察，发现斜面培养的菌体较细小，一、二级种子比斜面菌体大而粗壮，革兰氏染色深。菌体细胞均多为短杆至棒杆状，有的微呈弯曲状，两端钝圆，无分枝；细胞排列呈单个，成对及“V”字形，也有栅状或不规则聚块；折断分裂的细胞大小为(0.7～0.9)μm×(1.0～3.4)μm。

由于斜面和一、二级种子的培养基营养丰富，生物素充足，从而保证菌体细胞的脂肪酸及磷脂的合成，形成正常的细菌细胞膜，因此，繁殖的菌体细胞均为谷氨酸非积累型细胞。

（二）发酵不同阶段的菌体形态

谷氨酸生产菌在发酵过程中会发生明显的菌体形态的变化。从谷氨酸发酵中菌体形态的变化来看，大致可以分为长菌型细胞、转移期细胞和产酸型细胞 3 种不同时期的细胞形态。实践证明，菌体形态有明显的变化时，正是产谷氨酸的激增时间。生物素是控制 L-谷氨酸积累量高低的重要因素。生物素作为催化脂肪酸生物合成限速反应的关键酶——乙酰 CoA 羧化酶的辅酶，参与脂肪酸的合成，从而影响磷脂合成及细胞膜的形成。因此，为了形成有利于谷氨酸向外渗透的细胞膜，须使磷脂合成不充分，因而必须要控制生物素亚适量。

谷氨酸生产菌之所以能够在体内合成谷氨酸，并排出体外，关键是菌体的代谢异常化，即长菌型细胞在生物素亚适量条件下，转变成伸长、膨大的产酸型细胞。这种代谢异常化的菌种对环境条件是敏感的。条件控制适当，高产谷氨酸，只有极少量的副产物；否则，条件控制不合适，代谢途径发生变化，少产或几乎不产谷氨酸，代之得到的是大量菌体。在限量生物素的培养条件下，谷氨酸发酵是菌体先行繁殖，生物素由“丰富”向“贫乏”过渡。谷氨酸的正常发酵周期为 30～36h。

发酵 0～8h 或 0～10h，为谷氨酸非积累型细胞（长菌型细胞），细胞形态与二级种子基本相似。这种细胞多为短杆至棒状，有的微呈弯曲状，细胞排列呈单个、成对及“V”字形。此段时间的细胞主要是长菌型细胞，细胞渡过适应期开始繁殖，很快进入对数生长期，菌体大量繁殖，OD（光密度）呈直线增长，此时 ΔOD（光密度净增）主要是细胞数量的增加和发酵液色素深浅的标志。

发酵 8～18h 或 10～20h 时为转移期细胞，此阶段细胞形态急剧变化，细胞开始伸长、膨大，在生物素贫乏的条件下，通过再度倍增，从谷氨酸非积累型细胞（长菌型细胞）向谷氨酸积累型细胞（产酸型细胞）转变。转移期有长菌型细胞，也有产酸型细胞。此阶段非常重要，通风量达最大值，OD 达最大值并保持稳定，放热也达最大值，开始产酸并逐渐加快产酸速度。

发酵 16～30h 或 18～32h，为产酸期细胞，菌体细胞完成由谷氨酸非积累型细胞（长菌型细胞）向谷氨酸积累型细胞（产酸型细胞）的转化后，细胞形态几乎都伸长、膨大，伸长拉大 2～4 倍，越大越好，不规则，缺乏八字形排列，有的呈弯曲形，边缘颜色浅，稍模糊，有的边缘不完整、边缘褶皱乃至残缺不齐，但细胞形状基本清楚，电镜下观察边缘似疱疹样，大量积累谷氨酸，耗糖、耗氨与产酸相适应，产酸速率、转化率达最高值；发酵后期细胞较长，多呈现有明显横隔（1～3 个或更多）的多节细胞，类似花生状，产酸高、转化率高时尤甚；后期逐步降风，当残糖（RG）降到 1%，根据发酵情况，可将风量降到最低，以促进中间产物转化成谷氨酸。

但在发酵培养基含有过剩生物素的培养条件下，却呈现典型的异常发酵现象：长菌体、耗糖快、耗尿素快、发酵周期短、低酸或不产谷氨酸。在发酵的不同阶段，细胞形态基本上没有明显的变化，菌体比较粗壮、短胖，类似于种子培养阶段的细胞形态，多为短杆至棒状，细胞排列呈单个、成对及“V”字形，形成的细胞为谷氨酸非积累型细胞。

（三）发酵感染噬菌体后的菌体形态

在谷氨酸发酵时感染噬菌体，会使谷氨酸生产菌的菌体形态发生变化，但是感染噬菌体的时期不同，菌体形态变化也不一样。

1. 发酵前期感染噬菌体

通过显微镜观察发现，发酵前期感染噬菌体后，菌体细胞明显减少，细胞不规则，发圆、发胖，缺乏“V”字形排列，视野中有明显的细胞碎片，严重时出现拉丝、拉网、互相堆在一起的现象，几乎找不到完整的菌体细胞，类似蛛网或鱼翅状。在生产上表现为排气口二氧化碳迅速下降，相继出现 OD 值下跌、pH 值上升或不上升、耗糖缓慢等异常发酵。当生产上出现上述情况时，应立即停止发酵，进行抢救。

2. 发酵中、后期感染噬菌体的菌体形态

通过显微镜观察发现，在发酵中、后期感染噬菌体后，菌体细胞形态不规则，边缘不整齐，有的边缘似乎有许多毛刺状的东西，有细胞碎片，不同于正常发酵的产酸细胞。一般地说，在生产上中、后期感染噬菌体，OD 值虽有下降，也常伴有泡沫多、黏度大、耗糖缓慢等异常现象，但及时补加适量营养物，一般仍可完成发酵，产酸在 4%左右。值得注意的是，由于噬菌体侵染细胞后，会使细胞内的谷氨酸向外溢出，有时产酸反而偏高，致使发酵中、后期感染噬菌体易被忽略，这是很危险的。当发酵中、后期感染噬菌体后，仍需及时采取措施，加以防治。

二、亚适量生物素流加糖发酵工艺

高生物素浓度能使菌体生长速度快，国内多数厂家均以淀粉或大米为原料，采用生物素“亚适量”发酵工艺。传统的生物素“亚适量”值约为 5μg/L。目前，一些工厂谷氨酸发酵使用的生物素浓度为 10～2μg/L，已大大超过传统工艺中的生物素“亚适量”。为了与之区分，有人称之为生物素“亚富量”发酵或生物素“超亚适量”发酵。高生物素浓度能使菌体形成足够高的浓度，但细胞转型困难，在限制的发酵周期内要大量积累谷氨酸，必须小种量（1%～1.5%）改大种量（5%～10%），并与高通气量结合，促使细胞快速生长，快速消耗生物素，从而在较短的时间内完成细胞转型。发酵控制要点如下：

1. 生物素用量

采用大种量、中糖再补糖工艺，要求生物素的供量略高于常规低糖发酵，以培养较多些菌体转化成产酸型细胞。使用的生物素源以甘蔗糖蜜为主、玉米浆为辅，一般增加甘蔗糖蜜 0.05%～0.1%，控制总 OD 净增在 0.8 左右，过高，菌体长得过多，则大量耗糖并影响产酸；过低，会影响耗糖速率，周期延长。要考虑糖液质量的差异来确定其具体用量。要求糖液透光高、质量好，配料准确，定容稳定，以保持初糖浓度和生物素含量的稳定。

2. 菌种活力

菌种为S9013、S9114、6282、TG931、TG932等菌株。为保持菌种在发酵后期的活力，除选用高产酸、高活力的谷氨酸生产菌外，从斜面、一级至二级种子的培养温度应控制在33～34℃，不要超过35℃；并控制总ΔOD值，以保证有足够的高活力产酸型细胞。

3. 温度控制

采用三级控制：0～12h，34～35℃；12～28h，以36～37℃为宜；28h后可提高到37～38℃。后期适当提高温度可提高酶的活力，并促使菌体内的谷氨酸向胞外渗出。

4. pH值的控制

尿素为谷氨酸（GA）发酵提供氮源，并调节pH值；该工艺比常规工艺提前进入产酸期，故一般在发酵4h即流加第一次尿素，发酵前期控制pH 7.0～7.1，8h后提到7.2～7.3，以保持一定的NH_4^+/GA比，保证合成谷氨酸所需氮源，流加尿素的次数也将增加，少量多次，总尿量在4%左右，流加尿素必须要掌握及时、适量。发酵后期pH值稍降低，放罐时pH6.5～6.6，以利于提取。

5. 风量控制

采用梯形控制通风，两头小，中间大。该工艺由于种量加大，OD值增长速度快，进入产酸期大大提前，所以也要配合及早加大风量，这样糖耗速率及谷氨酸积累速率都提高，溶氧效果好。产酸期耗氧比对数生长期耗氧低，后期应降风。

6. 流加糖工艺要点

① 低糖流加（初糖5%～8%）比中糖流加（11%～12%）好。流加糖量占总糖量50%以上比流加糖量占总糖量30%左右好。

② 流加糖液为双酶法糖经浓缩。流加糖要控制质量，DE值（或DX值）与透光率T（%）要高，不能与浓缩前糖液质量差距过大。流加糖浓度高（50%）比流加糖浓度低（30%）好。

③ 初定容（0h）体积占放罐体积50%～60%比70%～75%好。连续流加补料比分批流加补料好。

④ 糖耗速率大约从发酵8h就开始加快，第1次流加糖在残糖6%以下较好。流加糖与耗糖速率要平衡。后期残糖低时流加糖效果好。流加糖以后的转化率要明显高于流加前的转化率，应在70%以上。

该工艺发酵周期30～32h，产酸10%～12%，转化率58%～60%，干菌体1.0%～1.2%，提取收率96%。

三、淀粉水解糖高生物素添加青霉素流加糖发酵工艺

高生物素添加青霉素流加糖发酵工艺与生物素“亚适量”工艺比较，具有产酸速度快、产酸高、转化率高、发酵周期短、设备利用率高等优点，是国外普遍采用的方法。国内生产菌种为S9114、TG931、TG932、FM415或其他菌株。其发酵控制要点如下：

1. 工艺关键

青霉素添加的时间与浓度是影响产酸的关键。必须控制好添加青霉素的时间与浓度，在青霉素添加后再次进行适度的增殖，增殖一代，菌体变成伸长、膨润的产酸型细胞。故在即

将添加前半小时，每隔 5min 测定一次 OD 值、菌体重量、pH 值等参数，严格控制添加的时间与浓度。一般掌握在发酵 3.5～4.5h、OD 净增 0.35～0.4 时，加入青霉素 3～5IU/mL 发酵液，加入后 OD 值再净增 1 倍，菌体经过增殖，就保持稳定。若添加青霉素后，OD 控制不住，有时还需再补加 1～2 次适当浓度的青霉素。

2. 初糖、接种量与生物素

采用较低初糖（8%～10%），渗透压低，利于长菌；同时接种量大（10%）、高生物素（50～100μg/L），使菌体生长快，发酵前期菌体量多，添加青霉素后，又同步进入生产型，故产酸速度很快。发酵周期可以控制（一般 30～32h），周期稳定，上罐、放罐均可有计划进行，有利于生产管理和动力平衡。

3. 流加糖的控制

用双酶糖或其浓缩液作流加糖液（含糖 30%～50%），一般 7～8h 残糖降至 5%以下，便可连续或分多次流加糖。流加糖的量大于初始糖的量较为有利，产酸高，转化率高。放罐时残糖的含量在 1%以下。

4. 定容控制

开始定容至 45%～50%，以便留出较大的流加糖空间，最后定容至 80%。

5. 温度控制

开始温度 33～34℃，之后每隔 6h 升高 1℃，后期温度可到 37～38℃，有利于产酸。

6. pH 值控制

用液氨从罐体下部约 1/3 处直接进罐（或从通风管进入）控制 pH 值，发酵前期 pH 7.0，8h 后提高到 7.2～7.3，以保持一定的 NH_4^+/GA 比，保证合成谷氨酸所需氮源，发酵后期（20h 后）pH 值稍降低，为 7.1～7.0，放罐时 pH6.5～6.6。

7. 通气量与总 ΔOD 值的控制

发酵过程实现自动控制，避免人工操作误差，是稳定生产的关键环节。尤其是温度、pH 值、溶解氧、排气中 CO_2、风量、罐压、流加糖等应自动控制。

如达不到自动控制，要能随时测定排气中 CO_2。CO_2 宜控制在 12%～13%左右，后期降至 10%，发酵结束在 8%左右，不能太低，否则通气量过大，不利于后期 α-酮戊二酸转化成谷氨酸。人工操作控制，可采用梯形控制，两头小、中间大，开始分 2 次提风或 3 次提风，ΔOD0.2 时提一次风，ΔOD0.35～0.4 时添加青霉素后提一次风，ΔOD0.6～0.65 时再提至最大风量（也可加青霉素后就提至最大），20～22h 降一次风，24～26h 降一次风，28h 再降一次风。总 ΔOD 控制在 0.7～0.8。通风量一般要比“亚适量法”大 50%～100%。

该工艺发酵周期 30～32h，产酸 12%～14%，转化率 56%～58%，干菌体 2.0%～2.5%，提取收率 88%～90%。

四、甘蔗糖蜜添加青霉素流加糖发酵工艺

用糖蜜原料发酵生产谷氨酸，可省去淀粉糖化工序，降低成本，节约能源，节约酸、碱，简化操作；便于采用大种量、添加青霉素（或表面活性剂）低糖流加发酵工艺或高糖流加的补糖工艺，有利于产酸和转化率的提高。在国外，谷氨酸发酵主要是以糖蜜为发酵原料，采用大种量（10%左右）、添加青霉素低糖流加发酵工艺。

国内以甘蔗糖蜜为原料，生产菌种为 S9114、F415 菌株或其他菌株。发酵工艺控制要点如下：

1. 甘蔗糖蜜预处理

因甘蔗糖蜜中含有较多胶体物质，黏度大，致使发酵罐中泡沫较多，且含有较多钙质物质，给谷氨酸提取带来困难，故用于发酵前需要水解，脱除胶体物质与脱钙处理，或使其含量降低。一般将含糖分45%～55%的糖蜜用水稀释后，用蒸汽加热处理，便成糖溶液，经泥渣分离机或沉淀槽，将糖溶液与杂质分离，取得洁净澄清的糖溶液，经蒸汽间接杀菌，冷却后注入发酵罐进行发酵。

2. 添加青霉素的时间与添加量

以生物素过剩的甘蔗糖蜜为原料，通过添加青霉素来抑制菌体繁殖，使谷氨酸生产菌由长菌型细胞转化成产酸型细胞，是典型的强制控制发酵。青霉素必须在细胞对数生长期的早期加入，一般接种量10%时，在发酵3～4.5h加入；接种量20%时，在发酵2.5～3.5h加入。青霉素加入剂量为3～5U/mL，之后可视OD净增、菌体变型否、耗糖等情况，考虑是否需再补加1～2次。必须在加入青霉素后，在青霉素存在下，菌体再度倍增，完成长菌型细胞向伸长、膨润的产酸型细胞的转化。这是影响产酸速率、转化率高低的关键。因此，在将要添青霉素的30min前，每隔5min测一次OD、黏度、菌体重，及时掌握添加青霉素的准确时间，一般控制ΔOD0.35～0.4加入较为有效，使最终ΔOD0.8左右。

3. 温度控制

发酵开始控制在30～32℃，之后每隔6h升1℃。要严格控制温度，尤其发酵前期温度不能过高。

4. pH值控制

用液氨调节pH值在6.7～7.0，停止流加糖后，残糖（RG）降至2%左右，pH值不低于6.7，不再加液氨。

5. 通风控制

通过测定溶解氧、排气中CO_2、排气中O_2等参数，来调节通气量、搅拌转速等，以达到最佳值。也可通过控制排气中CO_2为12%～13%来调节风量，属梯形控制通风，分3～4次提风，最高风量维持十几个小时，再分3～4次降风。最高风量比一次糖发酵法高50%～100%。

6. 流加糖

发酵罐初始定容40%～50%，发酵初糖8%，接种量10%。初糖8%，渗透压低，黏度小，氧传递系数大，有利于菌体生长和胞内谷氨酸向胞外渗出，且谷氨酸合成酶系如异柠檬酸脱氢酶、谷氨酸脱氢酶等均显著提高，一直到发酵终了时仍能保持较高水平。

发酵中间用含糖50%的甘蔗糖蜜连续流加。低糖流加工艺，流加糖的量大于初始糖的量更为有利。因接种量加大和采用高生物素添加青霉素发酵工艺可缩短长菌期及发酵周期。发酵8～10h，当RG降至4%时，开始流加甘蔗糖蜜，至总糖浓度达20%（发酵时的糖浓度始终保持在4%左右）。因添加青霉素进行强制控制，使发酵稳定，且较粗放，不易染菌，产酸时间提前，发酵周期缩短（30h左右）。

甘蔗糖蜜添加青霉素流加糖发酵产酸10%～11%，转化率50%～55%，浓缩等电提取收率82%～85%。

五、谷氨酸发酵异常现象及其处理

正常谷氨酸发酵是基于菌种质量好、条件适宜的情况。如果菌种质量不好，菌种生长失调，或环境条件改变，就会出现不正常的异常发酵现象。由于谷氨酸发酵影响因素很多，所产生的异常现象也是多种多样的，在寻找原因时，应根据各方面现象和生化检测参数联系起来综合分析，确定处理方法。现将一些常见的异常谷氨酸发酵现象的原因分析及其处理方法列于表 5-7。

表 5-7　常见的异常谷氨酸发酵现象的原因分析及其处理方法

异常现象	原因分析	处理方法
发酵前期 pH 值过高	初尿量过多或液氨加量过大	停止搅拌，小通风，减少液氨量
	菌种在接种时被烫死，不长菌	补种
	种子感染噬菌体	经检查确证后，按噬菌体污染处理方法处理
	培养基贫乏或磷少或漏加	根据情况补加生物素和磷、镁
	种子培养初期受高温影响	防止种子培养温度过高
发酵初期 pH 值偏低	初尿量不够	提前酌情流加尿素或加大液氨量
	培养基起始 pH 值低	配料时正确调节 pH 值和加磷、镁
发酵过程泡沫太多	淀粉质量差，杂质多，中和 pH 值不对，过滤不净	淀粉进行精制处理
	糖化不完全，糖液中含有糊精	正确调节中和的 pH 值，糖液过滤要净；改进糖化工艺，加强糖化终点检查
	可能染菌	按染菌抢救方法处理
发酵旺盛期发酵液出现紫红色	由于生物素用量偏高，风量偏低，产生缺氧反应，测其酮酸含量一般都在 0.1%以上	及时加大风量，或增加罐压，提高通氧量，发酵液即由紫红色转为正常的土黄色，对产酸无明显的影响，下批应调整生物素用量
发酵后期发酵液发红	可能是由于生物素贫乏，发酵温度太高，菌体衰老或风量过大而生成 α-酮戊二酸铁盐	适当降低风量，合理控制发酵温度，补加(或下批增加)生物素
	发酵过程中感染杂菌，出现发酵液发红(但测定酮酸含量并不高，一般都在 0.1%以下)	镜检确证后，按染菌处理
谷氨酸产生后又下降	pH 值过高，谷氨酸少量下降，可能转化为其他的产物	谷氨酸含量分析核实后，如残糖不高，即可放罐；如糖还高，可降低风量，停止通氨促使 pH 值下降
	谷氨酸大量下降，则可能染菌	确证是染菌，按染菌处理
发酵周期拖长	种子老化	补种
	生物素不足	加生物素
	前期温高，风量大，pH 值高	降风、补种
	糖液质量不好	加强糖化工艺，控制好糖化终点
	感染噬菌体先兆	加强检测，发酵液放罐时灭菌处理
	磷、钾误配	补 K_2HPO_4

生产环境中常有噬菌体存在，噬菌体感染的表现有：①发酵液光密度在初期不升或回降；②发酵液 pH 值逐渐上升至 8 以上不再下降；③糖耗缓慢或停止；④产生大量泡沫并发黏；⑤谷氨酸产量少或不产酸；⑥镜检时细胞数量少，革兰氏染色后细胞呈不规律碎片。防止噬菌体感染的措施有：①严把菌种的纯度，最好能定期轮换不同噬菌体类型的菌种；②严禁活菌液随意排放；③严格生产设备的灭菌；④加强车间卫生管理，定期用蒸汽、药剂对生产系统进行消毒，使用漂白粉、甲醛等处理环境。

思考题

1. 什么是微生物的临界溶氧浓度？为什么氧容易成为好氧发酵的限制性因素？

2. 温度对发酵有哪些影响？发酵过程温度的选择有什么依据？

3. 发酵过程的 pH 值控制可以采取哪些措施？

4. 发酵过程中为什么要补料？

5. 常用的消泡剂有哪几类？对消泡剂有哪些要求？

6. 准确判断发酵终点有什么好处？依据哪些参数来判断？

7. 简述机械搅拌通风发酵罐的结构和各主要部件的作用，列表比较机械搅拌通风发酵罐、气升式发酵罐、自吸式发酵罐的优缺点。

8. 在谷氨酸发酵时，为什么要控制培养基中生物素的添加量？如何控制？

9. 尿素和氨水在谷氨酸发酵中的作用是什么？如何添加？

10. 如何从 OD 值变化来判断谷氨酸发酵是噬菌体感染还是杂菌污染？为什么？

11. 谷氨酸生产菌在感染噬菌体后，菌体形态可能发生哪些变化？发酵液会有哪些特征？当 T6-13 菌株感染噬菌体后，是否可换用 B9 菌株？为什么？

12. 分析谷氨酸生产中几种常见的异常发酵现象产生的原因及其处理方法。

参考文献

[1] 俞俊棠等. 新编生物工艺学 [M]. 化学工业出版社，2009.

[2] 姚汝华. 微生物工程工艺原理 [M]. 广州. 华南理工大学出版社，2008.

[3] 储炬，李友荣. 现代工业发酵调控学 [M]. 北京：化学工业出版社，2002.

[4] 华南工学院等. 发酵工程与设备 [M]. 北京：中国轻工业出版社，1983.

[5] 郑裕国，薛亚平. 生物工程设备 [M]. 北京：化学工业出版社，2007.

[6] 陈国豪. 生物工程设备 [M]. 北京：化学工业出版社，2006.

[7] 梁世中. 生物工程设备 [M]. 北京：中国轻工业出版社，2007.

[8] 于信令. 味精工业手册 [M]. 北京：中国轻工业出版社，1995.

[9] 陈宁. 氨基酸工艺学 [M]. 北京：中国轻工业出版社，2007.

[10] 王博彦，金其荣. 发酵有机酸生产与应用手册 [M]. 北京：中国轻工业出版社，2000.

[11] 何国庆. 食品发酵与酿造工艺学 [M]. 北京：中国农业大学出版社，2008.

第六章　发酵动力学

【学习目标】

1. 了解发酵过程中各组分的化学计量方法。
2. 理解微生物生长代谢过程数学模型的意义。
3. 了解分批培养、补料分批培养和连续培养的概念及特点。
4. 掌握分批培养过程中微生物生长、底物消耗、产物生成的基本动力学方程。

发酵的生产水平高低除了取决于生产菌种本身的性能外，还受到发酵条件的影响。发酵动力学（kinetics）研究是用数学模型表达发酵过程中各种与生长、基质代谢、产物生成有关的因素，建立反应速度与影响因素的关联，使人们定量地认识、分析和掌握发酵过程。发酵是由活细胞产生的非生命物质（酶）引起的。微生物是该反应过程的生物催化剂，又是一微小的反应容器，其实质是复杂的酶催化反应体系。微生物反应与酶促反应区别在于微生物反应过程是自催化过程，反应过程中出现菌体增殖，酶能够进行再生产；酶促反应过程中，酶只可能失活，不可能增多。对酶催化反应，可表达为分子水平动力学；对微生物发酵反应，由于细胞的生长、繁殖和代谢是一个复杂的生物化学过程，动力学通常在细胞水平上来表达。

微生物反应动力学包含了两个层次的动力学：一是本征动力学，又称微观动力学，它是指在没有传递等工程因素影响时，生物反应固有的速率，该速率除了与反应本身的特性有关外，只与反应组分的浓度、温度、催化剂及溶剂的性质有关，而与传递因素无关；二是宏观动力学，又可称为反应器动力学，即反应器内所观测到的总反应速率和该反应速率与影响因素的关系。这些因素包括反应器的传质、传热、物料的流动与混合，以及反应器的类型、结构、操作方式等。实际上，人们更为关注的是微生物反应的宏观动力学。根据操作方式的不同，液体深层发酵主要有分批发酵（batch culture）、连续发酵（continuous culture）和补料分批发酵（fed-batch culture）三种类型。不同的操作方式，其发酵动力学模型不同。

研究发酵动力学的目的是：①以发酵动力学模型作为依据，合理设计的发酵过程，确定最佳发酵工艺条件；②利用电子计算机，模拟最优化的工艺流程和发酵工艺参数，确立发酵过程中菌体浓度、基质浓度、温度、pH 值、溶解氧等工艺参数的控制方案，从而使生产控制达到最优化；③在此研究基础上进行优选，为试验工厂数据的放大、为分批发酵过渡到连续发酵提供理论依据。

发酵动力学研究的一般步骤是：①尽可能收集或寻找能反映发酵过程变化的各种理化参数（菌体浓度、基质浓度、时间、pH 值、溶解氧、CO_2 生成等）；②将各种参数变化和现象与发酵代谢规律联系起来，找出各参数之间的相互关系和变化规律；③建立各种“数学模型”以定量描述各参数之间变化的关系，反复验证模型的可行性与适用范围；④通过计算机在线控制并按照数学模型所给出的控制规律去调节或控制生产过程。

第一节　发酵过程的化学计量及动力学描述

细胞的生长过程是一个开放体系，细胞从环境中吸收各种营养物质，通过细胞内成千上万个受到良好组织和调节的酶催化反应，合成细胞生长所需要的各种组分，提供生化反应和维持细胞运动及其他生命活动所需要的能量，同时将部分代谢产物和能量排放到环境中。每个活的细胞都是一个复杂的化学反应器。细胞内发生的所有化学反应（代谢），要受物质和能量限制，同时遵循热力学原理。化学反应的一些概念也可以应用到生物系统中来。

在微生物细胞中，包含的酶促反应成百上千，产物是否也是这样多呢？并非如此。这是由于一个反应的产物又是另一个反应的基质，这样就形成了一条条代谢途径，如糖类代谢、脂类代谢、蛋白质代谢。由于存在精巧的代谢调控，如正反馈、副反馈，中间产物不会大量积累，最终大量积累的只是少数几种终产物。可见，我们不仅没有可能一个一个研究微生物细胞中的酶反应，也没这个必要。通常把发酵过程的微生物反应简化为细胞反应，将含细胞的体系看作是一个黑箱，全部或部分忽略黑箱中详细的化学变化，只考虑微生物和外界的营养和物质交换，即仅考虑黑箱的最初和最终状态以及输入和输出黑箱的物流变化。这种关系虽然是宏观的，不牵涉生物学本质，但对于掌握细胞培养过程规律，以及细胞培养过程的优化、设计和放大，仍有着十分重要的意义。

发酵过程中有关组分的组成变化规律以及各组分之间的数量关系可通过化学计量来实现。知道了这些数量关系，就可以由一个物质的消耗或生成速率来求出其他未知物质的消耗或生成速率。所以它是研究反应过程的一个有效手段，对解决工程问题特别有用。

如果只对微生物的细胞反应过程作概念性描述，可表示为：

$$\text{营养物(碳源、氮源、氧、无机盐类等)} \xrightarrow{\text{细胞}} \text{新细胞} + \text{代谢产物(产物、二氧化碳和水等)}$$

在发酵工业中，如酵母生产，只要求菌体的产生，不希望产生其他产物；乙醇工业中，由于是厌氧反应，因此，氧和水项等于零；而氨基酸、酶制剂、抗生素和有机酸等生产，上式各项都不能少。

但此式未标出化学计量关系。由于细胞反应过程由众多组分参与，且代谢途径错综复杂，在细胞生长和繁殖的同时还伴随着代谢产物的生成，因此用有正确系数的反应方程式来表达基质到产物的反应过程非常困难。这就要求用另外一些方法来加以简化处理，通常采用质量守恒定律对参与细胞反应的各元素进行衡算或者通过得率系数来确定物质之间相对关系。

一、细胞反应的元素衡算

为了表示出微生物反应过程中各物质和各组分之间的数量关系，最常用的方法是对各元素进行原子衡算。

细胞反应的元素衡算就是对细胞中、原料中、产物中每种元素列方程组进行求解，从而获得每一种物质的计量系数。与普通化学反应及酶促反应不同的是，在微生物细胞反应式中，出现了细胞项。在微生物细胞中，C、H、O、N 四种元素含量占菌体干重的90%左右。为了简化，可用实验化学式 $CH_{\alpha}O_{\beta}N_{\delta}$ 表示细胞的化学组成，而忽略了其他微量元素 P、S 和灰分。

对于无胞外产物的简单细胞反应过程，可列出元素衡算式如下：

$$CH_mO_n(\text{碳源}) + aO_2(\text{氧}) + bNH_3(\text{氮源}) \longrightarrow cCH_\alpha O_\beta N_\delta(\text{细胞}) + dH_2O(\text{水}) + eCO_2(\text{二氧化碳}) \tag{7-1}$$

式中，CH_mO_n 是通用化的碳源，下标 m、n 分别代表与一碳原子相对应的氢、氧的原子数；$CH_\alpha O_\beta N_\delta$ 是根据元素分析得出的细胞组成，下标 α、β、δ 分别代表与一碳原子相对应的氢、氧、氮的原子数。在使用元素衡算式进行宏观处理时，可使发酵过程的分析不太复杂，而又不失去重要的信息

将上式对 C、H、O 和 N 做元素平衡，可以得到以下方程组：

C：$1=c+e$

H：$m+3b=c\alpha+2d$

O：$n+2a=c\beta+d+2e$

N：$b=c\delta$

以上方程中有 a、b、c、d 和 e 五个未知数，需五个方程才能求解。

对于需氧型微生物反应，CO_2 的生成量与 O_2 的消耗量之比称为呼吸商（respiratory quotient，RQ），是好氧培养的重要指标之一，其定义式为：

$$RQ=\frac{\Delta CO_2}{-\Delta O_2}$$

通过专门的呼吸商测定仪实验测定 RQ 值，得到一个新的呼吸商方程式：

$$RQ=e/a$$

方程中的细胞分子式和碳源分子式中的参数可通过元素分析测定。不同种类及不同培养条件得到的微生物细胞的元素组成是有差别的，典型的微生物细胞组成为 $CH_{1.8}O_{0.2}N_{0.5}$。

对以上五个方程联立求解，可以解出 a、b、c、d、e 五个未知数，从而得到无胞外产物的细胞反应元素衡算式的计量系数。反应式中的部分计量系数，也可以通过实验测定。

将元素衡算用于发酵过程化学计量遇到的主要问题是细胞代谢反应的复杂性。在更普遍的情况下，元素衡算式一般形式如下：

碳源（多种）＋氮源（多种）＋无机盐（多种）＋ 有机生长因子（多种）＋水＋氧气

⟶细胞＋主产物＋副产物（多种）＋二氧化碳

对上式进行衡算需要新增更多的方程式。对于简单反应，元素衡算价值不大；而要处理复杂反应，只能借助于处理复杂化学反应的数学方法。由于建立元素衡算方程太复杂，人们又提出了一种简单得多的定量化方法——得率系数的概念。

二、细胞反应的得率系数

对于微生物细胞反应过程，由于参加反应的组分多，代谢途径错综复杂，同时，微生物在生长，并且微生物菌体也不能用摩尔-摩尔的对应关系表示其计量关系，所以要用元素平衡的方法对微生物反应进行计量，将是十分复杂和困难的。工程上又不能回避计量问题，每一个工业化的生物反应过程都需要计量。人们提出了一个非常简单的方法，就是引入得率系数（yield coefficients）的概念，作为描述微生物反应中计量关系的宏观参数。

得率系数指被消耗的物质和所合成的物质之间的量的比例关系，是表征细胞消耗碳源等营养物质并有效地转化为新细胞或目标产物能力的重要参数。利用得率系数，能定量表示细胞或代谢产物甚至热量的产率，更好地描述细胞生长和产物累积的动力学。如果能够了解某个特定生长过程中的得率系数，就能设计一种含有能满足细胞生长和产物合成需要的培养

基，使其中的某种营养物质成为生长限速的底物。

得率系数又分为细胞得率系数和产物得率系数。

1. **细胞得率系数**（cell yield coefficients）

最常用的细胞得率系数是对应于基质消耗的细胞得率系数 $Y_{X/S}$。消耗 1g 基质生成细胞的质量（g），称为细胞得率系数（或称生长得率系数 $Y_{X/S}$），其定义式为：

$$Y_{X/S}=\frac{\text{生成的细胞质量}}{\text{消耗的基质的质量}}$$

为方便描述液体发酵过程，一般将质量比改为浓度比表达式，即：

$$Y_{X/S}=\frac{\text{细胞浓度的变化量}(\Delta[X])}{\text{基质浓度的变化量}(-\Delta[S])}$$

上述基质 S 可以是碳源、氮源或氧等。显然，采用细胞得率系数 $Y_{X/S}$ 比元素衡算式计量更加简洁方便。

在细胞分批培养时，由于培养基原料（基质）的组成在不断变化，因此不同反应时刻的细胞得率系数一般不能视为常数。某一瞬间的细胞得率称为微分细胞得率（或瞬时细胞得率），即：

$$Y_{X/S}=\frac{d[X]}{-d[S]}$$

或以菌体量来表示，即：

$$Y_{X/S}=\frac{d([X]V)}{-d([S]V)}$$

式中，[X] 和 [S] 分别为细胞（通常以菌体干重表示）浓度和基质浓度；V 表示溶液体积。

2. **产物得率系数**（product yield coefficients）$\boldsymbol{Y_{P/S}}$

消耗 1g 基质生成代谢产物的质量（g），称为产物得率系数 $Y_{P/S}$，其定义式为：

$$Y_{P/S}=\frac{\text{生成的产物质量}}{\text{消耗基质的质量}}$$

为方便描述液体发酵过程，一般将质量比改为浓度比表达式，即：

$$Y_{P/S}=\frac{\text{细胞浓度的变化量}(\Delta[P])}{\text{基质浓度的变化量}(-\Delta[S])}$$

某一瞬间的产物得率称为微分产物得率（或瞬时产物得率），即：

$$Y_{P/S}=\frac{d[P]}{-d[S]}$$

当产物为 CO_2、基质为 O_2 时，CO_2 对 O_2 的得率系数即为呼吸商 RQ（respiratory quotient ，RQ）。

在实践中，通常能方便地由实验数据算出这些得率系数值。不同的微生物、不同的培养基、采用不同的培养条件，在不同的生长速率下，所获得的生长得率是不同的。即使同一种微生物，在同一培养基和同一培养条件下，于不同的培养阶段，生长得率也不相同。

三、反应速率

发酵动力学研究各种过程变量在活细胞作用下变化的规律，以及各种反应条件对这些过程变量变化速度的影响。研究的对象既然是运动着的物质，就不能单纯地用传统的静态变量来描述，而常用反应速率如细胞生长率、基质消耗率和产物生成率等动态变量来描述。这些动态变量一般不能直接测量，只能根据动力学方程式计算。发酵动力学中对反应速率的研究又分别用绝对速率和比速率两种定义来描述。

1. 绝对速率

绝对速率，简称为速率，定义为单位时间内消耗基质或形成产物（菌体）的质量。对于液态发酵过程，速率定义为单位时间内消耗基质或形成产物（菌体）的浓度变化。常用的速率有：

（1）细胞生长速率（rate of cell growth）

$$r_X=\frac{d[X]}{dt}$$

式中，t 表示反应时间。

（2）基质消耗速率（rate of substrate utilization）

$$r_S=-\frac{d[S]}{dt}$$

特别是对于氧，也可以看作是一基质，在好氧培养过程中随能源基质的消耗而消耗。基质为氧气时，耗氧速率又称为摄氧率（OUR）：

$$OUR=-\frac{d[O_2]}{dt}$$

式中，$[O_2]$ 表示氧浓度。

（3）产物生成速率（rate of product formation）

$$r_p=\frac{d[P]}{dt}$$

式中，[P] 表示产物浓度。

微生物反应是一个菌体不断增殖的过程，但在绝对速率的定义中，并没有考虑到初始菌体量对反应速率的影响，不能反映细胞活力的大小。为此，人们又提出了比速率的概念。

2. 比速率

比速率定义为单位时间内单位菌体消耗基质或形成产物（或菌体）的量（菌体量通常以菌体干重表示）。如果用浓度表示，即为单位菌体浓度 [X] 在单位时间 t 内引起的基质或产物（或菌体）的浓度变化。常用的比速率如下：

（1）细胞比生长速率（specific rate of cell growth）

$$\mu=\frac{d[X]}{[X]dt}$$

微生物生长通常体现在细胞数量和活性两个方面。与绝对速率比较，比速率 μ 的表达式分母中增加了细胞浓度 [X] 这一项，剔除了反应体系中细胞数量的影响，直接反映了细胞活力的大小。

比生长速率 μ 是描述反应速率最重要的参数，与细胞种类有关，不同细胞比生长速率不同；同一种细胞，温度、pH 值等培养条件不同，比生长速率亦不同。上式可变化为：

$$\frac{d[X]}{dt}=\mu[X]$$

（2）基质比消耗速率（specific rate of substrate utilization）

$$q_S=-\frac{d[S]}{[X]dt}$$

上式可变化为：

$$-\frac{d[S]}{dt}=q_S[X]$$

基质为氧气时，比耗氧速率又称为呼吸速率（respiration rate）或呼吸强度 Q_{O_2}：

$$Q_{O_2}=-\frac{d[O_2]}{[X]dt}$$

（3）产物比生成速率（specific rate of product formation）

$$q_P=\frac{d[P]}{[X]dt}$$

上式可变化为：

$$\frac{d[P]}{dt}=q_P[X]$$

例　分别计算下列两种情况下的细胞生长速率和细胞比生长速率：①在一个 1mL 的反应容器中，开始培养时有 1 个细菌，1h 后分裂产生 10 个细菌；②在一个 1mL 的反应容器中，开始培养时有 100 个细菌，1h 后分裂产生 200 个细菌。

解：（1）$r_X=\frac{d[X]}{dt}=\frac{10-1}{1}=9$[个/(mL·h)]

$\mu=\frac{d[X]}{[X]dt}=\frac{10-1}{1\times 1}=9(h^{-1})$

（2）$r_X=\frac{d[X]}{dt}=\frac{200-100}{1}=100$[个/(mL·h)]

$\mu=\frac{d[X]}{[X]dt}=\frac{200-100}{100\times 1}=2(h^{-1})$

对以上两种情况的计算结果进行比较，可以明显看出第一种情况下的细胞活力更强（$\mu=9h^{-1}$）；但在第一种情况下，细胞生长速率 r_X 的值反而更小［$r_X=9$ 个/(mL·h)］。比生长速率 μ 作为单位时间细胞分裂的比率，显然能更科学地衡量细胞的活力及生产效能。有研究表明，对产黄青霉的青霉素发酵过程，当比生长速率在 $0.015h^{-1}$ 左右时青霉素的合成速率最大。

四、反应速率与得率系数之间的关系

1. 基质消耗速率与细胞得率系数 $Y_{X/S}$ 之间的关系

由 $Y_{X/S}=d[X]/-d[S]$，得：

$$Y_{X/S}=\frac{d[X]/dt}{-d[S]/dt}$$

式中，$d[X]/dt$ 为细胞生长速率；$-d[S]/dt$ 为基质消耗速率。

上式可变换为：

$$-\frac{d[S]}{dt}=\frac{d[X]/dt}{Y_{X/S}}$$

或：

$$-\frac{d[S]}{dt}=\frac{\mu[X]}{Y_{X/S}}$$

或：

$$q_S=\frac{\mu}{Y_{X/S}}$$

2. 基质消耗速率与产物得率系数 $Y_{P/S}$ 之间的关系

由 $Y_{P/S}=d[P]/-d[S]$，得：

$$Y_{P/S}=\frac{d[P]/dt}{-d[S]/dt}$$

式中，$d[P]/dt$ 为产物生成速率；$-d[S]/dt$ 为基质消耗速率。

上式可变换为：

$$-\frac{d[S]}{dt}=\frac{d[P]/dt}{Y_{P/S}}$$

或：

$$Y_{P/S}=q_P/q_S$$

上式对于表达和比较各种发酵过程产物合成的数据是非常有用的，因为通过该式可方便地求出产物的转化得率，而细胞浓度的影响不用考虑。

3. 产物生成速率与细胞生长及基质消耗之间的关系

$$r_P=\frac{d[P]}{dt}=Y_{P/X}\frac{d[X]}{dt}=-Y_{P/S}\frac{d[S]}{dt}$$

$$q_P=\frac{1}{[X]}\frac{d[P]}{dt}=Y_{P/X}\mu=Y_{P/S}q_S$$

五、细胞反应系统的动力学描述

发酵过程既包括细胞内的生化反应，也包括胞内与胞外的物质交换，还包括胞外的物质传递及反应。该体系具有多相、多组分、非线性的特点。多相指的是体系内常含有气相、液相和固相；多组分是指在培养液中有多种营养成分，有多种代谢产物产生，在细胞内也具有不同生理功能的大、中、小分子化合物；非线性指的是细胞的代谢通常需用非线性方程来描述。要依据普通化学反应的简单质量作用定律对这样一个复杂的体系进行精确的描述几乎是不可能的，为了工程上的应用，首先要进行合理的简化，在简化的基础上再建立过程的模型。根据均衡生长、平均细胞近似的理想化假设，简化的内容主要有以下几点：①忽略细胞之间的个体差别；②忽略细胞内各组分的差别；③忽略细胞内的各种反应；④假设细胞群体是单组分溶质。在此基础上建立的模型称为确定论的非结构模型。

发酵的实质是微生物细胞在生长过程中吸收营养物质（基质），并将这些营养物质的一部分转化为新生细胞的组成物质，一部分转化为代谢产物。所以发酵动力学至少要对底物、细胞和产物三个状态变量进行数学描述。若以［X］代表菌体浓度（菌体量通常以菌体干重表示）、［S］代表基质浓度、［P］代表产物浓度，微生物细胞反应系统的动力学描述可被简化为以下形式：

$$\text{S(基质)}\xrightarrow{\text{X(菌体)}}\text{X(菌体)}+\text{P(产物)}$$

在此式中，微生物细胞质量、数目和活性等方面的生长表现，被简化为菌体量的变化速率。

建立数学模型的基础是动力学的研究，鉴于某些参数如菌体浓度、产物浓度甚至基质浓度难以测定（特别是在线检测），使动力学研究发生困难，因此也可结合实际经验或实际生产数据的回归得出半经验的数学模型，更理想的是根据不同发酵或培养周期分别作出有关的数学模型。迄今为止，微生物生理学家和生化工程学家针对微生物反应动力学提出了许多数学模型，但根据反应机制建立的机理模型几乎没有。目前已建立的动力学模型大多数为黑箱模型（即数据拟合模型），这些经验模型基本上能定量地描述发酵过程，也能反映主要因素的影响。

第二节　分批发酵

分批发酵（batch fermentation）是指基质一次性加入发酵罐反应器内，在适宜条件下将微生物菌种接入，发酵完成后将全部反应物料取出的操作方式，也称间歇发酵或批式发酵。这是最简单的操作方式。

分批发酵是一种准封闭式系统，在发酵过程中，除了不断通气和发酵尾气的排出，以及因调节 pH 值需加酸或碱外，整个系统与外界没有主辅物料的交换。在分批发酵操作中，发酵液中基质浓度［S］随反应进行不断降低，菌体浓度［X］、产物浓度［P］则不断升高，因此是一个动态变化过程。这样，发酵初期营养物过多，可能抑制微生物的生长；中后期又可能因为营养物减少而降低生产效率，总的生产能力不是很高。但由于操作简单、染菌机会少、生产过程和产品质量容易掌握，目前仍是发酵工业的主要操作方式。

一、菌体生长动力学

发酵过程中，基质的消耗和代谢产物的生成都是微生物生长繁殖的结果。因此，微生物生长动力学的研究是基质消耗和产物生成动力学的基础。

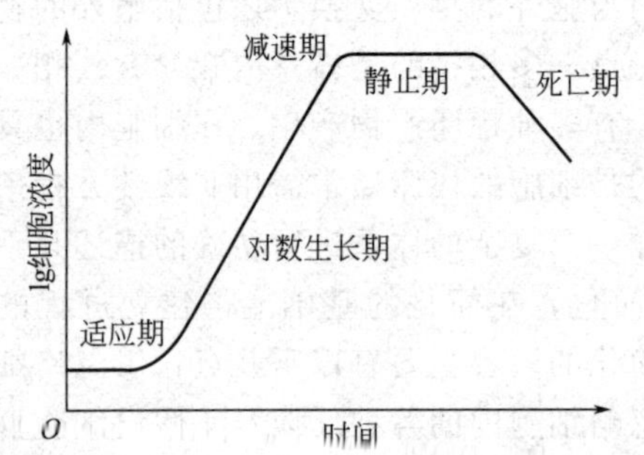

图 6-1　分批培养时微生物细胞的典型生长曲线

对微生物生长的研究不仅包括活细胞，也包括衰老和濒临死亡的细胞。因为发酵产品往往是在衰亡或濒临死亡时大量产生的。细胞的生长过程，根据均衡生长模型的假设，可以用细胞浓度的变化来描述和表达。

下面以细菌为例介绍无分支单细胞微生物群体生长规律。若取细胞浓度的对数值与细胞生长时间对应作图，可得到分批培养时的微生物典型生长曲线（图 6-1）。

从图 6-1 曲线的变化分析，在这种封闭系统中，由于营养物质的不断消耗以及菌体和代谢物浓度的不断增加，环境条件不断改变，只能在有限的时间内维持细胞的增殖。分批培养时细胞的浓度变化可分为适应期、对数生长期、减速期、静止期和死亡期等五个阶段。

（一）适应期

适应期（lag phase）（停滞期、调整期或延滞期）是指少量单细胞微生物接种到新鲜培养液中，在开始培养的一段时间内，因代谢系统适应新环境的需要，细胞数目没有增加的一段时间。

适应期的长短与种龄、接种量大小及营养物质新旧环境差异大小有关。年轻的种子较易适应新环境，适应期就会缩短。接种量越大，适应期越短。如果新培养基中含有较丰富的某种营养物质，而在老环境中则缺乏这种物质，细胞在新环境中就必须合成有关的酶来利用该物质，从而表现出延迟。许多胞内酶需要辅酶或活化剂（如维生素）等生长素，它们是一些小分子或离子，具有较大的通过细胞膜的能力，当细胞转移到新环境时，这些物质可能因扩散作用从细胞中向外流失，从而降低细胞的活性，这也是产生适应期的一个原因。

当培养基中含有多种碳源时，可能会有多个适应期的出现。这种现象称为二次生长。当一种碳源被利用完后，细胞还需重新调整细胞体内的酶系和代谢途径，以适应另一种碳源的利用，这需要一个调整的过程。

在适应期，细胞浓度无明显增加：

$$d[X]/dt \approx 0$$

适应期是微生物细胞适应新环境的过程。适应期的长短取决于种子的种龄和接种量，与培养基的浓度关系不大。在发酵工业生产中，为了提高生产效率，希望缩短适应期，要达到该目的，一般应遵循下列规则：①接种的微生物应尽可能是高活力的，尽量选择接入生长旺盛期（对数生长期）的种子；②种子培养基和条件应尽可能接近生产上使用的发酵液组成和培养条件；③增加接种量。当然，增加接种量往往需要多级扩大制备种子，不仅增加了发酵的复杂程度，又容易造成杂菌污染，因此应综合考虑。

生产上从发酵产率和发酵指数以及避免染菌方面考虑，希望尽量缩短适应期。

（二）对数生长期

微生物菌体完全适应其周围环境后，有充足的养分而又无抑制生长的物质，便进入对数生长期（logarithmic phase）。对于细菌而言，当细胞内与细胞分裂相关的物质浓度达到一定程度，细胞开始大量繁殖。细胞数目以等比数列的形式增加：

$$2^0 \rightarrow 2^1 \rightarrow 2^2 \rightarrow 2^3 \text{（即 } 1 \rightarrow 2 \rightarrow 4 \rightarrow 8\text{）}$$

因此，一个细菌繁殖 n 代，可以产生 2^n 个细菌。此时，如以细胞数目或生物量的对数对时间作一半对数图，将得一直线，因而这一时期称做对数生长期或指数生长期（exponential phase）。

在此阶段中，如果微生物细胞营养物质充足，不存在基质或产物抑制，且处于适宜的环境条件下，则菌体量增长的速度与菌体量成正比，即：

$$\frac{d[X]}{dt} = \mu_{max}[X]$$

式中，[X] 为菌体浓度（菌体量通常以菌体干重表示）；t 为培养时间；μ_{max} 为单位时间菌体量的增量与菌体量的比例常数，即细胞最大比生长速率。

对上式积分，解得：

$$[X] = e^{\mu_{max} t}$$

这是一个指数增长模型（exponential model），是最简单的细胞生长动力学方程，最早由英国神父马尔萨斯（Malthus）于 1789 年提出的。

上式变形为：

$$\ln[X] = \mu_{max} t$$

以此式作 $\ln[X]$-t 图，可得到一直线，该直线的斜率就等于 μ_{max}。

对数生长期的微生物生长速率也可用倍增时间 t_d（即细胞浓度增加 1 倍所需的时间）来描述，因此有：

$$\ln(2[X]/[X]) = \mu_{max} t_d$$

或

$$t_d = \ln 2/\mu_{max} = 0.693/\mu_{max}$$

即微生物的细胞生长倍增时间为：

$$t_d = 0.693/\mu_{max}$$

比生长速率 μ_{max} 为表征微生物生长速率的一个重要参数，其大小为 0.693 除以倍增时间 t_d。在对数生长阶段，不同类型微生物细胞的倍增时间分别为：细菌 0.25～1h，酵母 1.15～2h，霉菌 2～6.9h。

在发酵生产中，常转接处于对数生长期中期的细胞到发酵罐新鲜培养基中，此阶段的细胞分裂繁殖最为旺盛，生理活性最高，几乎不出现适应期，以保证转接后细胞能迅速生长，微生物反应能快速进行。

式 $d[X]/dt = \mu_{max}[X]$ 为用绝对速率表示的对数生长期菌体生长动力学，将其代入 $\mu = \frac{d[X]}{[X]dt}$ 中：

$$\mu = \frac{d[X]}{[X]dt} = \frac{\mu_{max}[X]}{[X]} = \mu_{max}$$

即：

$$\mu = \mu_{max}$$

此即用比生长速率表示的对数生长期菌体生长动力学。由于此阶段细胞的生长不受底物浓度限制，其比生长速率达到并保持最大值。

在理论上，对数期的微生物细胞生长繁殖不受营养物质的限制，以最大比生长速率 μ_{max} 进行生长。实际上，最大比生长速率不仅与微生物本身的性质有关，也与所消耗的底物以及培养的方式有关；限制微生物生长代谢的并不是发酵液中营养物质的浓度，而是营养物质进入细胞的速度。对数生长期的长短主要取决于培养基，包括溶解氧的可利用性和有害代谢产物的积累。

由于处于对数生长期的微生物具有最大比生长速率，如果发酵的目的是为了获得微生物菌体的话，则应尽量设法延长对数生长期。这在发酵工业上有十分重要的意义。

指数增长模型 $[X] = e^{\mu_{max}t}$ 有很大的局限性：当 $t \to \infty$ 时，$[X] \to \infty$，即它描述的数量增长是没有界限的。按照这样的模型，细胞将可以无限制地生长，这显然与事实不符。实际上，在现有实验室或生产条件下，菌体浓度按指数增长的情况只在一段时期内会出现。随着菌体量和代谢产物的增加，会造成培养环境的恶化，必然影响细胞的生长速率，从而造成菌体浓度的实际增长率下降，甚至出现负增长。

（三）减速期

对数生长期持续一定时间后，会出现两种情况：底物浓度的下降和有害物质浓度的增加。这两种情况都会使细胞生长速率逐渐下降，从而进入减速期（deceleration phase）。但总体上讲，在此阶段细胞仍然在生长，数量仍然在增加，其生长速率为：

$$\frac{d[X]}{dt} = \mu[X]$$

上式可变化为：

$$\mu = \frac{d[X]}{[X]dt}$$

此式即为细胞比生长速率 μ 的定义式。

比生长速率 μ 受基质和有害物质浓度的限制。用于细胞培养或发酵的基质是多组分的培养基，这给动力学的研究带来了很大的困难。因此，可将发酵过程中影响大、用量大且容易测定其浓度的某一基质作为限制性底物来进行动力学研究。在分批培养过程中，当其他营养物质的浓度足以支持微生物以最大的生长速度生长，只有一种营养物质的浓度不足而限制细胞的生长，则这种基质称为限制性基质或底物。

1949年莫诺（Monod）根据实验观察到 *E. coli* 在未受到任何抑制作用时，比生长速率 μ 与底物浓度 [S] 之间的关系与酶动力学米氏方程中反应速率与底物浓度之间的关系类似，在底物浓度 [S] 低时 μ-[S] 呈一级反应动力学，在底物浓度高时 μ-[S] 呈二级反应动力学的特点，并提出下述直角双曲线经验式：

$$\mu=\mu_{\max}\frac{[S]}{K_S+[S]}$$

此式被称为 Monod 方程（Monod equation）。

式中，$\mu_{\max}$为最大比生长速率，h^{-1}；K_S 为半饱和常数（营养物利用常数），g/L，其值等于比生长速率恰为最大比生长速率一半时的限制性底物浓度；[S] 为限制性底物浓度，g/L。

Monod 方程的基本假设条件如下：①细胞的生长未受到任何抑制作用；②细胞的生长为均衡生长的非结构模型，即细胞内各组分以相同的比例增加，且细胞之间无差异，是均一的，因此用菌体浓度的增加描述细胞生长速率；③培养基中只有一种基质是生长限制性基质，而其他基质为过量，且不影响细胞的生长；④细胞的生长视为简单的单一反应，细胞得率系数恒定。

使式 $\mu=\mu_{\max}\frac{[S]}{K_S+[S]}$成立的培养系统称为简单 Monod 模型。

根据 Monod 方程可绘制 μ-[S] 曲线，如图 6-2 所示。

限制性底物是对微生物的生长起到限制作用的营养物。限制性底物可以是培养基中任何一种与微生物生长有关的营养物，只要该营养物相对贫乏时，就可能成为限制微生物生长的因子，可以是 C 源、N 源、无机或有机因子。如图 6-2 所示，限制性底物可根据临界底物浓度判断（临界底物浓度是指达到 $\mu_{\max}$ 的最低底物浓度 $[S]_{crit}$）：若 $[S]\leqslant[S]_{crit}$，则为限制性底物，若 $[S]>[S]_{crit}$，则为非限制性底物。

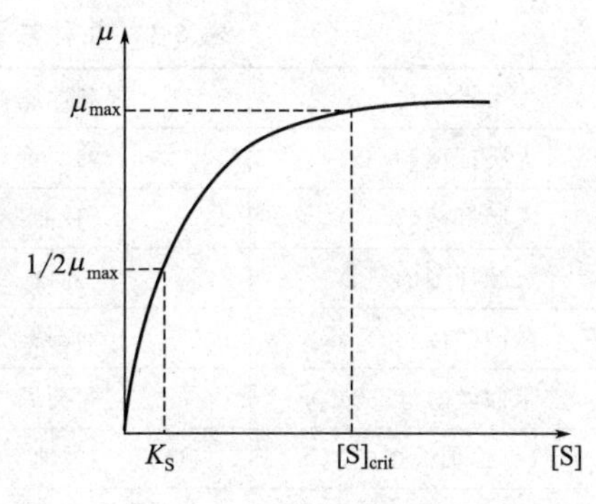

图 6-2　Monod 方程曲线

Monod 方程表面上与酶动力学米氏方程形式相同，但 Monod 方程来自于对实验现象的总结，而米氏方程是根据酶促反应机理推导出的。前者是经验方程，后者是机理方程。Monod 方程中，细胞浓度无法使用物质的量浓度单位，只能用 g/L 或细胞数/L 表示，相应的底物浓度单位也有 g/L；而米氏方程可以从严格的酶催化反应机理推导得到，所有的浓度单位是 mol/L。

米氏方程描述的是一种酶参与的单底物反应速率；Monod 方程描述的是细胞的自催化反应、由多酶反应的系统集成、多底物参与、一种底物限制的比反应速率。当然，在分批培养的全过程中，有可能出现多种限制性基质的情况。由于微生物生长是细胞群体生命活动的综合表现，机理非常复杂，故很难像米氏常数 K_m 一样，明确 Monod 方程中参数 K_S 的确切含义。

类似于米氏方程所提示的规律，从 Monod 方程也可以推导出一些有用的结论：

(1) $[S]\ll K_S$ 时，$\mu=(\mu_{\max}/K_S)[S]$　当限制性底物浓度很低（$[S]\ll K_S$）时，若提

高限制性底物浓度，可以明显提高细胞的比生长速率。此时细胞比生长速率与底物浓度为一级动力学关系。

(2) $[S]=K_S$ 时，$\mu=\mu_{max}/2$ 说明半饱和常数 K_S 数值上等于比生长速率达到最大比生长速率一半时的营养物质浓度，它的大小表示了该微生物对营养物质的偏爱程度(affinity for the substrate)，数值越大，该微生物对这种营养物质越不偏爱，反之亦然。

(3) $[S]\gg K_S$ 时，$\mu=\mu_{max}$ 当限制性底物浓度很高时，若继续提高底物浓度，细胞比生长速率基本不变。此时细胞比生长速率与底物浓度为零级动力学关系。因此，最大比生长速率 μ_{max}实际上是当营养物质十分充足，底物浓度不再限制细胞生长时的比生长速率。

在减速期，随着养分的减少，有害代谢物的积累，生长不可能再无限制地继续。这时比生长速率成为养分、代谢产物和时间的函数，其细胞量仍旧在增加，但其比生长速率不断下降，细胞在代谢与形态方面逐渐蜕化，经短时间的减速后进入生长静止（稳定）期。减速期是从指数生长到生长静止期之间的过渡期，这一时期的长短取决于细胞对限制基质的亲和力。亲和力高（具有低 K_S 值），则减速期短；反之，则减速期长。

最大比生长速率 μ_{max}和半饱和常数 K_S 是两个重要的动力学常数，表征了某种该微生物的生长受某种营养物质影响的规律。通常情况下，某种微生物在某种基质条件下 μ_{max}和 K_S 为一定值；同一种微生物在不同基质情况下有不同的 μ_{max}和 K_S 值，但 μ_{max}变化不大，而 K_S 则变化较大。K_S 大小反映了菌体对基质的亲和力强弱，K_S 越大，亲和力越小；K_S 越小，亲和力越大。

不同的微生物，不同的培养基，K_S 和 μ_{max}是不同的（表 6-1）。

表 6-1 几种常见微生物对限制性底物的 K_S 和 μ_{max}

微生物	限制性底物	μ_{max}/h^{-1}	K_S/(mg/L)
大肠杆菌(37℃)	葡萄糖	0.8～1.4	2～4
大肠杆菌(37℃)	甘油	0.87	2
大肠杆菌(37℃)	乳糖	0.8	20
酿酒酵母(30℃)	葡萄糖	0.5～0.6	25
热带假丝酵母(30℃)	葡萄糖	0.5	25～75
产气克雷伯氏菌(37℃)	甘油	0.85	9
产气气杆菌(30℃)	葡萄糖	1.22	1～10

从表 6-1 可以看出，K_S 和 μ_{max}值不仅随菌种而异，对不同的限制性基质也不同；但各种微生物 μ_{max}值基本接近，处于同一个数量级。由于典型的 K_S 值很小，如果通过测定间歇培养的初反应速度来测定 K_S 值时，试验选用的底物浓度就要求很小，因此必须采用极为灵敏和精确的底物以及菌体浓度测定方法。

与米氏方程一样，Monod 方程中的最大比生长速率 μ_{max}，半饱和常数 K_S 同样可根据实验，采用倒数图解法、线性回归或计算机直接求解确定。其倒数方程如下：

$$\frac{1}{\mu}=\frac{K_S}{\mu_{max}}\cdot\frac{1}{[S]}+\frac{1}{\mu_{max}}$$

或

$$\frac{[S]}{\mu}=\frac{1}{\mu_{max}}[S]+\frac{K_S}{\mu_{max}}$$

这样通过测定不同限制性基质浓度下微生物的比生长速率，就可以通过回归分析计算出 Monod 方程的两个参数。应用前一个方程对 $1/\mu$-$1/[S]$ 作图，得到一直线，图解可得到相当精确的 μ_{max}，但在低［S］值时 μ 的偏差较大，影响 K_S 值的精度。后一个方程对 $[S]/\mu$-$[S]$ 作图则在实际的［S］值范围内有较高的精度。

以上 Monod 方程只适用于单基质限制及不存在抑制性基质的情况，即除了被试验的一种生长限制基质外，其他必需营养基质都是过量的，而这种过量又不致造成对细胞生长的抑制。但是因该方程表述简单，不能完整地说明复杂的生化反应过程，只适用于生长速率较慢及细胞浓度较低的环境条件。如果基质消耗较快，细胞浓度较高，则极有可能产生有不利于细胞生长的代谢产物等抑制因子或者出现其他阻力因子，用以下改进后的 Monod 方程可以较好地符合实验数据：

1. 考虑底物抑制（substrate inhibition）**作用的细胞生长动力学方程**

有时高浓度的基质会对细胞的生长产生抑制，即发生底物（基质）抑制现象。如以醋酸为基质培养产朊假丝酵母，以亚硝酸盐为底物培养硝化杆菌等。当培养基中某种基质的浓度高到一定程度后，细胞的比生长速率随该基质浓度的升高而下降，表现出基质的抑制。描述底物抑制的细胞生长动力学方程有多种，如：

$$\mu_S=\frac{\mu_{max}[S]}{K_S+[S]+[S]^2/K_{SI}}$$

式中，K_{SI} 为底物抑制常数（substrate inhibition constant）。

2. 考虑产物抑制作用（product inhibition）**的细胞生长动力学方程**

细胞的一些代谢产物有时会影响细胞的生长，如酵母在厌氧条件下产生的乙醇会抑制酵母的生长，乳酸菌产生的乳酸会抑制乳酸菌的生长。即使这时限制性基质浓度还相当高，细胞的比生长速率也会随着这种代谢产物的积累而逐渐下降。描述产物抑制的细胞生长动力学方程有多种，如：

$$\mu_P=\frac{\mu_{max}[S]}{K_S+[S]}\left(1-\frac{[P]}{[P]_m}\right)$$

式中，［P］为产物浓度；$[P]_m$ 为最大产物浓度。

Monod 方程的改进形式还有包含维持代谢的细胞生长动力学方程以及考虑扩散阻力的细胞生长动力学方程等。在大多数情况下，这些改进形式的 Monod 动力学方程是从简单的酶抑制机制理论引申得出的，其适应条件是人为假设的。

现代微生物生长动力学理论起源于 Monod 方程，到目前为止，该方程仍在理论上占有重要地位。为了更好地描述细胞生长实际情况，除 Monod 方程外，人们还提出了一系列经验和半经验动力学模型。

（四）静止期

在整个分批培养过程中，总是存在两种过程：细胞的生长和衰亡。经过一段时间的高速生长以后，随着营养物质的消耗，有害代谢产物的积累，pH 值的变化等，细菌的分裂速率下降，死亡细胞的数目逐渐增加，整个培养基中新增加的细胞数和死亡的细胞数达到动态平衡，这个时期称为静止期（stationary phase）或稳定期。在静止期，活菌数目达到最高峰，细胞内大量积累代谢产物，特别是次级代谢产物，某些细菌的芽孢也是在这个时期形成的。

在静止期之前，细胞的生长占主导，其衰亡是次要的，总的表现是细胞浓度的增加。通常认为达到静止期后，细胞的生长速率等于细胞的衰亡速率，细胞的比生长速率 μ 等于细

胞比死亡速率 α，即：

$$\mu=\alpha$$

$$\frac{d[X]}{dt}=\mu[X]-\alpha[X]=0$$

在静止期，活细胞浓度不再增加，活细胞浓度达到最大值。

静止期细胞停止生长的原因目前尚不十分清楚，可能是因为必需养分耗竭，自身毒性代谢物的积累，也可能在后期菌体量过大，发酵液黏度增加影响了通气和搅拌的效果，从而使生长停止下来。

尽管处于静止期的生物量增加十分缓慢或基本不变；但微生物细胞的代谢还在旺盛地进行着，细胞的组成物质还在不断变化。当微生物赖以生存的培养基中存在多种营养物质时，微生物将优先利用其易于代谢的营养物质，至其耗用完时，降解利用其他营养物质的酶才能诱导合成或解除抑制。此时，有的细胞开始老化、裂解，形成芽孢，并向培养基中释放出新的碳水化合物和蛋白质等，这些物质可以用来维持生存下来的细胞的缓慢生长。此期菌的形态也发生较大的变化，如菌已分化、染色变浅、形成空胞等。微生物的很多代谢产物，尤其是次级代谢产物，是在进入静止期后才大量合成和分泌的，所以有时把静止期叫作生产期或分化期（idiophase），将对数期称为生长期（trophophase）。生长期末为产物的形成创造了必要的条件。

有学者建议使用 Logistic 方程描述包括静止期在内的细胞间歇培养全过程的细胞生长速率：

$$\frac{d[X]}{dt}=\mu_{max}\left(1-\frac{[X]}{[X]_{max}}\right)[X]$$

式中，[X] 为菌体浓度；t 为培养时间；$[X]_{max}$ 为菌体生长极限浓度；μ_{max} 为细胞最大比生长速率。

Logistic 方程是 1838 年由荷兰生物数学家 P. F. Verhulst 对 Malthus 的指数增长模型进行改进后提出的。与 Malthus 的指数增长模型相比，Logistic 方程增加了 $(1-[X]/[X]_{max})$ 项。这一项提供了 Malthus 的指数增长模型所没有的限制因素——菌体浓度增加对自身生长存在的抑制作用，而这种抑制作用在细胞间歇培养时是普遍存在的。

在间歇培养起始阶段，菌体浓度很低，即 [X] 比 $[X]_{max}$ 小得多，可忽略不计，Logistic 方程变形为：

$$\frac{d[X]}{dt}=\mu_{max}[X]$$

积分后有：

$$[X]=e^{\mu_{max}t}$$

此式表示菌体呈对数生长。

在间歇培养起的中、后期，随着 [X] 的不断增大，[X] 值逐渐趋近于 $[X]_{max}$。当 $[X]=[X]_{max}$ 时，该方程变形为：

$$\frac{d[X]}{dt}=0$$

此式表示菌体停止生长。

令 $t=0$ 时，$[X]=[X]_0$，可得 Logistic 方程的积分式：

$$[X]=\frac{[X]_0[X]_{max}e^{\mu_{max}t}}{[X]_{max}-[X]_0+[X]_0e^{\mu_{max}t}}$$

Logistic 方程能很好地反映因菌体浓度增加对自身生长存在的抑制作用，较好地描述间歇培养过程中的细胞生长行为，具有模型简单、参数少的优点。根据方程所绘制的 $[X]$-t 曲线称为 Logistic 曲线，是一个典型的 S 形曲线，用于拟合分批发酵的细胞生长过程具有广泛的适用性。但其缺点是与比生长速率和底物浓度没有明显的关系。在微生物生长停止时才出现产物形成的情况下，例如抗生素生产过程，Logistic 方程具有较好的适用性。

（五）死亡期

静止期后，由于细胞的营养物质和能源储备已消耗殆尽，不能再维持细胞的生长和代谢，对生长有害的代谢物在发酵液中大量积累，细胞繁殖趋于停止，而死亡细胞越来越多，最终导致活菌数目急剧下降，这个时期称为死亡期（death phase）或衰亡期（decline phase）。此时的细胞比死亡速率 α 大于细胞比生长速率 μ，即：

$$\alpha \geqslant \mu$$

$$\frac{d[X]}{dt}=\mu[X]-\alpha[X]\leqslant 0$$

在死亡期，活细胞浓度下降，细胞生长速率为负值。

到了死亡期，细胞会出现多种形态，甚至畸形。由于细胞的自溶作用，有些细胞开始解体，释放出代谢产物，细胞内的一些糖类、蛋白质等被释放出来，又作为细胞的营养物质，从而使存活的细胞继续缓慢生长（二次或隐性生长）。所以，在发酵工业生产中，在菌体开始自溶之前应及时将发酵液放罐处理。

由于大多数工业发酵过程在细胞浓度下降之前就已经结束，所以在描述分批发酵的菌体生长动力学模型时，有关死亡期的研究不多。

从上述分析来看，细胞的生长可分为多个不同的阶段，每个阶段都有自己的动力学特点。对于初级代谢产物，在对数生长期初期就开始合成并积累，而次级代谢产物则在对数生长期后期和静止期大量合成。发酵周期的长短不仅取决于前面五期的长短，还取决于细胞初始浓度 $[X]_0$ 和基质初始浓度 $[S]_0$。

以上以细菌为例介绍了无分支单细胞微生物群体生长规律，其结论也基本适用于酵母菌。丝状微生物的纯培养采用孢子接种，在液体培养基中振荡培养或深层通气加搅拌培养，菌丝体通过断裂繁殖不形成产孢结构。可以用菌丝干重作为衡量生长的指标，即以时间为横坐标、以菌丝干重为纵坐标，绘制生长曲线。丝状菌的生长曲线可分为三个时期：

① 生长停滞期　造成生长停滞的原因一种是孢子萌发前处于真正的停滞状态，另一种是生长已经开始，但还无法测定。

② 迅速生长期　菌丝体干重迅速增加，其立方根与时间呈直线关系，菌丝干重不以几何级数增加，没有对数生长期。生长主要表现在菌丝尖端的伸长和出现分支、断裂等。此时期的菌体呼吸强度达到高峰，有的开始积累代谢产物。

③ 衰退期　菌丝体干重下降，到一定时期不再变化。大多数次级代谢产物在此期合成，大多数细胞都出现大的空泡。有些菌丝体还会发生自溶菌丝体，这与菌种和培养条件有关。

二、基质消耗动力学

在分批发酵过程中，基质的消耗与微生物的生长繁殖和代谢产物的合成密切相关。基质主要消耗在以下三个方面：一是用于合成新的细胞物质；二是用于合成代谢产物；三是提供维持细胞生存的能量。

$$营养基质\longrightarrow新生细胞物质+代谢产物+维持能量$$

在上式中，维持是指活细胞群体在没有实质性生长和繁殖（或者说生长和死亡处于动态平衡状态），也没有胞外产物产生情况下的生命活动，如细胞的运动、细胞内外营养物质的转运、细胞物质的更新等；这种生命活动仅仅是为了维持细胞生存的需要。这种用于“维持”的物质代谢称为维持代谢，也叫内源代谢（对耗氧发酵来说就称为“呼吸”），代谢释放的能叫做维持能。维持代谢只消耗少量的营养物质（能量）以维持菌体生命，菌体数量和质量并不增加。在细胞生长速率为零也没有产物合成的情况下，定义单位质量干菌体在单位时间内因维持代谢消耗的基质的质量为细胞的维持系数 m（maintenance coefficient），即：

$$m=-\frac{\mathrm{d}[S]}{\mathrm{d}t}\frac{1}{[X]}或-\frac{\mathrm{d}[S]}{\mathrm{d}t}=m[X]$$

维持系数 m 是微生物菌株的一种特性值，对于特定的菌株、基质和环境因素（如温度、pH 值等）是一个常数。一般菌株的维持系数 m 的范围为 0.02～4kg 底物/(kg 细胞 · h^{-1})。维持系数越小，菌株的能量代谢效率越高。

发酵过程包含着复杂的多种酶促生物化学反应过程同时进行，由于有多种不同种类基质存在，可表现为同时消耗、依次消耗和交叉消耗等多种情况，相应的基质消耗动力学模型也将变得十分复杂。在实际工作中，一般仅针对某一特定的发酵过程或特定的代谢产物，研究主要的限制性底物的消耗与微生物生长及产物合成的动力学关系。下面仅针对单一限制性基质的情况，对不同种类基质的消耗动力学进行讨论。

(一) 碳源物质

碳源物质的总消耗（$-\Delta[S]$）包括以下三个方面：一是用于合成新的细胞物质 $(-\Delta[S])_G$；二是用于合成代谢产物（$-\Delta[S])_P$；三是提供细胞生命活动的能量 $(-\Delta[S])_m$，即：

$$(-\Delta[S])=(-\Delta[S])_G+(-\Delta[S])_P+(-\Delta[S])_m$$

在发酵过程中，由于基质的消耗总是伴随着细胞的生长，因而基质的消耗速率可以通过细胞得率系数与细胞生长速率相关联。通过前述反应速率与得率系数之间的关系式，可推算出碳源物质的消耗速率方程为：

$$-\frac{\mathrm{d}[S]}{\mathrm{d}t}=\frac{\mu[X]}{Y^*_{X/S}}+\frac{q_P[X]}{Y^*_{P/S}}+m[X]$$

或

$$-\frac{\mathrm{d}[S]}{\mathrm{d}t}=\frac{\mu[X]}{Y_{X/S}}$$

式中，$Y_{X/S}$ 为表观细胞得率系数；$Y^*_{P/S}$ 为真实产物得率系数；$Y^*_{X/S}$ 为真实细胞得率系数，即以纯粹用于构成新生细胞物质的这部分碳源（$-\Delta[S])_G$ 消耗为计算基准的细胞得率系数。与维持系数 m 类似，$Y^*_{X/S}$ 也是微生物菌株的一个特性值，对于特定的菌株、基质和环境因素（如温度、pH 值等）是一个常数。

很多情况下，尤其是通风发酵过程中，维持系数 m 远远小于 $\mu/Y^*_{X/S}$，若同时忽略代谢产物的基质消耗，则：$Y^*_{X/S}\approx Y_{X/S}$。

碳源物质的比消耗速率方程为：

$$q_S=\frac{\mu}{Y_{X/S}^*}+\frac{q_P}{Y_{P/S}^*}+m$$

或：

$$q_S=\frac{\mu}{Y_{X/S}}$$

在以培养细胞为目的的反应过程中（如面包酵母的培养），代谢产物忽略不计，上式简化为：

$$q_S=\frac{\mu}{Y_{X/S}^*}+m$$

由于真实细胞得率系数 $Y_{X/S}^*$ 不易直接用实验测定，可通过以下方式作图后计算得到：

(1) 按式 $q_S=\frac{\mu}{Y_{X/S}^*}+m$ 作 q_S-μ 图，可以得到一直线，斜率为 $1/Y_{X/S}^*$，截距为 m。由此可得到 $Y_{X/S}^*$ 和 m。

(2) 由于 $Y_{X/S}$ 容易测出，将 $q_S=\frac{\mu}{Y_{X/S}}$ 代入 $q_S=\frac{\mu}{Y_{X/S}^*}+m$，变换得：

$$\frac{1}{Y_{X/S}}=m\frac{1}{\mu}+\frac{1}{Y_{X/S}^*}$$

按上式作 $\frac{1}{Y_{X/S}}$-$\frac{1}{\mu}$ 图，可得到一直线，斜率为 m，截距为 $1/Y_{X/S}^*$。由此也可得到 $Y_{X/S}^*$ 和 m。

(二) 氮源及其他物质

氮源物质是构成细胞物质的必需成分，有时还参与产物合成（如代谢产物分子结构含有N）。发酵过程一般由多种基质共同参与，在碳源物质存在时，氮源物质通常不作维持能量的基质。对照前述碳源物质的消耗动力学方程，氮源物质的消耗速率及比消耗速率方程如下：

$$-\frac{d[S]}{dt}=\frac{\mu[X]}{Y_{X/S}^*}+\frac{q_P[X]}{Y_{P/S}}$$

$$q_S=\frac{\mu}{Y_{X/S}^*}+\frac{q_P}{Y_{P/S}}$$

如代谢产物分子结构不含 N，即氮源物质不参与产物合成，氮源物质的消耗速率及比消耗速率方程分别简化为：

$$-\frac{d[S]}{dt}=\frac{\mu[X]}{Y_{X/S}^*}$$

$$q_S=\frac{\mu}{Y_{X/S}^*}$$

对于仅用于构成新生细胞物质成分的基质，如生长因子及无机盐等，其消耗速率方程也同样用上式描述。

例　采用合成培养基在 $1m^3$ 发酵罐中进行大肠杆菌的分批培养，菌体生长符合 Monod 方程。已知 $\mu_{max}=0.935h^{-1}$，$K_S=0.71kg/m^3$，$Y_{X/S}=0.6$，限制性基质初始浓度为 $50kg/m^3$，菌体初始浓度为 $0.1kg/m^3$，求 80%的基质消耗所需时间（设该基质只转化为菌体）。

解：由于该基质只转化为菌体，$Y_{X/S}^*\approx Y_{X/S}$

当 80%基质已消耗时，限制性基质浓度［S］为：

$$[S]=[S]_0-80\%[S]_0=50-50\times 80\%=10(kg/m^3)$$

根据 Monod 方程：
$$\mu=\mu_{max}\frac{[S]}{K_S+[S]}$$

由 $K_S=0.71kg/m^3$ 可知，$[S]\geqslant K_S$。因此有：

$$\mu\approx\mu_{max}$$

即细胞处于对数生长期，所以有：

$$[X]=e^{\mu_{max}t} \text{ 或 } \ln[X]=\mu_{max}t$$

当 80%的基质转化为菌体时，生成的菌体量为：

$$Y_{X/S}([S]_0-[S])=0.6\times(50-10)=24(kg/m^3)$$

此时发酵罐中菌体总浓度为：

$$[X]=24+0.1=24.1(kg/m^3)$$

根据 $\ln[X]=\mu_{max}t$，有：

$$\ln([X]/[X]_0)=\mu_{max}(t-t_0)$$

将 $t_0=0$，$[X]_0=0.1$，$[X]=24.1$ 及 $\mu_{max}=0.935$ 代入上式，有：

$$\ln(24.1/0.1)=0.935(t-0)$$

$$t=5.87(h)$$

即消耗 80%的基质需要 5.87h。

三、代谢产物生成动力学

在发酵工业中，虽然有一部分是以细胞本身或其内含物作为产品，如酵母和食用菌等，但更多的则是以释放到细胞外的代谢产物为目的产物。微生物生成的代谢产物多种多样，且代谢产物的生成动力学也远比菌体的生长动力学复杂，很难用一个统一的模型来描述。

微生物反应与一般化学催化反应的本质区别在于，产物的生成是细胞生长代谢的结果。产物的种类及数量不仅与基质有关，而且与菌体生长的关系更为密切。Gaden 根据产物的形成与细胞生长阶段之间的关系，将产物生成模式分为三类：产物生成和细胞生长完全相关［图 6-3(a)］；产物生成和细胞生长部分相关［图 6-3(b)］；产物生成和细胞生长无关［图 6-3(c)］。下面分别讨论这三种模式的产物生成动力学。

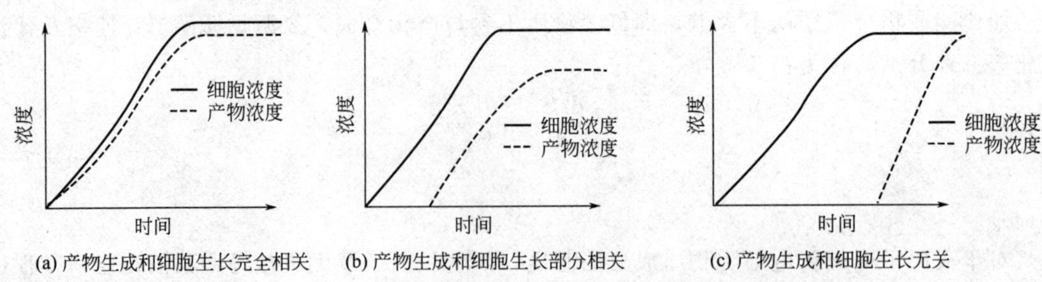

图 6-3　分批培养中产物的形成与细胞生长阶段之间的关系

（一）产物生成和细胞生长完全相关

这类产物生成模式是指代谢产物的生成与细胞的生长同时进行，故称之为生长相关（偶联）型（growth associated），或简称相关型。

从图 6-3(a) 可看出，这类模式的特点是菌体生长、碳源利用和产物形成几乎在同一时间出现高峰，即表现出产物形成直接与碳源利用相关。其特点是从微生物细胞生长开始，产物一直伴随着细胞的生长，产物的生成速率与细胞的生长速率成正比。

如果用 $Y_{P/X}$ 表示单位质量菌体生成的产物量，即：

$$Y_{P/X}=\frac{d[P]}{d[X]}$$

式中，$Y_{P/X}$ 又称为产物对菌体细胞的得率系数，即单位质量细胞生成的产物量，g/g。

则有：

$$\frac{d[P]}{dt}=Y_{P/X}\frac{d[X]}{dt}$$

或：

$$\frac{d[P]}{dt}=Y_{P/X}\mu[X]$$

上式即生长相关型产物生成速率方程。它又可变形为：

$$q_P=Y_{P/X}\mu$$

上式即生长相关型产物生成比速率方程。

在这种类型的发酵中，微生物的生长、碳水化合物的降解代谢和产物的形成几乎是平行进行的。产物往往是基质分解代谢的直接产物，是微生物能量代谢的结果。如酒精、乳酸发酵等只要有细胞生长就有产物生成，产物的生成与细胞生长同步——产物是能量代谢的结果。对于这种类型的产物来说，调整发酵工艺参数，使微生物保持高的比生长速率，对于快速获得产物、缩短发酵周期十分有利。

(二) 产物的生成与细胞生长部分相关

从图 6-3(b) 可看出，在这类模式中，产物只是在细胞生长全过程的某一阶段产生，而在其他阶段，没有产物生成，即产物的生成与细胞的生长只是部分相关，故称之为部分生长相关（偶联）型（mixed growth associated)，或简称部分相关型。

这类产物的生成与基质消耗是间接关系，是由产能代谢派生的代谢途径产生的。如谷氨酸、柠檬酸等，是能量代谢的间接产物，其产物生成速率部分与生长速率相关联，是细胞生长到一定阶段才产生的。

这种类型产物的生成速率可由下式表示：

$$\frac{d[P]}{dt}=\alpha\frac{d[X]}{dt}+\beta[X]$$

该式被称为 Luedeking-Piret 方程。式中右侧第一项与菌体生长速率有关，α 为生长相关系数；第二项与菌体生长速率无关，而仅与菌体浓度有关，β 为非生长相关系数。该模式更复杂的形式是将 α 和 β 作为变数，在分批生长的四个生长期中分别具有特定的数值。

若用比速率表示，则上式可变为：

$$q_P=\alpha\mu+\beta$$

(三) 产物生成和细胞生长无关

从图 6-3(c) 可看出，这类产物生成模式是当培养基中的营养物质消耗殆尽、微生物的生长停止以后，产物才开始通过中间代谢大量合成，故称之为非生长相关（偶联）型（non-growth associated)，或简称非相关型。

这类模式的特点是当细胞处于生长阶段时，并无产物积累，而当细胞停止生长后，产物却大量生成。属于此类型的产物大多数是微生物的次级代谢产物（secondary metabolites），如大多数抗生素、酶、维生素、多糖等。微生物的次级代谢产物是指对微生物的生长不必需的发酵产物。次级代谢的一个重要特征是，产物的生成只有在生产菌处于低的生长速率条件下才能发生。有时生长速率低有可能是由分解代谢产物的阻抑作用因子引起的，而与营养限制无关。

产生该类产物的微生物，其营养期和分化期在时间上是完全分开的。因此，无法将这类产物的生成速率和菌体的生长速率相关联。但是在产物生成速率只与菌体细胞浓度［X］有关的情况下，细胞具有控制产物形成速率的组成酶系统，此时有：

$$\frac{d[P]}{dt}=\beta[X]$$

或：

$$q_P=\beta$$

式中，β 为非生长相关系数，β 与酶活力相似，可认为它表示的是每单位细胞质量所具有的产物生成的酶活力数，g 产物/(g 细胞·h)。

对非生长相关型产物的生成来说，菌体在生长期和产物形成期对营养的要求有差别。可适当配用快速利用和缓慢利用的营养物的比例，分别满足不同时期菌体的不同需要。生长期菌体采用快速利用碳源的方式增殖，而产物合成期菌体采用缓慢利用碳源的方式，来延迟菌体出现衰老自溶现象，延长产物的合成期，可以提高产物产量。

尽管可把所有与生长无关联的代谢产物称为次级代谢物，但不是所有次级代谢物一定与生长无关联的，即并不是所有的次级代谢产物都属于这类生成模式。

以上三种模式可统一用 Luedeking-Piret 方程表示：

$$\frac{d[P]}{dt}=\alpha\frac{d[X]}{dt}+\beta[X]$$

式中：

$\alpha\neq0$，$\beta=0$ 时，为相关型；

$\alpha\neq0$，$\beta\neq0$ 时，为部分相关型；

$\alpha=0$，$\beta\neq0$ 时，为非相关型。

分析上述三种产物生成动力学模式可知：如果生产的产品是生长相关型（如菌体与初级代谢产物），则宜采用有利于细胞生长的培养条件，延长与产物合成有关的对数生长期；如果产品是非生长相关型（如次级代谢产物），则宜缩短对数生长期，并迅速获得足够量的菌体细胞后延长静止期，以提高产量。

四、分批发酵的产率

发酵工艺的优劣是根据转化率和总的产率评价的。分批发酵全过程包括空罐灭菌、加入灭过菌的培养基、接种、发酵过程、放罐和洗罐，所需时间的总和为一个发酵周期。在每一批主反应（生产阶段）之前，必须进行多级种子培养。根据不同发酵产品类型，每批发酵需要十几个小时到几周时间，非生产时间较长，设备利用率低。

体积产率是以每升发酵液每小时产生的产物质量（g）表示的，是对发酵过程总成果的一种衡量。对于分批发酵过程，有必要计算总运转时间内的生产率。总运转时间不仅包括发酵周期，也包括从前一批发酵放罐、洗罐和消毒新培养基所需的时间。这一段时间的间隔可能少到 6h（酵母生产），多到 20h 左右（如抗生素生产）。在分批发酵过程中，产物的生成速率如图 6-4所示，t_T、t_D和 t_L分别为培养结束和放罐检修的工作时间、打料和灭菌时间以及生长停滞期。

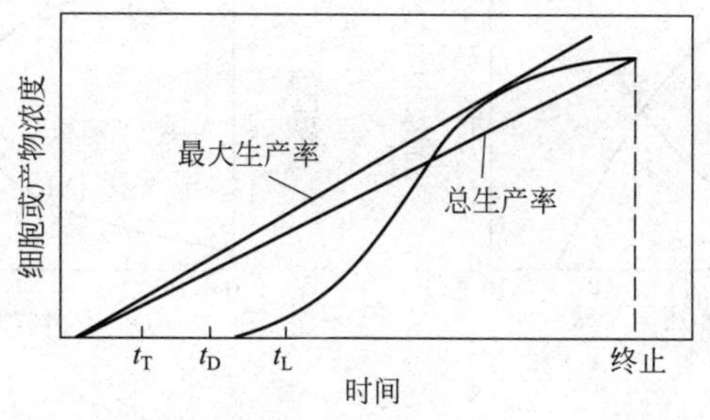

图 6-4　分批发酵的产率

总的产率可用从发酵过程的起点到终点的直线斜率表示，最高生产率可通过原点与单产曲线相切的直线的斜率表示，切点位置的细胞浓度或产物浓度比终点（最大值）低。

由下式可求出发酵过程总的运转周期为：

$$t=\frac{1}{\mu_m}\ln\frac{[X]_f}{[X]_0}+t_T+t_L+t_D$$

式中，t_T为放罐所需时间（包括放罐、洗罐和检修）；t_D为进罐时间（包括打料、灭菌）；t_L为生长停滞期；$[X]_0$、$[X]_f$分别为起始和终止的细胞浓度

总产率为：

$$P=\frac{[X]_f}{\frac{1}{\mu_m}\ln\frac{[X]_f}{[X]_0}+t_T+t_L+t_D}$$

由此式可求出发酵操作过程的变化对总生产率的影响。种子量大，将增加 $[X]_0$ 值，从而缩短发酵的过程，减少放罐、检修、打料、灭菌的时间，同样可缩短总周期。使用生长活力强的种子可缩短生长停滞期。

例如在发酵周期短（18～48h）的面包酵母或谷氨酸的生产过程中，放罐和检修时间长短对总生产率的影响较大；对于长周期（160～200h）的抗生素发酵过程来说，几小时的发酵罐准备时间的差别对总的生产率影响不大。

分批发酵在工业生产上占有重要地位。分批培养的优点是：周期短，培养基一次灭菌，一次投料，容易实现无菌状态；操作简单，易于操作控制，产品质量稳定；培养浓度较高，易于产品分离。但是分批培养的辅助时间较多，设备生产能力低。在目前国内外绝大多数发酵生产中，都是采用分批培养的方法。

对于分批发酵。若细胞本身为产物，可采用能支持最高生长量的培养条件；以初级代谢物为产物的，可设法延长与产物关联的对数生长期；对次级代谢物的生产，可缩短对数生长期，延长生产（静止）期，或降低对数期的生长速率，从而使次级代谢物更早形成。但分批发酵不适用于测定其过程动力学，因使用复合培养基，不能简单地运用Monod方程来描述生长，存在基质抑制问题，出现二次生长现象。对基质浓度敏感的产物，或次级代谢物，比如抗生素，用分批发酵不合适，因其周期较短，一般在 1～2 天，产率较低。这主要是由于养分的耗竭，无法维持下去。据此，发展了连续发酵和补料分批发酵。

分批发酵过程中若干重要参数的变化如图 6-5 所示。

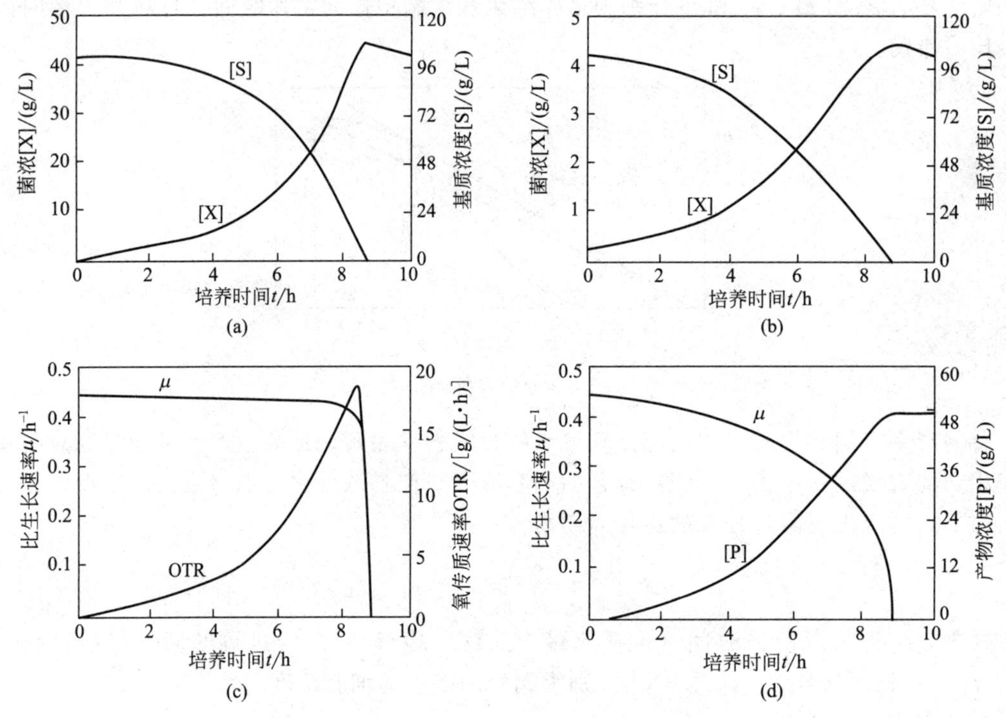

图 6-5 分批发酵过程中若干重要参数的变化

第三节 连续发酵

微生物分批培养时，即使提高营养物的初始浓度，或者采用某些措施来中和、稀释对细胞有毒害的某些代谢产物，但对数生长期迟早要结束，稳定期也必将出现。如果采用连续培养方法，这个问题就可彻底解决，即能使微生物一直处于对数生长期。1949 年，Monod 首先把分批培养改成连续培养。

连续培养或连续发酵是发酵过程中一边补入新鲜的料液，一边以相近的流速放料，维持发酵液原来的体积。使微生物细胞能在近似恒定状态下生长的微生物发酵培养方式。可以采用罐式或搅拌发酵罐及管式反应器。它与封闭系统中的分批培养方式相反，是在开放的系统中进行的培养方式。在连续培养过程中，微生物细胞所处的环境条件，如营养物质的浓度、产物的浓度、pH 值以及微生物细胞的浓度、比生长速率等可以自始至终基本保持不变，甚至还可以根据需要来调节微生物细胞的生长速率，因此连续培养的最大特点是微生物细胞的生长速率、产物的代谢均处于恒定状态，可以达到稳定、高速培养微生物细胞或产生大量的代谢产物的目的。此外，对于细胞的生理或代谢规律的研究，连续培养是一种重要的手段。

根据达到稳定状态的方法不同，连续发酵的控制方法可分为两种：

① 恒浊法 恒浊是指培养液中的细胞浓度保持恒定。根据培养液的浊度与菌体浓度成正比的原理，通过光电（浊度计）控制系统调节培养基的流量，使发酵罐内的菌体浓度达到恒定的标准。

② 恒化法 恒化是指保持恒定的化学环境。根据限制性营养物质的浓度与菌体生长速

度成正比的原理，通过保持稳定的进料流量和浓度、出料流量，严格控制发酵罐中温度、pH值、溶氧浓度及液位等操作条件不变，依靠微生物本身的生长和代谢特性，使发酵罐中的细胞、基质和产物浓度维持恒定。

由于细胞浓度测定很困难，恒浊法很少使用，大多数连续发酵采用恒化法控制。下面仅讨论恒化法单罐连续发酵。

一、连续发酵的动力学方程

连续搅拌发酵罐（CSTR）是一种具有恒定化学环境的反应器——恒化器（chemostate）。恒化表明了操作的稳定状态特征。典型恒化器主要由能维持恒定的发酵液体积的培养容器、新鲜培养基供给装置（一般采用定量泵控制培养基的供给速率）和无菌的培养基贮槽等部分组成。

通常还需要用适当的控制器来控制pH值、温度和通气量。新鲜培养基由泵输送到具有匀化装置的培养容器内，同时又从培养容器中抽出同量的培养液，以使培养液的体积在容器内维持恒定。在添加的新鲜培养基中除了一种必需的营养成分外，其他的营养成分都是过量的，一般采用单一生长限制因素使细胞群体处于稳定状态。当系统达到稳定状态时，培养系统中的化学环境保持不变。微生物生长所需的任何一种营养物质均可作为生长限制因素，所以通过对生长环境的控制可以相当灵活地改变细胞的生理状况。在任何连续发酵开始，都要先做分批培养，使微生物在接种后生长繁殖达到一定细胞浓度，并进入产物合成期，然后才开始以恒定流量向发酵罐流加培养基，同时以相同的流量流出培养液，使发酵罐内培养液的体积保持恒定，微生物持续生长，合成产物。

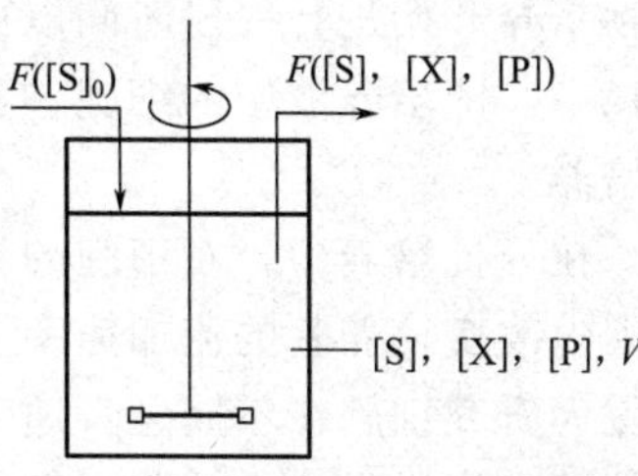

图 6-6　单级 CSTR 发酵系统

在连续搅拌发酵罐系统中（图6-6），流量为 F，浓度为 $[S]_0$ 的限制性基质连续稳定地加入到发酵罐中，同时培养液也以流量 F 连续稳定地离开发酵罐，保持发酵液体积不变。发酵罐内装有高速搅拌混合装置使罐内全混流，溶质浓度处处相等；并假设所有成分都不发生抑制作用。

为了描述恒化培养的动力学稳定状态（steady state），需要对培养系统进行物料衡算。在稳定状态下：

单位时间流入的料液体积＝单位时间流出的料液体积＝F（流量）

因此，发酵罐内发酵液体积 V 保持不变。同时，发酵罐内及流出料液的限制性基质浓度 [S]、菌体浓度 [X] 和产物浓度 [P] 都保持恒定，即：$d[X]/dt=0$；$d[S]/dt=0$；$d[P]/dt=0$。

（一）菌体生长速率

发酵罐内菌体的物料平衡可表示为：

菌体浓度变化率＝菌体生长速率－菌体流出速率－菌体死亡速率

如果不考虑菌体的死亡速率，则有：

$$\frac{d[X]}{dt}=\mu[X]-\frac{F}{V}[X]$$

在稳定状态下，$d[X]/dt=0$，则有：

$$\mu=\frac{F}{V}$$

连续发酵达到稳态时放掉发酵液中的细胞量等于生成细胞量。流入罐内的料液使得发酵液变稀，流量与培养液体积之比可用 D 来表示，称为稀释率（dilution rate)，表示单位时间内加入的料液体积占发酵罐内料液体积的比率：

$$D=F/V$$

稀释率 D 表示发酵罐中物料的更新程度，是连续培养中的一个重要参数。

将 $D=F/V$ 与 $\mu=F/V$ 合并，则有：

$$\mu=D$$

稀释率 D 的单位与比生长速率 μ 的单位相同，为 h^{-1}。

此式表明，在连续培养中的稳定状态下，细胞生理参数比生长速率 μ 等于操作参数稀释率 D。这是因为细胞生长将导致基质浓度下降，直到残留基质浓度等于能维持 $\mu=D$ 的基质浓度。如基质浓度消耗到低于能支持相关生长速率的水平，细胞的洗出速率将大于生成的速率，这样基质浓度［S］将会提高，导致生长速率的增加，平衡又恢复，这就是系统的自身平衡。

微生物的比生长速率取决于培养液的供给速度 F（V＝常数），即人为地改变培养基的加入速度 F，能够控制比生长速率 μ。但是，在一定的培养条件下，各种微生物的比生长速率有一个界限，在 $\mu<\mu_{max}$ 的范围内，上式才能成立。

稀释率的倒数（$1/D=V/F$）表示培养液在发酵罐内的平均停留时间，简称停留时间。连续培养开始进行一段时间以后（大约是平均停留时间的 3～5 倍），微生物生长反应过程进入稳态，即培养液中的细胞、基质和产物浓度恒定，不再随培养时间变化而变化，这就是恒化培养。

在分批培养中，对细胞的比生长速率 μ 很难加以控制，而在连续培养中，只要在一定范围内改变培养基的流加速率（$F=D/V$），就可以使细胞按所希望的比生长速率 μ 来生长，这就为研究细胞在不同生长速率下的生理特性提供了极大的方便。通过连续培养，可以求得发酵动力学表达式中的某些常数，如 K_S、μ_{max} 等。

（二）限制性基质消耗速率

发酵罐内限制性基质的物料平衡可表示为：

基质变化率＝基质流入速率－基质流出速率－基质消耗速率

$$\frac{d[S]}{dt}=\frac{F}{V}[S]_0-\frac{F}{V}[S]-\frac{\mu[X]}{Y_{X/S}}$$

在稳定状态下，$d[S]/dt=0$，并将 $D=F/V$ 代入上式，则有：

$$\frac{\mu[X]}{Y_{X/S}}=D([S]_0-[S])$$

将 $\mu=D$ 代入上式，则有：

$$[X]=Y_{X/S}([S]_0-[S])$$

将 $\mu=D$ 代入 Monod 方程，得：

$$D=\frac{\mu_{max}[S]}{K_S+[S]}$$

上式变形后，限制性底物浓度可表示为：

$$[S]=\frac{DK_S}{\mu_{max}-D}$$

将上式代入［X］$=Y_{X/S}([S]_0-[S])$，则有：

$$[\mathrm{X}]=Y_{\mathrm{X/S}}\left([\mathrm{S}]_0-\frac{DK_{\mathrm{S}}}{\mu_{\max}-D}\right)$$

从以上两式可以看出，由于在一定培养条件下 $Y_{X/S}$、$[S]_0$、K_S 和 μ_{max} 均为定值，因而稳定状态下的菌体浓度［X］和限制性底物浓度［S］都只取决于稀释率 D。

（三）产物生成速率

产物的物料平衡可表示为：

产物变化率＝产物的生成速率－产物的流出速率

即

$$\frac{\mathrm{d}[\mathrm{P}]}{\mathrm{d}t}=q_{\mathrm{P}}[\mathrm{X}]-\frac{F}{V}[\mathrm{P}]$$

在稳定状态下，$\mathrm{d}[\mathrm{P}]/\mathrm{d}t=0$，并将 $D=F/V$ 代入上式，则有：

$$D[\mathrm{P}]=q_{\mathrm{P}}[\mathrm{X}]$$

或

$$[\mathrm{P}]=\frac{q_{\mathrm{P}}[\mathrm{X}]}{D}$$

将 $q_P=Y_{P/S}\mu$ 及 $\mu=D$ 代入上式，则有：

$$[\mathrm{P}]=Y_{\mathrm{P/X}}[\mathrm{X}]$$

将$[\mathrm{X}]=Y_{\mathrm{X/S}}([\mathrm{S}]_0-[\mathrm{S}])$代入上式，则有：

$$[\mathrm{P}]=Y_{\mathrm{P/X}}Y_{\mathrm{X/S}}([\mathrm{S}]_0-[\mathrm{S}])$$

将 $Y_{P/X}Y_{X/S}=Y_{P/S}$，代入上式，则有：

$$[\mathrm{P}]=Y_{\mathrm{P/S}}([\mathrm{S}]_0-[\mathrm{S}])$$

将 $[\mathrm{S}]=\dfrac{DK_S}{\mu_{max}-D}$ 代入$[\mathrm{P}]=Y_{\mathrm{P/S}}([\mathrm{S}]_0-[\mathrm{S}])$，则有：

$$[\mathrm{P}]=Y_{\mathrm{P/S}}\left([\mathrm{S}]_0-\frac{DK_{\mathrm{S}}}{\mu_{\max}-D}\right)$$

从以上两式可以看出，由于在一定培养条件下 $Y_{P/S}$、$[S]_0$、K_S 和 μ_{max} 均为定值，因而稳定状态下的产物浓度［P］只取决于稀释率 D。

根据上述恒化法连续培养的数学模型方程式可知，当 D 确定时，μ、[S]、[X]、[P] 即可唯一确定。由于 $D=F/V$，如保持发酵液体积不变，就可以通过控制流量 F 来控制 μ、[S]、[X]、[P]。恒化法是通过控制某一种营养物的浓度，使其始终成为生长限制因子而达到的，因而可称为外控制式的连续培养装置。

二、连续发酵的稳态操作条件

连续发酵过程中变量很多，其中 D 是最基本的变量。在培养过程中，一方面菌体浓度［X］会随时间的增长而增高；另一方面，限制性底物浓度［S］又会随时间的增长而降低。两者互相作用的结果，出现微生物的生长速率正好与恒速流入的新鲜培养基流速相平衡。要维持这种稳态操作，D 是最重要的操作参数，这不仅因为 D 可以通过加料量 F 而任意调节，更重要的是 D 一旦变化，就会引起 μ、[S]、[X]、[P] 等一系列变化，直至达到新的稳定状态。

（一）临界稀释率

在连续培养中变化参数很多，主要的参数有 D、［X］及 $[S]_0$，而 μ 为应变参数，其中

均以 D 的变化量为根本。这是因为在一个稳定的连续过程中，各参数均保持恒定不变，但是当 D 变化时，就会引起［X］、［S］、μ 等一系列的变化，直到一个新的平衡达到为止，在新的平衡时，μ 又会自动地与 D 在数值上相等。但是，采用过大的稀释率 D 却使这种新的平衡状态不能实现。

由 $\frac{d[X]}{dt}=\mu[X]-\frac{F}{V}[X]$，有：

$$\frac{d[X]}{dt}=(\mu-D)[X]$$

由上式可知，连续培养进入稳定状态后，细胞比生长速率 μ 与稀释速率 D 相同，也就是发酵罐中生长的细胞量和流出的细胞量相同，才能保持反应器中恒定的菌体浓度［X］。但是，若调节稀释率过大，使 $D>\mu_{max}$，而细胞比生长速率 $\mu<\mu_{max}$，就会造成 $d[X]/dt<0$，平衡状态被破坏，即细胞浓度［X］随培养时间 t 延长将减小，直到发酵液中菌体最终全部被“洗出”（wash-out）。

因此，D 的取值是有限制的，即：

$$D<D_c$$

式中，D_c 为临界稀释率，表示底物开始从发酵罐中洗出时的稀释率，即在恒化器中能达到的最大稀释率。如果培养系统符合简单 Monod 模型，则有：

$$D_c=\frac{\mu_{max}[S]}{K_S+[S]}$$

由于微生物培养一般在［S］$\gg K_S$ 条件下进行，所以 $D_c\approx\mu_{max}$。

（二）稀释率 D 与其他参数之间的关系

根据以下方程：

$$[S]=\frac{DK_S}{\mu_{max}-D}$$

$$[X]=Y_{X/S}\left([S]_0-\frac{DK_S}{\mu_{max}-D}\right)$$

$$D[X]=DY_{X/S}\left([S]_0-\frac{DK_S}{\mu_{max}-D}\right)$$

可以作出稳态的底物浓度［S］、菌体浓度［X］和菌体量 D[X] 随稀释率 D 的变化曲线，如图 6-7 所示。

从图 6-7 可以看出：当 D 很小时，［S］趋于 0，即营养物全部被细胞利用，此时细胞浓度［X］=［S］$_0Y_{X/S}$。

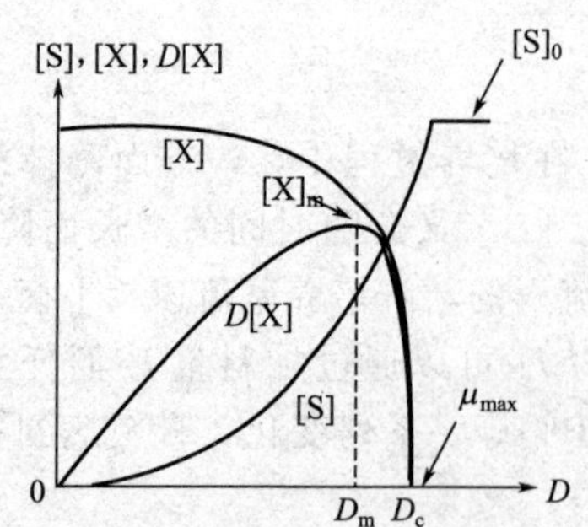

图 6-7　连续发酵稳态时的［S］、［X］和 D[X] 随 D 的变化曲线

对菌体浓度［X］来说，当 D 增加时，起初［X］呈线性慢慢下降；当 D 逐渐增加到 D_c（即 μ_{max}）时，［X］趋于 0，即达到“洗出点”，此时培养液中菌体全部被冲出。在稀释速率 D 不太大时，D 对［X］与影响关系不大，但菌体量 D[X] 却随 D 增大而增大，并出现一个最大 D[X] 值（即 $D_m[X]_m$，其中 $[X]_m$ 是在稀释速率 D_m 时的细胞浓度），此时的 D 值称为 D_m，即理论上连续培养中最适宜的稀释速率。值得指出的是，在细胞最大生产能

力附近，细胞产率 $D[X]$ 对稀释率 D 十分敏感，为了保证体系的稳定性，一般都选择在小于此稀释率的条件下操作。

对底物浓度 $[S]$ 来说，当 D 开始增加时，在发酵罐内底物残留浓度增加得很少，大部分底物被细胞所消耗（图中 $[S]$ 起初随 D 的增加缓慢增加），直到 $D=D_c\approx\mu_{max}$ 时，底物残留浓度才显著增加。如果继续增大稀释率，菌体将从系统中被洗出，菌体浓度随稀释率的增大迅速降低，底物残留浓度也随之迅速增加（图中 $[S]$ 急剧上升并趋向于 $[S]_0$）。细胞对底物的亲和性不同，即 K_S 不同，底物残留浓度随 D 的增大而变化的程度也不同。

综上所述，恒化器稳态操作的条件是 $D<D_c$，如果 $D>D_c$，反应器中的菌体终将被冲出，且有大量营养物质未被微生物利用直接流出。

在连续培养过程中，如果将流出液进行固液分离，浓缩后的细胞悬浮液再被送回发酵罐中，此操作称为细胞再循环连续培养。这种方法相当于不断接种，增加了罐内的菌体浓度；导致残留基质浓度比简单恒化器小；菌体和产物的最大产量增加；临界稀释率也提高。菌体反馈恒化器能提高基质的利用率，可以改进料液浓度不同的系统的稳定性，适用于被处理的料液较稀的品种，如酿造和废液处理。然而要做到无杂菌污染的再循环操作是很困难的，所以这一技术目前除被用于活性污泥法生物处理废水过程外，其他大规模工业发酵应用很少。

三、连续发酵的产率

(一) 菌体的产率

当连续发酵是以菌体为目的产物时，菌体产率 P_X 可由下式确定：

$$P_X=D[X]$$

或

$$P_X=DY_{X/S}\left([S]_0-\frac{DK_S}{\mu_{max}-D}\right)$$

从避免细胞洗出和减少营养物利用不完全而流出两方面考虑，为找到达到最大产率值时的稀释速率 D_m，可以将上式中的 P_X 对 D 求导数，并令导数等于 0，得到：

$$D_{max}=\mu_{max}\left(1-\sqrt{\frac{K_S}{K_S+[S]_0}}\right)$$

$$(P_X)_{max}=D_{max}Y_{X/S}\left([S]_0-\frac{K_SD_{max}}{\mu_{max}-D_{max}}\right)=\mu_{max}Y_{X/S}\left(\sqrt{[S]_0+K_S}-\sqrt{K_S}\right)^2$$

根据上式，$D_{max}<\mu_{max}$，而 $D_c\approx\mu_{max}$，故有：

$$D_{max}<D_c$$

一般 $[S]_0\gg K_S$，所以 D_m 就在 D_c 附近。

如果 $[S]_0\gg K_S$，上式可变为：

$$(P_X)_{max}=\mu_{max}Y_{X/S}[S]_0$$

值得注意的是，达到最大的细胞产率（$D_m[X]_m$）的稀释率，并不等于达到最大的细胞得率（$[S]$ 最低，$D[X]$ 最大）时的稀释率，因为此时流出液的残留基质浓度 $[S]$ 值稍高。应同时考虑到产率、转化率和流出液的残留基质浓度，结合实验数据来进行对比分析及经济核算。

与分批发酵过程相比，如果以菌体为目的产物，则细胞生长得越快（比生长速率 μ 越大），连续发酵越有利。

20 世纪 20 年代开始采用连续培养法生产饲料酵母，这是最早的单细胞蛋白产品。目前，由造纸厂亚硫酸盐废液连续培养生产饲料酵母较为普遍。到20世纪50年代末，以糖蜜为原料连续培养生产药用酵母和面包酵母的工业开始形成。由于酵母菌的生长受糖浓度的抑制，当糖浓度较高时，酵母进行有氧代谢产生大量酒精，从而使酵母得率下降。一般采用2～5个反应器串联，在各反应器中同时连续流加糖液，从第一个反应器开始，酵母浓度逐渐增高，但各反应器中糖的浓度却基本保持一致。与批式流加培养比较，其设备生产能力可提高50%左右。

（二）代谢产物的产率

连续发酵以获得代谢产物为目的时，产物产率 P_P 为：

$$P_P = D[P]$$

或

$$P_P = DY_{P/S}\left([S]_0 - \frac{DK_S}{\mu_{max} - D}\right)$$

与以上计算菌体的最大产率类似，可以将上式中的 P_P 对 D 求导数，并令导数等于0，得到：

$$D_{max} = \mu_{max}\left(1 - \sqrt{\frac{K_S}{K_S + [S]_0}}\right)$$

$$(P_P)_{max} = D_{max}Y_{P/S}\left([S]_0 - \frac{K_S D_{max}}{\mu_{max} - D_{max}}\right) = \mu_{max}Y_{P/S}\left(\sqrt{[S]_0 + K_S} - \sqrt{K_S}\right)^2$$

当 $[S] \gg K_S$ 时：

$$(P_P)_{max} = \mu_{max}Y_{P/S}[S]_0$$

由于分批发酵生产过程包括打料、灭菌、发酵周期、放罐等，故连续发酵在产率、生产的稳定性和易于实现自动化方面比分批发酵优越，但污染杂菌的概率和菌种退化的可能性增加。比如青霉素连续发酵可较分批发酵产量提高65%。

选择适当的物质作为限制性基质，可使连续发酵中细胞代谢产物的生产速率大大提高。比如采用氯或磷代替葡萄糖作为限制性基质，链球菌发酵连续生产乳酸，其生产速率分别提高4.2倍及12.8倍。

20世纪60年代初，用淀粉质原料连续发酵制造酒精的工业化生产已获得成功。酒精连续发酵多采用10个左右的反应器串联，酒精浓度可达10%左右，发酵液的平均停留时间一般不到分批发酵时间的一半，只需30h左右。醋酸的连续发酵生产多采用单级自吸式反应器和塔式反应器。

考察连续发酵的产率时，从经济的角度出发，一方面要使原料以最大的转化率和最大的产率转化为产物；另一方面是使发酵液中的产物浓度尽可能高，以降低分离提取的操作费用。因为产物回收的成本与要处理的液体量成正比而与产物的浓度成反比。一些发酵产物的分离提取费用约占生产总成本的40%以上。在连续发酵过程中，流出的发酵液中产物浓度一般比分批发酵的低，结果加重了分离提取的负荷，即使连续发酵的产率高于分批发酵，在生产总成本上也没有竞争力。

四、连续发酵过程中的杂菌污染和菌种变异

（一）连续发酵过程中的杂菌污染

在连续发酵过程中，需要长时间连续不断地向发酵系统供给无菌的新鲜空气和培养基，

这就不可避免地发生杂菌污染问题。

为了更好地了解连续培养中杂菌污染问题，假设在一种限制性底物的连续培养系统中，用纯种微生物X作为生产菌，连续培养过程中被Y或Z或W微生物所污染。其中杂菌Y在给定的限制性底物S中的比生长速率$\mu_Y<\mu_X$；杂菌Z在S中的比生长速率$\mu_Z>\mu_X$；而杂菌W在S中的比生长速率μ_W，则随限制性底物浓度S的大小而变化。将连续培养系统中污染的杂菌Y、Z、W的μ-[S]生长曲线与生产菌X进行比较，分别示于图6-8(a)、(b)和(c)。

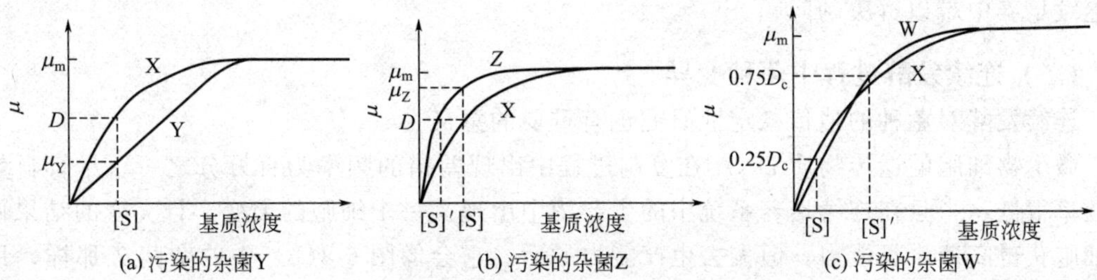

图6-8　连续培养系统中杂菌的生长速率和基质浓度之间的关系

下面分别讨论连续培养过程中系统被杂菌Y或Z或W污染所导致的后果。

(1) 对于杂菌Y[图6-8(a)]，Y的积累由下式表示：

$$\frac{d[Y]}{dt}=\mu_Y[Y]-D[Y]$$

此时系统正常的稀释率$D=\mu_X$，而$\mu_Y<\mu_X$，所以在底物浓度为[S]的情况下，杂菌Y的生长速率μ_Y比系统的稀释率D要小，因此有：

$$\frac{d[Y]}{dt}=\mu_Y[Y]-D[Y]<0$$

因此，杂菌Y侵入系统后被冲出，不能在系统中存留。这是一次性污染，没有造成持续污染。

(2) 杂菌Z的生长曲线[图6-8(b)]与杂菌Y显著不同，杂菌Z的积累由下式表示：

$$\frac{d[Z]}{dt}=\mu_Z[Z]-D[Z]$$

此时系统正常的稀释率$D=\mu_X$，而$\mu_Z>\mu_X$，所以在底物浓度为[S]的情况下，杂菌Z能以比D大的比生长速率μ_Z生长，因此有：

$$\frac{d[Z]}{dt}=\mu_Z[Z]-D[Z]>0$$

杂菌Z侵入系统后就开始繁殖积累，结果打破了原系统的平衡关系，造成系统中基质浓度下降到[S]′，此时杂菌Z的比生长速率$\mu_Z=D$，从而建立了新的稳定状态。然而系统中的生产菌X在此基质浓度下，以比原有的比生长速率小的速率$\mu_{X'}$生长，而$\mu_{X'}<D$，有：

$$\frac{d[X]}{dt}=\mu_{X'}[X]-D[X]<0$$

因此，生产菌X最终将从培养系统中被洗出。

(3) 杂菌W侵入后能否存留于系统中，取决于操作的稀释率D。由图6-8(c)可看出，在稀释率为$0.25D_c$（D_c为临界稀释速率）时，底物浓度低，D也较小，W和Y一样竞争不过X，可以淘汰杂菌W；如果稀释率增加到$0.75D_c$，底物浓度高，W将和Z一样竞争力比 X 强，杂菌 W 存留于系统中，而生产菌 X 将从培养系统中被洗出。要排除这类杂菌污染，既要控制稀释率，又要控制培养基浓度。

了解杂菌在什么样的条件下发展成为主要的菌群便能更好地掌握连续培养中杂菌污染的问题。在分批培养中，任何能在发酵培养液中生长的杂菌将存活和开始积累，但在连续培养中杂菌能否生长取决于它在培养环境中的竞争能力，系统保留的是在此环境中比生长速率最大的微生物。虽然连续发酵可以通过选用耐高温、耐极端 pH 值和能够利用特殊营养物质的菌株作生产菌控制杂菌的生长，但这种方法的应用范围是有限的。因此，杂菌污染问题仍然是连续培养中难以解决的问题。

（二）连续发酵过程中菌种变异

连续发酵对菌种的遗传稳定性研究也有重要的意义。

微生物细胞的遗传物质 DNA 在复制过程中出现差错的频率为百万分之一。尽管自然突变频率很低，一旦在连续培养系统中的生产菌中出现某一个细胞的突变，且突变的结果使这一细胞获得高速生长能力，但失去生产能力的话，它会像图 6-8(b) 中的杂菌 Z 那样，最终取代系统中原来的生产菌株，而使连续发酵过程失败。连续培养的时间愈长，所形成的突变株数目愈多，发酵过程失败的可能性便愈大。一般工业生产菌株均经多次诱变选育，消除了菌株自身的代谢调节功能，在连续发酵时很不稳定，发生回复突变的倾向性很大。因绝大多数的突变对菌株生命活动的影响不大，不易被发觉，故在连续发酵中出现生产菌株的突变特别有害。

为了解决这一问题，应设法建立一种不利于低产突变株的选择性生产条件，使低产菌株逐渐被淘汰。例如，利用一株具有多重遗传缺陷的异亮氨酸渗漏型高产菌株生产 L-苏氨酸。此生产菌株在连续发酵过程中易发生回复突变而成为低产菌株。若补入的培养基中不含异亮氨酸，那些不能大量积累苏氨酸而同时失去合成异亮氨酸能力的突变株则从发酵液中被自动地去除。

当然，也可利用连续培养技术选择性地富集一种能有效使用限制性养分的菌种。在分批培养中任何能在培养液中生长的杂菌将存活和增长。但在连续培养中杂菌能否积累取决于它在培养系统中的竞争能力。故用在新菌种筛选时，以土壤等材料接种，在一定的选择性环境条件下，多种微生物在同一反应器混合连续培养，各种微生物竞争利用限制性基质，从而使具有优势的微生物得以保留，不具优势者则被洗掉和淘汰。如以甲醇作碳源并作为限制性基质，连续培养后有可能富集同化甲醇的微生物。

连续培养已广泛用于基因工程菌重组质粒稳定性的研究。采用连续培养，微生物在理论上可以无限地生长，但重组质粒的稳定性也是至关重要的。只有保持一定的选择压力，才能使工程菌株稳定地工作。

五、多级连续发酵

把多个发酵罐串联起来，第一罐类似单罐培养，以后下一级罐的进料即为前一发酵罐的出料，这样就组成了多级连续发酵系统（多级恒化系统），如图 6-9 所示。

多级连续发酵有助于解决菌体快速生长和营养物充分利用之间的矛盾。由 Monod 方程可知，[S] 低，则 μ 低，要想 μ 值大，就应提高 [S]，而 [S] 增加，又导致排出液中营养物浓度高，所以菌体快速增长和营养物充分利用是一对矛盾。采用多罐连续培养，只要控制住最后一罐流出液中的营养物浓度，使它不超过规定的允许值就可解决。

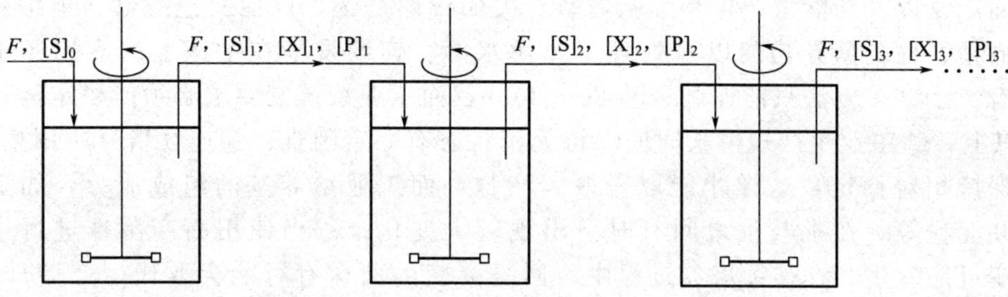

图 6-9　多级连续发酵系统（多级恒化系统）

多级连续发酵适用于细胞生长和产物合成的最佳条件不同的情况。如果代谢产物的生成与细胞生长是部分相关（偶联）或非相关（偶联），那么生长和代谢产物产生的最佳条件不一定相同。采用多级连续发酵系统，就可以在不同级的罐内设置不同的发酵条件。

在青霉素发酵时，菌体生长的适宜温度是 30℃，而菌体产青霉素的最适温度是 20℃。用单罐连续发酵就无法兼顾。如果采用双罐串联操作，这一问题就可迎刃而解，前一罐温度 30℃，主要任务是菌体生长，后一罐的温度是 20℃，任务是产生抗生素，从而对整个生产有利。

用红曲霉发酵生产 β-半乳糖苷酶时，葡萄糖有利于菌体的生长，而酶的合成则受半乳糖的诱导，但葡萄糖又对半乳糖的利用产生阻遏作用。根据这一特点，可采用二级连续培养，即在第一级罐中加葡萄糖为碳源，以获得大量菌体；第二级用半乳糖为碳源，诱导酶的生成。

多级连续发酵有利于多种碳源的利用和次级代谢物的生产。用葡萄糖和麦芽糖混合碳源培养产气克雷伯菌，第一级罐内只利用葡萄糖，在第二级罐内利用麦芽糖，菌的生长速率远比第一级小，同时形成次级代谢产物。

由于多级连续发酵系统比较复杂，用于研究工作和生产实际仍有较大的困难。

连续发酵操作时，先要进行一段时间的分批培养，当反应器中的细胞浓度达到一定程度后（对数生长期以后），一边把新鲜营养物加入，一边把含有菌体和产物的介质从罐内流出。由于新鲜培养基不断得到补充，所以不会发生营养物的枯竭；另一方面，发酵液不断取出，因为其中含有有毒害细胞的代谢产物，发酵罐内的毒物也不会积累，使罐内微生物始终处于旺盛的对数生长期，开辟了一条独特的微生物培养途径。

与在密闭系统中进行的分批发酵相反，连续发酵是在开放系统中进行的。连续发酵是以一定的速率向发酵液中添加新鲜培养基的同时，以相同的速率流出培养液，从而使发酵罐内的液量维持恒定不变，使培养物在近似恒定状态下生长的操作方法。在分批发酵过程中，微生物生长和产物形成的周期总是有限和较短的。在连续发酵过程中，微生物细胞的浓度、比生长速率和环境条件（如营养物质浓度和产物浓度）均处于不随时间变化的恒定状态下，这可以有效地延长分批培养中的指数生长期，甚至还可以根据需要来调节生长速率。

因此，连续发酵操作可控制最佳环境条件来生产菌体和其他产物，大大提高了发酵生产率和设备利用率。

六、连续培养的应用

目前连续培养的应用主要集中在研究领域。大规模工业化主要用于生产微生物细胞、初级代谢产物以及与能量产生和细胞增殖有关的代谢产物，包括面包酵母、单细胞蛋白、啤酒、酒精、葡萄糖异构酶以及处理工业污水等。连续发酵在生产上的应用还很有限，其原因有：①许多方法只能连续运转20～200h，而工业系统则要求必须能稳定运行500～1000h以上；②工业生产规模长时间保持无菌状态有一定困难；③连续培养所用培养基的组成要保持相对稳定，这样才能取得最大产量，而工业培养基的组成成分，如玉米浆、蛋白胨和淀粉等，在批与批之间有时会出现较大变化；④当使用高产菌株进行生产时，回复突变可能发生。在连续培养过程中，回复突变的菌株有可能会取代生产菌株而成为优势菌株。

连续发酵优点：①高效，减少了装料、灭菌、出料、清洗发酵罐等许多辅助操作生产时间，提高了设备的利用率；②便于自动控制，发酵过程中的各参数趋于恒值，有利于各种仪表进行自动控制；③节约，针对生长与代谢产物形成的关系，在不同的发酵罐中控制不同的条件，节约了大量动力、人力、水和蒸汽，且使水、汽、电的负荷均匀合理。连续发酵缺点：①对设备、仪器和控制元件的要求高，从而增加了投资的成本；②开放的发酵系统，杂菌污染的控制也十分困难；长期连续发酵时菌种易退化，工程菌质粒易丢失；③营养成分利用率比分批发酵低，产物的浓度也略低于分批发酵，生产总成本较高。

第四节　补料分批发酵

补料分批发酵（fed-batch fermentation）是指先将一定量的培养液装入发酵罐，在适宜的条件下接种细胞进行培养，细胞不断生长，产物也不断形成。随着细胞对营养物质的不断消耗，向发酵罐中间歇或连续地补加新鲜培养基以不断补充新的营养成分，使细胞进一步生长代谢，克服由于养分不足而导致发酵过早结束，到发酵终止时取出整个发酵液。这种介于分批发酵与连续发酵之间的过渡操作方式，也叫流加培养或流加发酵。

在补料分批发酵的基础上，加上间歇放掉部分发酵液和其他正常放罐的发酵液一起送去提炼工段，便可称为半连续发酵（行业中称为带放）。

一、补料分批发酵的特点

补料分批发酵非常适用于下列两种情况：一是培养过程中的主要底物是气体；二是存在底物抑制。若底物是气体，如甲烷发酵，则不可能将底物一次加入，只能在培养过程中连续不断地通入。对于存在底物抑制的培养系统，采用连续流加培养基的方法，可使发酵液一直保持较低的底物浓度，从而解除底物抑制。目前补料分批发酵培养已在发酵工业上普遍用于氨基酸、抗生素、维生素、酶制剂、单细胞蛋白、有机酸以及有机溶剂等的生产过程。由于这种操作方式可以反复收获培养液，对于培养基因工程动物细胞分泌有用产物或病毒增殖过程也比较适用。例如，采用微载体系统培养基因工程细胞，待细胞长满微载体后，可反复收获细胞分泌的乙肝表面抗原（HBsAg）制备乙肝疫苗。

一般来说，微生物生长所需要的营养物质浓度并不十分高，往往在$10K_S$以上时就可达到最大比生长速率。然而，在分批发酵工艺中，营养物质会迅速耗尽，引起微生物过早地从指数生长期向稳定期转变，补料分批发酵可维持较高的底物浓度，延长微生物的指数生长期。补料分批发酵通过向培养系统补加物料，可以使培养液中的底物浓度较长时间地保持在一定范围内，既保证菌体细胞的生长需要，又不造成阻遏抑制等不利影响，从而达到提高发酵产率、产物浓度和产物得率的目的。

与传统分批发酵相比，补料分批发酵可使发酵系统中维持很低的基质浓度。早在20世纪初，人们就知道利用麦芽汁生产面包酵母时会使酵母细胞生长过旺，造成缺氧的环境，导致乙醇的产生，进而引起酵母减产。这是因为酵母的生产与代谢不仅取决于是否有足够的氧，而且与糖的含量有关。当糖含量很低时（0.028%），在有氧条件下，酵母不产生乙醇，其生长得率可达50%；当糖含量较高时，酵母菌在生长的同时，产生部分乙醇，酵母得率低于50%；而当培养液中的糖含量达5%时，即使在有足够氧的条件下，酵母菌的生长也会受到抑制，且产生大量乙醇，酵母得率很低。因此，为了获取较高的生长速率和较高的酵母得率，必须使培养液中糖的含量保持在较低的水平。显然，采用一次投料的方法是不行的，这样在发酵的初始阶段将会产生大量酒精，影响酵母的生长和收率。采用流加的方法可获得满意的结果，在整个发酵过程中，培养液中的糖含量都保持在较低的水平（一般为0.1%～0.5%），酵母利用多少就流加多少，流加速率等于酵母的耗糖速率。这样酵母处在较低糖含量的培养条件下，以较快的速度生长，其酵母的收得率也能取得令人满意的结果，所以酵母培养采用流加培养。

同样，在青霉素生产中，产物的形成主要在对数生长期的后期和稳定期。这一方面是因为高浓度的底物会抑制产物的合成，另一方面是因为抗生素一般属于次级代谢产物，而次级代谢产物是细胞在不利的环境条件下保护自身利益的本能代谢产物。但是，产物的合成又需要适量的底物作为物质和能量的来源。因此，为解决上述矛盾问题，工业上通常先以间歇操作得到高浓度的产黄青霉细胞，在此过程中青霉素的产量较少。然后在指数生长期的后期（此时培养基中的限制性底物已消耗殆尽），按照产物合成和维持所需的底物消耗速率向培养基中流加碳源和氮源，于是产物开始大量生成，反应液体积逐渐增大。通过如此这样的两阶段（间歇＋流加）发酵，可以适当延长稳定期，从而提高产物的产量。有些工厂中，流加阶段甚至可以多次重复，即流加到一定的时候，并不将发酵罐中的培养基排空，而是放出部分含高浓度产物的培养基（通常占反应体积的10%～25%），并重复上述流加操作，这样可提高反应器的利用效率。

补料分批发酵的优点在于它能在这样一种系统中维持很低的基质浓度，从而避免快速利用碳源的阻遏效应和能够按设备的通气能力去维持适当的发酵条件，并且能减缓代谢有害物的不利影响。与传统的分批发酵相比，流加发酵可以解除底物抑制、葡萄糖效应和代谢阻遏等；与连续发酵相比，流加发酵则具有染菌可能性小、菌种不易老化变异等优点。

补料分批发酵可通过补料补充养分或前体的不足，但由于有害代谢物的不断积累，产物合成最终难免受到阻遏。放掉部分发酵液再补入适当料液，不仅补充养分和前体，而且代谢有害物被稀释，从而有利于产物的继续合成。补料分批发酵的不足在于：①放掉发酵液的同时也丢失了未利用的养分和处于生产旺盛期的菌体；②定期补充和带放使发酵液稀释，送去提炼的发酵液体积更大；③发酵液被稀释后可能产生更多的代谢有害物，最终限制发酵产物的合成；④一些经代谢产生的前体可能丢失；⑤有利于非产生菌突变株的生长。据此，在采用此工艺时必须考虑上述的技术限制，不同的品种应根据具体情况具体分析。

二、流加操作的数学模型

对补料分批发酵，流加操作是控制的关键。流加发酵的理论研究在20世纪70年代以前几乎是个空白，流加过程控制仅仅以经验为主，流加方式也仅仅局限于间歇或恒速流加，直到1973年日本学者Yoshida等人首次提出了"Fed-Batch Fermention"这个术语，并从理论上建立了第一个数学模型，流加发酵的研究才开始进入理论研究阶段。

目前补料分批发酵的类型很多，就补料的方式而言，有连续补料、不连续补料和多周期补料；每次补料又可分为快速补料、恒速补料、指数速度补料和变速补料；按发酵罐中发酵液体积区分，又有变体积和恒体积之分；从发酵罐数目分类又有单级和多级之分；从补加的培养基成分来分，又可分为单一组分补料和多组分补料。从控制角度可分为无反馈抑制流加和有反馈抑制流加两种。无反馈抑制流加包括定量流加和间断流加等。有反馈抑制流加，一般是连续或间断地测定系统中限制性营养物质的浓度，并以此为控制指标，来调节流加速率或流加液中营养物质的浓度等。

补料分批发酵操作方式通常分为单一补料分批发酵和重复补料分批发酵两大类。单一补料分批发酵是在发酵终止时取出整个发酵液的操作方式。重复补料分批发酵是在单一补料分批发酵的基础上，每隔一定时间按一定比例放出一部分发酵液，其余发酵液作种子，再补料继续发酵，如此反复进行直至发酵产率明显下降，才最终将发酵液全部放出的操作方式。与单一补料分批发酵相比，重复补料分批发酵的培养液体积、稀释率、比生长率以及其他与代谢有关的参数都将发生周期性变化。

下面仅讨论单一补料分批发酵的流加操作。

（一）流加操作的一般模型

单一补料分批发酵是在开始时装料量较少，到发酵过程的适当时期，开始流加碳源和（或）氮源或其他必需的基质，直到发酵液体积达到发酵罐最大工作容积后，停止补料，最后将发酵液一次全部放出（图6-10）。

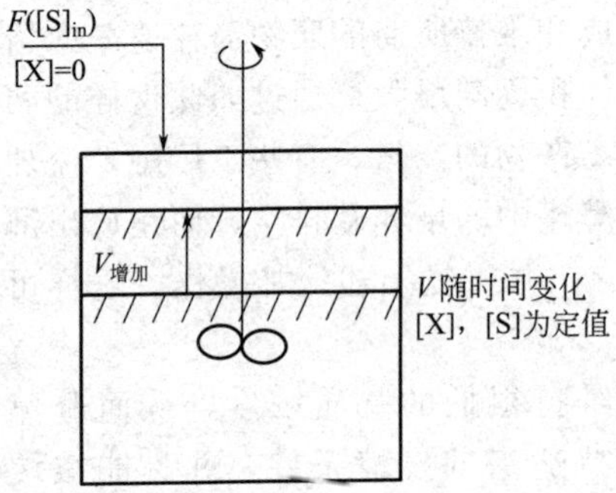

$F([S]_{in})$

$[X]=0$

$V_{增加}$

V随时间变化

[X]，[S]为定值

图6-10　补料分批发酵的流加操作系统

流加操作时，因为发酵液体积V会发生变化，所以细胞比生长速率μ、基质比消耗速率q_S和产物比生成速率q_P，常用菌体量$[X]V$表示。它们在流加操作时的定义式分别如下：

$$\mu=\frac{1}{[X]V}\frac{d([X]V)}{dt}$$

$$q_S=\frac{1}{[X]V}\left[F[S]_{in}-\frac{d(V[S])}{dt}\right]$$

$$q_P=\frac{1}{V[X]}\frac{d(V[P])}{dt}$$

式中，V为发酵液体积；F是体积流量；$[S]_{in}$是流加液中的基质浓度。

在流加操作中，发酵液体积是变化的：

$$\frac{dV}{dt}=F$$

稀释率D可由下式表示：

$$D=\frac{F}{V_0+Ft}$$

式中，V_0为流加开始时的发酵液体积。该式表明，流加操作时中，稀释率D的大小是变化的。若流量F保持不变，稀释率D则随着流加时间t延长、发酵液体积V增大而减小。

因此，细胞总量的变化速率为：

$$\frac{d([X]V)}{dt}=\mu[X]V$$

对上式等号左侧进行全微分有：

$$\frac{d([X]V)}{dt}=V\frac{d[X]}{dt}+[X]\frac{dV}{dt}$$

代入式$\frac{d([X]V)}{dt}=\mu[X]V$有：

$$V\frac{d[X]}{dt}+\frac{[X]dV}{dt}=\mu V[X]$$

在流加操作中：

$$\frac{dV}{dt}=F$$

将$\frac{dV}{dt}=F$代入式$V\frac{d[X]}{dt}+\frac{[X]dV}{dt}=\mu V[X]$，有：

$$V\frac{d[X]}{dt}=\mu V[X]-[X]F$$

上式可变为：

$$\frac{d[X]}{dt}=\left(\mu-\frac{F}{V}\right)[X]$$

将稀释率$D=F/V$代入上式，有：

$$\frac{d[X]}{dt}=(\mu-D)[X]$$

上式即为流加操作时，细胞生长速率的一般表达式。

通过类似的推导，可得到流加操作时基质消耗和代谢产物生成速率的一般表达式如下：

$$\frac{d[S]}{dt}=D([S]_{in}-[S])-\frac{\mu[X]}{Y_{X/S}}$$

$$\frac{d[P]}{dt}=q_P[X]-D[P]$$

（二）恒速流加

恒速流加是将限制性基质以恒定的体积流量F连续不断地流入发酵罐中。

假设发酵罐内为理想混合，培养基中仅有一种限制性底物S，底物仅用于细胞的生长，$Y_{X/S}$为一常数。操作时，先要进行一段时间的分批培养，当反应器中的细胞浓度达到一定程度后（对数生长期以后），开始加入新鲜营养物。与分批操作类似，细胞生长在流加开始阶段出现一个适应期，所加入的限制性底物未被细胞利用，底物浓度［S］逐渐升高，菌体浓度［X］则因发酵液体积V增加而下降。随着流加的继续，发酵液中菌体浓度［X］因细胞生长而不断升高，限制性底物浓度［S］不断降低。当限制性底物的流加速率与细胞生长所消耗速率相等时再继续流加，由于流加的限制性底物很快被消耗，发酵罐内底物浓度［S］基本不变，即可以认为$d[S]/dt\approx0$。尽管随着时间的延长，培养液中细胞总量$[X]V$增加，但对于所给定的底物浓度，细胞浓度［X］近似一定，即$d[X]/dt\approx0$。

与连续操作类似，将这种$d[S]/dt\approx0$和$d[X]/dt\approx0$时的流加状态称为“准稳态”（图6-11）。

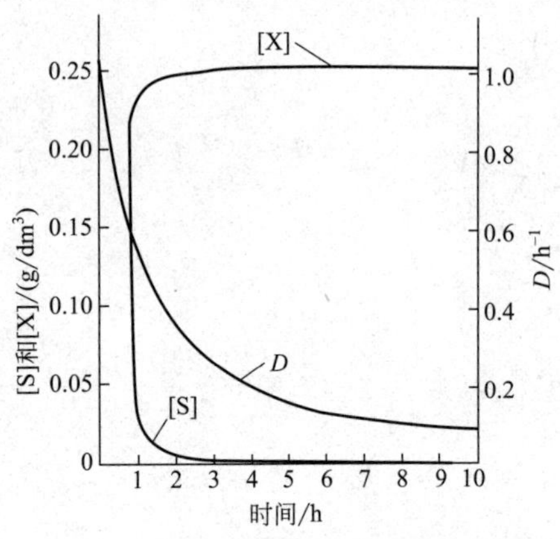

图 6-11　补料分批发酵的恒速流加曲线

(1) 细胞生长　在准稳态时，$d[X]/dt \approx 0$，由$\frac{d[X]}{dt}=(\mu-D)[X]$，有：

$$\mu=D$$

这表明在补料分批发酵准稳态时，菌体的比生长速率 μ 的表达式形式与连续发酵稳态一样。但与连续发酵稳态时 $\mu=D$ 不同的是：在连续发酵稳态时，稀释率 D 和比生长速率 μ 都是定值，不随操作时间变化；而在补料分批发酵时，菌体的比生长速率 μ 不是一个定值，随着流加时间的延长而不断下降。

对发酵罐内的细胞量进行物料衡算，有：

$$[X]V=[X]_0V_0+Y_{X/S}(F[S]_{in}t+V_0[S]_0)$$

式中，$[X]_0$、$[S]_0$ 和 V_0 分别为流加开始时的细胞、底物浓度和发酵液体积。

细胞量的增加速率$\frac{d([X]V)}{dt}=Y_{X/S}F[S]_{in}$为常数。

即恒速流加时，细胞量的增加速率是一个定值，细胞量（$[X]V$）随时间 t 呈线性生长(linear growth)。一般来说，在细胞线性生长阶段，基质浓度相对低。

由$[X]V=[X]_0V_0+Y_{X/S}(F[S]_{in}t+V_0[S]_0)$，时间 t 时的细胞浓度为：

$$[X]=\frac{Y_{X/S}F[S]_{in}t+V_0(Y_{X/S}[S]_0+[X]_0)}{Ft+V_0}$$

(2) 限制性基质消耗　在准稳态时，$d[S]/dt \approx 0$，由 $\frac{d[S]}{dt}=D([S]_{in}-[S])-\frac{\mu[X]}{Y_{X/S}}$，有：

$$[S]=[S]_{in}+\frac{\mu[X]}{DY_{X/S}}$$

若反应体系符合 Monod 方程条件，将 $\mu=D$ 代入 Monod 方程得：

$$D=\frac{\mu_{max}[S]}{K_S+[S]}$$

上式变形后，限制性底物浓度可表示为：

$$[S]=\frac{DK_S}{\mu_{max}-D}$$

(3) 产物生成　根据$\frac{d[P]}{dt}=q_P[X]-D[P]$，发酵罐内代谢产物的浓度变化取决于其生成速率和稀释率，而其生成速率则与产物比生成速率 q_P 及 μ 有关。

恒速流加的优点是操作控制简单，缺点是细胞的比生长速率在流加过程中不断下降，使细胞的生长速率受到限制（细胞为线性生长），并造成基质的浪费。

(三) 指数流加

在准稳态后进行恒速流加时，细胞的比生长速率在流加过程中不断下降，限制性基质浓度处于很低的水平，如果要使细胞保持恒定的比生长速率，就不能进行恒速流加。

如果采用流加速率随时间呈指数变化的方式来流加限制性基质，就可以维持细胞的比生长速率保持恒定，即细胞生长速率持续呈指数生长。这种操作模式被称为指数流加。

由 $\mu=\frac{1}{[X]V}\frac{d([X]V)}{dt}$，有：

$$\frac{d([X]V)}{dt}=\mu[X]V$$

即：

$$\frac{d([X]V)}{[X]V}=\mu dt$$

在比生长速率 μ 为常数时，积分后得到：

$$[X]V=[X]_0V_0e^{\mu t}$$

$[X]_0$ 和 V_0 分别为流加开始时的细胞浓度和发酵液体积。

为使细胞比生长速率保持不变，发酵液中基质的浓度也应恒定，即 $d[S]/dt=0$。

由式 $\frac{d[S]}{dt}=D([S]_{in}-[S])-\frac{\mu[X]}{Y_{X/S}}$ 可得：

$$D([S]_{in}-[S])=\frac{\mu[X]}{Y_{X/S}}$$

或：

$$FY_{X/S}([S]_{in}-[S])=\mu[X]V$$

将 $[X]V=[X]_0V_0e^{\mu t}$ 代入上式并整理，得：

$$F=\frac{\mu[X]_0V_0e^{\mu t}}{Y_{X/S}([S]_{in}-[S])}$$

在流加开始（$t=0$）时，初始进料流量 F_0 为：

$$F_0=\frac{\mu[X]_0V_0}{Y_{X/S}([S]_{in}-[S])}$$

将两式相除有：

$$\frac{F}{F_0}=\frac{[X]V}{[X]_0V_0}$$

由 $[X]V=[X]_0V_0e^{\mu t}$，并结合上式，指数流加的流量为：

$$F=F_0e^{\mu t}$$

从以上结果可知，采用这种方式操作，不仅能保证微生物呈指数生长，而且能保持基质浓度一定。流加基质浓度 $[S]_{in}$ 与反应器内反应液最终体积、最终菌体量 $[X]_f$ 和菌体收率 $Y_{X/S}$ 有如下关系：

$$[S]_{in}=\frac{[X]_fV_f-[X]_0V_0}{Y_{X/S}(V_f-V_0)}$$

从以上动力学推导的结论看，似乎只要保持指数流加，就可以使细胞一直按固定的比生长速率不断生长。但这个结论是在某种限制性底物进行指数流加的前提下得到的。实际上，当细胞浓度增加到一定数量后，此前的非限制性底物就可能成为新的限制性因素。在这些因素中，氧传递速率往往是限制流加培养中细胞密度提高的最后障碍。

在大规模工业生产中，严格按指数流加也不容易控制。目前，通过流加培养能使每升发酵液中酵母细胞浓度最高超过 100g（绝干物）。

（四）变速流加和间歇流加

变速流加是指根据不同时期细胞对基质的需求大小不同，来调整基质流加的速度。此种方式能维持细胞较高的比生长速率，同时又节省补加的基质用量。

间歇流加是指将基质间歇性地、间断地流入反应器中，操作简单，但不适于细胞生长的不同阶段对营养的需求。

以上讨论的是无反馈控制的流加操作，即按预先设置好的模式进行底物的流加。因此，系统的数学模型是否正确成为成败的关键。但再发酵过程中，理论模型与实际如果存在偏差，无反馈控制不能及时进行修正，通过反馈控制则可弥补这一缺陷。反馈控制又可分为直接反馈控制和间接反馈控制。直接反馈控制监测的是发酵液中底物浓度［S］、菌体浓度［X］、产物浓度［P］等直接指标。如果些指标不能在线测定，可以监测溶氧、pH 值等可在线测定的间接指标，这就是间接反馈控制。无论直接反馈控制还是间接反馈控制，都可以根据监控指标的变化情况对过程中产生的偏差进行修正。

思考题

1. 简述发酵动力学的定义，研究发酵动力学的目的是什么？

2. 发酵动力学研究的一般步骤有哪些？

3. 简述菌体的比生长速率、产物的比形成速率、基质的比消耗速率和维持系数的定义。

4. 什么是分批发酵、连续发酵和补料分批发酵？

5. 分批发酵中菌体生长一般经历哪几个阶段？简述各阶段菌体生长的特点。

6. 写出 Monod 方程，其使用条件是什么？简述各参数的意义。

7. 根据产物生成与菌体生长的关系，可将分批发酵分为哪几种类型？

8. 什么是连续发酵的稀释率？请解释连续培养富集微生物的原理。

9. 补料分批发酵有什么特点？

参考文献

［1］ 贾士儒．生物反应工程原理［M］．北京：科学出版社，2003.

［2］ 戚以政，汪叔雄．生化反应动力学与反应器［M］．北京：化学工业出版社，2007.

［3］ 藏荣春，夏凤毅．微生物动力学模型［M］．北京：化学工业出版社，2003.

第七章　发酵过程参数检测及控制

【学习目标】

1. 了解发酵过程参数检测和控制的基本原理。
2. 了解常见发酵过程参数检测和控制的方法。

发酵过程的任务是使菌株的生产能力高效表达，以较低的消耗获得更多的发酵产品，发酵动力学为此提供了理论依据。在工程学方面的实际问题是如何进行发酵过程数据的采集和管理，以有助于生产工艺的改进和优化研究。近代的发酵设备都是利用各种仪表甚至计算机来控制的，因此，建立各种监测系统，及时发现和分析发酵过程中出现的问题并加以控制，是高产稳产的重要条件。

第一节　发酵过程参数检测概述

发酵过程的中间分析是生产控制的眼睛。只有准确和及时地测定发酵过程中的各项工艺参数，才有可能实现环境参数的自动控制与调节。

一、发酵过程参数的分类

反映发酵过程变化的参数非常多，按参数的性质，一般可分为物理、化学、生物三类；按检测手段，发酵参数可分直接参数和间接参数。直接参数是通过仪器或其他分析手段直接测得的参数，如温度、压力、流量、搅拌功率、转速、泡沫、黏度、浊度、pH 值、离子强度、溶解氧和基质浓度等；间接参数是将直接参数经过计算得到的参数，如细胞生长速率、产物合成速率、呼吸商等。直接参数又包括两种：①在线检测参数，即不经取样直接从发酵罐上安装的仪表上得到的参数；②离线检测参数，即从发酵罐内取样后测定得到的参数（图 7-1）　。

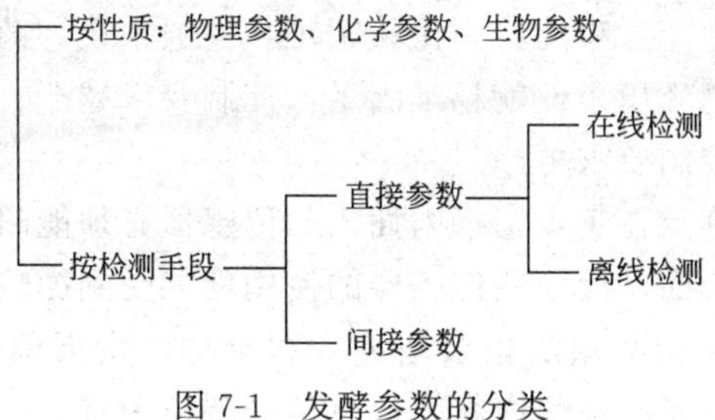

图 7-1　发酵参数的分类

发酵过程的常用参数见表 7-1。

表 7-1　发酵过程的常用参数

物理参数	化学参数		间接参数
	成熟	尚不成熟	
温度	pH 值	成分浓度	氧利用速率(OUR)
压力	氧化还原电位	糖	二氧化碳释放速率(CER)
功率输入	溶解氧浓度	氮	呼吸熵(RQ)
搅拌速率	溶解 CO_2浓度	前体	总氧利用体积氧传递系数
通气流量	排气氧分压	诱导物	
位置	排气 CO_2分压	产物	
加料速率	其他排气成分	代谢物	细胞浓度([X])
		金属离子	细胞生长速率
		Mg^{2+},K^{+},Ca^{2+}	比生长速率(μ)
培养液重量		Na^{+}, SO_4^{2-}	细胞得率($Y_{X/s}$)
培养液体积		PO_4^{3-}	糖利用率
		NAD,NADH	氧的利用率
培养液表观糖度		ATP,ADP,AMP	比基质消耗率(υ)
积累量		脱氢酶活力	前体利用率
酸		其他各种酶活力	产物量(ρ)
碱		细胞内成分	比生产率
消泡剂		蛋白质	其他需要计算的值参数
		DNA	
细胞量		RNA	功率
气泡含量			雷诺数
面积			生物量
表面张力			生物热
			碳平衡
			能量平衡

二、发酵过程参数检测的特点

发酵过程检测是为了获得给定发酵过程及菌体的重要参数的数据，以便实现发酵过程的优化、模型化和自动化控制。目前发酵参数检测中的困难在于有许多重要的发酵过程及菌株的生理生化特征参数因为没有合适的传感器而不能“在线”（on-line）测量，只能依靠定时从发酵罐中取样“离线”（off-line）测定的方法，不但烦琐费时，而且也不能及时反映发酵系统中的状况，造成工业生产过程的控制比较困难。一般来说，菌种的生产性能越高，表达它应有的生产潜力所需要的环境条件就越难满足，控制要求越严。高产菌种比低产菌种对环境条件的波动更为敏感，控制要求更严。

发酵过程参数检测的难点在于：①罐内插入的传感器必须能耐热，经受高温灭菌；②菌体以及其他固体物质附在表面，使一些传感器的使用性能受到影响；③罐内气泡影响，带来对测量的干扰；④传感器结构必须防止杂菌进入和避免产生灭菌死角，因而传感器结构复杂；⑤化学成分的分析是重要的检测内容，但电信号转换困难。

随着计算机及控制技术的突飞猛进，生物传感器（transducer / sensor）技术的发展，发酵动力学模型研究的完善，使发酵过程的在线检测和自动控制成为可能。

第二节　发酵检测控制系统的基本组成

发酵参数是发酵过程及其菌株的生理生化特征数据，反映环境变化和细胞代谢生理变化的许多重要信息。在发酵生产中，实现自动化控制的主要关键是测量各种环境参数的传感器。为了适应自控的需要，应尽可能通过安装在发酵罐内的传感器检知发酵过程变量变化的信息，然后由变送器把非电信号转换成标准电信号，让仪表显示、记录或传送给电子计算机处理。

用于发酵生产中的传感器主要是进行罐内物化参数的测定，如温度、溶解氧、pH 值、转速、罐压、黏度、浊度及流量等。但发酵过程最优化自动控制的实例不多，仍以人工控制和半自动控制为主，其发展滞后的主要原因之一是许多安装在发酵罐内进行在线连续测量的装置不能经受高温蒸汽灭菌的处理。由于细胞代谢的生化参数信息的缺乏，与发酵最优化的自动控制目标相去甚远，即难以成功对培养系统进行系统的反馈性控制。

发酵检控系统包括测定元件、控制部分和执行元件三个部分。

一、测定元件

测定元件是能够灵敏地感受被测变量并作出响应的元件。常见的测定元件如温度计、压力表、电流计、pH 计直接测定发酵过程的各种参数，并输出相应信号。

传感器是能感受规定的被测量并按照一定的规律转换成可用信号的器件或装置，通常由敏感元件和转换元件组成。传感器是一种检测装置，能感受到被测量的信息，并能将检测感受到的信息按一定规律变换成为电信号或其他所需形式的信息输出，以满足信息的传输、处理、存储、显示、记录和控制等要求。它是实现自动检测和自动控制的首要环节。按测量原理不同，传感器可分为力敏元件、热敏元件、光敏元件、磁敏元件、电化学元件以及生物感受膜传感器。由于电信号更便于远传，因此，绝大多数传感器输出的是电量形式，如电压、电流、电阻、电感、电容、频率等。

按测量方式不同，传感器又可分为三种：

① 离线传感器　传感器不安装在发酵罐内，由人工取样进行手动或自动测量操作，测量数据通过人机对话输入计算机。

② 在线传感器　传感器与自动取样系统相连，对过程变量连续、自动测定。如用于对发酵液成分进行测定的流动注射分析（FIA）系统和高效液相色谱（HPLC）系统，对尾气成分进行测定的气体分析仪或质谱仪等。

③ 原位传感器　传感器安装在发酵罐内，直接与发酵液接触，给出连续响应信号，如温度、压力、pH 值、溶解氧等的测量。

传感器是发酵检控系统的关键。发酵参数检测所提供的信息有助于人们更好地理解发酵过程，从而对工艺过程进行改进。一般而言，由检测获取的信息越多，对发酵过程的理解就越深刻，工艺改进的潜力也就越大。一般工业生产过程对传感器的基本要求为准确性、精确度、灵敏度、分辨能力要高，响应时间滞后要小，能够长时间稳定工作，可靠性好，具有可维修性。

发酵过程一般在无菌条件下进行，因而只能通过无菌技术取样检测或在反应器内部进行直接检测的方法来获得相关信息。因此，对发酵用传感器还有如下特殊要求：

① 灭菌　传感器与发酵液直接接触，一般要求传感器能与发酵液同时进行高压蒸汽灭菌。不能耐受蒸汽灭菌的传感器可在罐外用其他方法灭菌后无菌装入。

② 发酵过程中保持无菌，要求传感器与外界大气隔绝，采用的方法有蒸汽汽封、O 形圈密封、套管隔断等。

③ 避免传感器被培养基和细菌污染。应选用不易污染的材料如不锈钢，同时要注意结构设计，选择无死角的形状和结构，防止微生物附着及干扰，方便清洗，不允许泄漏。

④ 抗干扰能力强。传感器只与被测变量有关而不受过程中其他变量和周围环境条件变化影响，如抗气泡及泡沫干扰等。

变送器是从传感器发展起来的，凡是能输出标准信号的传感器就称为变送器。标准信号是指在物理量的形式和数值范围等方面都符合国际标准的信号。例如 4～20mA 的直流电，20～100kPa 的空气压力都是当前通用的标准信号，它与被测参数的性质和测量范围无关。我国目前在生产过程控制中还有不少变送器以 0～10mA 直流信号为输出信号。输出标准信号的变送器能与其他标准单元仪表组成检测和控制系统。

过程工业中所用的测量方法虽然种类繁多，但从测量过程的本质来看，主要包括两个过程：一是将被测参数进行一次或多次能量形式的变换和传递；二是将变换后的被测参数与同性质的标准量进行比较。一个过程检测系统包括检测环节、变换传送环节和显示环节三大部分（图 7-2）。

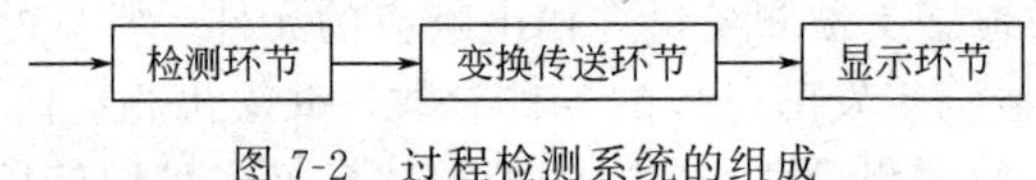

图 7-2　过程检测系统的组成

检测环节直接与被测量联系，感受被测量的变化，并将其转换成适于测量的电量或机械量信号，检测环节主要由检测元件来实现。变换传送环节将检测环节产生的可测信号经过变换处理后传送给显示环节。传感器和变送器都属于变换传送环节，有时甚至包括检测环节。显示环节将获得的被测量与相应的标准量进行比较，并最终以指针位移、数字或图形、曲线等形式表现出来，以便观察者读取。

二、控制部分

控制部分的功能主要是将测定元件测出的各种参数信号与预先确定值进行比较，并且输出信号指令执行元件进行调整控制。

发酵过程的控制方式有手动控制和自动控制两类。手动控制是最简易的控制方法，例如调节发酵温度，通过控制发酵罐夹套的冷却水（或蒸汽）流量来调节发酵液的温度。手动控制方法简单，不需特殊的附加装置，投资费用较少，劳动强度较大，控制得合适也可减少误差。在人工控制中，大多数场合控制的精度取决于工作人员的操作水平，而高素质的操作人员的劳动费用是非常高的。

自动控制技术是借助于自动化仪表和控制元件组成的控制器，对过程变量进行有效的测量和控制，控制一些发酵过程的关键变量，使过程按预定的目标进行。采用自动控制时，必须使测定元件产生输出信号并用仪表监视。如测定温度时，可用热电偶代替温度计，并与控制部分相连，控制部分再产生信号驱动执行元件进行操作。

在自动控制系统中，控制作用主要是通过控制器来实现的。当被控变量受到干扰影响而偏离给定值时，控制器就会根据偏离情况，按照某种数学关系运算后产生新的控制信号，使执行器产生相应的动作，以便使被控变量回到给定值上。这个控制过程的质量如何，不仅与被控对象的特性密切相关，而且还与控制器的特性有很大关系。

所谓控制器的特性，就是指控制器的输出信号随着输入信号变化的规律，目前主要分为两种基本类型：通-断（on-off）控制和比例、积分、微分组合（PID）控制。PID 是 proportional（比例）、integral（积分）、differential（微分）三者的缩写。PID 调节的实质是根据输入的偏差值，按比例、积分、微分的函数关系进行运算，运算结果用以控制输出。

（一）通-断控制

通-断（on-off）控制是反馈控制中最简单的控制系统，它是由一个全开或是全关的末端控制元件（阀、开关等）控制。发酵温度的开关控制系统，如图 7-3 所示。它通过温度传感器检知反应器内温度，如果低于设定值，冷水阀关闭，蒸汽或热水阀打开；如果高于设定值，蒸汽或热水阀关闭，冷水阀打开，从而使温度控制在一定的范围内。

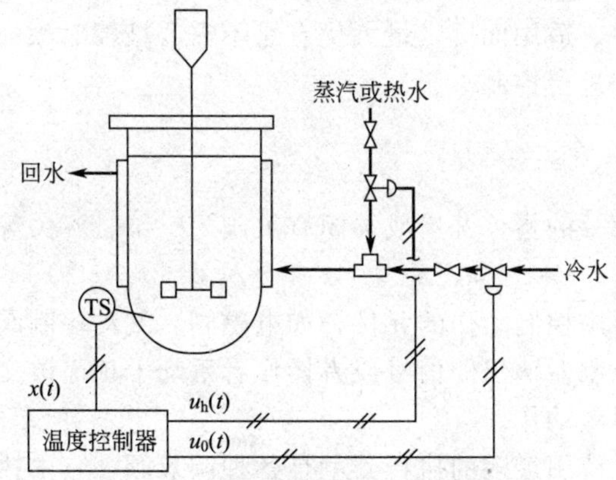

图 7-3　发酵温度的通-断控制系统

TS—温度传感器；$x(t)$—检测量；$u_h(t)$ —加温控制输出量；$u_0(t)$ —冷却控制输出量

（二）比例、积分、微分组合（PID）控制

通-断（on-off）控制只能在接近设定点的情况下有效工作。在工程实际中应用最广泛的是比例、积分和微分组合控制（简称为 PID 控制）。

PID 控制器是根据系统的误差，利用比例、积分、微分计算出控制量进行控制的，当被控对象得不到精确的数学模型时，或不能通过有效的测量手段来获得系统参数时，系统控制器的结构和参数必须依靠经验和现场调试来确定，这时应用 PID 控制技术最为方便。

（1）比例控制　比例控制是指控制器的输出变化与通过传感器所检测到的由环境变化（通常叫做误差）所产生的输出信号成比例。误差（环境变化）越大，则起始校正动作也越大。当控制器的放大系数很大时，此控制模式可以看成是一种高振荡的简单开关控制器。随着控制器放大系数的减小，振荡减小。比例控制的振荡时间比开关控制大大减少。

（2）积分控制　对一个自动控制系统，如果在进入稳态后存在稳态误差，则称这个控制系统是有稳态误差的，或简称有差系统（system with steady-state error）。积分控制器的输出信号与误差相对于时间的积分成正比。这样，即便误差很小，积分项也会随着时间的增加而加大，它推动控制器的输出增大使稳态误差进一步减小，直到等于零。因此，比例＋积分（PI）控制器，可以使系统在进入稳态后无稳态误差。

与采用比例控制的控制选定参数相比，积分控制器与设定值的最大偏差是相当大的。

（3）微分控制　微分控制器的控制信号与误差信号的变化速率成正比，如果误差是一个常数，则无控制动作。

自动控制系统在克服误差的调节过程中可能会出现振荡甚至失稳。其原因是由于存在有较大惯性组件（环节）或滞后（delay）组件，具有抑制误差的作用，其变化总是落后于误差的变化。解决的办法是使抑制误差作用的变化“超前”，即在误差接近零时，抑制误差的作用就应该是零。这就是说，在控制器中仅引入“比例”项往往是不够的，比例项的作用仅仅是增大误差的幅度，而目前需要增加的是“微分项”，它能预测误差变化的趋势，这样，具有比例＋微分的控制器，就能够提前使抑制误差的控制作用等于零，甚至为负值，从而避免了被控量的严重超调。所以对有较大惯性或滞后的被控对象，比例＋微分（PD）控制器能改善系统在调节过程中的动态特性。

在实际应用中，根据被控对象的特性和控制要求，可以灵活地改变 PID 的结构，如比例（P）调节、比例积分（PI）调节或比例积分微分（PID）调节。PID 调节器结构简单，容易实现，参数易于调整，适用面广，最大优点是不需要被控对象的数学模型，而直接根据偏差的比例、积分和微分进行控制。

三、执行元件

执行元件接受控制部分的指令开启或关闭有关阀门、泵、开关等调节控制机构，使有关参数达到预定位置。

执行机构是指直接实施控制动作的元件，如电磁阀、气动控制阀、电动控制阀、变速电机、蠕动泵等，它反映控制器输出的信号或者操作者手动干预而改变的控制变量。执行机构可以连续动作，也可以间歇动作。

在连续生产过程中，使用最多的执行器就是各种调节阀，它由执行机构和调节机构两部分组成。在这里，执行机构是执行器的推动装置，它根据控制信号的大小，产生相应的推力或扭矩，从而使调节机构产生相应的开度变化。调节机构是执行器的调节部件，它直接与被控介质接触，当其开度发生变化时，被控介质流量将被改变，从而实现自动控制。

执行器按其所使用的能源不同，可分为三大类，即气动执行器、电动执行器和液动执行器。这三种类型的执行器执行机构不同，而其调节机构基本相同。在实际应用中，使用最多的是气动执行器，其次是电动执行器，液动执行器使用较少。气动执行器是以压缩空气为能源的执行器。目前，使用最多的气动执行器是气动薄膜执行器，习惯上称为气动薄膜调节阀。它由气动（薄膜式）执行机构和调节机构两部分构成，如图 7-4所示。

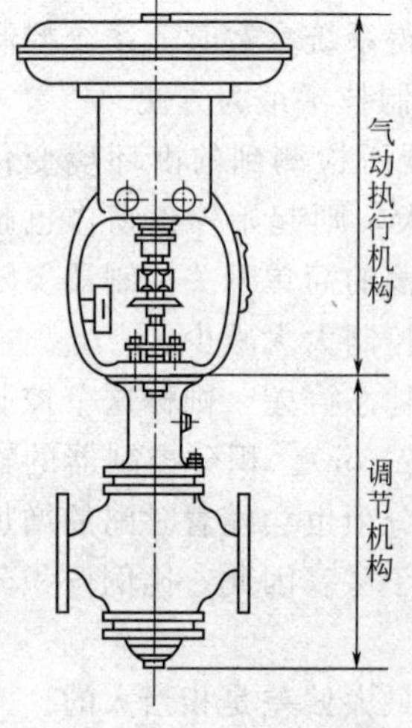

图 7-4　气动薄膜执行器

这类执行器具有结构简单、动作可靠、安装方便及本质防爆等特点，而且价格较为便宜。它不仅可以与气动仪表配套使用，而且通过电气转换器或电气阀门定位器等，还可与电动仪表及计算机控制系统配套使用。

电动执行器是以电为能源的执行器。与气动执行器相比，它具有能源取用方便、信号传输速度快、传递距离远、灵敏度及精度高等特点。但其结构比较复杂，不易于维护，且防爆性能也不如气动执行器。因此，其应用范围不如气动执行器广泛。

液动执行器是以加压液体为能源的执行器，实际应用较少。

发酵过程的自动控制是根据对过程变量的有效测量和对发酵过程变化规律的认识，借助于有自动化仪表和计算机组成的控制器，控制一些发酵的关键变量，达到控制发酵过程的目的。执行器是自动控制系统的终端执行部件，其接受控制器送来的控制信号，并根据信号的大小直接改变操纵量，从而达到对被控变量进行控制的目的。因此，人们常将执行器比喻成自动控制系统的“手脚”。由此可见，执行器是自动控制系统中不可缺少的重要组成部分之一。

第三节　发酵过程的自动控制原理

发酵过程的自动控制一般分为反馈控制、前馈控制和自适应控制三种。

一、反馈控制

反馈控制（feedback control，FBC）是自动控制的主要方式。基本反馈控制系统由控制器和控制对象两个基本元素组成。反馈控制是将系统的输出信息返送到输入端，与输入信息进行比较，并利用二者的偏差进行控制的过程。“反馈控制”是信号沿前向通道（或称前向通路）和反馈通道进行闭路传递，从而形成一个闭合回路。反馈控制系统能满足大多数控制对象的要求，但若控制对象呈现延迟或干扰等特性时就显得无能为力。与反馈控制系统不同，前馈控制系统直接对扰动进行测量，并产生控制作用以消除扰动对过程输出量的影响，前馈控制是按扰动进行控制的开环控制方式。

以换热器的控制为例，引起温度改变的干扰因素很多，其中的主要干扰为被加热液体的流量。采用反馈控制的工作过程是：流量扰动引起出口温度变化，然后控制器的控制作用改变阀门的开度，再经过换热器的惯性，才改变出口温度（图 7-5）。

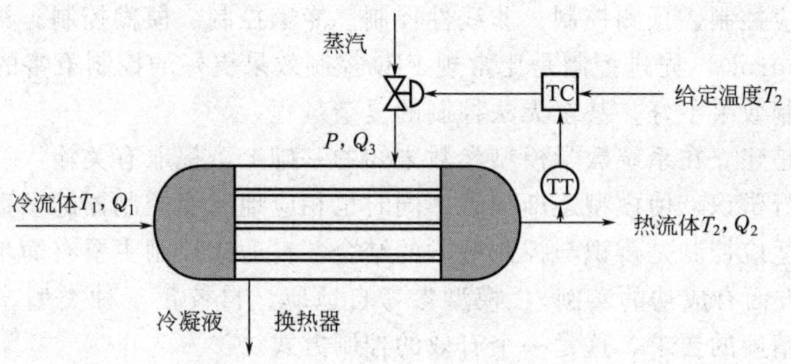

图 7-5　换热器温度反馈控制系统

二、前馈控制

采用前馈控制的工作过程是：根据被加热的液体流量的测量信号来控制调节阀，当发生流量扰动后，可根据流量的变化来控制调节阀的开度，这样可以在出口温度还未变化时就将液体流量的扰动补偿了（图 7-6）。

前馈控制的最大特点就是它不需要在线测定任何状态变量。前馈控制器的输出，也就是过程的输入，完全由过程的动力学模型所决定。比如，如果希望发酵罐内的葡萄糖（基质）浓度能够被控制在某一恒定的水平上，可以利用过程的动力学模型和物料平衡方程计算前馈控制器的输出-流加速率。因此，与反馈式控制和其他控制方式相比较，前馈式控制的操作和实施是最简单的，因为它根本就不需要任何在线测量和监测设备。发酵过程中常见的前馈

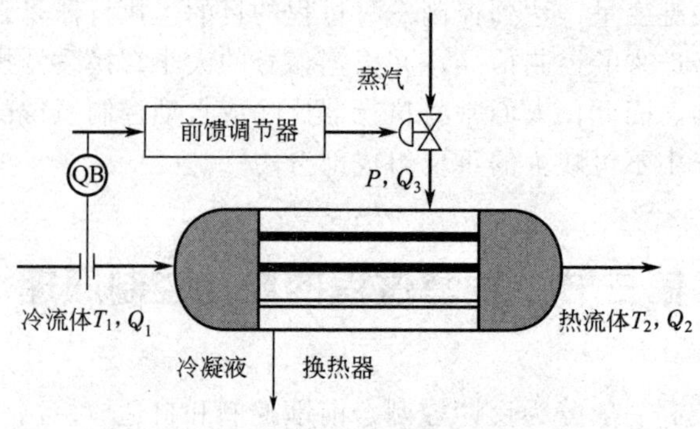

图 7-6 换热器温度前馈控制系统

控制式流加操作包括：恒速流加、指数流加、线性流加、脉冲式流加和基于最优化控制的模式（profile）流加。

前馈控制的性能好坏完全取决于过程的动力学模型是否准确。一般情况下，得到能够准确描述生物过程特性的动力学数学模型是非常困难的。同时发酵过程又大都具有强烈的时变性，即动力学模型参数要随时间而变化。因此，单独使用前馈式控制很难取得满意的控制效果。一般将前馈与反馈控制结合起来构成前馈-反馈控制系统，既发挥了前馈控制及时的优点，又保证了反馈控制能克服多个扰动，具有对被控量实行反馈检验的优点。

三、自适应控制

针对发酵过程机理复杂，难以得到精确的数学模型，各种智能控制系统大量涌现，包括推断控制、自适应控制、预测控制、非线性控制、专家控制、模糊控制、神经网络等先进控制（advanced control）。先进控制是比常规 PID 控制效果更好的控制策略的统称，用来处理那些采用常规控制效果不好，甚至无法控制的复杂过程。

自适应控制是建立在系统数学模型参数未知的基础上，提取有关输入、输出信息，对模型和参数不断进行辨识，使模型逐渐完善；同时也相应地改变控制器的参数，以适应系统的变化。因此，自适应控制是辨识与控制技术的结合。自适应控制主要有简单自适应（在发酵过程 pH 值控制方面有成功的实例）、模型参考自适应、自校正三种类型。采用自适应控制可以降低对模型精度的要求，这是一个有效的控制方式。

第四节 发酵过程的计算机控制

计算机在发酵中的应用有三项主要任务：过程数据的储存，过程数据的分析和生物过程的控制。使用计算机对发酵过程中的有关参数进行数据分析，可深入了解发酵过程的物理、化学、生理和生化条件，指导生产，调整操作参数，获取新的信息。否则这些条件或者无从了解或者由于测定或计算费事、费时，而只能在事后才能加以测定。如果仅用计算机计算，另由管理人员参考计算结果对生产过程进行调节，这种操作形式称为离线操作。如果用计算机对所得到的控制对象的有关变量进行计算，并输出计算结果至调节机构，由调节机构对生产过程进行调节，这种操作形式称为在线操作，即计算机控制。

一、发酵过程控制的计算机系统

发酵生产上专用的计算机由工业控制机及外围设备组成，工业控制机包括主机 CPU、存储器、通用外部设备。用于微生物发酵过程的计算机控制系统如图 7-7 所示。

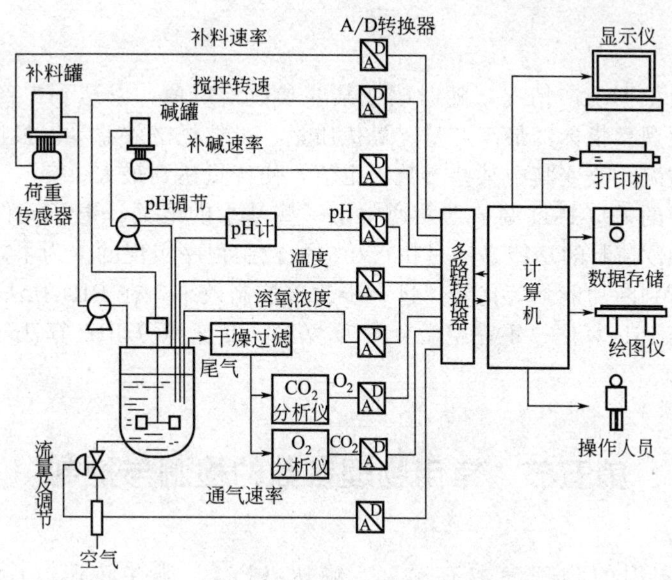

图 7-7　发酵过程的计算机控制系统组成

由于系统的实际对象往往都是一些模拟量（如温度、压力、位移、图像等），要使计算机或数字仪表能识别、处理这些信号，必须首先将这些模拟信号转换成数字信号；而经计算机分析、处理后输出的数字量也往往需要将其转换为相应模拟信号才能为执行机构所接受。这样，就需要一种能在模拟信号与数字信号之间起桥梁作用的电路-模数和数模转换器。

将模拟信号转换成数字信号的电路，称为模数转换器（简称 A/D 转换器或 ADC，analog to digital converter）；将数字信号转换为模拟信号的电路称为数模转换器（简称 D/A 转换器或 DAC，digital to analog converter）。A/D 转换器和 D/A 转换器已成为信息系统中不可缺少的接口电路。为确保系统处理结果的精确度，A/D 转换器和 D/A 转换器必须具有足够的转换精度；如果要实现快速变化信号的实时控制与检测，A/D 与 D/A 转换器还要求具有较高的转换速度。转换精度与转换速度是衡量 A/D 与 D/A 转换器的重要技术指标。随着集成技术的发展，现已研制和生产出许多单片的和混合集成型的 A/D 和 D/A 转换器，它们具有愈来愈先进的技术指标。

二、发酵过程中计算机的控制方式

发酵过程中计算机控制的基本方式有：

1. 程序控制

程序控制就是在发酵过程开始之前，将发酵过程的各项条件及其变化顺序编制成固定程序，发酵实施过程中采用自动化工具，按预定的工艺要求，对生产过程进行顺序控制。程序控制为开口控制，不论过程执行效果的好坏，都按预定的程序执行，不对发酵的工艺过程进行实时调节。例如：分批式发酵过程的灭菌、加料、接种、搅拌与通风、补料、放罐、清洗等。

2. 定值调节

定值调节是指对发酵过程中的某些参数给出固定要求，并对被调参数按偏差的情况进行连续调节。例如发酵过程中温度的定值调节过程：工艺给定值30℃，若发酵液温度测定值为29℃，正偏差1℃，系统自动控制减小冷却水进量，或提高加热水的温度，以提高发酵液的温度达到给定值。偏差越大，冷却水的量减少得越多。若发酵液温度测定值为31℃，也就是负偏差1℃，则系统自动控制加大冷却水用量，或降低加热水温度。偏差越大，冷却水的增加量越大。

3. 最优控制

最优控制是指根据生产情况，随时改变某些参数给定值，以达到生产过程的最优化控制。最优控制常用观察指标：最高产量、最优质量、最佳经济效益等。最优化控制时，根据生产过程的变化情况，改变其中某些参数给定值，使产量达到最大。

自动化仪表中的模拟PID调节器，通常由一些基本的电器、电子元件组成。而在计算机控制系统中，PID控制的功能是通过执行相应的控制程序实现的。为了充分发挥计算机的运算速度快、逻辑判断功能强等优势，进一步改善控制效果，在PID算法上作了一些改进，就产生了积分分离PID算法、不完全微分PID算法、变速积分PID算法等，可满足生产过程提出的各种要求。

第五节　常用物理参数的检测与控制

发酵过程中常用的物理参数有温度、罐压（Pa）、搅拌转速（r/min）、搅拌功率（kW）、空气流量（VVM）、料液流量（L/min）、浊度和黏度（Pa·s）等。

一、温度

由于微生物利用碳源、能源进行代谢活动能产生放热反应，此外，搅拌也能产生一定热量，因此发酵过程中升温的快慢常常可以作为判断发酵速度的粗略参考。发酵过程适宜的温度范围严格要求控制误差为+0.5℃。检测温度的方法很多，包括水银玻璃温度计、热电偶、热敏电阻、热电阻温度计。通常采用热电阻监测系统中的温度，其测温范围为−200～500℃。一般用热电阻放在插入发酵液的金属套管中或直接插入发酵液中，经过仪表进行温度的测量。

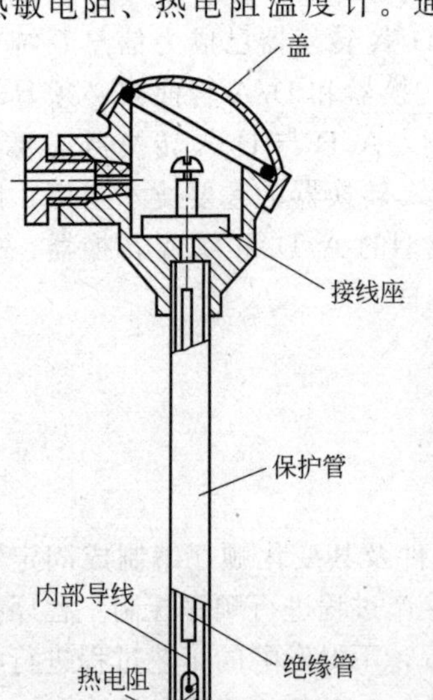

图7-8　热电阻结构示意图

热电阻测温是根据金属导体或半导体的电阻值随温度变化的性质，将电阻值的变化转换为电信号，从而达到测温的目的。热电阻感温元件是用来感受温度的电阻器，它是热电阻的核心部分，用细金属丝均匀地双绕在绝缘材料制成的骨架上（图7-8）。目前普遍使用的热电阻是铂电阻和铜电阻。铂电阻精度高，稳定性好，性能可靠；铜电阻超过100℃时易被氧化。

热电阻测温系统一般由热电阻、连接导线和显示仪表等组成（图7-9）。

若采用温度自控方法，可将温度变化转变成电信号，然后与控制仪表相连，并且经各类控制开关或回路将指令传给执行元件，同样可以开启或关闭冷却或加热装置，使罐温维持恒定（图7-10）。

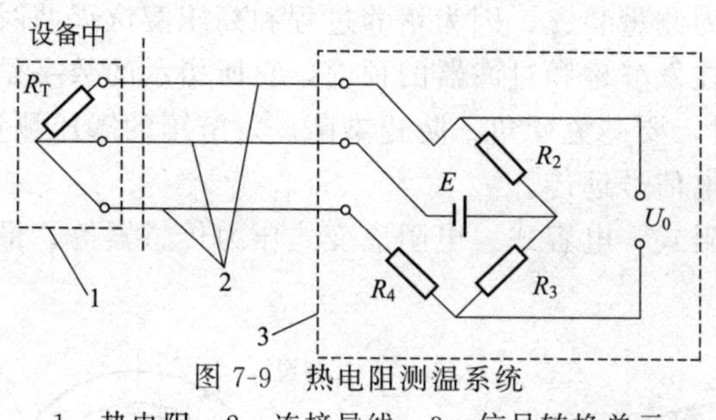

图 7-9　热电阻测温系统

1—热电阻；2—连接导线；3—信号转换单元

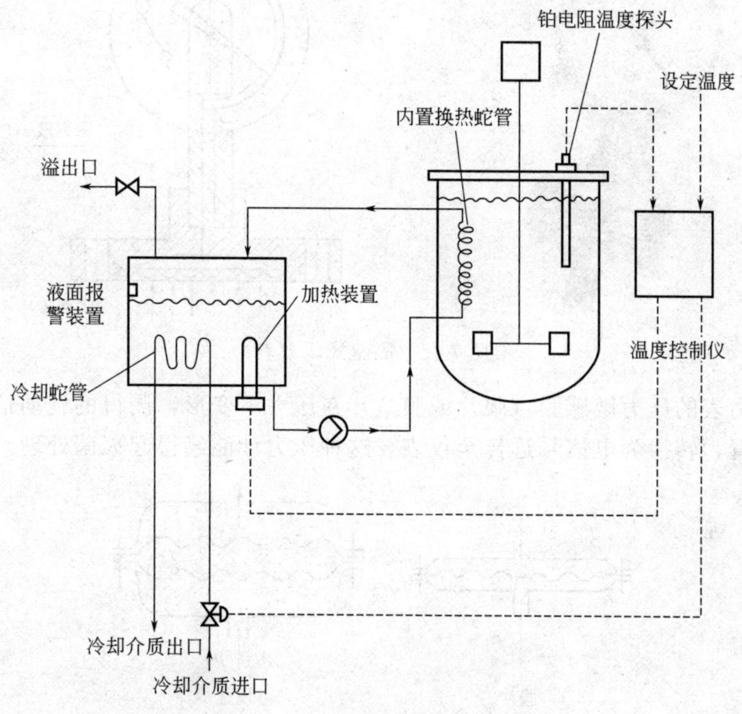

图 7-10　温度自控系统示意图

如图 7-10 所示，温度控制仪使用铂电阻探头感知发酵罐内的温度，与设定温度比较后，调节外置水浴的冷水进口阀门和加热装置以改变水浴内的温度，水浴内的换热介质通过发酵罐的内置换热器或者夹套换热器与发酵液进行热交换，从而维持发酵罐温度在一定范围。控温方式为简单的通-断（on-off）控制或 PID 控制。控制方式为手动控制或自动控制。升温或降温终了时，应注意滞后现象。适时合理的控制往往需要一定的经验和技巧。

二、罐压

对于通气发酵，必须往发酵罐中通入无菌的洁净空气。发酵罐内维持一定的正压，其主要目的是为了防止外界杂菌进入发酵系统内，造成污染；另一个目的是为了增加氧分压，增加氧的溶解度，供应生物细胞呼吸代谢所必需的氧。罐压一般控制在 $0.2\times10^5\sim0.5\times10^5$ Pa。对气升式反应器，通气压强的适度控制是高效溶氧传质及能量消耗的关键因素之一。但是罐压增加，也相应地提高 CO_2 分压，而后者的增加对有些微生物的正常生长可能产生不利的影响。

发酵容器都装有压力测量装置，因为培养过程和高压蒸汽灭菌时都需要观察压力的变化情况。压力计一般安装在发酵罐和过滤器的顶部，它所指示的数字是表示高于大气压的压力数（表压）。选测控点时，要避免死角，防止染菌。发酵罐的罐压测量可用就地指示压力表，也可将压力信号转变为电信号远传。

压力传感器包括压阻式、电容式、电阻应变式压力传感器等，最常用的是隔膜式压力表（图 7-11）。

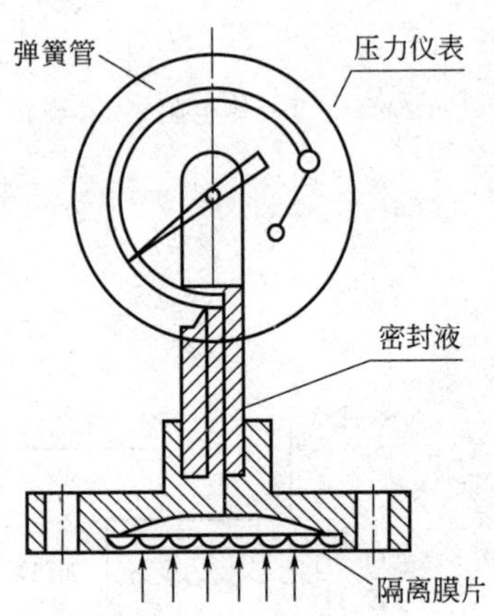

图 7-11　隔膜式压力表

隔膜式压力表的压力敏感膜（膜片或膜盒）在压力下变形，测得的气动信号可直接或通过一简单的装置，转换为电信号远传至仪表，这种压力计能经得起灭菌处理。

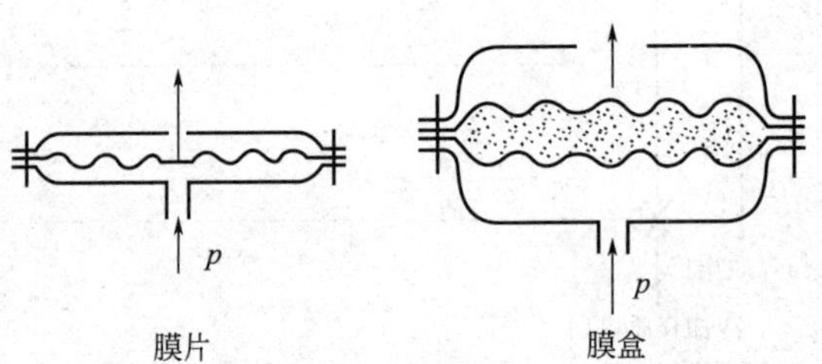

图 7-12　隔膜式压力表的压力敏感膜

如图 7-12 所示，隔膜式压力表的膜片是由金属或非金属材料做成的具有弹性的薄片，在压力作用下能发生变形。膜盒是将两张金属膜片沿周口对焊起来，成一薄壁盒子，里面充以硅油，用来传递压力信号。

罐压用压力变送器将发酵罐的压力转化为电信号接入控制系统。控制压力的方法，一般为调节进口或出口阀门，改变进入或排出的空气（或气体）量，以维持工艺过程所需的压力。

三、搅拌转速和功率

（一）搅拌转速

搅拌器在发酵过程中的转速大小，影响发酵过程氧的传递速率，受醪液的流变学性质影响，还受发酵罐的容积限制。

搅拌转速通常以 r/min 表示，控制转速能调节溶解氧、CO_2 浓度。发酵罐的搅拌器转速依罐的大小而异，小罐的搅拌器转速要比大罐的快些。但是所有发酵罐搅拌器的叶尖的线速度在一般情况下几乎是恒定的值，即为 150～300m/min。搅拌转速可用磁感应式测速仪、光感应式测速仪或测速电机来测量。磁感应式测速仪与光感应式测速仪都利用搅拌轴或电机轴上装设的感应片切割磁场或光束而产生脉冲信号，此信号即脉冲频率，与搅拌转速相同。

磁电式转速传感器的结构如图 7-13 所示。它由齿轮 1 和磁头组成，齿轮安装在被测轴上，由导磁材料制成，有 z 个齿，磁头由永久磁铁 2 和线圈 3 组成，安装在紧靠齿轮边缘约 2mm 处。齿轮随转轴旋转，每转过一齿，就切割一次磁力线，在线圈中产生一个感应电动势的脉冲信号。每转将产生 z 个电脉冲信号。

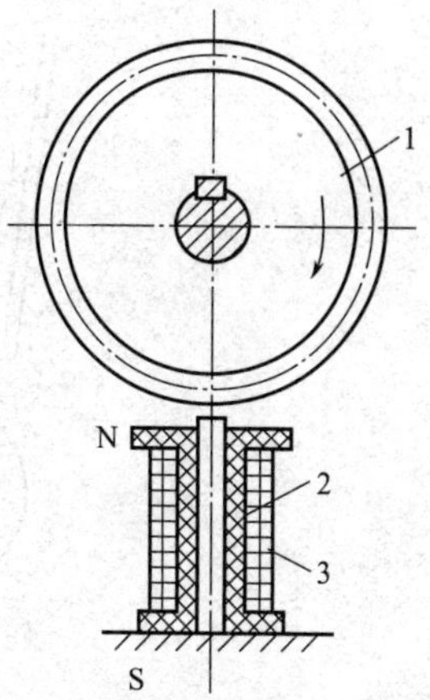

图 7-13　磁电式转速传感器结构图

1—齿轮；2—永久磁铁；3—线圈

（二）搅拌功率

搅拌功率（轴功率，kW/m^3）直接影响发酵液的混合与溶解氧、细胞分散及物质传递、热量传递等特性。搅拌功率是为使流体在搅拌釜内发生循环流动及克服流体摩擦阻力所需要的功率，不包括机械传动和轴封部分所消耗的功率。搅拌器搅拌时所消耗的功率受菌丝浓度、黏度、泡沫等因素的影响。对于采用变频系统的发酵罐，其转速、电机电流和搅拌功率等参数可以从变频器通过标准信号或通讯方式获取；对于无变频系统的发酵罐，转速和电流、搅拌功率采用独立传感器进行测量。由于机械的轴功率正比于转矩（扭矩）与转速的乘积，故常采用间接测量方法，即分别测量转矩（扭矩）和转速，再求得功率。

轴输入功率有两种测量装置：扭力（功率）计和应变仪。金属导体的电阻变化量与金属材料特性和几何尺寸的变化成正比关系，当导体因受力而产生变形时，导体的电阻会发生变化。对一几何尺寸固定的转轴来说，只要测得了剪切应变力，就可以求得扭矩。轴功率测量的原理是：将作为检测元件的电阻应变片粘贴或安装在被测试构件的表面，然后接入测量电桥，随着构件变形，应变片的敏感栅也变形，从而使电路的电阻发生变化。此电阻变化与构件表面的应变成正比，通过测电阻值的变化量，就可以反映出旋转轴表面应变的大小。根据被测物体所产生的应变，可求得相应的剪应力。这样根据轴系的剪应力就可以计算出轴系输出的转矩。用转速传感器测量出转速，通过计算转矩和转速的乘积得出轴输出功率。

扭力计系统只能放在罐外测量，其测定值包含轴封摩擦力的损失。应变仪测量则可以避免这一缺点。仪器的应变片安装在发酵罐内的搅拌轴上，导线从轴向孔中引出罐外，电讯号通过旋转轴上的滑动环传出。

四、空气和料液流量

空气流量是需氧发酵的控制参数。发酵生产中，一般以通风比（通风量）来表示空气流量，指每分钟内单位体积发酵液通入空气的体积：m^3 空气/(m^3 发酵液 · min)，即 VVM。一般控制在 0.5～1.0VVM 范围内。

（一）转子流量计

测定空气流量最简便的方法是转子流量计。它是一种结构简单、直观、压力损失小、维修方便的仪器。转子流量计由两个部件组成：一件是从下向上逐渐扩大的锥形管；另一件是置于锥形管中可以上下自由移动的转子。转子流量计结构主要是由一段向上扩张的锥形管和一个置于锥形管内且能随被测流体流量大小变化而做上下自由浮动的浮子（又称转子）组

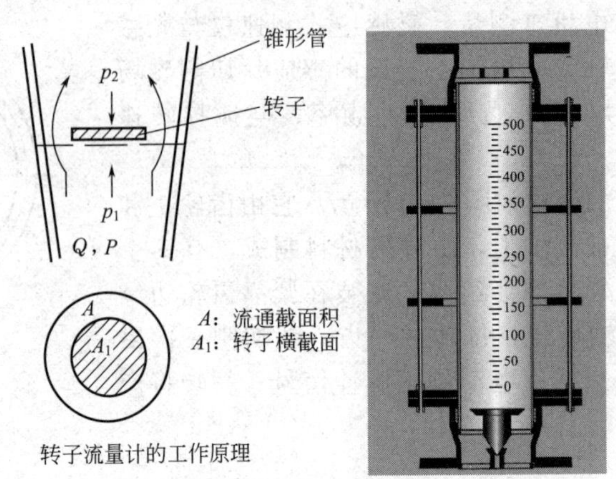

图 7-14　转子流量计的原理示意图

成，如图 7-14 所示。

转子流量计使用时必须安装在垂直走向的管段上，被测流体自下而上从转子和锥形管内壁之间的环隙中通过，由于流体通过环隙时突然收缩，在转子上下两侧就产生了压差，使转子受到一个向上的冲力而浮起。当这个力正好等于浸没在流体中的转子的重量时，则作用在转子上的上、下两个作用力达到平衡，转子就停留在某一高度上。流量的大小决定了转子平衡时所在位置的高低，因此，可以从已知刻度上测出空气流量。

转子流量计的转子材料可用不锈钢、铝、青铜等制成。流量计中浮动转子的位置随气体流量的变化而升降，造成电容或电阻量的变化，由此转换为电信号，经过放大之后启动控制器便可实现空气流量控制的自动化。

（二）电磁流量计

常用的液体流量检测器有转子流量计（像气体流量计一样也可以制成能实现自动控制的形式）和电磁流量计。电磁流量计由检测和转换两部分组成，前者将被测介质流量转换成感应电势，然后由后者转换成 4～20mA 直流电流作为输出。

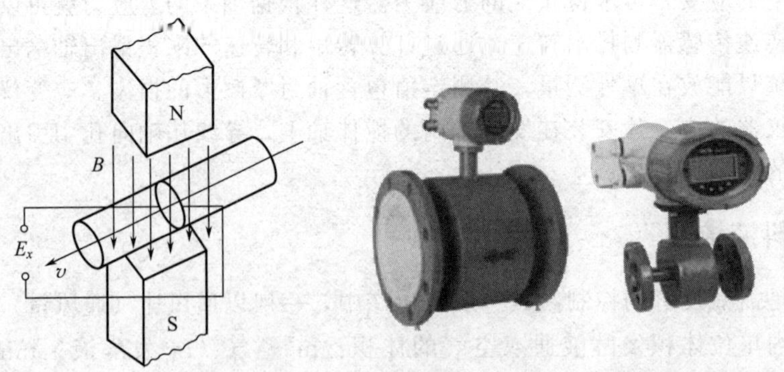

图 7-15　电磁流量计原理图

电磁流量计原理如图 7-15 所示。在一段非导磁材料制成的管道外面，安装有一对磁极 N 和 S，用以产生磁场，当导电液体流过管道时，因流体在磁场中做垂直方向流动而切割磁力线。

根据法拉第电磁感应定律，当导体在磁场中运动而切割磁力线时，在导体中便会有感应电动势产生，当管道直径 D 确定并维持磁感应强度 B 不变时，感应电动势与体积流量具有线性关系。因此，在管道两侧各插入一根电极，便可以引出感应电动势，由仪表指出流量的大小。

（三）涡街流量计

涡街流量计的基本原理是卡门涡街原理，即“涡街旋涡分离频率与流速成正比”。如图（图 7-16）所示，在测量管中垂直插入一个柱状物，当被测流体介质流过柱体时，在柱体两侧交替产生旋涡，旋涡不断产生和分离，在柱体下游便形成了交错排列的两列旋涡，即涡街，这种旋涡被称为卡门涡街。

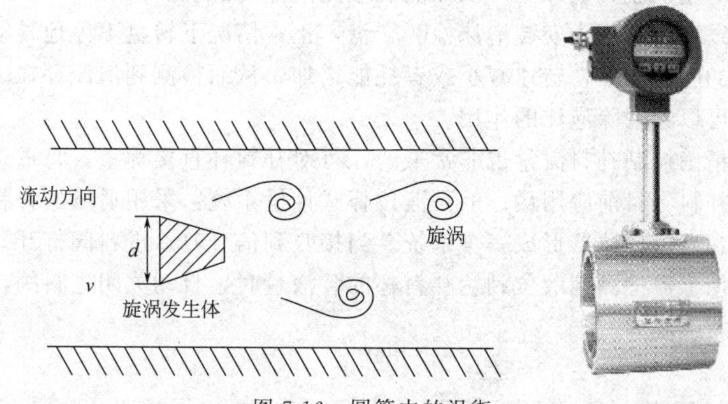

图 7-16　圆管内的涡街

理论分析和实验已证明，柱体侧旋涡分离的频率（即卡门涡街的释放频率）与被测介质流速及柱状物宽度有关，可用下式表示：

$$f = Sr\frac{v}{d}$$

式中，f 为卡门涡街的释放频率，Hz；v 为被测介质流速，m/s；d 为柱体迎流面宽度，m；Sr 为斯特劳哈尔数，是一个取决于柱体断面形状而与流体性质和流速大小基本无关的常数。

所以，检出卡门涡街的释放频率 f 后，就可以通过上式计算出被测介质流速 v，进而得到被测介质的体积流量。

五、液位和泡沫

液位检测的主要方法有压差法、电容法、电导法、浮力法和声波法等。

连续发酵时罐内的液位控制如图 7-17 所示，液面上升与电极探头接触产生电信号。

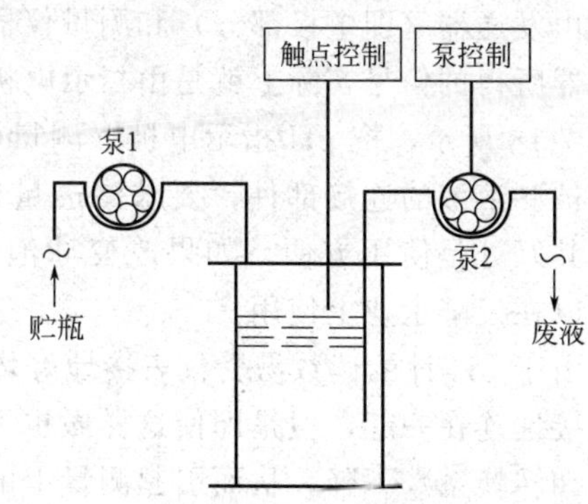

图 7-17　连续发酵液面的电触点控制

一般通过控制给料来添加消泡剂，这时就需要泡沫检测装置。在罐内顶部装一不锈钢探头并与控制仪表连接，用以控制消泡剂流加阀门的开启。当泡沫上升接触探头顶端时产生信号，通过控制装置，指令打开泵开关或阀门，自动加入消泡剂，泡沫消失，信号也随之消失，阀门关闭。检测泡沫的探头有：

① 电阻探头　当泡沫产生时，外加电压，泡

沫浸没导线的头部形成回路产生电流，泡沫消失时回路断开，电流消失。

② 电热探头　电热探头是一个有恒定电流流过的电热元件，当有泡沫接触它时，其温度会突然降低，从而感知是否有泡沫产生。电热探头存在结垢和培养液外溅引起误判的问题。

③ 超声探头　一个超声波发射端和一个接收端，分别安装在反应器内泡沫可能出现的空间两端相对位置。使用时，发射端不断发出频率 25～40Hz 的超声波，在没有泡沫的情况下，大部分超声波被接收端接收。当有泡沫出现时，由于泡沫能够吸收 25～40Hz 的超声波，抵达接收端的超声波相应减少，从而能够检测泡沫的出现。

此外，还可以在发酵罐内安装泡沫检测转盘，正常情况下转盘不停地转动，当有泡沫出现时，转盘转动的阻力加大，转速减小或者耗能增加，从而检测到泡沫存在。转盘在起检测作用的同时，也可以起消除泡沫的作用。

发酵过程中精确控制补料流量也非常重要，可对补料杯直接称重，将重量信号转化为电信号后进行定量补料。目前应用最广的是液位杯式计量系统：采用适量的补料杯，配置自动进料阀、出料阀和液位传感器形成一个系统。当接收到信号时，进料阀打开，料液不断进入补料杯；当液位传感器检测到液位到达补料杯的装液量时，自动关闭进料阀，同时开启出料阀，将料液补入发酵罐内。

第六节　常见化学和生物参数的检测与控制

发酵过程中常见的化学和生物参数有 pH 值以及 O_2、CO_2、发酵液成分（基质、前体、产物）和细胞浓度等。

一、pH 值及溶解 CO_2 浓度

发酵过程中，培养基 pH 值的变化主要决定于培养基的成分和微生物的代谢特性，pH 值反映了微生物对营养物质进行同化和异化作用后的最终氢离子浓度。测量 pH 值的方法很多，主要有化学分析法、试纸法、电极电位法。发酵过程最佳 pH 值范围较窄，需要精确测定，通常采用电极电位法。

（一）复合 pH 电极

根据电极法原理构成的测量装置，即为实验室或工业用的 pH 计（或叫酸度计）。该装置是由发送器（即电极部分）和测量仪器（如电位差或高阻转换器等）两大部分所组成。由发送器所得的信号实际上就是由指示电极、参比电极和被测溶液所组成的原电池的电动势。如图 7-18 所示，把 pH 指示电极（测量电极）和参比电极（参比电极的液络部是外参比溶液和被测溶液的连接部件，要求渗透量稳定，通常用砂芯的）组合在一起就是复合 pH 电极，其好处是使用方便。如果改变球泡玻璃的组成配方，使其能耐高温蒸煮（达 135℃），就可以在发酵工业上使用。

由于 pH 计的读数易受仪表接地好坏的影响，为此把电源的变化器隔离和把仪表屏与发酵罐接地连在一起，但是即使这样做也不能完全克服这一问题。高温消毒会使一些电极阻抗升高和转换系数下降，从而引起测量上的误差。另外，电极液络部位的液接界面电位也因电极与大分子有机物接触而发生变化。一般好的电极也只能耐高温灭菌 30～50 次，若继续使

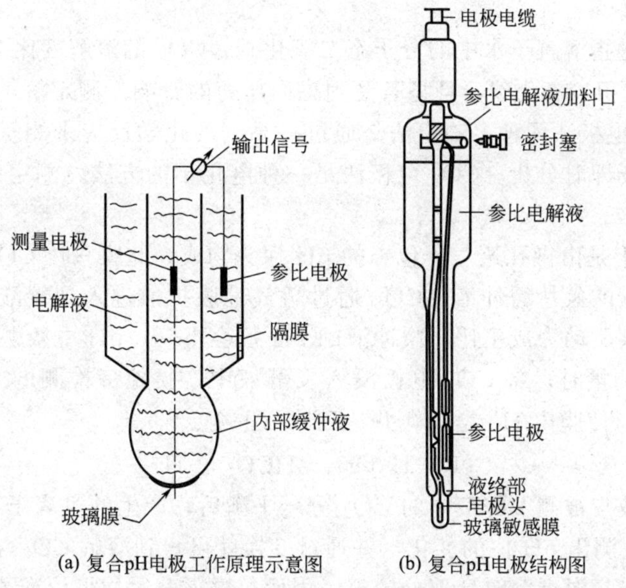

(a) 复合pH电极工作原理示意图 (b) 复合pH电极结构图

图 7-18 复合 pH 电极

用，转换系数便显著下降，使性能被破坏，不能再用。

（二）pH 值自动控制系统

采用复合 pH 电极测量发酵液，具有结构紧凑、可蒸汽加热灭菌的优点。同时，pH 电极发送器还可以与发酵罐的控制仪表连接，通过回路系统控制阀门或泵进行 pH 值调节。pH 值的直接调节可依靠滴加酸或碱溶液完成（图 7-19）。

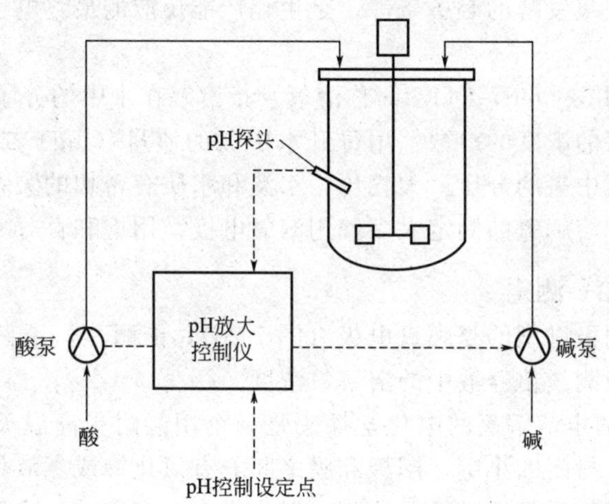

图 7 19 pH 值自动控制系统

如图 7-19 所示，当 pH 探头测得反应器内 pH 值高于设定值时，pH 放大控制仪向酸泵发出信号滴加酸溶液，否则，向碱泵发出信号滴加碱溶液。pH 控制仪通过调节酸碱加入的频度、滴入持续时间来进行控制。在有些情况下，可将培养液的 pH 值控制在一定的范围内，即允许培养液的 pH 值在一定的范围内波动，pH 值超过上限或低于下限时才加入酸或者碱溶液。实际发酵生产过程中，一般通过补料控制 pH 值，pH 值下降时补加氮源（常用氨水），pH 值上升时补糖。

（三）CO_2 电极

溶解二氧化碳是指溶解于水中的分子态二氧化碳。CO_2 的溶解度比 O_2 大得多，20℃时1体积水溶解0.9体积二氧化碳，且显著受到罐内压力的影响。测定溶解二氧化碳的方法主要有滴定法和 CO_2 电极法两种。滴定法是通过一系列的化学反应来测量水中溶解的二氧化碳含量，不适合现场即时分析。CO_2 电极法是一种电化学的方法，测定的是溶液中 CO_2 的分压 p_{CO_2}。

CO_2 电极实际上是由微孔透气膜包裹的pH探头构成，此膜只让 CO_2 气体选择性透过，膜内还包裹着饱和碳酸氢盐缓冲液。CO_2 通过透气性膜扩散进入到碳酸氢钠水溶液中，扩散速率与跨膜的浓度驱动力成正比，缓冲液的pH值会下降，pH电极测出变化指示出溶解 CO_2 浓度的变化。测量时，将 CO_2 电极浸入发酵液中，膜外待检测的 CO_2 气体透过电极膜，CO_2 和水反应，使膜内 H^+ 增加，并达到以下平衡：

$$CO_2+H_2O \rightleftharpoons HCO_3^-+H^+$$

碳酸氢盐缓冲液与被测发酵液中的 CO_2 分压平衡后，产生的氢离子与溶解的 CO_2 浓度成正比。由pH探头测出pH值的变化，并通过变换就可得到溶解 CO_2 浓度。

重碳酸盐溶液在高温灭菌时会部分分解，因而每次灭菌后均需校准才能测定。这种方法可以对浑浊或复杂的水样进行检测，但是二氧化碳电极不是全固态器件，体积较大，测量时水中脂肪酸盐、油状物质、悬浮固体或沉淀物能覆盖于电极表面致使响应迟缓，因此电极膜需要定期更换。

二、溶氧浓度及氧化还原电位

由于好氧微生物的氧化酶系存在于细胞内原生质中，因此，好氧微生物只能利用溶解于水中的氧。溶解氧是好氧发酵的必备条件，是生化产能反应的最终电子受体，也是细胞及产物重要的组分。

溶解氧（dissolved oxygen，DO，简称溶氧）指溶解在水中的分子态氧。溶解氧浓度是表征溶解在水溶液中氧的浓度的参数，用每升水中氧的质量（mg）或饱和百分率表示。溶解氧的饱和含量与空气中氧的分压、大气压、水温和水质有密切的关系。溶解氧浓度可用化学滴定法测定。发酵中溶解氧的测定大多使用溶氧电极，用饱和百分率表示溶解氧浓度。

（一）溶解氧（DO）测定

发酵溶解氧一般用极谱型的复膜氧电极（图7-20），能耐蒸汽杀菌时的高温，可以固定装在发酵罐上，连续地测量培养液中的溶解氧浓度。

如图7-20所示，测定溶解氧的电化学探头是一个用能耐受高温灭菌的选择性薄膜（聚四氟乙烯膜或硅酮膜）封闭的小室，阴极和膜之间充有氯化钾或氢氧化钾电解液。氧和一定数量的其他气体及亲液物质可透过这层薄膜，但水样中有害物质（降低传感器灵敏度和缩短清洗周期）几乎不能透过这层膜。大多数商品氧电极以Pt为阴极，以Ag/AgCl为电极。将探头浸入水中进行溶解氧的测定时，氧通过膜扩散进入电解液与阴极和阳极构成测量回路。由于电池作用或外加极化电压在两个电极间产生电位差，使金属离子在阳极进入溶液，同时氧气通过薄膜扩散在阴极获得电子被还原而产生电流，整个反应过程为：

阳极： $4Ag+4Cl^- \longrightarrow 4AgCl+4e^-$

阴极： $O_2+2H_2O+4e^- \longrightarrow 4OH^-$

根据法拉第定律，产生的电流与穿过薄膜和电解质层的氧的传递速度成正比，即在一定

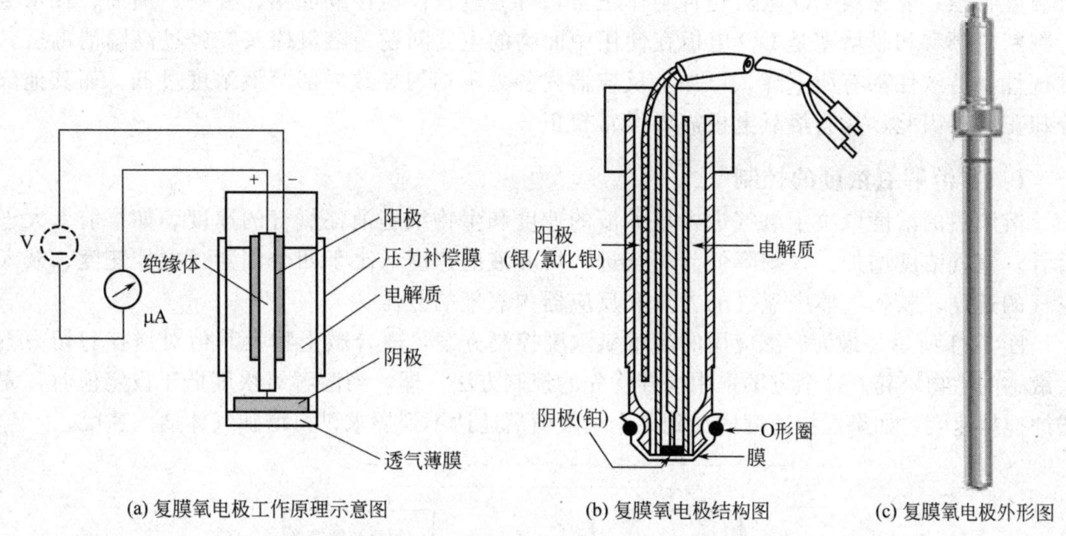

(a) 复膜氧电极工作原理示意图　(b) 复膜氧电极结构图　(c) 复膜氧电极外形图

图 7-20　复膜氧电极

的温度下该电流与水中氧的分压（或浓度）成正比。被测培养液中溶解氧的浓度越高，穿过透氧膜和电解液到达阳极的氧分子越多，产生的电流或电压越大，从而建立了传感器产生的电流与培养液中溶解氧浓度的关系，达到测量目的。

目前有三种表示 DO 浓度的单位：

第一种是氧分压或张力（dissolved oxygen tension，缩写为 DOT），以大气压或 mmHg（1mmHg=133.3Pa）表示，100%空气饱和水中的 DOT 为 $0.2095\times760=159$mmHg。由于发酵溶液组成十分复杂，氧分压不能计算得到，这种表示方法多在医疗单位中使用。

第二种方法是绝对浓度，以 mgO_2/L 纯水表示。这种方法主要在环保单位应用较多。用 Winkler 氏化学法可测出水中溶解氧的绝对浓度，用化学法测发酵液中的 DO 也不现实，因发酵液中的氧化还原性物质对测定有干扰。

因此，发酵行业用第三种方法——空气百分饱和度的表示法是最合适的。

复膜溶氧探头实际测量的是氧分压，与溶解氧浓度并不直接相关，结果用 DOT 表示。使用溶氧电极前，应进行二点标定：

① 零点标定　用饱和 Na_2SO_3 作无氧状态的溶液，将氧电极放入该溶液中，显示仪表上可见溶解氧浓度下降，待下降稳定后，调节零点旋钮显示零值。

② 饱和校正（满刻度）　进行简便测定时，可以采取空气饱和方式。将电极放入培养液中，通气搅拌一段时间，显示仪上可见溶解氧上升，待上升稳定，调节满刻度旋钮至100%，即为饱和值。

发酵罐中 DO 电极的标定方法是，在培养基灭菌后，在搅拌、通气和培养温度下将空气饱和度的显示调为 100，待其稳定后便接种，接种后便不能再调，直到发酵结束。因此，发酵过程中 DO 电极显示的读数实际上是标定时溶解氧含量的百分数。尽管这种方法只是在同样的温度、罐压、通气搅拌等相似条件下，对溶解氧的相对含量进行比较，但也能反映菌的生理代谢变化和对产物合成的影响。

复膜溶氧电极的响应时间较慢（90%的响应为 20～200s），适用于长期监测发酵液的溶解氧水平，不适用于氧的浓度快速变化的场所。如果用这些探头测量氧吸收速率的变化，必须用动态法作响应校正。复膜溶氧电极对温度变化相当敏感，必须用热敏电阻对电子线路进行温度补偿。要考察DO电极是否工作正常，可通过暂停搅拌或加糖、补料、加油、补水进行判断。漂移和膜堵塞是DO电极在使用中面临的主要问题。溶氧探头在经过高温消毒后其重现性和持续性都有所下降，再加上反应器内各处不均匀导致局部溶氧浓度过低，而其他部分却正常。因此，复膜溶氧电极需要经常校正。

(二) 溶解氧浓度的控制

溶解氧的浓度取决于氧气进入培养液的速度和生物细胞消耗氧气的速度。如果前者大于后者，氧气浓度增加，否则降低。氧气进入培养液的速度取决于四个因素：搅拌速度、鼓入空气的速度、鼓入气体中氧气的含量和反应器内氧气的分压。

图7-21所示是最为广泛应用的溶解氧浓度控制方案，适合微生物及其他对搅拌剪切力不太敏感的生物培养。这个方案采用搅拌优先的控制方法，即，当溶解氧浓度低于设定值时，先增加搅拌速度，如果搅拌速度增加到某个最大值后还达不到要求，再增加气体通入速度。

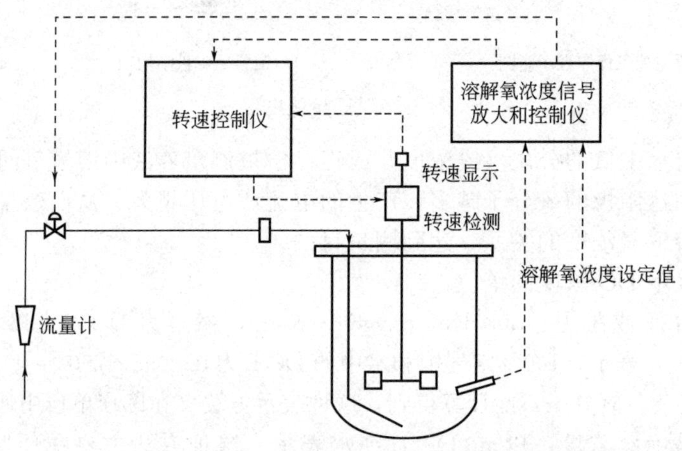

图7-21 搅拌优先的溶解氧浓度控制方案

增加氧气的浓度和增加反应器内氧气的分压具有类似的效果，都能够提高氧气进入液相的推动力。图7-22所示方案使用了三个阀门，分别调节高浓度氧、氮气和空气进入速度。在生物培养的开始和结束阶段，生物的耗氧量比较少，采取同时通入空气和氮气的方法，以稀释空气中氧的浓度。在生物高速生长阶段，可以单独通入空气，或者空气和高纯度氧气同时通入以增加氧气的浓度。生物反应器内的溶解氧浓度由溶氧电极传到溶解氧浓度信号放大和控制仪，然后由控制仪分别调节三个阀门的开度。在这个方案中，不调节搅拌速度，适用

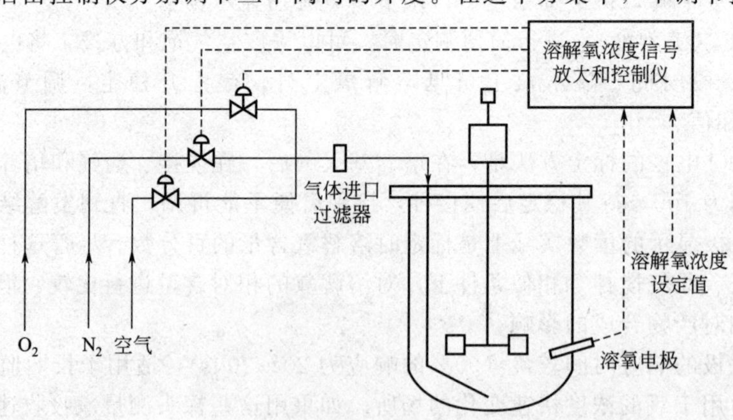

图7-22 调节进气中氧气浓度的溶解氧浓度控制方案

于动物和植物细胞等对搅拌剪切力比较敏感的生物培养。

（三）氧化还原电位（mV）测定

溶氧探头受温度和溶氧压的影响。发酵液中溶氧压很低时，超出溶氧探头的检测极限，通过测定氧化还原电位（mV）可弥补这一点。发酵培养基的氧化还原电位是影响微生物生长及生化活性的因素之一。用一种由 Pt 电极和 Ag/AgCl 参比电极组成的复合电极与具有 mV 读数的 pH 计连接，可测定发酵液中氧化剂（电子供体）和还原剂（电子受体）之间平衡的信息。在某些限氧发酵（如氨基酸）时，氧电极已不能精确测定，氧化还原电位参数控制较为理想。

当发酵液显示明显的非牛顿流体特性时，营养物的均匀分散以及将其供应给微生物群体都更困难。因此，通过控制发酵液的黏度，就有可能改善发酵。可以有几种方法来降低黏度，例如通过添加新鲜培养基、加水稀释发酵液或增加通气量，均可控制培养基的黏度，但后一种方法一般是行不通的。生产上仅限于用加水稀释的方法来控制黏度，采用放掉部分发酵液后再加水稀释或加一部分稀料液以减小黏度的方法。这一方法可以防止黏度增加、氧气传递速率降低和搅拌功率增加。

三、发酵罐排气（尾气）中 O_2 分压和 CO_2 分压

通风发酵罐排气（尾气）中 O_2 的减少和 CO_2 的增加是培养基中营养物质好氧代谢的结果。排气中的 O_2 分压与发酵微生物的摄氧率和 K_La 有关。根据排气中的 O_2 分压和 CO_2 分压计算获得的耗氧率（OUR）、CO_2 释放率（CER）以及呼吸商（RQ）是目前有效的微生物代谢活性指示值。

（一）热磁风式氧分析仪

发酵罐排气中氧浓度的分析测量主要采用热磁风式氧分析仪（也叫磁导式氧分析仪，简称为磁氧分析仪），其原理是利用氧气的磁化率特别高这一物理特性来测定混合气体中的含氧量。在外界磁场的作用下，任何物质都会被磁化，其本身会产生一个附加磁场。如果附加磁场与外磁场方向相同，该物质被吸引，表现为顺磁性；方向相反，该物质被排斥，表现为逆磁性。不同气体都具有不同的磁化特性，表 7-2 列出了部分气体的相对磁化率。

表 7-2　部分气体的相对磁化率

气体种类	O_2	NO	NO_2	N_2	CO_2	H_2	Ar	CH_4	NH_3
相对磁化率	+100	+43.8	+6.2	−0.42	−0.61	−0.12	−0.59	−0.37	−0.57

氧气是顺磁性气体（能被磁场所吸引的称为顺磁性），而且氧气的磁化率随着温度的升高会急剧下降。热磁式氧分析器就是根据氧气的这一特性进行含氧量分析的。由表 7-2 可知，NO 和 NO_2 将会影响氧分析仪的测量准确性，但通常这两种气体在样气中的含量很少，因此，磁氧分析仪广泛用来测量氧含量。热磁式氧分析器的工作原理如图 7-23 所示。

氧气的磁化率比其他气体大得多，且其磁化率为正；其他气体的磁化率有正有负，可部分抵消，故混合气体的磁化率几乎完全取决于含氧气的多少。如果不含氧的混合气体进入测量环室，则样气分两路经过环形气路两旁通道流出环室，处于环室气路中央的水平管道，因其两端的气压相同，不会有气流生成。而当含有氧的混合气体进入测量环室时，由于氧气为强顺磁性而被磁场吸入中间的水平管道内。在水平管道上绕有被加热的铂电阻丝的电桥臂线圈 a 和线圈 b，使此处氧的温度升高而磁化率下降，因而磁场吸引力减小，受后面磁化率较

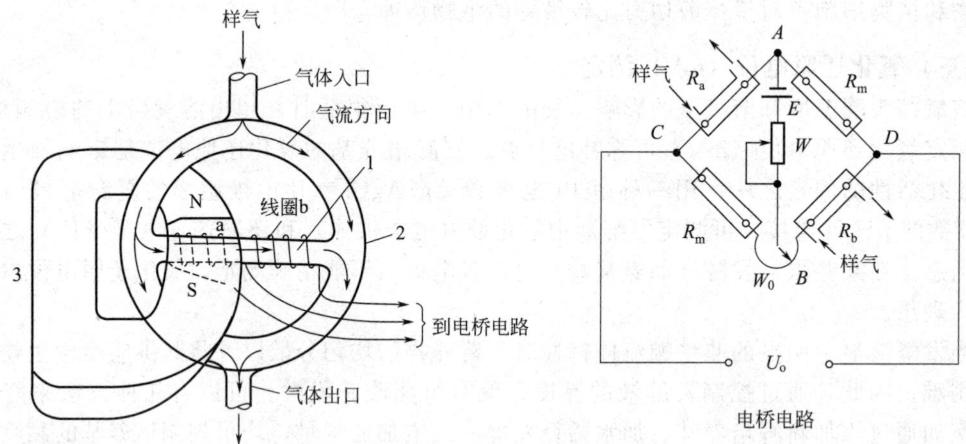

图 7-23　热磁式氧分析器工作原理

1—玻璃管；2—玻璃环形管；3—磁体

高的未被加热的氧气分子推挤而排出磁场，由此造成“热磁对流”或“磁风”现象。在一定的气样压力、温度和流量下，通过测量磁风大小就可测得气样中氧气含量。由于热敏元件（铂丝）既作为不平衡电桥的两个桥臂电阻，又作为加热电阻丝，在磁风的作用下出现温度梯度，即进气侧桥臂的温度低于出气侧桥臂的温度。如图 7-23 所示，被测气体组分不含氧气时，电桥处于平衡状态。不平衡电桥将随着气样中氧气含量的不同，输出相应的电压值。

热磁式氧分析器结构简单，便于制造和调整，但当环境温度和压力变化时，仪表的指示值会发生变化。另外，当被测气体流量改变时，也会引起测量误差。因此，在实际应用中，常采用恒温、双桥测量电路，对被测气样进行稳压、稳流等措施，以减小测量误差。

（二）CO_2 红外分析仪

可以用来测量 CO_2 气体含量的仪表较多，如热导式、气相色谱法、电导式电极法和 CO_2 红外分析仪及质谱仪。发酵罐尾气中 CO_2 的测量常用红外线测定仪（简称 IR）。尾气中进入分光红外线气体分析仪，基于 CO_2 对红外线的选择性吸收，在一定范围内吸收值与二氧化碳浓度呈线性关系，从而进行测定。

红外吸收法的测定原理是当气体分子吸收了特定波长的红外辐射，并由其产生振动或转动运动从而引起偶极矩的净变化，产生气体分子振动和转动能级从基态到激发态的跃迁，使相应于这个波长吸收区域的透射光强度减弱。因此，特定的分子对不同波长的红外光有选择性吸收。CO_2在波长 4.26μm 处的吸收带最强，这种近红外波段气体吸收强度的衰减符合 Lambert-Beer 定律。工业用红外气体分析仪从物理特征上可分为分光型和非分光型两种。分光型是借助分光系统分出单色光，使通过介质层的红外线波长与被测组分的特征吸收光谱相吻合而进行测定的，其分析能力强，多用于实验室。非分光型指光源的连续光辐射全部投射到样品上，样品对红外辐射具有选择性吸收和积分性质，同时采用与样品具有相同吸收光谱的检测器来测定样品对红外光的吸收量。非分光型相对功能单一，但简单可靠，多用于工业现场。

非分光型红外（NDIR）CO_2气体传感器检测流程如下：

红外光源→传感气室→滤光片（只让 4.26μm 波长穿过）→红外探测器

红外光可通过传感气室照在探测器上，探测器前安装一个只让 4.26μm 波长穿过的滤光片，所以到达探测器的只是 4.26μm 波长光。当含有 CO_2 的被测混合气体分子扩散进入传感气室后，由于 CO_2 分子能够吸收 4.26μm 波长的光，探测器检测到光强度的大小与气室中 CO_2 浓度的高低恰恰相反：当气室的 CO_2 浓度为零时，探测器检测到光的强度最大，当 CO_2 浓度增加时，检测到的光强度显著降低。光强度和 CO_2 浓度之间的关系可以用 Lambert-Beer 定律来描述：

$$I=I_0e^{KP}$$

式中，I 表示照射到探测器的光强度的测量信号；I_0 表示 CO_2 浓度 0mg/L 时的测量信号；K 表示系统常数；P 表示 CO_2 的浓度。可以用纯氮气（CO_2 0mg/L）以及已知浓度（1000mg/L 或 5000mg/L）的 CO_2 来校准仪表。由于水蒸气有较大干扰，需要除湿处理。测量时，仪器入口要接干燥剂过滤器（$CaCl_2$ 或硅胶），以防止水蒸气对测定结果产生影响。

采用空间双光路结构红外线 CO_2 分析仪可减小光源波动及环境变化的影响。

如图 7-24 所示，工作气室通入被测气体，参比气室中一般充有不吸收红外线的气体。分析仪将被测气体中 CO_2 浓度值对应的电信号与一恒定不变的相当于被测气体为零（如 N_2）的参比电信号进行比较，并对其差值放大、检波、光路平衡，零、终点调整，线性化校正等，从仪器指示仪表上即显示被测气体中 CO_2 的浓度。

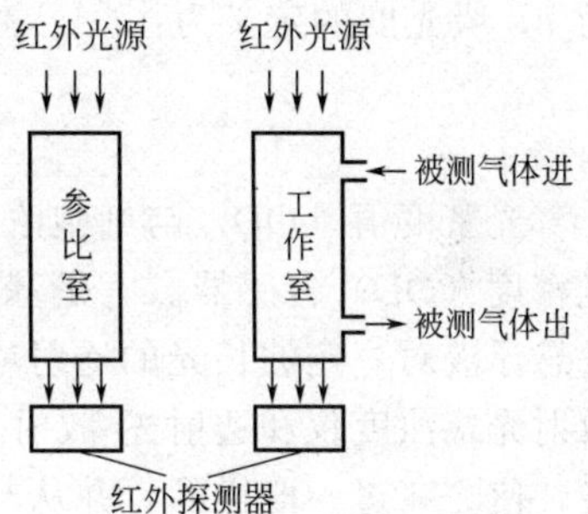

图 7-24　红外线 CO_2 分析仪空间双光路结构示意图

CO_2 红外分析仪精度高，可达±1%，量程 0～5%，由于发酵排气中 CO_2 一般在 3%以下，因此此种分析仪较为理想，根据使用要求可采用不同量程的规格。国产的 HQG 型或 QGS 型均适合连续测量。

四、细胞浓度和发酵液成分

细胞浓度作为一个重要的状态参数，如果失控将会严重影响产物的合成。细胞浓度太低会降低发酵产品的产量，细胞浓度太高将因发酵罐传氧能力的限制无法满足细胞呼吸的需要，造成它们生长与代谢的抑制，从而降低生产能力。因此，生物体浓度必须在培养过程中加以适当控制，以使生产能力最大，消耗最少。一般在半连续发酵过程中，通过测量 pH 值、溶解氧浓度 DO，或者通过分析出口气体中氧浓度和发酵液体积（V），从而计算出氧利用速率（OUR）、二氧化碳释放速率（CER）和呼吸商（RQ），调节营养物质的流加量。这种方法是一种间接的方法，若能直接在线测量生物质浓度，然后依此信息来控制营养物质的流加速率，显然比间接的方法要好。

工业化生产中难以找到完全相同的过程曲线的根本原因在于细胞量、产物量数据的准确性和及时性。但目前还不具备理想的直接用来检测细胞浓度的在线传感器，即使是离线分析，结果也不尽人意。最普通的离线检测方法是细胞干重法、显微镜计数法；细胞中 DNA 含量在发酵过程中大体保持不变，而与营养状况、培养基的组成、代谢及生长速率关系不大。因此，发酵液中 DNA 含量可计算成细胞浓度。在线检测方法最常用的是浊度法间接检测，其他还有荧光性（ATP 或 NADP）、黏度、阻抗和产热等的间接检测方法。

（一）细胞浓度的检测

掌握发酵过程中菌体生长状态与规律是非常重要的，它直接关系到产酸水平。然而由于缺乏连续测定菌体浓度的传感器，目前还无法直接测定发酵过程菌体的生长状况。工艺上大多采用镜检或取样测定发酵液光密度（OD）的方法来判定菌体浓度。

1. **浊度法**

浊度大小由溶液中含有的微量不溶性悬浮物质、胶体物质多少所决定。澄清培养基发酵时检测浊度，能及时反映低浓度单细胞（非丝状菌）的生长状况。一般细胞愈多，发酵液愈浑浊，这对氨基酸、核苷酸等产品的发酵生产极为重要。目前只限于采用定时取样的“离线”测定方法。浊度可用分光光度计或浊度仪进行检测。通常波长 400～700nm 都是微生物测定的范围，需要紫外分光光度计测最大吸收波长。细菌的波长应选在可见光范围内；对于较大的微生物，则选用红外波长；对于更大的植物细胞或昆虫细胞培养，可由浊度仪测定。

分光光度计是通过测定被测物质在特定波长处的吸光度（absorbance，A），对该物质进行定量分析。吸光度即光密度（optical density，OD），若入射光强度为 I_0，透射光强度为 I，吸光度的定义为：

$$A=\lg\frac{I_0}{I}$$

光密度值（OD）与细胞浓度成正比。已有一些直接用于估计细菌和酵母菌细胞浓度的光密度（OD）传感器。它是基于对光的透射、反射或散射而实现测定的。浊度仪是通过测量悬浮液对一定波长光的透射或散射强度而实现浊度测定的专用仪器，有透射光式浊度仪、散射光式浊度仪和透射光-散射光式浊度仪。利用散射光式浊度仪进行测量时，光源发出光线，使之穿过一段样品，并从与入射光呈 90°角的方向上检测有多少光被悬浮液中的颗粒物所散射（图 7-25）。

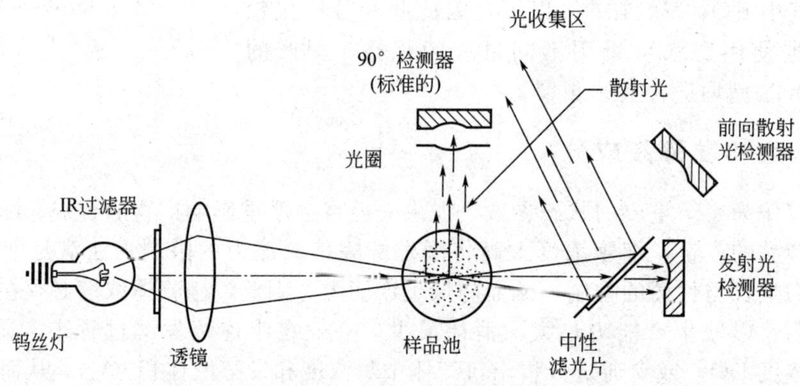

图 7-25 散射光式浊度仪

利用浊度仪在线测量细胞浓度的最大问题是发酵液中的空气或 CO_2 气泡对测量信号的扰动，从而影响测量信号的准确性和这种仪表的可靠使用，另一问题是培养物的残渣会沉积在测量探头上。为了克服这一问题，可采用单一光源的差示（双重）测量浊度。新近制成的由多股光导纤维束组成的光导管，提供了这种测定方法所需的光源。由 OD 值直接计算干重浓度是不现实的，但这常用于校准系统。应用光密度原理在线直接检测技术对 *E. coli* 等球形细胞的检测十分有效。检测中使用可灭菌的不锈钢探头，通过一个法兰盘或快卸接合装置将探头直接插入生物反应器中。

发酵过程控制净增 OD 值至关重要：OD 值是发酵培养基浓度、色度、菌体量和菌体伸长膨大的一个综合性指标。净增 OD 则主要是菌体生长量和菌体伸长膨大所致。在谷氨酸发酵过程中，净增 OD 的控制是一个重要的控制参数。如净增 OD 太低，说明菌体量少，会导致发酵周期延长；如净增OD太高，说明菌体合成多，消耗的碳源多，使产酸率与转化率降低，另外，还有可能是由于生物素含量高，而使菌体不能完成长菌型细胞向产酸型细胞的转化，严重影响发酵产酸；此外，净增OD值上升后又下跌或不上升及异常地增高，还可以说明是否污染噬菌体和杂菌。

2. 荧光法

细胞内呼吸链上的NADH在360nm处可激发出能在460nm处检出的特征性荧光，采用光纤或在线采样的方式，无菌取样后进行荧光测定荧光，利用这一荧光反应可以定量分析细胞活性或细胞浓度（图7-26）。

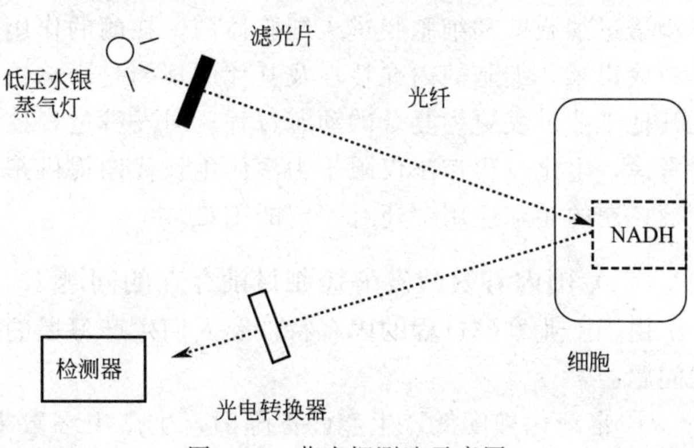

图7-26　荧光探测法示意图

3. 黏度法

黏度大小可作为细胞生长或细胞形态的一项标志，也能反映罐内菌丝分裂过程的情况，其大小可改变氧传递的阻力。但黏度测量尚未得到应有的重视，原因是迄今还无在线监测发酵罐内黏度的满意方法。其困难在于发酵液的黏度不仅取决于发酵液的性质，而且还取决于测定装置在流体场的形状。目前，发酵液黏度测定一般为取样离线检测，使用旋转式黏度计进行，主要用于指示丝状菌的生长和自溶，而与细胞浓度不直接相关。

（二）发酵液成分的检测

发酵液中糖、氮、磷等重要营养物质的浓度，对菌体的生长和代谢合成有重要影响，是产物代谢控制的重要手段。产物浓度是检验发酵正常与否的重要参数，也是决定发酵周期长短的根据。为了获得高的优化产率，对这些物质的浓度在发酵过程中要加以控制。然而，至今对这些物质浓度的测量还缺乏工业上可用的在线测量仪表。高压液相色谱（high pressure liquid chromatography，HPLC）广泛用于分析发酵液的有关组分浓度，目前已成为实验室分析的主导方法。但进行分析前必须选择适当的色谱柱、操作温度、溶剂系统、梯度等，而且样品要经过亚微米级过滤处理。HPLC与适当的自动取样系统连接，可对发酵液进行在线分析，但作为发酵过程实时优化控制还有待进一步改进。

第七节　生产实例——谷氨酸发酵过程的自动控制

谷氨酸发酵过程是：灭菌后的谷氨酸发酵培养液在流量监控下进入谷氨酸发酵罐，经过罐内冷却蛇管将温度冷却至32℃，接入菌种，通入消毒空气，经一段时间适应后，发酵过程即开始缓慢进行。谷氨酸发酵是一个复杂的微生物生长过程，谷氨酸菌摄取原料的营养，并通过体内特定的酶进行复杂的生化反应。培养液中的反应物透过细胞壁和细胞膜进入细胞内，将反应物转化为谷氨酸产物。整个发酵过程一般要经历三个时期，即适应期、对数增长期和衰亡期。每个时期对培养液浓度、温度、pH值及通风量都有不同的要求。因此，在发酵过程中，必须为菌体的生长代谢提供适宜的生长环境。经过大约30～40h的培养，当产酸、残糖、光密度等指标均达到一定要求时，即可放罐。

一、谷氨酸发酵工艺特征及其控制中存在的问题

（一）工艺特征

谷氨酸发酵是典型的生化反应过程。谷氨酸产生菌既是反应过程的主体，又是反应过程的生物催化剂，它摄取原料的营养，通过细胞内特定的酶进行复杂的生化反应。底物中的反应物透过细胞壁和细胞膜进入细胞体内，在酶的作用下进行催化反应，将反应物转化为产物并释放出来，细胞的内在特性及其代谢规律是影响生化反应的关键因素。因此，发酵是一个比其他工业过程更为复杂的动态过程。对发酵过程控制的研究还没有从微生物代谢的本质上去考虑，生化过程控制仅限于为菌体生长代谢提供基本的物理环境，发酵过程动力学模型在发酵控制的实际应用中还有一定的困难。

（二）国内谷氨酸发酵控制目前存在的问题

由于工业发酵过程的固有特性及人们生产习惯的影响，国内谷氨酸发酵装置普遍存在下列问题：

① 自动化程度低，生产设备陈旧，生产中多数采用常规仪表控制温度、罐压、通风量等几个基本物理参数，有些发酵罐甚至连 pH 自动控制也没有。

② 缺乏对生化参数的自动检测与控制手段，对于表征发酵过程状态的主要生化指标，如菌体浓度、糖酸转化率、产酸率、残糖等，基本上由人工在现场采样再到化验室分析。对溶解氧（DO）值、尾气 CO_2、O_2、呼吸商、耗氧速率、氧利用率等更很少进行在线检测或计算。

③ 优化控制处于起步阶段。但是由于间歇发酵过程的批量特点及流加操作的影响，模型参数的分散性、非线性、时变性、相关性、滞后性以及不可避免的人为干预等扰动，使若干关于底物消耗、菌体生长、产物生成的数学模型付诸实施的可能性较小。虽然也有文献报道过一些生化反应过程的智能或优化控制，但就其全局来讲，关于这一发酵过程完整的工程知识尚不够完善，对基于模型或专家知识的各种优化控制还要做深入的工作。

二、谷氨酸发酵罐的主要控制系统

谷氨酸发酵是一个复杂的生化过程，要使菌体生长迅速、代谢正常、多出产物，必须为其提供良好的生长环境。一般主要控制参数有通风量或溶解氧、发酵液 pH 值、发酵温度、罐压等。

谷氨酸发酵罐控制系统原理如图 7-27 所示。主要测量仪表有：pH 计，用于在线连续测量发酵液中的 pH 值；在线溶解氧分析器，用于检测发酵液中的溶解氧值；红外线 CO_2 分析仪，在线分析发酵罐尾气的 CO_2 含量；磁氧分析仪，在线分析发酵罐尾气的残余氧含量；电磁流量计、涡街流量计，分别用于流加糖和风量检测；以及温度、压力等其他检测仪表。

（一）溶解氧（通风量）控制

谷氨酸菌的生长必须在有氧的环境下进行，根据不同的生长时期改变通风量，其中在对数增长期，菌体生长代谢最活跃，需要的氧量最多。由于菌体生存于发酵液中，发酵液中的溶解氧（DO 值）对菌体极为重要。空气经过分配器的小孔进入发酵罐底部，鼓泡而上，再经过充分的搅拌，对 O_2 向液相扩散起到重要的作用。因此，生物供氧不能简单停留在按发酵阶段调整通风量的设定值上。

一般以溶解氧为主控变量，风量、搅拌电机转速为辅助变量组成串级复合控制系统，空

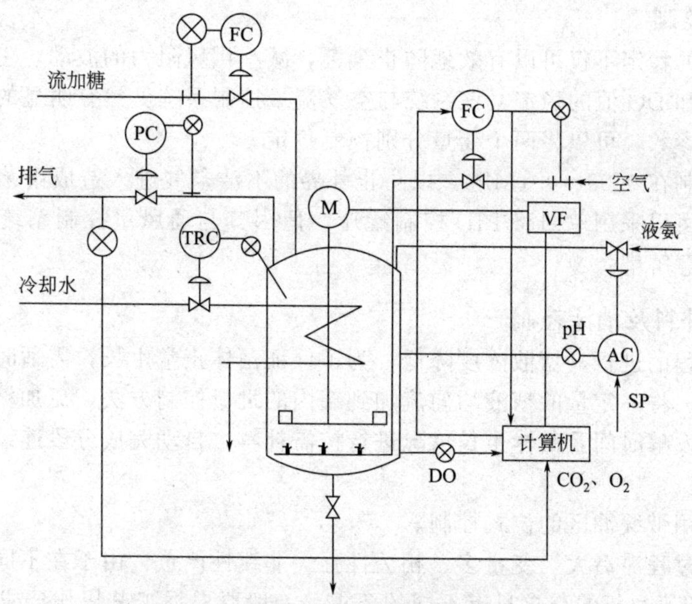

图 7-27　谷氨酸发酵罐的主要控制系统

气流量控制的设定值由溶解氧控制器输出进行校正，也可以根据发酵进行的时间分段设定，以改善过程的供氧情况。在一般情况下，当发酵罐内有富余的空气且搅拌电机转速适中时，通过对搅拌电机转速控制可以得到良好的溶解氧动态过程，而在空气量不足或搅拌电机达到一定转速后，DO 变化受到限制，这时它可以通过溶解氧和风量调节回路得到继续改善。系统对搅拌速度进行了一定限制，搅拌速度过高，桨叶可能对菌体造成伤害，使菌体破裂，甚至引起发酵液黏度、OD 值及 pH 值的变化。搅拌电机回路对加快 DO 的动态响应、提高氧的利用率较为有利。

采用溶解氧在线分析器、排气 O_2 和 CO_2 浓度分析器组成多变量的先进控制系统，计算机根据发酵液中实际氧含量及菌体生长代谢情况调节通风量控制系统的设定值和搅拌电机转速，对改善溶解氧的浓度能起到积极的作用。

（二）pH 值控制

发酵过程的 pH 值变化比较缓慢，并且受温度、通风量、菌体的生长代谢情况影响，比一般的酸碱中和过程复杂得多。在整个发酵过程中，pH 设定值是时间的函数，每时每刻对 pH 值的动态精度要求都很高，发酵全程 pH 值不能低于 6.4，否则产酸率、产酸速率将明显下降。在发酵的初始阶段，因为其产酸能力较低，不能过快地增加液氨流量，应对控制器输出适当限幅。采用具有多种约束的非线性 PID 控制方法，能获得优良的控制效果。

发酵罐 pH 值程序控制，要根据工艺人员长期摸索的规律，确定一条优化设定曲线，采用液氨流加，控制发酵液的 pH 值。考虑到 pH 值过程的非线性特性，为了提高控制效果，采用有约束的非线性补偿控制方法，pH 值的跟踪性能与抗干扰性能都较强，pH 值最大稳态误差不超过 0.1。

（三）温度控制

发酵罐温度程序控制，要根据发酵时间进程，按最适宜的微生物生长环境以及发酵进行的时间和工艺要求设计一个最优发酵温度设定函数。通常是从发酵开始，温度设定在 32℃，每经过 12h 升温 1～2℃，当发酵时间接近终点（如设定为 34h）时，温度升至 37℃。

（四）罐压控制

发酵罐压力的稳定不仅可以有效地防止染菌，减小供风阻力的波动，也有助于气液两相氧气分压的平衡和DO值的稳定，该系统与空气流量控制系统虽然有明显的关联，但通过调整控制器的有关参数，可以将两个变量分别控制稳定。

罐压通常控制在0.05～0.1MPa，以防止外界的不洁空气进入造成染菌，罐压过高将增大阻力与能耗。可以采用单回路PID控制罐压，但因其与通风量控制系统耦合密切，控制器参数整定要注意解耦。

（五）自动补料及消沫控制

随着发酵过程的进行，糖液浓度降低，为了保证菌体正常生长，需适时补糖。通常采用在一定的时间内，将一定量的糖液均匀流加到罐内的批量控制方法。流加糖控制是在降低初糖浓度后，根据发酵时间及菌体生长情况进行按需补料，自动完成分段连续流加控制，以利于菌体生长代谢。

消沫可以采用带缓冲区的位式控制。

谷氨酸发酵过程滞后大、变量多、相关性强、非线性严重，由于在不同的发酵阶段谷氨酸菌对温度、pH值及氧的需求量有不同的要求，一般要根据工艺操作要求和实际经验设计出最优的参考轨迹。在pH值控制算法上采用具有约束的非线性补偿PID控制。为了满足微生物的氧代谢，采用了根据溶解氧、排气残氧量及CO_2含量在线分析结果计算最佳供风量的协调控制方案。采用上述系统能获得满意的控制指标，每罐次运行参数平稳，糖酸转化率和产酸率都能得到不同程度的提高。

同时，计算机可以根据DO、pH值、尾气CO_2、O_2等在线分析仪表及操作人员输入的部分分析数据（如糖液浓度、OD值、残糖、谷氨酸产率等）估算出菌体量、呼吸商、氧利用率等参数显示于操作窗口，供工艺人员现场操作参考。

思考题

1. 发酵过程的参数检测有什么意义？生产中主要检测到的参数有哪些？
2. 用于在线检测的传感器必须符合哪些要求？
3. pH电极的指示电极能测定pH值的原理是什么？
4. 使用pH电极时应注意哪些问题？
5. 溶氧电极能够测定液体中溶解氧浓度的原理是什么？
6. 影响溶氧电极测定的灵敏度和准确性的因素有哪些？
7. 哪些仪器可以测定尾气氧和尾气二氧化碳？测定原理是什么？
8. 浊度法检测细胞浓度的原理是什么？

参考文献

[1] 史仲平，潘丰等．发酵过程解析、控制与检测技术［M］．北京：化学工业出版社，2005.
[2] 李亚芬．过程控制系统及仪表［M］．大连：大连理工大学出版社出版，2006.
[3] 郑裕国，薛亚平．生物工程设备［M］．北京：化学工业出版社，2007.

第八章　发酵产物的分离提取

【学习目标】

1. 了解发酵产物的成分及类别，熟悉发酵产物分离的特点。

2. 掌握发酵产物分离单元操作原理。

3. 了解谷氨酸提取与味精制造工艺过程。

发酵成熟醪液中常含有各种各样的杂质，而所需要的发酵产物则含量很少。分离的目的在于从发酵液中制取高纯度的、符合质量标准要求的发酵成品。

第一节　发酵产物分离的特点与过程设计

一、发酵产物分离的特点

从发酵醪中获得的发酵产物大致可分为菌体和代谢产物两类。发酵醪具有的一般特征包括：①含水量高，一般可达90%～99%；②产品浓度低；③悬浮物颗粒小，密度与液体相差不大；④固体粒子可压缩性大；⑤液体黏度大，大多为非牛顿型流体；⑥产物性质不稳定。

工业生产上，发酵产物的分离过程包括发酵液的预处理、提取、精制三个步骤。由于发酵液体积大，发酵液中的发酵产物浓度低，一步操作远远不能满足要求，而需要好几步操作。

预处理的目的是改变发酵液的物理性质，促进悬浮液中分离固形物的速度，提高固液分离器的效率；尽可能使产物转入便于后处理的某一相中（多数是液体）；去除发酵液中部分杂质，以利于后续各步操作。预处理主要去除以下的内容物：菌体的分离；固体悬浮物的去除；蛋白质的去除；重金属离子的去除；色素、热原质、毒性物质等有机杂质的去除；改变发酵醪的性质；调节适宜 pH 值和温度。

预处理的常用方法有：

（1）加热法　降低悬浮液的黏度，除去某些杂蛋白，降低悬浮物的最终体积，破坏凝胶状结构，增加滤饼的空隙度。

（2）调节悬浮液的 pH 值　通过调节发酵醪 pH 值到蛋白质的等电点使蛋白质沉淀，同时络合重金属离子。常用的酸化剂有草酸、盐酸、硫酸和磷酸。

（3）凝聚和絮凝　即在投加的化学物质（比如水解的凝聚剂，如铝、铁的盐类或石灰等）作用下，胶体脱稳并使粒子相互聚集形成 1mm 大小块状凝聚体的过程。常见的凝聚剂有无机类电解质，其水溶液大多为阳离子，包括：无机盐类，如硫酸铝、明矾、硫酸铁、硫酸亚铁、三氯化铁、氯化铝、硫酸锌、硫酸镁和铝酸钠；金属氧化物类，如氢氧化铝、氢氧化铁、氢氧化钙和石灰；聚合无机盐类，如聚合铝和聚合铁。

(4) 添加助滤剂　一般为惰性助滤剂，其表面具有吸附胶体的能力，并且由此助滤剂颗粒形成的滤饼具有格子式结构，不可压缩，滤孔不会被全部堵塞，可以保持良好的渗透性。常用的助滤剂：硅藻土，膨胀珍珠岩，石棉，纤维素，未活化的炭，炉渣，重质碳酸钙等。

(5) 添加反应剂　添加可溶解的盐类，生成不溶解的沉淀。生成的沉淀能防止菌丝体黏结，使菌丝具有块状结构；沉淀本身可作为助滤剂，还能使胶状物和悬浮物凝固。

预处理除去发酵产物的杂质后，进行提取和精制。发酵产物的初步分离方法大多采用的是离心分离及过滤。后几步操作所处理的体积小了，操作要容易些。常用的提取方法有离子交换树脂法、离子交换膜法、凝胶色谱法、沉淀法、溶剂萃取法、吸附法等。精制过程包括蒸发浓缩、结晶、干燥及蒸馏等单元操作。

对于某些发酵产品在提取和精制过程中要注意防止变性和降解现象的发生，过酸、过碱、高温、剧烈的机械作用、强烈的辐射等都可能导致大分子活性丧失和不稳定。因此，在提取和精制过程中要注意避免 pH 值过高或过低，避免高温、剧烈搅拌和产生大量泡沫，避免和重金属离子及其他蛋白质变性剂接触。有必要用有机溶剂处理的，必须于低温下在短时间内进行。有些酶以金属离子或小分子有机化合物为辅基，在进行提取和精制时，要防止这些辅基的流失。此外，在发酵液中，除所需要的酶以外，常常还同时存在蛋白酶，为防止发酵醪中所需的酶被蛋白酶所分解，要及早除去蛋白酶或使其失活。

发酵产物分离的特点为：①无固定操作方法可循；②生物材料组成非常复杂；③分离操作步骤多，不易获得高收率；④发酵液中所含目的物浓度很低，而杂质含量却很高；⑤分离过程必须保护化合物的生理活性；⑥生物活性成分离开生物体后，易变性、被破坏；⑦基因工程产品，一般要求在密封环境下操作。

二、常用的分离技术及机制

从分离操作的角度，一般可将分离技术分为两大类：一类是基于相间分配平衡差异的平衡分离法；另一类是外力作用下产生的溶质移动速度差别的差速分离法。

平衡分离法是根据溶质在两相（如气-液、气-固、液-液、液-固、气-固）间分配平衡的差异实现分离。溶质达到分配平衡的推动力的大小仅取决于系统的热力学性质，即溶质偏离平衡态的浓度差（化学势差）。显而易见，溶质达到相间分配平衡的过程是扩散的传质过程。因此，平衡分离又称扩散分离。蒸馏、蒸发、吸收、萃取、结晶或沉淀、泡沫分离、吸收和离子交换（色谱）等均为典型的平衡分离过程。

差速分离法是利用外力（包含压力、重力、离心力、电场力、磁力）驱动溶质迁移产生的速度差进行分离。传统的过滤、重力沉降和离心沉降等非均相物系的机械分离方法是根据溶质的大小、形状和密度差异而进行分离的，也属差速分离的范畴。其他典型的差速分离法还包括超滤、反渗透、电渗析、电泳和磁泳等。

某些情况下需两种分离原理共同产生作用以促进分离效率的提高。大多数分离物系中溶质间性质差别较小，即分离因子较小，单级分离效率很低，故一般采用多级分离技术。上述各种平衡分离技术多采用多级分离操作，有些差速分离过程（如膜分离）亦可采用多级分离提高分离效率。

发酵产物分离常用的技术及机制见表 8-1。

表 8-1　发酵产物分离常用的技术及机制

分离技术		分离原理	生物分离的产物
离心	离心过滤	离心力、筛分	菌体、细胞碎片
	离心沉降	离心力	菌体、细胞、血球、细胞碎片
	超离心	离心力	蛋白质、核酸、糖类
	泡沫分离	气液平衡、表面活性	蛋白质、细胞、细胞碎片
膜分离	微滤	压差、筛分	菌体、细胞
	超滤	压差、筛分	蛋白质、多糖、抗生素
	反渗透	压差、筛分	水、盐、糖、氨基酸
	透析	浓差、筛分	尿素、盐、蛋白质
	电渗析	电荷、筛分	氨基酸、有机酸、盐、水
	渗透气化	气液平衡、筛分	乙醇
萃取	有机溶剂萃取	液液平衡	有机酸、抗生素、氨基酸
	双水相萃取	液液平衡	蛋白质、抗生素、核酸
	液膜萃取	液液平衡、载体输送、化学反应	氨基酸、有机酸、抗生素
	反胶团萃取	液液平衡	氨基酸、蛋白质、核酸
	超临界流体萃取	相平衡	香料、脂质、生物碱
色谱	凝胶过滤色谱	浓差、筛分	脱盐、分子分级
	反相色谱	分配平衡	甾醇类、维生素、脂质、蛋白质
			蛋白质、氨基酸、抗生素、核酸
	离子交换色谱	静电作用、浓度(pH 值、离子强度)	蛋白质、氨基酸、抗生素、核酸、有机酸
	亲和色谱	生物亲和作用	蛋白质、核酸
	疏水性色谱	疏水作用、浓差(离子强度)	蛋白质、核酸
	色谱聚焦	静电作用、浓差 pH 值	蛋白质
电泳	凝胶电泳	筛分、电荷	蛋白质、核酸
	等电点聚焦	筛分、电荷、浓差 pH 值	蛋白质、氨基酸
	等速电泳	筛分、电荷、浓差 pH 值	蛋白质、氨基酸
	二维电泳	筛分、电荷、浓差 pH 值	蛋白质
	色谱电泳	电泳、电渗、色谱	蛋白质、核酸、糖、手性拆分
结晶	溶液结晶	液固平衡(溶解度)	有机酸、抗生素、蛋白质
沉淀	盐析沉淀	液固平衡、疏水作用	蛋白质、核酸
	等电点沉淀	液固平衡、疏水作用、静电作用	蛋白质、氨基酸
	有机溶剂沉淀	液固平衡、静电作用	蛋白质、核酸

三、发酵产物分离的过程选择

各种发酵醪特性不同，含菌体不同，发酵产物的化学结构和物理性质不同，提取和精制的方法选择也不同。分离过程的选择是根据发酵产物具有的特征来确定的。目前对一种未知的发酵产品的发酵液进行提取时主要通过两个步骤来确定：①先研究该发酵产物是属于哪一类型（属碱性、酸性、两性物质或它的溶剂系统），进行初步试验；②通过稳定性的研究，如将发酵物用各种不同的温度及不同的 pH 值进行处理，来检查有效的物质稳定情况。这样可以了解该发酵产物在哪一种适合的条件下进行提取精制而不受破坏，同时在保证质量的前提下，尽可能提高其效率。

大多数的发酵代谢产物都存在于发酵醪液中，可以将细胞去除后，从滤液（有时称原液）中提取和精制。胞内产物需经细胞破碎，分离细胞碎片，对余下的液体进行提取和精制。提取和精制程序见图 8-1。

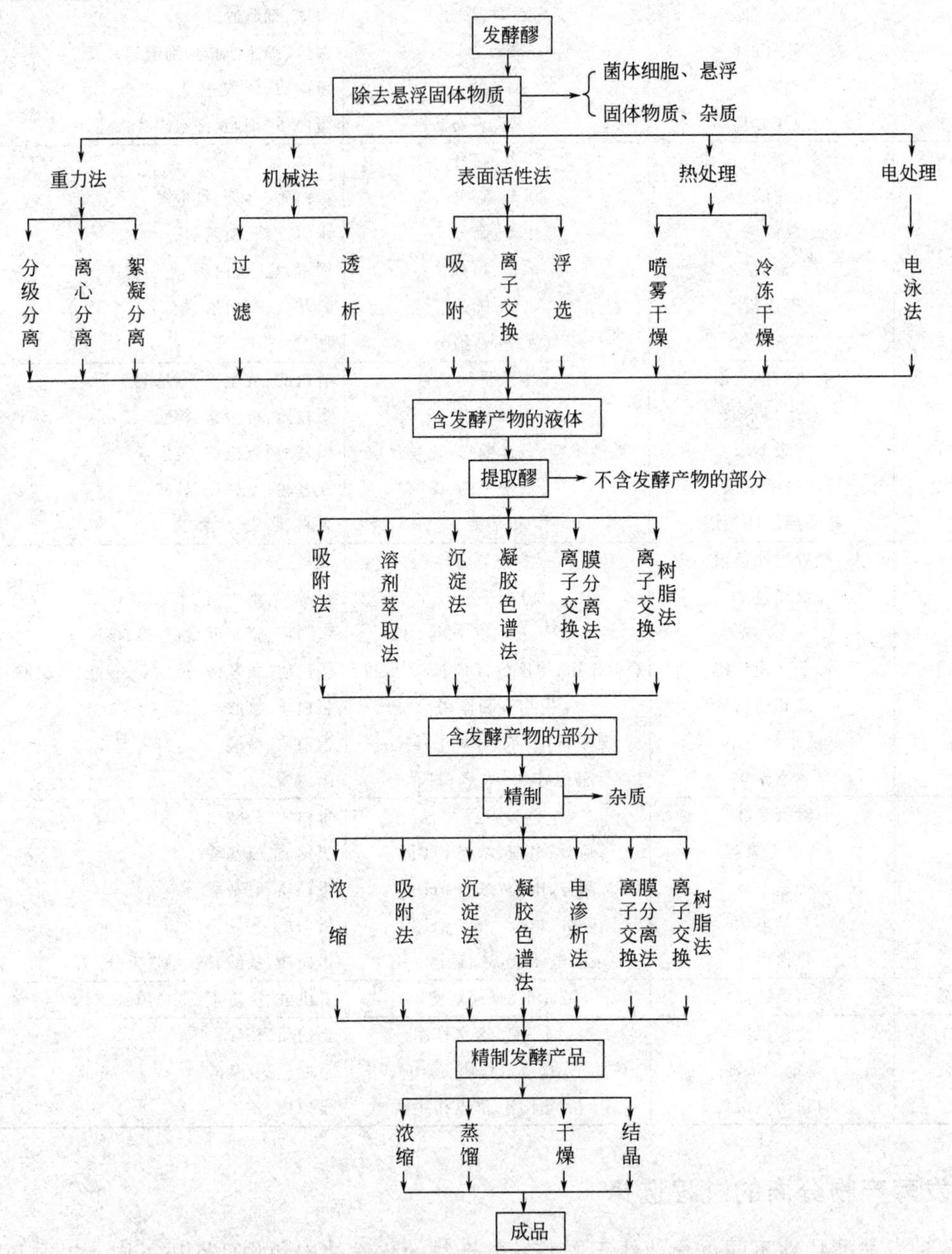

图 8-1 发酵产物分离提取精制程序

第二节 细胞破碎

由于有很多生物发酵产物位于细胞内部，如青霉素酰化酶、碱性磷脂酶、延胡索酸酶、二氢嘧啶酶、天冬氨酸酶、乙醇脱氢酶等，必须在纯化以前先将细胞破碎，使细胞内产物释放到液相中，然后再进行提纯。

细胞破碎（即破坏细胞壁和细胞膜）使胞内产物获得最大限度的释放。通常细胞壁较坚韧，细胞膜强度较差，易受渗透压冲击而破碎，因此破碎的阻力来自于细胞壁。各种微生物的细胞壁结构和组成不完全相同，主要取决于遗传和环境等因素，因此，细胞破碎的难易程度不同。另外，不同的生物发酵产物，其稳定性亦存在很大差异，在破碎过程中应防止其变性或被细胞内存在的酶水解，因此选择适宜的破碎方法十分重要。按照是否外加作用力通常将细胞破碎方法分为机械法和非机械法两大类，如图 8-2 所示。

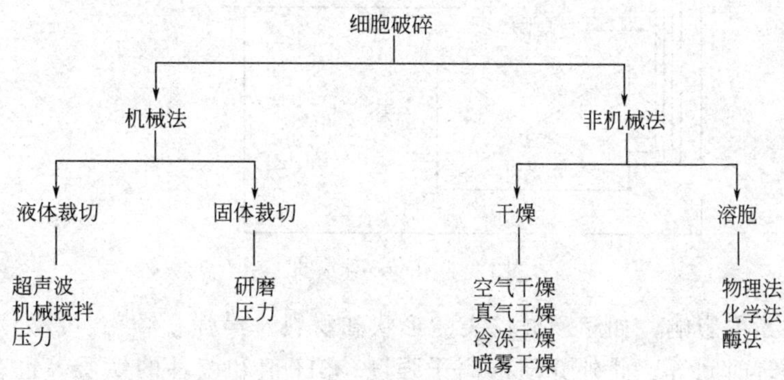

图 8-2　细胞破碎的方法

一、机械法

常用的机械破碎方法是基于液相或固相剪切力，这些剪切力可以在高压匀浆器或机械驱动的破碎机如胶质磨、珠磨等设备中获得。

高压匀浆器（high pressure homogenizer）是用作细胞破碎的较好的设备，它由可产生高压的正向排代泵（positive displacement pump）和排出阀（discharge valve）组成，排出阀具有狭窄的小孔，其大小可以调节。图 8-3 为高压匀浆器的排出阀结构简图。在操作方式上，可以采用单次通过匀浆器或多次循环通过等方式。某些较难破碎的细胞，如小球菌、链球菌、酵母菌和乳酸杆菌等，以及处于生长静止期的细胞或通入的细胞浓度较高时，应采用多次循环的方式才能达到较高的破碎率。对某些高度分枝的微生物，由于它们会阻塞匀浆器的阀，使操作发生困难，故该法不适用。

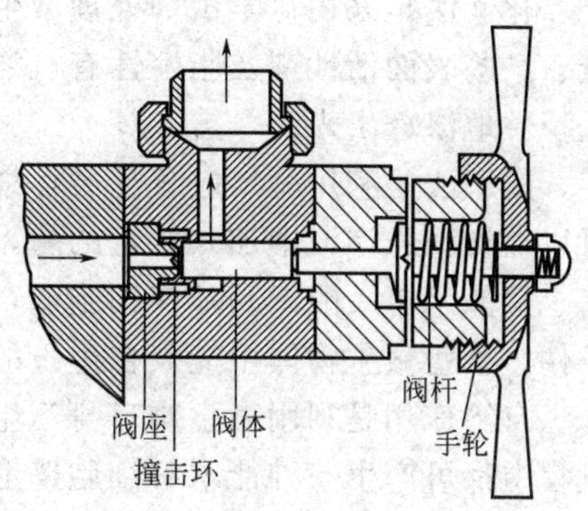

图 8-3　高压匀浆器排出阀结构简图

高速珠磨机（high speed bead mill）是另一种常用的破碎细胞的机械。其原理是利用玻璃小珠与细胞悬浮液一起快速搅拌，由于研磨作用，使细胞得以破碎。工业规模中典型的珠磨机结构示意图见图 8-4。细胞的破碎效率与搅拌转速、料液的循环流速、细胞悬浮液的浓度、玻璃小珠的大小及装量等因素有关。在实际操作时，各种参数的变化必须适当。

超声波具有频率高、波长短、定向传播等特点，通常在 15～25kHz 的频率下操作。超声波振荡器有不同的类型，常用的为电声型，它是由发声器和换能器组成，发生器能产生高频电流，换能器的作用是把电磁振荡转换成机械振动。超声波振荡器又可分为槽式和探头直接插入介质两种类型，就破碎效果而言，一般后者比前者好。超声波处理细胞悬浮液时，破

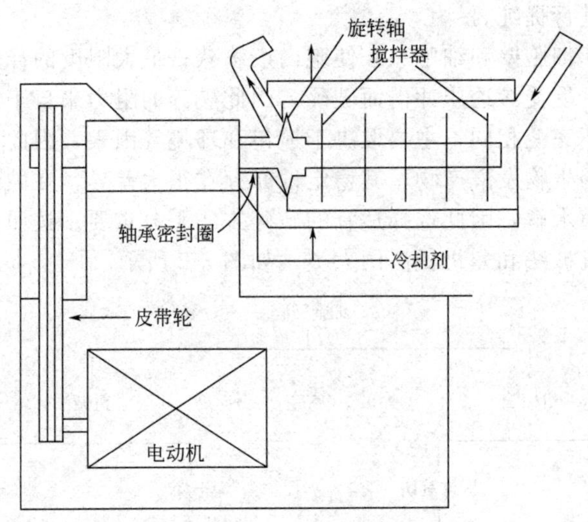

图 8-4　Dyno 珠磨机

碎作用受许多因素的影响，如超声波探头的形状和材料、声强、频率、被处理液体的温度、体积、黏度和处理时间等，此外介质的离子强度、pH 值和菌种的性质等也有很大的影响。不同的菌种，用超声波处理的效果也不同，杆菌比球菌易破碎，革兰氏阴性菌细胞比革兰氏阳性菌易破碎，酵母菌效果较差。

二、非机械法

适合于破碎微生物细胞的非机械法有多种，包括化学法、酶解法、物理法等。

化学法是采用化学试剂处理微生物细胞，可以溶解细胞或抽提某些细胞组分。例如酸、碱、某些表面活性剂及脂溶性有机溶剂等都可以改变细胞壁或膜的通透性，从而使内含物有选择性地渗透出来。

酶解法是利用酶反应分解破坏细胞壁上特殊的化学键，以达到破壁的目的。酶解的方法可以在细胞悬浮液中加入特定的酶，也可采用自溶作用。对于微生物细胞，常用的酶是溶菌酶。但如果单一酶不易降解细胞壁，需要选择适宜的酶及酶反应系统，并要控制特定的反应条件，某些微生物体可能仅在生长的某一阶段或特定的情况下，对酶解才是灵敏的。

自溶作用是利用微生物自身产生的酶来溶菌，而不需外加其他的酶。多数微生物在代谢过程中都可产生一种能水解细胞壁上聚合物的酶，以便生长过程继续下去。有时改变其生长的环境，可以诱发产生过剩的这种酶或激发产生其他的自溶酶，以达到自溶目的。影响自溶过程的因素有温度、时间、pH 值、缓冲液浓度、细胞代谢途径等。

物理法包括渗透压冲击法、冻结-融化法（冻融法）和干燥法。

(1) 渗透压冲击法　先把细胞放在高渗溶液中，由于渗透压的作用，细胞内的水分便向外渗出，细胞发生收缩，当达到平衡后，将介质快速稀释或将细胞转入水或缓冲液中，由于渗透压发生突然变化，胞外的水分迅速渗入胞内，使细胞快速膨胀而破裂，使产物释放到溶液中。

(2) 冻结-融化法（冻融法）　将细胞放在低温下冷冻（－50～－30℃），然后在室温下融化。如此反复多次，就能使细胞壁破裂。冻结-融化法破壁的机制有两方面：一方面在冷冻过程中会破坏细胞膜的疏水键结构；另一方面，冷冻时胞内水结晶，形成冰晶粒，引起细胞膨胀而破裂。

（3）干燥法　经干燥后的菌体，其细胞膜的渗透性发生变化，同时部分菌体会产生自溶，然后用丙酮、丁醇或缓冲液等溶剂处理时，胞内物质就会被抽提出来。干燥法的操作可分空气干燥、真空干燥、喷雾干燥和冷冻干燥等。干燥法条件变化剧烈易引起蛋白质变性。

细胞破碎的方法很多，但是它们的破碎效率和适用范围不同。其中许多方法仅适用于实验室和小规模的破碎，迄今为止，能适用于工业化的大规模破碎方法还很少，由于高压匀浆和珠磨两种机械破碎方法处理量大，速度非常快，目前在工业生产上应用最为广泛。超声波法和非机械法大多处在实验室应用阶段，其工业化的应用还受到诸多因素的限制，因此人们还在寻找新的破碎方法，如激光破碎法、高速相向流撞击法、冷冻-喷射法等。

细胞破碎时既要获得高的产物释放率又不能使细胞碎片太小，在碎片很小的情况下才能获得高的产物释放率是不可取的，适宜的细胞破碎条件应该从高的产物释放率、低的能耗和便于后步提取这三方面进行权衡。

第三节　沉淀与离心

一、沉淀

沉淀法是利用某些发酵产品能和某些酸、碱或盐类形成不溶性的盐和复合物，从发酵滤液或浓缩滤液中沉淀下来或结晶析出的一类提取方法。沉淀法是发酵工业中最常用和最简单的一种提取方法，目前广泛应用于氨基酸、酶制剂及抗生素发酵的提取。

对于两性电解质的氨基酸可以直接添加酸调 pH 值至等电点，使氨基酸溶解度最小而呈饱和状态结晶析出。对于碱性和两性的抗生素可以用不同种类的酸作为沉淀剂，使其沉淀下来。酸性抗生素可以和有机碱形成盐而沉淀析出。对于各种酶制剂和多肽类蛋白质的抗生素可采用盐析法，使溶解度降低，沉淀而析出。沉淀下来的发酵产品可用水或稀酸溶解后，再用有机溶剂提取，然后经过浓缩或用另外的溶剂使发酵产品结晶出来，即可得到较纯的发酵产品。

应用沉淀法提取氨基酸的主要方法有以下几种：

（1）等电点法　将发酵液 pH 值调节到氨基酸的等电点使氨基酸沉淀析出。

（2）盐酸盐法　在发酵液中加入盐酸使氨基酸成为氨基酸盐酸盐析出，再加碱中和到氨基酸等电点，使氨基酸沉淀析出。

（3）金属盐法　在发酵液中加入重金属盐造成难溶的氨基酸重金属盐沉淀析出，经溶解后再调 pH 值到氨基酸等电点使氨基酸沉淀析出。

（4）溶剂抽提法　在氨基酸溶液中加入某些有机溶剂使氨基酸析出。

应用沉淀法提纯酶制剂的主要方法有盐析法和有机溶剂沉淀法两种。盐析法在实际生产中是最常用的。此法是用一定浓度中性盐使酶从发酵液中析出。它的优点是设备简单，操作方便。影响酶制剂盐析的主要因素如下：

① 盐析剂的种类。不同的盐，盐析效果不同，如 $MgSO_4 > Na_2SO_4 > (NH_4)_2SO_4$。

② 盐析剂的用量。

③ 盐析的温度。

④ 盐析的 pH 值。

⑤ 酶液中的杂质。

有机溶剂沉淀法是利用酶蛋白在有机溶剂中的溶解度不同，使所需酶蛋白和其他杂蛋白分开，并得以浓缩，因此此法可使酶分级提纯。应用有机溶剂沉淀法进行酶的分级提纯在实验室条件下较容易做到，操作也简单，但是要注意酶在有机溶剂存在下容易失活，因此整个操作应维持低温，直到有机溶剂最后被除净为止。影响有机溶剂沉淀法提取酶制剂的因素有：①有机溶剂的种类和用量；②温度；③pH 值；④时间；⑤溶液中的盐。

沉淀法是分离抗生素的简单而经济的方法，浓缩倍数高，因而也是很有效的方法。抗生素能和某些无机、有机离子或整个分子形成复合物而沉淀，而沉淀在适宜的条件下又很容易分解。例如四环素类抗生素在碱性条件下能和钙、镁、钡等重金属的离子或溴化十五烷吡啶形成沉淀；新霉素可以和强酸性表面活性剂形成沉淀；对于两性抗生素（如四环素）调节 pH 值至等电点而沉淀。一般发酵单位越高，利用沉淀法越有利，因残留在溶液中的抗生素浓度是一定的，故发酵单位越高，收率越高。应用沉淀法提取抗生素的优点是设备简单、成本低、原材料易解决，目前在四环素族抗生素的提取上应用较广。其缺点是过滤困难，质量较低等。

二、离心

固液分离的方法很多，生物工业中运用的方法有分离筛、重力沉降、浮选分离、离心分离和过滤等。其中最常用的主要是过滤和离心分离。

在液相非均一系的分离过程中，利用离心力来达到液-液分离、液-固分离或液-液-固分离的方法统称为离心分离。离心沉降是利用悬浮液（或乳浊液）密度不同的特性，在离心机无孔转鼓或管子中，液体被转鼓带动高速旋转，密度较大的物相向转鼓内壁沉降，密度较小的物相趋向旋转中心而达到液-固（或液-液）分离的操作。

利用离心力并通过过滤介质，在有孔转鼓（衬以金属网和滤布）离心机中，混悬液在转鼓带动下高速旋转，液体和其中的悬浮颗粒在离心力作用下快速甩向转鼓而使转鼓两侧产生压力差，在此压力差作用下，液体穿过滤布排出转鼓，而混悬颗粒被滤布截留形成滤饼，从而实现液-固分离的操作，即为离心过滤。

（一）离心沉降原理

离心沉降的基础是固体的沉降。当固体粒子在流体中沉降时，受到两种力的作用：一种是流体对它的浮力；另一种是流体对运动粒子的黏滞力。当这两种力达到平衡时，固体粒子将保持匀速运动。

对直径为 d 的球形粒子（大多数生化分离上处理的对象都可以看成为球形粒子），当粒子以匀速运动沉降时，最终匀速沉降速度为：

$$u=\frac{d^2}{18\mu}(\rho_s-\rho)g$$

式中，u 表示粒子的运动速度；d 表示粒子直径；ρ_s、ρ 表示粒子、流体密度；g 表示重力加速度；μ 表示连续流体的黏度。

从上式可以看出，最终沉降速率与粒子直径的平方成正比，与粒子和流体的密度差成正比，而与流体黏度成反比。就是说，粒子的沉降速度仅仅是液体性质及粒子本身特性的函数。

如果粒子在离心力场中沉降，则重力加速度 g 应换成 $\omega^2 r$，即：

$$u=\frac{d^2}{18\mu}(\rho_s-\rho)\omega^2 r$$

式中，ω 表示旋转角速度，rad/s；r 表示粒子离转轴中心的距离。

上式是离心沉降的基本公式。从式中可以看出，沉降速度与 ω 的二次方成正比，因此只要根据要求改变或提高 ω，使粒子快速旋转，就可获得比重力沉降高得多的分离效果。

旋转加速度 $\omega^2 r$ 与重力加速度之比称为“离心分离因数”，以 f 表示。则：

$$f=\frac{\omega^2 r}{g}=\frac{u^2}{gr}\approx\frac{rn^2}{900}$$

离心分离因数 f 是代表离心机特点的重要参数，它表示离心力场的大小。f 值越大，离心力越大，即越有利于分离。增加转鼓的半径及转数均可以增大分离因数 f。分离因数越大，分离越迅速，分离效果也越好。决定离心分离机处理能力的另一因素是转鼓的工作面积，工作面积大，处理能力也大。

根据分离因数 f 的大小，可将离心机分为：①常速离心机，$f<3000$（一般为 600～1200），转鼓直径大，转速低，可用于分离 0.01～0.1mm 的固体颗粒；②中速离心机，$f=30000\sim50000$，转鼓直径小，可用于乳浊液的分离；③高速离心机：$f\geqslant50000$，转速高（可达 50000r/min），适用于分散度较高的乳浊液的分离；④超速离心机：$f>2\times10^5$。

（二）离心沉降设备

沉降式离心机包括实验室用的瓶式离心机和工业上用的转鼓离心机，其中无孔转鼓离心机又有管式、多室式、碟片式和卧螺式等几种类型。

1. 管式离心机

为了提高分离效果，必须增加颗粒所受的离心力，但是，离心机转速的增加，转鼓直径必须更小，否则，转鼓面所受到的应力对强度极为不利。根据力学原理，设计了一种高速管式离心机。转速可达 15000～50000r/min，转筒直径为 45～150mm。显然，由于其转筒容量有限，处理量比较小。这类离心机主要用于处理乳浊液而进行液-液分离操作，用于处理悬浮液而进行液-固分离的澄清操作。用于澄清操作的是间歇的，沉积在转鼓壁上的沉渣有人工排除。

管式高速离心机（图 8-5）是由转鼓、分离盘（图 8-6）、机壳、机架、传动装置等组成。

澄清操作时，将待处理的料液在一定的压力下由进料管经底部中心轴进入鼓底，靠圆形挡板分散于四周，受到高速离心力的作用而旋转向上，轻液则位于转筒的中央，呈螺旋形运

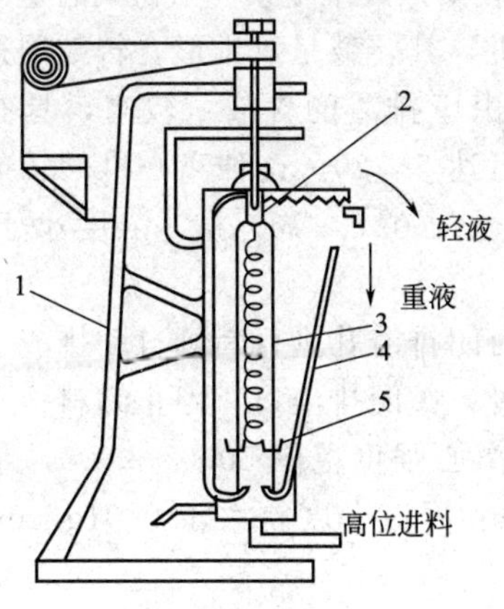

图 8-5　管式离心机

1—机架；2—离心机；3—转筒；4—机壳；5—挡板

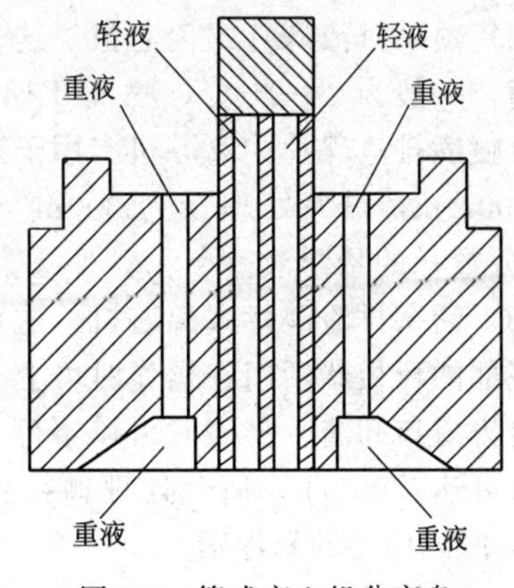

图 8-6　管式离心机分离盘

转，向上移动。重液相则靠近筒壁，至分离盘时，轻液相沿轻液孔道进入集液槽后排出收集。固体则在离心力场的作用下沉积于鼓壁上，达到一定数量后，停机人工除渣。

管式高速离心机设备简单，操作稳定，分离纯度高，可用于液-液分离和微粒较小的悬浮液分离，分离效果好，常用于微生物菌体和蛋白质的分离，但生产能力较低。

2. **碟片式离心机**

碟片式离心机（图 8-7）是在管式离心机的基础上发展起来的。在转鼓中加入许多重叠的碟片，使颗粒的沉降距离缩短，分离效率大为提高。

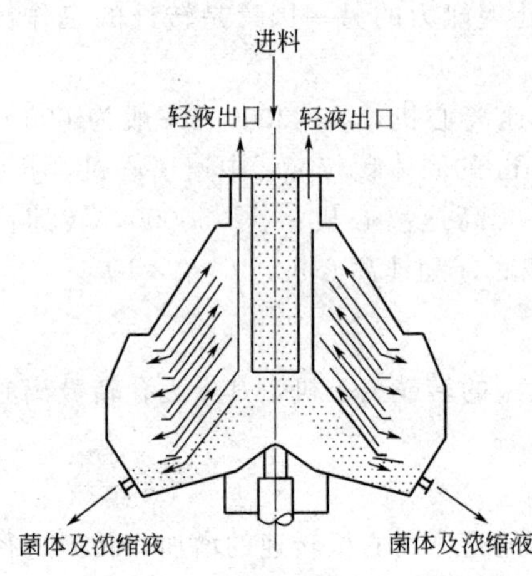

图 8-7 碟片式离心机示意图

碟片式离心机具有坚固的外壳，底部凸出，与外壳铸在一起，壳上有圆锥形盖，由螺帽紧固在外壳上。壳由高速旋转的倒锥形转鼓带动，其内设有数十片乃至上百片锥角为 60°～120°的锥形碟片。碟片一般用 0.8mm 的不锈钢或铝制成形。一般碟片之间的间隙为 0.5～2.5mm。在转鼓直径最大处（$\phi=$100mm)，装有直径为 1.0mm 的喷嘴。各碟片有孔若干，各孔的位置相同，于是各碟片相互重叠时形成了一个通道。

当发酵醪由转鼓中心进入高速旋转的转鼓内，因固、液密度不同，在碟片空隙内受到离心力的作用，将发酵醪分成固液两相。密度小的清液有规律地沿碟片的上表面的碟片轴心方向移动，在轻液出口处排出；而密度大的浓缩物或菌体，则有规律地沿着上一碟片的底表面下滑到碟片外边缘，经转鼓壁上的喷嘴喷出，从而达到离心分离的目的。

一般根据排出固体的方法可以将碟片式离心机分为以下几大类：

(1) 人工排渣的碟片式离心机　这是一种间歇式离心机，机器运行一段时间后，转鼓壁上聚集的沉渣增多，而分离液澄清下降到不符合要求时，则停机，拆开转鼓，清渣，然后再进行运转。这种离心机适用于进料中固相浓度很低（<1%～2%）的场合，但是，能达到很高的离心分离因数。此种离心机特别适用于分离两种液体并同时除去少量固体，也可用于澄清作业，如用于抗生素的提取、疫苗的生产、梭状芽孢杆菌的收集以及维生素、生物碱的生产等。

(2) 喷嘴排渣碟片式离心机　这是一种连续式离心机，其转鼓呈双锥形，转鼓周边有若干喷嘴，一般为 2～24 个，喷嘴孔径为 0.5～3.2mm。由于排渣的含液量较高，具有流动性，故喷嘴排渣碟片式离心机多用于浓缩过程，浓缩比可达 5～20。这种离心机的转鼓直径可达 900mm，最大处理量为 $300m^3/h$，适用于颗粒直径为 0.1～100μm、浓度小于 25%（体积分数）的悬浮液。

(3) 活塞排渣碟片式离心机　这种离心机利用活门启闭排渣孔进行断续自动排渣。位于转鼓底部的环板状活门在操作时可上下移动，位置在上时，关闭排渣口，停止卸料；下降时则开启排渣口卸渣。排渣时可以不停机。这种离心机的离心强度范围 5000～9000，最大处理能力可达 $40m^3/h$，适合处理颗粒直径为 0.1～500μm、固液密度差大于 $0.01g/cm^3$、固相含量小于 10%的悬浮液。

(4) 活门排渣的喷嘴碟片式离心机　这是近年来开发的机型，它和相同直径的活塞机相似。其速度可增加 23%～30%，故可使分离因数达 15000 左右，这是其他碟片式离心机所不能及的。

3. 沉降式螺旋卸料离心机

沉降式螺旋卸料离心机（图 8-8）是一种连续进料、分离和卸料的离心机，其最大离心力强度可达 6000，操作温度可达 300℃，操作压力一般为常压，处理能力 0.4～60 m^3/h，适合处理颗粒粒度为 2～5mm、固相浓度为 1%～50%、固液密度差大于 0.05g/cm^3 的悬浮液。

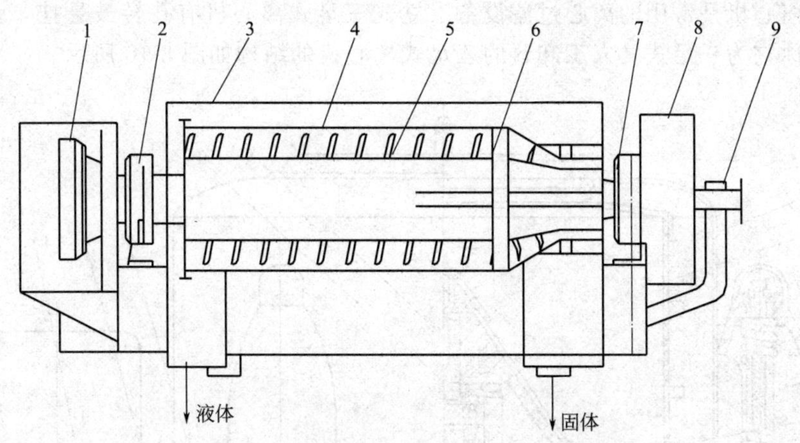

图 8-8　卧式螺旋卸料沉降离心机结构简图

1—差速计；2—左主轴承座；3—机壳；4—转鼓；5—螺旋输送器；
6—挤压机构；7—右主轴承座；8—防护罩；9—进料机构

离心机的转动部分是由转鼓和螺旋两个部件组成。转鼓两端水平支撑在轴承上，螺旋两端用两个止推轴承装在转鼓内，转鼓内壁间有微量间隙。转鼓一端装有三角带轮，由电动机带动，螺旋与转鼓间用一差动变速器使二者维持约 1%的转差。料液由中心管加入，进料位置约在螺旋的中部，其前面部分为沉降区，后面部分为甩干区。在离心力作用下，固形物被沉降在转鼓壁上，液体由左侧溢流孔排出，固体则由螺旋从大端推向小端，同时被甩干，落入外壳的排渣口排出。固体在甩干区可以洗涤。调节溢流挡板上溢流口的位置、转鼓转速和进料速度，可以改变固形物的湿含量和液体的澄清度，生产能力也随着进料速度的改变而改变。

（三）离心过滤

离心过滤是将料液送入有孔的转鼓并利用离心力场进行过滤的操作，以离心力为推动力完成过滤作业，兼有离心和过滤的双重作用。其工作原理如图 8-9 所示。

以间歇离心过滤为例，料液首先进入装有过滤介质的转鼓中，然后被加速到转鼓旋转速度，形成附着在转鼓壁上的液环。与沉降式离心机一样，粒子受到离心力而沉降，过滤介质阻碍粒子通过，形成滤饼。接着，悬浮液的固体颗粒截留而沉积下来，滤饼表面生成了澄清液，该滤液透过滤饼层和过滤介质向外排出。

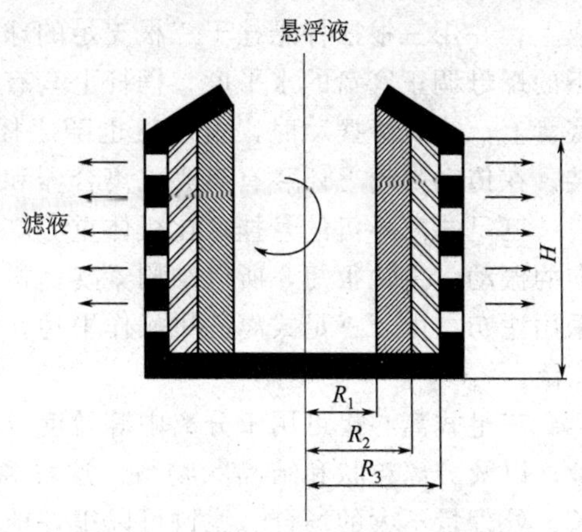

图 8-9　离心过滤工作原理图

离心过滤一般分成三个阶段：

① 滤饼形成　悬浮液进入离心机，在离心机的作用下液体通过过滤面排出，滤渣形成滤饼。

② 滤饼压缩　滤饼中的固体物质逐渐排列紧密，空隙减小，空隙间的液体逐渐排出，滤饼体积减小。这时过滤推动力为滤饼对液体的压力和液体所受到的离心力。

③ 滤饼压干　此时滤饼层的结构已经排列得非常紧密，其毛细组织中的液体被进一步排出。液体受到离心力和固体颗粒的压力，由于越靠近转鼓壁出口处的压力越大，所以越靠近转鼓壁的滤饼越干。

三足式离心机是常用的离心过滤设备。立式三足式离心机有孔转鼓悬挂于三根支足上，所以习惯上称它为三足式。人工卸料的三足式离心机的结构如图 8-10 所示。

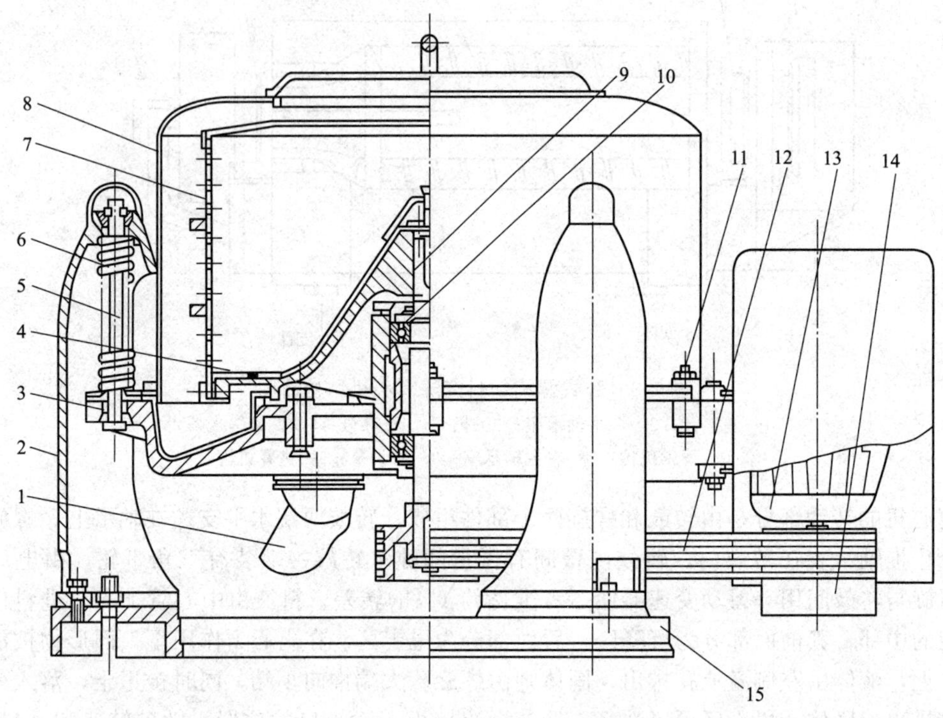

图 8-10　人工卸料三足式离心机

1—出液管；2—支柱；3—底盘；4—轴承座；5—摆杆；6—弹簧；7—转鼓；8—外壳；9—主轴；10—轴承；11—压紧螺栓；12—三角带；13—电机；14—离心离合器；15—机座

转鼓由主轴连接传动装置，它们通过滚动轴承装于轴承座上，轴承座与外壳均固定在底盘上，并用三根摆杆悬挂于三根支足的球面座上。球面的作用是不影响摆动，通过调节摆杆下的螺母调正底盘的水平度。摆杆上套有压缩弹簧以承受垂直方向的动载荷。电动机也装在底盘上，当机身摆动时，电动机也随之摇动。三个支足安装在同一底板上，以便于整体安装。在传动带轮上还装有离心式离合器和刹车装置。

三足式离心机的悬挂点比机体重心高，保证了机器的稳定性，压缩弹簧可以减轻垂直方向的振动。主轴很短，所以结构紧凑，机身高度小，便于从上方加料和卸料。转鼓内壁通常采用滤布。由于三足式离心机操作平稳，没有陡震，占地比过滤设备小，故在工业上用得很广泛。

三足式离心机可用于分离中等粒度（0.1～1mm）和较细粒度（0.01～0.1mm）的悬浮液，以及分离粒状和结晶状物料。这种离心机可获得含水量较低的滤饼，适用于过滤周期长、处理量不大的场合。滤饼可以很好地洗涤，人工卸料的离心机其滤渣颗粒不会被破坏。此种离心机具有操作简单、适应性强的优点。

三足式离心机也有沉降式，用作沉降时转鼓无孔，并有较高的转速和分离因数。

(四) 离心机的选择与使用

在选择离心机的类型时，首先要根据物料性质来选择沉降式还是过滤式。当悬浮液中固相颗粒的密度大于液相时，可以采用沉降式（两者的密度差≥3%时容易分离）；反之，固相颗粒的密度小于或等于液相时只能采用过滤式。当颗粒直径小于 1μm 时，可以采用高速离心机（管式或碟片式）；当颗粒的直径在 19μm 以下时，则采用普通沉降式离心机，如果采用过滤式则造成滤饼太薄，固体颗粒损失大；100μm 以上的颗粒，两者都可以使用。对结晶体采用离心过滤，脱水效率是很高的。当所形成的滤饼具有压缩性质时，一般采用沉降式，因为采用过滤式效果很低。对沉降式离心机，如果悬浮液中固相浓度大于 1%时，采用间歇式操作不是很适合，它将引起卸料操作过于频繁，所以一般采用连续式。管式离心机虽然具有很好的沉降性能，但其容量小，产量小，不适合处理大量的料液。螺旋卸料沉降式离心机适用于密度差大，固体浓度高的场合。

从其形式来看，离心沉降和离心过滤的主要区别在于前者的转鼓是无孔的，而后者的转鼓是有孔的，并且采用滤布作为过滤介质。从作用原理上来看，离心分离是最常用的分离发酵液的方法，与压力过滤相比较，它具有分离速度快、效率高、操作时卫生条件好等优点，适合于大规模的分离过程。但是，离心分离的设备也存在投资费用高、能耗较大的缺点。

第四节　过滤与膜分离

一、过滤

过滤是目前工业生产中用于固液分离的主要方法。其操作是迫使液体通过固体支撑物或过滤介质，把固体截留，从而达到固液分离的目的。在分离时，我们需考虑以下的参数：分离粒子的大小和尺寸，介质的黏度，粒子和介质之间的密度差，固体颗粒的含量，粒子聚集或絮凝作用的影响，产品稳定性，助滤剂的选择，料液对设备的腐蚀性，操作规模及费用等。同时还需考虑它对后续工序的影响，尽量不要带入新的杂质，给后段工序的操作带来困难。

(一) 过滤原理

根据过滤机理不同，可分为：

① 澄清过滤　当悬浮液通过过滤介质时，固体颗粒被阻拦或吸附在滤层颗粒上，使滤液得以澄清。

② 滤饼过滤　当悬浮液通过过滤介质时，固体颗粒被介质阻拦而形成滤饼，当滤饼积至一定厚度时就起到过滤作用，此时即可获得澄清的滤液。

悬浮液进行过滤分离的速度取决于它的物理性质和操作条件，过滤速率方程如下：

$$\frac{\mathrm{d}V}{\mathrm{d}\tau}=\frac{1}{\mu}\times\frac{\Delta pF}{r_0 l+R}$$

式中，V 表示滤液体积，m^3；τ 表示过滤时间，s；Δp 表示过滤压力差，Pa；F 表示过滤面积，m^2；μ 表示滤液黏度，Pa·s；r_0 表示滤饼的体积比阻力，$1/m^2$；l 表示滤饼层厚度，m；R 表示滤布阻力，1/m。

很显然，过滤速率（$\mathrm{d}V/\mathrm{d}\tau$）与过滤面积成正比，与过滤压差成正比，而与滤液黏度成反比，且滤饼比阻力越大，过滤速率越小，滤饼层越厚，过滤越慢。加热是降低滤液黏度最有效可行的方法。在过滤操作中，如果工艺条件允许，尽可能采用加热过滤。对于固体含量较大的悬浮液，过滤前可采用重力沉降或离心沉降方法分离出大部分粒子，再进行过滤操作，这样可使滤饼层的厚度减小，提高过滤速度，延长过滤周期。

（二）过滤介质

过滤介质除起到过滤作用外，它还是滤饼的支撑物。它应具有足够的机械强度和尽可能小的流动阻力。合理选择过滤介质取决于许多因素，其中过滤介质所能截流的固体粒子的大小以及对滤液的透过性是过滤介质最主要的技术特性。

过滤介质所能截流的固体粒子的大小通常以过滤介质的孔径表示。常用的过滤介质中，纤维滤布所能截流的最小粒子约 10μm，硅藻土为 1μm，超滤膜可小于 0.5μm。过滤介质的透过形式指在一定的压力差下，单位时间单位过滤面积上通过滤液的体积，它取决于过滤介质上毛细孔径的大小及数目。

工业上常用的过滤介质主要有以下几类：

① 织物介质　又称滤布，包括由棉、毛、丝、麻等织成的天然纤维滤布和合成纤维滤布。这类滤布的应用最广泛，其过滤性能受到纤维的特性、编织纹法和线型等因素的影响。

② 粒状介质　有硅藻土、珍珠岩粉、细砂、活性炭、白土等。最常用的是硅藻土。

③ 多孔固体介质　如多孔陶瓷、多孔玻璃、多孔塑料等，可加工成板状或管状，孔隙很小且耐腐蚀，常用于过滤含有少量微粒的悬浮液。

硅藻土是硅藻的化石，是一种较纯的二氧化硅矿石。硅藻土过滤的特点是：可以不断添加助滤剂，使过滤性能得到更新、补充，所以过滤能力强。它是优良的过滤介质，具有以下的特性：①一般不与酸、碱反应，化学性能稳定，不会改变液体组成；②形状不规则，孔隙大且多孔，工业使用的硅藻土粒径一般为 2～100μm，密度 100～250kg/m^3，比表面积 10000～20000m^2/kg，具有很大的吸附表面；③无毒且不可压缩，形成的过滤层不会因操作压力变化而发生阻力变化，因此也是一种良好的助滤剂。

通常硅藻土过滤介质有三种用法：

（1）作为深层过滤介质　形状不规则的粒子所形成的硅藻土过滤层具有曲折的毛细孔道，借筛分、吸附和深层效应作用除去悬浮液中的固体粒子，截流效果可达到 1μm。

（2）作为预涂层　在支持介质的表面上预先形成一层较薄的硅藻土预涂层，用以保护支持介质的毛细孔道不被滤饼层中的固体粒子堵塞。

（3）用作助滤剂　在待过滤的悬浮液中加入适量的硅藻土，使形成的滤饼层具有多孔性，支撑滤饼的可压缩性，以提高过滤速度和延长过滤周期。工业生产中，根据不同的悬浮液性质和过滤要求，选择不同规格的硅藻土，通过实验确定适宜的配合比例，可取得较好的过滤效果。

（三）过滤设备

按照过滤推动力的差别，把过滤机分为常压过滤机、加压过滤机和真空过滤机三种。

1. 常压过滤机

此类过滤机由于推动力太小，在工业中很少用。但在啤酒厂麦芽糖化的过滤仍采用这种压力差很小的平底筛过滤机。啤酒麦芽汁中含有大量的细小悬浮液以及破碎的大麦皮壳，后者沉降形成的麦糟层便成了过滤介质层。麦糟层中形成无数的曲折毛细孔道，只要这些细小的悬浮颗粒在毛细孔道中流速适当，它们就被毛细管壁所捕捉。实践证明，当麦芽汁的通透率在 270～360L/(m^2·h) 的范围内，可以获得澄清度合格的麦芽汁。

2. 加压过滤机

（1）板框过滤机　主要用于培养基制备的过滤及霉菌、放线菌、酵母菌和细菌等多种发酵液的固液分离，比较适合固体含量 1%～10%的悬浮液的分离。板框过滤机过滤面积大，过滤推动力可大幅度调整，能耐受较高的压力差，固相含水分低，能适应不同过滤特性的发酵液的过滤（图 8-11）。

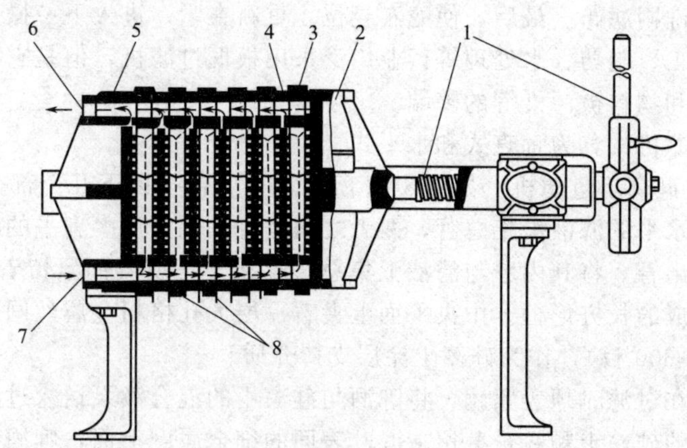

图 8-11　板框过滤机结构

1—压紧装置；2—可动头；3—滤框；4—滤板；5—固定头；6—滤液出口；7—滤浆进口；8—滤布

传统板框式过滤机的板和框，多做成正方形，角端均开有小孔，装合压紧后即构成供滤浆或洗水流通的孔道。框的两侧覆以滤布，空框与滤布围成了容纳滤浆及滤饼的空间，滤板用以支撑滤布并提供滤液流出的通道。过滤时，悬浮液由离心泵或齿轮泵经滤浆通道打入框内，滤液穿过滤框两侧滤布，沿相邻滤板沟槽流至滤液出口，固体则被截留于框内形成滤饼。滤饼充满滤框后停止过滤。

常用的板框过滤机有 BMS、BAS、BMY 和 BAY 等形式（B 表示板框过滤机，M 表示明流，A 表示暗流，S 表示手动压紧，Y 表示液压压紧）；代号下面的数字表示过滤面积、内框尺寸及框的厚度。如 BMY60/810-25 表示明流液压压紧的板框过滤机，过滤面积 60m^2，内框尺寸 810mm×810mm，框厚 25mm。

自动板框过滤机，由于使板框的拆装、滤饼卸出和滤布的清洗等操作都能自动进行，正逐渐替代传统手工操作板框过滤机。图 8-12 所示的为 IFP 型自动板框过滤机。

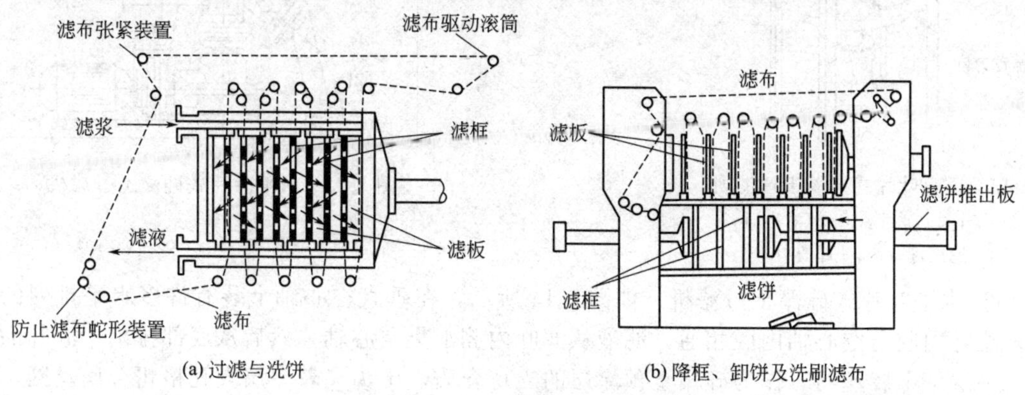

图 8-12　自动板框过滤机

自动板框过滤机的板框在构造上与传统的无太大差别，唯一不同的是板与框的两边上下有四只开孔角耳，构成液体或气体的通路。滤布不需要开孔，是首尾封闭的。悬浮液从板框上部的两条通道流入滤框。然后，滤液在压力的作用下穿过在滤框前后两侧的滤布，沿滤板表面流入下部通道，最后流出机外。清洗滤饼也按照此路线进行。洗饼完毕后，油压机按照既定距离拉开板框，再把滤框升降架带着全部滤框同时下降一个框的距离。然后推动滤饼推板，将框内的滤饼向水平方向推出落下。滤布由牵动装置循环行进，并由防止滤布歪行的装置自动修位，同时洗刷滤布。最后，使滤布复位，重新夹紧，进入下一操作周期。

目前食品、化工、制药、水处理等行业广泛采用板框过滤机，但是它存在过滤质量不稳定、消耗大、环境和物料被污染等的弊端。

(2) 叶片式过滤机　分为垂直式和水平式。

① 垂直叶片式硅藻土过滤机　如图 8-13 所示，主要包括以下几个部分：顶部为快开式顶盖，底部有一条水平的滤液汇集总管，两者之间垂直排列了许多扁平的滤叶。每张滤叶的下部有一根滤液导出管，将其内腔与滤液汇集总管连接。正反两面紧覆着细金属网的滤框。其骨架是管子弯制成的长方形框。中央平面上夹着一层大孔格粗金属丝网，在其两面紧覆以细金属丝网（400～600 目），作为硅藻土涂层支持介质。

啤酒生产中，在过滤时顶盖紧闭，将啤酒与硅藻土的混合液泵送入过滤器，以制备硅藻土涂层。混合液中的硅藻土颗粒被截留在滤叶表面的细金属网上面，啤酒则穿过金属网，流进滤叶内腔，然后在汇集总管流出。浊液返流，直到流出的啤酒澄清为止。此时表明，预涂层制备完毕，接着可以过滤啤酒。过滤结束后，压出器内啤酒，然后反向压入清水，使滤饼脱落，自底部卸出。

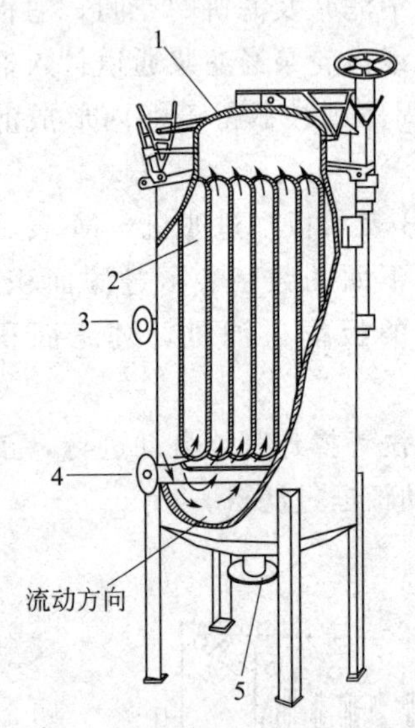

图 8-13　垂直叶片式硅藻土过滤机

1—顶盖；2—滤液；3—滤液出口；
4—滤液进口；5—卸渣口

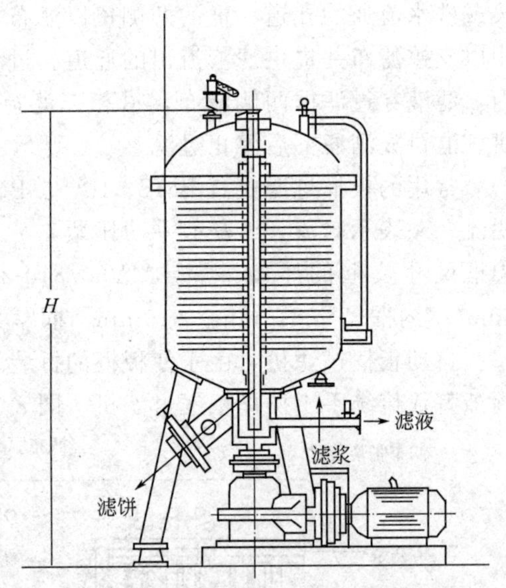

图 8-14　水平叶片式硅藻土过滤机

② 水平叶片式硅藻土过滤机　如图 8-14 所示，在垂直空心轴上装有许多水平排列的滤叶。滤叶内腔与空心轴内腔相通，滤液从滤叶内腔汇集空心轴，然后从底部排出。滤叶的上侧是一层细金属丝网，作为硅藻土预涂层的支持介质，中央夹着一层大孔格粗金属丝网，作为细金属丝网的支持物。滤叶下侧则是金属薄板。其操作方式与垂直叶片式硅藻土过滤机大

致相同，只是在过滤结束后，在反向压入清水后，还开动空心转轴，在惯性离心力作用下，更容易卸除滤饼。

3. 真空过滤机

真空转鼓过滤机具有自动化程度高、操作连续、处理量大的特点，非常适合于固体含量较大（>10%）的悬浮液的分离。在发酵工业中，它对霉菌、放线菌和酵母菌发酵液的过滤较有成效。这种过滤机把过滤洗饼、吹干、卸饼等各项操作在转鼓的一周期内依次完成。真空转鼓过滤机的工作原理如图 8-15 所示。

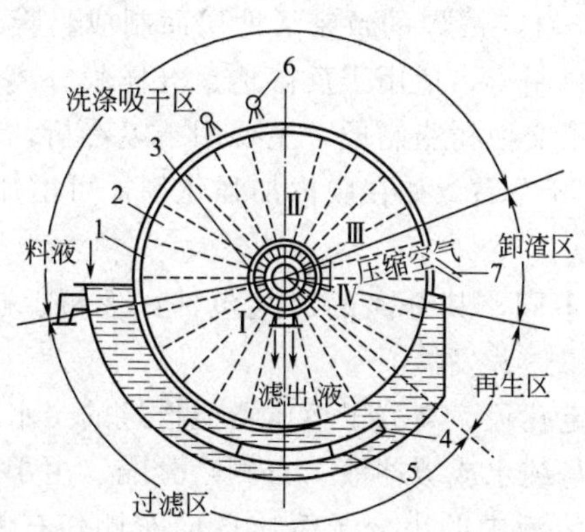

图 8-15　真空转鼓过滤机工作原理示意图

1—转鼓；2—过滤室；3—分配阀；4—料液槽；5—摇摆式搅拌器；6—洗涤液喷嘴；7—刮刀

这种过滤机的主要元件是转鼓。其内维持一定的真空度，与外界大气压的压差即为过滤推动力。在过滤操作时，转鼓下部浸没于待处理的料液中。当转鼓以低速旋转时（一般为 1～2.6r/min），滤液就穿过过滤介质而被吸入转鼓内腔，而滤渣则被过滤介质阻截，形成滤饼。当转鼓继续转动，生成的滤饼依次被洗涤、吸干、刮刀卸饼。若滤布上预涂硅藻土层，则刮刀与滤布的距离以基本上不伤及硅藻土层为宜。最后通过再生区，压缩空气通过分配阀的Ⅳ室进入再生区，吹落堵在滤布上的微粒，使滤布再生。对于预涂硅藻土层或刮刀卸渣时要保留滤饼预留层的场合，则不用再生区。

二、膜分离

膜分离法实际上是一般过滤法的发展和延续。膜分离是分子水平的分离方法，该法关键在于过程中使用的过滤介质——膜。

（一）膜分离原理

1. 膜的种类

目前，用于制膜的有机聚合物很多，有各种纤维素酯、脂肪族和芳香族聚酰胺、聚砜、聚丙烯腈、聚四氟乙烯、聚偏氟乙烯、硅橡胶等。这些聚合物膜按结构和作用的特点分为如下五类：

（1）均质膜或致密膜　该类膜为均匀、致密的薄膜，物质通过这类膜是依靠分子扩散，因为物质在固体中的扩散系数很小，所以为了达到有实用意义的传质速率，这类膜必须很薄。

（2）微孔膜　这类膜的平均孔径 0.02～10μm，包括多孔膜和核孔膜两种类型。多孔膜呈海绵状，孔道曲折，膜厚 50～250μm，应用较普遍。核孔膜是反应堆产生的裂变碎片轰击 10～15μm 的塑料薄膜，再经化学试剂侵蚀而成，膜孔呈圆柱直形，孔短，开孔率小但均匀。

(3) 非对称性膜　此膜的断面不对称，由表面活性层与支撑层组成。表面活性层很薄，为厚度 0.1～1.5μm 的塑料薄膜，决定分离效果。支撑层厚度 50～250μm，起支撑作用，呈多孔性。制作膜的材料有醋酸纤维素、聚丙烯腈、聚酰亚胺和聚芳香胺等。这类膜可用于反渗透、气体分离和超滤。

(4) 复合膜　复合膜与不对称膜不同，它是由一种以上的膜材料制得的，一般是在非对称性超滤膜表面加一层 0.25～15μm 厚的致密活性层而制成。膜的分离作用主要取决于这层致密活性层，可以用各种材料制得，适用于反渗透、气体膜分离和渗透汽化等过程。

(5) 离子交换膜　由离子交换树脂制成，主要用于电渗析，有阳离子交换膜和阴离子交换膜，多为均质膜，厚 200μm 左右。如在膜内加强化剂，可增加膜的强度，则成半均质膜。

2. 膜分离的作用机理

根据膜的结构和材料的不同，其分离的形式包括：透析、超滤、微滤、反渗透、电渗析、液膜技术、气体渗透、渗透蒸发等。

(1) 透析　利用具有一定孔径、高分子溶质不能透过的亲水膜将含有高分子溶质和其他小分子溶质的溶液（左侧）与纯水或缓冲液（右侧）分隔。由于膜两侧的溶质浓度不同，在浓差的作用下，左侧高分子溶液中的小分子溶质透向右侧，右侧中的水透向左侧，这就是透析。

(2) 超滤和微滤　超滤和微滤都是利用膜的筛分性质，以压差微传质推动力，用于截留高分子溶质或固体微粒。超滤处理的是不含固形成分的料液，它是根据高分子溶质间或高分子与小分子溶质之间相对分子质量的差别进行机械分离；微滤则是用于悬浮粒的过滤，主要用于菌体的分离和浓缩。

(3) 反渗透　在相同的外压下，当溶液与纯溶剂被半透膜隔开时，纯溶剂会通过半透膜使溶液浓度变小的现象称为渗透。当在单位时间内，溶剂分子进入溶液内的数目要比溶液内的溶剂分子通过半透膜进入纯溶剂内的数目多时，溶剂通过半透膜渗透到溶液中，使得溶液体积增大，浓度变稀。当单位时间内溶剂分子从两个相反的方向穿过半透膜的数目彼此相同时，我们称之为渗透平衡。渗透必须通过一种膜进行，这种膜只能允许溶剂分子通过，而不允许溶质分子通过，因此称为半透膜。

当半透膜隔开溶液与纯溶剂时，加在原溶液上的额外压力使原溶液恰好能阻止纯溶剂进入溶液，我们称此压力为渗透压。在通常情况下，溶液越浓，溶液的渗透压越大。如果加在溶液上的压力超过了渗透压，则溶液中的溶剂向纯溶剂方向流动，此过程叫做反渗透。在此过程中，溶质也不是百分之百不通过，也有少量溶质透向纯溶剂。此法适用于 1nm 以下小分子的浓缩。

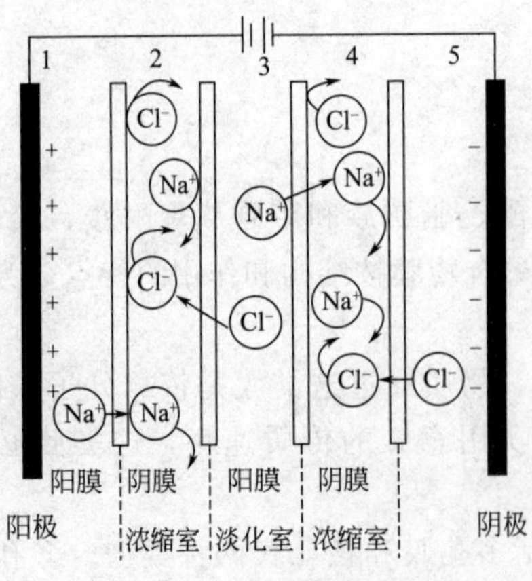

图 8-16　电渗析过程原理示意图

(4) 电渗析　电渗析（electrodialysis，ED）是利用分子的电荷性质、分子大小的差别，从水溶液中分离不同离子的过程，可用于小分子电解质的分离和溶液的脱盐。如图 8-16 所示在两电极间交替放置着阴离子交换膜（阴膜）和阳离子交换膜（阳膜），如果在两膜所形成的隔室中充入含离子的水溶液（如 NaCl 水溶液），接上直流电源后，Na^+ 将向阴极移动，易通过阳膜却受到阴膜的阻挡而被截留在隔室 2 和隔室 4。同理，Cl 易通过阴膜而受到阳膜的阻挡在隔室 2 和隔室 4 被截留下来。其结果使隔室 2 和隔室 4 水中离子浓度增加，一般称为浓水室；与其相间的隔室 3 离子浓度下降，一般称为淡水室。电渗析的核心是离子交换膜。

（5）气体渗透　疏水膜的一侧通入料液，另一侧抽真空或通入惰性气体，使膜两侧产生溶质分压差。在分压差的作用下，料液中的溶质溶于膜内，扩散通过膜，在透过侧发生气化，气化的溶质被膜装置外设置的冷凝器冷凝回收。此法适用于高浓度混合物的分离。

膜过程的推动力包括：压差、浓度差、温度差和电位差（表 8-2）。

表 8-2　根据推动力分类的不同膜过程

压差	浓度(活度)差	温度差	电位差
微滤	全蒸发	热渗透	电渗析
超滤	气体分离	膜蒸馏	电渗透
纳滤	蒸汽渗透		膜电解
反渗透	透析		
加压透析	扩散透析		
	载体介导		

（二）膜分离装置

各种膜分离装置主要包括膜组件和泵。所谓膜组件是将膜以某种形式制成一定构型的元件，然后将元件置于压力容器，并提供给分离液体的通道。目前，工业上常用的组件形式主要有板框式、管式、螺旋盘绕式及中空纤维式四种类型。

1. 板框式膜器（plate and frame module）

这种膜器的结构类似板框过滤机，所用的膜为平板式，厚度 50～500μm，因此将之固定在支撑材料上。支持物呈多孔结构，对流体阻力很小，对欲分离的混合物呈惰性。支持物还具有一定的柔软性和刚性。

板框式膜器由导流板、膜和支承板交替重叠组成。板框式膜器的示意图如图 8-17 所示。料液从下部进入，由导流板导流流过膜面，透过液透过膜，经支撑板面上的多孔流入支撑板的内腔，再从支撑板外侧的出口流出；料液沿导流板上的流道一层层往上流，从膜器上部的出口流出，即得浓缩液。

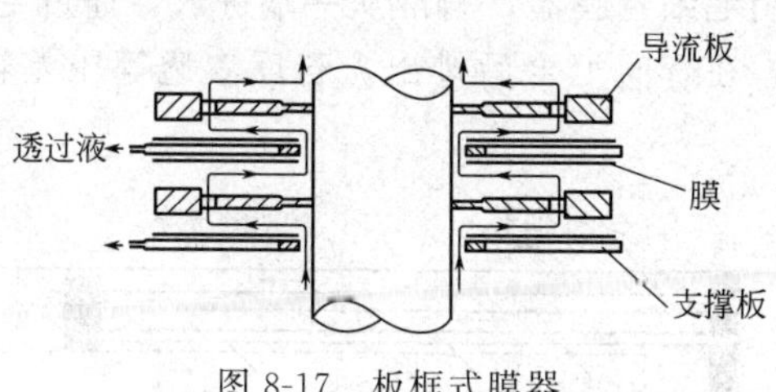

图 8-17　板框式膜器

在板框式膜器中，料液平均流速通常只有 0.5m/s，与膜接触的路程只有 150mm 左右，流动为层流状态。

2. 管式膜器（tube-in-shell module）

管式膜器由管式膜制成，其结构原理与管式换热器类似（图 8-18）。有支撑的管式膜可以制成排管、列管、盘管等类型的膜器。由于外压式管要求外壳耐高压，料液流动状况差，

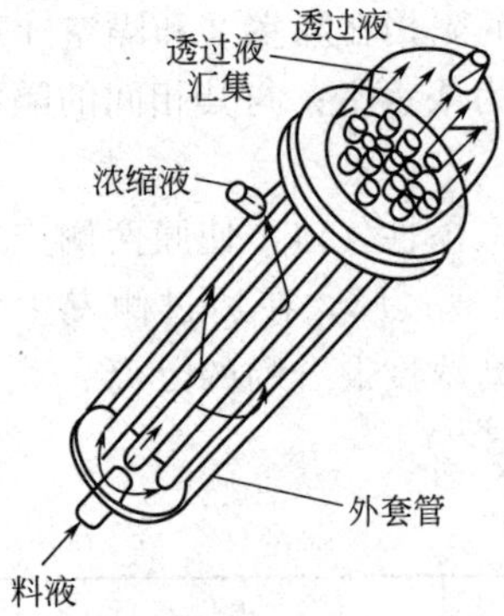

因此一般多用内压式管。这类膜器的主要缺点是单位体积膜器内的膜面少，一般为 $33 \sim 330m^2/m^3$。

图 8-18　管式膜器

3. 螺旋盘绕式膜器（spiral-wound module）

平板膜沿一个方向盘绕则成螺旋盘绕膜，其结构与螺旋式换热器类似。典型装置包括两个进料通道、两张膜和一个渗透通道。渗透通道为多孔支撑材料构成，置于两张膜之间，两侧封死两个口袋中的一个，则开口的袋口与中央多孔管相接，膜下再衬上起导流作用的料液隔网，一起盘绕在中央管周围，形成一种多层圆筒状结构。如图 8-19 所示，进料液沿轴向流入膜包围成的通道，渗透液呈螺旋状流动至多孔中心管状流出系统。

螺旋盘绕式膜器应用广泛，大型组件直径 300mm，长 900mm，有效膜面积达 $51m^2$。与板框式膜器相比，它的填充密度高，膜面积大，但清洗不便，更换不易。

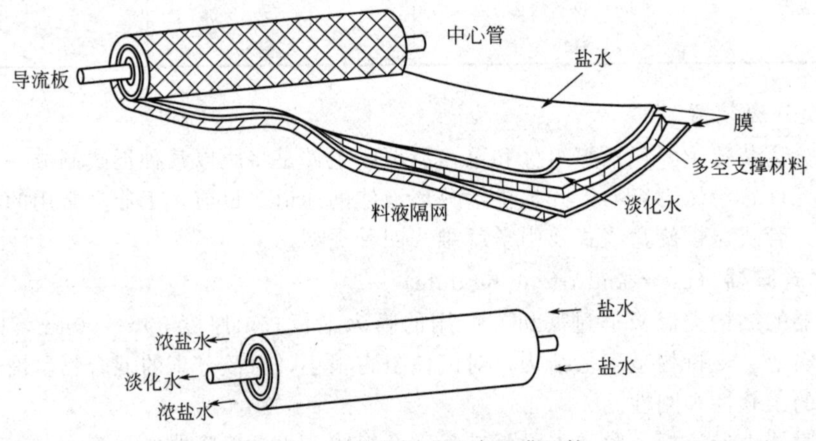

图 8-19　螺旋盘绕式反渗透膜组件

4. 中空纤维式膜器

中空纤维式膜器为列管式，分毛细管膜器和中空纤维膜器。一般情况下，超滤、微滤等操作压力差小的过程可采用毛细管膜器，料液从一端进入，通过毛细管内腔，浓缩液从另一端排出，透过液通过管壁，在管间汇合后排出。若反渗透等压差较大时宜采用图 8-20 所示的中空纤维式膜器。

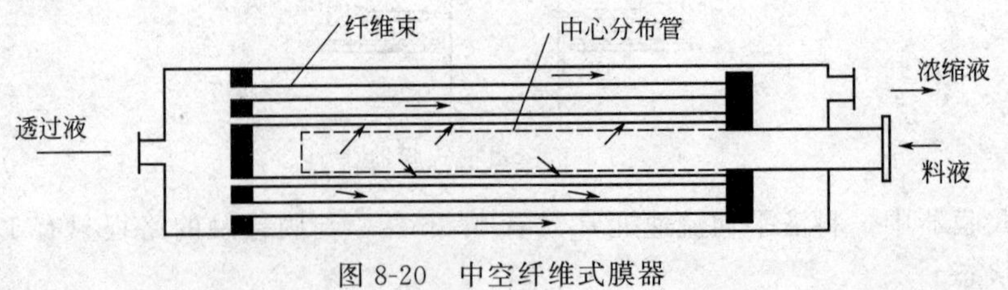

图 8-20　中空纤维式膜器

该膜器由几十万甚至几百万根纤维组成，这些中孔纤维与中心进料管捆在一起，一端用环氧树脂密封固定，另一端也用环氧树脂固定，却留有透过液流出的通道，即纤维孔道。料液进入中心管，并经中心管上小孔均匀地流入中空纤维的间隙，透过液进入中空纤维管内，从纤维的孔道流出，浓缩液从纤维间隙流出。

中空纤维膜器设备紧凑，膜面积高达 16000～30000m^2/m^3，但由于纤维内径小，阻力大，易堵，则料液走管间，透过液走管内。这类膜器膜面去污染困难，因此对料液预处理要求高，中空纤维一旦破损，无法更换。

各种膜组件性能的比较见表 8-3。

表 8-3　各种膜组件性能的比较

类　型	优点	缺点
管式膜组件	易清洗,无死角,适宜于处理含固体较多的料液,单根管子可以调换	保留体积大,单位体积的过滤面积较小,压降大
中空纤维式膜组件	保留体积小,单位体积的过滤面积大,可以逆洗,操作压力较低(小于 0.25MPa),动力消耗较低	流道细小,易堵塞,易断丝,只适合于处理非常澄清的料液,料被需要预处理,单根纤维损坏时,需调换整个膜件
螺旋盘绕式膜组件	单位体积的过滤面积大,换新膜容易	料液需要预处理,压降大,易污染,清洗困难
平板式膜组件	流道宽,保留体积小,能量消耗介于管式和螺旋盘绕式之间,可以处理含固量较高的料液	死体积较大
锯齿式膜组件	此为平板式的改进形式,板面有棱纹结构,膜被扭曲为锯齿状,料液流过形成湍流来降低膜面的污染。过滤性能优异,过滤速度高于管式和板式结构,且污染更少、容易清洗、能耗更低	

(三) 膜分离操作方式

按操作方式不同分为：

① 开路循环　如图 8-21 所示，循环泵关闭，全部溶液用给料泵 F 送回料液槽，只有透过液排出到系统之外。

② 闭路循环　如图 8-21 所示，浓缩液（未透过的部分）不返回到料液槽，而是利用循环泵 R 送回到膜组件中，形成料液在膜组件中的闭路循环。

③ 连续操作　如图 8-22 所示，是在闭路循环的基础上，将浓缩液不断排到系统之外。每一级中均有一个循环泵将液体进行循环，料液由给料泵送入系统中，循环液浓度不同，于料液浓度各级都有一定量的保留液渗出，进入下一级。由于第一级处理量大，所以膜面积也大，以后各级依次减小。最后一级的循环液为成品，浓度最大，因此，通量较低。

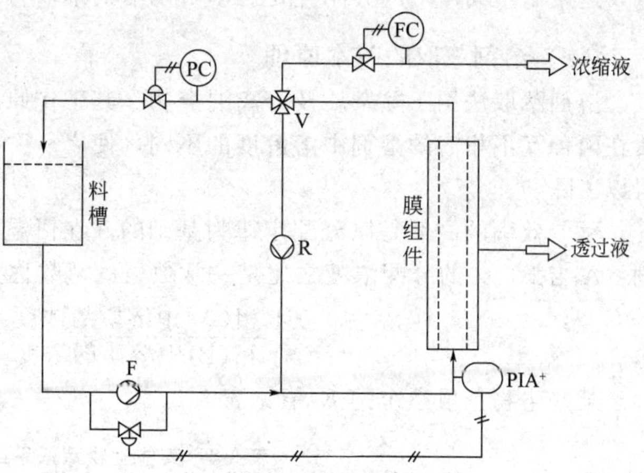

图 8-21　膜操作流程示意图

F—给料泵；R—循环泵；V—四通阀

开路循环操作；V（ ），R 关闭；

闭路循环操作；V（ ），R 开启；

连续浓缩操作；V（ ），R 开启

（注：四通阀 V 中涂黑处封闭）

由于膜的应用范围很广，因此具有较宽范围的性质和操作特性，在选择膜时，应考虑的主要因素是：分离能力（选择性和脱除率），分离速度（透水率），膜抵抗化学、细菌和机械

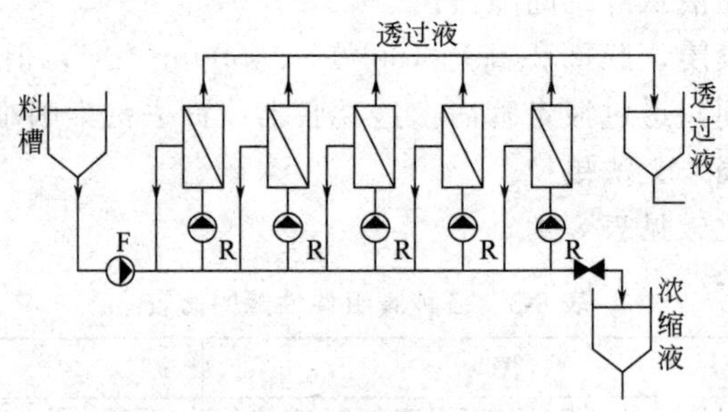

图 8-22 多级串联连续操作

力的稳定性（对操作环境的适应性），以及膜材料的成本。

工业用途上所采用的膜分离设备应具备的基本条件为：①膜面切向速度快，以减少浓差极化；②单位体积所含膜面积较大；③容易拆洗和更新膜；④保留体积小，无死角；⑤具有可靠的膜支撑装置。

第五节 萃取与色谱分离

一、萃取

萃取是一种初步分离纯化技术。利用溶质在互不相溶的两相之间分配系数的不同而使溶质得到纯化或浓缩的方法，称为萃取。传统的有机溶剂萃取是在石化和冶金工业常用的分离提取技术，在生物产品中，可用于有机酸、氨基酸、抗生素、维生素、激素和生物碱等生物小分子的分离和纯化。萃取法根据参与溶质分配的两相不同而分为多种，如液固萃取、溶剂萃取、双水相萃取、液膜萃取、反胶团萃取、超临界萃取等方法，每种方法具有不同的特点，适用于不同产物的分离纯化。本节以溶剂萃取为例进行讲解。

（一）溶剂萃取的基本原理

溶剂萃取法用于除杂质及分离混合物。其工作原理为从溶液中萃取某一成分，利用该物质在两种互不相溶的溶剂中溶解度的不同，使之从一种溶剂转移至另一种溶剂，从而使杂质得以去除。

萃取效率的高低是以分配定律为基础的。在恒温恒压下，一种物质在两种互不相溶的溶剂（A 与 B）中的分配浓度之比是一常数，此常数称为分配系数 K，可用下式表示：

$$\frac{\text{上相(A)中溶质的浓度}}{\text{下相(B)中溶质的浓度}}=\frac{C_A}{C_B}=K$$

某些生物萃取系统的 K 值见表 8-4。

表 8-4 某些生物萃取系统的 *K* 值

生物类型	溶　质	溶　剂[①]	K[②]	参考条件
氨基酸	甘氨酸	正丁醇	0.01	25℃
	丙氨酸	正丁醇	0.02	
	赖氨酸	正丁醇	0.2	
	谷氨酸	正丁醇	0.07	

续表

生物类型	溶　质	溶　剂①	K②	参考条件
氨基酸	α-氨基丁酸	正丁醇	0.02	25℃
	α-氨基己酸	正丁醇	0.3	
抗生素	天青菌素	正丁醇	110	
	放线菌酮	二氯甲烷	23	
	红霉素	乙酸戊酯	120	
	林可霉素	正丁醇	0.7	pH4.2
	短杆菌肽	苯	0.6	
		三氯甲烷-甲醇	17	
	新生毒素	乙酸丁酯	100	pH7.0
			0.01	pH10.5
	青霉素 F	乙酸戊酯	32	pH4.0
			0.06	pH6.0
	青霉素 K	乙酸戊酯	12	pH4.0
			0.1	pH6.0
蛋白质	葡萄糖异构酶	聚乙二醇/磷酸钾	3	
	延胡索酸酶	聚乙二醇/磷酸钾	3.2	
	过氧化氢酶	聚乙二醇/粗葡聚糖	3	

① 除注明外，另一溶剂为水。

② 轻、重相的浓度用 mol/L 表示。

在溶剂萃取操作中按所处理物料的性质，以及要求分离程度的不同，可分为单级萃取、多级萃取及多级对流萃取等多种形式。

(1) 单级萃取　单级萃取只包括一个混合器和一个分离器。发酵液与溶剂混合以后，就把溶剂分出进行浓缩（图 8-23）。

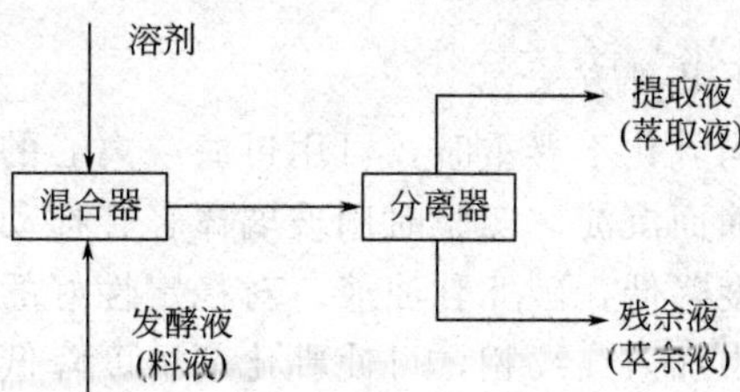

图 8-23　单级萃取法

单级萃取时，所用的有机溶剂的体积与有效成分的回收率直接相关。有机溶剂用量愈多，回收率愈高。为了尽量使有效成分从发酵液中完全提取，有机溶剂的用量不能太少。

(2) 多级萃取　发酵液与溶剂分级接触。即发酵液经过第一次溶剂提取后，分离后的残余液再加入新鲜的溶剂加以抽提（萃取），这样经过多次抽提，可以把发酵液中绝大部分抗生素的有效成分提取出来，回收率可大大提高（图 8-24）。

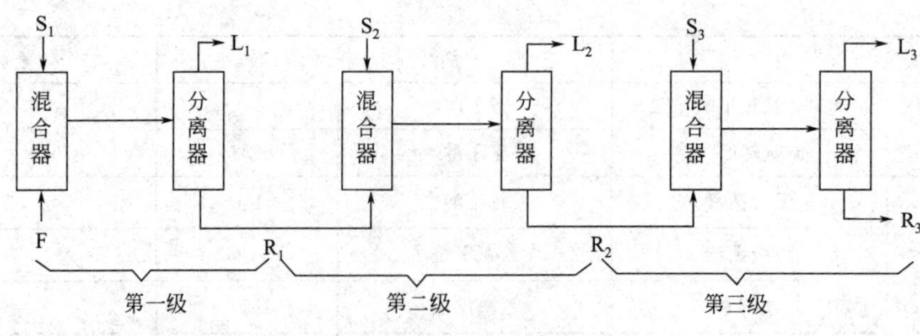

图 8-24　多级萃取法

F—料液；S—溶剂；L—萃余液；下标 1，2，3—级别

(二) 影响溶媒萃取的主要因素

1. 乳化与去乳化

在发酵产品萃取时常发生乳化现象。乳化是液体分散在另一不相溶的液体中的分散体系。产生乳化后会使有机溶剂相分层困难，及时采用离心分离机也往往不能将两相完全分离，发酵液废液如夹带溶剂微滴，就意味着目标产物的损失。溶剂相中若夹带发酵液微滴，会给以后的精制造成困难。

乳浊液主要有两种形式（图 8-25）：一种是以油滴散在水中，称为水包油型（O/W 型）乳浊液；另一种是水以水滴分散在油中，称为油包水型（W/O 型）乳浊液。

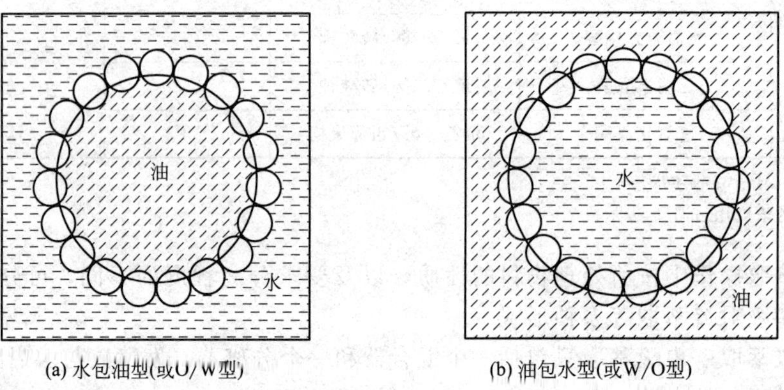

(a) 水包油型(或O/W型)　　(b) 油包水型(或W/O型)

图 8-25　乳浊液作用示意图

去除乳浊液，通常有以下几种方法：

(1) 过滤和离心分离　当乳化不严重时，可用过滤或离心的方法，分散相在中立或离心力场中运动时，常可因气碰撞而沉淀。实验时用玻璃棒轻轻搅动乳浊液也可促其破坏。

(2) 加热　加热能使黏度降低，破坏乳浊液。对稳定性好的发酵产品可考虑采用此法。

(3) 稀释法　在乳浊液中加入连续相，可使乳化剂浓度降低而减轻乳化。

(4) 加电解质　离子型乳化剂所形成的乳浊液常因分散相带电荷而稳定，可加入电解质，以中和其电解而促使聚沉。

(5) 吸附法　例如碳化钙易为水所润湿，但不能为有机溶剂所润湿，故将乳浊液通过碳化钙层时，其中的水分被吸附。红霉素生产中，将一次丁酯抽液通过碳化钙层，以除去微量水分，有利于以后的提取。

(6) 顶替法　加入表面活性剂不能形成坚固的保护膜，将原先的乳化剂从界面上顶替出来，但它本身由于不能形成坚固的保护膜，因而不能形成乳浊液。常用的顶替剂是戊醇，它的表面活性很大，但碳氢键很短，不能形成坚固的薄膜。

(7) 转型法 在 O/W 型乳浊液中，加入亲油性活化剂，则乳浊液有从 O/W 型转变成 W/O 型的趋向，但条件不允许形成 W/O 型乳浊液，因而在转变过程中，乳浊液被破坏。同样，在 W/O 型乳浊液中加入亲水性乳化剂也会使乳浊液破坏。

2. pH 值

在萃取操作中正确选择 pH 值有很重要的意义。一方面，pH 值影响分配系数，因而对萃取收率影响较大。例如，红霉素在 pH9.8 时，在乙酸戊酯与水相（发酵液）间的分配系数等于 44.7；而在 pH5.5 时，红霉素在水相（缓冲剂）与乙酸戊酯间的分配系数等于 14.4。另一方面，pH 值对选择性也有较大影响。如酸性抗生素一般在酸性下萃取到有机溶剂，而碱性杂质则成盐而留在水相。若为酸性杂质，则应根据其酸性强弱，选择合适的 pH 值，以尽最大可能除去杂质。此外，pH 值应尽量选择在使抗生素稳定的范围内。

3. 温度

温度对发酵产品的萃取也有较大影响。一般说来，抗生素在温度较高时都不稳定，故萃取应维持在室温或较低温度下进行。但在个别场合，如低温对萃取速度影响较大，此时为提高萃取速度可适当升高温度。

4. 盐析

加入盐析剂如硫酸铵、氯化钠等可使抗生素在水中溶解度降低，而易转入溶剂中去，同时也能减小有机溶剂在水中的溶解度。如在提取维生素 B_{12} 时加入硫酸铵，可使维生素 B_{12} 自水相转移到有机溶剂中，有利于提取；在青霉素提取时加入 NaCl，使青霉素从水相中转移到有机溶剂中，有利于提取。盐析剂的用量要适当，用量过多会使杂质也一起转入溶剂中。同时，当盐析剂用量大时，也应考虑其回收再利用。

5. 带溶剂

所谓带溶剂是指一种能和目标产物形成复合物而易溶于溶剂中，形成的复合物在一定条件下又容易分解的物质。如抗生素的水溶性很强，在通常所用的有机溶剂中的溶解度很小，若要采用溶剂萃取法来提取，可借助于带溶剂。即使水溶性不强的抗生素，有时为提高其收率和选择性，也可考虑采用带溶剂。水溶性较强的碱（如链霉素）可与脂肪酸形成复合物而溶于丁醇、乙酸丁酯、异辛醇中。在酸性条件下（pH5.5～5.7），此复合物分解成链霉素而可转入水相。链霉素在中性条件下能与二异辛基磷酸酯相结合，从而水相萃取到三氯乙烷中，然后在酸性条件下再萃取到水相。

6. 溶剂的选择

所选择的溶剂除对目标产物有较大的溶解度外，还应有良好的选择性，即分离能力。选择性越大越好。根据类似物容易溶解类似物的原则，应选择与抗生素结构相近的溶剂。在工业生产上还特别要求溶剂价廉、毒性小、挥发性小。

按毒性大小来分，溶剂可分为：①低毒性，如乙醇、内醇、丁醇、乙酸乙酯、乙酸丁酯、乙酸戊酯等；②中等毒性，如甲苯、环己烷、甲醇等；③强毒性，如苯、二氧六环、氯仿、四氯化碳等。

在实际生产中应尽量避免采用强毒性溶剂。在抗生素发酵工业中，最常用的溶剂是乙酸乙酯、乙酸丁酯和丁醇。

二、色谱分离

色谱法（chromatography）又称层析法，是利用混合物中各种组分的物理化学性质（分子的形状和大小、分子的极性、吸附力、分子亲和力、分配系数等）不同，使各组分以不同程度分布在两相中，其中一个相是固定的，称为固定相；另一个相是流动的，称为流动相。当流动相流过固定相时，各组分以不同的速度移动，而达到分离的目的。

色谱技术按不同的方法可分为几种不同的类型。如按流动相的状态不同分为液相色谱（liquid chromatography）和气相色谱（gas chromatography）等（图 8-26）；按固定相的使用形式不同分为柱色谱、纸色谱、薄层色谱等；按分离机制不同分为吸附色谱、离子交换色谱、分配色谱、疏水作用色谱、凝胶色谱和亲和色谱等。

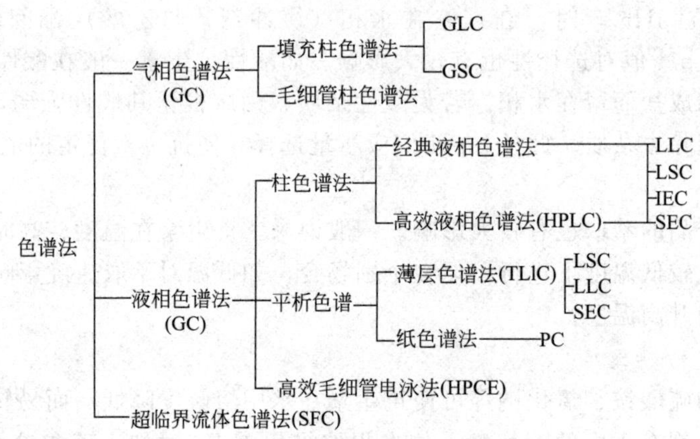

图 8-26　色谱操作分离

本节仅对凝胶色谱和亲和色谱的原理和设备进行叙述。

（一）凝胶色谱

凝胶色谱又叫分子筛色谱，是 20 世纪 60 年代发展起来的一种分离纯化方法。凝胶具有网状结构，小分子物质能进入其内部，而大分子物质却被排阻在外部，当一混合物溶液通过凝胶过滤色谱柱时，溶液中的物质就按不同分子质量筛分出来。

凝胶色谱的原理如图 8-27 所示。

将具有分子大小网状结构（孔隙）的凝胶粒子浸渍于某种溶液中时，溶液中的溶质分子凡是比网络孔隙小的都能自由进入凝胶粒子内，大的分子由于不能潜入网格便残留在溶液中，所以将分子大小不同的溶液（如蛋白质和硫酸铵）加入到分离柱中，只有小分子物质

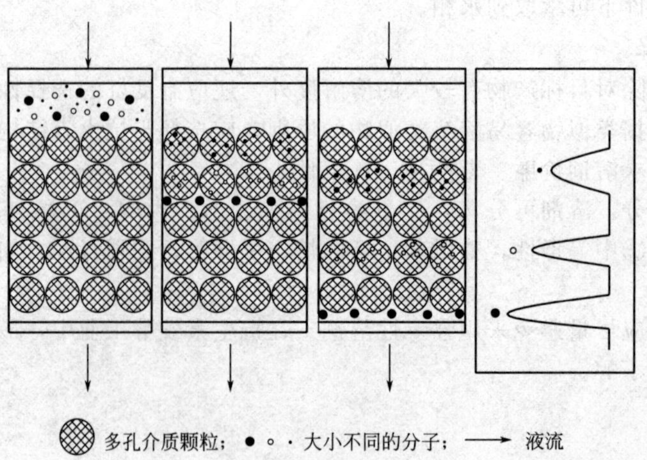

图 8-27　凝胶过滤色谱原理示意图

(硫酸铵) 能完全进入凝胶粒子内，而大分子 (蛋白质) 则被排阻于粒子外，彼此互相筛分。加入洗液后，溶液在分离柱内向下移动，先流出的洗液中含有大分子物质 (蛋白质)，后流出的洗液中含有小分子物质 (硫酸铵)，从而达到分离和提纯的目的。

凝胶的种类很多，按来源分为人工合成凝胶和天然凝胶。其共同特点是内部具有微细的多孔网状结构，其孔径的大小与被分离物质的相对分子质量大小有关。常用的凝胶有：聚丙烯酰胺凝胶、聚丙烯酰胺葡聚糖凝胶、聚乙烯醇凝胶、琼脂糖凝胶和葡聚糖凝胶。

凝胶色谱设备种类较多，不同种类的色谱设备分离原理大致一样，可用于不同生物产品的分离。常见的柱色谱装置如图 8-28 所示。

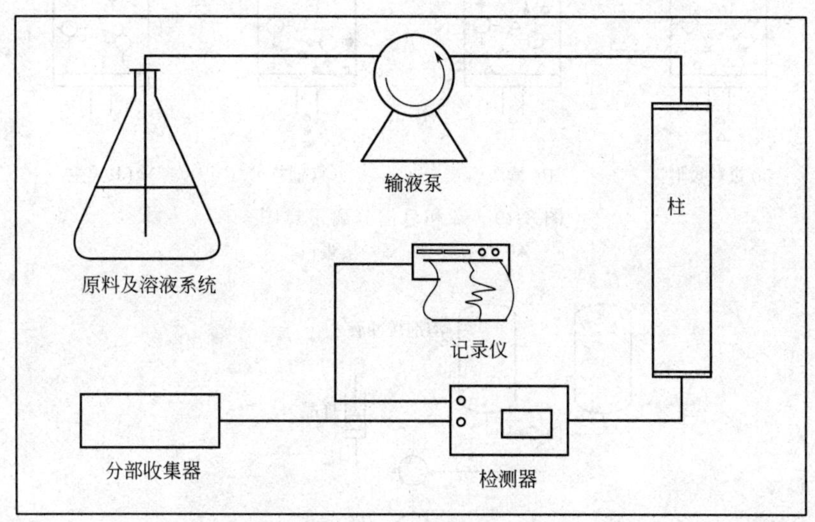

图 8-28　柱色谱装置示意图

柱色谱装置主要由进样系统 (一般为恒压泵)、色谱柱、收集器和检测系统组成。选定的凝胶作为固定相装入色谱柱，样品溶液由进样系统进入色谱柱，根据分子大小的不同由大到小依次流出凝胶柱，然后依次分布收集洗脱液，即得到样品混合物中单一组分的化合物。凝胶柱可用于生物大分子的纯化、分子量的测定等。

(二) 亲和色谱

许多生物大分子化合物具有与其结构相对应的专一分子可逆结合的特性，如蛋白酶与辅酶、抗原与抗体、激素与其受体、核糖核酸与其互补的脱氧核糖核酸等体系，都具有这种特性，生物分子间的这种专一结合能力称为亲和力。用生物分子间所具有的专一而又可逆的亲和力而使生物分子分离纯化的色谱技术，称之为亲和色谱法。

图 8-29 所示为亲和色谱分离示意图。

把具有特异亲和力的一对分子的任何一方作为配基，在不伤害其生物功能的情况下，与不溶性载体结合，使之固定化，装入色谱柱中，然后把含有目的物质的混合液作为流动相，在有利于固定相配基与目的物质形成络合物的条件下进入色谱柱。这时，混合液中只有能与配基发生结合反应形成络合物的目标产物分子被吸附 [如图 8-29(a)]，不能发生结合反应的杂蛋白分子直接流出。经清洗后 [如图 8-29(b)]，选择适当的洗脱液或改变洗脱条件进行洗脱 [图 8-29(c)]，使被分离物质与固定相配基解离，即可将目标产物分离纯化。

亲和色谱的分辨率比凝胶过滤色谱高。不论加入何种样品液，由于柱体积小、上样量大、洗脱流速快等原因，所以在色谱过程中都只能得到一个色谱峰。一般的色谱柱亦能用于亲和色谱。大型化亲和色谱装置如图 8-30 所示。

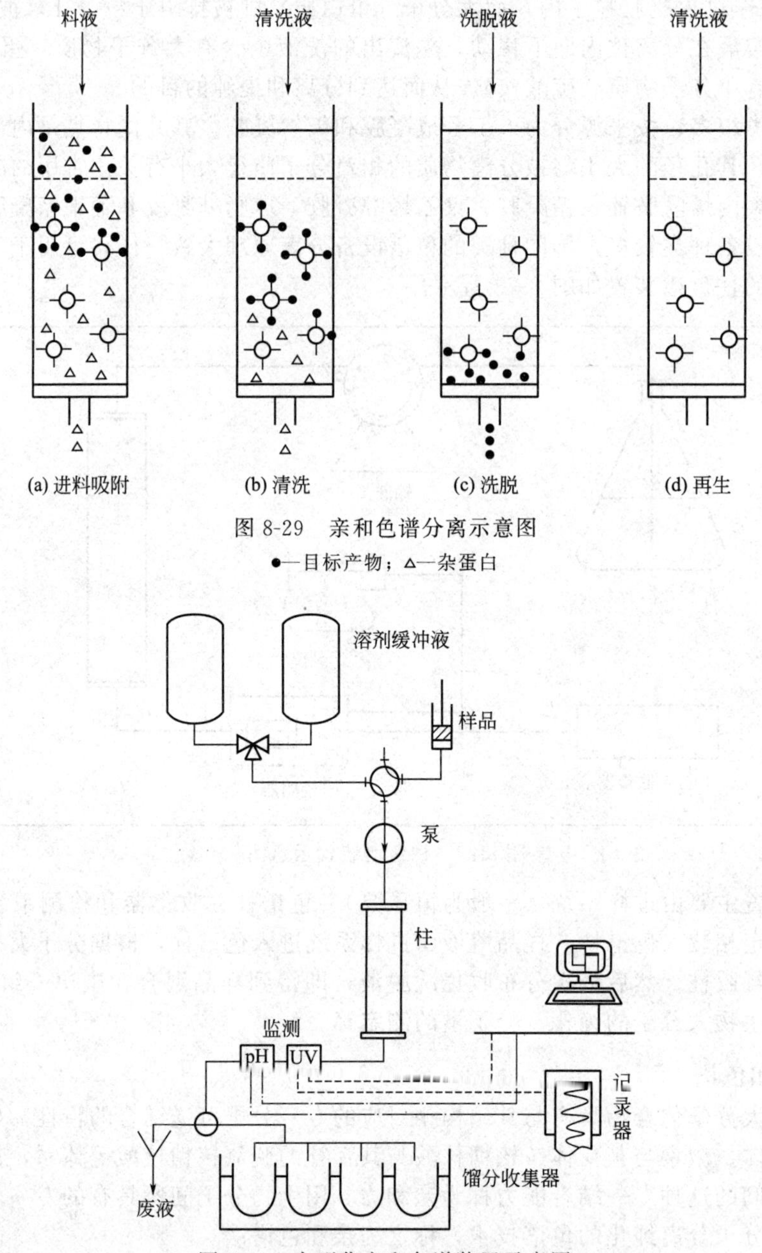

图 8-29 亲和色谱分离示意图

●—目标产物；△—杂蛋白

图 8-30 大型化亲和色谱装置示意图

样品经泵打入色谱柱，缓冲液用于洗脱，由柱底流出的液体按一定的计量方式分步收集，通过相关的物理性质分析，来确定目的产物。

第六节 离子交换与吸附

一、离子交换

离子交换技术是根据某些溶质能解离为阳离子或阴离子的特性，利用离子交换剂与不同离子结合力强弱的差异，将溶质暂时交换到离子交换剂上，然后用合适的洗脱或再生剂将溶质离子交换下来，使溶质从原溶液中分离或得到浓缩、提纯的操作技术。

（一）离子交换剂的结构和类型

离子交换剂是不溶于酸、碱和有机溶剂，化学稳定性良好（具有网状交联结构），具有离子交换能力的固态高分子化合物。

离子交换树脂外形一般为颗粒状，粒径为 0.3～1.2nm。一些特殊用途的离子交换树脂的粒径可能大于或小于这一范围。其具有巨大的分子，可分为两部分：一部分是不能转移的、多价高分子基团，构成了树脂的骨架，使树脂具有不溶解性、化学稳定的性能（图 8-31）；另一部分是可移动的离子，构成了树脂的活性基团，活性基团可移动的离子在骨架中进进出出，就产生了离子交换现象。

图 8-31　不同物理结构离子交换树脂的模型

离子交换树脂是一种不溶解的多价离子，其周围包围着可移动的带有相反电荷的离子。聚苯乙烯型阳离子交换树脂如图 8-32 所示。

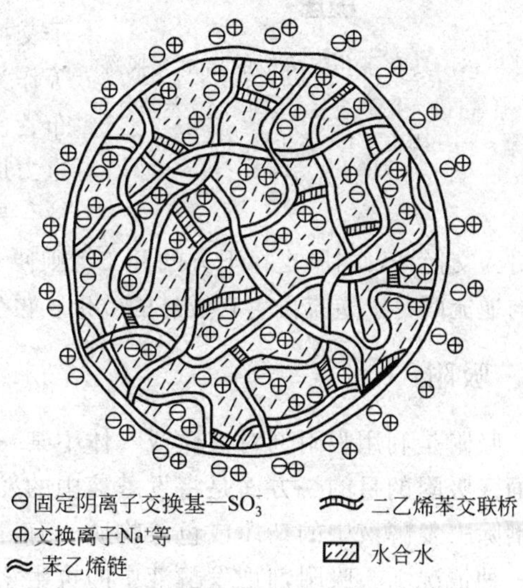

图 8-32　聚苯乙烯型阳离子交换树脂的示意

根据活性离子的性能，离子交换剂分为阳离子交换剂、阴离子交换剂和两性离子交换剂等：

① 阳离子交换剂　这种交换剂可分为强酸性、中强酸性和弱酸性三类。强酸性含有磺酸基团（—R—SO_3H），中强酸性含有磷酸基（—PO_3H_2）、亚磷酸基（—HPO_2H），弱酸性含有羧基（—COOH）或者酚羟基（—OH）。三者中以中强酸性使用较少。根据交换剂母体的成分，常用的阳离子交换剂有磺化煤、阳离子交换树脂、葡聚糖凝胶阳离子交换剂、阳离子交换纤维素、阳离子交换剂、阳离子交换膜等。

② 阴离子交换剂　可分为强碱性、中强碱性和弱碱性三类。阴离子交换剂都是含有氨基的。如季铵盐为强碱性；叔胺、仲胺、伯胺类都属弱碱性；而含强碱性基团的交换剂便是中强碱性交换剂。根据母体成分不同，常用的阴离子交换剂有阴离子交换树脂、阴离子交换纤维素、葡聚糖凝胶阴离子交换剂、阴离子交换膜等。

③ 两性离子交换剂　两性离子交换剂的本体上同时带有酸性基团和碱性基团。

选择合适的树脂是应用离子交换法的关键。选用树脂的依据是被分离物的性质和分离目的，须满足三个条件：①pH 值应在产物的稳定范围内；②使产物能离子化；③使树脂能解离。树脂的类型也应注意，对酸性树脂可以用氢型或钠型，对碱性树脂可以用羟型或氯型。一般来说，对弱酸性和弱碱性树脂，为使树脂能离子化，应采用钠型或氯型，而对强酸性和强碱性树脂，可以采用任何类型。但如产物在酸性、碱性条件下易被破坏，则不宜采用氢型或羟型树脂。溶液中产物浓度的影响：一般说来，低价离子增加浓度有利于交换上树脂，高价离子在稀释时容易被吸附。

（二）离子交换的流程与设备

离子交换的一般流程为：①原料液的预处理，使得流动相易于被吸附剂吸附；②原料液和离子交换树脂充分接触，使吸附进行；③淋洗离子交换树脂，以去除杂质；④把离子交换树脂上的有用物质解吸并洗脱下来；⑤离子交换树脂的再生。

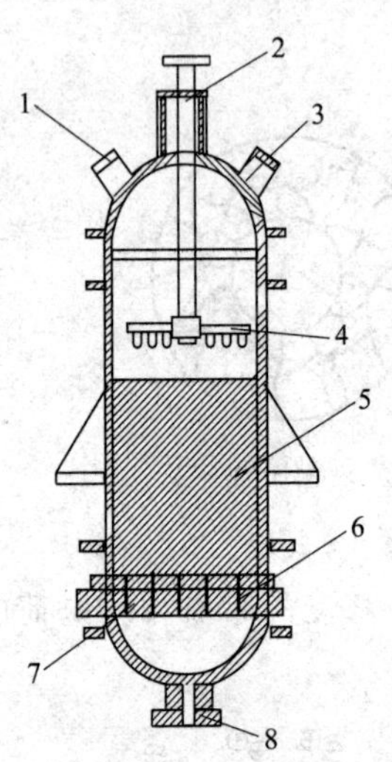

图 8-33 具有多孔支持板的离子交换罐
1—视镜；2—进料口；3—手孔；4—液体分布器；5—树脂层；6—多孔板；7—尼龙布；8—出液口

根据操作方式可将离子交换设备分为静态和动态设备两大类。静态设备为一带有搅拌器的反应罐，目前较少采用。动态设备按操作方式不同分间歇操作的固定床和连续操作的流动床两类。固定床有单床（单柱或单罐操作）、多床（多柱或多罐串联）、复床（阳柱、阴柱）及混合床（阳、阴树脂混合在一个柱或罐中）。连续流动床是指溶液及树脂以相反方向连续不断流入和离开交换设备，一般也有单床、多床之分。

普通离子交换罐为椭圆形顶及底的圆筒形设备。圆筒体的高径比值一般为 2～3，最大为 5。树脂层高度约占圆筒高度的 50%～70%。

具有多孔支持板的离子交换罐如图 8-33 所示。离子交换树脂的下部用多孔陶土板、粗粒无烟煤、石英砂等作为支撑体。被处理的溶液从树脂上方加入，经过分布管使液体均匀分布于整个树脂的横截面。加料可以是重力加料，也可以是压力加料，后者要求设备密封。料液与再生剂可以从树脂上方通过各自的管道和分布器分别进入交换器，树脂支撑下方的分布管则便于水的逆洗。固定床离子交换器的再生方式分成顺流与逆流两种。逆流再生有较好的效果，再生剂用量可减少，但要发生树脂层的上浮。

二、吸附

吸附是利用吸附剂对液体或气体中某一组分具有选择性吸附的能力，使其富集在吸附剂表面。吸附的目的一方面是将发酵液中的发酵产品吸附并浓缩于吸附剂上，另一方面利用吸附剂除去发酵液中的杂质或色素物质、有毒物质（如热源）等。例如抗生素的吸附提取：在第一种情况下，吸附剂把发酵液中的抗生素有效成分吸附，抗生素从发酵液中转入吸附剂，然后以有机溶剂把有效成分从吸附剂上洗脱下来，再经浓缩后即可得到抗生素的粗制品；而在第二种情况则相反，杂质或色素、有毒物质被吸附剂吸附，抗生素转移至新的吸附剂上。吸附剂通常在酸性情况下是吸附杂质或色素，而在中性的情况下则可把抗生素吸附，例如活性炭对链霉素的吸附。

（一）吸附剂的种类

吸附剂的种类很多，只要它们不溶于吸附操作中所用的溶液，且不致使被吸附的化合物受破坏或分解即可。但吸附剂也必须有一定的化学组成，且具备一定的条件：①吸附剂本身是一种多细孔粉末状物质，其颗粒密度小，表面积大，但孔隙也不要太多，否则在孔隙中的溶质就不易被解吸下来；②吸附剂必须颗粒大小均匀；③吸附能力大，但也要容易洗脱下来。工业发酵常用的吸附剂主要可分为三种类型：

1. 疏水或非极性吸附剂

作为分子吸附剂的活性炭，在工业发酵中许多发酵产品的提取、精制和分离过程中，应用较广泛，例如谷氨酸钠（味精）等发酵产品的脱色和多种抗生素的提取和精制。活性炭是疏水性的物质，它最适宜从极性溶剂尤其是水溶液中吸附非极性物质，较溶剂易被吸附。它吸附芳香族化合物的能力大于无环化合物。

活性炭有碱性、酸性或中性的。如目标物不能被酸性或碱性的活性炭所吸附，或吸附后难以由炭中洗脱，则应把活性炭加以适当处理，使其具有相当的活性。例如，酸性的活性炭可用稀碱溶液洗涤，而碱性的活性炭则可用稀酸（H_2SO_4或 HCl）溶液洗涤，然后再用无盐水冲洗到中性反应即可应用。在应用于抗生素的提炼过程中，要对活性炭进行必要的处理，如干燥去水，除去无机盐中钙、镁、铁离子等，其目的在于以各种方法去除吸着的物质，使吸附剂的活性表面活化。

由于活性炭作为吸附剂的选择性差，故应用抗生素的提取和精制时，单级吸附不能使抗生素纯度提高很多，只是用于抗生素的初步提炼，除去溶液中的色素。

2. 亲水或极性吸附剂

适用于非极性或极性较小的溶剂，如硅胶、氧化铝（用作吸附的氧化铝，其组成不是Al_2O_3，而是氧化铝的部分去水物）、活性土皆属此类。

另外，吸附剂可以是中性、酸性或碱性。碳化钙、硫酸镁等属中性吸附剂。氧化铝、氧化镁等属碱性吸附剂。酸性硅胶、铝硅酸（活性土）属酸性吸附剂。碱性的吸附剂适宜于吸附酸性的物质，而酸性的吸附剂适宜于吸附碱性的物质。应该指出，氧化铝及某些活性土为两性化合物，因为经酸或碱处理后很容易获得另外的物质。

3. 离子交换树脂吸附剂

有机离子交换树脂也是属于极性吸附剂，因为它是两性化合物，具有离子交换剂的性质，工业发酵中常用于发酵产品的脱色和杂质分离。常用于脱色的离子交换树脂有大孔的717 强碱性季铵型树脂及多孔弱碱 390 苯乙烯伯胺型弱碱性阴离子交换树脂。

（二）吸附操作原理及设备

吸附操作一般包括待分离料液与吸附剂混合、吸附质被吸附到吸附剂表面、料液流出、吸附质解吸回收等四个过程。吸附操作方式可分为两种：一种是分批式吸附，一般是在带有搅拌的发酵罐中，将吸附剂依次加入到含有目标产物的溶液中进行搅拌混合，然后用离心的方法将产物逐个分离；另一种是连续式吸附，使含目标产物的溶液连续地通过一根或多根填充有吸附剂的柱，流出液用一个分部收集器收集，或者将一定流量和浓度的料液恒定地连续送入置有纯溶剂和定量的新鲜吸附剂的连续搅拌罐式反应器中（CSTR），经吸附后，以同样流量排出残液。连续式吸附比较适用于产品的大规模分离。

在分批式吸附中，先将吸附剂加入到溶液中，吸附剂如果恰好能吸附所需的生物分子，那么待吸附完全后将其从溶液中分离出来，然后从吸附剂上抽提或淋洗下来。如果吸附的是杂质，则溶液经吸附剂处理后，再将其分离，能除去杂质。吸附通常在 pH 值大约为 5 或 6 的弱酸性溶液和低的电解质浓度下进行，因此，当溶液中有大量的盐存在时，最好先透析以除去盐。通常吸附剂和溶液之间的平衡很快就能达到，并且吸附剂的分离容易，离心只需几分钟，吸附剂就会沉降下来。

为适应不同的过程特点与分离要求，吸附分离由不同的操作方式和设备来实现，如接触式吸附操作、固定床式吸附操作、移动床吸附操作、流化床吸附操作等。常见的接触式吸附装置为接触式过滤吸附器，如图 8-34 所示。

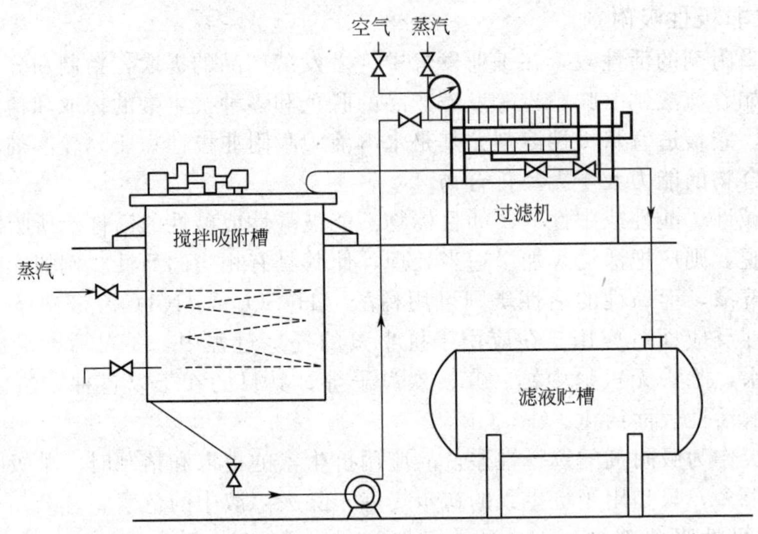

图 8-34　接触式过滤吸附器

它属于分级接触，适用于处理液态溶液。其特点是结构简单，操作容易。工艺过程为：将吸附剂加到带搅拌器的吸附槽中，使它与原料液均匀混合，形成固体悬浮（以促进吸附的进行），并在一定温度下维持一定时间，经充分的接触传质后，静置，将浆液送至压滤机过滤，把吸附剂所吸附的物质从液相中分离出来。滤液再进行适当的净化。该过程是一种简单的吸附分离操作。

工业上应用最多的是固定床吸附塔，大多为圆柱形立式筒体结构，在筒体内部支撑的多孔板上，放置吸附颗粒，成为固定吸附床层，当欲处理的流体通过固定吸附床层时，吸附质被吸附在固定吸附剂上，其余流体则由出口流出。典型的固定床吸附设备如图 8-35所示。

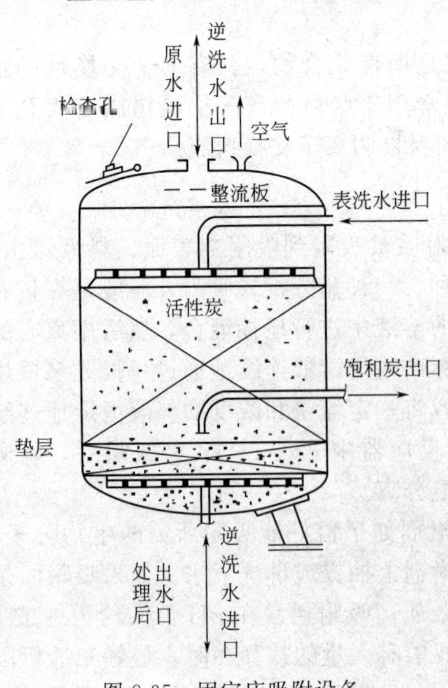

图 8-35　固定床吸附设备

固定床是最常用的吸附分离设备，属间歇操作。工业上一般采用两台吸附器轮流进行吸附与再生操作，操作时必须不断地进行周期切换，比较麻烦。对运行中的设备，为保证吸附区高度有一定的富余，需要放置比实际需要更多的吸附剂，因而吸附剂用量较大。此外，静止的吸附剂床层传热性能差，再生时要将吸附剂床层加热升温，同时吸附时产生吸附热。因此，在吸附操作中往往出现床层局部过热的现象，影响吸附。尽管固定床吸附塔存在以上缺点，但由于它结构简单，造价低，吸附剂磨损少，操作易掌握，操作弹性大，可用于气相、液相吸附，分离效果好，所以在工业生产中得到广泛应用。

吸附法操作简单，但也有较多的缺点，如吸附剂吸附性能不稳定，即使由同一工厂生产的活性炭，也会随批号不同而改变；选择性不高，即许多其他杂质也会吸附上去，洗涤时有一定损失，并且纯度不易达到要求。一般吸附剂吸附容量有限，而洗脱剂用量一般不能太少，因而使洗脱液中产物浓度不高，需要浓缩加工。洗脱剂的性能及损失条件也有很大影响，收率不稳定，且不能连续操作，劳动强度较大，炭粉还会影响环境卫生。由于这些原因，目前吸附法逐渐为其他方法所取代，尤其为离子交换树脂法所取代。只有当其他方法都不适用时，才考虑用吸附法。

第七节 蒸发、结晶与干燥

在发酵工业中，常将溶液蒸发浓缩至一定的浓度，再进行后期的结晶及干燥操作。

一、蒸发

蒸发是将溶液加热后，使其中部分溶剂气化并被移除。蒸发器的目的体现在以下三方面：①利用蒸发操作取得浓溶液；②通过蒸发操作制取过饱和溶液，进而得到结晶产品；③将溶液蒸发并将蒸汽冷凝、冷却，以达到纯化溶剂的目的。

（一）蒸发原理

工业上蒸发操作在蒸发器中进行，蒸发器由加热室和蒸发室两部分组成。待蒸发的料液经预热或直接加入蒸发器，在加热室受热沸腾，蒸发出的溶剂蒸气进入蒸发室。蒸发室又称分离室，是使气液两相分离的部分。加热室中产生的蒸气带有大量液沫，到了较大空间的蒸发室后，液沫借自身凝聚或除沫器等作用与蒸气分离。浓缩后的溶液则从蒸发器底部排出。工业上被蒸发的料液大多是水溶液，加热剂又多为饱和蒸汽。加热蒸汽称为生蒸汽，蒸发产生的蒸汽称为二次蒸汽。

按操作压力不同，蒸发分为常压蒸发、减压（或真空）蒸发。常压蒸发设备在工业中的应用已逐渐减少。在生物工业中通常采用减压蒸发（也称真空蒸发）。真空蒸发是在减压或真空条件下进行的蒸发过程，真空使蒸发器内溶液的沸点降低，其装置如图 8-36 所示，图

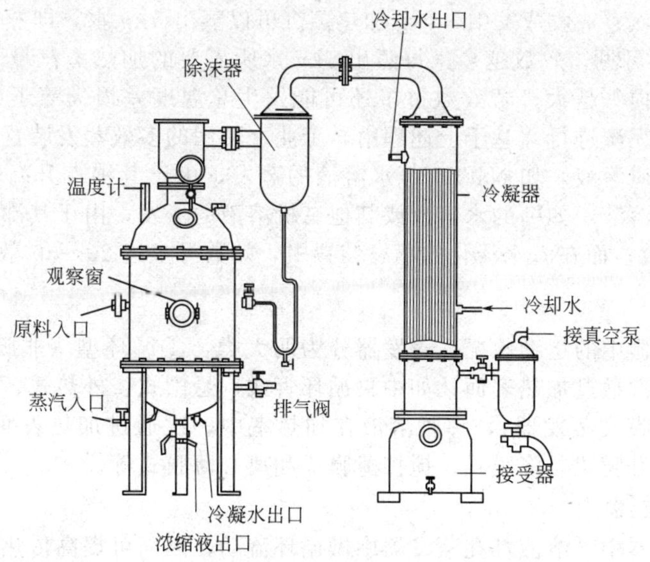

图 8-36 真空蒸发装置

中排气阀门是调节真空度的，在减压下当溶液沸腾时，会出现冲料现象，此时可打开排气阀门，吸入部分空气，使蒸发器内真空度降低，溶液沸点升高，从而沸腾减慢。

真空蒸发具有以下优点：①物料沸腾温度降低，避免或减少物料受高温影响导致的变质；②沸腾温度降低，提高了热交换的温度差，增加了传热强度；③为二次蒸汽的利用创造了条件，可采用双效或多效蒸发，提高热能利用率；④由于物料沸点降低，蒸发器热损失减少。

为了减少蒸汽消耗量，可利用前一个蒸发器生成的二次蒸汽，来作为后一个蒸发器的加热介质。后一个蒸发器的蒸发室是前一个蒸发器的冷凝器，此即多效蒸发。多效蒸发中，第一个蒸发器（称为第一效）中蒸出的二次蒸汽用作第二个蒸发器（第二效）的加热蒸汽，第二个蒸发器蒸出的二次蒸汽用作第三个蒸发器（第三效）的加热蒸汽，以此类推。二次蒸汽利用次数可根据具体情况而定，系统中串联的蒸发器的数目称为效数。图 8-37 所示为并流三效蒸发流程。

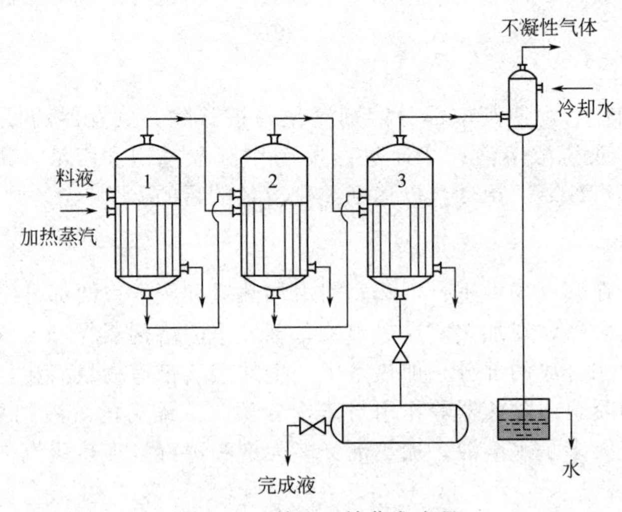

图 8-37 并流三效蒸发流程

多效蒸发的优点是可以节省加热蒸汽的消耗量。如果按 1kg 蒸汽冷凝可以从溶液中蒸发出 1kg 水估算：二效蒸发中 1kg 加热蒸汽可以从溶液中蒸出 2kg 水，即蒸出 1kg 水只需消耗 0.5kg 加热蒸汽；n 效蒸发中，1kg 加热蒸汽可以蒸出 $n$kg 水，即蒸出 1kg 水，只需要 $1/n$ kg 加热蒸汽。可见，效数越多，每蒸出 1kg 水所需要的加热蒸汽量越少；但蒸发装置中效数越多，温度损失越大。若效数过多还可能发生总温度差损失等于或大于有效总温度差，而使蒸发操作无法进行。基于上述理由，工业上使用的多效蒸发装置，其效数并不是很多。一般对于电解质溶液，如 NaOH 等水溶液的蒸发，由于其沸点升高较多，故采用2～3效；对于非电解质溶液，如糖的水溶液或其他有机溶液的蒸发，由于其沸点升高较少，所用的效数可取 4～6 效；而在海水淡化的蒸发装置中，效数可多达 20～30 效。

（二）蒸发器

按溶液在蒸发器中的运动状况，蒸发器分为两大类：①循环型（非膜式蒸发器），沸腾溶液在加热室中多次通过加热表面，如中央循环管式、悬筐式、外热式、列文式和强制循环式等；②单程型（膜式蒸发器），沸腾溶液在加热室中一次通过加热表面，不做循环流动，即排出浓缩液，如升膜式、降膜式、搅拌薄膜式和离心薄膜式等。

1. 循环型蒸发器

在循环型蒸发器中，溶液都在蒸发器中做循环流动，因而可提高传热效果。过去所用的蒸发器，其加热室多为水平管式、蛇管式或夹套式。采用竖管式加热室并装有中央循环管后，虽然总的传热面积有所减少，但由于能促进溶液的自然循环，提高管内的对流传热系数，反而可以强化蒸发过程；而水平管式蒸发器等的自然循环很差，故除特殊情况外，目前在大规模工业生产上已很少应用。

根据引起循环的原因不同，又可分为自然循环和强制循环两类。与自然循环相比，强制循环蒸发器增设了循环泵，从而料液形成定向流动。

中央循环管式蒸发器的结构如图 8-38 所示。其加热室由垂直管束组成，中间有一根直径很大的管子，称为中央循环管。当加热蒸汽通入管间加热时，由于中央循环管较大，其中单位体积溶液占有的传热面积比其他加热管内单位溶液占有的要小，即中央循环管和其他加热管内溶液受热程度各不相同，后者受热较好，溶液气化较多，因而加热管内形成的气液混合物的密度就比中央循环管中溶液的密度小，从而使蒸发器中的溶液形成中央循环管下降而由其他加热管上升的循环流动。这种循环主要是由于溶液的密度差引起的，故称为自然循环。

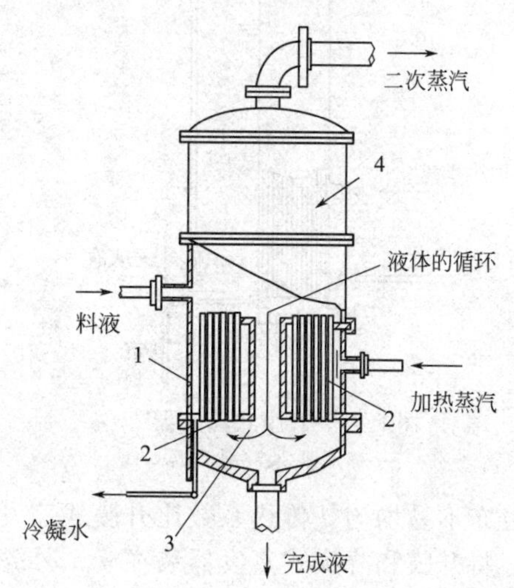

图 8-38 中央循环管式蒸发器

1—外壳；2—加热室；3—中央循环管；4—蒸发室

为了使溶液有良好的循环，中央循环管的截面积一般为其他加热管总截面积的 40%～100%，加热管高度一般为 1～2m，加热管直径在 25～75mm 之间。这种蒸发器由于具有结构紧凑、制造方便、传热较好及操作可靠等优点，应用十分广泛，有所谓“标准式蒸发器”之称。但实际上，由于结构上的限制，循环速度不大。溶液在加热室中不断循环，使其浓度始终接近完成液的浓度，因而溶液的沸点高，有效温度差就减小。这是循环式蒸发器的共同缺点。此外，设备的清洗和维修也不够方便，所以这种蒸发器难以完全满足生产的要求。

2. 单程型（膜式）蒸发器

非膜式蒸发器的主要缺点是加热室内滞料量大，致使物料在高温下停留时间过长，不适于处理热敏性物料。在膜式蒸发器中，溶液通过加热室时，在管壁上呈膜状流动，故习惯上又称为液膜式蒸发器。操作时，由于溶液沿加热管呈传热效果最佳的膜状流动，不做循环流动即成为浓缩液排出。只通过加热室一次，受热时间短。根据物料在蒸发器中流向的不同，单程型（膜式）蒸发器又分为升膜式、降膜式、升-降膜式和刮板式。

升膜式蒸发器的加热室由许多垂直长管组成，如图 8-39 所示。

常用的热管直径为 25～50mm，管长和管径之比为（100～150）：1。料液经预热后由蒸发器底部引入，进到加热管内受热沸腾后迅速气化，生成的蒸汽在加热管内高速上升。溶液则被上升的蒸汽所带动，沿管壁成膜状上升，并在此过程中继续蒸发，气液混合物在分离器内分离，完成液由分离器底部排出，二次蒸汽则在顶部导出。为了能在加热管内有效成膜，上升的蒸汽应具有一定的速度。例如，常压下操作时适宜的出口汽速一般为 20～50m/s，减压下操作时汽速则应更高。因此，如果从料液中的水量不多，就难以达到上述要求的汽速，即升膜式蒸发器不适用于较浓溶液的蒸发；它对黏度很大、易结晶或易结垢的物料也不适用。

降膜式蒸发器（图 8-40）和升膜式蒸发器的区别在于，料液是从蒸发器的顶部加入，在重力作用下沿管壁成膜状下降，并在此过程中不断被蒸发而浓缩，在其底部得到完成液。

降膜式蒸发器可以蒸发浓度较高的溶液，对于黏度较大的物料也能适用。但因液膜在管

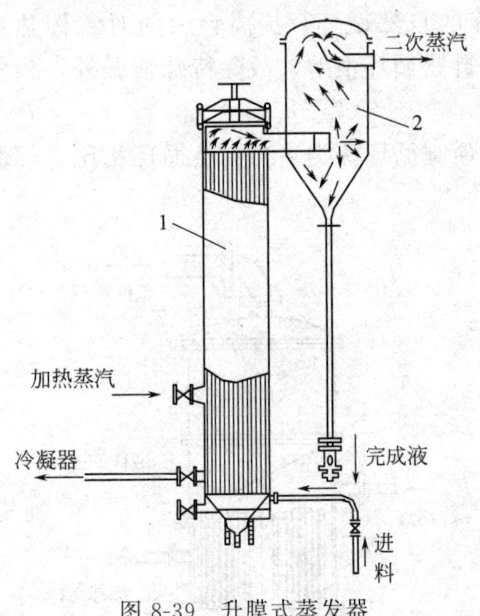

图 8-39 升膜式蒸发器

1—蒸发器；2—分离器

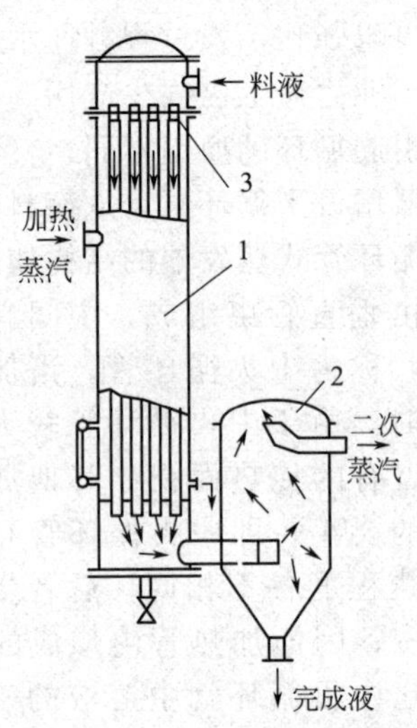

图 8-40 降膜式蒸发器

1—蒸发器；2—分离器；3—液体分离器

内分布不易均匀，传热系数比升膜式蒸发器小。

将升膜和降膜式蒸发器装在一个外壳中即成升-降膜式蒸发器，如图 8-41 所示。

预热后的料液先经升膜式蒸发器上升，然后由降膜式蒸发器下降，在分离器中和二次蒸汽分离即得完成液。这种蒸发器多用于蒸发过程中溶液黏度变化很大、溶液中水分蒸发量不大和厂房高度有一定限制的场合。

刮板式蒸发器的加热面是圆筒形内壁，器内安装旋转刮板，将加入的料液均匀涂布在加热面上。在液膜下降的过程中，刮板对液膜不断翻动，以强化传热和蒸发，其结构如图 8-42 所示。

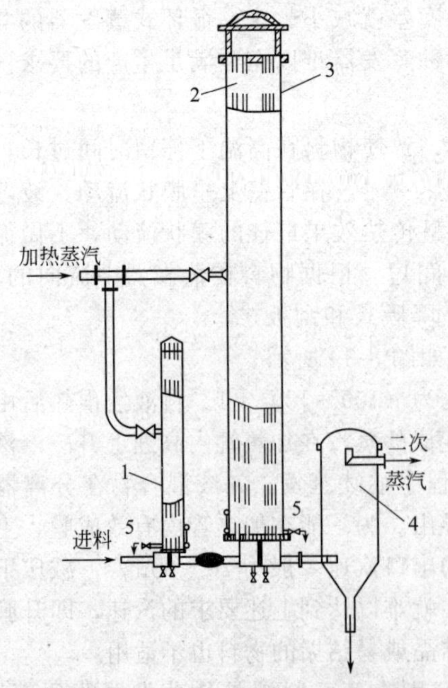

图 8-41 升-降膜式蒸发器

1—预热器；2—升膜加热器；3—降膜加热器；
4—分离器；5—加热蒸汽冷凝排出口

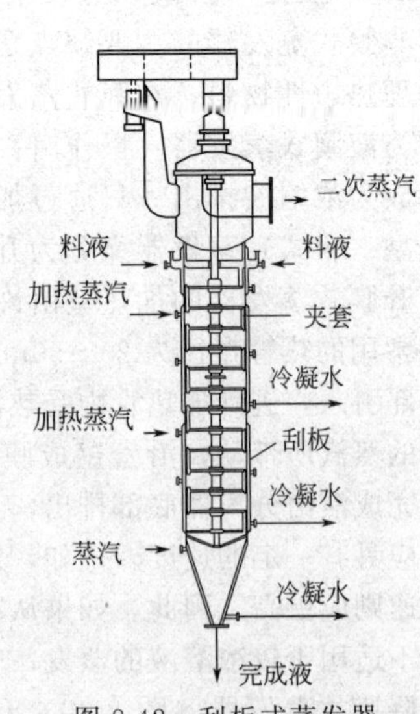

图 8-42 刮板式蒸发器

刮板式蒸发器的优点是对物料的适应性很强，对高黏度和易结晶、结垢的物料都能适用。其缺点是结构复杂，动力消耗大，每平方米传热面需 1.5～3kW。此外，受夹套传热面的限制，其处理量也很小。

二、结晶

结晶是指溶质从过饱和溶液中析出形成新相（固体）的过程，是制备纯物质的一种有效方法。固体有结晶和无定形两种状态。在条件变化缓慢时，溶质分子具有足够时间进行排列，有利于结晶形成；相反，当条件变化剧烈，强迫快速析出，溶质分子来不及排列就析出，结果形成无定形沉淀。通常只有同类分子或离子才能排列成晶体，所以结晶过程有很好的选择性，通过结晶溶液中的大部分杂质会留在母液中，再通过过滤、洗涤等就可得到纯度高的晶体。这种方法生产成本较低，在工业生产上，如制取抗生素、氨基酸、维生素等的高纯度成品时广泛采用。

（一）晶核的生成和晶体的生长

形成新相（固体）需要一定的表面自由能。因此，溶液浓度达到饱和溶解度时，晶体尚不能析出，只有当溶质浓度超过饱和溶解度后，才可能有晶体析出。由于物质在溶解时要吸收热量，结晶时要放出结晶热，因此，结晶也是一个质量与能量的传递过程，它与体系温度的关系十分密切。溶解度与温度的关系可以用饱和曲线和过饱和曲线表示（图 8-43）。

SS 曲线下方为稳定区，在该区域任意一点溶液均是稳定的。

在 *SS* 曲线和 *TT* 曲线之间的区域为亚稳定区，此刻如不采取一定的手段（如加入晶核），溶液可长时间保持稳定；加入晶核后，溶质在晶核周围聚集、排列，溶质浓度降低，并降至 *SS* 曲线。介于饱和溶解度曲线和过饱和溶解度曲线之间的区域，可以进一步划分刺激结晶区和养晶区。

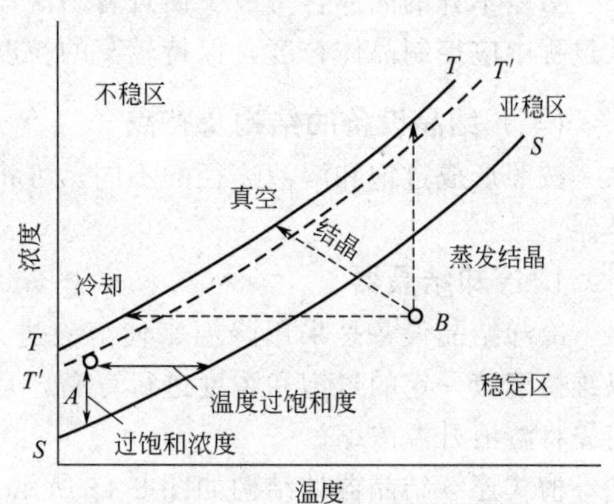

图 8-43　饱和曲线和过饱和曲线

在 TT 曲线的上半部的区域称为不稳定区，在该区域任意一点溶液均能自发形成结晶，溶液中溶质浓度迅速降低至 *SS* 曲线（饱和），但晶体生长速度快，晶体尚未长大，溶质浓度便降至饱和溶解度，此时已形成大量的细小结晶，晶体质量差。

晶体的成长大致分为三个阶段：首先是溶质分子从溶液主体向晶体表面的静止液层扩散；接着是溶质穿过静止液层后到晶体表面，晶体按晶格排列增长并产生结晶热；然后是释放出的结晶热穿过晶体表面静止液层向溶液主体扩散。晶体的质量主要是指晶体的大小、形状和纯度三个方面。工业生产中通常加入晶种，并将溶质浓度控制在养晶区，以利于形成大而整齐的晶体。常用的工业起晶方法有三种：

① 自然起晶法　溶剂蒸发进入不稳定区形成晶核，当产生一定量的晶种后，加入稀溶液使溶液浓度降至亚稳定区，新的晶种不再产生，溶质在晶种表面生长。

② 刺激起晶法　将溶液蒸发至亚稳定区后，冷却，进入不稳定区，形成一定量的晶核，此时溶液的浓度会有所降低，进入并稳定在亚稳定的养晶区使晶体生长。

③ 晶种起晶法　将溶液蒸发后冷却至亚稳定区的较低浓度，加入一定量和一定大小的晶种，使溶质在晶种表面生长。此方法容易控制，所得晶体形状、大小均较理想，是一种常用的工业起晶方法。

工业上通常希望得到粗大而均匀的晶体。搅拌能促进成核和加快扩散，提高晶核长大的速度。但当搅拌强度增大到一定程度后，再加快搅拌效果就不显著，相反，晶体还会因搅拌剪切力过大而被打碎。另外，晶种能够控制晶体的形状、大小和均匀度，为此要求晶种要有一定的形状、大小，而且比较均匀。因此，适宜的晶种的选择是一个关键问题。可根据晶体生长速度、过饱和度、结晶温度，选择不同的溶剂，通过溶液 pH 值的调节和有目的地加入某种能改变晶形的杂质等方法控制晶形。

结晶过程中，含许多杂质的母液是影响产品纯度的一个重要因素。晶体表面具有一定的物理吸附能力，因此表面上有很多母液和杂质黏附在晶体上。晶体愈细小，比表面积愈大，表面自由能愈高，吸附杂质愈多。一般把结晶和溶剂一同放在离心机或过滤机中，搅拌后再离心或抽滤，这样洗涤效果好。当结晶速度过大时（如过饱和度较高，冷却速度很快），常发生若干颗晶体聚结成为“晶簇”现象，此时易将母液等杂质包藏在内，或因晶体对溶剂亲和力大，晶格中常包含溶剂。为防止晶簇产生，在结晶过程中可以进行适度搅拌。为除去晶格中的有机溶剂，只能采用重结晶的方法。

晶体粒度及粒度分布对质量有很大的影响。一般来说，粒度大、均匀一致的晶体比粒度小、参差不齐的晶体含母液少而且容易洗涤。晶体结块给使用带来不便，为避免结块，在结晶过程中应控制晶体粒度，保持较窄的粒度分布及良好的晶体外形。

（二）结晶设备的结构及特点

按照形成过饱和溶液途径的不同，可将结晶设备分为冷却结晶器、蒸发结晶器和真空结晶器。

1. 冷却结晶器

冷却结晶设备是采用降温来使溶液进入过饱和（自然起晶或晶种起晶），并不断降温，以维持溶液一定的过饱和浓度进行育晶，常用于温度对溶解度影响比较大的物质结晶。结晶前先将溶液升温浓缩。

槽式连续结晶器的结构如图 8-44 所示。槽式结晶器通常用不锈钢板制作，外部有夹套通冷却水以对溶液进行冷却降温。连续操作的槽式结晶器，往往采用长槽并设有长螺距的螺旋搅拌器，以保持物料在结晶槽的停留时间。槽的上部要有活动的顶盖，以保持槽内物料的洁净。槽式结晶器的传热面积有限，且劳动强度大，对溶液的过饱和度难以控制；但小批量、间歇操作时还比较合适。

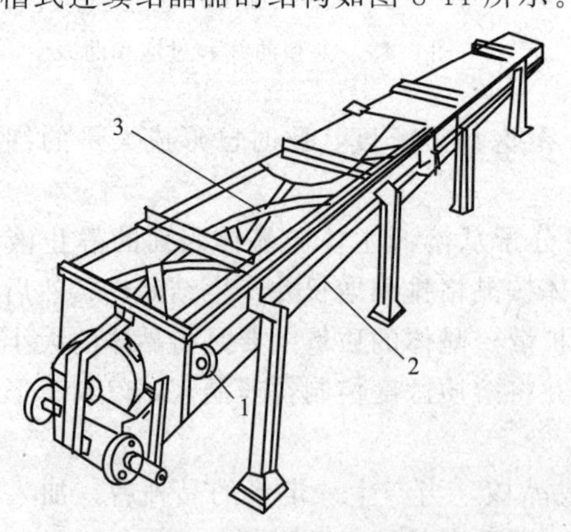

图 8-44　槽式连续结晶器
1—冷却水进口；2—水冷却夹套；3—螺旋搅拌器

结晶罐是一类立式带有搅拌器的罐式结晶器，采用夹层冷却，也可用罐内冷却管（图 8-45）。

在结晶罐中冷却速度可以控制得比较缓慢。因为是间歇操作，结晶时间可以任意调节，所以可得到较大的结晶颗粒，特别适合于有结晶水的物料的晶析过程。但是生产能力较低，过饱和度不能精确控制。结晶罐的搅拌转速要根据对产品晶粒的大小要求来定：一般结晶过程的转速为 50～500r/min；抗生素工业，在需要获得微粒晶体时采用 1000～3000r/min 的高转速。

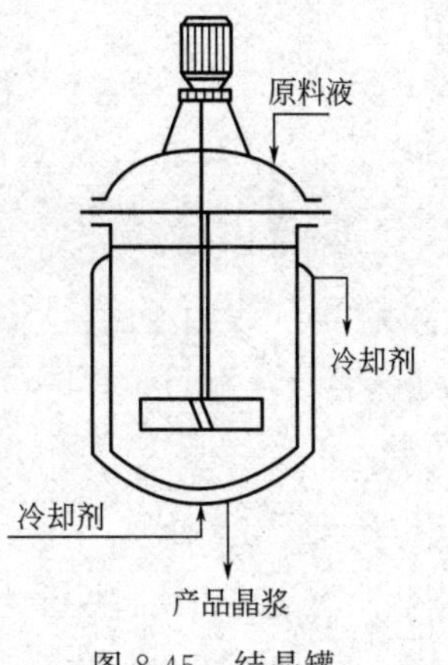

图 8-45　结晶罐

2. 蒸发结晶器

蒸发结晶设备是采用蒸发溶剂，使浓缩溶液进入过饱和区起晶（自然起晶或晶种起晶），并不断蒸发，以维持溶液在一定的过饱和度进行育晶。结晶过程与蒸发过程同时进行，故一般称为煮晶设备。

蒸发式结晶器是一类蒸发-结晶装置。为了达到结晶的目的，使用蒸发溶剂的手段严格控制溶液的过饱和度，以保证产品达到一定的粒度标准。这是一类以结晶为主、蒸发为辅的设备。图 8-46 为蒸发式结晶器，料液经循环泵送入加热器加热，加热器采用单程管壳式换热器，料液走管程。

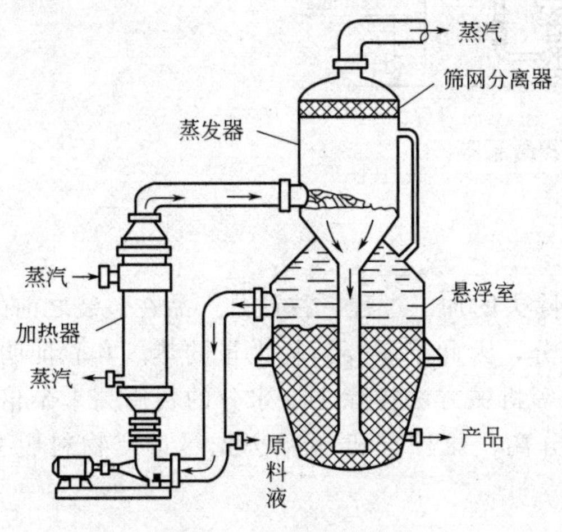

图 8-46　蒸发式结晶器

在蒸发室内部分溶剂被蒸发，二次蒸汽经捕沫器排出，浓缩的料液经中央管下行至结晶成长段，析出的晶粒在液体中悬浮做流态化运动，大晶粒集中在下部，而细微晶粒随液体从成长段上部排出，经管道吸入循环泵，再次进入加热器。通过对加热器传热速率的控制可调节溶液过饱和程度，浓缩的料液从结晶成长段的下部上升，不断接触流化的晶粒，过饱和度逐渐消失而晶体也逐渐长大。蒸发式结晶器的结构远比一般蒸发器复杂，因此对涉及结晶过程的结晶蒸发器在设计、选用时要与单纯的蒸发器相区别。

3. 真空式结晶器

真空式结晶器与蒸发式结晶器的区别是前者真空度更高，要求操作温度下的饱和蒸汽压（绝对）与该温度下溶液的总蒸汽分压相等。操作温度一般都要低于大气温度或者最高是接近气温。真空式结晶器（图 8-47）的原料溶液多半是靠装置外部的加热器预热，然后注入结晶器。当进入真空蒸发器后，立即发生闪蒸效应，瞬间即可把蒸汽抽走，随后就开始继续降温过程，当达到稳定状态后，溶液的温度与饱和蒸汽压力相平衡。因此真空式结晶器既有蒸发效应又有制冷的效应，也就是同时起到移去溶剂与冷却溶液的作用。溶液变化沿着溶液浓缩与冷却的两个方向前进，迅速接近介稳区。

真空式结晶器一般没有加热器或者冷却器，避免了在复杂的表面换热器上析出结晶，防止了因结垢降低换热能力等现象，延长了换热器的使用周期。溶液的蒸发、降温在蒸发室的沸腾液面上进行，这样也就不存在结垢问题。但是，在蒸发室闪急蒸发时，沸腾界面上的雾滴飞溅是很严重的，仍然会黏结在蒸发室器壁上形成晶垢。需要在蒸发室的顶部附加一周向器壁喷洒的特殊洗涤喷管或洗水溢流环，在生产过程中定期地用清水清洗，以避免蒸发器截面逐渐缩小而带来的生产能力下降，且可以不中断生产而达到清洗的目的。

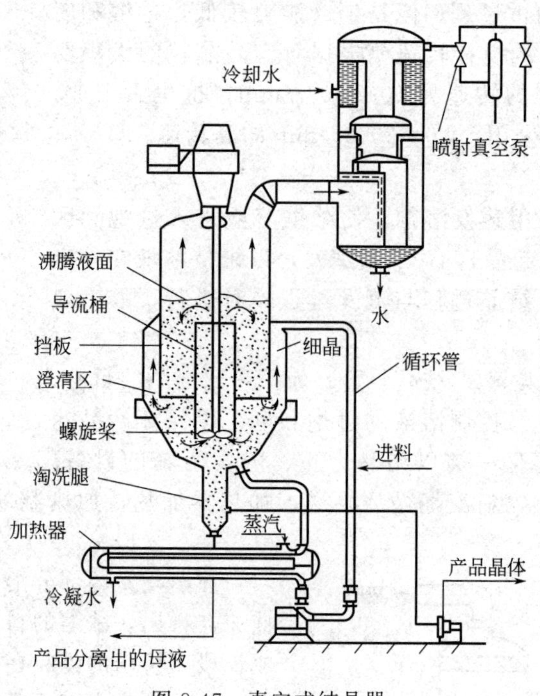

图 8-47　真空式结晶器

三、干燥

干燥是将湿物料的湿分（水分或其他溶剂）除去的加工过程，往往是产品在包装之前的最后一道工序。由于要以热汽化的方法来除去水分，因此干燥要消耗大量的热。实验证明，用干燥方法排除 1kg 水分的费用比用过滤、压榨等机械方法排除 1kg 水分的费用高十余倍，故在干燥之前，通常都采用沉降、过滤、离心分离、压榨等机械方法先尽量使物料脱去水分。

(一) 干燥原理

干燥是指通过汽化而将湿物料中的水分除去的方法。物料的干燥程度与物料中水分的存在状态有关。湿物料中水分与物料的结合有三种方式：①化学结合水，如晶体中的结晶水，这种水分不能用干燥方法去除，化学结合水的解离不应视为干燥过程；②物化结合水，如吸附水分、渗透水分和结构水分，其中以吸附水分与物料的结合力最强；③机械结合水，如毛细管水分、孔隙中水分和表面润湿水分，其中以润湿水分与物料的结合力最弱。

物料中水分与物料的结合力愈强，水分的活度即愈小，水分也就愈难除去；反之，如结合力较小，则较易除去。因此，又可以根据水分去除的难易，将水分大体分为非结合水分和结合水分：

(1) 非结合水　存在于物料的表面或物料间隙的水分，此种水分与物料的结合力为机械力。属于非结合水分的有上述机械结合水中的表面润湿水分和孔隙中的水分，结合较弱，易用一般方法除去。

(2) 结合水　存在于细胞及毛细管中的水分，主要是指物化结合的水分及机械结合中的毛细管水分，由于结合力使结合水所产生的蒸汽压力低于同温度下纯水所产生的蒸汽压力，所以降低了水蒸气向空气扩散的传质推动力。此水分与物料的结合力为物理化学的结合力，由于结合力较强，水分较难从物料中除去。

干燥过程和蒸发过程相同之处是都要以加热水分使之汽化为手段，而不同点在于蒸发时是液态物料中的水分在沸腾状态下汽化，而进行干燥时，被处理的通常是含有水分的固态物料（有的是糊状物料，有时也可能是液态物料），并且其中的水分也不在沸腾状态下汽化，而是在其本身温度低于沸点的条件下进行汽化。既然被干燥的物料不一定是液态，水分的运动和汽化就可能受到物料层的影响。既然水分未达沸点，其蒸汽压就比周围气体压强小，能否使蒸汽大量排出，就要受到周围气体条件的影响。因此，干燥过程实质是在不沸腾的状态下用加热汽化方法去除湿物料中所含液态水分的过程。这个过程既受传热规律的影响，又受水分性质、物料与水分结合的特性、水汽运动和转化规律的影响。当热空气流过固体物料表面时，传热与传质过程同时进行，空气将热量传给物料，物料表面的水分汽化进入空气中。由于空气与物料表面的温度相差很大，传热速率很快；又由于物料表面水分的蒸汽压大大超过热空气中的水蒸气分压，故水分汽化速度也很快。物料表面的水分汽化后，物料内部与表面形成湿度差，于是物料内部的水分不断地从中心向表面扩散，然后又在表面汽化。以后由于内部扩散速率减慢，微粒表面被蒸干，蒸发面向物料内部推移，一直进行到干燥过程结束。由此可见，干燥过程是传热与传质同时进行的过程。被干燥的物质其湿度与周围空气的湿度是一个动态平衡关系，暴露于大气中的物质是不会绝对干燥的。若使被干燥的物质所含水分低于周围空气中水分，则必须放在密封的容器中进行干燥。

干燥过程是水分从湿物料内部借扩散作用到达表面，并从物料表面受热汽化的过程。依据干燥速度的变化，干燥过程可分为预热阶段、恒速阶段、降速阶段和平衡阶段。

（1）预热阶段　当湿物料与干燥介质接触时，干燥介质首先将热量传递给湿物料，使湿物料及其所带水的温度升高，由于受热水分开始汽化，干燥速度由零增加到最大值。湿物料中的水分则因汽化而减少。此阶段仅占全过程的5%左右，其特点是干燥速度由零升到最大值，热量主要消耗在湿物料加温和少量水分汽化上，因此水分降低很少。

（2）恒速阶段　干燥速度达最大值后，由于物料表面水蒸气分压大于该温度下空气中水蒸气分压，水分从物料表面汽化并进入热空气，物料内部的水分不断向表面扩散，使其表面保持润湿状态。只要物料表面均有水分时，汽化速度可保持不变，故称恒速阶段。该阶段的特点是，干燥速度达最大值并保持不变，物料的含水量迅速下降；如果热空气传给湿物料的热量等于物料表面水分汽化所需热量，则物料表面湿度保持不变。该阶段时间长，占整个干燥过程的80%左右，是主要的干燥脱水阶段。预热阶段和恒速阶段脱除的是非结合水分。

（3）降速阶段　随着干燥时间的增长，水分由物料内部向表面扩散的速度降低，并且低于表面水分汽化的速度，干燥速度也随之下降，称为降速阶段。这一阶段的特点是，物料含水量越来越少，水分流动阻力增加，干燥速度甚低，物料温度继续升高。

（4）平衡阶段　当物料中水分达到平衡水分时，物料中水分不再汽化的阶段。

（二）干燥设备

按照供热的方式可将干燥分为接触式、对流式、辐射式干燥。对于发酵产物，目前最广泛应用的干燥方法主要是对流给热的干燥方式（气流、空气喷射、沸腾床、喷雾等），对于活的菌体、各种形式的酶和其他热不稳定产物的干燥，可使用冷冻干燥。

1. 气流干燥

气流干燥是把含有水的泥状、块状、粉粒状物料，通过适当的方法使它们分散到热空气中，在与热气流并流输送的同时进行干燥，而获得粉状干燥制品的过程。气流干燥流程见图 8-48。

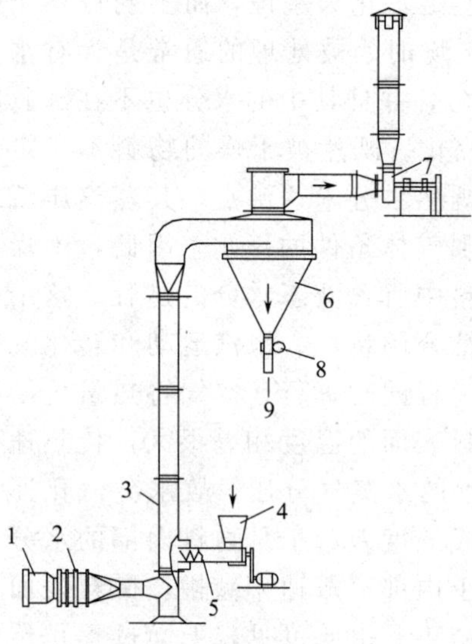

图 8-48　气流干燥流程

1—空气过滤器；2—预热器；3—干燥管；4—加料斗；5—螺旋加料器；6—旋风分离器；7—风机；8—锁气管；9—产品出口

湿物料由加料斗经加料器送入气流干燥。空气通过空气过滤器滤去灰尘，经加热器加热到一定温度后送入干燥管。由于热气流的高速流动，物料颗粒分散于气流之中，气-固两相之间发生传热和传质作用，使物料获得干燥。已干燥的物料随气流带出，经分离器分离气体和固体，产品通过锁气器从出口卸出。废气经风机排走。

2. 喷雾干燥

喷雾干燥是利用喷雾器，将悬浮液和黏滞的液体喷成雾状，形成具有较大表面积的分散微粒，同热空气发生强烈的热交换，迅速排除本身的水分，在几秒至几十秒内获得干燥。成品以粉末状态沉降于干燥室底部，连续或间断地从卸料器排出。喷雾方法分为：

① 压力喷雾（又称机械喷雾）　此法是利用往复运动的高压泵，以 5～20MPa 的压力将液体从 ϕ5～1.5mm 喷孔喷出。分散成 50～100μm 的液滴。但因高压泵的加工精度及材料强度都要求比较高，喷嘴易磨损、堵塞，对粒度大的悬浮液不适用。

② 气流喷雾　此法是依靠压力为 0.25～0.6MPa 的压缩空气通过喷嘴时产生的高速度，将液体吸出并被雾化。由于此种喷嘴孔径较大，一般在 1～4mm，故能够处理悬浮液和黏性较大的液体。此法在制药工业中广泛使用，有的工厂用于核苷酸、农用细菌杀虫剂和蛋白酶的干燥。

③ 离心喷雾　此法是利用在水平方向做高速旋转的圆盘给予溶液以离心力，使其高速甩出，形成薄膜、细丝或液滴，同时又受到周围空气的摩擦、阻碍与撕裂等作用形成细雾。如酶制剂的大型生产、酵母粉的干燥都采用这种干燥方法。

图 8-49 所示的是间歇卸料的离心喷雾干燥流程。

含有 8%～10%固形物的发酵液进入干燥塔前先用塔顶上的小罐加温至 50℃再进塔，小罐内液面控制一定，以保持进料均匀，加热后的发酵液由罐底的管路经观察玻璃圆筒流入高速旋转的离心喷雾盘，喷雾盘转速为 3000～7000r/min。液体通过六个喷嘴甩成雾状，与从顶部进风口以旋转方式进入至喷雾盘四周的热空气进行充分接触（热空气进塔的温度，根据被干燥物料的性质而定），造成强烈的传热和水分蒸发，空气温度随之降低，微粒在气流和自身重力作用下旋转而下，当达到出口时已干燥完毕，间歇通过双闸门的卸料阀，定期卸料。空气经过滤器与离心通风机进入空气加热器，加热后从塔顶分内外两圈进入干燥室，内圈即由热风盘进入干燥室，外圈由固定均匀的方形进风口进入干燥室，从干燥室内排出的废气（排风温度在 85℃左右）经锥部中央管通过旋风分离器由离心通风机排至大气中，旋风分离器收集随废气带走的粉末状产品。排风机的排风量比进风机的进风量要求要大，以便塔内形成负压。负压的作用是使沸点降低，有利于物

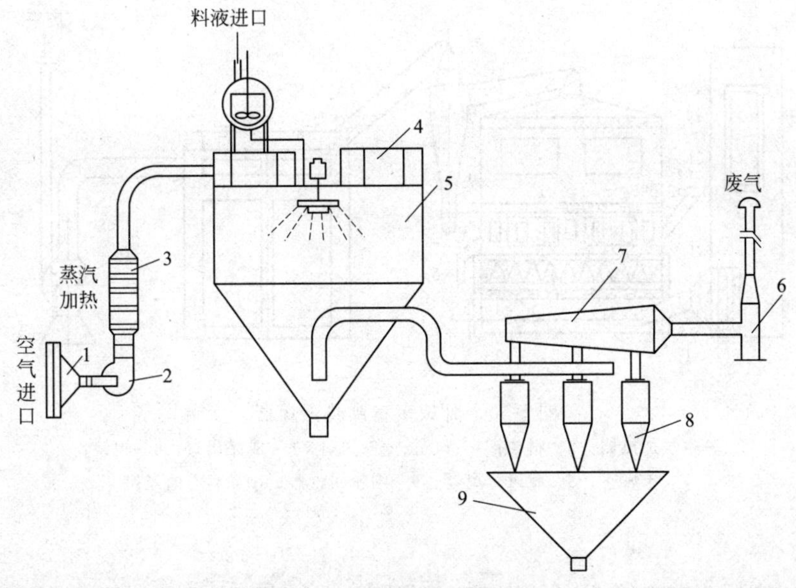

图 8-49　离心喷雾干燥流程

1—空气过滤器；2—离心通风机；3—空气加热器；4—保温炉；5—干燥塔；6—离心通风机；7—粉尘回收器；8—旋风分离器；9—料斗

料内水分的蒸发，负压在 110～160Pa 范围内，若外界气压低，温度高时，负压要大些；其次是即使设备有渗漏也不会跑粉，提高了收率。可适当调整进气闸门以控制进风压力，调节塔内负压的大小。

3. 沸腾干燥

沸腾干燥也称为流化床干燥。它是利用流态化技术，即利用热的空气使孔板上的粒状物料呈流化沸腾状态，使水分迅速汽化达到干燥目的。在干燥时，使气流速度与颗粒的沉降速度相等，当压力降与流动层单位面积的重量达到平衡时（此时压力损失变成恒定），粒子就在气体中呈悬浮状态，并在流动层中自由地转动，流动层犹如正在沸腾，这种状态是比较稳定的流态化。

沸腾干燥器有单层和多层两种。单层沸腾干燥又分单室，多室以及有干燥室、冷却室的二段沸腾干燥，此外还有沸腾造粒干燥等。单层卧式多室沸腾干燥器的构造是将沸腾床分为若干部分，并单独设有风门，可根据干燥的要求调节风量。这种设备广泛应用于颗粒状物料的干燥，构造如图 8-50 所示。

干燥箱内平放有一块多孔金属网板，开孔率一般在 4%～13%，在板上面的加料口不断加入被干燥的物料，金属网板下方有热空气通道，不断送入热空气，每个通道均有阀门控制，送入的热空气通过网板上的小孔使固体颗粒悬浮起来，并激烈地形成均匀的混合状态，犹如沸腾一样。控制的干燥温度一般比室温高 3～4℃，热空气与固体颗粒均匀地接触，进行传热，使固体颗粒所含的水分得到蒸发，吸湿后的废气从干燥箱上部经旋风分离器排出，废气中所夹带的微小颗粒在旋风分离器底部被收集，被干燥的物料在箱内沿水平方向移动。在金属网板上垂直地安装数块分隔板，使干燥箱分为多室，使物料在箱内平均停留时间延长，同时借助物料与分隔板的撞击作用，使它获得在垂直方向的运动，从而改善物料与热空气的混合效果，热空气是通过散热器用蒸汽加热的。

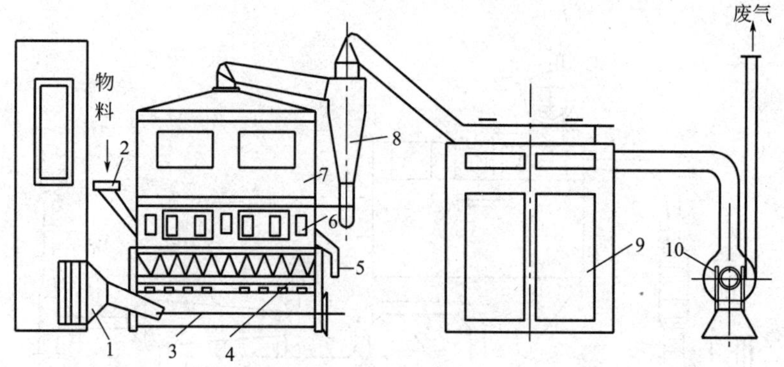

图 8-50　卧式多室沸腾干燥器

1—空气加热器；2—料斗；3—风道；4—风口；5—成品出口；6—视镜；7—干燥室；8—旋风分离器；9—细粉回收器；10—离心通风机

第八节　发酵产物的分离实例——谷氨酸提取与味精制造

在味精生产中，谷氨酸（glutamic acid，GA）发酵液的后处理工序分为谷氨酸提取与味精精制两阶段。

一、谷氨酸提取

从发酵液中提取谷氨酸，必须要了解谷氨酸理化特性和发酵液的主要成分及特征，以利用谷氨酸和杂质之间物理、化学性质的差异，采用适当的提取方法，达到分离提纯的目的。谷氨酸的分离提纯，通常应用它的两性电解质的性质、谷氨酸的溶解度、分子大小、吸附剂的作用以及谷氨酸的成盐作用等，把发酵液中的谷氨酸提取出来。

（一）谷氨酸发酵液的主要成分

谷氨酸发酵液中除了谷氨酸外，还有代谢副产物、培养基配制成分的残留物质、有机色素、菌体、蛋白质和胶体物质等。其含量随发酵菌种、工程装备、工艺控制及操作不同而异。正常发酵液放罐时 pH 值为 6.5～7.2，呈浅黄色，表面有少量泡沫，有谷氨酸发酵的特殊气味。谷氨酸发酵液的主要成分为谷氨酸＞8%，湿菌体 5%～10%，有机酸＜0.8%，残糖＜0.8%，铵离子 0.6%～0.8%，核酸、核苷酸类物质 0.02%～0.06%，还有少量的谷氨酸类似物、其他氨基酸、有机色素、残留消泡剂和其他杂质及微量无机盐。

（二）谷氨酸的等电点和溶解度

谷氨酸具两性电解质性质，溶于水中呈离子状态，解离方式取决于溶液的 pH 值。在不同的 pH 值溶液中，谷氨酸可解离成 GA^{+}、$GA^{\pm}$、GA^{-} 和 GA^{2+} 四种不同的离子态。谷氨酸的等电点是 3.22，故当溶液的 pH 值为 3.2 时，溶液中大部分是 $GA^{\pm}$ 两性离子。

谷氨酸的溶解度是指在一定温度下，每 100g 水中所能溶解谷氨酸的最大量（g），称为谷氨酸的溶解度。谷氨酸的溶解度随 pH 值而变化，当溶液的 pH 值为 3.2 时溶解度最小。溶液的 pH 值偏离谷氨酸的等电点愈多，其溶解度也愈大。当温度为 20℃及 30℃时谷氨酸在 pH＜3.2 溶液中的溶解度见表 8-5。

谷氨酸的溶解度还与温度有关。谷氨酸在不同温度条件下的溶解度见表8-6。

表8-5　谷氨酸在pH＜3.2溶液中的溶解度

单位：g/100g 水

pH值	20℃	30℃
0.7	12.6	
0.9		13.12
1.3	4.2	
1.4		4.75
1.8	1.1	
2.0		1.37
2.3	0.99	
2.4		1.08
2.5	0.73	
3.1	0.69	
3.2		1.06

表8-6　谷氨酸在不同温度条件下的溶解度

单位：g/100g 水

温度/℃	溶解度
0	0.34
10	0.50
20	0.72
30	1.04
40	1.50
50	2.19
60	3.17
70	4.59
80	6.66
90	9.66
100	14.0

温度低，其溶解度小，反之溶解度则大，故将发酵液降温、静置，即会有谷氨酸结晶析出，这便是低温等电点法提取谷氨酸能提高收率的依据。

发酵液中含有残糖、其他氨基酸、菌体及胶体物质等杂质，这些杂质都会影响谷氨酸的溶解度。例如发酵液有其他氨基酸存在时，会导致谷氨酸溶解度的增大。碳水化合物的存在，也会使谷氨酸的溶解度有所增加。

（三）谷氨酸的结晶特性

谷氨酸在不同条件下结晶，会形成两种不同晶型的晶体：一种为α型斜方晶体，结晶颗粒大，容易沉淀析出，纯度高；另一种为β型鳞片状结晶，晶体比较轻，不易沉淀分离，往往夹带有杂质与胶体结合，成为“浆子”或轻质谷氨酸，浮于液面和母液中，纯度低。

生产中应尽量避免形成β型晶体。在等电点操作过程中，如果晶种的质量不好或起晶点掌握不准，尤其在临近起晶点时，加酸的速度较难控制，稍有不慎，很有可能使谷氨酸溶液出现大量的β型晶体。产生β型结晶的最重要的原因是加酸过快，使溶液很快进入过饱和状态，产生大量的细小晶核与溶液中的蛋白质随pH变化而同时析出，影响谷氨酸晶体的长大。

（四）谷氨酸提取的常用方法

（1）等电点法　将发酵液加盐酸调pH值至谷氨酸的等电点，使谷氨酸沉淀析出。谷氨酸的等电点pH值约为3.2。将发酵完毕的发酵液放入等电点池，待温度降至30℃加盐酸调pH值至4.0～4.5，观察晶核是否形成。如有晶核形成，停酸育晶1～2h，使晶核增大，然后缓慢将pH值调至3.0～3.2，继续搅拌20h；再静置沉淀4h，放出上清液，除去谷氨酸沉淀层表面的菌体等。将底部谷氨酸结晶取出送离心机分离，所得湿谷氨酸供进一步精制。其缺点是结晶母液内仍残存部分谷氨酸未利用。

（2）离子交换法　先将发酵液稀释至一定浓度，用盐酸将发酵液调至一定pH值，采用阳离子交换树脂吸附谷氨酸，然后用洗脱剂将谷氨酸从树脂上洗脱下来，得到浓缩与提纯。

其缺点是酸碱用量大，清洗离子交换柱的低浓度废水排放量也大，造成环境的污染。

(3) 浓缩等电点法　将发酵液（含谷氨酸 8%～10%）先分离菌体，再在 60℃以下减压浓缩，浓缩液含谷氨酸为 15%～20%，然后加浓硫酸调 pH3.2，搅拌 20～30h，多罐串联，连续冷却结晶，连续分离出料，母液含谷氨酸 3%～5%，浓缩处理可作肥料。

低温等电点-离子交换法是国内厂家常用的提取工艺。

（五）低温等电点-离子交换法提取谷氨酸工艺

低温一次等电点法提取谷氨酸，等电点温度 10℃左右一次收率为 74%～76%，0～5℃一次收率为 78%～80%；若母液再用离子交换法回收，二次总收率能达到 85%～90%。

等电点-离子交换法提取谷氨酸是在发酵液经等电点提取谷氨酸以后，将母液通过离子交换柱（单柱或双柱）进行吸附，洗脱回收，使洗脱所得的高流分与发酵液合并，进行等电点提取。这样既可避免等电点收率低，又可减少树脂用量，还可以获得较高的提取收率，回收率可达 95%左右。其工艺流程如图 8-51 所示。

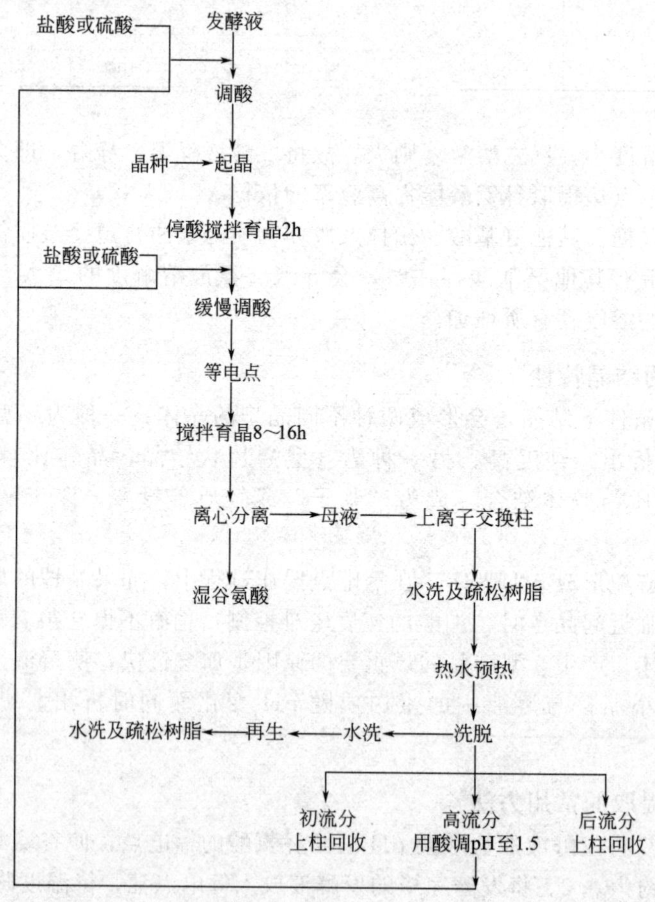

图 8-51　低温等电点-离子交换法提取谷氨酸工艺流程

该工艺分两步操作：第一步是将发酵液经等电点提取部分谷氨酸；第二步是将母液进行离子交换提取。

在等电点提取操作时，要控制生成 α 型晶体的条件：①谷氨酸晶核形成的温度在 25～30℃之间，操作时温度不要太低；②控制调酸速度，加酸不能太快，避免生成大量晶核；③加α 型晶种。有其他氨基酸存在时，有利于 α 型结晶的生成。

发酵液黏度大，残糖高，胶体物质多，菌体多，妨碍谷氨酸结晶及沉降。pH 值接近 4.0～4.5 时，根据发酵液及高流分谷氨酸浓度，观察晶核生成情况，当能用目视发现晶核时，要停止加酸育晶，此后加酸速度要慢。结晶温度不要过高，降温不要太快，中和结束后，温度可尽量降低，以减少谷氨酸的溶解。搅拌有利于晶体长大，避免“晶簇”生成，但搅拌太快，对晶体生长不利。搅拌速度与设备直径、搅拌叶大小有关，设备越大，搅拌器的转数越低。

等电点提取回收的部分细谷氨酸，可与发酵液合并，放入等电点池内。再用 pH1.5 离子交换的高流分母液（或用酸）继续进行中和，开始流量可以大一些，但要均匀，防止局部偏酸。当溶液为 pH5.0 时，流量要放小，并要仔细观察晶核形成情况。当观察到有晶核出现时，应停止加酸，育晶 2h，再调 pH 值为 3.2，开大冷却水，搅拌 8～16h，使其充分长晶，然后离心分离，母液上离子交换柱，提取谷氨酸。

离子交换收集液的低流分（初流分）可以上柱再交换。高流分需要加酸将 pH 值调至 1.5，搅拌均匀，使谷氨酸全部溶解，供等电点中和用。离子交换法的后流分中所含谷氨酸约占每批上柱谷氨酸的 8%左右，一般 pH 值在 9～10，可采取两种方法进行回收：第一种方法是配碱时当水用或用碱洗脱之前当上柱液用；第二种方法是单独上离子交换柱进行回收，收集液可单独结晶或加入发酵液中进行提取。

离子交换法酸、碱、水消耗量大，维护费用高，废水问题也不容易解决。在美国、法国、日本和巴西等国家，从 20 世纪 80 年代就淘汰了离子交换工艺，实行了浓缩等电点工艺，有的国家甚至在本国停止发酵生产来避免环境的污染。国内厂家也开始采用低温一次等电点提取工艺。

（六）提高谷氨酸提取率的工艺措施

1. 连续结晶

谷氨酸结晶的晶型对谷氨酸提取率影响很大。采用连续等电点法，可以使第一级等电点罐的 pH 值跨越起晶点，只要一次起晶成功，便可长久进行流加，避免了起晶的风险，确保谷氨酸结晶的晶型是 α 型。从晶型的角度来看，可提高提取率。同时，由于不需经常起晶，而且加酸可以保持较高的流速，可大幅度节省时间，提高生产效率。

2. 浓缩发酵液

降低等电点母液的谷氨酸含量，实际就是提高等电点法的提取率。在等电点法的提取过程中，通常通过降低温度来降低母液的谷氨酸含量，但当温度降低到一定程度，母液的谷氨酸含量降低已经不明显。这种情况下，如果先将发酵液进行浓缩，提高溶液的谷氨酸含量，再进行等电点结晶，将有利于单位体积溶液中晶核数目的增多，提高晶核的吸附速度，虽然最终的等电点母液中谷氨酸含量不会降低，但与不经浓缩工艺相比，由于等电点母液中谷氨酸含量差不多，对单位体积原始发酵液来说，不经浓缩工艺排放母液的体积要比浓缩工艺排放母液的体积多，所以，浓缩工艺得到的谷氨酸结晶较多，提取率也就高。浓缩发酵液的提取法还可以提高等电点罐的生产能力，有利于等电点罐的周转。

3. 提取谷氨酸前去除菌体

在进行提取之前从发酵液预先分离出菌体，有利于降低发酵液黏度，从而有利于发酵液浓缩纯化和结晶分离，形成 α 型的结晶，提高产品收率和纯度。去除菌体的方法有离心分离法、絮凝法和过滤法，从生产能力和提取率这两方面综合考虑，利用超滤膜去除菌体是比较理想的工艺，不但可提高提取率，而且生产效率较高，不会残留影响产品质量的杂质，并有利于环保。

二、味精制造

从发酵液中提取的谷氨酸仅仅是味精生产的半成品。谷氨酸与适量碱进行中和反应，生成谷氨酸一钠，其溶液经脱色、除铁、减压浓缩及结晶、分离程序，得到较纯的谷氨酸一钠（味精）。味精具有很强的鲜味，若谷氨酸与过量碱作用，则生成无鲜味的谷氨酸二钠。

谷氨酸制取味精的工艺流程见图 8-52。

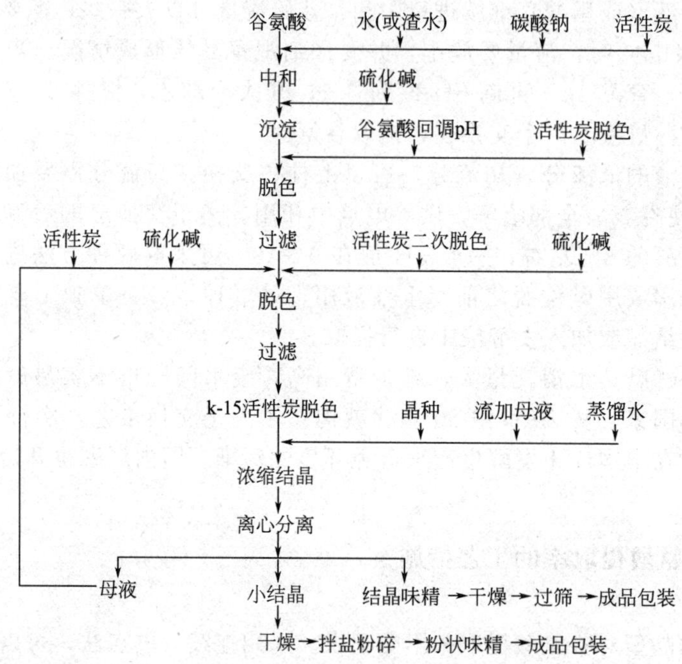

图 8-52 谷氨酸制取味精工艺流程

（一）谷氨酸的中和

将谷氨酸加水溶解，用碳酸钠或氢氧化钠中和，是味精精制的开始。谷氨酸是具有两个羧基的酸性氨基酸，与碳酸钠或氢氧化钠均能发生中和反应生成它的钠盐。

谷氨酸在水溶液中以两性离子的形式存在。不同 pH 值条件下，谷氨酸在水溶液中的离子形式变化如下：

$$GA^{+} \rightleftharpoons GA^{\pm} \rightleftharpoons GA^{-} \rightleftharpoons GA^{2-}$$
$$pH<3.23 \quad pH=3.23 \quad pH=6.96 \quad pH>6.96$$

在谷氨酸的中和操作时，先把谷氨酸加入水中成为饱和溶液（pH 值约 3.23），此时谷氨酸大部分以 $GA^{\pm}$ 的形式存在，对外不显电性。随着碱的不断加入，溶液的 pH 值不断升高，$GA^{\pm}$ 不断减少，GA^{-} 不断增加。当绝大部分谷氨酸都变成 GA^{-} 的形式时，即达到生成谷氨酸一钠的等电点（pH=6.96）。中和反应方程式如下：

$$2GA^{\pm}+Na_2CO_3 \longrightarrow 2GA \cdot Na+CO_2\uparrow+H_2O$$

当谷氨酸中和液的 pH 值超过 7 以后，随着 pH 值升高，溶液中 GA^{2-} 离子逐渐增多，生成的谷氨酸二钠增多。谷氨酸二钠无鲜味，故在操作中应该严格控制中和 pH 值为 7 左右，使谷氨酸一钠的生成量最大，防止谷氨酸二钠生成。

中和速度会影响谷氨酸一钠的生成量，过快会产生大量的二氧化碳，造成料液溢出。同时还会发生消旋反应，影响产品收率和质量。中和温度过高，除发生消旋反应外，谷氨酸钠还会脱水环化生成焦谷氨酸钠，对收率和产品质量不利。中和温度要控制在低于70℃。

（二）中和液脱色与除铁

味精中含铁、锌过量不符合食品标准。含铁离子高时味精呈红色或品黄色，影响产品色泽。铁离子主要是由原辅材料及设备腐蚀带入的。中和液中的铁以 Fe^{2+} 为主，在碱性溶液中变化为 Fe^{3+} 存在。目前国内除铁主要采用硫化钠法和树脂法。硫化钠法除铁的反应原理：

$$Fe^{2+} + Na_2S \longrightarrow FeS\downarrow(\text{黑色}) + 2Na^+$$

在中性或碱性溶液中，硫化亚铁是一种难溶盐。18℃时硫化亚铁的溶解度为 3.7×10^{-19} mol/L。硫化钠要过量加入才能将铁除尽，可用10% $FeSO_4$ 溶液检查硫化钠是否稍过量。

用离子交换树脂除铁完全，不产生对人体有害的 H_2S 气体，成品色泽好。

谷氨酸中和液具有深浅不同的黄褐色色素。如果不进行脱色处理，色素带入味精将影响产品色泽。色素的产生有多种原因：淀粉水解时间过长和温度过高，葡萄糖聚合为焦糖；铁制设备接触酸、碱发生腐蚀产生铁离子，除产生红棕色外，还与水解糖内单宁结合，生成紫黑色单宁铁；葡萄糖与氨基酸结合形成黑色素；除铁工艺中硫化钠加入量过多等。国内采用的脱色方法主要有活性炭吸附法和离子交换树脂法。

脱色与除铁是保证结晶产品质量的重要步骤，生产上要求经过脱色后液体透光率达到90%以上，二价铁离子浓度低于5mg/L。工厂中常用的脱色和除铁工艺流程如下：

（1）粉炭脱色→树脂除铁→颗粒炭脱色

（2）粉炭脱色→硫化钠除铁→颗粒炭脱色

（3）粉炭脱色→硫化钠除铁→树脂除铁→颗粒炭脱色

（4）粉炭脱色→硫化钠除铁→粉炭脱色

一般厂家采用流程（1）较多，流程（2）次之，而流程（3）和（4）较少。

用于谷氨酸中和液脱色的活性炭要具备以下性质：脱色力强，灰分少，含铁量低（<300mg/kg），不吸附或吸附谷氨酸少。在脱色操作中，条件控制很重要，直接影响脱色的效果。

影响粉末活性炭脱色的条件有pH值、温度、脱色时间和活性炭用量。粉末活性炭的脱色工艺条件为：温度50～60℃，pH≥6；活性炭用量应根据活性炭脱色能力和中和液的颜色深浅而定，一般用量为谷氨酸量的3%；脱色时间约30min。从活性炭脱色的角度出发，pH值在4.5～5.0范围内脱色效果较好，但此时溶液中还有约40%的谷氨酸未生成谷氨酸一钠，会影响收率。因此，实际操作中应该摸索出合适的pH值。活性炭用量的增加会提高脱色效果，但也会加大谷氨酸钠的吸附量，造成收率下降，所以其用量也应该控制在合适的范围内，既提高脱色效果，也要保证收率。

硫化钠除铁虽然价钱便宜，但由于操作条件恶劣，不符合清洁生产的要求。随着各种特性树脂的开发和应用，树脂除铁大有完全取代硫化钠之势。

（三）中和液浓缩和结晶

1. 谷氨酸钠的溶解度

谷氨酸钠在水中的溶解度比谷氨酸大得多，要从溶液中析出结晶，必须除去大量水分，使溶液达到过饱和状态。在一般条件下，形成的谷氨酸钠晶体通常含一个结晶水。不含结晶水的谷氨酸钠（GA·Na）和含一个结晶水的谷氨酸钠（GA·Na·H_2O）在不同温度条件下的溶解度见表 8-7。

表 8-7　谷氨酸钠在不同温度条件下的溶解度　　单位：g/100g 水

温度/℃	GA·Na·H_2O	GA·Na
0	64.42	54.56
10	67.79	57.23
20	72.06	60.62
30	77.37	64.80
40	83.89	69.89
50	91.87	76.06
60	101.61	83.49
65	107.30	87.76
70	113.58	92.46
80	128.41	103.33
90	147.04	116.64
100	170.86	133.10

2. 结晶的原理

结晶是制备纯物质的有效方法。结晶过程具有高度的选择性，只有同类分子或离子才能形成结晶。溶液达到过饱和状态时，过量的溶质才以固体形式结晶出来。工业上采用蒸发浓缩除去水分。常压蒸发温度高，蒸发慢，加热时间长，且谷氨酸钠脱水生成焦谷氨酸钠而失去鲜味，故不能采用。减压蒸发可降低液体沸点，使蒸发在较低温度下进行，蒸发速度快，谷氨酸钠破坏少，浓缩时间短。

晶体的产生是先形成极细小的晶核，然后晶核再进一步长大成为晶体。晶体的形成包括三个阶段：①形成过饱和溶液；②晶核形成；③晶体成长。其中晶核形成与晶体成长称为结晶过程。晶核形成需要一定的过饱和浓度，如有外界因素刺激，晶核可提早形成。

晶核形成称为起晶。工业上有三种起晶方法：自然起晶法、刺激起晶法和晶种起晶法。其中晶种起晶法最常用，起晶时需加一定量和一定大小的晶种，使过饱和溶液中的溶质在晶种表面上生长。刺激起晶也常采用，该法是将过饱和溶液冷却，使其产生一定量晶核，进而形成结晶；粉状味精就是采用该法生产的。自然起晶不需加入晶种和冷却，而是让过饱和溶液自行结晶。

影响结晶速度的主要因素有溶液过饱和系数、结晶温度、稠度（结晶罐内晶体与母液的比例）、料液与品种质量等。

3. 操作要点

谷氨酸钠溶液经过活性炭脱色及离子交换柱除去金属离子，即可得到高纯度的谷氨酸钠溶液。将其导入结晶罐，进行减压蒸发，当波美度达到 30°Bé 左右投入晶种，进入育晶阶段，根据结晶罐内溶液的饱和度和结晶情况实时控制谷氨酸钠溶液输入量及进水量。经过 12～20h 的蒸发结晶，当结晶形体达到一定要求、物料积累到 80%高度时，将料液放至助晶槽，结晶长成后分离出味精，送去干燥和筛选。

脱色液可以直接结晶，但一次结晶后，结晶母液中仍含有 55%～50%的谷氨酸钠，需要重新结晶。由于结晶母液在不断浓缩，其中的杂质也在浓缩积累，所以当结晶母液达不到原脱色和除铁标准时，应该再进行脱色和除铁处理。目前，结晶母液的处理也是味精厂家所面临的一个重要问题。

4. **味精的分离、干燥**

味精分离一般采用三足式离心机分离。在离心过程中，当母液离开晶体后，用少许50℃热水喷淋晶体，可增加晶体表面光洁度。如果晶粒与母液分离不彻底，母液含量高，干燥过程中易产生小晶核黏附在晶体上，出现并晶、晶体发毛及色黄等，严重影响产品质量。

应根据产品性质和质量要求，选择适宜的干燥设备和工艺。味精含一分子结晶水，加热至120℃时会失去结晶水，故干燥温度应严格控制（<80℃较好）。干燥方式有箱式烘房干燥、真空箱式干燥、气流干燥、传递带式干燥、振动床式及远红外多种干燥方式。

三、谷氨酸发酵清洁生产

清洁生产是指既可满足人们的需要又可合理使用自然资源和能源并保护环境的实用生产方法和措施，其实质是一种物料和能源消耗最少的人类活动的规划和管理，将废物减量化、资源化和无害化，或消灭于生产过程之中。推行清洁生产是各国实现经济和社会可持续发展的必然选择。就谷氨酸发酵行业而言，其过程污染控制始终是企业面临的重大课题，面对竞争日益激烈的国际市场，更有必要开展清洁生产。

（一）清洁生产的基本概念

随着环境和资源问题的产生和日益严重，人类对环境保护和节约资源的认识也随之日益加深，人类保护环境的思路和方式也相应在变。在人类社会的发展过程中，人们环境保护的思想大致经历四个发展阶段：直接排放、稀释排放、末端治理、清洁生产与可持续发展。

20世纪60年代，工业化国家开始通过各种方法和技术对生产过程中产生的废物和污染物进行处理，以减少其排放量，减轻对环境的危害，这就是“末端治理”。随着末端治理措施的广泛应用，人们发现末端治理并不是一个真正的解决方案。很多情况下，末端治理需要投入昂贵的设备费用、惊人的维护开支和最终处理费用，其工作本身还要消耗资源、能源，并且这种处理方式会使污染在空间和时间上发生转移而产生二次污染。人类为治理污染付出了高昂而沉重的代价，收效却并不理想。因此，1976年，欧共体在巴黎举行了“无废工艺和无废生产国际研讨会”，会上提出“消除造成污染的根源”的思想，这也是清洁生产的概念的起源。一些企业相继尝试运用如“污染预防”“废物最小化”“减废技术”“源削减”“零排放技术”“零废物生产”和“环境友好技术”等方法和措施，来提高生产过程中的资源利用效率、削减污染物，以减轻对环境和公众的危害。这些实践取得了良好的环境效益和经济效益，使人们认识到革新工艺过程及产品的重要性。1979年4月欧共体理事会宣布推行清洁生产政策，随后，欧共体环境事务委员会三次拨款支持建立清洁生产示范工程。清洁生产审计起源于20世纪80年代美国化工行业的污染预防审计，并迅速风行全球。在总结全球工业污染防治理论和实践的基础上，联合国环境规划署（UNEP）于1989年提出了清洁生产的战略和推广计划。《中华人民共和国清洁生产促进法》（2002年）中将清洁生产定义为：“清洁生产，是指不断采取改进设计、使用清洁的能源和原料、采用先进的工艺技术与设备、改善管理、综合利用等措施，从源头削减污染，提高资源利用效率，减少或者避免生产、服务和产品使用过程中污染物的产生和排放，以减轻或者消除对人类健康和环境的危害。”

清洁生产是关于产品生产过程中的一种全新的、创造性的思维方式，通过对生产过程和产品持续运用整体预防的环境战略，以达到降低环境风险的目的。清洁生产是从全方位、多角度的途径，着眼于从源头上消除污染，与末端治理相比，它具有更为丰富的内涵，包括以下三个方面：

① 清洁的原料和能源　少用或不用有毒有害的原料以及稀缺的原料；尽可能采用无毒、低毒、低害的原料替代毒性大、危害严重的原料。如常规能源的清洁利用、可再生能源和新能源的开发利用、各种节能技术的应用等。

② 清洁的生产过程　生产中产出无毒、无害的中间产品；减少副产品；减少或消除生产过程中的各种危险性因素或极端条件，如高温、高压、低温、低压、易燃、易爆、强噪声、强震动等；使用少废或无废的工艺和先进高效的设备；最大限度地利用能源和原材料，物料实行再循环；采用简便可靠的操作和控制方法；完善企业内部管理和人员培训，减少跑、冒、滴、漏和物料流失。

③ 清洁的产品和服务　产品节能，节约原料。产品在使用中和使用后不危害人体健康和生态环境，产品易于回收、复用、再生、处置和降解，产品具有合理的包装与使用功能。在服务过程中，遵循避免污染物的产生及资源的节约、避免服务对象的行为对生态环境造成损害的原则。

（二）谷氨酸发酵清洁生产新工艺

近年来我国谷氨酸行业发展很快，技术上有了长足发展，生产成本不断下降，经济效益不断增加，但环境污染问题成为谷氨酸发酵工业生存和发展的制约因素。废渣全部可综合利用，对环境未造成危害。废气通过现有的湿法脱硫、设备密封、机械排风等措施均可解决。因此，废水是谷氨酸行业治理的难点。

谷氨酸生产厂是水、能源消耗大户，同时也是污染大户。多年来其污染问题未得到彻底解决。由于国家对环保的要求越来越严，大中城市的味精生产厂纷纷由于环保问题停产或减产，谷氨酸行业面临着重新洗牌、重组生产的状况。谷氨酸的清洁生产工艺技术成为谷氨酸生产企业能否持续发展的关键。

国内谷氨酸生产规模发展很快，行业经济效益也比较好，但高浓度有机废水污染严重依然是行业突出的共性问题。各个生产企业先后投资建设治污工程，虽然能够达到国家排放标准要求，但大部分采用的是末端治理技术，不仅投资大、治理费用高，严重束缚了谷氨酸行业自身健康发展，而且废水中有用物质得不到利用，造成能源的浪费，不符合国家节约能源、大力推进循环经济的要求。

发酵法制取味精的生产废水主要包括离子交换废水、精制水、洗米水和生活污水。由于谷氨酸的提取工艺不同，排放的废水水质也有所差别。通常所说的味精废水主要是指是指谷氨酸发酵液经等电提取谷氨酸后的母液，再经离子交换回收其中残留的谷氨酸后的剩余液，即离子交换尾液。按目前国内生产水平，生产 1t 味精大约要产生离子交换尾液 12t。

传统的谷氨酸提取工艺，大多采用等电离交工艺。即发酵液直接在低温条件下等电结晶，结晶母液再经过离交回收母液中的谷氨酸。其工艺特点是收率高，但是同时带来用水量大、能耗高、废水量巨大、污染严重、生产成本高的问题。该工艺采用在发酵液中直接加硫酸或离交液高流分等电结晶。对上清液和结晶经离心母液中和残留麸酸通过离交柱吸附回收。该部分麸酸约占理论麸酸总量的 15%～20%。采用该工艺，麸酸提取总收率一般在 95%左右。采用吸附离交耗用的化学品量较大。由于吸附离交的特点，母液在上离交之前，需要加入硫酸，以满足吸附的要求。吸附完成后，再采用氨水洗脱。低 pH 值的吸附废液在制备有机肥的过程中，还需要用液氨返调，因此采用该工艺，消耗的硫酸以及液氨的量较大。

离交过程带来大量废水。结晶母液直接上离交，含有大量菌体的流出液 COD 在

50000mg/L 以上，采用浓缩及造粒技术制成有机肥销售。直接带菌体上离交，菌体残留在树脂柱上，在氨水洗脱之前，需要加入大量水冲洗柱子，以减少氨水用量，同时令洗脱更加完全。该过程不仅用水量巨大，同时带来大量的 COD 在 5000mg/L 以上的废水。该部分废水仍需进一步处理，耗资巨大。

近年来国内部分生产企业尝试使用谷氨酸发酵液直接浓缩后等电结晶。由于发酵液中菌体细小，传统固液分离方式难以解决除菌问题，工艺流程中无发酵液除菌过程，造成浓缩损失大，浓缩倍数不高，谷氨酸收率低，同时质量较差，生产成本高而难以推广。

谷氨酸发酵清洁生产将原来传统的污染末端治理观念转变为谷氨酸整个发酵提取过程源头全方位、生产全过程的污染控制，是工业生产的一种可持续发展模式。国内某企业的谷氨酸发酵清洁生产新工艺流程如图 8-53 所示。

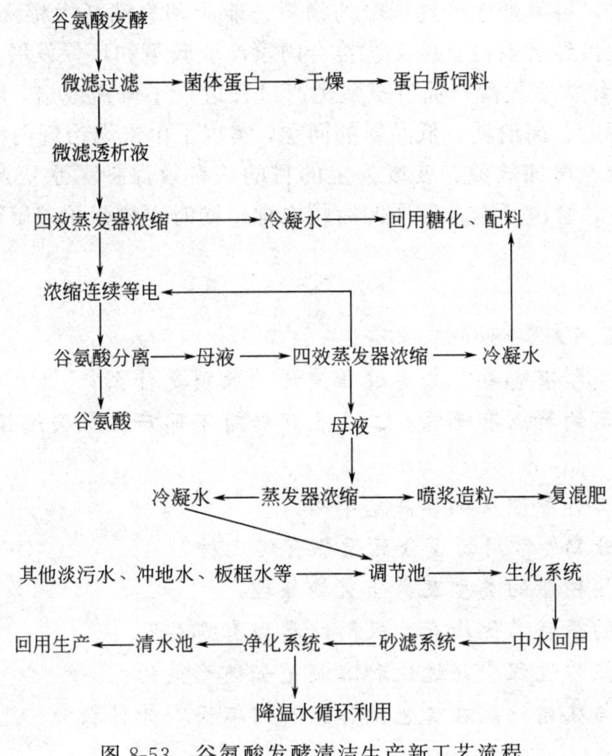

图 8-53 谷氨酸发酵清洁生产新工艺流程

该工艺的特点如下：

1. 提取过程中源头减排，变废为宝

传统的谷氨酸提取多采用等电离交工艺，一般的发酵液不进行预处理，直接带菌提取，但由于发酵液成分复杂，含有大量的菌体蛋白，导致谷氨酸结晶环境差、产品品质低、酸碱消耗高、废水排放量大等诸多问题。针对此，新工艺在提取前增加了微滤膜过滤，将发酵液绝大部分的菌体蛋白提取出来，经干燥后作为高蛋白饲料，粗蛋白含量高达 70%以上，是一种优质高效的蛋白饲料。并且这项工艺处理在生产过程中不向外界排放任何污水，既减少环境污染，改善结晶环境，提高提取收率，同时又变废为宝，具有较显著的环境效益和社会效益。

2. 过程用水热质梯级利用及中水回用，实现了废水“零排放”

在整个谷氨酸生产过程中，按照各用水单元对水质、水温的要求，使新水按照“间接冷却水-工艺水-废水处理-中水回用”的梯级利用模式，实现了水资源的高效重复利用。水温由低到高、水质由好到差再变好、用水模式由间接冷却水到工艺用水，有效降低了新水取用量。同时，废水经好氧处理后，采用砂滤，进一步降低了 COD_{Cr} 和悬浮物含量，实现了中水回用，提高水资源的利用率，基本实现水的闭路大循环，真正实现谷氨酸发酵生产有机废水“零排放”的目标。在充分利用水资源的同时，还可以降低生产成本，带来良好的经济效益和环境效益，从而进一步提高清洁生产技术的竞争力。

3. 新工艺效益分析

新工艺在整个谷氨酸生产过程中实现了资源的有效利用，并形成一个循环的体系，排出循环体系的主要为谷氨酸、菌体蛋白和肥料，几乎没有污染物的产生，解决了传统谷氨酸生产中的废水排放量大、能耗高等问题，实现了中水回用和热能利用，具有显著的环保和社会效益。采用新工艺后，谷氨酸生产过程中的物料、能源和水消耗大幅降低、产品品质提高，具有明显的直接和间接经济效益。该工艺符合国家产业政策和环保发展方向，利用高新技术改造传统产业，对传统大宗发酵产品谷氨酸生产过程进行了升级改造，解决了传统谷氨酸生产技术高能耗、高污染、高消耗、低品质的问题，实现了由末端治理向生产全过程控制的转变，达到了减少污染、增加效益、变废为宝的目的，有效保护了水资源，创造了良好的经济、环境、社会效益，解决了企业发展的后顾之忧，同时也增强了谷氨酸行业的竞争力。

思考题

1. 发酵产物的类型有哪些？分离过程设计的原则是什么？

2. 发酵产物分离的特点有哪些？工业生产针对不同产品如何选择分离方法？请举例分析。

3. 简述离心机工作原理及操作注意事项。

4. 什么叫做膜分离？常用的膜分离设备有哪几种？

5. 简述离子交换树脂的类型及离子交换原理。

6. 简述吸附法的原理、优缺点，吸附的类型有哪些？

7. 在溶液结晶操作过程中，过饱和溶液是如何形成的？

8. 谷氨酸结晶与味精结晶在工艺操作上有何不同？为什么？

参考文献

[1] 郑裕国，薛亚平．生物工程设备［M］．北京：化学工业出版社，2007.
[2] 华南工学院等．发酵工程与设备［M］．北京：中国轻工业出版社，1983.
[3] 陈国豪．生物工程设备［M］．北京：化学工业出版社，2006.
[4] 梁世中．生物工程设备［M］．北京：中国轻工业出版社，2007.
[5] 姚汝华，周世水．微生物工程工艺原理［M］．广州：华南理工大学出版社，2005.
[6] 俞俊棠．生物工艺学［M］．北京：化学工业出版社，2003.
[7] 谭天伟．生物分离技术［M］．北京：化学工业出版社，2007.
[8] 曹学君．现代生物分离工程［M］．上海：华东理工大学出版社，2007.
[9] 于信令．味精工业手册［M］．北京：中国轻工业出版社，1995.
[10] 陈宁．氨基酸工艺学［M］．北京：中国轻工业出版社，2007.